Frank Romeike / Peter Hager

Erfolgsfaktor Risiko-Management 2.0

Frank Romeike / Peter Hager

Erfolgsfaktor Risiko-Management 2.0

Methoden, Beispiele, Checklisten
Praxishandbuch für Industrie
und Handel

2., vollständig überarbeitete
und erweiterte Auflage

GABLER

Bibliografische Information der Deutschen Nationalbibliothek
Die Deutsche Nationalbibliothek verzeichnet diese Publikation in der
Deutschen Nationalbibliografie; detaillierte bibliografische Daten sind im Internet über
<http://dnb.d-nb.de> abrufbar.

1. Auflage 2003
Nachdruck 2004
2. Auflage 2009

Lektorat: Ulrike M. Vetter

Gabler ist Teil der Fachverlagsgruppe Springer Science+Business Media.
www.gabler.de

Umschlaggestaltung: KünkelLopka Medienentwicklung, Heidelberg
Druck und buchbinderische Verarbeitung: Krips b.v., Meppel
Gedruckt auf säurefreiem und chlorfrei gebleichtem Papier
Printed in the Netherlands

ISBN 978-3-8349-0895-7

Inhaltsverzeichnis

Überblick über analytische und kreative Methoden für Risiko-Management 9

Vorwort und Einführung.. 11

Regeln für berufliches und privates Risiko-Management... 17

I. In der Retrospektive: Risiko-Management vom Orakel von Delphi bis heute 21

1. Vom Glücksspiel zum modernen Risikobegriff 21

2. Fortuna und Gewissheit... 25

3. Das Orakel als Risikomanager 26

4. Wahrnehmung des Individuums von Vergangenheit und Zukunft 29

5. Die Entstehung des modernen Risikobegriffs 31

6. Die historischen Wurzeln des Risiko-Managements 32

7. Wahrscheinlichkeitsrechnung als Grundlage des modernen Risiko-Managements 43

8. Ein Wunderkind revolutioniert die Methoden des Risiko-Managements 59

9. Die Theorie des Zufalls von Laplace 62

10. Galtons Modell zur Demonstration von Wahrscheinlichkeitsverteilungen 64

11. Der unterschätzte Wegbereiter in der Theorie der stochastischen Prozesse 67

12. Ein neues Verständnis der Ungewissheit... 72

II. Komplexität als Ursache steigender Risiken in Industrie und Handel 81

1. Veränderte Risikolage für Industrie- und Handelsunternehmen 81

2. Komplexität als Ursache von Risiken 85

3. Kritische Beurteilung und Ausblick 98

III. Wert- und risikoorientierte Unternehmensführung 105

1. Grundlagen einer wert- und risikoorientierten Unternehmensführung 105

2. Die Risikolandkarte im Unternehmen 109

3. Der Prozess des Risiko-Managements in der Praxis 114

4. Anforderungen an die Organisation des Risiko-Managements im Unternehmen 167

5. Fazit und Ausblick 173

IV. Strategische Chancen und Risiken von Investitionen 181

1. Lessons learned: Konkurrenz für die Post – Erschließung neuer Märkte 181

2. Methoden: Strategische Chancen und Risiken erkennen 184

V. Risiko-Management von Preisen im Einkauf und Verkauf 203

1. Lessons learned: Schwankende Marktpreise 203

2. Wertorientierte versus zahlungsstromorientierte Messung 204

3. Szenariogenerierung für Marktpreisrisiken 213

4. Fallstudie: Management von Marktpreisrisiken im Einkauf 227

5. Risikomessung mit Cash Flow at Risk, EBIT at Risk und Budget at Risk 231

VI. Risiko-Management in der Produktion 245

1. Risiko-Management im Kontext von Supply Chain Management 245

2. Verwundbarkeit der Wertschöpfungsketten am Beispiel der Automobilindustrie 250

3. Methodenbaukasten 255

4. Krisenmanagement 283

VII. Der Chancen-/Risikofaktor Personal 295

1. Talente binden – Personalrisiken frühzeitig erkennen 295

2. Die Chancen-/Risikobeurteilung im Personalbereich 298

3. Chancen fördern, Personalrisiken reduzieren 305

VIII. Quantifizierung von Risiken im Finanzbereich 311

1. Das Drei-Werte-Verfahren 311

2. Das Varianz-Kovarianz-Modell 317

3. Die Historische Simulation 334

4. Die Monte-Carlo-Simulation 345

IX. Marken- und Vertriebsrisiken 363

1. Wie sich der Wert eines Unternehmens zusammensetzt 363

2. Marken- und Vertriebsrisiko-Management 368

**X. Risiko-Management in der Informations- und
Kommunikationstechnologie (IuK)** 373

1. Risiken in der Welt der Bits und Bytes 373

2. Wichtige Regelwerke der Informationssicherheit und des IT-Risiko-Managements 380

3. IT-Krisen- und Notfallmanagement 395

XI. Risiko-Management in Projekten 405

1. Projekt und Projektmanagement 405

2. Die häufigsten Hürden und Stolperfallen 409

3. Strategisches Projektcontrolling 414

4. Bewertung von Risiken und Chancen von Projekten 416

5. Projektsteuerung und Projektkontrolle 421

6. Standards und Normen im Bereich Projektmanagement 421

XII. Mathematische Grundlagen 429

1. Modellierung von Risikoprozessen als Random Walk 429

2. Von der Normalverteilung zum Value at Risk 435

3. Die Prüfung einer Verteilungsannahme 444

4. Parametrisierung von Risikomodellen 454

5. Risikodiversifikation mit Korrelationen 477

6. Cash Flow at Risk versus Value at Risk 483

Glossar 497

Stichwortverzeichnis.. 519

Die Autoren.. 527

	Analytische Methoden									
	Spiel-theorie	Stochastische Methoden	Fehlerbaum-analyse/Fault Tree Analysis	Checklisten/Fragenkatalog	FMEA[1]	Morphologie	SWOT-Analyse[2]	CIRS[3]	HAZOP[4]	HACCP[5]
Strategie/Vision	■●▲	■●▲	■◐△	□◐▲	□○△	■◐▲	■●△	□○△	□○△	□○△
Beschaffung/Einkauf	□◐◁	■●▲	■◨△	■●▲	□○△	□◐△	■●△	■◐△	□○△	□○△
Produktion	□○△	■◐◁	■●▲	■●▲	■●▲	■◨△	■●△	■●△	■◐▲	■◐▲
Personal	■◨△	□○△	□○△	■●▲	□○△	◐◐△	■◐▲	□○△	□○△	■◐▲
Finanzbereich	■◨△	■●▲	□○△	◨◐△	■◨△	□○△	□○△	□○△	□○△	□○△
Informationstechnologie	□○△	■◐△	■●▲	■●▲	■◨△	■◐△	■●▲	■●△	■◐▲	■◐▲
Marketing/Vertrieb	■●▲	■●▲	■◐▲	◨◐△	□○△	■◐▲	■●△	□○△	□○△	□○△
Projekte	□○△	□◐▲	■●▲	■●▲	■◐▲	■◐▲	□◐△	■◐▲	■◐▲	■◐▲

1: FMEA: Failure Mode and Effects Analysis, oder: Fehlermöglichkeits- und Einflussanalyse oder kurz Auswirkungsanalyse.
2: SWOT: Akronym für Strengths (Stärken), Weaknesses (Schwächen), Opportunities (Chancen) und Threats (Gefahren).
3: CIRS: Critical Incident Reporting System, Fehlerberichtssystem genannt, Berichtssystem zur Meldung von kritischen Ereignissen (critical incident) und Beinahe-Schäden (near miss)
4: HAZOP: Hazard and Operability Study, auch bekannt unter dem Begriff PAAG-Verfahren (**P**rognose, **A**uffinden der Ursache, **A**bschätzen der Auswirkungen, **G**egenmaßnahmen).
5: HACCP: Hazard Analysis and Critical Control Point-Konzept, oder: Gefährdungsanalyse und kritische Lenkungspunkte.

Kreativitätsmethoden

	Szenarioanalyse	Interview/Expertenbefragung	Brainstorming	Brainwriting	Delphimethode	Synektik	Methoden der Zukunftsforschung
Strategie/Vision							
Beschaffung/Einkauf							
Produktion							
Personal							
Finanzbereich							
Informationstechnologie							
Marketing/Vertrieb							
Projekte							

Legende:

	Risikoidentifikation	Risikobewertung	Risikosteuerung
Sehr gut geeignet	■	●	◀
Gut geeignet	▬	◑	◀
Eher nicht geeignet	◰	◔	◁
Nicht geeignet	□	○	◁

Vorwort und Einführung

Befasse dich mit den Dingen, bevor sie geschehen
bringe sie in Ordnung, bevor sie durcheinander sind.
Denn die schwierigen Dinge auf der Welt fangen stets einfach an,
und die großen Dinge fangen stets klein an.

[Laozi, chinesischer Philosoph,
der im 6. Jahrhundert v. Chr. gelebt haben soll]

Liebe Leserinnen und Leser!

die erste Auflage von „Erfolgsfaktor Risiko-Management" erschien im Jahr 2003. Sechs Jahre später erscheint nun eine komplett überarbeitete neue Auflage unter dem Titel „Erfolgsfaktor Risiko-Management 2.0". Einen besseren Zeitpunkt für die Veröffentlichung hätten wir nicht finden können.

Während das Jahr 2008 als das Jahr der „Nullen" und exzessiven Risiken in die Geschichtsbücher eingehen wird, gehört das Jahr 2009 dem Risiko-Management. In den vergangenen Jahren begaben sich US-amerikanische Finanzmarktrisiken auf Welttournee und brachten das globale Finanzsystem ins Wanken. Was waren die Gründe? Bei einer sehr groben und oberflächlichen Analyse der aktuellen Finanzkrise – wie man sie in vielen Medien tagtäglich lesen konnte – kommen „Experten" nicht selten zu dem Ergebnis, dass eine Mischung aus unseriöser Kreditvergabe, eine massive Unterschätzung von Risiken durch die Finanzmarktteilnehmer und die „Gier" in den Chefetagen der Finanzindustrie die Krise verursacht haben. Eine seriöse und tiefergehende Analyse führt zu dem Ergebnis, dass die eigentlichen Ursachen viel komplexer sind. Ein wesentlicher Grund für die Blasenentwicklung auf dem US-Immobilienmarkt liegt in der Niedrigzinspolitik der US-amerikanischen Notenbank nach den Terroranschlägen vom 11. September 2001. Die US-Notenbank wollte mit einer drastischen Senkung der Leitzinsen eine Rezession der amerikanischen Wirtschaft verhindern – und hat dies zunächst auch erfolgreich geschafft.

Ermutigt durch die Politik vergaben US-Banken in einem boomenden Immobilienmarkt „billige" Kredite an US-Bürger, die sich den Traum vom Eigenheim verwirklichen wollten. Im Glauben an ewig steigende Immobilienpreise wurden auch Kredite an Kreditnehmer vergeben, bei denen klar sein musste, dass sie die Hypothek bei wieder steigenden Zinsen nicht würden bezahlen können. Das Fundament für diesen Markt bildete das „Prinzip Hoffnung": Basierend auf einem niedrigen Zinsniveau waren die Zins- und Tilgungsraten zunächst niedrig. Da es in der Regel keine Zinsfestschreibung für mehrere Jahre gab, lag das Risiko einer

Zinserhöhung bei den Schuldnern. Diesen war das Risiko jedoch häufig nicht bewusst, da die steigende Zinslast durch die Wertsteigerung der Immobilien bezahlt werden sollte. Diese Gesetzmäßigkeit – die im Kern auf einem Rückspiegelblick basiert – funktionierte zunächst auch recht gut: Auf dem Fundament einer steigenden Nachfrage stiegen auch die Preise für Immobilien und somit parallel auch deren Wert als Kreditsicherheiten. Perfekte, risikolose Welt. Im Zeitraum Januar 2000 bis Januar 2007 sind die Immobilienpreise in den USA nach Angaben des Office of Federal Housing Enterprise Oversight (OFHEO) um insgesamt 76 Prozent gestiegen. In Florida und Kalifornien lag der Anstieg mit über 140 Prozent sogar fast doppelt so hoch. In diesen Boomzeiten nutzen viele Banken die Gunst der Stunde und verkauften ihren Schuldnern Zusatzkredite und Kreditkartenverträge. Alles war in bester Ordnung: Bei stetig steigenden Immobilienpreisen konnte im Falle einer Zahlungsunfähigkeit die Immobilie zu einem höheren Marktwert verkauft werden.

Durch die Verbriefung und den Verkauf der Kreditrisiken haben sich die ursprünglichen Gläubiger des Ausfallrisikos entledigt, so dass sie sorglos wurden und Kredite vergeben haben, die sie nicht vergeben hätten, wenn sie das Risiko in den eigenen Büchern behalten hätten. Grundlage für die Verbriefung bildeten die seriösen Risikoeinschätzungen der Ratingagenturen. Für die kreditgebende Bank hat der Weiterverkauf eines verbrieften Kredits den großen Vorteil, dass sich dadurch die regulatorischen Eigenkapitalanforderungen reduzieren, da das Kredit- und Marktrisiko ja nun nicht mehr in den eigenen Büchern auftaucht. Exakt an dieser Stelle begann die Welttournee der US-Hypothekenrisiken. Erst wurden die Risiken in kleine Pakete verpackt (verbrieft), die weiter verpackt und verbrieft wurden. Diese kleinen Verbriefungspäckchen bildeten die Grundlage für die gewaltige Ausweitung des Kreditvolumens auf den US-Immobilienmarkt.

Der wesentliche Hebel der Verbriefung lag in der Tranchierung des Risikos. So gibt die Zweckgesellschaft (Conduit, Special Purpose Vehicel) beispielsweise zwei oder mehr Wertpapiere aus: Eines davon ist nahezu risikofrei, und das andere – die (Equity-)Tranche – ist risikobehaftet. Die Auffächerung des Risikos erreicht man mit dem Wasserfall- oder Kaskadenprinzip: Nur wenn die eingehenden Zahlungen der Immobilienkreditnehmer die definierten Zahlungsansprüche der sichereren Tranche übersteigen, fließt Geld an die Besitzer der Equity-Tranche.

Von klassischen Industrieanleihen oder Bonds unterscheiden sich strukturierte Kreditprodukte (wie Collateralized Debt Obligations, CDOs, oder Asset Backed Securities, ABS) in zwei Aspekten. Erstens handelt es sich um Derivate, die von der Performance eines Kreditportfolios abhängen. Ihr Basiswert bzw. „Underlying" ist ein Portfolio und kein Einzelwert. Zweitens werden bei diesen Produkten Risiko und Rendite des zugrundeliegenden Portfolios durch die Tranchierung in verschiedene Klassen gehebelt bzw. übersetzt. Schätzungen gehen davon aus, dass im Jahr 2006 etwa 75 Prozent der Subprime-Hypotheken verbrieft wurden. Die Vorteile der Verbriefungen lagen auf der Hand: Die Bilanz der Bank wird schlanker, und die Bank kann die Umschlaghäufigkeit ihres Eigenkapitals erhöhen.

Fakt ist jedoch auch, dass die Struktur von Conduits und Structured Investment Vehicles durch Asset Backed Commercial Papers (ABCP) nur noch wenige Finanzingenieure und auch nur im Groben verstanden haben. Trotz dieser Unkenntnis wurden die Risiken weiter grob fahrlässig in Pakete gepackt, weitergereicht, weiter verpackt, verkauft, um die Intransparenz noch weiter zu erhöhen. Dabei hätte ein Blick in die reale Welt der US-Immobilienmärkte auch dem Nicht-Experten relativ schnell verdeutlicht, dass alle Marktteilnehmer auf einem Pulverfass – oder auch einer riesigen Blase – saßen und die einzige Unbekannte im Spiel der Zeitpunkt der Explosion war.

Alle Boomzeiten haben einmal ein Ende. Seit etwa Mitte 2004 sind die Zinsen aufgrund der restriktiveren Geldpolitik des Federal Reserve Board wieder gestiegen. Parallel führte die wirtschaftliche Abschwächung in den USA zu einer Kettenreaktion. Für (variable) Darlehen stieg der Zinssatz innerhalb von zwei Jahren um etwa zwei Prozentpunkte. Für die Darlehensnehmer kam neben diesem Zinsanstieg hinzu, dass die oftmals anfängliche zweijährige und subventionierte Zinsbindung in diesem Zeitraum endete, wodurch die Belastung oftmals um drei Prozentpunkte und mehr anstieg. Viele Schuldner konnten die gestiegenen Raten für die variabel verzinsten Hypothekenkredite nicht mehr bezahlen. Millionen Hausbesitzern drohte die Zwangsversteigerung. Ergebnis: In der Folge der Zwangsversteigerungen brachen durch das gestiegene Angebot an Immobilien die Häuserpreise ein. Dies führte parallel bei den Banken und Investoren zu steigenden ungesicherten Kreditforderungen.

Wo lagen die Ursachen aus der Perspektive des Risiko-Managements? Tatsache ist, dass die Methoden und Anreizsysteme einen zu sorglosen Umgang mit Risiken tendenziell gefördert haben. In vielen Häusern waren die Instrumente und Werkzeuge zur Bewertung und Steuerung von Risiken vorhanden – allerdings wurden die Informationen in der strategischen Unternehmenssteuerung nicht verwendet, oder die Limitsysteme wurden so justiert, dass die rote (Frühwarn-)Ampel wieder grün war. Eine ganz wesentliche Ursache für die aktuelle Krise liegt darin, dass das Grundprinzip einer wertorientierten Unternehmensführung verletzt wurde, nämlich das Abwägen der erwarteten Rendite und der Risiken. Ob 25 Prozent prognostizierte Rendite gut oder schlecht sind, kann man nicht beurteilen, wenn keine quantitativen Informationen über den Risikoumfang zum Vergleich verfügbar sind. Die Vorgabe eines Renditeziels ohne Risikoadjustierung („risikoadjustierte Performance") führt zur gezielten Auswahl riskanter Geschäfte und dem Bestreben, deren Rendite durch den Einsatz von Fremdkapital immer mehr zu hebeln.

Die aktuelle Finanzkrise offenbart die zukünftige Rolle des Risiko-Managements in allen Branchen. Risikomanager werden zukünftig darauf hinweisen müssen, wenn zwischen dem Willen, Renditechancen zu nutzen, und der Bereitschaft, Risiken vorausschauend einzuschätzen, ein Ungleichgewicht existiert. Risikomanager werden die Ampel auf „rot" stellen, wenn ein Abwägen der erwarteten Rendite und der Risiken zum Ergebnis führt, dass das Grundprinzip einer wertorientierten (oder auch nutzenorientierten) Unternehmensführung verletzt wird.

Risikomanager in allen Branchen werden jedoch auch ihre Werkzeuge anpassen müssen. Die aktuelle Finanzkrise hat gezeigt, dass viele Methoden blind sind für die Realität. Sie müssen akzeptieren, dass die Risikomodellierung selbst unsicher ist. Es existieren Wahrscheinlichkeitsverteilungen zweiter Ordnung, beispielsweise weil für Modellparameter nur Bandbreiten und keine exakten Werte ermittelbar sind. So ist etwa die zukünftige Korrelationsstruktur der Rendite einzelner Assetklassen unsicher. Derartige „Metarisiken" (Schätz- und Modellrisiken) erhöhen den tatsächlichen Risikoumfang – und werden in der Praxis im Allgemeinen noch vernachlässigt. Diese „Anmaßung von Wissen" über die Zusammenhänge der realen Welt impliziert Scheingenauigkeiten und Scheinzuverlässigkeit der Systeme.

Auch in den vergangenen Jahren haben sich viele Unternehmen verhalten wie der Autofahrer, dessen Frontscheibe beschlagen ist und der deshalb mit Hilfe des Rückspiegels fährt (siehe Vorwort zur ersten Auflage). Reaktives Risiko-Management unterstellt eine Ursache-Wirkungs-Folge. Die komplexe Realität sieht jedoch etwas anders aus: Unternehmen können insgesamt als zielgerichtete, offene und hochgradig komplexe sozioökonomische Systeme charakterisiert werden. Sie zeichnen sich durch eine Vielzahl sehr heterogener Elemente aus, die durch zahlreiche unterschiedliche Beziehungen sowohl miteinander als auch mit anderen Umweltelementen verknüpft sind, wobei diese Elemente und Beziehungen ständigen – häufig auch sehr starken und abrupten – Veränderungen unterworfen sind. Unternehmen sind komplexe Netzwerke ohne einfache Ursache-Wirkungs-Logik.

Immer mehr Unternehmen erkennen, dass sie Chancen und Risiken in ihrer Unternehmenssteuerung zeitnah berücksichtigen und ihr Risiko-Chancen-Profil optimieren müssen, um am Markt überleben zu können und den Unternehmenswert zu steigern. Dieses Buch beschreibt Methoden und Instrumente für evolutionäre und revolutionäre Wege im Risiko-Management. Das Buch wendet sich in erster Linie an Unternehmensleiter und Führungskräfte in Industrie- und Handelsunternehmen, aber auch an Unternehmensberater, Wirtschaftsprüfer und Studenten.

Für die Bewertung und Identifikation von Risiken stehen zahlreiche Instrumente und Methoden bereit. Diese wurden in den letzten Jahren ständig verbessert und verfeinert. Einige Risiken sind quantifizierbar, andere dagegen können nur qualitativ beschrieben werden. Für alle Unternehmen überlebenswichtig ist die Information über das Gesamtrisiko in Relation zur Risikotragfähigkeit.

Wir erläutern in diesem Buch praxisnah, welche Verfahren in den einzelnen Unternehmensbereichen wie etwa Produktion, Vertrieb, Finanzen et cetera anwendbar sind. Die meisten Kapitel beginnen mit einem realen Fall zu einer typischen Fragestellung aus der Unternehmenspraxis. Im Anschluss erfolgt die Diskussion der darauf anwendbaren Methoden. Die skizzierten Beispiele sind auch als fertige Excel-Tabellen zum besseren Nachvollziehen als Download auf der Gabler Homepage (www.gabler.de) zu finden. Auf RiskNET (www.risknet.ch, www.risknet.de) wurde ein eigener Thread im RiskNETwork eingerichtet (User: gablererfolgsfaktor, Passwort: risknetwork2009). Neben einem Diskussionsforum finden Sie dort auch ergänzende Materialien (beispielsweise Checklisten und Tools).

Auf dieser anschaulichen und praxisnahen Reise durch alle Unternehmensabteilungen erhält der Leser einen Überblick über die aktuellen Methoden im Risiko-Management für die unterschiedlichen Risikoarten und Branchen. Zu den vorgestellten Methoden zählen beispielsweise Szenariotechnik, Value at Risk, Cash Flow at Risk, ABC-Analyse, Scoring-Modelle, Risk Map und Sensitivitätsanalysen.

Das Buch ist in zwölf Kapitel gegliedert. Im *I. Kapitel* blicken wir zurück auf die historischen Wurzeln des Risiko-Managements. Dabei wird deutlich, dass Risiko-Management keineswegs eine neue Disziplin ist. Vielmehr sind die Ursprünge der modernen Risiko- und Wahrscheinlichkeitstheorie sehr eng verbunden mit dem seit Jahrtausenden bekannten Glücksspiel. Im *II. Kapitel* beschäftigen wir uns mit dem zunehmenden Komplexitätsgrad und der permanent steigenden Wettbewerbsintensität für Industrie- und Handelsunternehmen. Dies erfordert auch einen neuen Blick auf die Risikodimension. Im *III. Kapitel* widmen wir uns dem Prozess des Risiko-Managements in der Praxis sowie der Verknüpfung von Risiko-Management und einer wertorientierten Unternehmensführung. Das anschließende *IV. Kapitel* skizziert die Relevanz von strategischen Risiken. Eine besondere Herausforderung ist es dabei, strategische Chancen und Risiken bereits vor der Investition kalkulierbar zu machen. *Kapitel V* konzentriert sich auf die quantifizierbaren Risiken in den Bereichen Beschaffung und Einkauf, deren Auswirkung auf das Unternehmensergebnis messbar gemacht wird. Die Risiken im Bereich der Produktion und Supply Chain werden in *Kapitel VI* dargestellt. *Kapitel VII* befasst sich mit dem Risikofaktor Personal. Mit der Quantifizierung von Risiken im Finanzbereich beschäftigt sich *Kapitel VIII* ausführlich. Hier werden insbesondere alle gängigen Value-at-Risk-Modelle in ihrer Eignung und Anwendung für die Praxis erläutert. Das anschließende *Kapitel IX* fokussiert die Risiken in den Bereichen Marketing und Vertrieb. Den Abschluss bilden *Kapitel X* mit den Risiken im Bereich der Informationstechnologie sowie *Kapitel XI* mit einigen Anmerkungen zum Management von Projektrisiken. *Kapitel XII* erklärt einige der wesentlichen mathematischen Werkzeuge, die jeder Risikomanager im Industrie- und Handelsunternehmen beherrschen sollte.

Ein *umfangreiches Glossar* hilft Ihnen bei der Einordnung von Begrifflichkeiten im Risiko-Management.

An dieser Stelle möchten wir die Gelegenheit nutzen, um denjenigen Personen zu danken, die zum Gelingen unseres Buches ganz wesentlich – direkt oder indirekt – beigetragen haben. Frank Romeike dankt Dr. Anette Köcher sowie Lotta-Sophie und Leopold Heinrich für ihr Verständnis, dass die Arbeit vor dem Notebook in den vergangenen Monaten Vorrang hatte vor gemeinsamen Kaminabenden, Schlittenfahrten oder Schneeballschlachten.

Peter Hager: Mein Dank gilt Sonja Heitkamp für die Weckrufe in den frühen Morgenstunden und die liebevollen Aufforderungen, in unserer Freizeit das Projekt „Buch" zu einem erfolgreichen Abschluss zu bringen. Meinen Eltern danke ich wie schon in den vorherigen Werken für ihre immerwährende Hilfsbereitschaft. Abschließend bedanke ich mich bei Herrn Prof. Dr. Arnd Wiedemann und Frau Maria Otten für die fachlichen Gespräche.

Darüber hinaus gilt unser Dank Ulrike M. Vetter vom Gabler Verlag, deren Geduld wir in den vergangenen Monaten arg strapaziert haben (die Finanzkrise war stets eine gute Entschuldigung für weitere Terminverzögerungen) und die uns wieder einmal tatkräftig unterstützt hat.

Zum Abschluss noch eine wichtige Klarstellung und Warnung: Risiko-Management versteht sich nicht als Kunst der Prophetetie, sondern liefert Prognosen zur besseren Steuerung von Risiken. Die Zukunft ist nämlich nur dem vorhersehbar, „der die Begebenheiten selber macht und veranstaltet, die er zum voraus verkündigt", wie Immanuel Kant zu bedenken gibt.

Wir wünschen Ihnen viel Spaß beim Lesen und eine erfolgreiche Umsetzung des Gelesenen in die Praxis. Schreiben Sie uns Ihre Meinung an rm-buch@risknet.de. Machen wir uns auf den Weg zu einer spannenden Reise.

Oberaudorf am Kaisergebirge sowie Dietzhölztal & Köln, im Juni 2009

Frank Romeike und Peter Hager

Regeln für berufliches und privates Risiko-Management

Für alle, die entweder keine Zeit zum Lesen des Buches haben oder deren Motivation sich in Grenzen hält, sich durch die vielen Seiten Text zu wühlen, folgen hier die wichtigsten Regeln für ein berufliches und persönliches Risiko-Management:

1. Alles, was schiefgehen kann, wird auch schiefgehen. (Whatever can go wrong, will go wrong.)

2. Wenn etwas auf verschiedene Arten schiefgehen kann, dann geht es immer auf die Art schief, die am meisten Schaden anrichtet.

3. Wurden alle Möglichkeiten ausgeschlossen, bei denen etwas schiefgehen kann, eröffnet sich sofort eine neue Möglichkeit.

4. Die Wahrscheinlichkeit, dass ein bestimmtes Ereignis eintritt, ist umgekehrt proportional zu seiner Erwünschtheit.

5. Früher oder später wird die schlimmstmögliche Verkettung von Umständen eintreten.

6. Wenn etwas zu gut erscheint, um wahr zu sein, ist es das wahrscheinlich auch.

7. Die Natur ergreift immer die Partei des versteckten Fehlers.

8. Man hat niemals Zeit, es richtig zu machen, aber immer Zeit, es noch einmal zu machen.

9. Jeder hat ein System, reich zu werden, das nicht funktioniert.

10. Bist du im Zweifel, dann murmel. Bist du in Schwierigkeiten, dann delegiere.

11. Alles, was du in Ordnung zu bringen versuchst, wird länger dauern und dich mehr kosten, als du dachtest.

12. Konstruiere ein System, das selbst ein Irrer anwenden kann, und so wird es auch nur ein Irrer anwenden wollen.

13. In einer Hierarchie versucht jeder Untergebene, seine Stufe der Unfähigkeit zu erreichen.

14. Alles Gute im Leben ist entweder ungesetzlich, unmoralisch, oder es macht dick.

15. Hast du Zweifel, lass es überzeugend klingen.

16. Diskutiere nie mit einem Irren – die Leute könnten den Unterschied nicht feststellen.

17. Wenn Baumeister Gebäude bauten, so wie Programmierer Programme machen, dann würde der erste Specht, der vorbeikommt, die Zivilisation zerstören.

Risiko liegt meist in der Zukunft verborgen.
Aber: Es ist weder das Halbdunkel des Orakels
noch das Spiegelbild der Vergangenheit!

I. In der Retrospektive: Risiko-Management vom Orakel von Delphi bis heute

1. Vom Glücksspiel zum modernen Risikobegriff

„Die Theorie liefert viel, aber dem Geheimnis des Alten bringt sie uns kaum näher. Jedenfalls bin ich überzeugt, dass der Alte nicht würfelt", schrieb Albert Einstein (* 14. März 1879 in Ulm; † 18. April 1955 in Princeton, USA) im Jahr 1926 an den Physiker Max Born (* 11. Dezember 1882 in Breslau; † 5. Januar 1970 in Göttingen). Die Nachwelt interpretierte daraus den bekannten Ausspruch „Gott würfelt nicht". Ein Blick in die Vergangenheit zeigt jedoch, dass die Menschen seit jeher würfeln. Würfelspiele sind bereits aus den letzten Jahrhunderten vor Christus sowie aus römischer Zeit überliefert. Das Erscheinungsbild hat sich in den letzten Jahrtausenden offenbar kaum gewandelt, d. h. der Würfel hat sechs Seiten, jede Seite ist mit Augen versehen und die Summe der Augen auf den einander gegenüberliegenden Flächen ergibt in der Regel immer sieben. Einige der älteren, ausgefallenen Würfeltypen sind im hohen und späten Mittelalter schon nicht mehr gebräuchlich, andere entsprechen ziemlich exakt den heute gängigen Typen.

Fakt ist, dass die Ursprünge der modernen Risiko- und Wahrscheinlichkeitstheorie sehr eng verbunden sind mit dem seit Jahrtausenden bekannten Glücksspiel. Bereits seit Menschengedenken haben Menschen Glücksspiele gespielt, ohne von den Systemen der Chancenverteilung zu wissen oder von der Theorie des modernen Risiko-Managements beeinflusst zu sein. Das Glücksspiel war und ist direkt mit dem Schicksal verknüpft. Das Glückspiel ist quasi der Inbegriff eines bewusst eingegangenen Risikos. Bereits seit Jahrtausenden erfreut sich der Mensch am Glücksspiel. So kann man beispielsweise in dem dreitausend Jahre alten hinduistischen Werk Mahabharata[1] lesen, dass ein fanatischer Würfelspieler sich selbst aufs Spiel

---

[1] Mahabharata ist das bekannteste indische Epos. Man nimmt an, dass es erstmals zwischen 400 v. Chr. und 400 n. Chr. niedergeschrieben wurde, aber auf älteren Traditionen beruht. Es umfasst etwa 100.000 Doppelverse. Die Idee und Bedeutung des Epos kann man im ersten Buch nachlesen: „Was hier gefunden wird, kann woanders auch gefunden werden. Was hier nicht gefunden werden kann, kann nirgends gefunden werden."

setzte, nachdem er schon seinen gesamten Besitz verloren hatte.[2] Parallel zur Entwicklung des Glücksspiels stehen auch die Versuche, gegen das Glücksspiel anzukämpfen. Im antiken Sparta beispielsweise wurde das Würfelspiel verboten, und im Römischen Reich war der Einsatz von Geld bei Würfelspielen untersagt. So schloss 813 das Mainzer Konzil all jene von der Kommunion aus, die dem Glücksspiel anhingen. Ludwig IX., der Heilige (von 1226 bis 1270 König von Frankreich, * 25. April 1214 in Poissy, † 25. August 1270 in Tunis), verbot 1254 sogar die Herstellung von Würfeln. Und seit damals hat sich nicht viel verändert: Auch heute noch reglementiert der Staat das Glücksspiel, verdient aber gleichzeitig kräftig am Glücksspiel mit.

Die ältesten uns bekannten Glücksspiele benutzten den so genannten Astragalus, den Vorfahren unseres heutigen sechsseitigen Würfels. Ein Astragalus war ein rechteckiger Knochen, der ursprünglich aus den harten Knöcheln von Schafen oder Ziegen gefertigt wurde (siehe Abbildung I.1). Damit war ein Astragalus praktisch unzerstörbar.

Abbildung I.1: *In der griechischen und römischen Kultur dienten Astragali unter anderem zu Orakelzwecken*

Das Würfelspiel mit Astragali erfreute bereits die Ägypter, wie archäologische Grabungsfunde bestätigen. Durch ihre kantige Form haben sie vier verschiedene mögliche Ruhepositionen, die Wahrscheinlichkeit für die Ergebnisse ist unterschiedlich hoch. Daneben wurden auch Würfel moderner Form verwendet. Schon antike Autoren hatten Theorien zu ihrer Erfindung, unter anderem schrieb Plinius der Ältere (römischer Gelehrter, * etwa 23 in Novum Comum; † 24. August 79 in Stabiae) sie Palamedes (griechischer Sagenheld aus Nauplia) während des Trojanischen Krieges zu und Herodot (antiker griechischer Historiograph, Geograph und Völkerkundler, * 490/480 v. Chr., † um 425 v. Chr.) dem Volk der Lyder.[3] Es ist

---

2   Vgl. ROMEIKE, F.: Zur Historie des Versicherungsgedankens und des Risikobegriffs, in: Romeike, F.; Müller-Reichart, M.: Risikomanagement in Versicherungsunternehmen, Weinheim 2008, S. 25.

3   Vgl. INEICHEN, R.: Würfel und Wahrscheinlichkeit – Stochastisches Denken in der Antike, Heidelberg/Berlin/Oxford 1996, S. 41 ff.

jedoch davon auszugehen, dass sie aus dem Orient übernommen wurden. Dabei waren neben sechsseitigen auch bereits Würfel mit höheren Seitenzahlen bekannt, unter anderem gibt es Funde von 12-, 18-, 19-, 20- und 24-seitigen Würfeln. An Materialien ist ein weites Spektrum überliefert, unter anderem Ton, Metall, Elfenbein, Kristall, Knochen und Glas. Auch gab es bereits Würfel mit Buchstaben und Wörtern statt Zahlen oder Augen, die für die Wahrsagerei oder komplexe Würfelspiele benutzt wurden.

Vasen aus der griechischen Antike zeigen Jünglinge, die sich mit Würfelknochen ihre Zeit vertreiben. Auf der folgenden Abbildung I.2 sind zwei römische Mädchen beim Astragalspiel – bei den Römern Tali genannt – zu sehen.

Abbildung I.2: *Fragment eines Kelches des Töpfers Xanthus, Vindonissa aus Terra Sigillata*

Nach Überlieferungen des römischen Senators und Historikers Publius (oder Gaius) Cornelius Tacitus (* um 55, † nach 116) spielten die Germanen mit äußerstem Leichtsinn um Haus und Hof, zuletzt gar um die eigene Freiheit. Ohnehin waren Würfelspiele vor allem in der römischen Zeit weit verbreitet, obwohl es immer wieder Spielverbote gegeben hat. Schuld daran waren offenbar auch die Spielbetrüger. Aus der Antike überliefert sind Würfelbecher und Würfeltürme, die verhindern sollten, dass einzelne Glücksritter ihre Mitspieler über den Tisch ziehen. In die Würfeltürme wurden die Würfel von oben hineingeworfen und rollten durch das Innere des Turms über mehrere Stufen dem Ausgang entgegen. In Abbildung I.3 ist die im Jahr 1984 in einer römischen Villa bei Froitzheim (Kreis Düren) gefundene Turricula (lateinisch für Würfelturm) aus Bronze abgebildet. Der im Rheinischen Landesmuseum in Bonn ausgestellte Würfelturm wurde mit zwei Sprüchen in Durchbrucharbeit verschönt: *„Utere felix vivas"* (Welcher auch von euch beiden, lebe glücklich!) und *„Pictos victos, hostis deleta. Ludite securi."* (Die Pikten sind besiegt, die Feinde vernichtet. Spielt unbesorgt!). Der Würfelturm hat im Inneren Stufen aus Kupferblech, über die die Würfel herabfielen und vor der Treppe, die nach außen führt, ehemals drei Glöckchen anschlugen. Dann wurden als Ergebnis die Augen abgelesen. Die Römer spielten damit eine Art Backgammon oder Tricktrack.

Abbildung I.3: *Römischer Würfelturm, um 370 n. Chr., Rheinisches Landesmuseum Bonn*

Offiziell war das Glücksspiel mit Würfeln wie auch mit Astragalin in römischer Zeit nur an den Saturnalien[4] erlaubt, doch den Verlockungen des Glücksspiels konnten selbst Kaiser nicht widerstehen. Nach Gaius Suetonius Tranquillus (* um 70 n. Chr., † ca. 130-140 n. Chr.) hegten sowohl Tiberius Claudius Caesar Augustus Germanicus (vierter römischer Kaiser der julisch-claudischen Dynastie, * 1. August 10 v. Chr. in Lugdunum, heute Lyon, † 13. Oktober 54 n. Chr.) als auch Nero Claudius Caesar Augustus Germanicus (von 54 bis 68 Kaiser des Römischen Reiches, * 15. Dezember 37 n. Chr. in Antium, † 9. Juni 68 n. Chr. bei Rom) eine Vorliebe für das Würfeln. Claudius soll dem Spiel ein so großes Interesse entgegengebracht haben, dass er eigens ein Werk über die Kunst des Würfelspiels verfasste. Und der römische Staatsmann und Feldherr Gaius Iulius Caesar (* 13. Juli 100 v. Chr. in Rom; † 15. März 44 v. Chr. in Rom) soll bekanntlich die Worte „Alea iacta est" (Die Würfel sind gefallen) ausgesprochen haben, als er am 10. Januar 49 v. Chr. den Grenzfluss Rubikon überschritt und damit den Bürgerkrieg einleitete.[5]

---

4   Die Saturnalien waren ein römisches Fest zu Ehren des Gottes Saturn. Es wurde ursprünglich am 17. Dezember gefeiert, später zwischen dem 17. und 23. Dezember. Erst später wurden die Saturnalien bis zum 30. Dezember ausgedehnt.

5   Das Sprichwort ist in dieser Version erstmals beim Geschichtsschreiber Sueton belegt: Am 10. Januar 49 v. Chr. erschien Julius Caesar mit seiner Armee am Rubikon, dem Grenzfluss zwischen der Provinz Gallia cisalpina und Italien, das kein römischer Feldherr mit seinen Truppen betreten durfte. Während er noch unschlüssig dastand, kam ein Hirte herangelaufen, entriss einem Soldaten die Trompete, überschritt den Fluss und blies Alarm. Darauf sagte Caesar: „Eatur quo deorum ostenta et inimicorum iniquitas vocat. Iacta alea est."

2.   Fortuna und Gewissheit

Der Ausgang von Glücksspielen hängt primär vom Zufall ab und nicht vom Geschick oder den Fähigkeiten der Spieler (abgesehen vom Falschspiel mit gezinkten Würfeln). Die unterschiedlichen Glücksspiele unterscheiden sich unter anderem durch die Wahrscheinlichkeit des Gewinnens sowie im Verhältnis der Gewinnausschüttung zu den gezahlten Einsätzen. Im Allgemeinen sind die Spielregeln und Gewinnausschüttungen so ausgelegt, dass ein Glücksspieler auf lange Sicht, also bei häufigem Spiel, Geld verliert.

Noch im Mittelalter hat man dieses Phänomen als von Gott gegeben hingenommen. Das Weltbild des Mittelalters stellt ein in sich geschlossenes und hierarchisch gegliedertes Bild einer kosmischen Ordnung dar (ordo) – inklusive aller Ausnahmen, Einschränkungen und Grenzphänomene. Während Gott an der Spitze der Seinspyramide den Lauf der Dinge bestimmt, ist der Mensch – als „Krone der Schöpfung" – das Bindeglied zwischen einer geistig-spirituellen und einer materiellen Welt. Wie der Mensch sind auch die Natur und das Geschehen von Gott gelenkt. Das Individuum ist lediglich ein Teil dieser göttlichen Ordnung, ihm ist in der „universitas" ein ganz bestimmter und fester Platz zugewiesen. Der einzelne Mensch hingegen fühlte sich nicht als Individuum, sondern als Glied einer Gemeinschaft.

Die Moderne unterscheidet sich also nicht vorrangig durch die Potenz der sie umstellenden Bedrohungen von vorigen Epochen, vielmehr ist es ihr rationaler Weltbezug, der nahezu sämtliche Bedrohungen oder Gefahren als selbstinduzierte Risiken begreift. Spiegelbildlich stellt man sich alle materiellen und immateriellen Güter als Chancen, das heißt potenziell in der Zukunft erwerbbar, vor. Kontrastiert man dieses individualistische Lebensmodell moderner Wirklichkeit mit einer typisch mittelalterlichen Lebensvorstellung, gewinnen die Unterschiede noch deutlichere Konturen. Die Lebenszeit wurde als von Gott gewährte Frist auf Erden verstanden, die auf eine als Ewigkeit vorgestellte Zukunft ausgerichtet war, deren Qualität nicht prioritär von eigener Leistung, sondern einzig und allein von der Gunst Gottes abhing. Der Glaube, also ein generalisiertes Vertrauen auf rational nicht nachvollziehbare Wirkmächte, erweist sich als Rahmen jedes erlösungsorientierten Lebens. Diese Erlösungsorientierung lebt mit einem Risiko, das nicht beständig, sondern erst konsekutiv droht: Erst am Ende, am Tage des Jüngsten Gerichts, wird über Wert und Unwert des irdischen Lebens entschieden.

Das durchschnittliche Risikoverhalten solcher Lebensmodelle kann deswegen als tendenziell passiv oder abwartend verstanden werden: Man erwartet das kommende Reich Gottes. Auch die Welt der Märchen malt diese abwartende Struktur damaligen Risikoverhaltens aus: Das Aschenputtel, das auf ihren Prinzen wartet, die sieben Raben, die auf ihre Schwester warten, der Froschkönig, der nur durch einen Kuss erlöst werden kann usw. Dem individuellen Handeln waren aus dem Verständnis der Zeit somit Grenzen gesetzt.

Bereits die naturreligiösen und mythischen Opfer und Rituale gehörten in den Bereich der (magisch-subjektiven) Risikominimierung, bei der es primär darum ging, Unvorhergesehenes und Bedrohliches aus dem eigenen systemischen Denken auszugrenzen oder das zukünftige Risiko (Noch-Nicht-Ereignisse, die wir uns hier und jetzt vergegenwärtigen müssen, ohne sie jetzt bereits wirklich kennen zu können. Risiken lauern bösartigerweise in den Seitengängen einer Zukunft, die uns den „Blick um die Ecke" verweigert[6]) zu kontrollieren. Im Römischen Reich führte dies bei zunehmender rechtlicher Kodifizierung der gesellschaftlichen Verhältnisse, die Unsicherheiten bzw. Risiken abbauen sollte, und bei wachsender Säkularisierung der ökonomischen Verkehrsformen zu einer religiösen Konstellation, die *„als letzte Bastion mythischen Denkens und als wahrscheinlich wichtigste Gegenfigur zum christlichen Glauben an die Omnipotenz des einen wahren Gottes betrachtet werden muss: zum außerordentlich populären Kult der Fortuna, der Göttin des glücklichen, aber unberechenbaren Zufalls"*[7].

So war denn auch Fortuna, die Göttin des Zufalls, des wagemutigen Handelns und damit des Eingehens von Risiken, die letzte der antiken Götter, die überlebt haben und angebetet wurden, was zumindest den Schluss zulässt, dass im späten römischen Imperium das Experimentalverhalten zur Welt eine so grundbestimmende Tendenz der gesellschaftlichen Praxis gewesen ist, dass religiöse Furcht in ihr kaum noch von durchgreifender Bedeutung sein konnte.

Die moderne Gesellschaft stellt sich die Zukunft dagegen nicht als Ewigkeit vor, sondern vergegenwärtigt sie in einer Prognose als kommende Gegenwart: Die Zukunft wird zum Risiko. Die leitende Orientierung religiösen Vertrauens entfällt. Kompensiert wird sie durch rationale Handlungsstrategien, die notwendigerweise das Risiko produzieren. Das Risikoverhalten der Moderne ist in seiner Rationalität aktivisch geprägt. Nicht die Gunst Gottes oder verdienstfrei erworbener Adel von Gottes Gnaden, sondern die eigene Leistungsfähigkeit bestimmen Wert und Rang des jeweiligen Lebensmodells. Es gilt, sich Herausforderungen zu stellen, Risiken „proaktiv" und präventiv anzugehen sowie Chancen zu nutzen. Dadurch, dass jeder Zustand in seiner möglichen Veränderbarkeit gesehen werden kann, wird jede Entscheidung riskant.

3.   Das Orakel als Risikomanager

Dem Ausgang des Spiels, das heißt dem Zufall, und der zukünftigen Ungewissheit des Lebens standen die Menschen in der Antike vollkommen hilflos und schicksalsergeben gegenüber. Wenn etwa in der Antike die Griechen eine Vorhersage über mögliche Ereignisse von

---

[6]   Vorwort von Theodor M. Bardmann in: KLEINFELLFONDER, BIRGIT: Der Risikodiskurs, Zur gesellschaftlichen Inszenierung von Risiko, Opladen 1996.

[7]   NERLICH, M: Zur abenteuerlichen Moderne oder von Risiko und westlicher Zivilisation, in: Risiko. Wieviel Risiko braucht die Gesellschaft?, Berlin 1998, S. 81.

Morgen suchten, berieten sie sich nicht mit ihrem Risikomanager, sondern wandten sich an ihre Orakel. So hatte beispielsweise das Orakel von Delphi seine Blütezeit im 6. und 5. Jahrhundert vor Christi Geburt.

Dem Mythos zufolge ließ Zeus als oberster olympischer Gott in der griechischen Mythologie zwei Adler von je einem Ende der Welt losfliegen, die sich in Delphi trafen. Seither habe dieser Ort als Mittelpunkt der Welt gegolten. Die Erdmutter Gaia vereinigte sich mit dem Schlamm, der nach dem Ende des Goldenen Zeitalters von der Welt übrig blieb, und gebar die geflügelte Schlange Python. Python hatte hellseherische Fähigkeiten und lebte an dem Ort, der später Delphi heißen sollte. Hera, die Frau des Zeus, war eine Enkelin Gaias. Gaia prophezeite ihrer eifersüchtigen Enkelin, dass Leto, eine der Geliebten Zeus' und somit Heras Nebenbuhlerin, dereinst Zwillinge gebären würde, die größer und stärker als alle ihre Kinder seien. So schickte sie Python los, um Leto zu verschlingen, noch bevor diese ihre Kinder zur Welt bringen konnte. Diese Intrige wurde von Zeus verhindert, und Leto gebar Artemis und Apollon. Eine der ersten Taten Apollons war die Rache an Python für den Anschlag auf seine Mutter. Er stellte Python bei Delphi und tötete ihn. Durch das vergossene Blut Pythons übertrugen sich dessen hellseherische Fähigkeiten auf den Ort. So wurde Delphi der Kontrolle Gaias entrissen und befand sich fortan unter dem Schutze Apollons.

Apollon, einer der griechischen Hauptgötter, sprach durch seine Priesterin Pythia und erfüllte sie mit seiner Weisheit, so dass sie den richtigen Rat geben konnte. Auf kultische Verehrung der Gaia ist es zurückzuführen, dass Apollon nicht durch einen Priester, sondern durch die Pythia sprach. Diese saß auf einem Dreifuß über einer Erdspalte. Glaubt man der Überlieferung, so stiegen aus dieser Erdspalte Dämpfe, die die Pythia in einen Trancezustand versetzten.

Der Kalender für das Orakel war klar definiert: Es sprach zunächst nur einmal im Jahr am Geburtstag des Apollon, dem siebenten Tag des Monats Bysios, später am siebten Tag jeden Monats im Sommer. Im Winter legte es für drei Monate eine Pause ein. Nach griechischer Vorstellung hielt sich der Gott in dieser Zeit bei den Hyperboreern auf, einem sagenumwobenen Volk im Norden. Das Orakel wurde währenddessen von Dionysos regiert. Bevor jedoch das Orakel überhaupt sprach, bedurfte es eines Omens: Ein Oberpriester besprengte eine junge Ziege mit eisigem Wasser. Blieb sie ruhig, fiel das Orakel für diesen Tag aus, und die Ratsuchenden mussten einen Monat später wiederkommen. Zuckte sie zusammen, wurde sie als Opfertier geschlachtet und auf dem Altar verbrannt. Nun konnten die Weissagungen beginnen. Begleitet von zwei Priestern begab sich die Pythia zur heiligen Quelle Kastalia, wo sie nackt ein Bad nahm, um kultisch rein zu sein. Aus einer zweiten Quelle, der Kassiotis, trank sie dann einige Schlucke heiligen Wassers. Begleitet von zwei Oberpriestern und den Mitgliedern des Fünfmännerrates ging die Pythia anschließend in den Apollontempel. Sie wurde nun vor den Altar der Hestia geführt, wo aus einer Erdspalte (geologische Untersuchungen haben bisher keinen Hinweis auf eine Erdspalte unter dem Apollontempel geben können) die berauschenden Dämpfe aufstiegen, und sie, mehr oder weniger in Trance, ihre Weissagungen formulierte.

Analog zu den modernen Methoden des Risiko-Managements waren jedoch sehr häufig die korrekte Interpretation der Ergebnisse sowie die Umsetzung der Handlungsalternativen wichtiger als das eigentliche Ergebnis. So fragte etwa der letzte König von Lydien Krösus (griech. Κροῖσος Kroísos, lat. Croesus; * um 591/590 v. Chr., † um 541 v. Chr.) das Orakel nach dem Ausgang des von ihm geplanten Krieges gegen Kyros. Die Pythia orakelte, ein großes Reich werde versinken, wenn er den Grenzfluss Halys überquere. Diese Prophezeiung soll der Lyderkönig in einem für ihn positiven Sinn aufgefasst haben und zog wohlgemut in den Krieg. So überquerte er den Grenzfluss Halys und fiel in Kappadokien ein. Die militärische Auseinandersetzung zwischen dem Perserkönig Kyros II. und Krösus wurde in der Schlacht bei Pteria beendet – zu Ungunsten von Krösus.

Weitere bedeutende antike Orakelstätten waren Ephyra, Olympia, Dodona, Klaros, Didyma und das Ammonium in der Oase Siwa. Der christliche Kaiser Theodosius I. (eigentlich Flavius Theodosius, * 11. Januar 347 in Cauca, Spanien, † 17. Januar 395 in Mailand) beendete schließlich die Zeit der Orakelstätten im Jahr 391 n. Chr. durch ein Edikt.[8]

Am Hang des Parnass bei der Stadt Delphi kann man heute die Ausgrabungen der vormaligen Wirkungsstätte des Orakels von Delphi besichtigen. Die wichtigsten Funde (darunter die Statue des Wagenlenkers von Delphi und der Omphalos) sind heute im archäologischen Museum von Delphi direkt neben dem Ausgrabungsgelände ausgestellt. Basierend auf historischen Überlieferungen sollen am Eingang des Tempels von Delphi die Inschriften „Erkenne dich selbst" und „Nichts im Übermaß" angebracht gewesen sein. Insbesondere die erste Aufforderung deutet die eigentliche Absicht des Kultes an, nämlich die Auflösung individueller Probleme und Fragestellungen durch die Auseinandersetzung mit der eigenen inneren Persönlichkeit. Die Erkenntnis der „Innenwelt" dient damit als Zugang zur Problemlösung in der „Außenwelt". Die zweite Inschrift „Nichts im Übermaß" mahnt zur Bescheidenheit im eigenen Tun.

Die Existenz dieser Inschriften ist nicht durch archäologische Funde, sondern ausschließlich aus schriftlichen Überlieferungen bekannt. So lässt beispielsweise der griechische Philosoph Platon (lateinisch Plato, * 427 v. Chr., † 347 v. Chr.) in „Phaidros" und primär in „Symposion" den griechischen Philosophen Sokrates über die Bedeutung dieser Inschriften referieren.

Der Risikobegriff und die Methodik eines Risiko-Managements konnten erst entstehen, als die Menschen erkannten, dass die Zukunft nicht bloß den Launen der Götter entsprang und sie auch nicht ein Spiegelbild der Vergangenheit ist. Erst als man sich bewusst war, dass man sein Schicksal auch selbst mitbestimmt, konnten die Grundlagen der Wahrscheinlichkeitstheorie und des Risiko-Managements entstehen.

---

8   Vgl. FONTENROSE, J.: The Delphic Oracle. Its responses and operations with a catalogue of responses. Berkeley 1981.

4.   Wahrnehmung des Individuums von Vergangenheit und Zukunft

Das Revolutionäre im Vergleich zur Wahrnehmung von Chance und Gewinn sowie von Vergangenheit und Zukunft in der klassischen Antike und im Mittelalter ist die Vorstellung der Neuzeit von Zukunftssteuerung und aktiver Steuerung von Risiken (und Chancen), also der Gedanke, dass die Zukunft nicht nur göttlichen Launen entspringt, sondern Menschen die Zukunft aktiv beeinflussen können.[9] Ob die seit dem 17. Jahrhundert nach und nach entwickelte Theorie des Risiko-Managements und der Risikosteuerung tatsächlich die Spiel- und Wettleidenschaft des Menschen in wirtschaftliches Wachstum, verbesserte Lebensqualität und technologischen Fortschritt kanalisiert hat, sei dahingestellt.[10] Unbestritten ist jedoch, dass Glücksspiel und die Entwicklung des modernen Risiko-Managements untrennbar miteinander verknüpft sind. Zwar liegen die Wurzeln der eigentlichen Risikoforschung in der Zeit der Renaissance, als der Mensch sich von den Fesseln der Vergangenheit befreite und tradierte Meinungen und religiöse Vorstellungen offen in Frage stellte, doch ist ein intensives Nachdenken über Zufälle und Wahrscheinlichkeit bereits aus der Antike tradiert. „Die Menschen haben sich vom Zufall ein Bild geschaffen zur Beschönigung ihrer eigenen Unberatenheit", heißt es bei dem griechischen Philosophen und Vorsokratiker Demokrit (auch Demokritos, * 460 v. Chr. in Abdera, † 371 v. Chr.). Und Aristoteles (* 384 v. Chr. in Stageira, † 322 v. Chr. in Chalkis), der erste Philosoph, von dem detaillierte Überlegungen über den Begriff des Zufalls überliefert sind, definiert das Geschehen als einen Zustand, dessen Ursachen der Zufall, das „Vonselbst" oder die „Fügung" sind.[11] Dabei ist die Fügung jener Spezialfall des „Vonselbst", bei dem aus einer beabsichtigten Handlung etwas Unbeabsichtigtes entsteht. Zufall und Fügung sind für Aristoteles Ursachen in nebensächlicher Bedeutung, unbestimmte Ursachen und „darum für menschliche Überlegung unerkennbar".[12] Den Zufall durch die Berechnung von Chancen in den Griff zu bekommen, ist somit kaum möglich. Epikur (* 342 v. Chr. auf Samos, † 271 v. Chr. in Athen) stellt sich die Schöpfung der Welt als Zufall vor. Nach Epikur ist der Zufall objektiv und die eigentliche Natur der Erscheinungen. Auch die modernen Gesetze der Quantenmechanik sind durch Zufall bestimmt, und die Quantenmechanik ist die Basis aller Prozesse in unserer Welt. Aus dieser Sicht ist es der Zufall, der die Ordnung und Gesetze bestimmt. Aus Sicht der Biologie gibt es keine Evolution ohne Zufall, eine weitere Bestätigung für die Dominanz des Zufalls in der Natur. Aus diesem und anderen Bedürfnissen hat die Mathematik die Wahrscheinlichkeitstheorie entwickelt, die uns die Modellierung von zufälligen Erscheinungen ermöglicht.

---

9   LUHMANN, N.: Soziologie des Risikos, Berlin/New York 1991, S. 55.

10   Vgl. BERNSTEIN, P. L.: Wider die Götter. Die Geschichte von Risiko und Riskmanagement von der Antike bis heute, München 1997, S. 9 ff.

11   ARISTOTELES: Physika, Berlin 1990.

12   INEICHEN, R: Würfel, Zufall und Wahrscheinlichkeit, in: Magdeburger Wissenschaftsjournal 2 (2002), S. 41.

Seine Philosophie knüpfte an eine vorsokratische und vorplatonische Stufe der griechischen Philosophie an. Von Demokrit übernahm er unter anderem die Wahrnehmungslehre mit der Vorstellung, dass alle Wahrnehmung geschieht, weil sich unablässig Bilder vom Wahrnehmbaren ablösen.

Da die Wahrnehmung für Epikur das einzige Wahrheitskriterium darstellt, ist sie auch das Kriterium für Schlussfolgerungen über solche Dinge, die nicht unmittelbar wahrgenommen werden, wenn nur diese Schlussfolgerungen nicht im Widerspruch zu den Angaben der Wahrnehmung stehen. Deshalb ist die logische Folgerichtigkeit eine wichtige Bedingung der Wahrheit.

Für die Stoiker[13], die eines der wirkungsmächtigsten philosophischen Lehrgebäude in der abendländischen Geschichte aufgebaut haben, ist der Zufall bloß ein subjektiver Mangel: Die Welt ist im Sinne eines unerbittlichen Schicksals vollständig determiniert.

Ein besonderes Merkmal der stoischen Philosophie ist die kosmologische, auf Ganzheitlichkeit der Welterfassung gerichtete Betrachtungsweise. Hieraus lässt sich ein in allen Naturerscheinungen und natürlichen Zusammenhängen waltendes göttliches Prinzip ableiten. Eine der einprägsamsten Beschreibungen für das stoische Weltbild hat Mark Aurel (von 161 bis 180 römischer Kaiser, * 26. April 121 in Rom, † 17. März 180 wahrscheinlich in Vindobona) hinterlassen:[14]

„Alles ist wie durch ein heiliges Band miteinander verflochten. Nahezu nichts ist sich fremd. Alles Geschaffene ist einander beigeordnet und zielt auf die Harmonie derselben Welt. Aus allem zusammengesetzt ist eine Welt vorhanden, ein Gott, alles durchdringend, ein Körperstoff, ein Gesetz, eine Vernunft, allen vernünftigen Wesen gemein, und eine Wahrheit, so wie es auch eine Vollkommenheit für all diese verwandten, derselben Vernunft teilhaftigen Wesen gibt.“

Die Stoiker sind von der strengen Kausalität allen Geschehens überzeugt. Was immer in der Welt und unter Menschen vorkommt, beruht demnach auf einer lückenlosen Kausalkette. Somit haben die Stoiker bereits die heute im modernen Risiko-Management verwendeten Ursache-Wirkungs-Ketten in ihrem Gedankengebäude berücksichtigt. Für die Stoiker versagt unser Erkenntnisvermögen, wenn diese Ursache-Wirkungs-Kette nicht nachweisbar ist.[15]

---

13   Der Name Stoa (griech. Στοά, „bemalte Vorhalle") geht auf eine Säulenhalle auf der Agora, dem Marktplatz von Athen, zurück, in der Zenon von Kition (* um 333 v. Chr. in Kition auf Zypern; † 264 v. Chr.) um 300 v. Chr. seine Lehrtätigkeit aufnahm.

14   Vgl. WITTSTOCK, A.: Selbstbetrachtungen, Stuttgart 1949; Nachdruck 1995.

15   Vgl. FORSCHNER, M.: Die stoische Ethik, Darmstadt 1995 sowie MATES, B.: Stoic Logic, Berkeley 1953.

5. Die Entstehung des modernen Risikobegriffs

Basierend auf einer etymologischen Analyse kann der (europäische) Begriff „Risiko" auf die drei Wörter Angst, Abenteuer und Risiko zurückgeführt werden.[16] Die althochdeutschen Bezeichnungen für Angst (angust, angest) implizieren eine körperlich und seelisch erfahrene Bedrängnis und Not. Diese Wörter sind bedeutungsgeschichtlich die Wurzeln in der Begriffsgeschichte des kaufmännischen Risikos. Der Ausdruck des Abenteuers (aventiure, adventure) bezeichnet bereits im Spätmittelalter auch pekuniäre Wagnisse und verdichtet eine Ideologie, die das Abenteuer als eine Strategie zur individuellen Vertiefung des Selbstwerts verabsolutiert. Das mittelhochdeutsche Lehnwort steht im Kontext einer höfisch-ritterlichen Welt unter anderem für die Suche nach riskanten Situationen und die kämpferische Konfrontation mit ungewissem Ausgang.

Auch bei den riskanten Unternehmungen der Kreuzritter waren Umschreibungen für den Begriff „Kreuzzug" üblich. Zu jener Zeit gebrauchte man Umschreibungen wie Reise (expeditio, iter) oder Pilgerfahrt (peregrinatio). Das heutige Wort „Risiko" (ital. rischio, span. riesgo, frz. risque, engl. risk) ist aus dem italienischen *rischio* direkt ins Deutsche entlehnt worden. Es ist nicht mehr hinreichend zu klären, ob die italienischen Worte *rischio* und *risco* oder das spanische *risco* (Klippe) den Ausdruck stärker geprägt haben, aber anscheinend unstrittig ist, dass Risiko „den unkalkulierbaren Widerstand im Kampf bezeichnet" hat und von dort aus verallgemeinert worden ist.

Etymologisch kann daher Risiko sowohl auf das frühitalienische *risco* (für „die Klippe") zurückverfolgt werden als auch auf das griechische „ριζα" („rhíza") für „Wurzel".[17] Sowohl eine zu umschiffende „Klippe" als auch eine aus dem Boden herausragende „Wurzel" kann ein Risiko darstellen. Unter Etymologen umstritten ist die Rückführung auf das arabische Wort „risq" für „göttlich Gegebenes, Schicksal, Lebensunterhalt". Risiko kann daher allgemein als das mit einem Vorhaben, Unternehmen oder ähnlichem verbundene Wagnis definiert werden.

Bereits im Zwölften Gesang von Homers[18] Odyssee wird ein dem modernen Risikobegriff nahe Beschreibung, im Kontext einer „gefühlten Gefahr", verwendet. Odysseus versuchte, sich bei den Klippen von Skylla (dem Meeresungeheuer in der Straße von Messina) vor Charybdis (legendärer Strudel am Nordende der Straße von Messina bei Sizilien) zu retten; dort wurde sein Schiff in einem von Zeus beschworenen Sturm vernichtet. Odysseus konnte sich nur dadurch retten, dass er sich an einem überhängenden Feigenbaum festklammerte. Als sein Schiff viele Stunden später wieder ausgeworfen wurde, ergriff er eine Planke (seine Chance) und war gerettet.

---

[16] KELLER, H. E.: „Auf sein Auventura und Risigo handeln". Zur Sprach- und Kulturgeschichte des Risiko-Begriffs, in: Risknews, Heft 1/2004, S. 60-65.

[17] *Klippe, cliff, récif* sind die Wortursprünge des spanischen *riesgo*, des französischen *risque* und des italienischen *risico, risco, rischio*. Das deutsche „Risiko" ist aus diesen italienischen Worten entlehnt.

[18] Homer ist der erste namentlich bekannte Dichter der griechischen Antike und lebte vermutlich gegen Ende des 8. Jahrhunderts v. Chr.

Der heutige Begriff „Risiko" tauchte im 14. Jahrhundert das erste Mal in den norditalieni-
schen Stadtstaaten auf. Der aufblühende Seehandel führte zur gleichen Zeit zur Entstehung
des Seeversicherungswesens. Etymologisch können daher sowohl die Entstehung des Risikobegriffs als auch die Entwicklung der ersten Versicherungsverträge nicht voneinander getrennt werden.[19] Risiko bezeichnet die damals wie heute existierende Gefahr, dass ein Schiff
sinken könne, etwa weil es an einer Klippe zerschellt oder von Piraten gekapert wird. Das
„Risiko" quantifiziert das Ausmaß einer Unsicherheit und ermöglicht den kontrollierten Umgang
damit. Ein Instrument zur Risikosteuerung war der Abschluss eines Versicherungsvertrags.

Auch die Verteilung seines Kapitals auf mehrere Handelsunternehmungen führte so einerseits
zu einer verstärkten Abhängigkeit, andererseits bot sie aber die Möglichkeit, längerfristig
handlungsfähig zu bleiben. Denn auch wenn die Wahrscheinlichkeit eines Schiffsunglücks
nicht abhängig von der Anzahl seiner Besitzer ist, reduziert sich das Schadensausmaß für
jeden einzelnen proportional zu der Anzahl der Investoren. Die Distribution des Risikos ändert dergestalt aber nicht nur die Quantität, sondern ebenso die Qualität der Bedrohlichkeit.
Ein Katastrophenrisiko, das die Existenz des Handelsunternehmens gefährdet, wird überführt
in ein Risiko, das nur noch die Fortführung einzelner Unternehmensziele kurz- oder mittelfristig beeinflusst.[20] Seit dem 15. Jahrhundert etabliert sich der Risikobegriff als kaufmänni-
sche Definition zunehmend auch in den anderen europäischen Volkssprachen. In Deutschland
finden sich als italienisches oder katalanisches Fremdwort kurz vor 1500 erste Belege, und
wenig später finden wir „Risiko" in der Doppelformel mit dem geläufigen Ausdruck „Abenteuer" bzw. „Auventura" in einem Buchhaltungsbuch von 1518: Im Hinweis, dass „auf sein
Auventura und Risigo" zu handeln sei.[21]

6.   Die historischen Wurzeln des Risiko-Managements

Die ersten Ansätze einer rudimentären Versicherung konnte man bereits im Altertum, insbesondere in Griechenland, Kleinasien und Rom, finden. So schlossen sich bereits etwa um
3.000 v. Chr. phönizische Händler zu Schutzgemeinschaften zusammen und ersetzten ihren
Mitgliedern verloren gegangene Schiffsladungen.[22]

---

19   Vgl. ROMEIKE, F.: Zur Historie des Versicherungsgedankens und des Risikobegriffs, in: Romeike, F.;
     Müller-Reichart, M.: Risikomanagement in Versicherungsunternehmen, Weinheim 2008.

20   ROMEIKE, F.: Lexikon Risiko-Management, Köln 2004.

21   KELLER, H. E.: „Auf sein Auventura und Risigo handeln". Zur Sprach- und Kulturgeschichte des Risiko-
     Begriffs, in: Risknews, Heft 1/2004, S. 62.

22   Vgl. ROMEIKE, F.: Zur Historie des Versicherungsgedankens und des Risikobegriffs, in: Romeike, F.;
     Müller-Reichart, M.: Risikomanagement in Versicherungsunternehmen, Weinheim 2008, S. 27.

Ein Gesetzbuch des Hammurapi bzw. Hammurabi (trug auch den Titel König von Sumer und Akkad, * 1728, † 1686 v. Chr., nach anderer Chronologie * 1792, † 1750 v. Chr.), der 6. König der ersten Dynastie von Babylonien, enthielt klare Bestimmungen, wonach sich Eselstreiber bei Raubüberfällen auf Karawanen den Schaden untereinander ersetzen sollten. Hammurabi kodifizierte das Straf-, Zivil- und Handelsrecht und ist vor allem bekannt durch seine in altbabylonischer Sprache abgefasste und auf einer Dioritstele eingemeißelte Geset-zessammlung (den so genannten Codex Hammurabi).[23] So heißt es beispielsweise in dem Text: *„Wenn ein Bürger das Auge eines anderen Bürgers zerstört, so soll man ihm ein Auge zerstören. Wenn er einen Knochen eines Bürgers bricht, so soll man ihm einen Knochen bre-chen. (...) Wenn ein Bürger einem ihm ebenbürtigen Bürger einen Zahn ausschlägt, so soll man ihm einen Zahn ausschlagen. Wenn er einem Palasthörigen einen Zahn ausschlägt, so soll er ein Drittel Mine Silber zahlen.“*[24] Unter gesellschaftlich gleichstehenden Personen galt in Babylonien ein Talionsrecht: Gleiches wird mit Gleichem vergolten, die Strafe ent-spricht der Tat. Bei gesellschaftlich tiefer stehenden Personen wird eine Kompensation durch Zahlung ermöglicht. Der Kodex des Hammurabi enthielt außerdem 282 Paragraphen zum Thema „Bodmerei“. Bodmerei war ein Darlehensvertrag bzw. eine Hypothek, die von dem Kapitän bzw. Schiffseigentümer zur Finanzierung einer Seereise aufgenommen wurde. Ging das Schiff verloren, so musste das Darlehen nicht zurückgezahlt werden. Somit handelte es sich bei Bodmerei um eine Frühform der Seeversicherung.

Insbesondere in Griechenland und Ägypten halfen kultbezogene Vereine ihren Mitgliedern bei Krankheit und sorgten für ein würdiges Begräbnis. Dies war auch die Grundlage für die Gründung erster Sterbekassen. Die Mitglieder einer solchen Sterbekasse hatten Anspruch auf ein würdiges Begräbnis, auf das Schmücken des Grabes und kultische Mahlzeiten, die die überlebenden Mitglieder einnahmen. Deshalb wurden die Mitglieder auch „sodales ex sym-posio“ (Mitglieder an der gemeinsamen Essenstafel) genannt. Andere Sterbekassen (etwa in Rom) versprachen ihren Mitgliedern einen Urnenplatz in unterirdischen Gewölben (Colum-baria). Die Mitglieder zahlten eine Grundgebühr sowie einen regelmäßigen jährlichen Bei-trag. Erst dann bekam man Anrecht auf einen Platz in der Gewölbeanlage, die durch die Bei-träge finanziert, gepflegt und verwaltet wurde.

Im Mittelalter bildeten sich Vereinigungen von Kaufleuten (Gilden), Schiffsbesitzern und Handwerkern (Zünfte), deren Mitglieder sich unter Eid zu gegenseitiger Hilfe etwa bei Brand, Krankheit oder Schiffbruch verpflichteten. Diese Solidargemeinschaften bildeten auch das Fundament für das moderne Versicherungswesen und die Grundlagen des Risiko-Managements.

Die ersten Versicherungsverträge sind vor allem sehr eng mit der Seefahrt und der Entstehung des modernen Risikobegriffs verbunden und wurden Ende des 14. Jahrhunderts in Genua und anderen Seeplätzen Italiens geschlossen. In Deutschland wurden die ersten vertraglichen

---

[23] Vgl. MANTHE, U. (Hrsg): Die Rechtskulturen der Antike: Vom alten Orient bis zum römischen Reich, München 2003 sowie VAN DE MIEROOP, M.: King Hammurabi of Babylon, a Biography, Oxford 2005.

[24] Vgl. ROMEIKE, F.: Zur Historie des Versicherungsgedankens und des Risikobegriffs, in: Romeike, F.; Müller-Reichart, M.: Risikomanagement in Versicherungsunternehmen, Weinheim 2008, S. 27.

Seeversicherungen gegen Ende des 16. Jahrhunderts abgeschlossen. Mit derartigen Versicherungsverträgen konnten Schiffseigentümer sich gegen Verlust ihrer Schiffe durch Sturm und Piraten schützen.

Auf Basis der über einen längeren Zeitraum erstreckten Beobachtungen der Unfälle von Handelsschiffen wurde eine Prämie von beispielsweise 12 bis 15 Prozent zur Abdeckung des Risikos verlangt. Aus dieser Zeit stammt auch das folgende Zitat: „Seit Menschengedenken ist es unter Kaufleuten üblich, einen Geldbetrag an andere Personen abzugeben, um von ihnen eine Versicherung für seine Waren, Schiffe und andere Sachen zu bekommen. Demzufolge bedeutet der Untergang eines Schiffes nicht den Ruin eines einzelnen, denn der Schaden wird von vielen leichter getragen als von einigen wenigen."[25] Zur gleichen Zeit entstand auch der Begriff der „Police", der sich vom italienischen „polizza" für „Versprechen" oder „Zusage" herleiten lässt. Auch heute heißt die Versicherungspolice im Italienischen „polizza d'assicurazione". Der englische Philosoph und Staatsmann Francis Bacon (* 22. Januar 1561 in London, † 9. April 1626 in Highgate) brachte im Jahr 1601 einen Gesetzesantrag zu regulären Versicherungspolicen ein. In Deutschland hat die Seeversicherung allerdings bis Ende des 19. Jahrhunderts nie eine volkswirtschaftliche Bedeutung erlangt, da der Gütertransport über See und der internationale Warenaustausch noch zu gering waren.

Als Pionier im Bereich der Stichprobenauswahl und -verfahren sowie der Versicherungsmathematik gilt John Graunt (* 24. April 1620 in London, † 18. April 1674 in London), der im Jahr 1662 das Buch „Natural and Political Observations mentioned in a following Index, and made upon the Bills of Mortality" veröffentlichte. Das Buch wird allgemein mit der Geburtsstunde der Statistik gleichgesetzt und enthielt eine Zusammenstellung der Geburts- und Todesfälle in London zwischen den Jahren 1604 und 1661.[26] Graunt war von dem Gedanken geleitet worden, „erfahren zu wollen, wie viele Menschen wohl existieren von jedem Geschlecht, Stand, Alter, Glauben, Gewerbe, Rang oder Grad etc. und wie durch selbiges Wissen Handel und Regierung sicherer und regulierter geführt werden könnten; weil, wenn man die Bevölkerung in erwähnter Zusammensetzung kennt, so könnte man den Verbrauch in Erfahrung bringen, den sie benötigen würde; auf dass Handel dort erhofft würde, wo er unmöglich ist."[27] So fand John Graunt heraus, dass „etwa 36 Prozent aller Lebendgeborenen vor dem sechsten Lebensjahr starben." An „äußeren Leiden wie Krebsgewächsen, Fisteln, Wunden, Geschwüren, Brüchen und Prellungen von Körperorganen, Eiterbeulen, Skrofulose, Aussatz, Kopfgrind, Schweinepocken, Zysten etc." starben weniger als 4.000 Menschen.

Der englischer Nationalökonom und Statistiker sowie Mitbegründer der Royal Society William Petty (* 27. Mai 1623, † 16. Dezember 1687 in London), ein Freund Graunts, griff die

---

25 Vgl. ROMEIKE, F.: Zur Historie des Versicherungsgedankens und des Risikobegriffs, in: Romeike, F.; Müller-Reichart, M.: Risikomanagement in Versicherungsunternehmen, Weinheim 2008, S. 29.

26 Vgl. ROMEIKE, F.: Zur Historie des Versicherungsgedankens und des Risikobegriffs, in: Romeike, F.; Müller-Reichart, M.: Risikomanagement in Versicherungsunternehmen, Weinheim 2008, S. 39.

27 Vgl. GRAUNT, J.: Natural and Political Observations mentioned in a following Index, and made upon the Bills of Mortality, 1665. Quelle: http://echo2.mpiwg-berlin.mpg.de/content/demography/demography/ Graunt_1665

statistischen Erkenntnisse auf und prägte vor allem den Begriff der „Politischen Arithmetik". Darunter verstand Petty die zur damaligen Zeit nicht gebräuchliche Anwendung von quantitativen Daten, d. h. Zahlen und Statistiken zur Analyse wirtschaftlicher Fragestellungen. Petty war ein Verfechter mathematisch-empirischer Vorgehensweise und wollte sich mittels Zahlen und statistischen Methoden von subjektiven Wertungen und Abschätzungen lösen, um so zu objektiveren Ergebnissen zu kommen. Daher erhielt er im Jahr 1654 die Aufgabe, ganz Irland in ein Kataster einzutragen. Ergebnis ist das Down Survey, das er im Jahr 1656 vollendete. Seine Arbeiten zur Arithmetik, zusammen mit denen John Graunts, begründeten die modernen Zählungstechniken und bildeten wesentliche Bausteine für das moderne Versicherungswesen.

Der englische Astronom, Mathematiker, Kartograph, Geophysiker und Meteorologe Edmond Halley (* 8. November 1656 in Haggerston bei London, † 14. Januar 1742 in Greenwich) trieb rund drei Jahrzehnte nach der Veröffentlichung von „Natural and Political Observations mentioned in a following Index, and made upon the Bills of Mortality" die Arbeiten John Graunts weiter und analysierte basierend auf Informationen des Breslauer Wissenschaftlers und Pfarrers Kaspar Neumann (* 14. September 1648 in Breslau, † 27. Januar 1715 in Breslau) Geburten- und Sterbeziffern aus Kirchenbüchern.[28] Halley konnte mit seinen Tabellen „die Wahrscheinlichkeit" zeigen, dass ein „Anteil" jeder gegebenen Altersgruppe „nicht binnen eines Jahres stirbt". Damit konnte die Tabelle dazu benutzt werden, die Kosten einer Lebensversicherung bei unterschiedlichem Alter zu berechnen, da die Tabelle die erforderlichen Daten zur Berechnung von Jahresrenten lieferte. Heute ist Halley weniger für seine revolutionären Arbeiten im Bereich der Versicherungsstatistik bekannt, sondern eher für den von ihm entdeckten periodischen Kometen mit einer Umlaufzeit von rund 76 Jahren (Halleyscher Komet; zuletzt kam er im Jahr 1986 in Erdnähe, seine nächste Wiederkehr wird für das Jahr 2061 erwartet), der u. a. auch von der ESA-Raumsonde Giotto analysiert wurde.

Kaspar Neumann diente die mathematisch-experimentelle Analyse, die auf vielen Gebieten der Naturwissenschaft im 17. Jahrhundert erfolgreich praktiziert wurde, als Vorbild auch bei der Untersuchung der Bewegungen im Leben und Sterben der Menschen. Sein Versuch, gestützt auf die empirische Analyse massenstatistischer Daten gesetzmäßige Zusammenhänge zwischen Leben und Tod zu finden und abergläubische Vorstellungen darüber zu widerlegen, ist darauf gerichtet, die Bedeutung Gottes auch auf diesem Gebiet nachzuweisen. In diesem Kontext kann Neumann als Vordenker von Johann Peter Süßmilch (* 3. September 1707 in Zehlendorf bei Berlin, † 22. März 1767 in Berlin), dem Begründer der Bevölkerungsstatistik in Deutschland, angesehen werden. Süßmilch versuchte in seinem Hauptwerk „Die göttliche Ordnung in den Veränderungen des menschlichen Geschlechts", durch den Nachweis der

---

[28] Vgl. COOK, A.: Edmond Halley: charting the heavens and the seas, Oxford 1998 sowie ROMEIKE, F.: Zur Historie des Versicherungsgedankens und des Risikobegriffs, in: Romeike, F.; Müller-Reichart, M.: Risikomanagement in Versicherungsunternehmen, Weinheim 2008, S. 30-31. Die Studie „An Estimate of the Degrees of the Mortality of Mankind, drawn from curious Tables of the Birth and Funerals at the city of Breslaw, with an Attempt to acscertain the Price of Annuities upon Lives" wurde von Edmond Halley im Jahr 1693 veröffentlicht.

„Konstanz massenstatistischer Merkmale der Bevölkerung als Ausdruck des Willens Gottes einen Nachweis für dessen Existenz zu liefern".[29]

Parallel entwickelten sich bereits Mitte des 16. Jahrhunderts in Schleswig-Holstein so genannte Brandgilden. Zur damaligen Zeit gab es keine staatliche Absicherung in Notfällen, so dass die Gilden zunächst als standesorientierte Schutzgilden, später auch als berufsständisch ausgerichtete Zunftgilden entstanden. Bei den Brandgilden wurde zunächst nur das Gebäude versichert. Einige Gilden versicherten später auch das Mobiliar, den Diebstahl von Pferden und Vieh von der Weide, Windbruch und die Begleichung der Begräbniskosten. Während ursprünglich der Schaden mit Naturalien (etwa Holz und Stroh für den Wiederaufbau des Hauses oder mit Weizen als Ersatz für die vernichtete Ernte) ersetzt wurde, führten die Gilden gegen Ende des 16. Jahrhunderts auch Geldleistungen ein. Damit war man dem modernen Versicherungsprinzip und Risiko-Management schon sehr nahe gekommen.

Am 30. November 1676 wurde der „Puncta der General Feur-Ordnungs-Cassa" durch Rat und Bürgerschaft der Stadt Hamburg verabschiedet. Die Hamburger Feuerkasse ist damit das älteste Versicherungsunternehmen der Welt.[30] Der definierte Versicherungsbereich befand sich damals innerhalb der Ringmauern der Stadt. Der Eintritt in die Hamburger Feuerkasse war zunächst freiwillig. Der Austritt hingegen war zunächst genehmigungspflichtig. Die Gebäude wurden nach ihrem tatsächlichen Wert (Verkehrswert) versichert. Hierbei betrug die maximale Versicherungssumme 15.000 Mark mit „einem quart" Selbstbeteiligung. Mit den Mitgliedern wurde neben festen Beiträgen (ordentliche Zulage) auch eine unbegrenzte Nachschusspflicht (außerordentliche Zulage) vereinbart. Bereits bei der Gründung wurde eine Wiederaufbauklausel vereinbart, d. h. das Gebäude musste nach einem Brandschaden wieder errichtet werden. Im Jahr 1753 wurden Austritte aus der Feuerkasse nach einem Eintritt nicht mehr gestattet. Im Jahr 1817 wurde die Versicherungspflicht für alle Gebäude eingeführt. Im Jahr 1833 folgte die Einführung einer Neuwertversicherung. Kostete ein gleichartiges Gebäude mehr als zum Zeitpunkt des Errichtens, wurde der höhere Betrag bezahlt. Beim Hamburger Brand von 1842 wurde die Hamburger Feuerkasse auf die „Bewährungsprobe" gestellt, da etwa 20 Prozent des Gebäudebestandes vernichtet wurde. Die Hamburger Feuerkasse entschädigte alle zerstörten und beschädigten Gebäude. Erst im Jahr 1867 erfolgte die Einführung eines nach individuellen Risiken abgestuften Beitrages.

Im Jahr 1778 wurde mit der Gründung der Hamburgischen Allgemeinen Versorgungsanstalt die erste Lebensversicherungsgesellschaft in Deutschland gegründet, die jedoch zunächst nur für eine elitäre Oberschicht interessant war. In der zweiten Hälfte des 18. Jahrhunderts entstanden die ersten Feuerversicherungsunternehmen, die von den absolutistischen Landesherren eingeführt wurden.

---

29 Vgl. SÜßMILCH, J. P.: Die göttliche Ordnung in den Veränderungen des menschlichen Geschlechts aus der Geburt, dem Tode und der Fortpflanzung desselben, 2 Teile, 1761–1762. Quelle: http://echo2.mpiwg-berlin.mpg.de/content/demography/demography/suessmilch_1761 sowie http://echo2.mpiwg-berlin.mpg.de/content/demography/demography/suessmilch_1762.

30 Vgl. www.hamburger-feuerkasse.de.

Ein weiterer wichtiger Meilenstein bei der Entwicklung des modernen Versicherungswesens und Risiko-Managements findet man in einem von Edward Lloyd (* 1688, † 1713) gegründeten Kaffeehaus in London. Lloyds Kaffeehaus entwickelte sich über die Jahre zum Treffpunkt für Kapitäne und Kaufleute. Dort schloss man zunächst humorig gemeinte Wetten darüber ab, welche Schiffe wohl den Hafen erreichen oder auch nicht erreichen würden. Schließlich wurden aus den Wetten echte Transaktionen, die über einen Makler abgewickelt wurden. Der Risikoträger bestätigte die Risikoübernahme, d. h. den Verlust gegen eine genau definierte Versicherungsprämie zu übernehmen, durch seine Unterschrift („Underwriter"). Das damalige „Versicherungsgeschäft" förderte jedoch eher den Wett- und Spielgeist, da Versicherungspolicen gegen quasi jedes nur denkbare Risiko abgeschlossen werden konnten: Tod durch Gin-Konsum, Versicherung weiblicher Keuschheit, todbringende Pferdeunfälle etc.[31]

Hieraus entstand später die „Corporation of Lloyd's", eine Vereinigung von privaten Einzelversicherern (Underwriter). Dabei haftet jeder Underwriter unbegrenzt mit seinem gesamten Vermögen für den übernommenen Risikoanteil und muss bei dem einer Aufsichtsbehörde ähnlichen „Lloyd's Committee" Sicherheiten hinterlegen (Lloyd's Deposits) und sich regelmäßigen Audits unterwerfen. Noch heute versichert Lloyd's so ziemlich alles, von großen Frachtschiffen über Ölbohrplattformen bis zu Kunstwerken. Weil die Policen häufig eine enorme Größe haben, schließen sich dafür mehrere Versicherer zusammen und übernehmen jeweils nur einen Teil des Risikos. Mit diesem Syndikatsmodell dient Lloyd's of London heute 66 Syndikaten als Markt und Regulierer, von dem aus sie kommerzielle und Spezial-Versicherungen vertreiben. Die Mitgliederfirmen müssen sich an gemeinsame Regeln halten. Sie zahlen in einen gemeinschaftlichen Fonds, aus dem Großschadensereignisse, wie beispielsweise resultierend aus den Terroranschlägen des 11. September 2001, bedient werden.

Als Names bezeichnet man bei Lloyd's die Investoren. Sie verpfänden ihr Privatvermögen (haften also persönlich) in bestimmter Höhe für bestimmte Risiken, beispielsweise für einzelne Schiffe. Der Vorteil dieses Investments besteht darin, dass die Names ihr Risikokapital – solange der Schadensfall nicht eintritt – weiterhin nutzen können: Immobilien können neben den Versicherungsprämien weiterhin Mieteinnahmen erbringen, Barvermögen kann weiterhin angelegt werden.

Die Gründung des Unternehmens Lloyd's erfolgte im Jahr 1871. Die Gesellschaft erhielt alle Rechte einer normalen Gesellschaft, charakteristisch blieb trotzdem der Schwerpunkt auf dem individuellen Engagement der Versicherungsgeber. In der Gründungsurkunde (Lloyd's Act) wurde die Gesellschaft zunächst auf Seeversicherungen eingeschränkt, was erst 1911 aufgehoben wurde. Lloyd's beruht im Kern nach wie vor auf dem im Lloyd's Act festgelegten Kodex. Dieser soll die Ansprüche beider Seiten schützen: Die Names müssen auch im Schadensfall vor Verarmung geschützt sein, die Ansprüche der Versicherungsnehmer dürfen nicht durch Parallelgeschäfte der Names gefährdet werden. Ursprünglich geschah dies durch eine gesellschaftliche Auslese: Die Names mussten ein Barvermögen in ausreichender Höhe besitzen.

---

[31] Vgl. ROMEIKE, F.: Zur Historie des Versicherungsgedankens und des Risikobegriffs, in: Romeike, F.; Müller-Reichart, M.: Risikomanagement in Versicherungsunternehmen, Weinheim 2008.

Als die Bohrinsel Piper Alpha nach einem Feuer im Jahr 1988 als Totalverlust verbucht werden musste, zeigte sich parallel auch ein erheblicher Reformbedarf bei Lloyd's: Die bestehende Kette von Rückversicherungen führte schließlich dazu, dass die Gesamtheit der Syndikate infolge des Unglücks ein Mehrfaches des tatsächlichen Schadens abschreiben musste.

In Deutschland gelang dem Versicherungsgedanken ein Durchbruch durch die Einführung der Sozialversicherung durch Otto Eduard Leopold von Bismarck-Schönhausen (bekannt als Otto von Bismarck, langjähriger Ministerpräsident von Preußen und der erste Reichskanzler des Deutschen Kaiserreichs, * 1. April 1815 in Schönhausen, † 30. Juli 1898 in Friedrichsruh bei Hamburg), um vor allem den Fabrikarbeitern aus patriarchalischer Sorgepflicht und christlichem Verantwortungsbewusstsein in den klassischen Notlagen des Lebens, bei Krankheit, Invalidität und im Alter zu helfen. In Deutschland wurden daher früher als in anderen Ländern die ersten Netze der Krankenversicherung (1883), der Unfallversicherung (1884) und der Invaliden- und Altersversicherung (1889) aufgebaut.

In der folgenden tabellarischen Übersicht sind die wesentlichen Entwicklungen im Bereich des Versicherungswesens, der Versicherungsmathematik und des Risiko-Managements von 400 v. Chr. bis 1900 zusammengefasst:[32]

Jahr	Ereignisse
400 v. Chr.	Erste Erwähnung des Seedarlehens in den Reden der Griechen Lysias und Demosthenes. Das für einen Seetransport gewährte Kapital war nur dann mit den vereinbarten Zinsen zurückzuzahlen, wenn Schiff und Ware unversehrt den Bestimmungshafen erreichten. Als „foenus nauticum" fand dieses Rechtsinstitut Aufnahme in das römische Recht.
200 v. Chr.	„Lex Rhodia de iactu": Nach der Insel Rhodos benannte gesetzliche Regelung der Gefahrengemeinschaft beim Seetransport im hellenistischen und später römischen Rechtskreis. Nach dieser Regelung mussten Schäden durch Über-Bord-Werfen von Waren in Seenot von allen Beteiligten gemeinsam getragen werden (Haverei).
130 n. Chr.	Älteste vollständig erhaltene Satzung einer römischen Sterbekasse aus Lanuvium bei Rom. Derartige Einrichtungen waren als so genannte Vereinigungen von Leuten einfachen Standes (collegia tenuiorum) in den unteren Bevölkerungsschichten und beim Militär verbreitet.

---

[32] In Anlehnung an die Übersichten bei PFEIFER, D.: Grundzüge der Versicherungsmathematik, Skript vom 28.06.2004 sowie: MILBRODT, H.; HELBIG, M.: Mathematische Methoden der Personenversicherung, Berlin 1999 sowie ROMEIKE, F.: Zur Historie des Versicherungsgedankens und des Risikobegriffs, in: Romeike, F.; Müller-Reichart, M.: Risikomanagement in Versicherungsunternehmen, Weinheim 2008, S. 32-35.

Jahr	Ereignisse
700	Kapitulare (Gesetz) Karls des Großen, das die Verbreitung von Gilden in karolingischer Zeit mit der Aufgabe gegenseitiger Hilfeleistung durch Geldzahlung bei Brand- und Schiffsunglücken bezeugt.
1150	Die seit der zweiten Hälfte des 12. Jahrhunderts in Deutschland nachweisbaren Zünfte unterstützten die Mitglieder in Notfällen wie Krankheit, Invalidität und Alter, im Todesfall auch Witwen und Waisen. Später entstanden eigene Gesellenbruderschaften mit ähnlichen Leistungen. Da die aufgebrachten Beiträge in den Laden verwahrt wurden, diente dieser Begriff später auch zur Bezeichnung der ausgegliederten Versorgungseinrichtung (Toten-, Kranken- und Witwenladen bzw. -kassen).
1308	Ältester bekannter Leibrentenvertrag, geschlossen zwischen dem Erzbischof von Köln und dem Kloster St. Denis bei Paris.
1347	Der älteste Seeversicherungsvertrag wurde in Genua abgeschlossen.
1370	Erster Rückversicherungsvertrag im Bereich der Seeversicherung in Genua (wird gemeinhin angesehen als Ursprung der Rückversicherung).
1583	Zwischen dem Ratsherren Richard Martin und Herrn Walter Gybbons wurde der erste bekannte Lebensversicherungsvertrag der Welt vereinbart (dieser war eher ein Wettvertrag): Auszahlung von 400 Pfund bei Tod binnen eines Jahres (bei einer Einmalprämie von 30 Pfund).
1585	Simon Stevin stellt in der Schrift „Practique d'Arithmétique" eine Zinstafel sowie eine Tabelle von Endwerten von Zeitrenten in Abhängigkeit von der Laufzeit auf.
1590	Abschluss des sog. Hamburgischen Seeversicherungsvertrags.
1591	Hamburger „Feuercontract" zur Versicherung der städtischen Brauhäuser.
1662	J. Graunt verfasste auf Anregung von W. Petty die Schrift „Natural and political observations made upon the bills of mortality" mit einer Sterbetafel, die auf dem Londoner Todesregister beruht.
1669	C. und L. Huygens tauschten sich in einem Briefwechsel über Erwartungswert und Median der zukünftigen Lebensdauer unter Zugrundelegung von Graunts Sterbetafel aus.

Jahr	Ereignisse
1670	Kampener „Kommunaltontine", entsprechend einer Idee von L. Tonti, gestaltet als Rentenanleihe.
1671	J. de Witt verfasste die Schrift „Waerdye van Lyf-Renten naer Proportie van Los-Renten" (Prämienberechnung für Leibrenten, „Rechnungsgrundlagen erster Ordnung") zum Zweck der Armee-Finanzierung im Niederländisch-Französischen Krieg.
1674	Ludwig XIV. gründete zur Förderung der Kampfmoral das „Hôtel des Invalides". Jeder Heeresangehörige hatte nach zehntägiger Dienstdauer Anspruch auf Aufnahme, d. h. auf medizinische Betreuung, Bekleidung und Verköstigung. Der Etat wurde aus einer zweiprozentigen Abgabe von allen Militärausgaben bestritten.
1676	Gründung der Hamburger Feuerkasse, des ersten öffentlich-rechtlichen Versicherungsunternehmens der Welt. Verabschiedung der „Puncta der General Feur-Ordnungs-Cassa" durch Rat und Bürgerschaft der Stadt Hamburg, Zusammenfassung der bestehenden Feuerkontrakte.
1680/83	Zahlreiche Schriften von G.W. Leibnitz zu verschiedenen Problemen der Versicherungs- und Finanzmathematik, u. a. mit den Themen Öffentliche Assekuranzen (mit Bezug auf die kurz zuvor gegründete Hamburger Feuerkasse), verschiedene Arten der Zinsrechnung, Leibrenten, Pensionen, Lebensversicherungen (auch auf mehrere Leben), Bevölkerungsentwicklung.
1693	Der Astronom E. Halley verfasste die Schrift „An estimate of the degrees of mortality of mankind, drawn from curious tables of the births and the funerals at the city of Breslaw; with an attempt to ascertain the price of annuitites upon lives." Konstruktion einer Sterbetafel (Todesfälle von 1687 bis 1691 in Breslau) basierend auf Aufzeichnungen von C. Neumann, Darstellung von Leibrentenbarwerten.
1706	Gründung der Amicable Society, der ersten Lebensversicherungsgesellschaft der Welt, in London.
1725	A. de Moivre verfasste das erste Lehrbuch der Versicherungsmathematik mit dem Titel „Annuities upon Lives". Sterbegesetz als Approximation von Halleys Sterbetafel, Rekursionsformeln für Leibrentenbarwerte.

Jahr	Ereignisse
1741	J. P. Süßmilch, Probst der Lutherisch-Brandenburgischen Kirche in Berlin, verfasste die Schrift „Die Göttliche Ordnung in den Veränderungen des menschlichen Geschlechts, aus der Geburt, dem Tode und der Fortpflanzung desselben." Wichtigster Klassiker der Demografie. Zusammen mit dem Mathematiker L. Euler führte er Berechnungen der Lebenserwartung durch, die noch bis ins 19. Jahrhundert von Versicherungsgesellschaften bei der Kalkulation von Lebensversicherungsprämien verwendet wurden.
1755	J. Dodson verfasste „The Mathematical Repository". Lebensversicherung gegen laufende konstante Prämien, Einführung des Deckungskapitals.
1762	Deed of Settlement (Gründungsurkunde) der „Society for Equitable Assurances on Lives and Survivorships." Erste Lebensversicherungsgesellschaft auf statistisch-mathematischer Basis. Wahl des auf Dodson zurückgehenden Begriffs des „Actuary" (Aktuar) als Berufsbezeichnung des Versicherungsmathematikers.
1765	D. Bernoulli verfasste die Schrift „Essai d'une nouvelle analyse de la mortalité cuasée par la petite vérole, et des avantages de l'inoculation pour la prévenir." Zusammengesetzte Ausscheideordnung mit den Ausscheideursachen „Tod ohne vorherige Pockenerkrankung" und „Ausscheiden durch Pockenerkrankung".
1771	In Österreich entstand das erste Pensionsrecht: Jeder Offizier hatte ohne Rücksicht auf sein persönliches Vermögen Anspruch auf Invalidenversorgung.
1767/76	L. Euler verfasste die Schriften „Recherches générales sur la mortalité et la multiplication du genre humain" sowie „Sur les rentes viagères et Eclaircissements sur les établissements publics en faveur tant des veuves que des morta avec la déscription d'une nouvelle espèce de tontine aussi favorable au public qu'utile à l'état." Erweiterung der Halleyschen Sterbetafelkonstruktion auf den Fall einer nichtstationären Bevölkerung. Jahresnettoprämien für Leibrenten (auch rekursiv), Bruttoprämien. Beschreibung einer „kontinuierlichen" (zugangsoffenen) Tontinenversicherung.
1785/86	N. Tetens verfasste die Schrift „Einleitung zur Berechnung der Leibrenten und Anwartschaften, die vom Leben einer oder mehrerer Personen abhängen". Erstes deutschsprachiges Lehrbuch der Lebensversicherungsmathematik (zweibändig); Einführung der Kommmutationszahlen.
1792	Gründung der ersten Hagelversicherung in Neubrandenburg.

Jahr	Ereignisse
1820/25	B. Gompertz beschrieb das nach ihm benannte Sterbegesetz in den Texten „A sketch of an Analysis and Notation applicable to the Value of Life Contingencies und On the Nature of the Function Expressive of the Law of Human Mortality and on a new Method of Determining the Values of Life Contingencies."
1845/51	C. F. Gauß erstellte ein Gutachten zur Prüfung der Professoren-Witwen- und Waisenkasse zu Göttingen.
1846	Gründung der Kölnischen Rückversicherungsgesellschaft.
1860/66	W. M. Makeham erweiterte das Gompertz'sche Sterbegesetz in den Schriften „On the Law of Mortality und On the Principles to be observed in the Construction of Mortality Tables. "
1863	A. Zillmer entwickelte in „Beiträge zur Theorie der Prämienreserve bei Lebensversicherungsanstalten" eine Darstellung des Deckungskapitals unter Einschluss von Abschlusskosten. Dieses Verrechnungsverfahren hat zur Folge, dass in der Anfangszeit eines Versicherungsvertrags kein Rückkaufswert und keine beitragsfreie Versicherungssumme vorhanden sind, da die ersten Jahresprämien ganz oder teilweise zur Deckung der Erwerbskosten dienen.
1871/80	Erste Allgemeine Deutsche Sterbetafel (ADSt) für das gesamte Deutsche Reichsgebiet.
1898	Erste internationale Standardisierung versicherungsmathematischer Bezeichnungsweisen. Die Grundprinzipien dieser Notation gehen zurück auf David Jones (1843): „On the Value of Annuities and Reversionary Payments".
1900	L. Bachelier leitete in der Schrift „Théorie de la Spéculation" eine Optionspreisformel unter Zugrundelegung einer Brown'schen Bewegung für die Aktienkursentwicklung her. Beginn der sog. Stochastischen Finanzmathematik.

Tabelle I.1:   *Wesentliche Entwicklungen im Versicherungswesen, in der Versicherungsmathematik und im Risikomanagement*

7. Wahrscheinlichkeitsrechnung als Grundlage des modernen Risiko-Managements

Während anfängliche Gefahrengemeinschaften eher vergleichbar waren mit einem Wettspiel, ermöglichten erst die Entwicklungen im Bereich der modernen Mathematik, Wahrscheinlichkeitsrechnung und Statistik im 17. bis 19. Jahrhundert die Professionalisierung des Versicherungsgedankens und Risiko-Managements.[33] Bis dahin waren die Menschen der Ansicht, dass die Zukunft weitestgehend den Launen der Götter entsprang und mehr oder weniger ein Spiegelbild der Vergangenheit war. Bereits im Zeitalter der Renaissance[34] (Zeit von etwa 1350 bis in die Mitte des 16. Jahrhunderts) wurde die mittelalterliche kirchliche und feudale Ordnung in Frage gestellt und damit eine gesellschaftliche Umstrukturierung initiiert, in deren Folge eine von Adel und Bürgertum getragene weltliche Kultur entstand. Dies hatte auch direkte Auswirkungen auf die Entwicklung des modernen Risiko-Managements. Aus ökonomischer Sicht kam es in der Renaissance zur Durchbrechung des mittelalterlichen Zinsverbots und zur Abschaffung der mittelalterlichen Brakteatenwährung[35]. Dies ermöglichte auch erst den Aufstieg der frühneuzeitlichen Bankhäuser wie beispielsweise den der Fugger oder der Medici.

Als Pioniere bei der Entdeckung der Wahrscheinlichkeitsgesetze gelten der italienische Philosoph, Arzt und Mathematiker Geronimo Cardano (auch Geronimo oder Girolamo, lateinisch Hieronymus Cardanus, * 24. September 1501 in Pavia, † 21. September 1576 in Rom) und der italienischer Mathematiker, Physiker, Astronom und Philosoph Galileo Galilei (* 15. Februar 1564 in Pisa, † 8. Januar 1642 in Arcetri bei Florenz). Cardano untersuchte in seinem Buch „Liber de Ludo Aleae" systematisch die Möglichkeiten des Würfelspiels mit mehreren Würfeln.[36] Dort stellte er fest: *„Im Fall von zwei Würfeln gibt es sechs Würfe mit gleicher Augenzahl und 15 Kombinationen mit ungleicher Augenzahl. Letztere Anzahl gibt bei Verdoppelung 30, also gibt es insgesamt 36 Würfe. (...) Würfe mit dreimal gleicher Augenzahl gibt es soviele wie Würfe mit zweimal gleicher Augenzahl im vorangegangenen Kapitel. Also gibt es sechs solche Würfe. Die Zahl der verschiedenen Würfe von drei Würfeln, mit*

---

[33]　Vgl. ROMEIKE, F.: Zur Historie des Versicherungsgedankens und des Risikobegriffs, in: Romeike, F.; Müller-Reichart, M.: Risikomanagement in Versicherungsunternehmen, Weinheim 2008, S. 32.

[34]　Das französische Wort Renaissance bedeutet „Wiedergeburt". Bezogen auf seinen Ursprung bedeutet der Begriff die „kulturelle Wiedergeburt der Antike". Im weiteren Sinne meint Renaissance daher die Wiedergeburt des klassischen griechischen und römischen Altertums in seinem Einfluss auf die Wissenschaft, die Kunst, die Gesellschaft, das Leben der vornehmen Kreise und die Entwicklung der Menschen zu individueller Freiheit im Gegensatz zum Ständewesen des Mittelalters.

[35]　Als Brakteaten (von lat.: bractea „dünnes Metallblech" abgeleitet) wurden im Mittelalter einseitig geprägte silberne Hohl-Pfennigmünzen mit einem Durchmesser von 30 bis 65 mm bezeichnet. Diese Fläche ließ viel Platz für hochwertige künstlerische Darstellungen.

[36]　„Das Buch der Glücksspiele" (Liber de Ludo Aleae) wurde im Jahr 1524 – etwa 100 Jahre vor Pascal und Fermat – veröffentlicht. Das Buch enthält im Kern die Grundlagen der mathematischen Wahrscheinlichkeitstheorie. Er hatte diese Gesetze bereits früher entdeckt, aber zunächst selbst benutzt. Er verdiente mit seinem Wissen beim Glücksspiel das Geld, das er für sein Medizinstudium benötigte.

zweimal gleicher Augenzahl und einer davon verschiedenen, ist 30, und jeder dieser Würfe entsteht auf drei Arten. Das ergibt 90. Wiederum ist die Anzahl der verschiedenen Würfe mit drei verschiedenen Augenzahlen 20, und jeder entsteht auf sechs Arten. Das macht 120. Also gibt es insgesamt 216 Möglichkeiten. "[37] Cardano näherte sich bereits dem erst später entwickelten Begriff der Wahrscheinlichkeit. Galileo stellte demgegenüber fest, dass beim wiederholten Wurf von drei Würfeln die Augensumme 10 öfter auftritt als 9, obwohl beide Zahlen durch sechs verschiedene Kombinationen erreicht werden können.

Die Ursprünge der Wahrscheinlichkeitsrechnung, mit deren Hilfe Voraussagen über die Häufigkeit von Zufallsereignissen möglich sind, können im Wesentlichen auf den französischen Mathematiker, Physiker und Religionsphilosophen Blaise Pascal, * 19. Juni 1623 in Clermont-Ferrand, † 19. August 1662 in Paris) zurückgeführt werden (vgl. Abbildung I.4).

Abbildung I.4: *Der französischer Mathematiker, Physiker, Literat und Philosoph Blaise Pascal*

Im Jahr 1640 wurde der Vater von Blaise Pascal zum königlichen Kommissar und obersten Steuereintreiber für die Normandie in Rouen ernannt. Hier erfand Blaise Pascal 1642 für ihn eine Rechenmaschine, die „roue Pascale" oder Pascaline. Sie ermöglichte zunächst nur Additionen, wurde im Lauf der nächsten zehn Jahre aber ständig verbessert und konnte schließlich auch subtrahieren.

---

[37] Vgl. FIERZ, M.: Girolamo Cardano. Arzt, Naturphilosoph, Mathematiker, Astronom und Traumdeuter, Basel 1977.

Der französische Edelmann und Spieler Antoine Gombaud (Chevalier de Méré, * 1607 in Poitou, † 29. Dezember 1684) sowie Sieur des Baussay (*1607, † 1685) schrieben einen Brief an Blaise Pascal, wo sie diesen um Hilfe bei der Analyse eines „uralten" Problems des Würfelspiels bitten.[38] Es geht um die Anzahl n der Würfe mit einem Würfel, die zu zwei hintereinander folgenden Sechsen führen. Man wusste schon damals, dass es beim Spiel mit einem Würfel günstig ist, darauf zu setzen, bei vier Würfen wenigstens eine Sechs zu werfen. De Méré dachte, es müsste dasselbe sein, wenn man bei 24 Würfen mit zwei Würfeln darauf setzte, wenigstens eine Doppelsechs zu erhalten. Während im ersten Fall sechs Möglichkeiten vier Würfe gegenüberstehen, stehen im zweiten 36 Möglichkeiten 24 Würfe gegenüber, das Verhältnis ist also in beiden Fällen 3:2. Entgegen seinen Erwartungen verlor aber Chevalier de Méré auf die Dauer beim zweiten Spiel.

Aus der Anfrage von Chevalier de Méré entstand ein reger Schriftwechsel zwischen Pascal und dem französischen Mathematiker und Juristen Pierre de Fermat (* Ende 1607 oder Anfang 1608 in Beaumont-de-Lomagne; † 12. Januar 1665 in Castres). In diesem Schriftwechsel stellte Pascal unter anderem fest: *„ Teilweises Wissen ist auch Wissen, und unvollständige Gewissheit hat ebenfalls einen gewissen Wert, besonders dann, wenn man sich des Grades der Gewissheit seines Wissens bewusst ist. ‚Wieso' – könnte jemand hier einwenden – ‚kann man den Grad des Wissens messen, durch eine Zahl ausdrücken?' – ‚Jawohl' – würde ich antworten – ‚man kann es, die Leute, die ein Glücksspiel spielen, tun doch genau das'. Wenn ein Spieler einen Würfel wirft, kann er nicht im Voraus wissen, welche Augenzahl er werfen wird, doch etwas weiß er, dass nämlich alle sechs Zahlen die gleiche Aussicht haben. Wenn wir die volle Gewissheit zur Einheit wählen, dann kommt dem Ereignis, dass eine bestimmte der Zahlen 1, 2, 3, 4, 5, 6 geworfen wird, offenbar der Gewissheitsgrad ein sechstel zu. Falls für ein Ereignis die Aussichten auf Stattfinden oder Nicht-Stattfinden gleich sind (wie etwa beim Münzenwerfen die Aussichten auf Kopf bzw. Zahl), so kann man behaupten, dass der Gewissheitsgrad des Stattfindens dieses Ereignisses genau gleich ein halb ist. Genauso groß ist der Gewissheitsgrad dessen, dass dieses Ereignis nicht stattfindet. Natürlich ist es eigentlich willkürlich, der vollen Gewissheit den Gewissheitsgrad 1 zuzuordnen; man könnte etwa der vollen Gewissheit den Gewissheitsgrad 100 zuordnen; dann würde man den Gewissheitsgrad der vom Zufall abhängigen, d. h. nicht unbedingt stattfindenden Ereignisse in Prozent bekommen. Man könnte auch der vollen Gewissheit in jedem konkreten Fall eine andere passend gewählte Zahl zuordnen, beispielsweise beim Würfeln die Zahl sechs; dann würde der Gewissheitsgrad jeder der sechs möglichen Zahlen gleich 1 sein. Doch am einfachsten und natürlichsten ist es, glaube ich, der vollen Gewissheit immer die Zahl 1 zuzuordnen und den Gewissheitsgrad eines zufälligen Ereignisses mit derjenigen Zahl zu messen, die angibt, welcher Teil der vollen Gewissheit diesem Ereignis zukommt. Der Gewissheitsgrad eines unmöglichen Ereignisses ist natürlich gleich null; wenn also der Gewissheitsgrad eines zufälligen Ereignisses eine positive Zahl ist, so soll dies heißen, dass dieses Ereignis jedenfalls möglich ist, wenn auch seine Chancen vielleicht nicht eben hoch sind. An dieser Stelle möchte ich bemerken, dass ich dem Grad der Gewissheit eines Ereignisses den Namen Wahr-*

---

38 Vgl. ROMEIKE, F.: Zur Historie des Versicherungsgedankens und des Risikobegriffs, in: Romeike, F.; Müller-Reichart, M.: Risikomanagement in Versicherungsunternehmen, Weinheim 2008, S. 36.

scheinlichkeit gegeben habe. (...) Ich habe aber als Grundannahme meiner Theorie gewählt, dass jedem Ereignis, dessen Stattfinden nicht sicher, aber auch nicht ausgeschlossen ist, also jedem Ereignis, dessen Stattfinden vom Zufall abhängt, eine bestimmte Zahl zwischen null und eins als seine Wahrscheinlichkeit zugeordnet werden kann."

Pascal und Fermat fanden gemeinsam die Lösung über ein Zahlenschema, welches wir heute als *Pascal'sches Dreieck*[39] kennen und das die Koeffizienten $\binom{n}{k}$ des binomischen Lehrsatzes

$$(a+b)^n = \sum_{k=0}^{n} \binom{n}{k} a^k b^{n-k}$$

angibt. Ein sogenannter Binomialkoeffizient $\binom{n}{k}$ liefert uns die Anzahl der Möglichkeiten, aus n wohl unterschiedenen Gegenständen k auszuwählen. Ein populäres Beispiel für die Benötigung eines Binomialkoeffizienten ist das Lottospiel, wo man sich die Frage stellen kann, wieviele Möglichkeiten es gibt, um aus 49 Kugeln sechs Kugeln auszuwählen. Die Antwort ist $\binom{49}{6}$ Möglichkeiten.[40] Das Pascal'sche Dreieck stellt die Binomialkoeffizienten in Pyramidenform dar. Sie sind im Dreieck derart angeordnet, dass ein Eintrag als die Summe der zwei darüber stehenden Einträge ist (vgl. Abbildung I.5).

Pascal hatte bereits am 24. August 1654 die richtige Lösung verkündet. Damit war auch gleichzeitig der mathematische Kern des Risikobegriffs definiert. Pascal erkannte vor allem, dass sich nicht voraussagen lässt, welche Zahl ein Würfel zeigt, wenn nur einmal gewürfelt wird. Wird dagegen mehrere Tausend oder Millionen Mal gewürfelt, kann davon ausgegangen werden, dass man jede Zahl des Würfels gleich oft treffen wird. Diese Erkenntnisse hatten insbesondere große Auswirkungen auf die Versicherungsmathematik, da erst so ein Risiko kalkulierbar wird und der Geldbedarf sich schätzen lässt.

---

39   Das Pascal'sche Dreieck war bereits früher bekannt und wird deshalb auch heute noch nach anderen „Entdeckern" benannt. In China spricht man vom Yang-Hui-Dreieck (nach Yang Hui), in Italien vom Tartaglia-Dreieck (nach Niccolò Fontana Tartaglia) und im Iran vom Chayyām-Dreieck (nach Omar Chayyām). Die früheste detaillierte Darstellung eines Dreiecks von Binomialkoeffizienten erschien im 10. Jahrhundert in Kommentaren zur Chandas Shastra, einem indischen Buch zur Prosodie des Sanskrit, das von Pingala zwischen dem fünften und zweiten Jahrhundert vor Christus geschrieben wurde.

40   Es gibt 13.983.816 Möglichkeiten, aus einer Menge mit 49 Elementen eine Teilmenge mit 6 Elementen zusammenzustellen. Die Chance, dass man diese Kombination richtig getippt hat und den Gewinn in dieser Gewinnklasse einstreicht, beträgt also 1/13.983.816 oder ca. 0,000007 Prozent. Für einen Gewinn in der Gewinnklasse „Sechs Richtige plus Superzahl" muss man zunächst die eine aus den 13.983.816 möglichen Kombinationen für einen „Sechser" richtig getippt haben. Zudem muss in der zweiten Ziehung auch noch die letzte Ziffer der Scheinnummer mit der gezogenen Superzahl übereinstimmen, wofür eine Wahrscheinlichkeit von 1 zu 10 besteht. Daher gibt es unter Berücksichtigung der Superzahl 139.838.160 verschiedene Tippmöglichkeiten. Entsprechend liegt die Gewinnwahrscheinlichkeit in dieser Gewinnklasse bei 1/139.838.160 oder ca. 0,0000007 Prozent.

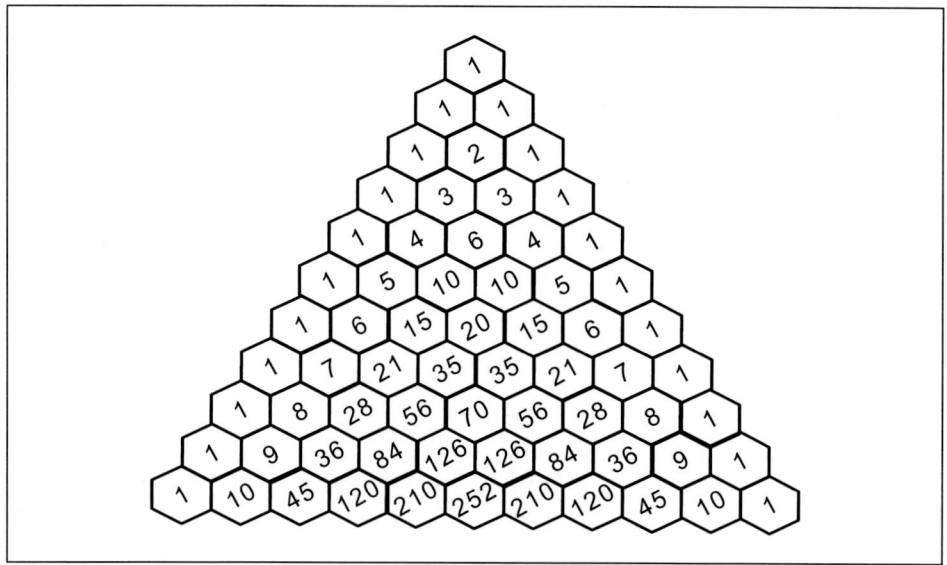

Abbildung I.5: *Das Pascal'sche Dreieck*[41]

Im Pascal'schen Dreieck kann man auch die von dem italienischen Mathematiker Leonardo von Pisa (genannt Fibonacci, * um 1180, † um 1241) entdeckten Fibonacci-Zahlen ablesen. Ursprünglich waren Fibonacci-Zahlen zur Ermittlung der Anzahl von Kaninchenpaaren gedacht, von denen jedes nach einer Reifezeit von einer Generation in jeder folgenden Generation ein weiteres Kaninchenpaar hervorbringt. Daher folgen sie der folgenden Zahlenfolge: 1, 1, 2, 3, 5, 8, 13, 21, 34, ..., wobei jede Zahl (ab der dritten) gleich der Summe der beiden vorangehenden ist. Auch in der Natur, etwa bei den nach rechts und nach links gebogenen Spiralen in einer Sonnenblume, treten zahlreiche Phänomene als Fibonacci-Folgen auf.

Doch auch Pierre de Fermat schaute – neben Blaise Pascal und Chevalier de Méré – über den Tellerrand der Spieltische hinaus und formulierte die methodischen und theoretischen Grundlagen der Wahrscheinlichkeitstheorie. Fermat galt als ein Mensch mit einer geradezu erschreckenden Gelehrsamkeit. So sprach er alle wichtigen europäischen Sprachen, schrieb Gedichte in mehreren Sprachen und verfasste zahlreiche Kommentare zu Werken der griechischen und lateinischen Literatur. Er hat als Universalgelehrter wesentlich zur frühen Entwicklung der Integralrechnung beigetragen, im Alleingang die analytische Geometrie entwickelt, Forschungen zur Messung des Gewichts der Erde betrieben und im Bereich Lichtbrechung und Optik gearbeitet.[42]

---

[41] Vgl. ROMEIKE, F.: Zur Historie des Versicherungsgedankens und des Risikobegriffs, in: Romeike, F.; Müller-Reichart, M.: Risikomanagement in Versicherungsunternehmen, Weinheim 2008, S. 38.

[42] Vgl. ROMEIKE, F.: Pierre de Fermat, in: Risiko Manager, Ausgabe 19/2007, S. 22-24.

In seiner Freizeit widmete sich Fermat vor allem der Mathematik, insbesondere der algebraischen Zahlentheorie und der Wahrscheinlichkeitsrechnung. Im Laufe seiner umfangreichen Korrespondenz mit Pascal hat er wesentliche Impulse zur Entstehung der modernen Wahrscheinlichkeitsrechnung geleistet. Insbesondere die Lösung des „Teilungsproblems", an der Fermat und Pascal arbeiteten, bildet einen Eckstein des modernen Versicherungswesens und anderer Bereiche des Risiko-Managements. Experten interpretieren den Briefwechsel als Epochenereignis in der Geschichte der Mathematik und Wahrscheinlichkeitsrechnung bzw. als Geburtsstunde der Stochastik.

Der große fermatsche Satz (Fermats letzter Satz bzw. Fermats letztes Theorem) wurde um das Jahr 1637 von Pierre de Fermat formuliert, aber erst viele Jahre später, im Jahr 1993 bzw. 1998, von dem britischen Wissenschaftler Andrew Wiles zusammen mit seinem Schüler Richard Taylor bewiesen.[43] Fermats letzter Satz besagt, dass die n-te Potenz einer Zahl, wenn $n > 2$ ist, nicht in die Summe zweier Potenzen des gleichen Grades zerlegt werden kann. In diesem Kontext sind ganze Zahlen $\neq 0$ und natürliche Potenzen gemeint. Formaler gesagt bedeutet dies:

Die Gleichung $a^n + b^n = c^n$ besitzt für ganzzahlige a, b, $c \neq 0$ und natürliche Zahlen $n > 2$ keine Lösungen. Oder anders formuliert: Ist es möglich, dass eine Summe von zwei n-Potenzzahlen wieder eine n-Potenzzahl ist?

In diesem Kontext ist die Forderung wichtig, dass die gesuchten Lösungen a, b, c ganze, positive Zahlen sein sollen. Verzichtet man auf die Ganzzahligkeit und wählt man a, b als beliebige positive Zahlen, so erhält man offenbar stets eine Lösung, indem man

$$c = \sqrt[n]{a^n + b^n}$$ setzt.

Die Gleichung $a^n + b^n = c^n$ für $n = 2$ kennt jeder Schüler im Zusammenhang mit einem der fundamentalen Sätze der euklidischen Geometrie, dem Satz des Pythagoras: In einem rechtwinkligen Dreieck mit den Seitenlängen a, b, c gilt obige Gleichung (wobei a und b die beiden Katheten sind und c die Hypothenuse). Bzw. umgekehrt: Aus obiger Gleichung folgt, wenn a, b, $c > 0$ angenommen wird, dass a, b, c die Seiten eines rechtwinkligen Dreiecks sind. Der nach Pythagoras von Samos benannte Satz ist theoretischer Ausdruck für die von ägyptischen, babylonischen und indischen Baumeistern und Priestern entwickelte Fähigkeit, bei Abmessungen von Feldern und Bauten mit Hilfe von Seilen präzise rechte Winkel zu erzielen. So erzielten die ägyptischen Seilspanner mit Hilfe von Zwölfknotenschnüren genaue rechte Winkel, indem sie 12 gleiche Teile eines langen Seils durch Knoten im Verhältnis 5:3:4 unterteilten und aus dem Seil mit Hilfe von Pflöcken ein Dreieck bildeten: Es muss und wird sich auf diese Weise immer ein rechter Winkel ergeben (Pythagoreisches Tripel).[44]

Die Frage lautet also: Gibt es rechtwinklige Dreiecke, deren Seitenlängen a, b, c ganzzahlig sind? Wir erkennen an den nachfolgenden Beispielen, dass es in der Tat rechtwinklige Dreiecke gibt, bei denen die Seitenlängen ganzzahlig sind.

---

43 WILES, A.: Modular Elliptic Curves and Fermat's last theorem. Annals of Mathematics 141 (1995), S. 443-551.

44 Vgl. ROMEIKE, F.: Pierre de Fermat, in: Risiko Manager, Ausgabe 19/2007, S. 22-24.

$$3^2 + 4^2 = 5^2$$

$$8^2 + 6^2 = 10^2$$

$$5^2 + 12^2 = 13^2$$

$$15^2 + 8^2 = 17^2$$

$$4961^2 + 6480^2 = 8161^2$$

Die zu beantwortende Frage ist nun, ob sich alle ganzzahligen, positiven Lösungen der pythagoreischen Gleichung (siehe oben) eine Systematik finden lässt? Hier hilft die Lektüre eines Buches des griechischen Mathematikers Diophantos von Alexandrien, der irgendwann im Zeitraum von 100 vor Chr. und 350 nach Chr. gelebt hat.

Diophants Werk „Arithmetika" bestand aus insgesamt 13 Büchern, war jedoch lange Zeit verschollen und tauchte erst im 16. Jahrhundert in Europa wieder auf. Im sechsten Buch fand Pierre de Fermat die Lösung der pythagoräischen Gleichung:

Man nehme zwei ganze Zahlen u > v > 0 und setze

$$a = u^2 - v^2$$

$$b = 2uv$$

$$c = u^2 + v^2$$

Berühmt wurde das Theorem (heute bekannt als Fermatsche Vermutung bzw. Großer Fermatscher Satz) dadurch, dass Pierre de Fermat in einer Randnotiz seines Exemplars der Arithmetica behauptete, dafür einen „wahrhaft wunderbaren" Beweis gefunden zu haben, für den aber „auf dem Rand nicht genug Platz" sei. Die Randbemerkung findet sich exakt an der Stelle, an der Diophant den Fall n = 2 diskutiert."

Mit anderen Worten: Fermat stellte sich die offensichtliche Frage, was aus der pythagoreischen Gleichung (siehe oben) wird, wenn man den Exponenten 2 durch 3 oder durch irgendeine natürliche Zahl n > 2 ersetzt. Besitzt die entstehende Gleichung ebenfalls ganzzahlige, positive Lösungen?

Fermat fand nun heraus, daß für n > 2 ganz andere Verhältnisse herrschen als für n = 2. Denn die Randnotiz von Fermat lautete wie folgt:

„Cubum autem in duos cubos aut quadrato quadratum in duos quadrato quadratos et generaliter nullam in infinitum quadratum potestatem in duos eiusdem nominis fas est dividere. Cuius rei demonstrationem mirabilem sane detexi. Hanc marginis exiguitas non caperet."

[Deutsche Übersetzung: *„Es ist nicht möglich, einen Kubus in zwei Kuben oder ein Biquadrat in zwei Biquadrate und allgemein eine Potenz, höher als die zweite, in zwei Potenzen mit demselben Exponenten zu zerlegen. Ich habe hierfür einen wahrhaft wunderbaren Beweis, doch ist der Rand hier zu schmal, um ihn zu fassen."*]

Mehr als 350 Jahre knobelten Mathematiker an diesem Problem.[45] Der britische Wissenschaftler Andrew Wiles bewies im Jahr 1993 bzw. 1998 (die Beweisführung war im Jahr 1993 noch lückenhaft) endgültig den letzten Satz von Fermat. Demzufolge gibt es keine Zahl $n > 2$, die die Gleichung $a^n + b^n = c^n$ erfüllt (a, b, $c \neq 0$). Die Schlüsselidee zum Beweis stammt von dem deutschen Mathematiker Gerhard Frey. Im Jahr 1986 fand in Paris eine internationale Mathematiker-Tagung statt. Dabei stellte Frey seine Ideen über den Zusammenhang zwischen dem Fermat-Problem und der Taniyama-Vermutung[46] vor. Die Zahlentheoretiker waren beeindruckt. Plötzlich erhob sich einer der Teilnehmer und erklärte, dies sei wohl der richtige Weg zum Beweis der Taniyama-Shimura-Vermutung. Der Name dieses Teilnehmers war Andrew Wiles. Nach der Tagung in Paris arbeitete Wiles sieben Jahre lang intensiv an der Lösung der Fermatschen Vermutung. Mit Hilfe der Iwasawa-Theorie[47] und der Kolywagin-Flach-Methode[48] gelang es schließlich Wiles, die Fermatsche Vermutung zu beweisen.

Unter Mathematikern gilt der Beweis von Andrew Wiles als einer der bedeutendsten des 20. Jahrhunderts. Heute nimmt man an, daß sich Fermat geirrt hat und er wohl später bemerkt hat, dass sein „wunderbarer Beweis" nicht stichhaltig war, versäumte es jedoch, seine Randbemerkung entsprechend zu korrigieren. Dafür spricht, daß Fermat in späteren Briefen dieses Problem nur in den Fällen $n = 3$ und $n = 4$ erwähnt.

Doch auch andere Gelehrte griffen die Wahrscheinlichkeitstheorie von Pascal und Fermat auf und entwickelten sie weiter. So veröffentlichte beispielsweise 1657 der niederländischer Mathematiker, Physiker, Astronom und Uhrenbauer Christiaan Huygens (* 14. April 1629 in Den Haag, † 8. Juli 1695) ein Buch über die Wahrscheinlichkeitsrechnung mit dem Titel „Tractatus de ratiociniis in aleae ludo".

---

45 Carl Friedrich Gauß betrachtete die Fermatsche Vermutung als „ein isoliertes Theorem, das für mich von sehr geringem Interesse ist, weil ich leicht eine Vielzahl derartiger Theoreme aufstellen könnte, die sich weder beweisen noch widerlegen ließen."

46 Das Taniyama-Shimura-Theorem ist ein mathematischer Satz, der besagt, dass es zwischen elliptischen Kurven und Modulformen eine enge Verbindung gibt. Das Theorem war lange Zeit als Taniyama-Shimura-Vermutung bekannt, bis es von Andrew Wiles, Robert Langlands, Richard Taylor und anderen bewiesen wurde.

47 Die Iwasawa-Theorie ist innerhalb der Mathematik im Bereich der Zahlentheorie eine Theorie zur Bestimmung der Idealklassengruppe von unendlichen Körpertürmen, deren Galoisgruppe isomorph zu den p-adischen Zahlen ist. Vgl. GREENBERG, R.: Iwasawa Theory – Past & Present, Advanced Studies in Pure Math. 30 (2001), 335-385 sowie WILES, A.: The Iwasawa Conjecture for Totally Real Fields, Annals of Mathematics, Bd.131, 1990, S. 493-540.

48 Die Methode wurde von Victor Kolyvagin entwickelt, einem in den USA lebenden russischen Mathematiker, der sich in seinen Arbeiten mit arithmetischer algebraischer Geometrie und Zahlentheorie befasst. Er ist vor allem bekannt für die von ihm eingeführten Euler-Systeme, die zu Fortschritten in der Iwasawa-Theorie und der Vermutung von Birch und Swinnerton-Dyer (BSD) führten.

Abbildung I.6: *Jakob Bernoulli hat wesentlich zur Entwicklung der Wahrscheinlichkeits-theorie sowie zur Variationsrechnung und zur Untersuchung von Potenz-reihen beigetragen*

Untrennbar verbunden mit der Geschichte des Risiko-Managements und der Wahrscheinlich-keitsrechnung ist die Familiengeschichte der Baseler Gelehrtendynastie Bernoulli. Jakob Bernoulli (* 6. Januar 1655 in Basel, † 16. August 1705 in Basel)[49] entwickelte mit seinem Bruder Johann (* 6. August 1667 in Basel; † 1. Januar 1748 in Basel) die höhere Mathematik der Infinitesimalrechnung und begründete die für die moderne Physik fundamentale Variati-onsrechnung (vgl. Abbildung I.6).[50] Im Jahre 1703 äußerte der deutsche Mathematiker und Philosoph Gottfried Wilhelm Leibniz (* 1. Juli 1646 in Leipzig, † 14. November 1716 in Hannover)[51] gegenüber Jakob Bernoulli, dass die „Natur Muster eingerichtet hat, die zur Wiederholung von Ereignissen führen, aber nur zum größten Teil".[52] Im Jahr 1713 erschien das Buch „Ars conjectandi" von Jakob Bernoulli zur Binomialverteilung und zum „Gesetz der großen Zahl" (Satz von Bernoulli).

Dieses „Grundgesetz" der privaten Versicherungswirtschaft und des modernen Risiko-Managements ermöglicht eine ungefähre Vorhersage über den künftigen Schadensverlauf. Je größer die Zahl der versicherten Personen, Güter und Sachwerte, die von der gleichen Gefahr bedroht sind, desto geringer ist der Einfluss des Zufalls. Das „Gesetz der großen Zahl" kann aber nichts darüber aussagen, wer im Einzelnen von einem Schaden getroffen wird.

Das „Gesetz der großen Zahlen" lässt sich sehr einfach an einem Würfel erklären: Welche Augenzahl im Einzelfall gewürfelt wird, ist immer zufällig. So kann die Wahrscheinlichkeit, dass eine Sechs gewürfelt wird, als ein Sechstel angegeben werden. Auf Dauer fällt jedoch jede Zahl gleich häufig. Bernoulli sagt nicht anderes, als dass sich die Treffer auf Dauer

---

[49] Hinweis: Das Geburtsdatum bezieht sich auf den Gregorianischen Kalender.
[50] Vgl. ROMEIKE, F.: Jakob Bernoulli, in: Risiko Manager, Ausgabe 1/2007, S. 12-13.
[51] Hinweis: das Geburtsdatum bezieht sich auf den Gregorianischen Kalender.
[52] ROMEIKE, F.: Gottfried Wilhelm Freiherr von Leibniz, in: Risiko Manager, Ausgabe 15/2007, S. 18.

gleichmäßig verteilen. In seinem Werk „Ars conjectandi" beschreibt Bernoulli das „Gesetz der großen Zahlen" auf eine sehr anschauliche Art: *„So sind beispielsweise bei Würfeln die Zahlen der Fälle bekannt, denn es giebt für jeden einzelnen Würfel ebensoviele Fälle als er Flächen hat; alle diese Fälle sind auch gleich leicht möglich, da wegen der gleichen Gestalt aller Flächen und wegen des gleichmässig vertheilten Gewichtes des Würfels kein Grund dafür vorhanden ist, dass eine Würfelfläche leichter als eine andere fallen sollte, was der Fall sein würde, wenn die Würfelflächen verschiedene Gestalt besässen und ein Theil des Würfels aus schwererem Materiale angefertigt wäre als der andere Theil. So sind auch die Zahlen der Fälle für das Ziehen eines weissen oder eines schwarzen Steinchens aus einer Urne bekannt und können alle Steinchen auch gleich leicht gezogen werden, weil bekannt ist, wieviele Steinchen von jeder Art in der Urne vorhanden sind, und weil sich kein Grund angeben lässt, warum dieses oder jenes Steinchen leichter als irgend ein anderes gezogen werden sollte. [...] Man muss vielmehr noch Weiteres in Betracht ziehen, woran vielleicht Niemand bisher auch nur gedacht hat. Es bleibt nämlich noch zu untersuchen, ob durch Vermehrung der Beobachtungen beständig auch die Wahrscheinlichkeit dafür wächst, dass die Zahl der günstigen zu der Zahl der ungünstigen Beobachtungen das wahre Verhältniss erreicht, und zwar in dem Maasse, dass diese Wahrscheinlichkeit schliesslich jeden beliebigen Grad der Gewissheit übertrifft, oder ob das Problem vielmehr, so zu sagen, seine Asymptote hat, d. h. ob ein bestimmter Grad der Gewissheit, das wahre Verhältniss der Fälle gefunden zu haben, vorhanden ist, welcher auch bei beliebiger Vermehrung der Beobachtungen niemals überschritten werden kann, z. B. dass wir niemals über ½, ⅔ oder ¾, der Gewissheit hinaus Sicherheit erlangen können, das wahre Verhältniss der Fälle ermittelt zu haben."*

Ausgangspunkt von Bernoullis Untersuchungen zur Wahrscheinlichkeitsrechnung war die Vorstellung eines mit schwarzen und weißen Kieseln gefüllten Kruges, wobei das Verhältnis von schwarzen zu weißen Kieseln oder gleichbedeutend das Verhältnis der Anzahl der schwarzen zur Gesamtanzahl der Kiesel im Krug, $p:1$, unbekannt sei. Es ist offensichtlich, dass die Methodik des Abzählens sehr aufwendig ist. Daher war Bernoulli auf der Suche nach einem empirischen Weg, das tatsächliche Verhältnis von schwarzen und weißen Kieseln im Krug zu ermitteln. Hierzu wird ein Kiesel aus dem Krug genommen, bei einem schwarzen die Zahl 1, bei einem weißen die Zahl 0 notiert, und der Kiesel wieder in den Krug zurückgelegt. Offenbar sind die Ziehungen X_k unabhängig voneinander, und wir können davon ausgehen, dass die A-Priori-Wahrscheinlichkeit $P([X_k = 1])$, dass ein Kiesel bei einer beliebigen Ziehung schwarz ist, gerade p ist, also $P([X_k = 1]) = p$. Bernoulli schließt nun, dass mit einer hohen Wahrscheinlichkeit das Verhältnis $\dfrac{1}{n}\sum_{k=1}^{n} X_k$ der Anzahl der gezogenen schwarzen Kiesel zur Gesamtzahl der Ziehungen von dem tatsächlichen, aber unbekannten Verhältnis p nur geringfügig abweicht, sofern nur die Gesamtzahl der Ziehungen hoch genug ist. Diese von Bernoulli entdeckte Gesetzmäßigkeit wird heute als das „schwache Gesetz der großen Zahlen" bezeichnet und lautet formal[53]

---

53   Vgl. ROMEIKE, F.: Jakob Bernoulli, in: Risiko Manager, Ausgabe 1/2007, S. 12-13.

$$\lim_{n \to \infty} P\left(\left[\left|\frac{1}{n}\sum_{k=1}^{n} X_k - p\right| > \varepsilon\right]\right) = 0$$

wobei ε eine beliebig kleine positive Zahl sei. Obwohl sich das von Bernoulli gefundene Resultat noch weiter verschärfen lässt zu dem sogenannten „starken Gesetz der großen Zahlen", welches besagt, dass das arithmetische Mittel $\frac{1}{n}\sum_{k=1}^{n} X_k$ mit wachsendem Wert n fast sicher gegen die gesuchte Verhältnisgröße p konvergiert, wohnt diesen Gesetzen ein großer Nachteil inne – wir wissen fast nichts über die Güte der betrachteten Stichprobe.

Schließlich fasst Jakob Bernoulli Stochastik nicht nur als Glücksspielrechnung, sondern als Kunst der Vermutung (so lautet auch der lateinischee Titel von „Ars Conjectandi") auf:[54] *„Wenn also alle Ereignisse durch alle Ewigkeit hindurch fortgesetzt beobachtet würden (wodurch schliesslich die Wahrscheinlichkeit in volle Gewissheit übergehen müsste), so würde man finden, dass Alles in der Welt aus bestimmten Gründen und in bestimmter Gesetzmässigkeit eintritt, dass wir also gezwungen werden, auch bei noch so zufällig erscheinenden Dingen eine gewisse Nothwendigkeit, und sozusagen ein Fatum anzunehmen. Ich weiss nicht, ob hierauf schon Plato in seiner Lehre vom allgemeinen Kreislaufe der Dinge hinzielen wollte, in welcher er behauptet, dass Alles nach Verlauf von unzähligen Jahrhunderten in den ursprünglichen Zustand zurückkehrt. "*

Mit anderen Worten: Die scharfsinnige „Kunst des Vermutens" sollte dann eingesetzt werden, wenn unser Denken nicht mehr ausreicht, um uns die ausreichende Gewissheit bei einem zu Grunde liegenden Sachverhalt zu vermitteln.

In diesem Zusammenhang sollte nicht unerwähnt bleiben, dass die zum Risiko-Management-Standard avancierte, gleichzeitig aber auch nicht unumstrittene Methode des „Value at Risk" (VaR) Bernoullis Gesetz der großen Zahlen aufgreift. Der VaR bezeichnet dabei eine Methodik zur Quantifizierung von Risiken und wird derzeit primär im Zusammenhang mit Marktpreisrisiken verwendet. Um aussagekräftig zu sein, muss zusätzlich immer die Haltedauer (etwa ein Tag) und das Konfidenzniveau (beispielsweise 98 Prozent) angegeben werden. Der VaR-Wert bezeichnet dann diejenige Verlustobergrenze, die innerhalb der Haltedauer mit einer Wahrscheinlichkeit entsprechend dem Konfidenzniveau nicht überschritten wird.[55]

---

54   Die „Ars Conjectandi" wurde erst 1713, also acht Jahre nach seinem Tod, in Basel veröffentlicht. Das Buch fasste Arbeiten anderer Autoren auf dem Gebiet der Wahrscheinlichkeitsrechnung zusammen und entwickelte sie weiter. Neben Strategien, verschiedene Glücksspiele zu gewinnen, enthält das Werk auch die Bernoulli-Zahlen.

55   Beispielsweise bedeutet ein Ein-Jahres-Value-at-Risk (VaR) mit Konfidenzniveau von 99,9 Prozent in der Höhe von 10 Millionen Euro, dass statistisch gesehen nur durchschnittlich alle 1000 Jahre mit einem Verlust von mehr als 10 Millionen Euro zu rechnen ist. In der Praxis wird der VaR häufig als „maximaler Verlust" definiert. Der VaR gibt jedoch nicht den maximalen Verlust eines Portfolios an, sondern den Verlust, der mit einer vorgegebene Wahrscheinlichkeit (Konfidenzintervall) nicht überschritten wird, durchaus aber überschritten werden kann.

In den folgenden Jahrzehnten widmeten sich viele weitere Wissenschaftler wahrscheinlichkeitstheoretischen Problemen. So veröffentlichte der französische Mathematiker Abraham de Moivre (* 26. Mai 1667 in Vitry-le-François, † 27. November 1754 in London) im Jahr 1718 „Doctrine of Chance – a method for calculating the probabilities of events in plays", die er seinem Freund Isaac Newton (* 4. Januar 1643 in Woolsthorpe-by-Colsterworth in Lincolnshire; † 31. März 1727 in Kensington)[56] widmete. In dem Buch stellte er systematisch Methoden zur Lösung von Aufgaben vor, die mit Glücksspielen im Zusammenhang stehen. Newton war von der Publikation so beeindruckt, dass er seinen Studenten riet: „Gehen Sie zu Mr. de Moivre, er kennt sich in diesen Dingen besser aus als ich." Die von de Moivre herausgegebene Schrift „De Mensura Sortis" („Über das Berechnen von Losen") war vermutlich die erste Publikation, die Risiko als Verlustchance definierte. *„Das Risiko, eine Summe zu verlieren, ist die Kehrseite der Erwartung, und ihr wahres Maß ist das Produkt der gewagten Summe, multipliziert mit der Wahrscheinlichkeit des Verlustes."*[57]

Nach der Entdeckung des Grenzwertsatzes für Binomialverteilungen im Jahr 1733 veröffentlichte er 1738 eine zweite Auflage seines Standardwerkes, in der er im Rahmen der damaligen Auseinandersetzung mit der um die Verträglichkeit des Newtonschen Weltbildes mit einem Theismus und schließlich mit der von den Kirchen vertretenen Offenbarungsreligion zu einem objektiven Wahrscheinlichkeitsbegriff fand. Die dritte Auflage seiner „Doctrine of Chance – a method for calculating the probabilities of events in plays" wurde 1756 publiziert und enthielt gegenüber den ersten Auflagen de Moivres Untersuchungen über Sterblichkeits- und Rentenprobleme. Das Buch war eine der wichtigsten Vorstufen für das Lehrbuch der Wahrscheinlichkeitstheorie von Pierre Simon Laplace, der die Theorie am Ende des 18. Jahrhunderts zusammenfasste und auf eine neue Stufe hob.

Außerdem untersuchte Abraham de Moivre die Beziehung zwischen Binomial- und Normalverteilung. Er wies im Jahr 1730 als erster auf die Struktur der Normalverteilung hin (auch als „Gauß'sche Glockenkurve" bezeichnet, siehe Abbildung I.7). Die Normalverteilung gilt als eine der wichtigsten Wahrscheinlichkeitsverteilungen und unterstellt eine symmetrische Verteilungsform in Form einer Glocke, bei der sich die Werte der Zufallsvariablen in der Mitte der Verteilung konzentrieren und mit größerem Abstand zur Mitte immer seltener auftreten.

Ein einfaches Beispiel für normalverteilte Zufallsgrößen sind die kombinierten Ereignisse des Würfel- oder Münzwurfs (siehe Pascal'sches Dreieck). Obwohl die Normalverteilung in der Natur recht selten vorkommt, ist sie für die Statistik von entscheidender Bedeutung, da die Summe von vielen unabhängigen, beliebig verteilten Zufallsvariablen annähernd normalverteilt ist.[58] Je größer die Anzahl der Zufallsvariablen ist, desto besser ist die Annäherung an die

---

56   Die Jahresangaben beziehen sich auf den gregorianischen Kalender. Damals galt in England noch der Julianische Kalender, der ursprünglich von Julius Caesar eingeführt wurde. Er wird heute in der Wissenschaft rückwirkend auch für die Jahre vor dem Wirken Caesars verwendet. Seit dem 16. Jahrhundert wurde er sukzessive durch den Gregorianischen Kalender abgelöst.

57   Vgl. BERNSTEIN, P. L.: Wider die Götter – Die Geschichte von Risiko und Riskmanagement von der Antike bis heute, München 1997, S. 162.

58   Vgl. ROMEIKE, F.: Zur Historie des Versicherungsgedankens und des Risikobegriffs, in: Romeike, F.; Müller-Reichart, M.: Risikomanagement in Versicherungsunternehmen, Weinheim 2008, S. 41.

Normalverteilung (Zentraler Grenzwertsatz). Sowohl die Normalverteilung als auch die von Abraham de Moivre entdeckte Standardabweichung sind wichtige Kernelemente der modernen Methoden zur Quantifizierung von Risiken.

Angeregt durch die publizierten Ergebnisse Abraham de Moivres hat der englische Mathematiker und presbyterianische Pfarrer Thomas Bayes (* um 1702 in London, † 17. April 1761 in Tunbridge Wells) effektive Methoden im Umgang mit A-Posteriori-Wahrscheinlichkeiten (a posteriori: lat., von dem, was nachher kommt) entwickelt. Der Satz von Bayes (auch als Bayes-Theorem bezeichnet) erlaubt in gewissem Sinn das Umkehren von Schlussfolgerungen. So wird beispielsweise von einem positiven medizinischen Testergebnis (Ereignis) auf das Vorhandensein einer Krankheit (Ursache) geschlossen oder von bestimmten charakteristischen Wörtern in einer E-Mail (Ereignis) auf die „Spam"-Eigenschaft (Ursache) geschlossen. In der Regel ist die Berechnung von P(Ereignis|Ursache) relativ einfach. Häufig wird jedoch P(Ursache|Ereignis) gesucht.[59]

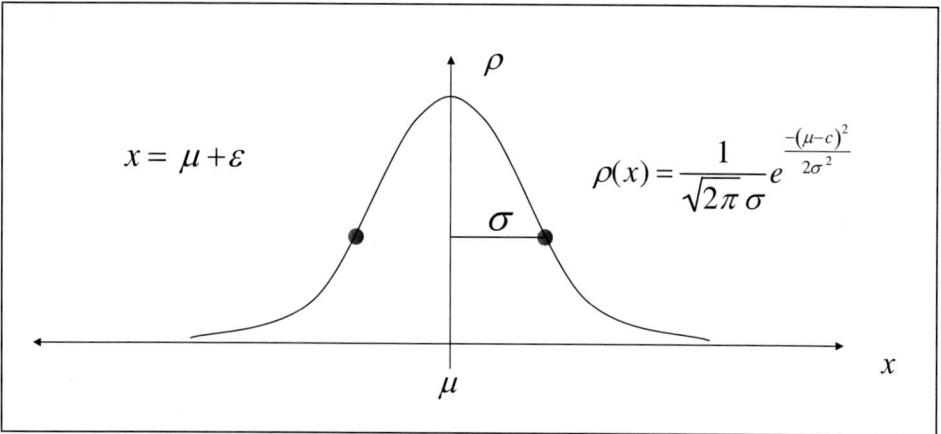

Abbildung I.7: *Die Gauß'sche Normalverteilung*

Der Satz von Bayes gibt an, wie man mit bedingten Wahrscheinlichkeiten rechnet und lautet:

$$P(A \mid B) = \frac{P(A)\,P(B \mid A)}{P(B)}.$$

Hierbei ist P(A) die A-Priori-Wahrscheinlichkeit (a priori: lat., von dem, was vorher kommt) für ein Ereignis A und P(B|A) die Wahrscheinlichkeit für ein Ereignis B unter der Bedingung, dass A auftritt. Thomas Bayes hat nur wenige mathematische Aufsätze hinterlassen, die erst

---

[59] Der nach Thomas Bayes benannte Bayes'sche Wahrscheinlichkeitsbegriff (engl. Bayesianism) interpretiert Wahrscheinlichkeit als Grad persönlicher Überzeugung („degree of belief"). Er unterscheidet sich damit von anderen Wahrscheinlichkeitsauffassungen wie dem frequentistischen Wahrscheinlichkeitsbegriff, der Wahrscheinlichkeit als relative Häufigkeit interpretiert.

nach seinem Tode von seinem Freund Richard Price im Jahr 1763 der Royal Society in London vorgelegt wurden und ihm zu einem späten Ruhm verhalfen.[60]

Als Zar Peter I. im Jahr 1724 die Akademie der Wissenschaften (heute: Russische Akademie der Wissenschaften)[61] ins Leben rief und die bedeutendsten ausländischen Fachgelehrten zu gewinnen suchte, waren die Brüder Nikolaus II.[62] (* 6. Februar 1695 in Basel, † 26. Juli 1726 in St. Petersburg) und Daniel Bernoulli[63] (* 8. Februar 1700 in Groningen, † 17. März 1782 in Basel) mit ihrem älteren Kollegen Jakob Hermann die Ersten am Platze (1725). Gewissermaßen in ihrem Kielwasser rückte der schweizerische Mathematiker Leonhard Euler (* 15. April 1707 in Basel, † 18. September 1783 in Sankt Petersburg) im Jahr 1727 nach. Euler war Schüler von Johann Bernoulli und hinterließ insgesamt fast 900 Arbeiten, die sowohl die reine und angewandte Mathematik als auch die Astronomie und Physik betrafen. Ein großer Teil der heutigen mathematischen Symbolik geht auf Euler zurück (etwa e, π, i, Summenzeichen $\sum$, f(x) als Darstellung für eine Funktion). Im Jahr 1744 gibt er ein Lehrbuch der Variationsrechnung heraus. Euler kann auch als der eigentliche Begründer der Analysis angesehen werden. 1748 publiziert er das Grundlagenwerk „Introductio in analysin infinitorum", in dem zum ersten Mal der Begriff der Funktion die zentrale Rolle spielt.

Niklaus II. und sein Cousin Daniel beschäftigten sich unter anderen mit dem Sankt-Petersburg-Paradoxon (oft auch als Sankt-Petersburg-Lotterie oder Petersburger Spiel bezeichnet), das sowohl die ökonomischen Wissenschaften wie vor allem auch das Risiko-Management nachhaltig beeinflusst hat.[64] Grundproblem und Prinzip des Paradoxons sollen an dem folgenden Beispiel skizziert werden:

---

60   Hierbei handelt es sich um die folgenden Werke: „Essay Towards Solving a Problem in the Doctrine of Chances" (Download des Originaltextes: http://www.stat.ucla.edu/history/essay.pdf) sowie „Divine Benevolence, or an Attempt to Prove That the Principal End of the Divine Providence and Government is the Happiness of His Creatures" sowie „An Introduction to the Doctrine of Fluxions, and a Defence of the Mathematicians Against the Objections of the Author of the Analyst".

61   Die Gründung der Russischen Akademie der Wissenschaften war einer der Bestandteile der Reformen des damaligen Zaren Peter des Großen, die vor allem zum Ziel hatten, den russischen Staat zu modernisieren und somit auch seine Wissenschaft und Forschung möglichst auf einen mit führenden europäischen Ländern vergleichbaren Stand zu bringen. Hierbei sollten sämtliche, vor allem strategisch wichtige Wissenschafts- und Forschungsaktivitäten des Landes unter dem Dach einer Institution vereinigt werden, wobei letztere dem Staat gehören und diesem auch unterstehen sollte. Mitglieder der Akademie sind berechtigt, den akademischen Titel Academicus (Acad.) vor dem Namen zu tragen, welcher noch über dem akademischen Rang eines Professors steht.

62   Acht Monate nach seiner Berufung an die neu gegründete Akademie von St. Petersburg erkrankte Nikolaus II. Bernoulli an Fieber und starb. Seine Professur übernahm im Jahr 1727 Leonhard Euler, den die Bernoulli-Brüder empfohlen hatten.

63   Sein frühestes mathematisches Werk war das 1724 veröffentlichte „Exercitationes", das eine Lösung der von Jacopo Riccati vorgeschlagenen Riccati-Gleichung enthielt.

64   Vgl. BERNOULLI, D.: Exposition of a New Theory on the Measurement of Risk, Econometrica vol. 22 (1954), S. 23-36 (erstmalig veröffentlicht 1738) sowie AUMANN, R. J.: The St. Petersburg paradox: A discussion of some recent comments, Journal of Economic Theory, vol. 14/1977, S. 443-445 sowie RIEGER, M. O.;WANG, M.: Cumulative prospect theory and the St. Petersburg paradox, Economic Theory, vol. 28, issue 3/2006, S. 665-679.

Peter und Paul vereinbaren ein Münzwurfspiel nach folgenden Regeln. Fällt die Münze beim ersten Wurf so, dass die Seite A oben liegt, so wird Peter Paul einen Dukaten zahlen, und das Spiel ist beendet. Fällt dagegen die Münze so, dass die Seite B oben liegt, so wird die Münze ein zweites Mal geworfen. Sollte dann die Seite A erscheinen, dann zahlt Peter an Paul zwei Dukaten, und falls B erscheinen sollte, wird die Münze ein drittes Mal geworfen, wobei Paul dann vier Dukaten gewinnen kann. Bei jedem weiteren Wurf der Münze wird also die Zahl der Dukaten, die Peter an Paul zu zahlen hat, verdoppelt. Dieses Spiel wird so lange fortgesetzt, bis bei einem Wurf erstmals A erscheint. Dann ist das Spiel beendet. Endet das Spiel also nach n+1 Münzwürfen, so wird Peter an Paul 2^n Dukaten auszahlen. Die Frage lautete nun: Wie viel soll ein Dritter an Paul für das Recht zahlen, seine Rolle in diesem Spiel zu übernehmen?

Die Konsequenz daraus erscheint paradox und Bernoulli weist auf dieses Problem auch hin: *„Die allgemein akzeptierte Berechnungsmethode [der Erwartungswert des Gewinns] schätzt Pauls Aussichten in der Tat unendlich hoch ein, [aber] keiner wäre bereit, [diese Gewinnchancen] zu einem gemäßigt hohen Preis zu erwerben. (...) Jeder einigermaßen vernünftige Mensch würde seine Gewinnchancen mit großem Vergnügen für zwanzig Dukaten verkaufen."*

Bernoulli widmet sich diesem Problem sehr intensiv und führt sehr ausführliche Analysen durch. Das skizzierte Phänomen war Gegenstand der im Jahre 1738 in Latein gehaltene Abhandlung „Specimen Theoriae Novae de Mensura Sortis" – die Darlegung einer neuen Theorie zum Messen von Risiko, die er der St. Petersburger Akademie der Wissenschaften vorlegte. Die Arbeit gilt unbestritten als die erste Publikation, die sich bewusst mit dem Messen und damit mit dem Management von Risiko auseinandersetzt. Vor allem geht es aber um die Analyse des Petersburger Spiels:

Offenbar sind die einzelnen Münzwürfe unabhängig voneinander. Das Ereignis A tritt dabei mit der Wahrscheinlichkeit $P(A) = 1 - p$ ein, das Ereignis B entsprechend mit der Wahrscheinlichkeit $P(B) = p$, wobei $0 < p < 1$ sei. Betrachten wir nun die Zufallsvariable X, die angibt, bei welchem Wurf erstmals das Ereignis A auftritt, so wissen wir, dass das Ereignis $[X = n]$ – welches nichts anderes besagt, als dass die Seite A beim n-ten Wurf erstmals oben liegen möge – die Wahrscheinlichkeit

$$P([X = n]) = p^{n-1}(1 - p)$$

besitzt. Die Zufallsvariable X ist dabei auf die Menge N der natürlichen Zahlen konzentriert, d. h.

$$P([X \in \mathbf{N}]) = \sum_{n \in \mathbf{N}} P([X = n]) = \sum_{k=0}^{\infty} p^k (1 - p) = 1$$

Dies bedeutet, dass das Spiel fast sicher nach endlich vielen Würfen abbrechen wird, ganz gleich, wie wir die Wahrscheinlichkeit p ansetzen werden. Wann dies der Fall sein wird, liegt dadurch aber nicht fest. Die Auszahlung bei diesem Spiel wird durch die Zufallsvariable 2^{X-1} beschrieben, deren Erwartungswert sich als

$$E2^{X-1} = \sum_{k=0}^{\infty} 2^k \, p^k \left(1-p\right)$$ berechnen lässt.

Euler verband bei seinen Studien unter anderem theoretische Probleme der Völkerkunde und des Versicherungswesens mit Fragen der Wahrscheinlichkeitsrechnung. Außerdem führte er zusammen mit dem bereits erwähnten Statistiker und Probst der Lutherisch-Brandenburgischen Kirche, Johann Peter Süßmilch, Berechnungen der Lebenserwartung durch, die noch bis ins 19. Jahrhundert von Versicherungsgesellschaften bei der Kalkulation von Lebensversicherungsprämien verwendet wurden. Bekannt wurde Süßmilch vor allem durch einen im Jahr 1741 veröffentlichten Klassiker der Demographie: „Die Göttliche Ordnung in den Veränderungen des menschlichen Geschlechts, aus der Geburt, dem Tod und der Fortpflanzung desselben".[65] Es war das erste systematische Werk der Bevölkerungswissenschaft. Süßmilch prägte den Begriff der „Tragfähigkeit der Erde" und kam basierend auf seinen Untersuchungen zu der Prognose, dass die Erde ein Vielfaches der damals lebenden Menschenzahl „tragen" (im Sinne von ernähren) könne, nämlich sieben Milliarden. Dieses Ergebnis erhöhte er nach einer Überprüfung seiner Berechnungen in der zweiten Ausgabe seines Werkes von 1765 auf 14 Milliarden Menschen.

Die Erkenntnis, dass man die Gegenwart systematisch an eine unbekannte und riskante Zukunft koppeln kann, hat sich erst langsam in den vergangenen 500 Jahren durchgesetzt. Ohne diese Erkenntnis und die Entwicklung der Wahrscheinlichkeitstheorie sowie anderer mathematischer Werkzeuge wäre weder das moderne Versicherungswesen noch das Risiko-Management entstanden. Alle modernen mathematischen Methoden im Risiko-Management (von der Spieltheorie über Dynamic Financial Analysis bis zur Chaostheorie) basieren im Wesentlichen auf den Erkenntnissen, die zwischen 1654 und 1760 gemacht wurden.[66] Ohne die Gesetze der Wahrscheinlichkeitsrechnung würde es weder die moderne Physik, Biologie, Astronomie bzw. Wirtschafts- und Sozialwissenschaften geben. Würden wir heute noch auf die Prophezeiungen des Orakels setzen, so würde es weder moderne Kapitalmärkte noch entwickelte Volkswirtschaften geben.

Jakob Bernoulli, Abraham des Moivre und Thomas Bayes haben gezeigt, wie sich aus empirischen Beobachtungen der realen Welt zuvor unbekannte Wahrscheinlichkeiten ableiten lassen. Ihre Leistungen sind allein wegen der dazu notwendigen geistigen Agilität und wegen des Mutes beeindruckend, den solch ein kühner Angriff gegen die Ungewissheit zur damaligen Zeit verlangte.[67] In der Zwischenzeit befinden wir uns im fortgeschrittenen 18. Jahrhundert, als die Aufklärung das Suchen nach Wissen zur höchsten Form menschlicher Tätigkeit erklärte.

---

[65] SÜßMILCH, J. P.: Die göttliche Ordnung in den Veränderungen des menschlichen Geschlechts aus der Geburt, dem Tode und der Fortpflanzung desselben, 2 Teile, 1761–1762.

[66] Vgl. BERNSTEIN, P. L.: Wider die Götter – Die Geschichte von Risiko und Riskmanagement von der Antike bis heute, München 1997, S. 15.

[67] Vgl. BERNSTEIN, P. L.: Wider die Götter – Die Geschichte von Risiko und Riskmanagement von der Antike bis heute, München 1997, S. 171.

8.   Ein Wunderkind revolutioniert die Methoden des Risiko-Managements

Der Mathematiker, Astronom, Geodät und Physiker Johann Carl Friedrich Gauß (siehe Abbildung I.8, * 30. April 1777 in Braunschweig, † 23. Februar 1855 in Göttingen) setzte auf den Ergebnissen von Jakob Bernoulli, de Moivre und Bayes auf und beschäftigte sich unter anderem mit Forschungen über die Wahrscheinlichkeit, dem Gesetz der großen Zahl und der Stichprobennahme. Obwohl er sich nicht für das praktische Risiko-Management interessierte, so sind seine wissenschaftlichen Erkenntnisse für die modernen Methoden der Risikoquantifizierung und -steuerung von elementarer Bedeutung.

Abbildung I.8: *1856 ließ der König von Hannover Gedenkmünzen mit dem Bild von Gauß und der Inschrift „Mathematicorum Principi" (lat.: „dem Fürsten der Mathematiker") prägen*

Gauß galt als Wunderkind. Später sagte er von sich selbst, er habe das Rechnen vor dem Sprechen gelernt. Sein Leben lang behielt er die Gabe, selbst komplexeste Rechnungen im Kopf durchzuführen. In der Volksschule stellte sein Lehrer den Schülern als Beschäftigung die Aufgabe, die Zahlen von 1 bis 100 zu summieren. Gauß hatte sie allerdings nach kürzester Zeit gelöst, indem er 50 Paare mit der Summe 101 bildete (1 + 100, 2 + 99, ..., 50 + 51) und 5.050 als Ergebnis erhielt. Die daraus resultierende Formel wird gelegentlich auch als „der kleine Gauß" bezeichnet. Er soll so ein fantastisches Zahlengedächtnis gehabt haben, dass er die Logarithmentafeln auswendig kannte.

Gauß misstraute bereits mit zwölf Jahren der Beweisführung in der elementaren Geometrie und ahnte mit sechzehn Jahren, dass es neben der euklidischen noch eine andere, nicht-euklidische Geometrie geben muss.

Im Alter von achtzehn Jahren entdeckte er einige Eigenschaften der Primzahlverteilung und fand die Methode der kleinsten Quadrate, bei der es darum geht, die Summe der Quadrate von Abweichungen zu minimieren. Nach ihr lässt sich etwa das wahrscheinlichste Ergebnis für eine neue Messung aus einer genügend großen Zahl vorheriger Messungen ermitteln. Auf dieser Basis untersuchte er später Theorien zur Berechnung von Flächeninhalten unter Kurven (numerische Integration), die ihn zur Gaußschen Glockenkurve gelangen ließen (siehe Abbildung I.7). Die zugehörige Funktion ist bekannt als die Standardnormalverteilung[68] und wird bei vielen Aufgaben zur Wahrscheinlichkeitsrechnung und im Risiko-Management (etwa bei der Berechnung des Value at Risk) angewandt, wo sie die (asymptotische, d. h. für genügend große Datenmengen) Verteilungsfunktion von zufällig um einen Mittelwert streuenden Daten ist. Die besondere Bedeutung der Normalverteilung beruht unter anderem auf dem zentralen Grenzwertsatz[69], der besagt, dass eine Summe von n unabhängigen, identisch verteilten Zufallsvariablen im Grenzwert $n \to \infty$ normalverteilt ist. Das bedeutet, dass man Zufallsvariablen dann als normalverteilt ansehen kann, wenn sie durch Überlagerung einer großen Zahl von Einflüssen entstehen, wobei jede einzelne Einflussgröße einen im Verhältnis zur Gesamtsumme unbedeutenden Beitrag liefert.

Mit 18 Jahren – am 29. März 1796, wenige Tage vor seinem neunzehnten Geburtstag – entdeckte er bestimmte Eigenschaften in der Geometrie des regelmäßigen 17-Ecks und lieferte damit die erste nennenswerte Ergänzung euklidischer Konstruktionen seit 2000 Jahren.[70] So konnte er nachweisen, dass ein regelmäßiges Siebzehneck konstruierbar ist, d. h., es kann unter alleiniger Verwendung von Zirkel und Lineal (den Euklidischen Werkzeugen) gezeichnet werden.

Außerdem führte er 1796 mit den lemniskatischen Sinusfunktionen die historisch ersten, heute so genannten elliptischen Funktionen ein. Diese Arbeiten stehen in Zusammenhang mit seiner Untersuchung des arithmetisch-geometrischen Mittels.

Gauß erfasste früher als andere Wissenschafter den besonderen Nutzen komplexer Zahlen. So enthält seine Doktorarbeit aus dem Jahr 1799 einen strengen Beweis des Fundamentalsatzes der Algebra. Dieser Satz besagt, dass jede algebraische Gleichung mit Grad größer als Null mindestens eine reelle oder komplexe Lösung besitzt. Den älteren Beweis d'Alemberts (ei-

---

68 Ihre Wahrscheinlichkeitsdichte wird auch Gauß-Funktion, Gauß-Kurve, Gauß-Glocke oder Glockenkurve genannt.

69 Bei den Zentralen Grenzwertsätzen handelt es sich um eine Familie schwacher Konvergenzaussagen aus der Wahrscheinlichkeitstheorie. Allen gemeinsam ist die Aussage, dass die (normierte und zentrierte) Summe einer großen Zahl von unabhängigen, identisch verteilten Zufallsvariablen annähernd (standard-) normalverteilt ist. Dies erklärt auch die Sonderstellung der Normalverteilung.

70 Das Siebzehneck (Heptadekagon) ist eine geometrische Figur, die zur Gruppe der Vielecke (Polygone) gehört. Es ist definiert durch siebzehn Punkte, welche durch siebzehn Strecken zu einem geschlossenen Linienzug verbunden sind. Hier geht es um das regelmäßige Siebzehneck, welches siebzehn gleichlange Seiten hat und dessen Ecken auf einem gemeinsamen Umkreis liegen.

gentlich Jean-Baptiste le Rond, genannt d'Alembert, französischer Mathematiker, Physiker und Philosoph, * 16. November 1717 in Paris; † 29. Oktober 1783) kritisierte Gauß als ungenügend, aber auch sein eigener Beweis erfüllt noch nicht die späteren Ansprüche an topologische Strenge.

Die 1801 erschienenen Disquisitiones wurden grundlegend für die weitere Entwicklung der Zahlentheorie, zu der einer seiner Hauptbeiträge der Beweis des quadratischen Reziprozitätsgesetzes war, das die Lösbarkeit von quadratischen Gleichungen „mod p" beschreibt und für das er im Laufe seines Lebens fast ein Dutzend verschiedene Beweise fand. Neben dem Aufbau der elementaren Zahlentheorie auf modularer Arithmetik findet sich in seinem Werk auch eine Diskussion von Kettenbrüchen und der Kreisteilung, mit einer berühmten Andeutung über ähnliche Sätze bei der Lemniskate und anderen elliptischen Funktionen.

Den wertvollsten Beitrag zur Wahrscheinlichkeitstheorie erarbeitete Gauß bei geodätischen Messungen. Im Kern ging es um die Fragestellung, wie sich unter Berücksichtigung der Erdkrümmung genauere geografische Messungen erzielen lassen. Erste Erfahrungen bei der Landvermessung sammelte er zwischen den Jahren 1797 und 1801, als er dem französischen Generalquartiermeister Lecoq bei dessen Landesvermessung des Herzogtums Westfalens als Berater zur Seite stand. Im Jahr 1816 beauftragte ihn der König von Dänemark mit der Durchführung einer Breitengrad- und Längengradmessung. Schließlich leitete Gauß zwischen 1818 und 1826 die Landesvermessung des Königreichs Hannover. Da es unrealistisch ist, jeden einzelnen Quadratzentimeter der Erdoberfläche zu vermessen, nimmt die Geodäsie auf der Grundlage von Stichproben (bzw. Probemessungen) innerhalb des Untersuchungsgebiets Schätzungen vor. Als Gauß die Verteilung dieser Schätzungen untersuchte, fiel ihm auf, dass sie stark variierten, sich mit zunehmender Anzahl jedoch anscheinend um einen zentralen Punkt gruppierten. Dieser zentrale Punkt war der Mittelwert. Außerdem erkannte Gauß, dass sich die Messgrößen mit größerer Anzahl der Normalverteilungskurve (siehe Abbildung I.7) annäherten, die Moivre 83 Jahre zuvor bereits entdeckt hatte. Die Normalverteilung wiederum steht im Zentrum vieler moderner Methoden des Risiko-Managements.

Durch die von ihm erfundene Methode der kleinsten Quadrate und die systematische Lösung umfangreicher linearer Gleichungssysteme (Gaußsches Eliminationsverfahren) gelang ihm eine erhebliche Steigerung der Genauigkeit.

So berichtet etwa der Mathematiker Johann Peter Gustav Lejeune Dirichlet (* 13. Februar 1805 in Düren, † 5. Mai 1859 in Göttingen), er hätte die Disquisitiones sein Leben lang bei der Arbeit stets griffbereit gehabt. Das Gleiche gilt für seine beiden Arbeiten über biquadratische Reziprozitätsgesetze von 1825 und 1831, in denen er auch die Gaußschen Zahlen[71] einführt. Kurzum: Gauß war zur damaligen Zeit ein weltberühmter Mathematiker. So wird etwa berichtet, dass Napoleon die französische Armee, die im Jahr 1807 Göttingen näher-

---

[71] Die Gauß'schen Zahlen sind eine Verallgemeinerung der ganzen Zahlen auf die komplexen Zahlen.

rückte, anwies, die Stadt zu schonen, „weil dort der größte Mathematiker alle Zeiten wohnt".[72]

Gauß hielt eine große Anzahl an wissenschaftlichen Forschungen und mathematischen Entdeckungen zurück, so dass Mathematiker nach ihm diese Erkenntnisse neu entdecken mussten, die er bereits erarbeitet hatte. Außerdem legte Gauß in seinen Publikationen das Schwergewicht auf die Ergebnisse und weniger auf die Methodologie, so dass Forschungskollegen oft gezwungen waren, nach dem Weg zu fahnden, auf dem Gauß zu seinen Schlussfolgerungen gelangt war.

9.   Die Theorie des Zufalls von Laplace

Ähnlich wie Demokrit schrieb mehr als 2.000 Jahre später der französische Mathematiker und Astronom Pierre Simon de Laplace (* 28. März 1749 in Beaumont-en-Auge in der Normandie, † 5. März 1827 in Paris, siehe Abbildung I.9), dass die Menschen „in Unkenntnis ihres Zusammenhanges mit dem Weltganzen" Ereignisse, die ohne sichtbare Ordnung eintreten, stets vom Zufall abhängen lassen.[73] Laplace studierte zunächst ab dem Jahr 1766 Theologie und Philosophie am Jesuiten-Kolleg von Caen. Dort wurden die Professoren Christoph Gadblet und Pierre Le Canu auf ihn aufmerksam und öffneten seine Augen für die bunte und spannende Welt der Mathematik. Zwei Jahre später, im Jahr 1768, verließ Laplace das Jesuiten-Kolleg ohne Abschluss und ging mit einem Empfehlungsschreiben zu Jean Baptiste le Rond d'Alembert (* 16. November 1717 in Paris, † 29. Oktober 1783 in Paris) nach Paris. D'Alembert war zur damaligen Zeit der berühmteste Mathematiker Frankreichs und – gemeinsam mit Diderot (* 5. Oktober 1713 in Langres, † 31. Juli 1784 in Paris) – Herausgeber des mathematischen Teils der Encyclopédie[74].

Als Bewerbungstest gab d'Alembert dem jungen Laplace eine komplexe mathematische Aufgabe mit, die dieser innerhalb einer Woche lösen sollte. Laplace klopfte jedoch bereits am

---

[72] Vgl. BERNSTEIN, P. L.: Wider die Götter – Die Geschichte von Risiko und Riskmanagement von der Antike bis heute, München 1997, S. 173-174.

[73] Vgl. ROMEIKE, F.: Pierre-Simon (Marquis de) Laplace, in: Risiko Manager, Ausgabe 3/2007, S. 20.

[74] Die „Encyclopédie, ou Dictionnaire raisonné des sciences, des arts et des métiers" war als Sammlung des gesamten Wissens der Zeit konzipiert; der Titel umschreibt Enzyklopädie mit „dictionnaire raisonné", „vernünftig aufgebautes (kritisch durchdachtes) Wörterbuch". So schreibt Diderot: „Tatsächlich zielt eine Enzyklopädie darauf ab, die auf der Erdoberfläche verstreuten Kenntnisse zu sammeln, das allgemeine System dieser Kenntnisse den Menschen darzulegen, mit denen wir zusammenleben, und es den nach uns kommenden Menschen zu überliefern, damit die Arbeit der vergangenen Jahrhunderte nicht nutzlos für die kommenden Jahrhunderte gewesen sei; damit unsere Enkel nicht nur gebildeter, sondern gleichzeitig auch tugendhafter und glücklicher werden, und damit wir nicht sterben, ohne uns um die Menschheit verdient gemacht zu haben."

nächsten Tag wieder an d'Alemberts Tür. Auch die neuen und schwierigeren Aufgaben, die d'Alembert ihm mit auf den Weg gab, löste er schnell und ohne Probleme. Tief beeindruckt von Laplace, verschaffte d'Alembert im Jahr 1771 dem jungen Laplace eine Stelle als Lehrer für Geometrie, Trigonometrie, elementare Analysis und Statistik an der Pariser Militärakademie. In dieser Zeit verfasste Laplace Schriften rund um die Themen Extremwertprobleme, Astromechanik, Differentialgleichungen, Wahrscheinlichkeits- und Spieltheorie sowie zur Integralrechnung.

Abbildung I.9: *In seinem zweibändigen Buch Théorie Analytique des Probabilités (1812) gab Laplace eine Definition der Wahrscheinlichkeit und befasste sich mit abhängigen und unabhängigen Ereignissen, vor allem in Verbindung mit Glücksspielen*

Laplace trug insbesondere auch zur Weiterentwicklung der Wahrscheinlichkeitsrechnung bei und lieferte wichtige analytische „Werkzeuge", wie beispielsweise die Theorie der erzeugenden Funktionen und die Methode der rekursiven Reihen. In seiner im Jahr 1812 erschienenen zweibändigen Publikation „Théorie Analytique des Probabilités" fasste er die neuen Erkenntnisse zusammen. In den Bänden behandelte er u. a. den Erwartungswert sowie die Sterblichkeit und die Lebenserwartung und widerlegte vor allem die von vielen Mathematikern vertretene These, dass eine strenge mathematische Behandlung der Wahrscheinlichkeit nicht möglich sei.[75]

---

[75] Vgl. ROMEIKE, F.: Pierre-Simon (Marquis de) Laplace, in: Risiko Manager, Ausgabe 3/2007, S. 20 sowie DE LAPLACE, P. S.: Philosophischer Versuch über die Wahrscheinlichkeiten. Übersetzt von Norbert Schwaiger, Leipzig 1886 sowie VON MISES, R.: Philosophischer Versuch über die Wahrscheinlichkeit von Simon de Laplace, Frankfurt/Main 1998, S. 1-4.

„Die Theorie des Zufalls (des hasards) besteht darin, alle Ereignisse derselben Art auf eine gewisse Anzahl gleich möglicher Fälle zurückzuführen, d. h. auf solche, über deren Existenz wir in gleicher Weise im Unklaren sind, und dann die Zahl der Fälle zu bestimmen, die dem Ereignis, dessen Wahrscheinlichkeit man sucht, günstig sind. Das Verhältnis dieser Zahl zu der aller möglichen Fälle ist das Maß dieser Wahrscheinlichkeit, die also nur ein Bruch ist, dessen Zähler die Zahl der günstigen Fälle, und dessen Nenner die Zahl aller möglichen Fälle ist.", so Laplace in seinem im Jahr 1814 erschienenen Werk „Philosophischer Versuch über die Wahrscheinlichkeiten".

„Der hier gegebene Begriff der Wahrscheinlichkeit setzt voraus, dass, wenn man die Zahl der günstigen Fälle und die aller möglichen Fälle in gleichem Verhältnis wachsen lässt, die Wahrscheinlichkeit dieselbe bleibt. Um sich davon zu überzeugen, stelle man sich zwei Urnen A und B vor, von denen die erste vier weiße und zwei schwarze Kugeln enthält, und die zweite nur zwei weiße und eine schwarze Kugel einschließt. Nun denke man sich, dass die zwei schwarzen Kugeln der ersten Urne an einen Faden gebunden sind, der in dem Momente reißt, wo man die eine von ihnen ergreift, um sie herauszuziehen, und dass die vier weißen Kugeln zwei ähnliche Systeme bilden. Alle Chancen, welche bewirken, dass eine der Kugeln des schwarzen Systems ergriffen wird, werden eine schwarze Kugel herausbringen. Wenn man sich jetzt vorstellt, dass die Fäden, welche die Kugeln verbinden, nicht reißen, so ist klar, dass die Zahl aller möglichen Chancen sich ebenso wenig ändern wird als die dem Herausziehen schwarzer Kugeln günstigen Chancen; nur wird man aus der Urne zwei Kugeln auf einmal herausziehen; die Wahrscheinlichkeit, eine schwarze Kugel aus der Urne herauszuziehen, wird also dieselbe sein wie früher. Aber dann hat man augenscheinlich den Fall der Urne B mit dem einzigen Unterschiede, dass die drei Kugeln dieser letzteren Urne ersetzt sind durch drei Systeme von je zwei Kugeln, die unveränderlich mit einander verbunden sind."

Wie ein Virtuose beherrschte Laplace den Kalkül der Infinitesimalrechnung. So untersuchte er partielle Differentialgleichungen 2. Ordnung auf ihre Lösungsmöglichkeit, ersann die Kaskadenmethode – ein Lösungsverfahren für hyperbolische Differentialgleichungen – und befasste sich mit partiellen Differenzengleichungen. Laplace füllte den Werkzeugkasten des modernen Risiko-Managements mit äußerst wertvollen Werkzeugen.

10.   Galtons Modell zur Demonstration von Wahrscheinlichkeitsverteilungen

Viele natur-, wirtschafts- und ingenieurswissenschaftliche Vorgänge (Körpergröße von Menschen, Qualitätsabweichungen bei der Schraubenproduktion, Größe von Hühnereiern etc.) lassen sich mit Hilfe der Normalverteilung entweder exakt oder wenigstens in sehr guter

Näherung beschreiben (vor allem Prozesse, die in mehreren Faktoren unabhängig voneinander in verschiedene Richtungen wirken). Nach Francis Galton (* 16. Februar 1822 in Sparkbrook, † 17. Januar 1911 in Haslemere) sind exakt zwei Bedingungen erforderlich, damit Beobachtungen normal oder symmetrisch um ihren Durchschnittswert verteilt sind. Erstens muss eine möglichst große Anzahl von Beobachtungen gegeben sein. Zweitens müssen die Beobachtungen voneinander unabhängig sein, wie etwa die Würfe eines Würfels. So weist er darauf hin, dass gravierende Fehler gemacht werden, wenn Stichproben verwendet werden, die nicht voneinander unabhängig sind.

Um seinen Untersuchungen über das Messen von Körpergrößen, Gewicht und Augenfarben empirische Aussagekraft zu geben, benötigte Francis Galton Werkzeuge der Statistik. So wird berichtet, dass er im Zusammenhang mit seinen empirischen Untersuchungen die Mädchen, denen er auf der Straße begegnete, nach Schönheit klassifizierte. Wenn ein Mädchen hübsch war, so knipste er ein Loch in eine Karte, die sich in seiner linken Jackentasche befand. Bei einer unscheinbaren jungen Frau knipste er ein Loch in die Karte, die sich in seiner rechten Jackentasche befand.[76] Galtons im Jahr 1884 gegründetes Anthropomorphisches Laboratorium maß und registrierte alle nur erdenklichen menschlichen Körpermaße, sogar die von Fingerabdrücken. Die Abdrücke der Papillarleisten am Endglied eines Fingers (auch Daktylogramm genannt) faszinierten Galton mehr als alle anderen Körperteile, da sich ihre Struktur mit dem Älterwerden nicht veränderte.

So entwickelte er zum Beispiel zusammen mit seinem Freund, dem britischen Mathematiker Karl Pearson (* 27. März 1857 in London, † 27. April 1936 in Coldharbour), den Korrelationskoeffizienten, war in den 1870er und 1880er Jahren Pionier im Gebrauch der Normalverteilung und führte die Methode der Regression ein. Außerdem entwickelte er das Galtonbrett, ein Modell zur Demonstration von Wahrscheinlichkeitsverteilungen (siehe Abbildung I.13).

Das Galtonbrett besteht aus einer regelmäßigen Anordnung von Hindernissen, an denen eine von oben eingeworfene Kugel jeweils nach links oder rechts abprallen kann. Nach dem Passieren der Hindernisse werden die Kugeln in Fächern aufgefangen, um dort gezählt zu werden. In diesem Kontext wird deutlich, dass jedes Aufprallen einer Kugel auf eines der Hindernisse ein Bernoulli-Versuch ist. Die beiden möglichen Ausgänge sind „Kugel fällt nach rechts" (X=1) und „Kugel fällt nach links" (X=0).

Bei symmetrischem Aufbau ist die Wahrscheinlichkeit, nach rechts zu fallen, $P(1) = p = \frac{1}{2}$ und die Wahrscheinlichkeit, nach links zu fallen, $P(0) = q = \frac{1}{2}$. Durch unsymmetrischen Aufbau oder durch Schiefstellen des Brettes kann man einen anderen Wert für p erreichen, wobei aber natürlich weiterhin $q = 1 - p$ gilt, denn die Kugeln, die nicht nach rechts fallen, fallen nach links.

Indem die Kugel nach Passieren des ersten Hindernisses auf ein neues trifft, bei dem die gleichen Voraussetzungen gelten, wird hier ein weiterer Bernoulli-Versuch durchgeführt. Das Durchlaufen des ganzen Gerätes ist also eine mehrstufige Bernoulli-Kette, wobei die Zahl der

---

[76] Vgl. BERNSTEIN, P. L.: Wider die Götter. Die Geschichte von Risiko und Riskmanagement von der Antike bis heute, München 1997, S. 195.

waagerechten Reihen von Hindernissen die Länge dieser Kette ist. Abbildung I.10 zeigt demnach die viermalige Wiederholung eines Bernoulli-Versuchs, d. h. eine Bernoulli-Kette der Länge 4.

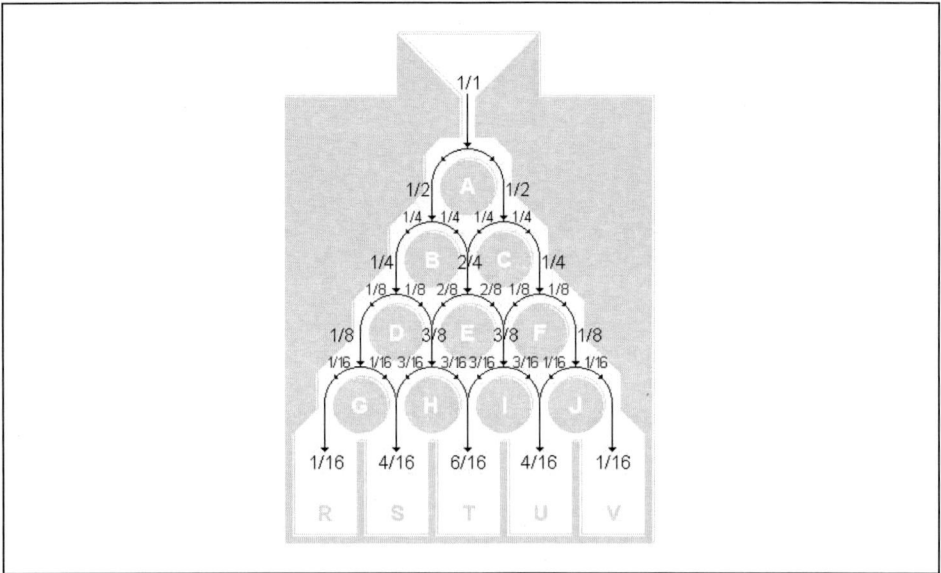

Abbildung I.10: *Galtonbrett nach Francis Galton (Quelle: Wikipedia)*

Man kann nun berechnen, mit welcher Wahrscheinlichkeit eine Kugel in ein bestimmtes der Fächer fällt. Bei nur einem Hindernis (A) ist die Wahrscheinlichkeit ½ für links und für rechts, oder, anders formuliert, im Mittel fällt die Hälfte aller Kugeln nach rechts und die Hälfte nach links. Damit trifft jeweils die Hälfte der Kugeln auf B und die andere Hälfte auf C, wo sie sich wieder mit gleichen Wahrscheinlichkeiten nach links und rechts aufteilen. Damit fällt aber nur noch ¼ der Kugeln an B nach links, ¼ an C nach rechts, und jeweils ¼ von links und von rechts in den Zwischenraum zwischen B und C. Hier addieren sich die Wahrscheinlichkeiten also, und ¼ + ¼ = ²/₄ (= ½).

Anhand der Abbildung I.10 kann man weiterverfolgen, wie der Strom der Kugeln sich an jeder Hindernisreihe aufteilt (an der nächsten wird man daher mit Achteln, an der übernächsten mit Sechzehnteln des Gesamtbestandes rechnen müssen) und sich andererseits in jedem Zwischenraum zwischen zwei benachbarten Hindernissen wieder vereinigt.

Die sich so ergebenden Wahrscheinlichkeiten nach der letzten Aufteilung und Vereinigung an der untersten Hindernisreihe (G, H, I, J) sind die Wahrscheinlichkeiten, mit denen die Kugeln in die Fächer (R, S, T, U, V) fallen. Im Beispiel haben alle diese Wahrscheinlichkeiten den Nenner 16, da es vier Reihen von Hindernissen sind ($16 = 2^4$). Die Zähler ergeben sich durch Addieren der Zähler in der Reihe darüber, was der Vereinigung der Kugelströme in den Zwischenräumen entspricht. In der folgenden Tabelle I.2 ist das Schema skizziert:

Reihe	Zähler	Nenner	Ergebnis
0	1	$= 1 \rightarrow = 2^0$	$1 = 11^0$
1	1+1	$= 2 \rightarrow = 2^1$	$11 = 11^1$
2	1+2+1	$= 4 \rightarrow = 2^2$	$121 = 11^2$
3	1+3+3+1	$= 8 \rightarrow = 2^3$	$1331 = 11^3$
4	1+4+6+4+1	$= 16 \rightarrow = 2^4$	$14641 = 11^4$

Tabelle I.2:   *Schema der Wahrscheinlichkeiten basierend auf dem Galtonbrett*

Man erkennt, dass die Zähler die Binomialkoeffizienten sind, denn sie entstehen nach dem Schema des Pascal'schen Dreiecks (siehe Abbildung I.5). Die Nenner sind Potenzen von 2, sie folgen aus der Wahrscheinlichkeit $p = q = \frac{1}{2}$, nach rechts bzw. links zu fallen.

In diesem Kontext wird deutlich, dass bei einer immer feineren Aufteilung näherungsweise eine Normalverteilung erreicht wird. Galtons maßgeblicher Biograph Karl Pearson, der selbst ein hervorragender Mathematiker ist, hat bemerkt, Galton habe „in unserem wissenschaftlichen Denken ein Revolution verursacht, [die] unsere Vorstellung von der Wissenschaft und vom Leben selbst verändert."[77]

11. Der unterschätzte Wegbereiter in der Theorie der stochastischen Prozesse

Als Geburtsstunde der modernen Finanzmathematik gilt heute das Jahr 1900, da in diesem Jahr Louis Bachelier (* 11. März 1870 in Le Havre, † 26. April 1946 in St-Servan-sur-Mer) seine Dissertation „Théorie de la spéculation" veröffentlichte.

---

[77]   Vgl. BERNSTEIN, P. L.: Wider die Götter – Die Geschichte von Risiko und Riskmanagement von der Antike bis heute, München 1997, S. 218.

Abbildung I.11: *Wie sich erst später herausstellte, war Louis Bachelier seiner Zeit mit seinen Ideen weit voraus*

Im Jahr 1900 stand Louis Bachelier vor seinem Doktorvater Henri Poincaré (* 29. April 1854 in Nancy, † 17. Juli 1912 in Paris) – dem zur damaligen Zeit wohl berühmtesten Mathematiker, Physiker und Philosophen – und musste seine letzten Prüfungen absolvieren. Die Ausbildung des jungen Mathematikers Bachelier war zuvor bestenfalls mittelmäßig gewesen, was vor allem damit zusammenhing, dass er im Alter von 19 Jahren Vater und Mutter verlor und im Geschäft seiner Familie arbeiten musste. Die erste Prüfung war ein mündliches Examen zu einem vorher gewählten Standardthema. Bachelier hatte sich für Fragen rund um die Mechanik von Flüssigkeiten entschieden. Geprüft wurden sowohl rhetorische als auch fachliche Fähigkeiten. Dem Abschlussbericht des Prüfungsgremiums zufolge hatte Bachelier das Thema „tiefgreifend erfasst". Der zweite und wesentliche Teil seines Examens beschäftigte sich mit seinem eigenen Forschungsgebiet, der „Théorie de la spéculation", einer Untersuchung des Handels von Regierungsanleihen an der Pariser Börse. Zur damaligen Zeit hatte der Handel bzw. das Glücksspiel mit Wertpapieren in Frankreich einen eher fragwürdigen Ruf. Erst 15 Jahre zuvor waren dort Termingeschäfte mit Währungen legalisiert worden. Leerverkäufe, also der Verkauf geliehener Wertpapiere in der Hoffnung, von fallenden Preisen zu profitieren, war absolut tabu. Und insgesamt wurde zur damaligen Zeit die akademische Welt Frankreichs von einer elitären Institution beherrscht, in der Außenseiter und Querdenker – als der auch Louis Bachelier galt – kaum geduldet wurden.

Dementsprechend waren Poincaré und die Kollegen des Prüfungsausschusses nicht gerade begeistert von den Ausführungen Bacheliers. Wie Poincaré in einem Bericht über die Doktorarbeit anmerkte, lag „der von Louis Bachelier gewählte Gegenstand ein wenig abseits von jenen, die unsere Kandidaten gewöhnlich behandeln." Jedoch lobte er einige der „originellen" Einsichten der Arbeit und schlug vor, dass die ungewöhnlichste von diesen noch weiter ausgebaut werden sollte. Schlussendlich wurde die Arbeit mit „mention honorable" (d. h. mit Auszeichnung) bewertet, erreichte jedoch nicht die bessere „mention très honorable", die

Bachelier den Eintritt in die illustren akademischen Kreise gesichert hätte. Seine Dissertation kam erst fünfzig Jahre später – mehr durch einen Zufall – wieder ans Tageslicht und beeinflusste die moderne Finanz- und Risikotheorie maßgeblich.

Im Jahr 1926 wurde in Dijon, wo Bachelier bereits früher einmal gearbeitet hatte, eine Stelle als Professor frei. Sein Rivale um den Lehrstuhl, George Cerf, war ein junger und ehrgeiziger Mathematiker, der aber vor allem über wichtige Kontakte nach Paris und zum amtierenden Mathematikprofessor in Dijon, Maurice Gevrey, verfügte. Da dieser wohl eine leidenschaftliche Abneigung gegen Bachelier hegte, prüfte er das Werk Bacheliers gründlich und fand auch einen – im Gesamtkontext – marginalen Fehler. Als schließlich das Berufungskommitee zusammentraf, konnte Gevrey einen Brief des herausragenden Wahrscheinlichkeitstheoretikers Paul Pierre Lévy (* 15. September 1886 in Paris, † 15. Dezember 1971 in Paris) vorweisen, in dem dieser Fehler bestätigt wurde. Er hatte nur die von Gevrey hervorgehobene Stelle und nicht die gesamte Abhandlung gelesen. Im Jahr 1931 entschuldigte sich Lévy bei Bachelier für den (fälschlicherweise) attestierten Fehler, dass *„der von einem einzigen anfänglichen Fehler hervorgerufene Eindruck mich wirklich davon abgehalten hat, eine Arbeit weiterzulesen, die so viele interessante Ideen enthält."*[78]

So arbeitete Bachelier bis zum Ausbruch des ersten Weltkriegs als Stipendiat und „freier Dozent" an der Sorbonne und nahm nach dem Krieg und 27 Jahre nach der Veröffentlichung seiner Doktorarbeit eine Professur an der kleinen Universität in Besançon an. Bachelier starb im Jahr 1946 eher unbekannt, obwohl seine Arbeit nicht nur den Grundstein für die deskriptive Theorie der Finanzmärkte lieferte, sondern auch Pionierarbeit zur systematischen Erforschung der mathematischen Theorie der Diffusionsprozesse leistete.

In seinen Arbeiten behauptete Bachelier, dass Aktienkurse rein zufällig verlaufen: Wie ein Betrunkener, dessen Schritte zufällig nach rechts oder nach links vom Weg abweichen, bewegen sich Aktienkurse in einem unvorhersagbaren Zick-Zack. Im Durchschnitt – genau wie beim Münzwurf – gelangt er nirgendwohin.[79] Wenn man also nur den Mittelwert betrachtet, bleibt sein zufallsbestimmter Spaziergang für immer auf den Ausgangspunkt beschränkt. Und das wäre auch die bestmögliche Vorhersage für seine künftige Position zu jedem beliebigen Zeitpunkt. Der eindimensionale Random Walk ist ein Bernoulli-Prozess, das heißt eine Folge von unabhängigen Bernoulli-Versuchen; er führt zu einer Binomialverteilung.

Eine beliebte Veranschaulichung von Zufallsbewegungen bzw. Irrfahrten lautet etwa wie folgt: Ein desorientierter Fußgänger läuft in einer Gasse mit einer Wahrscheinlichkeit p einen Schritt nach vorne, mit einer Wahrscheinlichkeit $q = 1 - p$ einen Schritt zurück. Wie groß ist die Wahrscheinlichkeit, dass er nach n Schritten eine Strecke X zurückgelegt hat? Die Antwort gibt die folgende Gleichung:

---

[78] Vgl. ROMEIKE, F.: Louis Bachelier, in: Risiko Manager, Ausgabe 21/2007, S. 24-26.

[79] Vgl. BACHELIER, L.: Théorie de la Spéculation, Annales Scientifiques de l'Ecole Normale Supérieure, 3rd. Ser. 17/1900, S. 21-88. (Translated in: The Random Character of Stock Market Prices, edited by Paul Cootner (1964), Cambridge/Massachusetts) sowie BACHELIER, L.; SAMUELSON, P. A.; DAVIS, M. ET AL.: Louis Bachelier's Theory of Speculation: The Origins of Modern Finance, Princeton NJ 2006 sowie DE BONDT, W.; THALER, R.: Does the Stock Market Overreact?, in: Journal of Finance, 40/1985, S. 793-805.

$$P(X = -n + 2k) = \binom{n}{k} p^k q^{n-k}$$

Abbildung I.12 zeigt fünf Simulationen für *n=300* Schritte mit einer variablen Schrittlänge von -0,5 bis 0,5 Einheiten. Da die Schritte durch gleichverteilte Zufallszahlen simuliert werden, beträgt die mittlere Schrittlänge 0,25. Die Varianz $E(X^2)$ beträgt *n*. Die Standardabweichung der Entfernung vom Ursprung ist $\sqrt{n} \cdot 0,25$ Schritte. Sie ist als Linie für positive und negative Entfernungen eingezeichnet. Um diese Strecke wird sich der Fußgänger fortbewegen. Die relative Abweichung $\sqrt{n}/n$ geht gegen null, aber die absolute Abweichung $\sqrt{n}$ wächst unbeschränkt.

Der von Bachelier beschriebene „Random Walk" der Aktienkurse schockierte zur damaligen Zeit die Welt der Ökonomen. Wie kann es sein, dass Aktienkurse, welche doch durch rationale Investitionsentscheidungen determiniert werden, rein zufällig sind?

Auch der Kurs einer Anleihe wird – sofern neue Marktinformationen fehlen, die den Kurs in die eine oder andere Richtung treiben – im Durchschnitt um seinen Ausgangspunkt schwanken. Kurzum: Der heutige Kurs ist die beste Vorhersage. Keine Kursänderung hängt mit der vorhergehenden zusammen. Die Kursänderungen bilden eine Reihe unabhängiger und gleichverteilter Zufallsvariablen. Bachelier zeichnete alle Änderungen der Anleihenkurse über einen Monat bzw. ein Jahr auf und kam zu dem Ergebnis, dass sie die Form der Gauß'schen Glockenkurve (siehe Abbildung I.7) annahmen, d. h. kleine Änderungen häufen sich im Zentrum der Glocke, die wenigen großen Änderungen liegen an den Rändern. Und so kam es, dass die von Gauß entwickelte Normalverteilung – basierend auf den Untersuchungen von Bachelier – auch auf die Finanzmärkte angewendet wurde.

Bereits viele Jahre zuvor, im Jahr 1827, hatte der schottische Botaniker Robert Brown (* 21. Dezember 1773 in Montrose, † 10. Juni 1858 in London) die Beobachtung gemacht, dass sich Blütenstaubkörner oder andere kleine Teilchen, die in Wasser gelegt wurden, durch „Zittern" bewegen. Die Erklärung für diese Bewegungen liefern die Moleküle des Wassertropfens, die permanent von allen Seiten gegen die größeren, sichtbaren Pollenteilchen stoßen.[80] Im Bereich der Finanzwirtschaft werden Kursentwicklungen nicht durch physische, sondern durch informative Zusammenstöße induziert. Gute Nachrichten führen zu Kurssteigerungen und vice versa. Heute ist diese Erkenntnis unter dem Terminus „Brown'sche Bewegung" bekannt.

---

[80] Im Jahr 1860 konnte dies durch die Maxwell'sche Geschwindigkeitsverteilung mathematisch exakt beschrieben werden.

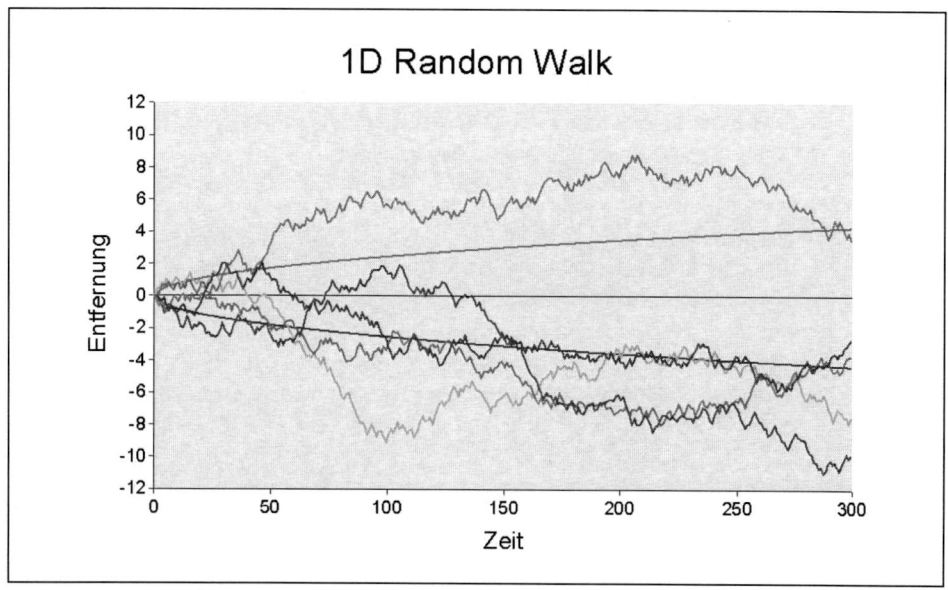

Abbildung I.12: *Simulation mehrerer 1D Random Walks (Quelle: Wikipedia)*

Wie sich erst Jahrzehnte später herausstellte, war Louis Bachelier seiner Zeit weit voraus: In seiner Arbeit operierte er schon mit dem Wiener Prozess, fünf Jahre bevor Albert Einstein diesen – wohl zum zweiten Mal – entdeckte.[81] Auch gab Bachelier explizite Preisformeln für Standard- (Put- und Call-) Optionen und Barrier-Optionen an, 73 Jahre bevor dies den Wirtschaftswissenschaftlern Fischer Sheffey Black (* 11. Januar 1938 in Washington, D. C., USA, † 30. August 1995 in New York, USA) und Myron Samuel Scholes (* 1. Juli 1941 in Timmins, Kanada) gelang. Basierend auf seinen Arbeiten errichteten Wirtschaftswissenschaftler eine ausgefeilte und umfassende Theorie der Finanzmärkte und des Risiko-Managements, d. h. wie Kurse sich ändern, wie Investoren denken und wie man Risiko als die ruhelose Seele des Marktes versteht.

Bacheliers Lehren fanden an der Wall Street bereitwillig Schüler und wurden „zum Katechismus für das, was man heute als ‚moderne' Finanztheorie bezeichnet", so der Mathematiker und Erfinder der fraktalen Geometrie, Benoît B. Mandelbrot.[82] Ihre breiter gefassten Grundsätze definieren immer noch den Rahmen, in dem ein großer Teil der Geldströme auf der Welt dargestellt wird. Der Wirtschaftswissenschaftler Paul H. Cootner merkt in diesem Kontext an, das Bacheliers Werk so herausragend war, „dass wir sagen können, die Untersuchung spekulativer Kurse habe ihren größten Moment in dem Augenblick erlebt, als sie konzipiert wurde."

---

[81] Vgl. ROMEIKE, F.: Louis Bachelier, in: Risiko Manager, Ausgabe 21/2007, S. 24-26.

[82] Vgl. MANDELBROT, B. B.; HUDSON, R. L.: The (mis)Behavior of Markets – A Fractal View of Risk, Ruin and Reward, New York 2004.

So geht auch der Ansatz des CAPM (Capital Asset Pricing Model), der in den frühen sechziger Jahren von William F. Sharpe (* 16. Juni 1934 in Cambridge, USA) entwickelt wurde, auf die Ansätze von Bachelier zurück. Ebenfalls zu den von Bachelier angeregten Werkzeugen gehört die Moderne Portfoliotheorie, die in den fünfziger Jahren von Harry M. Markowitz (* 24. August 1927 in Chicago, USA) entwickelt wurde.

Der Ansatz von Bachelier wurde im Jahr 1956, zehn Jahre nach seinem Tod, von Paul Anthony Samuelson (* 15. Mai 1915 in Gary, USA), dem Träger des Wirtschaftsnobelpreises des Jahres 1970, aufgegriffen und in exponentieller Form als geometrische Brownsche Bewegung zur Beschreibung von Aktienkursen etabliert.[83] Auch das in der Finanzwirtschaft benutzte Optionsbewertungsmodell von Black und Scholes geht davon aus, dass die Aktienpreisprozesse mit dem Bachelier-Modell modellierbar sind. Robert C. Merton[84] (* 31. Juli 1944 in New York) revolutionierte Anfang der 1970er Jahre die Finanzmarkttheorie durch Einführung zeitstetiger stochastischer Prozesse – basierend auf den Erkenntnissen Bacheliers. Dies führte zu einem Durchbruch in diversen Bereichen der Finanzmärkte, u. a. bei der Portfolioselektion, beim Design dynamischer Hedging-Strategien sowie der Arbitragebewertung von Optionen.

Viele der heute üblichen und „modernen" Techniken im Bereich der modernen Finanztheorie wurden von Bachelier zum ersten Mal beschrieben. Seine Ideen wurden zum Leitprinzip für viele der Standardwerkzeuge im modernen Finanzwesen. Dieses Potenzial wurde im Jahr 1900 bei Abgabe seiner Dissertation „Théorie de la Spéculation" weder von seinem Doktorvater Henri Poincaré noch von anderen „Experten" erkannt.

12.   Ein neues Verständnis der Ungewissheit

Bei den bisher skizzierten Theorien und Werkzeugen trifft der einzelne seine Entscheidungen isoliert, ohne das Verhalten anderer Personen zu berücksichtigen. In der Spieltheorie[85] hingegen versuchen zwei oder mehr Personen, gleichzeitig ihren Nutzen zu maximieren. Die Spieltheorie ist daher eine Entscheidungstheorie, die Situationen untersucht, in denen das Ergebnis nicht von einem Entscheider allein bestimmt werden kann, sondern nur von mehreren Entscheidern gemeinsam. Dieses strategische Denken kann auch als Kunst aufgefasst werden, einen Gegner zu überlisten, der das Gleiche mit seinem Gegenüber versucht. Kurzum: Die Wissenschaft vom Strategischen Denken heißt Spieltheorie.

---

83   Vgl. ROMEIKE, F.: Louis Bachelier, in: Risiko Manager, Ausgabe 21/2007, S. 24-26.

84   Merton erhielt im Jahr 1997 gemeinsam mit Myron S. Scholes den Nobelpreis für Wirtschaftswissenschaften. In der Begründung hieß es: „Für ihre Ausarbeitung einer mathematischen Formel zur Bestimmung von Optionswerten an der Börse".

85   Der Begriff Spieltheorie beruht darauf, dass am Anfang der mathematischen Spieltheorie den Gesellschaftsspielen wie Schach, Mühle, Dame etc. große Aufmerksamkeit gewidmet wurde.

János von Neumann zu Margitta (besser bekannt als John von Neumann, * 28. Dezember 1903 in Budapest, † 8. Februar 1957 in Washington, D. C.) erbrachte auf vielen Gebieten der Mathematik herausragende Beiträge, u. a. war von Neumann in Berlin entscheidend an der Entdeckung der Quantenmechanik beteiligt. Außerdem hat er bei der Entwicklung der ersten US-amerikanischen Atombombe und der Wasserstoffbombe eine maßgebliche Rolle gespielt. Gemeinsam mit dem Wirtschaftswissenschaftler Oskar Morgenstern (* 24. Januar 1902 in Görlitz, † 26. Juli 1977 in Princeton, USA) schrieb er im Jahr 1944 das zum Klassiker gewordene Buch „The Theory of Games and Economic Behavior", in dem auch die für die Ökonomie wichtige Verallgemeinerung auf n-Personen-Spiele behandelt wird. Er wurde damit zum Begründer der Spieltheorie.

Was anfänglich in den Wirtschaftswissenschaften als „exotisches" Denkbild galt, entwickelte sich schließlich zu einem so wichtigen Ansatz zur Erforschung strategischen Verhaltens, dass im Jahr 1994 John F. Nash von der Universität Princeton (New Jersey), John C. Harsanyi von der Universität von Kalifornien in Berkeley und Reinhard Selten von der Universität Bonn für ihre wissenschaftlichen Leistungen mit dem Nobelpreis für Wirtschaftswissenschaften ausgezeichnet wurden.

Bereits im Jahr 1951 bewies der Nobelpreisträger und Mathematiker John Forbes Nash, Jr.[86] (* 13. Juni 1928 in Bluefield, USA), dass Spiele unter allgemeinen Annahmen mindestens ein Gleichgewicht haben.[87] Er untersuchte, welche Lösung resultiert, wenn alle Spieler unabhängig voneinander (ohne die Strategien der anderen Spieler zu beobachten), allein aus der Kenntnis des Spiels eine rationale Prognose über das Spielergebnis anstellen. Eine Situation, bei der kein Spieler davon profitieren kann, seine Strategie zu ändern, wenn die anderen Spieler ihre Strategien unverändert lassen, ist ein Nash-Gleichgewicht (Nash-Equilibrium).

Wie das Gefangenendilemma[88] (prisoner's dilemma) zeigt, sind im Nash-Gleichgewicht die Erwartungen aller Spieler erfüllt: Ihre Strategienwahl ist optimal.

So werden in dem bekannten Paradoxon zwei Gefangene verdächtigt, gemeinsam eine Straftat begangen zu haben. Die Höchststrafe für das Verbrechen beträgt fünf Jahre. Beiden Gefangenen wird nun ein Handel angeboten, worüber auch beide informiert sind. Wenn einer gesteht und somit seinen Partner mitbelastet, kommt er ohne Strafe davon – der andere muss die vollen fünf Jahre absitzen. Entscheiden sich beide zu schweigen, bleiben nur Indizienbeweise, die aber ausreichen, um beide für zwei Jahre einzusperren. Gestehen aber beide die Tat, erwartet jeden eine Gefängnisstrafe von vier Jahren.

Nun werden die Gefangenen unabhängig voneinander befragt. Weder vor noch während der Befragung haben die beiden die Möglichkeit, sich untereinander abzusprechen.

---

[86] Nashs Leben ist von großer Tragik geprägt: Nach einem vielversprechenden Start seiner mathematischen Karriere erkrankte er mit dreißig Jahren an Schizophrenie und erholte sich erst wieder in den 1990er Jahren davon. Nashs Geschichte ist Ende 2001 einem breiteren Publikum durch den preisgekrönten Hollywood-Film „A Beautiful Mind" bekanntgeworden.

[87] Vgl. BIETA, V.: Was ist die Spieltheorie?, in: Risknews 04/2005, S. 50-51.

[88] Bei dem Dilemma handelt es sich um ein klassisches symmetrisches „Zwei-Personen-Nicht-Nullsummen-Spiel", das in den 1950er Jahren von zwei Mitarbeitern der RAND Corporation formuliert wurde.

In einer Auszahlungsmatrix eingetragen, resultiert die in Tabelle I.3 zusammengefasste Situation.

	B schweigt (kooperiert mit A)	B gesteht (verrät A)
A schweigt (kooperiert mit B)	A: −2 / B: −2	A: −5 / B: 0
A gesteht (verrät B)	A: 0 / B: −5	A: −4 / B: −4

Tabelle I.3:   *Gefangenendilemma*

Daraus resultieren die in Tabelle I.4 skizzierten Ergebnisse.

0	*„Versuchung"* (temptation T) – Belohnung für einseitigen Verrat (Freiheit)
-2	*„Belohnung"* (reward R) – Belohnung für Kooperation von A und B (nur zwei Jahre Strafe)
-4	*„Bestrafung"* (punishment P) – Bestrafung für gegenseitigen Verrat (vier Jahre Strafe)
-5	*„Des Gutgläubigen Belohnung"* (sucker's payoff S) – Bestrafung für Vertrauen, das Vertrauen wurde einseitig durch den Partner gebrochen (fünf Jahre Strafe)

Tabelle I.4:   *Ergebnisse T, R, P, S*

Hieraus wiederum lässt sich direkt die in Tabelle I.5 skizzierte Auszahlungsmatrix ableiten.

	B kooperiert	B verrät
A kooperiert	R / R	S / T
A verrät	T / S	P / P
mit $T > R > P > S$.		

Tabelle I.5:   *Auszahlungsmatrix*

Das Gefangenendilemma zeigt sehr deutlich, dass die Auszahlung eines Spielers nicht nur von der eigenen, sondern auch von der Entscheidung des Komplizen abhängt (Interdependenz des Verhaltens). Aus Einzelsicht scheint es für beide vorteilhafter zu sein, auszusagen. Der Gefangene denkt sich: Falls der andere gesteht, reduziere ich mit meiner Aussage meine Strafe von fünf auf vier Jahre; falls er aber schweigt, dann kann ich mit meiner Aussage meine Strafe von zwei Jahren auf Null reduzieren. Also sollte ich auf jeden Fall gestehen. Diese

Entscheidung zur Aussage hängt nicht vom Verhalten des anderen ab, und es ist anscheinend immer vorteilhafter zu gestehen. Eine solche Strategie, die ungeachtet der gegnerischen gewählt wird, wird in der Spieltheorie als dominante Strategie bezeichnet.[89]

Würden beide Gefangenen schweigen, dann müsste jeder nur zwei Jahre ins Gefängnis. Der Verlust für beide zusammen beträgt so vier Jahre und jede andere Kombination aus Gestehen und Schweigen führt zu einem höheren Verlust.

Die Spielanlage verhindert aber die Verständigung zwischen den Gefangenen und provoziert so einen einseitigen Verrat, durch den der Verräter das für ihn individuell bessere Resultat „Freispruch" (falls der Mitgefangene schweigt) oder vier statt fünf Jahre (falls der Mitgefangene gesteht) zu erreichen hofft. Versuchen diese Strategie aber beide Gefangenen, so verschlimmern sie – auch individuell – ihre Lage, da sie nun je vier Jahre statt der zwei Jahre Gefängnis erhalten.

In diesem Auseinanderfallen der möglichen Strategien besteht das Dilemma der Gefangenen. Die vermeintlich rationale, schrittweise Analyse der Situation verleitet beide Gefangenen zum Geständnis, was zu einem schlechten Resultat führt (suboptimale Allokation). Das bessere Resultat wäre durch Kooperation erreichbar, die aber anfällig für einen Vertrauensbruch ist. Die rationalen Spieler treffen sich in einem Punkt, der in diesem Fall als paretoineffizientes Nash-Gleichgewicht bezeichnet wird.

Das Dilemma besteht primär in der Tatsache, dass kein Teilnehmer weiß, wie sich der andere Teilnehmer verhalten wird. Die optimale Strategie für beide zusammen wäre, wenn beide Mitspieler einander vertrauen und miteinander kooperieren. Das Vertrauen kann auf zweierlei Art erzielt werden: Zum einen durch – nach den ursprünglichen Spielregeln nicht erlaubte – Kommunikation und entsprechende Vertrauensbeweise, zum anderen durch Strafe im Falle des Vertrauensbruches.

Das Gefangenendilemma lässt sich auf viele Sachverhalte in der Praxis übertragen. So geht der Ökonom und Spieltheoretiker Thomas Schelling[90] (* 14. April 1921 in Oakland, USA) in seinem Werk „The Strategy of Conflict" auf solche Probleme unter den Bedingungen des Kalten Krieges ein (Gleichgewicht des Schreckens). Die Bestrafung für einseitigen Vertrauensbruch wäre so groß gewesen, dass er sich nicht lohnte. Beim wiederholten Spiel des Gefangenendilemmas beruhen die meisten Strategien darauf, dass man Informationen aus vorhergehenden Schritten verwendet. Wenn der andere in einem Schritt kooperiert, vertraut die erfolgreiche Strategie Tit for Tat („Wie du mir, so ich dir") darauf, dass er es weiterhin tut, und gibt ihrerseits einen Vertrauensbeweis. Im entgegengesetzten Fall bestraft sie, um zu verhindern, dass sie ausgenutzt wird.

---

[89] Vgl. RIECK, CHR.: Spieltheorie – Eine Einführung, Eschborn 2007, S. 44 f. sowie DIXIT, K. D.; NALEBUFF, B. J.: Spieltheorie für Einsteiger, Strategisches Know-how für Gewinner, Stuttgart 1997.

[90] Im Jahr 2005 wurden Thomas Schelling und Robert J. Aumann mit dem Preis der schwedischen Reichsbank für Wirtschaftswissenschaften in Gedenken an Alfred Nobel ausgezeichnet: „Sie haben durch spieltheoretische Analysen unser Verständnis von Konflikt und Kooperation vorangebracht."

Literaturverzeichnis

ARISTOTELES: Physika, Berlin 1990.

AUMANN, R. J.: The St. Petersburg paradox: A discussion of some recent comments, in Journal of Economic Theory, vol. 14/1977, S. 443-445.

BACHELIER, L.: Théorie de la Spéculation, Annales Scientifiques de l'Ecole Normale Supérieure, 3 Ser. 17/1900, S. 21-88. (In Englisch in: The Random Character of Stock Market Prices, hg. von Paul Cootner (1964), Cambridge/Massachusetts).

BACHELIER, L.; SAMUELSON, P. A.; DAVIS, M. ET AL.: Louis Bachelier's Theory of Speculation: The Origins of Modern Finance, Princeton NJ 2006.

BERNOULLI, D.: Exposition of a New Theory on the Measurement of Risk, Econometrica vol. 22 (1954), S. 23-36 (erstmalig veröffentlicht 1738), Download: www.math.fau.edu/richman/Ideas/daniel.htm

BERNSTEIN, P. L.: Against the Gods: Remarkable Story of Risk, New York 1996.

BERNSTEIN, P. L.: Wider die Götter – Die Geschichte von Risiko und Riskmanagement von der Antike bis heute, München 1997.

BIETA, V.: Was ist die Spieltheorie?, in: Risknews 04/2005, S. 50-51.

COOK, A.: Edmond Halley: charting the heavens and the seas, Oxford 1998.

DE BONDT, W.; THALER, R.: Does the Stock Market Overreact?, in: Journal of Finance, 40/1985, S. 793-805.

DE LAPLACE, P. S.: Philosophischer Versuch über die Wahrscheinlichkeiten. Übersetzt von Norbert Schwaiger, Leipzig 1886.

DIXIT, K. D.; NALEBUFF, B. J.: Spieltheorie für Einsteiger, Strategisches Know-how für Gewinner, Stuttgart 1997.

ERBEN, R. F.; ROMEIKE, F.: Allein auf stürmischer See – Risiko-Management für Einsteiger, Weinheim 2003.

FIERZ, M.: Girolamo Cardano. Arzt, Naturphilosoph, Mathematiker, Astronom und Traumdeuter, Basel 1977.

FONTENROSE, J.: The Delphic Oracle. Its responses and operations with a catalogue of responses. Berkeley 1981.

FORSCHNER, M.: Die stoische Ethik, Darmstadt 1995.

GRAUNT, J.: Natural and Political Observations mentioned in a following Index, and made upon the Bills of Mortality, 1665 (Quelle: http://echo2.mpiwg-berlin.mpg.de/content/demography/demography/Graunt_1665)

GREENBERG, R.: Iwasawa Theory – Past & Present, Advanced Studies in Pure Math. 30 (2001), 335-385.

INEICHEN, R: Würfel, Zufall und Wahrscheinlichkeit, in: Magdeburger Wissenschaftsjournal 2 (2002).

KELLER, E.: Auf sein Auventura und Risigo handeln. Zur Sprach- und Kulturgeschichte des Risikobegriffs, in: Risknews, Heft 1/2004, S. 60-65.

KLEINFELLFONDER, BIRGIT: Der Risikodiskurs. Zur gesellschaftlichen Inszenierung von Risiko, Opladen 1996.

LUHMANN, N.: Soziologie des Risikos, Berlin/New York 1991.

MANDELBROT, B. B.; HUDSON, R. L.: The (mis)Behavior of Markets – A Fractal View of Risk, Ruin and Reward, New York 2004.

MANTHE, U. (Hrsg.): Die Rechtskulturen der Antike: Vom alten Orient bis zum römischen Reich, München 2003.

MATES, B.: Stoic Logic, Berkeley 1953.

MILBRODT, H.; HELBIG, M.: Mathematische Methoden der Personenversicherung, Berlin 1999.

NERLICH, M: Zur abenteuerlichen Moderne oder von Risiko und westlicher Zivilisation, in: Risiko. Wieviel Risiko braucht die Gesellschaft?, Berlin 1998.

PECHTL, A.: Ein Rückblick: Risiko-Management von der Antike bis heute, in: Romeike, F.; Finke, R. (Hrsg.): Erfolgsfaktor Risiko-Management: Chance für Industrie und Handel, Lessons learned, Methoden, Checklisten und Implementierung, Wiesbaden 2003, S. 15 ff.

PFEIFER, D.: Grundzüge der Versicherungsmathematik, Skript vom 28.06.2004.

RIECK, CHR.: Spieltheorie – Eine Einführung, Eschborn 2007.

RIEGER, M. O.; WANG, M.: Cumulative prospect theory and the St. Petersburg paradox, Economic Theory, vol. 28, issue 3/2006, S. 665-679.

ROMEIKE, F.: Lexikon Risiko-Management, Köln 2004.

ROMEIKE, F.: Der Risikofaktor Mensch – die vernachlässigte Dimension im Risikomanagement, in ZVersWiss (Zeitschrift für die gesamte Versicherungswissenschaft), Heft 2/2006, S. 287-309.

ROMEIKE, F.: Jakob Bernoulli, in: Risiko Manager, Ausgabe 1/2007, S. 12-13.

ROMEIKE, F.: Pierre-Simon (Marquis de) Laplace, in: Risiko Manager, Ausgabe 3/2007, S. 20.

ROMEIKE, F.: Gottfried Wilhelm Freiherr von Leibniz, in: Risiko Manager, Ausgabe 15/2007, S. 18.

ROMEIKE, F.: Pierre de Fermat, in: Risiko Manager, Ausgabe 19/2007, S. 22-24.

ROMEIKE, F.: Louis Bachelier, in: Risiko Manager, Ausgabe 21/2007, S. 24-26.

ROMEIKE, F.: Zur Historie des Versicherungsgedankens und des Risikobegriffs, in: Romeike, F.; Müller-Reichart, M.: Risikomanagement in Versicherungsunternehmen, Weinheim 2008.

ROMEIKE, F.; MÜLLER-REICHART, M.: Risikomanagement in Versicherungsunternehmen, Weinheim 2008.

SÜßMILCH, J. P.: Die göttliche Ordnung in den Veränderungen des menschlichen Geschlechts aus der Geburt, dem Tode und der Fortpflanzung desselben, 2 Teile, 1761–1762.

VAN DE MIEROOP, M.: King Hammurabi of Babylon, a Biography, Oxford 2005.

VON MISES, R.: Philosophischer Versuch über die Wahrscheinlichkeit von Simon de Laplace, Frankfurt/Main 1998, S. 1-4.

WILES, A.: The Iwasawa Conjecture for Totally Real Fields, Annals of Mathematics, Bd. 131, 1990, S. 493-540.

WILES, A.: Modular Elliptic Curves and Fermat's last theorem. Annals of Mathematics 141 (1995), S. 443-551.

WITTSTOCK, A.: Selbstbetrachtungen, Stuttgart 1949; Nachdruck 1995.

Nur nicht den Überblick verlieren!

II. Komplexität als Ursache steigender Risiken in Industrie und Handel[91]

1. Veränderte Risikolage für Industrie- und Handelsunternehmen

Es steht wohl außer Zweifel, dass sich die Risiken für Industrie- und Handelsunternehmen in den vergangenen Jahrzehnten rasant erhöht haben. Wesentliche Einflussfaktoren, die zu dieser signifikanten Verschärfung der Risikosituation beigetragen haben, sind u. a. Entwicklungen wie die zunehmende Deregulierung der Märkte, der verstärkte Einsatz moderner Informations- und Kommunikationstechnologien, der Wandel von Verkäufer- zu Käufermärkten, die zunehmenden Individualisierungstendenzen auf der Nachfrageseite, neue regulatorische Bestimmungen, die wachsende Mündigkeit der Verbraucher, der steigende Preis-, Qualitäts- und Wettbewerbsdruck auf globalisierten Märkten, der Wunsch nach flexiblen und deutlich verkürzten Lieferfristen, die zunehmende Transparenz und Vergleichbarkeit der Leistungsangebote und Preise, die Reduzierung der Produktlebenszyklen, die steigenden Serviceansprüche der Kunden oder die Nachfrage nach vergleichsweise komplexen Systemlösungen.

All diese und weitere Entwicklungen eröffnen den Unternehmen nicht nur einzigartige Chancen, sondern bergen auch – als die andere Seite der Medaille – Risiken.[92] Um die sich bietenden Potenziale optimal nutzen und die damit verbundenen Gefahren weitestmöglich begrenzen zu können, kam es in vielen Industrie- und Handelsunternehmen zu einer (teilweise radikalen) Neukonfiguration der Geschäftsmodelle und -prozesse.[93]

---

[91] Die Autoren bedanken sich bei Dr. Roland F. Erben, Risk Management Association (RMA) e. V., der bei der ersten Auflage (ROMEIKE, F.; FINKE, R. (Hrsg.): Erfolgsfaktor Risiko-Management: Chance für Industrie und Handel, Lessons learned, Methoden, Checklisten und Implementierung, Wiesbaden 2003) als Koautor von Frank Romeike das Kapitel „Komplexität als Ursache steigender Risiken in Industrie und Handel" betreut hat.

[92] Vgl. ROMEIKE, F.: Integration von E-Business und Internet in das Risk-Management des Unternehmens, in: Kommunikation & Recht (Betriebsberater), Heidelberg 2001, S. 412-417 sowie ROMEIKE, F.: Risikomanagement als Basis einer wertorientierten Unternehmenssteuerung, in: Asscompact, Bayreuth 2001, S. 94-97.

[93] Vgl. ERBEN, R. F.: e-Controlling – Anforderungen an das Controlling im e-Business, in: krp Kostenrechnungspraxis, 45. Jg. (2001), H. 4, S. 235-241 sowie ERBEN, R. F.; NAGEL, K.; PILLER, F. T. (Hrsg.): Produktionswirtschaft 2000, Wiesbaden 1999, S. 5.

Insbesondere auch die Banken- und Finanzkrise, die im Frühsommer 2007 mit der US-Immobilienkrise (auch Subprimekrise genannt) begann, hat die Verletzbarkeit der Realwirtschaft sowie einzelner Branchen (etwa der Automobilindustrie) aufgezeigt. Die Ursachen für die Krise sind komplex und vielfältig:[94] Ein wesentlicher Grund für die Blasenentwicklung auf dem US-Immobilienmarkt kann in der Niedrigzinspolitik der US-amerikanischen Notenbank nach den Terroranschlägen vom 11. September 2001 gesehen werden. Die US-Notenbank wollte mit einer drastischen Senkung der Leitzinsen eine Rezession der amerikanischen Wirtschaft verhindern. In einem boomenden Immobilienmarkt vergaben die Banken „billige" Kredite an US-Bürger, die sich den Traum von einer eigenen Immobilie verwirklichen wollten.

Im Glauben an ewig steigende Immobilienpreise wurden auch Kredite an Kreditnehmer vergeben, bei denen klar sein musste, dass sie die Hypothek bei wieder steigenden Zinsen nicht würden bezahlen können. Durch die Verbriefung und den Verkauf der Kreditrisiken haben sich die ursprünglichen Gläubiger des Ausfallrisikos entledigt, so dass sie sorglos wurden und Kredite vergeben haben, die sie nicht vergeben hätten, wenn sie das Risiko in den eigenen Büchern behalten hätten. Die verbrieften – angeblich risikolosen Papiere – wurden dann sehr gerne von Banken, Versicherungen und Hedgefonds weltweit ins Portfolio genommen, da deren Kunden, Investoren und Aufsichtsräte eine hohe Rendite verlangten.

So begaben sich US-amerikanische Hypothekenrisiken auf Welttournee und fanden sich schließlich in den Portfolien auch vieler europäischer Banken wieder. Der Kollaps einiger Marktteilnehmer führte auch zu massiven Auswirkungen auf die Rohstoffmärkte sowie die Realwirtschaft. Nicht nur Finanzdienstleistungsunternehmen, sondern gerade auch Industrie- und Handelsunternehmen stellten sich die Frage, warum derartige Marktverwerfungen im Risiko-Management komplett ausgeblendet wurden und warum Frühwarnsysteme nicht rechtzeitig auf solche Marktturbulenzen hingewiesen haben.

Eine – auch nur annähernd – vollständige Beschreibung und Analyse sämtlicher Ursachen und Wirkungen, die für die Zunahme der Unternehmensrisiken relevant sind, würde den Rahmen des vorliegenden Beitrags bei Weitem sprengen. Die Übersicht in Tabelle II.1 mag jedoch einen ersten und groben Eindruck der wesentlichen Auswirkungen wichtiger Trends und Einzeleffekte vermitteln:

---

[94] Zur Vertiefung sei an dieser Stelle auf die Spezialliteratur verwiesen: MÜNCHAU, W.: Kernschmelze im Finanzsystem: ... eine scharfe Analyse ... für jeden verständlich, München 2008 sowie FELSENHEIMER, J.; GISDAKIS, P.: Credit Crises – From Tainted Loans to a Global Economic Meltdown, Weinheim 2008 sowie GLEIẞNER, W.; ROMEIKE, F.: Analyse Subprime-Krise: Risikoblindheit und Methodikschwächen, in: Risiko Manager, Ausgabe 21/2008, S. 1, 6-9.

Globalisierung und verschärfter Wettbewerb	• Bei grenzüberschreitenden Aktivitäten entstehen Länderrisiken[95].
	• Durch die enge internationale Vernetzung können ökonomische Schocks weltweite Kettenreaktionen auslösen.
	• Aufgrund schlechterer Kontrollmöglichkeiten steigt die Gefahr von opportunistischem Verhalten der ausländischen Partner.
	• Durch den Versuch vieler Industrie- und Handelsbetriebe, möglichst alle Branchensegmente abzudecken (vgl. beispielsweise die Ausweitung des Angebots der Automobilhersteller), nimmt die Wettbewerbsintensität zu.
	• Zum Aufbau einer weltweiten Präsenz sind hohe Investitionen erforderlich, was bei eventuellen Misserfolgen entsprechend hohe Schadenssummen zur Folge hat.
	• Die Verkürzung der Produktlebenszyklen und die Individualisierung der Nachfrage erfordern steigende Investitionen in Forschung & Entwicklung.
	• Durch Übernahmen und Fusionen steigen Größe und Marktmacht von Wettbewerbern, Kunden und Lieferanten.
	• Durch die Deregulierung und Liberalisierung wird Wettbewerbern der Markteintritt erleichtert bzw. überhaupt erst ermöglicht.
	• Der verschärfte Wettbewerb zwingt zur Annahme von Aufträgen mit ungünstiger Risikostruktur. Die oft unzureichenden Margen erschweren den Ausgleich eventueller Risikofolgen.
	• Eine höhere Transparenz auf der Angebotsseite (siehe Web 2.0 und Google-Welt) führt zu potenziellen Reputationsrisiken.
Moderne Produktions- und Warenwirtschaftstechniken	• Bei teuren Anlagen/Ladeneinrichtungen fallen auch eventuelle Schäden (beispielsweise durch Elementarereignisse wie Wassereinbruch oder Feuer) entsprechend höher aus.
	• Hohe Fixkostenanteile verringern die Anpassungsfähigkeit und -geschwindigkeit an veränderte Umweltbedingungen.
	• Die Stillstandskosten (auch „indirekte" Kosten wie Lieferverzug, Konventionalstrafen oder Imageverlust) sind insbesondere bei verketteten Produktions- und Warenwirtschaftssystemen sehr hoch.
	• Mit zunehmender Komplexität der Produktions- und Warenwirtschaftssysteme steigt tendenziell auch deren Störanfälligkeit.
	• Insbesondere in Deutschland ist die Öffentlichkeit für die negativen Auswirkungen von Produktion und Handel auf Mensch und Umwelt stark sensibilisiert (Gefahr von Reputationsschäden).

---

[95] Das Länderrisiko bezeichnet spezielle Verlustrisiken im Außenwirtschaftsverkehr, die die Durchsetzung von Forderungen gegenüber ausländischen Vertragspartnern bzw. den Kapitaleinsatz und erwartete Gewinne bedrohen. Hierzu zählen zum einen politische Risiken infolge von Feindseligkeiten wie Krieg, Boykott, Blockaden, innenpolitischen Entwicklungen (Streik, Unruhen, Bürgerkrieg), Beschlagnahme etc. sowie zum zweiten Zahlungsverbot und Moratoriumsrisiken, durch die zahlungswillige und zahlungsfähige Schuldner bei der Erfüllung ihrer Verbindlichkeiten durch staatliche Maßnahmen behindert werden. Ergänzend können Konvertierungs- und Transferrisiken infolge von Beeinträchtigungen des zwischenstaatlichen Zahlungsverkehrs für Beträge entstehen, die der ausländische Schuldner als Gegenwert für die verbürgte Forderung bei einer zahlungsfähigen Bank eingezahlt hat, die jedoch aus Gründen, die außerhalb des Einflussbereichs des Schuldners oder der Bank liegen, nicht in die vereinbarte Währung konvertiert oder in das Ausland transferiert werden können.

Inter-organisationale Kooperation	• Es entsteht ein sehr hohes Maß an gegenseitiger Abhängigkeit zwischen den Kooperationspartnern bzw. Abnehmern und Zulieferern oder Herstellern und (Groß-/Einzel-)Händlern. • Eine „gerechte" Aufteilung der Risiken zwischen einzelnen Partnern ist kaum möglich. • Risiken, die (bewusst oder unbewusst) von anderen Partnern eingegangen wurden, müssen u. U. unfreiwillig mitgetragen werden. • Es besteht die Gefahr des opportunistischen Verhaltens der Partner.
Angebot von System-lösungen	• Industrie- und Handelsbetriebe bieten Leistungen an, die nicht zu ihren originären Kernkompetenzen zählen (industrielle Dienstleistungen, Finanzierungen). • Durch das Angebot von umfangreichen Systemlösungen und den Trend zum Single Sourcing konzentrieren sich immer höhere Auftragswerte auf eine immer geringere Anzahl von Aufträgen.
Anforderungen an Compliance und Corporate Governance	• Neue Anforderungen an Corporate Governance und Compliance führen zu erhöhten Straf- und Haftungsrisiken sowie Reputationsrisiken (siehe Corporate Social Responsibility, Business Ethics, Codes of Conduct).

Tabelle II.1: *Risikoerhöhende Entwicklungen im Umfeld von Industrie- und Handelsbetrieben[96]*

Es erscheint unmittelbar einsichtig, dass eine saubere, vollständige und trennscharfe Quantifizierung der risikoerhöhenden Effekte, die von den oben genannten Entwicklungstendenzen ausgehen, schon allein aus methodischen Gründen nicht möglich sein kann. Geht man jedoch davon aus, dass die primäre Ursache für das Scheitern eines Unternehmens letztendlich darin zu sehen ist, dass das Management nicht in der Lage war, die entstandenen Risiken adäquat zu bewältigen, stellt u. U. die Anzahl der Unternehmensinsolvenzen einen brauchbaren (Spät-) Indikator dar, mit dessen Hilfe sich zumindest ein erster, grober Anhaltspunkt für die Veränderung der Risikosituation Industrie- und Handelsunternehmen ableiten lässt.

Die Zahl der Unternehmensinsolvenzen stieg in den Jahren 1999 bis 2003 konstant an und erreichte mit knapp 39.500 Fällen ihren Höhepunkt. Ab dem Jahr 2004 wurde ein steter Rückgang der Unternehmenspleiten vermeldet, und zwar bis zum Jahr 2007. In diesem Jahr ist erstmals wieder ein – wenn auch nur leichter – Anstieg der Insolvenzen um 2,2 Prozent auf 29.800 Betriebe zu konstatieren (vgl. Abbildung II.2).

In der Folge der jüngsten Finanzkrise muss jedoch davon ausgegangen werden, dass die Anzahl der Unternehmensinsolvenzen in den nächsten Jahren wieder ansteigen wird. Die Trendwende kann bereits aus Abbildung II.1 abgelesen werden. So erwartet die Wirtschaftsauskunftei und der Inkassodienstleister „Verband der Vereine Creditreform" für das Jahr 2009 ein Ansteigen der Unternehmensinsolvenzen auf 33.000 bis 35.000 Fälle.

---

[96] In Anlehnung an ERBEN, R. F.: Fuzzy-Logic-basiertes Risikomanagement – Anwendungsmöglichkeiten der Theorie unscharfer Mengen im Rahmen des Risikomanagements von Industriebetrieben, Aachen 2000, S. 29 sowie GLEIßNER, W.; ROMEIKE, F.: Risikomanagement – Umsetzung, Werkzeuge, Risikobewertung, Freiburg im Breisgau 2005, S. 247 f.

Die Gründe dafür liegen auf der Hand: Die nächsten Jahre werden für die gesamte Wirtschaft schwierige Rezessionsjahre werden. Viele Unternehmen müssen ihre Geschäftserwartungen deutlich nach unten revidieren, die Finanzierungssituation der Unternehmen wird sich verschlechtern, die Forderungsausfälle steigen und die Kreditversicherer ziehen sich aus Teilen des Marktes ganz oder teilweise zurück. Vielen bonitätsschwachen Unternehmen wird die geringere Nachfrage, gepaart mit einer eingeschränkten Kreditvergabe, Schwierigkeiten bereiten.

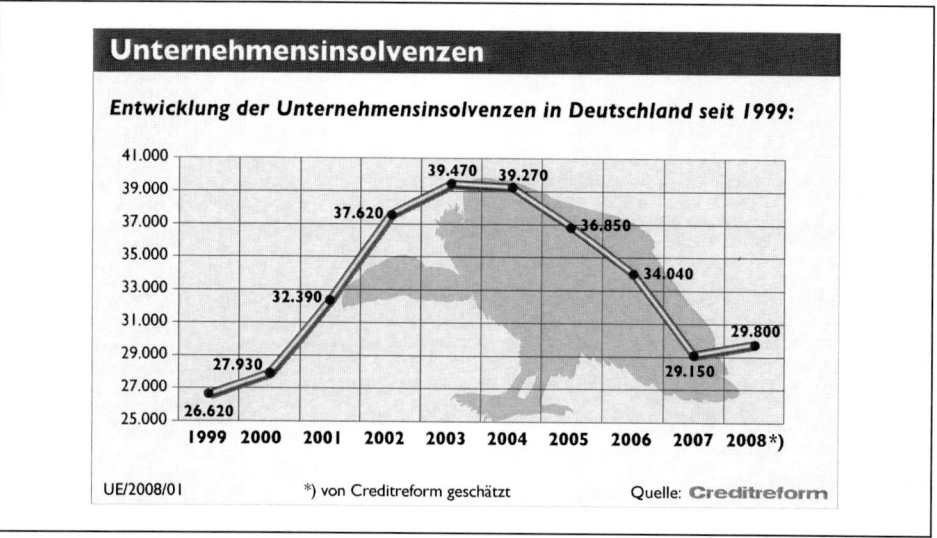

Abbildung II.1: *Trendwende bei Unternehmensinsolvenzen (Quelle: Creditreform Wirtschaftsforschung)*

2.   Komplexität als Ursache von Risiken

Wesentlich reizvoller als die reine Diagnose einer verschärften Risikolage in Industrie und Handel ist die Erklärung ihrer Ursachen. Bereits bei isolierter Betrachtung können sämtliche der in Tabelle II.1 angeführten Entwicklungen dazu beitragen, dass sich die Wahrscheinlichkeit und/oder das Schadensausmaß eines Risikoeintritts erhöhen. Jedoch ist die zu beobachtende Veränderung der Risikosituation von Industrie- und Handelsbetrieben in aller Regel nicht monokausal auf einen einzigen Auslöser zurückzuführen (siehe Abbildung II.2).

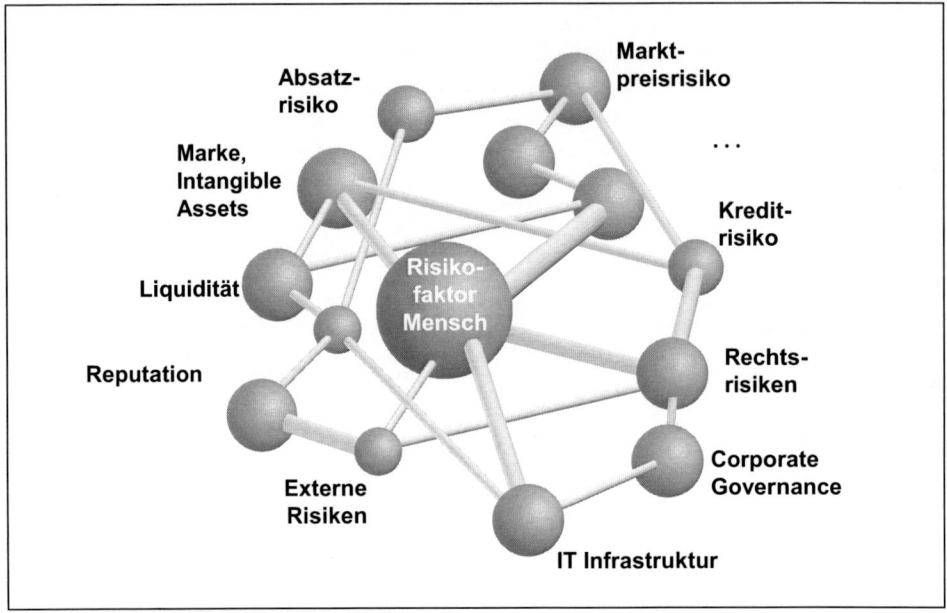

Abbildung II.2: *Die Risikolandkarte wird vom Menschen sowie komplexen, dynamischen und interaktiven Beziehungen dominiert*[97]

Vielmehr wird sie erst durch das Zusammenwirken einer ganzen Reihe von Einflussfaktoren ausgelöst bzw. nachhaltig verstärkt. Daher gestaltet es sich entsprechend schwierig, bestimmte, konkrete Ursachen und übereinstimmende Merkmale herauszugreifen, anhand derer sich die oben genannten Trends charakterisieren, analysieren oder gar quantifizieren ließen. Aufgrund der Heterogenität der einzelnen Entwicklungen, ihrer Auslöser und Ursache-Wirkungszusammenhänge sind die Risikoveränderungen in Industrie und Handel nur auf einer Metaebene erklärbar. Eine wesentliche Bedeutung bei der Analyse von charakteristischen Merkmalen des Risikophänomens kommt dabei der weit verbreiteten und in vielen wissenschaftlichen Disziplinen bewährten Methodologie der Systemtheorie[98] zu, die einen adäquaten Erklärungsansatz für die zunehmende Komplexität und Dynamik der Unternehmen sowie ihres Umfelds bietet. Wie in den folgenden Abschnitten gezeigt wird, stellen die Aussagen der Systemtheorie über das Verhalten sozioökonomischer Systeme damit auch den Schlüssel zur Erklärung des Risikophänomens dar.

---

97   Vgl. ROMEIKE, F.: Integriertes Risiko-Controlling und -Management im global operierenden Konzern, in: Schierenbeck, H. (Hrsg.): Risk Controlling in der Praxis, Zürich 2006, S. 439.

98   Vgl. STROHHECKER, J.; SEHNERT, J. (Hrsg.): System Dynamics für die Finanzindustrie – Simulieren und Analysieren dynamisch-komplexer Probleme, Frankfurt/Main 2008 sowie RAPOPORT, A.: Allgemeine Systemtheorie, Darmstadt 1988.

2.1 Systemtheoretische Fundierung

Ein *System* wird allgemein aus einer „... Anzahl von in Wechselwirkung stehenden Elementen" gebildet. Es wird als *offen* bezeichnet, wenn seine eigenen Beziehungen und Elemente in
Verbindung mit Elementen seiner Umwelt stehen und somit von dieser Umwelt beeinflusst
werden können. In Bezug auf die Komplexität eines Systems unterscheidet die Systemtheorie
eine *innere* und *äußere* Komponente. Die *innere* Komplexität umfasst dabei die Anzahl und
Verschiedenheit der Elemente, deren wechselseitige Beziehungen sowie deren Veränderungen
innerhalb der definierten Systemgrenzen. Demgegenüber bezeichnet die *äußere* Komplexität
die Anzahl und Verschiedenheit der Elemente in der Systemumwelt, deren Beziehungen zu
systeminternen Elementen sowie die Veränderungen des System in Relation zu seiner Umwelt.[99] Unternehmen können insgesamt als zielgerichtete, offene und hochgradig komplexe
sozioökonomische Systeme charakterisiert werden. Das primäre Formalziel dieser Systeme
besteht im allgemeinen in der Gewinnerzielung. Sie zeichnen sich durch eine Vielzahl sehr
heterogener Elemente aus, die durch zahlreiche unterschiedliche Beziehungen sowohl miteinander als auch mit anderen Umweltelementen verknüpft sind, wobei diese Elemente und
Beziehungen ständigen – häufig auch sehr starken und abrupten – Veränderungen unterworfen sind.[100]

Die steigende innere und äußere Komplexität des Systems *Unternehmen* lässt sich durch
viele der bereits in Abbildung II.1 genannten Entwicklungen erklären. So hat beispielsweise
die zunehmende Individualisierung der Produkte zur Folge, dass Unternehmen direkte und
spezifische Beziehungen zu einer immer größeren Anzahl unterschiedlicher Kunden aufbauen
(in diesem Zusammenhang seien nur aktuelle Trends wie beispielsweise das „1-to-1-
Marketing" oder die „Mass Customization" erwähnt). Parallel hierzu erhöhen sich die Anzahl
der Varianten sowie die Komplexität vieler unternehmensinterner Abläufe. Die Verkürzung
der Produktlebenszyklen und die Beschleunigung praktisch aller Prozesse entlang der gesamten Wertschöpfungskette durch moderne Informations-, Kommunikations- und Produktions-
technologien sind deutliche Anzeichen für eine steigende Dynamik des Unternehmensumfelds. Neue Werkstoffe und Verfahren eröffnen zusätzliche Optionen für die Gestaltung und
Kombination von Produkten und Dienstleistungen. Zum Angebot von Systemlösungen müssen die Unternehmen entweder ihr internes Leistungsspektrum erweitern (steigende innere
Komplexität) oder die Leistungen mehrerer externer Kooperationspartner bündeln und koordinieren (steigende äußere Komplexität). Die Globalisierung der Wirtschaft ermöglicht es,
auf neuen, oftmals relativ unbekannten Märkten tätig zu werden. Gleichzeitig steigt die Anzahl der Wettbewerber auf den angestammten Absatzmärkten. Als weiteres Beispiel für zunehmende (äußere) Komplexität lassen sich darüber hinaus zahlreiche Formen der zwischen-

[99] LUHMANN N.: Komplexität, in: Grochla, E. (Hrsg.): Enzyklopädie der Betriebswirtschaftslehre, Bd. 2:
Handwörterbuch der Organisation, 2. Auflage, Stuttgart 1980, Sp. 1064 f.

[100] Vgl. HOLZKÄMPFER, H.: Management von Singularitäten und Chaos, Wiesbaden 1996, S. 10-12 und S. 20-
28.

betrieblichen Kooperation wie beispielsweise Produktionsnetzwerke oder so genannte *virtuelle* Unternehmen anführen. Diese sind ja in der Regel nur auf die Erfüllung relativ eng abgegrenzter Aufgaben angelegt und daher von vornherein zeitlich befristet. Das einzelne Unternehmen arbeitet also in relativ kurzen Abständen oder gar parallel an mehreren Projekten und mit unterschiedlichen Kooperationspartnern. Die Mitglieder virtueller Unternehmen bewegen sich demzufolge meist in einem Umfeld, das von extrem hoher Veränderungsgeschwindigkeit und extrem anspruchsvollen Koordinationsaufgaben gekennzeichnet ist.[101]

Wie bereits die knappe Darstellung dieser wenigen Beispiele erkennen lässt, führen die oben skizzierten Veränderungen des Unternehmensumfelds und der Unternehmensstrukturen direkt oder indirekt dazu, dass – abstrakt formuliert – sowohl die Anzahl und Varietät der Elemente und Beziehungen des sozioökonomischen Systems „Unternehmen" als auch deren Veränderungsgeschwindigkeit zunehmen. Durch die steigende Anzahl von Elementen und Beziehungen innerhalb des Systems und zwischen dem System und seiner Umwelt müssen bei einer Problemlösung immer mehr Einflussfaktoren berücksichtigt werden. Aufgrund der steigenden Veränderungsgeschwindigkeit kann ein System in einem definierten Zeitraum zudem eine immer größere Zahl unterschiedlicher Zustände annehmen.[102] Problematisch ist hierbei insbesondere die Tatsache, dass sich Art und Umfang dieser Veränderungen praktisch nicht mehr mit ausreichender Präzision prognostizieren lassen. Wie bereits der Mitbegründer der modernen deutschen Betriebswirtschaftslehre, Erich Gutenberg (* 13. Dezember 1897 in Herford, † 22. Mai 1984 in Köln), erkannte, weisen sozioökonomische Systeme einen vergleichsweise hohen Anteil interdependenter und nichtlinearer Beziehungen auf.[103] Bereits bei sehr einfachen deterministischen Systemen reichen einige wenige solcher nichtlinearer und/oder rückgekoppelter Verknüpfungen aus, um ein unregelmäßiges Systemverhalten zu generieren, das oftmals sprunghafte Änderungen aufweist, sich im Zeitablauf nicht wiederholt und häufig keinem stabilen Gleichgewicht zustrebt. Darüber hinaus können bereits marginale Modifikationen der Ausgangsbedingungen enorme Veränderungen der Folgezustände verursachen – das berühmte Beispiel aus Meteorologie und Chaostheorie, nach dem ein Schmetterling im Amazonas mit seinem Flügelschlag einen Orkan in Europa auslösen kann, ist ohne größere Probleme auch auf die immer enger verflochtene Weltwirtschaft übertragbar.[104] Da das Verhalten von wirtschaftlichen und sozialen Einheiten keinen gleichmäßigen Mustern folgt, treten immer wieder Situationen auf, deren Zustandekommen nicht mit letzter Genauigkeit nachvollziehbar ist und die daher zufällig erscheinen.

Diese Charakteristika sozioökonomischer Systeme haben nun wiederum weitreichende Konsequenzen für die Risikobeurteilung. Durch die steigende Anzahl der möglichen Systemzustände erhöht sich naturgemäß auch die Anzahl der – wie auch immer definierten – „ungüns-

---

101 Vgl. SCHUH, G.; FRIEDLI, T.: Die Virtuelle Fabrik, in: Nagel, K.; Erben, R. F.; Piller, F. T. (Hrsg.): Produktionswirtschaft 2000, Wiesbaden 1999, S. 222-230.

102 Vgl. SCHWANINGER, M.: Managementsysteme, Frankfurt/Main 1994, S. 18.

103 Vgl. GUTENBERG, E.: Zur Theorie der Unternehmung, in: Albach, H. (Hrsg.): Schriften und Reden aus dem Nachlaß von Erich Gutenberg, Berlin et al. 1989, S. 155.

104 Vgl. BULLNHEIMER, B.; SCHMITZ, J.: Chaostheorie und Unternehmensentwicklung, in: ZfP, 7. Jg. (1996), H. 3, S. 235-242.

tigen" Systemzustände. Bei Zugrundelegung der weitverbreitete Definition des Begriffs *Risiko* als „Möglichkeit einer negativen Zielabweichung"[105], hat also allein schon die Existenz einer steigenden Systemkomplexität – bzw. die daraus unmittelbar resultierende höhere Anzahl potenzieller Zustände – ceteris paribus ein steigendes Risiko zur Folge.

Für den Informationsstand eines Entscheiders sind die Konsequenzen dieser Entwicklung allerdings noch weitaus bedeutender. Um eine vorgegebene Aufgabenstellung erfüllen bzw. eine bestimmte Entscheidung treffen zu können, sind Informationen in gewisser Quantität und Qualität erforderlich. Dieser *objektive Informationsbedarf* deckt sich in der Regel jedoch nicht mit dem *subjektiven Informationsbedarf*, welcher nur all jene Informationen umfasst, die ein bestimmter Entscheider aus seiner spezifischen (subjektiven) Sicht als relevant für die vorliegende Problemstellung erachtet. Eine Diskrepanz zwischen diesen beiden Größen kann beispielsweise dann entstehen, wenn die Aufgabenstellung nicht präzise genug beschrieben wurde oder gewisse Probleme aus Sicht des Entscheiders unterschätzt werden. Da für die Beschaffung von Informationen allerdings Kosten entstehen und zur Verarbeitung nur begrenzte Kapazitäten vorhanden sind, wird von dem subjektiven Informationsbedarf wiederum nur ein relativ kleiner Teil als tatsächliche *Informationsnachfrage* artikuliert. Auch diese kann nur partiell vom vorhandenen *Informationsangebot* gedeckt werden. Wie in Abbildung II.3 ersichtlich, ergibt sich der (in aller Regel unvollkommene) *Informationsstand* eines Entscheidungsträgers somit als Schnittmenge aus objektivem Informationsbedarf, Informationsnachfrage und Informationsangebot.[106]

Bei einer zunehmenden Komplexität von Systemen und gleichzeitig sinkender Prognostizierbarkeit ihres Verhaltens steigt nun einerseits der Informationsbedarf des Entscheiders. Beispielsweise ist eine grundlegende Zielsetzung des Risiko-Managements – nämlich die möglichst vollständige Identifizierung und Bewertung von Risiken – umso schwieriger und aufwendiger, je mehr unterschiedliche Systemzustände auftreten können. Bei komplexen sozioökonomischen Systemen tendiert die Anzahl möglicher Systemzustände jedoch gegen unendlich. Daher sind immer umfangreichere und immer „bessere" Kenntnisse erforderlich, um das Verhalten der einzelnen Elemente sowie die künftigen Systemzustände zumindest ungefähr einschätzen zu können. Parallel zur erforderlichen Verbesserung des Informationsangebots muss jedoch auch erreicht werden, dass sich der Entscheider der zunehmenden Systemkomplexität bewusst wird und mit einer entsprechenden Steigerung seiner Informationsnachfrage reagiert. Die zusätzlich angebotenen Informationen müssen also auch genutzt und zielgerichtet eingesetzt werden. Dies setzt wiederum eine hohe Aufnahme- und Verarbeitungskapazität auf Seiten des Informationsempfängers voraus. Ist diese nicht vorhanden (wovon in der betrieblichen Praxis wohl oftmals auszugehen ist), bleibt der tatsächliche Informationsstand des Entscheiders immer weiter hinter dem objektiv erforderlichen Informationsbedarf zurück. Das System und seine potenziellen Entwicklungen werden zu einem im-

---

[105] Vgl. GLEIßNER, W.; ROMEIKE, F.: Risikomanagement – Umsetzung, Werkzeuge, Risikobewertung, Freiburg im Breisgau 2005, S. 27 ff.

[106] Vgl. PICOT, A.; REICHWALD, R.: Informationswirtschaft, in: Heinen, E. (Hrsg.): Industriebetriebslehre, Wiesbaden 1991, S. 275 f. sowie ERBEN, R. F.; ROMEIKE, F.: Komplexität als Ursache von Risiken, in: Romeike, F.; Finke, R.: Erfolgsfaktor Risiko-Management, Wiesbaden 2003, S. 49.

mer geringeren Teil erfasst, unerwartete Systemzustände treten daher immer häufiger auf. Mit anderen Worten: Das Risiko steigt.[107]

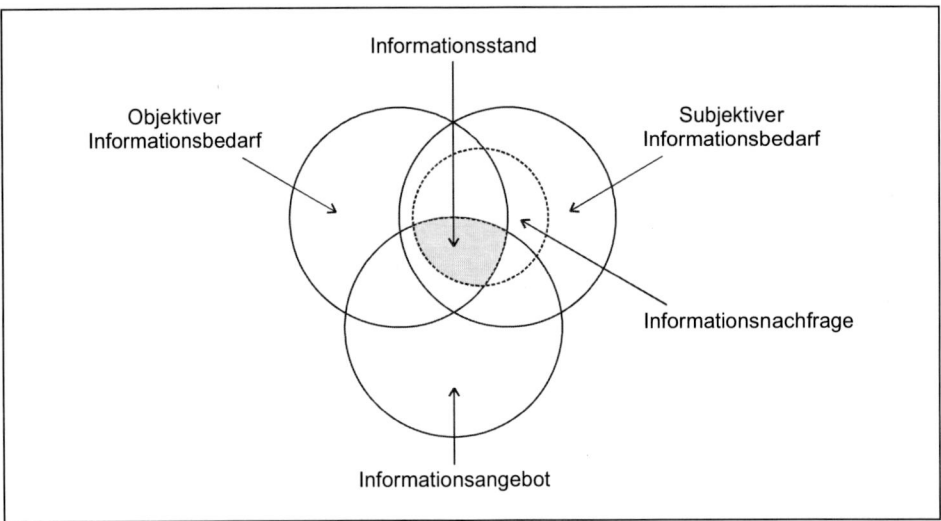

Abbildung II.3: *Informationsstand eines Entscheiders[108]*

2.2 Charakteristika von Problemstellungen des Risiko-Managements

Obwohl die oben diskutierte Diskrepanz zwischen objektivem Informationsbedarf und tatsächlichem Informationsstand bei praktisch jeder Entscheidung in allen nur denkbaren Lebensbereichen relevant ist, tritt sie bei Fragen des Risiko-Managements in besonders ausgeprägter Form auf. Aufgrund ihrer meist hochgradig komplexen Interdependenzen und Randbedingungen sowie dem in aller Regel äußerst geringen Informationsangebot stellen Probleme des Risiko-Managements fast schon Paradebeispiele für so genannte *schlecht strukturierte* Probleme dar. Diese sind dadurch gekennzeichnet, dass die Ursache-Wirkungs-Beziehungen innerhalb des Systems und zwischen dem System und seiner Umwelt nicht genau bekannt sind (*Wirkungsdefekt*), die Zustände des Systems nicht vollständig quantifizierbar sind (*Bewertungsdefekt*), Zielgrößen unbekannt oder mehrdimensional ausgeprägt sind (*Zielsetzungsde-*

---

107 Vgl. ERBEN, R. F.; ROMEIKE, F.: Risk-Management-Informationssysteme – Potentiale einer umfassenden IT-Unterstützung des Risk Managements, in: Pastors, Peter M.; PIKS (Hrsg.): Risiken des Unternehmens, München und Mering 2002, S. 559.

108 Vgl. PICOT, A.; REICHWALD, R.: Informationswirtschaft, in: Heinen, E. (Hrsg.): Industriebetriebslehre, Wiesbaden 1991, S. 276.

fekt) und keine bzw. keine hinreichend exakten und/oder effizienten Lösungsverfahren existieren (*Lösungsdefekt*).[109] Obwohl die einzelnen Strukturmängel starke Interdependenzen aufweisen und nicht immer trennscharf voneinander abzugrenzen sind, sollen sie aus Gründen der Übersichtlichkeit im Folgenden in separaten Abschnitten dargestellt werden.

2.2.1 Wirkungsdefekt

Bei technisch bedingten Schäden (beispielsweise durch Material- oder Maschinendefekte, Bedienungsfehler oder Fehllieferungen) oder dem Eintritt von Elementarrisiken (beispielsweise Brand, Wassereinbruch oder Sturmschäden) sind sowohl der direkte Risikoauslöser und die unmittelbare Wirkung als auch der zugrunde liegende Wirkungsmechanismus relativ schnell erkennbar, eindeutig von anderen Phänomenen abzugrenzen und damit auch vergleichsweise einfach und exakt zu beschreiben. In vielen anderen Fällen ist eine solch eindeutige Identifikation und Zuordnung von Ursache und Wirkung jedoch nicht mehr ohne Weiteres möglich. Ein entscheidender Grund hierfür ist in der bereits diskutierten komplexen Struktur der betrachteten Systeme und der damit eng verbundenen mangelnden Prognostizierbarkeit ihres Verhaltens zu sehen.

Innerhalb eines offenen dynamischen Systems sind Elemente und Beziehungen ständigen Veränderungen unterworfen. Es kann daher praktisch ausgeschlossen werden, dass eine bestimmte Ursache zweimal auf die exakt gleichen Ausgangsbedingungen trifft. Demzufolge wird sie auch kaum zweimal die exakt gleichen Wirkungen hervorrufen.[110] Eine wesentliche Ursache für die Intransparenz risikoauslösender Kausalzusammenhänge ist insbesondere darin zu sehen, dass ein einzelner Einflussfaktor häufig nicht nur ein bestimmtes, sondern mehrere unterschiedliche Risiken auslöst (so genannte „Verbundrisiken").[111] Als Beispiel hierfür ist u. a. der Fall einer Terminverzögerung zu nennen, die in der Folge beispielsweise Kostenüberschreitungen, Pönalzahlungen, Imageverluste u. v. m. verursachen kann. Andererseits kann ein bestimmtes Risiko in vielen Fällen nicht auf einen singulären Auslöser zurückgeführt werden, sondern entsteht erst durch das simultane Zusammenwirken mehrerer unterschiedlicher Faktoren. Beispielsweise wird der Umsatzrückgang eines Unternehmens primär von einem sinkenden Marktanteil, sinkenden Preisen oder einem sinkenden Marktvolumen verursacht. Diese Größen unterliegen jedoch ihrerseits unzähligen weiteren Einflüssen. Als Bestimmungsfaktoren für das Marktwachstum sind hierbei eine sinkende Kaufkraft der Konsumenten, die Verfügbarkeit von Substitutionsprodukten, die Veränderung von Modeströmungen und viele weitere zu nennen. Die sinkende Kaufkraft der Konsumenten kann ihrerseits nun wieder von einer Verschlechterung der allgemeinen wirtschaftlichen Lage, einer verfehlten Steuerpolitik, steigenden Sozialabgaben usw. verursacht werden. Es ist offensichtlich, dass sich derartige Kausalketten praktisch ad infinitum fortsetzen ließen.

---

[109] Vgl. VOIGT, K.-I.: Strategische Planung und Unsicherheit, Wiesbaden 1992, S. 83 f.

[110] Vgl. POINCARÉ H.: Wissenschaft und Methode, Leipzig/Berlin 1914, S. 56 f.

[111] Vgl. ROMEIKE, F.: Integriertes Risiko-Controlling und -Management im global operierenden Konzern, in: Schierenbeck, H. (Hrsg.): Risk Controlling in der Praxis, Zürich 2006, S. 439.

Die Identifikation von Kausalzusammenhängen wird häufig noch durch den Umstand verkompliziert, dass diese oftmals nicht nur in eine Richtung wirken, sondern auch in Form von Rückkopplungen auftreten können. So beeinflusst beispielsweise ein Unternehmen mit seiner Preispolitik auch die Preispolitik seiner direkten Konkurrenten, während es gleichzeitig von diesen beeinflusst *wird*. Es ist häufig zu beobachten, „... dass das, was als Wirkung bezeichnet wird, auf die Ursache zurückwirkt und damit selbst zur Ursache wird."[112] Solche rekursiven Beziehungen – die klassische Frage nach „der Henne und dem Ei" – tragen zu einer weiteren Verringerung der Transparenz von Ursache-Wirkungs-Zusammenhängen bei.

Einen weiteren Grund für die meist mangelhafte Transparenz komplexer Systeme stellen die zeitlichen Verzögerungen dar, welche zwischen Ursache und Wirkung auftreten. Aufgrund dieser Time-lags ist die zeitliche Verteilung der hervorgerufenen Effekte oft nicht eindeutig vorhersehbar. Als wohl bekanntestes Beispiel sind hierbei die dynamischen Carry-Over-Effekte im Zusammenhang mit den Marketingaktivitäten eines Unternehmens zu nennen. Im Allgemeinen beeinflussen Werbemaßnahmen das Käuferverhalten noch nicht bzw. nicht nur in der aktuellen Periode, sondern erst bzw. auch in den Folgeperioden. Eine exakte Vorhersage der genauen Verteilung dieser Wirkungen auf die einzelnen Zeiträume ist hierbei allerdings nicht möglich – der zugrundeliegende Kausalzusammenhang kann allenfalls ungefähr abgeschätzt und vage beschrieben werden. Selbst wenn die Höhe des Gesamteffekts exakt bekannt wäre (wovon in der Praxis allerdings ebenfalls nicht auszugehen ist), entsteht also durch die unzureichende Prognose der zeitlichen Verteilung die Gefahr, dass in einer oder mehreren Perioden negative Zielabweichungen auftreten.

Zudem wird die Bewertung von Risiken auch dadurch erschwert, dass Unternehmen als offene Systeme vielfältige Beziehungen zu ihrer Systemumwelt aufweisen. Die überwiegende Mehrzahl der Umweltelemente entzieht sich dabei dem direkten Einblick oder gar der Kontrollmöglichkeit durch das einzelne Unternehmen. Aufgrund dieser Tatsache können auch von diesen externen Elementen immer wieder Wirkungen ausgelöst werden, die ex ante nicht unbedingt erkennbar, geschweige denn analysierbar sind.[113]

Beispiele für solche unvorhergesehenen Ereignisse sind der Konkurs eines wichtigen Kunden, die Änderung der gesetzlichen Regelungen für geringfügig Beschäftigte oder aber die Entwicklung eines innovativen neuen Produkts durch einen Wettbewerber. In derartigen Fällen liegen dem betreffenden Unternehmen im Allgemeinen nicht genügend Informationen vor, um präzise prognostizieren zu können, welche Wirkungen diese Maßnahmen entfalten werden und wann diese stattfinden. Es mag vielleicht bekannt sein, dass ein Wettbewerber in absehbarer Zeit ein verbessertes Produkt auf den Markt bringen wird – die Einschätzung des genauen Zeitpunkts und der voraussichtlichen Spezifikationen sowie des hierdurch entstehenden Gefährdungspotenzials für die eigene Wettbewerbsposition kann dagegen nur sehr vage formuliert werden und ist in jedem Fall stark subjektiv geprägt.

Schließlich ist es aufgrund der steigenden Veränderungsgeschwindigkeit erforderlich, dass sich Unternehmen in immer kürzeren Abständen auf neue Situationen einstellen müssen.

112 Schuy, A.: Risiko-Management, Frankfurt/Main et al. 1989, S. 68.
113 Holzkämpfer, H.: Management von Singularitäten und Chaos, Wiesbaden 1996, S. 43.

Dementsprechend hat sich in jüngster Zeit auch die Zeitspanne dramatisch verkürzt, die den Entscheidungsträgern für ihren „Lernprozess" zur Verfügung steht, um die jeweiligen Kausalzusammenhänge überhaupt erfassen zu können. Unter diesen Voraussetzungen kann eine ausreichende Analyse der Risikowirkungsprozesse oft nicht mehr gewährleistet werden.

2.2.2 Bewertungsdefekt

Ähnlich schwierig wie die Erfassung der einzelnen Kausalzusammenhänge, die dem Prozess der Risikoentstehung und -wirkung zugrunde liegen, gestaltet sich auch die Risikobewertung. Eine vollständige Erfassung und Bewertung aller denkbaren Risiken scheiden schon deshalb aus, weil die Anzahl der möglichen Zustände bei komplexen Systemen gegen unendlich tendiert. Beispielhaft sei an dieser Stelle ein einfach strukturiertes System mit lediglich zehn Elementen angeführt, die jeweils nur fünf unterschiedliche Zustände annehmen können. Bereits in dieser Situation ergeben sich über 5^{10} (also über 9,7 Millionen) mögliche Systemzustände. Auch wenn in der Praxis viele Situationen schon aus Plausibilitätsüberlegungen von vornherein ausgeschlossen werden können, wird dennoch eine kaum überschaubare Anzahl zur Analyse verbleiben.[114] Darüber hinaus steht den Unternehmen auch ein äußerst breites Spektrum an Handlungsmöglichkeiten zur Risikobewältigung offen, die in unterschiedlichen Abstufungen eingesetzt werden können und fast beliebig miteinander kombinierbar sind.[115] Insgesamt umfassen also sowohl die Input- als auch die Outputseite einer Risikoanalyse eine fast unüberschaubare Anzahl an unterschiedlichen Alternativen, so dass die vollständige Erfassung und Bewertung aller Möglichkeiten schon allein aus Praktikabilitätsgründen nicht zu bewältigen sind.

Auch im Hinblick auf die Bewertung von Risiken ist ein erstes schwerwiegendes Hindernis in der steigenden systeminternen und -externen Dynamik zu sehen. Je früher Entscheidungen über Art und Umfang eventueller Risikobewältigungsmaßnahmen getroffen werden, desto effektiver und effizienter können diese Instrumente wirken. Da bei zunehmender innerer und äußerer Dynamik auch unerwünschte Systemzustände immer schneller eintreten, verkürzt sich die Reaktionszeit, die den betreffenden Unternehmen zur Verfügung steht, um wirksame Maßnahmen zur Risikobewältigung ergreifen zu können. Hieraus ergibt sich die Erfordernis, im Rahmen des Risiko-Managements mitunter schon auf (im Sinne Ansoffs) *schwache Signale*[116] aus der Unternehmensumwelt reagieren zu müssen. Dies bedeutet jedoch, dass die entsprechenden Entscheidungen bereits zu einem Zeitpunkt getroffen werden müssen, zu dem die konkrete Ausprägung und Entwicklung der relevanten Einflussfaktoren überhaupt noch nicht mit ausreichender Präzision prognostizierbar sind.

Einen weiteren wesentlichen Grund für die oft mangelnde Quantifizierbarkeit von Risiken stellt auch die Existenz der bereits diskutierten Wirkungsdefekte dar. Eine Bewertung der Auswir-

---

[114] Vgl. KEIL, R.: Strategieentwicklung bei qualitativen Zielen, Berlin 1996, S. 47.

[115] Vgl. ROMEIKE, F.: Alternative und innovative Wege der Risikofinanzierung und des Risikotransfers, in: Das neue Kontroll- und Transparenzgesetz (Hrsg. Thomas Forwe), Mering 2002.

[116] Vgl. ANSOFF, H. I.: Managing Surprise and Discontinuity, in: zfbf, 28. Jg. (1976), H. 2, S. 129-152.

kungen einer Entwicklung fällt natürlich um so schwerer, je intransparenter sich der zugrunde liegende Ursache-Wirkungs-Zusammenhang darstellt. Da Risiken häufig aus dem simultanen Zusammenwirken mehrerer Auslöser entstehen, ist der exakte Wirkungsbeitrag eines einzelnen Einflussfaktors zur Entstehung des Risikos kaum mehr isolierbar und damit auch nicht quantifizierbar.

Folgendes Beispiel mag diese Zusammenhänge verdeutlichen. Sinken die Devisenkurse anderer Währungen gegenüber dem Euro, so schlagen sich die veränderten Wechselkursrelationen nach der Konvertierung unmittelbar in einer Erlösschmälerung bei den getätigten Exportgeschäften nieder. Das Ausmaß dieses Effekts ist unmittelbar erkennbar und kann problemlos quantifiziert werden. Mittel- bis langfristig werden sich allerdings auch indirekte Konsequenzen ergeben, die darauf zurückzuführen sind, dass durch die währungsbedingten Preisänderungen eine Verschlechterung der relativen Wettbewerbsposition eintritt. So trägt das Absinken der Devisenkurse zu einer Schwächung der Wettbewerbsfähigkeit der Unternehmen auf dem betreffenden Auslandsmarkt und gleichzeitig zu einer Stärkung der Wettbewerbsfähigkeit ausländischer Konkurrenten auf dem Heimatmarkt bei. Daher ist in der Folge auch ein Rückgang der Auftragseingänge und Umsätze wahrscheinlich. Dieser Effekt wird jedoch vom Zusammenwirken einer ganzen Reihe von Faktoren ausgelöst, verstärkt oder abgemildert (beispielsweise der Preispolitik der Konkurrenten, staatlichen Maßnahmen der Exportförderung, verstärkten Marketingaktivitäten). Der genaue Beitrag des Faktors Devisenkursänderung zur Gesamtwirkung Umsatzrückgang lässt sich nicht mehr isolieren oder genau quantifizieren, zumal auch hier wiederum diverse Time-lags innerhalb der Wirkungskette auftreten.

Da Bewertungsdefekte bei komplexen Zusammenhängen auf analytisch-theoretischem Wege kaum behebbar sind, käme als Lösungsalternative u. U. eine empirisch-statistische Erhebung der benötigten Werte in Betracht. So könnten mit Hilfe von mathematisch-statistischen Methoden (beispielsweise der Regressionsanalyse oder des Diskriminanzverfahrens) geeignete Werte aus Vergangenheitsdaten abgeleitet und in die Zukunft extrapoliert werden. Hierbei besteht zum einen das methodische Problem, dass postuliert wird, die Verhaltensmuster der Vergangenheit setzten sich auch in Zukunft fort – eventuelle Diskontinuitäten oder Trendbrüche bleiben also unberücksichtigt. Zudem wäre hierbei die Analyse einer hinreichend großen Grundgesamtheit erforderlich. Dies würde wiederum voraussetzen, dass sich das zugrundeliegende Systemverhalten bereits sehr häufig, in weitgehend identischer Form und unter praktisch konstanten Bedingungen wiederholt hat. Bei Problemstellungen im Rahmen des Risiko-Managements ist die Voraussetzung repetitiver Prozesse schon allein wegen der hohen Dynamik in vielen Fällen nicht erfüllt. Risiken, die mehr oder weniger regelmäßig wiederkehren, finden sich allenfalls in bestimmten, relativ eng abgegrenzten Teilbereichen. Als Beispiele können in diesem Zusammenhang unter anderem Schadensereignisse wie der Ausfall von Forderungen, die Produktion von Ausschuss, Maschinenstörungen, Qualitätsmängel bei bezogenen Teilen genannt werden. Bei diesen Risiken handelt es sich allerdings meist um so genannte Bagatellrisiken, die zwar relativ häufig auftreten, jedoch im Einzelfall nur verhältnismäßig geringe Schäden verursachen (so genannte „high-frequency/low-severity risks".[117] Aufgrund der sehr breiten empirischen Datenbasis ist mit vergleichsweise einfachen statistischen Modellen eine relativ präzise Prognose des Schadenverlaufs und -umfangs der erwarteten Verluste möglich (siehe linker Bereich in Abbildung II.4).

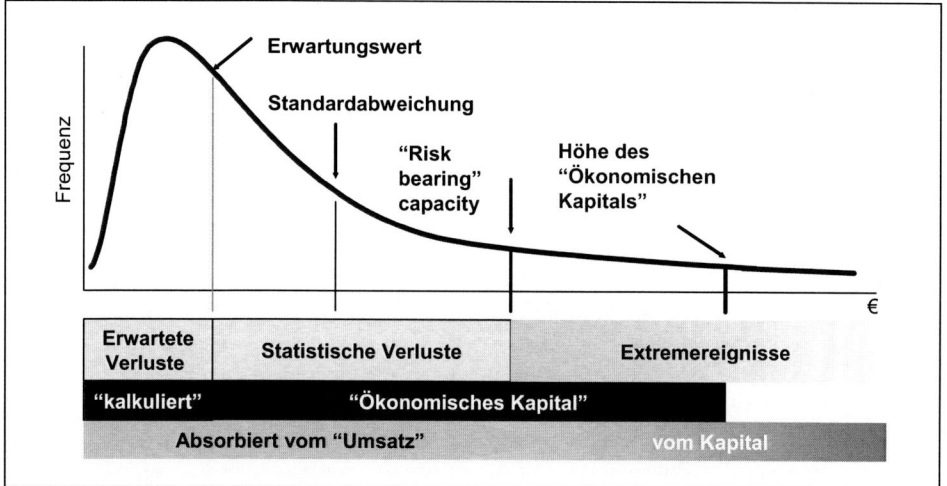

Abbildung II.4: *Paradigmenwechsel: Risikokapital zur Unternehmenssteuerung[118]*

Bei so genannten „high-severity/low-frequency risk" (Fat-Tail-Risiken) hingegen ist eine Quantifizierung von potenziellen Verlusten sehr schwierig, da historische Daten fehlen und eine Verwendung historischer Daten als Grundlage für die Abschätzung zukünftiger Ereignisse dazu führen kann, dass nicht alle potenziellen Ereignisse erfasst werden, insbesondere solche, die ihrer Natur nach extrem sind.

Bei der Bewertung der so genannten Tail-Risiken (auch als Fat- oder Long-Tail-Risiken bezeichnet) helfen u. a. Szenarioanalysen oder stochastische Simulationsmodelle. Bei der Szenarioanalyse werden basierend auf einem deterministischen Modell Ergebnisse (beispielsweise Länderrisiken oder Wechselkursrisiken) für verschiedene Ausprägungen der Parameter (beispielsweise Änderung des Zinsniveaus um zwei Basispunkte) berechnet. Die Festlegung der zugrunde liegenden Parameter erfolgt beispielsweise durch Experten (Delphi-Methodik). Eine spezielle Art der Szenarioanalyse ist der Stresstest.

---

[117] Vgl. ROMEIKE, F. : Alternative und innovative Wege der Risikofinanzierung und des Risikotransfers, in: Das neue Kontroll- und Transparenzgesetz (Hrsg. Thomas Forwe), Mering 2002.

[118] Vgl. ROMEIKE, F.; MÜLLER-REICHART, M.: Risikomanagement in Versicherungsunternehmen – Grundlagen, Methoden, Checklisten und Implementierung, 2. Auflage, Weinheim 2008, S. 340.

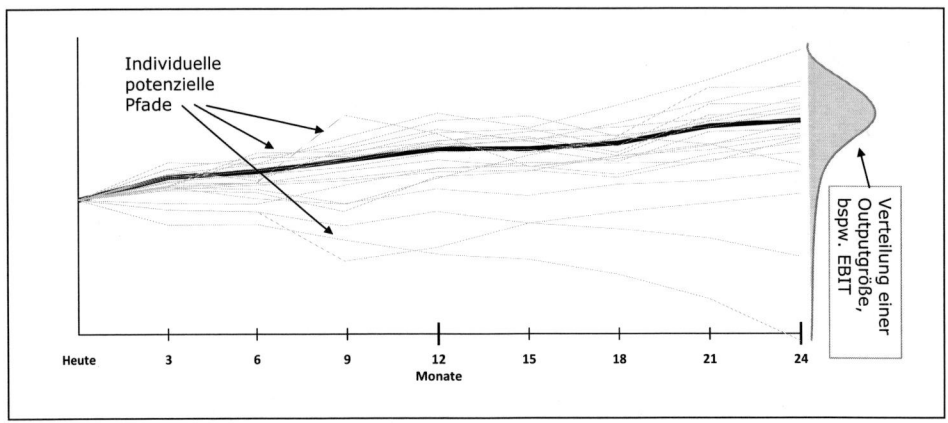

Abbildung II.5: *Stochastische Modellierung von zukünftigen Szenarien[119]*

Bei einem stochastischen Simulationsmodell hingegen werden viele Zehntausende oder Hunderttausende von potenziellen Szenarien bzw. Zukunftspfaden – basierend auf der expliziten Modellierung aller Risikoparameter – berechnet (vgl. Abbildung II.5). Ergebnis sind verschiedene Verteilungsfunktionen der Outputgrößen zu unterschiedlichen Zeitpunkten in der Zukunft. Der Simulationsprozess eines stochastischen Modells basiert methodisch auf einer Monte-Carlo-Simulation. Dabei handelt es sich um eine statistische Methode, mit der das Verhalten dynamischer Systeme untersucht werden kann, ohne dass die exakten Eingabedaten bekannt sein müssen, das heißt, es werden „Zufälle" generiert (vergleichbar mit einem Würfelspiel). Der Name kann dabei auf die Spielbank in Monte Carlo zurückgeführt werden, da man die statistischen Methoden, die der Monte-Carlo-Theorie zugrunde liegen, auch im Bereich der Spieltheorie wiederfindet. Die Resultate der Roulettetische sollen auch die ersten Zufallszahlen gewesen sein, die man für die Methode eingesetzt hat.

2.2.3   Zielsetzungsdefekt und Risikowahrnehmung

Im Allgemeinen besteht das primäre Formalziel des Risiko-Managements in der Erreichung eines unter Wirtschaftlichkeitsgesichtspunkten optimalen Risiko- bzw. Sicherheitsniveaus. Hierbei zeigt sich jedoch schnell ein sehr grundsätzlicher Zielsetzungsdefekt. Das Gut *Sicherheit* ist ein relativ abstraktes, hochaggregiertes und schwer fassbares Konstrukt. Nur in vergleichsweise seltenen und eng abgegrenzten Teilbereichen auf operativer Ebene kann dieses Ziel objektiv definiert und operationalisiert werden. Dies ist etwa der Fall, wenn für bestimmte Produkte oder betriebliche Prozesse gesetzliche Sicherheitsbestimmungen eingehalten werden müssen. In aller Regel besitzen dagegen die persönliche Einstellung und Risikobereitschaft des einzelnen Entscheiders eine ganz wesentliche Bedeutung bei der Wahrnehmung und Einschätzung bestehender Risiken und der darauf aufbauenden Formulie-

---

[119] Quelle: RiskNET GmbH, www.risknet.de

rung von Sicherheitszielen. So kann ein Sicherheitsniveau, das einem Entscheider bereits als übertrieben hoch erscheint, von einem anderen als noch lange nicht ausreichend beurteilt werden. In einer Vielzahl von Studien konnte nachgewiesen werden, dass das wahrgenommene Risiko – also die individuelle Beurteilung des Risikoausmaßes durch einzelne Personen oder gesellschaftliche Gruppen – häufig ganz erhebliche Diskrepanzen zu der tatsächlichen, statistisch ermittelbaren Risikohöhe aufweist. Insgesamt kann festgehalten werden, dass bei Problemstellungen der unternehmerischen Praxis die Sicherheit häufig eher ein subjektives Gefühl des einzelnen Individuums als einen objektiv mess- und überprüfbaren Zustand darstellt.

Risiko ist ein Konstrukt, da die Realität permanent durch die Wahrnehmung erschaffen wird. Unsere Risikowahrnehmung ist davon abhängig, was unsere Sinne zu einem Gesamtbild verdichten. Unser Wissen, unsere Emotionen, Moralvorstellungen, Moden, Urteile und Meinungen bestimmen dieses Konstrukt. Was der eine als Risiko wahrnimmt, muss für den anderen noch lange kein Risiko sein. Des Weiteren basiert Risikowahrnehmung auf Hypothesen. Dadurch werden häufig für gleiche Risiken unterschiedliche Vermutungen und Theorien aufgestellt. Die Diskussion um die Risiken der Gentechnik ist ein Beispiel für die Subjektivität der (gesellschaftlichen) Risikowahrnehmung. Auf der einen Seite ist ein Widerstand als Protest gegen die Überwältigung durch Innovationsprozesse und basierend auf fundamental ethischen Einwänden zu beobachten. Auf der anderen Seite werden die Chancen in der Pflanzenzucht, Tierzucht, Lebensmittelindustrie und Medizin „wahrgenommen". Wahrnehmung wiederum wird durch einen Kontext, d. h. die Berücksichtigung der Raum- und Zeitperspektive, bestimmt. Es gibt keine Wahrnehmung ohne Zusammenhang. Die Wirklichkeit bleibt daher eine Illusion, da es in der Welt der Wahrnehmung kein „falsch" oder „richtig" geben kann.

Zusätzlich erschwert wird die Formulierung von Sicherheitszielen auch durch die bereits diskutierten Wirkungs- und Bewertungsdefekte. Da die zugrundeliegenden Prozesse der Risikoentstehung und -wirkung oftmals nur ungefähr bekannt sind und ihre Ursachen und Auswirkungen ebenfalls nur ungenau bewertet werden können, sind die bestehenden Risiken – und im Umkehrschluss auch das aktuelle Sicherheitsniveau – nur relativ grob abschätzbar. Die Beurteilung der *Möglichkeit einer negativen Zielabweichung* setzt schließlich voraus, dass das betreffende Ziel bereits inhaltlich definiert wurde. Aufgrund der mangelnden Objektivität und Operationalisierbarkeit des Sicherheitsziels ist dies allerdings kaum möglich. Des Weiteren sind die bereits diskutierten Strukturmängel (Wirkungs- und Bewertungsdefekte) auch dafür verantwortlich, dass in der Regel keine exakten Aussagen getroffen werden können, wie das aktuelle Sicherheitsniveau durch bestimmte risikopolitische Gestaltungsmaßnahmen beeinflusst wird – ein Umstand, der wiederum weitreichende Folgen für die Beurteilung der Wirtschaftlichkeit der betreffenden Maßnahmen hat. Während die Höhe der Kosten in vielen Fällen noch auf relativ einfache Weise ermittelt werden kann, ist der Nutzenbeitrag eines zusätzlichen Quantums an *Sicherheit* nicht objektiv ermittelbar. Aufgrund dieser Situation ist in vielen Fällen ebenfalls unklar, in welchem Umfang das Ziel der Sicherheit überhaupt verfolgt werden soll oder wie die beiden konfliktären Ziele Sicherheit einerseits und Wirtschaftlichkeit andererseits in eine eindeutige Zielfunktion transformiert werden können.[120]

---

[120] Vgl. VOIGT, K.-I.: Strategische Planung und Unsicherheit, Wiesbaden 1992, S. 84.

2.2.4   Lösungsdefekt

Für Problemstellungen, die ausgeprägte Wirkungs-, Bewertungs- und Zielsetzungsdefekte aufweisen, also durch ein hohes Maß an Ungenauigkeit und Unvollständigkeit gekennzeichnet sind, können selbstverständlich auch keine exakten und effizienten Lösungsmethoden existieren. Die betriebswirtschaftliche Forschung konzentrierte sich lange Zeit vor allem auf gut strukturierte Probleme, bei denen eindeutig definierte Zielsysteme vorgegeben werden und die unterschiedlichen Handlungsalternativen eindeutig quantifizierbar sind. Da im Rahmen des Risiko-Managements allerdings viele Sachverhalte und Zusammenhänge abgebildet werden müssen, die nicht in mathematisch-exakten Modellen darstellbar sind, sondern allerhöchstens semi-quantitativ umschrieben werden können oder anderweitig mit Unsicherheiten bzw. Ungenauigkeiten behaftet sind, kann schon das zu lösende Problem nicht vollständig erfasst und genau beschrieben werden. Dementsprechend schwierig gestaltet sich natürlich auch die Entwicklung und Anwendung eines geeigneten Lösungsverfahrens. In vielen Fällen ergeben sich Lösungsdefekte daher quasi als Folgeerscheinung der bisher diskutierten Strukturmängel.

3.   Kritische Beurteilung und Ausblick

Wie in den vorangegangenen Abschnitten deutlich wurde, stellt die Systemtheorie adäquate Ansätze zur Erklärung des Phänomens „Risiko" zur Verfügung. Bereits auf relativ abstrakter Ebene konnte die zunehmende Komplexität und Dynamik des sozioökonomischen Systems „Unternehmen" und seiner Umwelt als wesentliche Ursache für die zunehmenden Risken identifiziert werden, denen sich Unternehmen heute gegenüberstehen. Die immens hohe Komplexität und Dynamik dieser Systeme ist gleichzeitig auch die Ursache der ausgeprägten Entscheidungsdefekte, die für Fragen des Risiko-Managements als schlecht strukturierte Problemstellungen charakteristisch sind. Infolge dieser Zusammenhänge lassen sich präzise Aussagen allenfalls über sehr eng begrenzte Subsysteme treffen. Zadeh drückt diese Diskrepanz zwischen Präzision und semantischem Gehalt bei Aussagen über komplexe Systeme folgendermaßen aus: „As the complexity of a system increases, our ability to make precise and yet significant statements about its behaviour diminishes until a threshold is reached beyond which precision and significance (or relevance) become almost mutually exclusive characteristics. ... Precise analyses of the behaviour of ... systems are not likely to have much relevance to real-world problems."[121]

In Anbetracht dieser Zusammenhänge erscheint es umso dringlicher, diese Komplexität und Dynamik auch so weit wie möglich bewusst zu machen und in die unternehmerischen Ent-

---

[121] Vgl. ZADEH, L. A.: Outline of a new approach to the analysis of complex systems and decision processes, in: IEEE Transactions on Systems, Man and Cybernetics, New York 1973, S. 28-44.

scheidungskalküle einzubeziehen. Die Tatsache, dass das Verhalten eines derart komplexen und dynamischen Systems wie des eigenen Unternehmens auch mit dem besten Risiko-Management nie und nimmer mit ausreichender Präzision prognostiziert werden kann, darf keineswegs der Anlass sein, den Kopf in den Sand zu stecken und auf die Sintflut zu warten. Im Gegenteil – gerade in Anbetracht der überwältigenden Komplexität und im Bewusstsein der eigenen Unzulänglichkeiten sollten doch alle zur Verfügung stehenden Mittel genutzt werden, um das verbleibende Unwissen möglichst zu minimieren und Entscheidungen auf eine möglichst fundierte Basis zu stellen.

Industrie- und Handelsunternehmen beschränken ihre Aktivitäten im Risiko-Management häufig auf rein technische Gefahrenpotenziale und Finanzrisiken, wie beispielsweise die Absicherung von Fremdwährungspositionen oder das Debitorenmanagement. In vielen Fällen besteht die Aufgabe des Risiko-Managements lediglich in der Auswahl einer geeigneten Versicherungslösung.[122] Weitergehende Risikoanalysen werden dagegen oftmals nur relativ oberflächlich betrieben und basieren weniger auf der systematischen Gewinnung und Verarbeitung relevanter Informationen als vielmehr auf subjektiven Einschätzungen und der vielzitierten „unternehmerischen Intuition". Es erscheint offensichtlich, dass eine derartige Vorgehensweise, die unter den relativ konstanten Umweltbedingungen der vergangenen Jahrzehnte vielleicht noch hingenommen werden konnte, in Anbetracht der dramatisch verschärften Risikosituation in der heutigen Zeit keinesfalls mehr akzeptabel ist, sondern dringend einem integrierten, ganzheitliche Risiko-Management-Ansatz weichen sollte, der mit einer holistischen Betrachtung die Komplexität und Dynamik des sozioökonomischen Systems „Unternehmen" möglichst vollständig berücksichtigt.

Literaturverzeichnis

ANSOFF, H. I.: Managing Surprise and Discontinuity, in: zfbf, 28. Jg. (1976), H. 2, S. 129-152.

BULLNHEIMER, B.; SCHMITZ, J.: Chaostheorie und Unternehmensentwicklung, in: ZfP, 7. Jg. (1996), H. 3, S. 233-252.

DUNWOODY, S.; PETERS, H. P.: Massenmedien und Risikowahrnehmung, in: Bayerische Rückversicherung AG (Hrsg.): Risiko ist ein Konstrukt, München 1993, S. 318-341.

ERBEN, R. F.: e-Controlling – Anforderungen an das Controlling im e-Business, in: krp Kostenrechnungspraxis, 45. Jg. (2001), H. 4, S. 235-241.

ERBEN, R. F.; NAGEL, K.; PILLER, F. T.: Informationsrevolution und industrielle Produktion, in: Erben, R. F.; Nagel, K.; Piller, F. T. (Hrsg.): Produktionswirtschaft 2000, Wiesbaden 1999, S. 3-32.

---

[122] RiskNET GmbH/Funk-Gruppe: RiskNET Experten-Studie „Wert- und Effizienzsteigerung durch ein integriertes Risiko- und Versicherungsmanagement", Oberaudorf/Hamburg 2007 sowie ROMEIKE, F.; LÖFFLER, H.: Ergebnisse der Expertenstudie „Wert- und Effizienzsteigerung durch ein integriertes Risiko- und Versicherungsmanagement", in: Zeitschrift für Versicherungswesen, 12/2007, S. 402-408 sowie ROMEIKE, F.; LÖFFLER, H.: Risiken schultern: Gesunde Balance für erfolgreiche Unternehmen, in: Finance, Heft 11/2007, S. 30.

ERBEN, R. F.: Fuzzy-Logic-basiertes Risikomanagement – Anwendungsmöglichkeiten der Theorie unscharfer Mengen im Rahmen des Risikomanagements von Industriebetrieben, Aachen 2000.

ERBEN, R. F.; ROMEIKE, F.: Risk-Management-Informationssysteme – Potentiale einer umfassenden IT-Unterstützung des Risk Managements, in: Pastors, Peter M.; PIKS (Hrsg.): Risiken des Unternehmens, München und Mering 2002, S. 551-579.

ERBEN, R. F.; ROMEIKE, F.: Komplexität als Ursache von Risiken, in: Romeike, F.; Finke, R.: Erfolgsfaktor Risikomanagement, Wiesbaden 2003.

FELSENHEIMER, J.; GISDAKIS, P.: Credit Crises – From Tainted Loans to a Global Economic Meltdown, Weinheim 2008.

FISCHER, J.: Qualitative Ziele in der Unternehmensplanung, Berlin 1989.

FRITZSCHE, A. F.: Wie sicher leben wir?, Köln 1986.

GLEIßNER, W.: Grundlagen des Risikomanagements im Unternehmen, München 2008.

GLEIßNER, W.; ROMEIKE, F.: Risikomanagement – Umsetzung, Werkzeuge, Risikobewertung, Freiburg im Breisgau 2005.

GLEIßNER, W.; ROMEIKE, F.: Analyse Subprime-Krise: Risikoblindheit und Methodikschwächen, in: Risiko Manager, Ausgabe 21/2008, S. 1, 6-9.

GLEIßNER, W.; ROMEIKE, F.: Grundlagen und Grundbegriffe einer risikoorientierten Unternehmensführung, in: Risikoorientierte Unternehmensführung (Schriftlicher Management-Lehrgang), Düsseldorf 2007.

GLEIßNER, W.; ROMEIKE, F.: Quantitative Risikoanalyse, Risikoaggregation und risikogerchte Kapitalkosten, in: Risikoorientierte Unternehmensführung (Schriftlicher Management-Lehrgang), Düsseldorf 2007.

GUTENBERG, E.: Zur Theorie der Unternehmung, in: Albach, H. (Hrsg.): Schriften und Reden aus dem Nachlaß von Erich Gutenberg, Berlin et al. 1989.

GUTMANNSTHAL-KRIZANTIS, H.: Risikomanagement von Anlageprojekten, Wiesbaden 1994.

HOLZKÄMPFER, H.: Management von Singularitäten und Chaos, Wiesbaden 1996.

KEMP, R.: Risikowahrnehmung, in: Bayerische Rückversicherung AG (Hrsg.): Risiko ist ein Konstrukt, München 1993, S. 109-127.

LINK, P.: Risikomanagement in Kooperationsprojekten, in: iomanagement, 68. Jg. (1999), H. 12, S. 42-45.

LUHMANN, N.: Komplexität, in: Grochla, E. (Hrsg.): Enzyklopädie der Betriebswirtschaftslehre, Bd. 2: Handwörterbuch der Organisation, 2. Auflage, Stuttgart 1980, Sp. 1064-1070.

MEYER, M.: Die Beurteilung von Länderrisiken der internationalen Unternehmung, Berlin 1987.

MÜNCHAU, W.: Kernschmelze im Finanzsystem: ... eine scharfe Analyse ... für jeden verständlich, München 2008.

PICOT, A.; REICHWALD, R.: Informationswirtschaft, in: Heinen, E. (Hrsg.): Industriebetriebslehre, 9. Auflage, Wiesbaden 1991, S. 241-393.

POINCARÉ, H.: Wissenschaft und Methode, Leipzig/Berlin 1914.

RAPOPORT, A.: Allgemeine Systemtheorie, Darmstadt 1988.

RISKNET GMBH; FUNK-GRUPPE: RiskNET Experten-Studie „Wert- und Effizienzsteigerung durch ein integriertes Risiko- und Versicherungsmanagement", Oberaudorf/Hamburg 2007.

ROMEIKE, F.: Integration von E-Business und Internet in das Risk-Management des Unternehmens, in: Kommunikation & Recht (Betriebsberater), Heidelberg 2001, S. 412-417.

ROMEIKE, F.: Risikomanagement als Basis einer wertorientierten Unternehmenssteuerung, in: Asscompact (Fachmagazin für Risiko- und Kapitalmanagement), Bayreuth 2001, S. 94-97.

ROMEIKE, F. (2002): Alternative und innovative Wege der Risikofinanzierung und des Risikotransfers, in: Forwe, Thomas (Hrsg.), Das neue Kontroll- und Transparenzgesetz, Mering 2002.

ROMEIKE, F.: Integriertes Risiko-Controlling und -Management im global operierenden Konzern, in: Schierenbeck, H. (Hrsg.): Risk Controlling in der Praxis, Zürich 2006.

ROMEIKE, F.; MÜLLER-REICHART, M.: Risikomanagement in Versicherungsunternehmen – Grundlagen, Methoden, Checklisten und Implementierung, 2. Auflage, Weinheim 2008.

ROMEIKE, F.; LÖFFLER, H.: Ergebnisse der Expertenstudie „Wert- und Effizienzsteigerung durch ein integriertes Risiko- und Versicherungsmanagement", in: Zeitschrift für Versicherungswesen, 12/2007, S. 402-408.

ROMEIKE, F.; LÖFFLER, H.: Risiken schultern: Gesunde Balance für erfolgreiche Unternehmen, in: Finance, Heft 11/2007, S. 30.

SCHUH, G.; FRIEDLI, T.: Die Virtuelle Fabrik, in: Nagel, K.; Erben, R. F.; Piller, F. T. (Hrsg.): Produktionswirtschaft 2000, Wiesbaden 1999, S. 217-242.

SCHUY, A.: Risiko-Management, Frankfurt/Main et al. 1989

SCHWANINGER, M.: Managementsysteme, Frankfurt/Main 1994.

SIMON, H. D.: Administrative Behavior, 4. Auflage, New York 1997.

STROHHECKER, J.; SEHNERT, J. (Hrsg.): System Dynamics für die Finanzindustrie – Simulieren und Analysieren dynamisch-komplexer Probleme, Frankfurt/Main 2008.

VOIGT, K.-I.: Strategische Planung und Unsicherheit, Wiesbaden 1992.

ZADEH, L. A.: Outline of a new approach to the analysis of complex systems and decision processes, in: IEEE Transactions on Systems, Man and Cybernetics, New York 1973, S. 28-44.

Ein großes Risiko gehen auch die Unternehmen ein,
die auf das gezielte Eingehen von Risiken (und damit Chancen)
verzichten!

III. Wert- und risikoorientierte Unternehmensführung

1. Grundlagen einer wert- und risikoorientierten Unternehmensführung

Das Fundament einer *risikoorientierten Unternehmensführung* basiert auf den entscheidungsrelevanten Informationen, die das Risiko-Management zur Verfügung stellt. Eine gute Unternehmensperformance kann nur erreicht werden, wenn die Wertschöpfungsprozesse im Unternehmen mit dem Risiko-Management und dem Kapitalmanagement in Einklang gebracht werden (vgl. Abbildung III.27). So können beispielsweise mit Hilfe von stochastischen Risiko-Management-Methoden potenzielle, zukünftige Entscheidungen und deren Auswirkungen auf das Unternehmen „auf sicherem Boden" simuliert werden.

Dementsprechend werden bei einer risiko- und wertorientierten Unternehmensführung die vielfältigen Verbindungselemente zwischen Risiko-Management einerseits und Controlling, Budgetierung, Planung, Unternehmensstrategie und wertorientierten Managementkonzepten andererseits verdeutlicht. Es wird damit die Konzeption eines unternehmensweiten, integrierten Risiko-Managements vorgestellt (*Corporate Risk Management* oder *Enterprise Risk Management*). Dies bedeutet, dass

- eine einseitige Schwerpunktsetzung auf ein finanzwirtschaftliches Risiko-Management (mit Risiken aus Zins-, Wechselkurs- und Rohstoffpreisveränderungen sowie Kreditrisiken) oder nur dedizierter Risikokategorien vermieden wird,

- die strategische Dimension und Steuerungsfunktion des Risiko-Managements besonders beachtet wird, da gerade hier die Ursachen für eine potenzielle Bestandsgefährdung (Insolvenz) des Unternehmens zu finden sind,

- die Möglichkeit der Nutzung bestehender Managementsysteme (beispielsweise des Controllings) für Risiko-Managementfunktionalitäten verdeutlicht wird und

- die Nutzung von (aggregierten) Risikoinformationen für betriebswirtschaftliche Entscheidungen unter Unsicherheit (beispielsweise Investitionen), Finanzierungsplanung oder eine wertorientierte Unternehmensführung aufgezeigt wird.

Als risikoorientierte Unternehmensführung wird ein Managementverständnis bezeichnet, bei dem allen wesentlichen Entscheidungen ein Abwägen der Risiken – verstanden als Überbegriff von Chancen und Gefahren – vorausgeht. Eine risikoorientierte Unternehmensführung ist damit speziell weit mehr als das, was man klassischerweise unter Risiko-Management versteht. Risikoorientierte Unternehmensführung ist ein ganzheitlicher Ansatz, der alle Funktionen, Prozesse und Bereiche eines Unternehmens umfasst. Die Konzeption eines wertorientierten Managements ist als Spezialfall für eine risikoorientierte Unternehmensführung aufzufassen, bei der die Risiken – über den *Diskontierungszinssatz* bzw. *Kapitalkostensatz* – im Erfolgsmaßstab bzw. Performancemaß „Unternehmenswert" (oder Wertbeitrag oder EVA[123]) erfasst werden. Im Gegensatz zur heute noch oft anzutreffenden kapitalmarktorientierten Betrachtung eines wertorientierten Managements erfordert eine risikoorientierte Unternehmensführung, dass die überlegenen unternehmensinternen Informationen über die Risiken konsequent genutzt werden, um bessere (strategische und operative) Entscheidungen zu treffen, speziell soll die Berechnung der zu erwartenden Veränderungen des Unternehmenswerts in Abhängigkeit einer betrachteten Entscheidung ausgewertet werden.[124]

Basis einer risikoorientierten Unternehmensführung ist das Verständnis aller Mitarbeiter, dass Unternehmertum ohne das Eingehen von Risiken (und Chancen) unmöglich ist. Der Erfolg eines Unternehmens ist maßgeblich dadurch bestimmt, dass die „richtigen" Risiken eingegangen werden und der Gesamtumfang der Risiken die Risikotragfähigkeit des Unternehmens nicht überschreitet. Eine risikoorientierte Unternehmensführung strebt an, dass sich alle Mitarbeiter bei ihren Entscheidungen und Handlungen der jeweiligen Chancen und Gefahren bewusst sind. Entscheidungen sind zukunftsbezogen und die Zukunft ist nicht punktgenau vorherzusagen. Es lassen sich lediglich Bandbreiten der zu erwartenden Entwicklung angeben, welche bei Entscheidungen zu berücksichtigen sind. Ein Mehr an Unsicherheit – höhere Risiken – erfordert in der Konsequenz höhere erwartete Erträge. Dies ist eine andere Formulierung für eine der Grundideen eines wertorientierten Managementverständnisses. Für Controlling, Planung und Budgetierung bedeutet ein risikoorientierter Unternehmensführungsansatz, dass grundsätzlich über sämtliche unsicheren Planannahmen Transparenz geschaffen werden muss und jede Planung explizit aufzeigen sollte, in welchem Umfang Planabweichungen eintreten können. So wird die Planungssicherheit sensibilisiert und der mögliche Umfang risikobedingter Verluste aufgezeigt.

Im Bereich des strategischen Managements führt diese Managementkonzeption dazu, dass bei der Entwicklung und Umsetzung einer Strategie speziell auch alle zukünftigen Chancen und Gefahren betrachtet werden, insbesondere die so genannten strategischen Risiken. Hierzu zählen insbesondere die Bedrohung der zentralen Erfolgspotenziale (etwa Kernkompetenzen und Wettbewerbsvorteile) des Unternehmens. Die Strategie eines Unternehmens wird so

---

123 Der Economic Value Added (EVA) oder Geschäftswertbeitrag ist eine Messgröße aus der Finanzwirtschaft, um die Vorteilhaftigkeit einer Investition zu berechnen. EVA stellt einen Residualgewinn dar und ergibt die absolute Nettogröße eines Gewinns nach Abzug der Kapitalkosten für das eingesetzte Gesamtkapital. Vereinfacht: EVA = Kapitalerlöse abzüglich Kapitalkosten.

124 Vgl. GLEIßNER, W.; ROMEIKE, F.: Risikomanagement – Umsetzung, Werkzeuge, Risikobewertung, Freiburg im Breisgau 2005, S. 373 ff.

ausgerichtet, dass sie auch bei einer Vielzahl im Detail nicht vorhersehbarer Zukunftsentwicklungen des Unternehmens adäquat erfolgreich bleibt, was beispielsweise den Aufbau von
Kernkompetenzen erfordert, die auf sehr vielen unterschiedlichen Märkten eingesetzt werden
können.

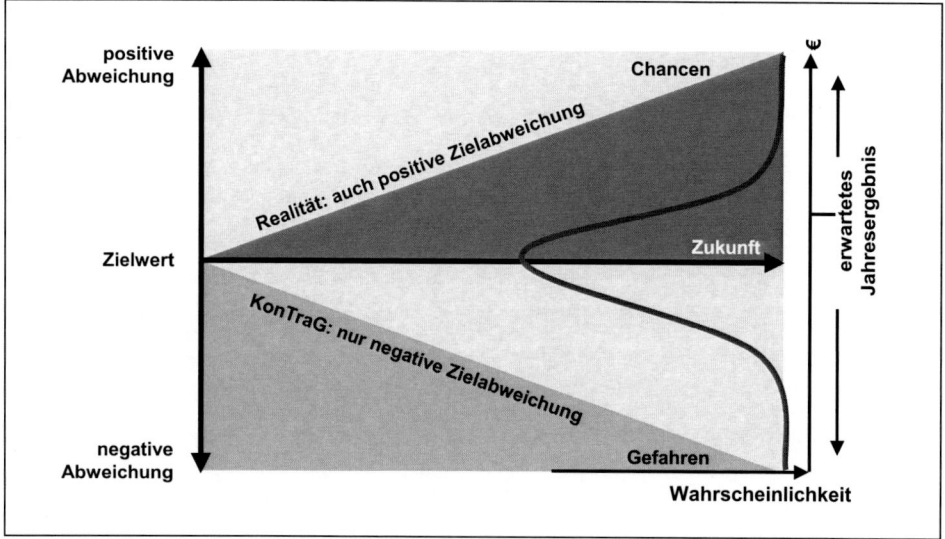

Abbildung III.1: *Risiken als mögliche Planabweichung*[125]

Selbstverständlich hat eine risikoorientierte Unternehmensführung erhebliche Konsequenzen
auch für andere operative Funktionen. So gilt es zu gewährleisten, dass beispielsweise im
Qualitätsmanagement systematisch Risiken identifiziert werden (beispielsweise mit Hilfe der
FMEA[126]). Insgesamt will damit eine risikoorientierte Unternehmensführungskonzeption
sicherstellen, dass die Fähigkeiten des Unternehmens im Umgang mit Chancen und Gefahren
professionalisiert werden – insbesondere durch das Bereitstellen von Instrumenten und Verfahren für bessere Entscheidungen unter Unsicherheit. Die formalen, regulatorischen Aufgaben des Risiko-Managements werden damit im Wesentlichen „nebenher" mit abgedeckt.

---

[125] Quelle: GLEIßNER, W.; ROMEIKE, F.: Risikomanagement – Umsetzung, Werkzeuge, Risikobewertung,
Freiburg im Breisgau 2005, S. 27.

[126] Failure Mode and Effects Analysis: Die Fehlermöglichkeits- und Einflussanalyse (oder kurz Auswirkungsanalyse) sowie FMECA (Failure Mode and Effects and Criticality Analysis) sind analytische Methoden der
Zuverlässigkeitstechnik, um potenzielle Schwachstellen zu finden. Im Rahmen des Qualitätsmanagements
bzw. Sicherheitsmanagements wird die FMEA zur Fehlervermeidung und Erhöhung der technischen Zuverlässigkeit vorbeugend eingesetzt. Details vgl. Kapitel VI: Risiko-Management in der Produktion.

> Risiken sind die aus der Unvorhersehbarkeit der Zukunft resultierenden, durch „zufällige" Störungen verursachten Möglichkeiten, von geplanten Zielwerten abzuweichen. Risiken können daher auch als „Streuung" um einen Erwartungs- oder Zielwert betrachtet werden (vgl. Abbildung III.1).

Risiken sind immer nur in direktem Zusammenhang mit der Planung eines Unternehmens zu interpretieren. Mögliche Abweichungen von den geplanten Zielen stellen Risiken dar – und zwar sowohl negative (Gefahren) wie auch positive Abweichungen (Chancen).

Es ist eine Aufgabe des Risiko-Managements, die Streuung bzw. die Schwankungsbreite von Gewinn und Cash Flow zu reduzieren. Dies führt u. a. zu folgenden Vorteilen für das Unternehmen:[127]

- Die Reduzierung der Schwankungen erhöht die Planbarkeit und Steuerbarkeit eines Unternehmens, was einen positiven Nebeneffekt auf das erwartete Ertragsniveau hat.

- Eine prognostizierbare Entwicklung der Zahlungsströme reduziert die Wahrscheinlichkeit, unerwartet auf teure externe Finanzierungsquellen zurückgreifen zu müssen.

- Eine Verminderung der risikobedingten Schwankungsbreite der zukünftigen Zahlungsströme senkt die Kapitalkosten und wirkt sich positiv auf den Unternehmenswert aus.

- Eine stabile Gewinnentwicklung mit einer hohen Wahrscheinlichkeit für eine ausreichende Kapitaldienstfähigkeit ist im Interesse der Fremdkapitalgeber, was sich in einem guten Rating, einem vergleichsweise hohen Finanzierungsrahmen und günstigen Kreditkonditionen widerspiegelt.

- Eine stabile Gewinnentwicklung reduziert die Wahrscheinlichkeit eines Konkurses.

- Eine stabile Gewinnentwicklung sowie eine niedrigere Insolvenzwahrscheinlichkeit sind im Interesse von Arbeitnehmern, Kunden und Lieferanten, was es erleichtert, qualifizierte Mitarbeiter zu gewinnen und langfristige Beziehungen zu Kunden und Lieferanten aufzubauen.

- Bei einem progressiven Steuertarif haben zudem Unternehmen mit schwankenden Gewinnen Nachteile gegenüber Unternehmen mit kontinuierlicher Gewinnentwicklung.

- Risiko-Management bietet insgesamt vor allem eine Erhöhung der Planungssicherheit und eine nachhaltige Steigerung des Unternehmenswerts.

---

127 Vgl. GLEIßNER, W.; ROMEIKE, F.: Risikomanagement – Umsetzung, Werkzeuge, Risikobewertung, Freiburg im Breisgau 2005, S. 28 f.

2. Die Risikolandkarte im Unternehmen

Die *Wahrnehmung von Risiken* ist eine höchst subjektive Angelegenheit, da Risiken in ihrer Dimension und Materialität und Immaterialität durch unsere Sinnesorgane konstruiert werden. Ob wir etwas als Risiko auffassen oder nicht, hängt von unseren Urteilen ab, die von Meinungen, Moden und Moralvorstellungen geprägt sind: Was für den einen ein Risiko ist, braucht für die anderen noch lange keins zu sein. Auch die Einschätzung von Wahrscheinlichkeiten ist eine höchst subjektive Angelegenheit. Was für den einen Experten wahrscheinlich ist, hält der nächste für unwahrscheinlich. Risiken sind unsichere Ereignisse (Chancen und Gefahren), die eintreten können, aber nicht müssen.

Daher sind Risikolandkarten nicht nur über die Branchengrenzen hinweg, sondern auch innerhalb eines Unternehmens eher heterogen. Fakt ist jedoch, dass die Risikolandkarte in allen Branchen oder makroökonomisch betrachtet vom Menschen dominiert wird. Bei allen Risikokategorien (Marktrisiken, Kreditrisiken, operationelle Risiken etc.) kann die letztendliche Ursache – im Kontext von Ursache-Wirkungs-Zusammenhängen – auf den Faktor Mensch zurückgeführt werden. Auch die im vorangegangenen Kapitel skizzierte zunehmende Komplexität der Systemzustände bzw. Unternehmen findet ihre Wurzeln schlussendlich im Risikofaktor Mensch.

So können beispielsweise auch jeder technische Fortschritt und die damit verbundenen Risiken (und Chancen) wieder eine Rückwirkung auf den Menschen haben und werden nicht selten eindimensional als Risiken wahrgenommen (beispielsweise elektromagnetische Strahlen, Atomkraftwerke, Gentechnologie).[128]

Zwischen der zunehmenden Komplexität der Unternehmensumwelt bzw. der Gesellschaft und dem Risikofaktor Mensch kann eine eindeutige Korrelation abgeleitet werden. In verschiedenen empirischen Untersuchungen stellte sich heraus, dass Menschen in komplexen Entscheidungssituationen entweder in hektischen Aktionismus verfallen oder sich hilflos einkapseln. Die Ursache liegt häufig darin, dass das menschliche Gehirn komplexe und dynamische Prozesse nur begrenzt erfassen kann. Dazu kommt, dass auch die potenziellen Folgen und unerwünschten Nebeneffekte der eigenen Reaktion nur eingeschränkt prognostiziert werden können.

Scheinbar liegt hier ein Paradoxon vor: Je sicherer technische Systeme und Risiko-Managementmethoden werden, umso mehr wird der Mensch zum zentralen Risikofaktor. Dieses scheinbare Paradoxon lässt sich auflösen, wenn man berücksichtigt, dass die Kette immer dort bricht, wo das schwächste Glied ist. Und das schwächste Glied ist oft der Mensch. Der Mensch wird insbesondere dadurch zum dominierenden Risikofaktor, weil jedwede (strategische und operative) unternehmerische Entscheidung mit Risiken (und Chan-

---

[128] Dies verdeutlicht, dass die Wahrnehmung von Risiken auch vom Kontext lebt. Erst Raum und Situation geben der Wahrnehmung eine Perspektive. So basiert die Wahrnehmung von Risiken nicht selten auf Emotionen bzw. einer Momentaufnahme von Freude oder Furcht.

cen) verbunden ist. Zwangsläufig muss man sich beim strategischen Management auch mit dem Management von Risiken beschäftigen. Strategische Risiken, speziell die Betrachtung von Erfolgspotenzialen (beispielsweise Wettbewerbsvorteile) können bei der Entscheidung für eine Strategie bewusst akzeptiert – oder durch Fehlen unbeabsichtigt verursacht werden.

Resultierend aus der Definition des Risikobegriffs wird deutlich, dass jedwede unternehmerische (strategische) Entscheidung Risiken beinhaltet:[129]

- Risiko als die Gefahr des Misslingens einer Leistung;

- Risiko als die Gefahr einer Fehlentscheidung;

- Risiko als die Gefahr negativer Zielabweichungen;

- Risiken als Bedrohung der Erfolgspotenziale.

Strategische Risiken in einem Unternehmen können zum einen aus der Strategieentwicklung (falsches Instrumentarium etc.), aus der Strategieimplementierung (mangelhafte Projektorganisation, keine adäquaten Personalkapazitäten, mangelnde strategische Konsequenz, falsche Ressourcenallokation etc.) und aus dem strategischen Controlling (fehlendes Instrumentarium, keine adäquate Organisation etc.) entstehen. Zum anderen können strategische Risiken auch aus einer fehlerhaften bzw. nicht adäquaten Informationsanalyse (Umweltanalyse, Marktanalyse, Wettbewerbsanalyse, Unternehmensanalyse etc.) resultieren. Durch die immer engere Verzahnung der Geschäftsprozesse mit den IT-Prozessen haben in den vergangenen Jahren insbesondere auch eine effiziente und transparente IT-Strategie sowie das Management der damit verbundenen Risiken an Bedeutung gewonnen.[130]

Empirische Studien zeigen auf, dass Unternehmenszusammenbrüche oder Beinahezusammenbrüche primär auf strategische oder operative Risiken zurückgeführt werden können.[131] Strategische und operative Risiken zusammen werden auch als operationelle Risiken bezeichnet (vgl. Abbildung III.2).

---

[129] Vgl. ROMEIKE, F.; MÜLLER-REICHART, M.: Risikomanagement in Versicherungsunternehmen – Grundlagen, Methoden, Checklisten und Implementierung, 2. Auflage, Weinheim 2008, S. 50 ff.

[130] Details vgl. Kapitel X: Risiko-Management in der Informations- und Kommunikationstechnologie (IuK).

[131] Vgl. ROMEIKE, F.: Integration des Managements der operationellen Risiken in die Gesamtbanksteuerung, in: BIT (Banking and Information Technology), Band 5, Heft 3/2004, S. 41-54 sowie ERBEN, R.; ROMEIKE, F.: Allein auf stürmischer See – Risikomanagement für Einsteiger, Weinheim 2003, S. 13 ff.

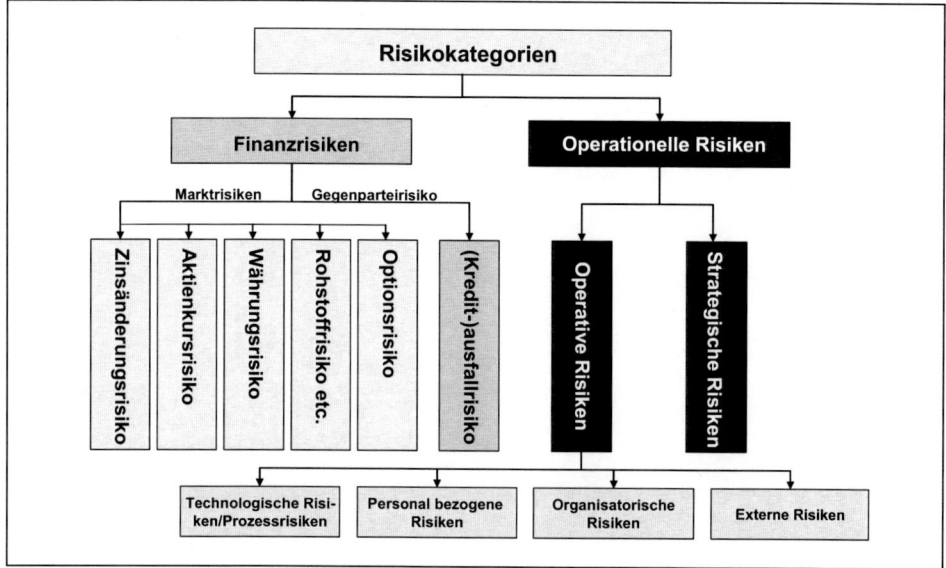

Abbildung III.2: *Risikokategorien im Überblick (Quelle: RiskNET GmbH)*

Operative Risiken sind Gefährdungen, die hervorgerufen werden durch technisches oder menschliches Versagen, durch natürliche Beeinträchtigung der Betriebstätigkeit oder sonstige Entwicklungen im externen Umfeld des Unternehmens. Dazu zählen auch Ereignisse, die Schadenersatzansprüche von dritter Seite begründen, oder kriminelle Akte wie Sabotage oder Unterschlagung. Tatsache ist, dass operationelle Risiken bereits sehr alt sind und schon existierten, bevor man überhaupt das erste Mal über Markt-, Kreditrisiken oder auch andere Risiken nachgedacht hat. Bereits vor der Gründung eines Unternehmens geht man operationelle Risiken ein. Operationelle Risiken existieren bereits seit der Entstehung des modernen Risikobegriffs ab dem 15. Jahrhundert in den europäischen Volkssprachen.[132] Auch der etymologische Ursprung des Risikobegriffs, der sich aus dem frühitalienischen „risco", die Klippe, die es zu umschiffen gilt, ableitet, deutet bereits auf operationelle Risiken hin. Und überhaupt war die Seefahrt immer schon mit operationellen Risiken konfrontiert.

Alternativ lassen sich für alle Unternehmen die Risiken in die drei Hauptkategorien leistungswirtschaftliche, finanzwirtschaftliche Risiken und Risiken aus Corporate Governance unterteilen. Zu den Risiken des leistungswirtschaftlichen Bereichs werden alle Beschaffungs-, Produktions-, Absatz- und Technologierisiken gezählt. Die Risiken des finanzwirtschaftlichen Bereichs können weiter in Liquiditätsrisiken, Marktpreisrisiken, politische Risiken, Ausfallrisiken und Kapitalstrukturrisiken gegliedert werden. Die Risiken aus Corporate Governance und des Managements umfassen alle Risiken, die mit dem Ziel einer guten, verantwortungsvollen und auf langfristige Wertschöpfung ausgerichteten Unternehmensführung und Kontrolle verknüpft sind.

---

132 Details siehe Kapitel I: In der Retrospektive: Risikomanagement vom Orakel von Delphi bis heute.

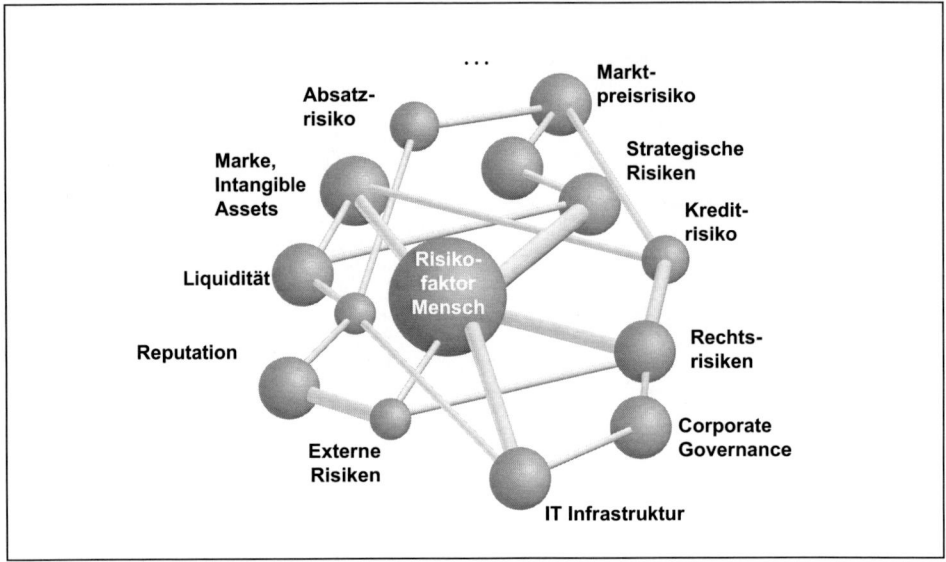

Abbildung III.3: *Komplexe, dynamische und interaktiven Beziehungen prägen eine*
Risikolandkarte[133]

Des Weiteren können Risiken durch externe oder interne Ereignisse und Störungen verursacht werden. So kann etwa ein Beschaffungsrisiko auf Schwierigkeiten im Beschaffungsprozess oder ebenso auf die Ursache zurückgeführt werden, dass durch ein externes Schadensereignis (Erdbeben, Überschwemmung etc.) bestimmte Produkte auf dem Weltmarkt nicht mehr oder nur zu höheren Preisen verfügbar sind. Die Abgrenzung zwischen den einzelnen Risikokategorien ist aufgrund der Vielschichtigkeit und Komplexität häufig nicht unproblematisch.

Nachfolgend sind einige Beispiele für potenzielle Risikobereiche aufgezählt:

■ Bedrohung von Kernkompetenzen oder Wettbewerbsvorteilen;

■ Risiken durch eine Unternehmensstrategie, die inkonsistent ist oder auf sehr unsicheren Planungsprämissen basiert;

■ Strukturelle Risiken der Märkte infolge ungünstiger Struktur der Wettbewerbskräfte (beispielsweise geringe Differenzierungschancen in stagnierenden Märkten, niedrige Markteintrittshemmnisse oder erhebliche Substitutionsgefahr);

■ Starke Abhängigkeiten von wenigen Kunden oder wenigen Lieferanten;

■ Gemessen am Gesamtrisikoumfang zu niedrige oder infolge des geplanten Unternehmenswachstums tendenziell sinkende Eigenkapitalquote;

---

133 Vgl. ROMEIKE, F.: Integriertes Risiko-Controlling und -Management im global operierenden Konzern, in: Schierenbeck, H. (Hrsg.): Risk Controlling in der Praxis, Zürich 2006; S. 439.

- Ausgeprägte (beispielsweise konjunkturelle oder saisonale) Nachfrageschwankungen (Preis oder Menge);

- Markteintritt neuer Wettbewerber;

- Zinsänderungsrisiken;

- Adressausfallrisiken, insbesondere Ausfall von Kundenforderungen;

- Währungsrisiken, die laufende Transaktionen, Forderungen bzw. Verbindlichkeiten und/oder die Wettbewerbsposition betreffen;

- Wertschwankungen von Beteiligungen oder Wertpapieren des Umlaufvermögens;

- Risiken aus dem Einsatz von derivativen Finanzinstrumenten[134];

- Organisatorische Risiken durch fehlende bzw. unklare Aufgaben- und Kompetenzregelung oder Schwächen des internen Kontrollsystems;

- Risiken durch den Ausfall von Schlüsselpersonen;

- Schadenersatzforderungen oder Produkthaftpflichtfälle;

- Beeinträchtigung der Lieferungsfähigkeit durch den Ausfall zentraler Komponenten der Produktion;

- Sachanlageschäden, beispielsweise infolge von Feuer;

- Kostenstrukturrisiken;

- Kalkulationsrisiken, insbesondere bei langfristigen Verträgen und im Projektgeschäft;

- Risiken durch unzureichende Frühaufklärung (beispielsweise bzgl. technologischer Trends oder Aktivitäten der Wettbewerber);

- Reputationsrisiken.

Insbesondere die komplexe Verknüpfung der Einzelrisiken – wie bereits ausgeführt – ist von besonderer Bedeutung für das Management strategischer und operativer Risiken. Risikokategorien dürfen nicht losgelöst voneinander erfasst und analysiert werden, da Risiken durch positive und negative Rückkopplungen miteinander verbunden sind (vgl. Abbildung III.3).

Sehr häufig ist ein ganzes Bündel von unterschiedlichen Risikokategorien für den Zusammenbruch eines Unternehmens verantwortlich. Vor diesem Hintergrund wird auch die Bedeutung einer integrierten Gesamtrisikosteuerung deutlich.

---

[134] Derivate sind gegenseitige Verträge, deren Preisbildung auf einer marktabhängigen Bezugsgröße (Basiswert oder Underlying) basiert. Basiswerte können Wertpapiere (beispielsweise Aktien, Anleihen), marktbezogene Referenzgrößen (Zinssätze, Indices) oder andere Handelsgegenstände (beispielsweise Rohstoffe, Devisen) sein. Zu den verhältnismäßig jungen Risikoarten, die gleichfalls durch derivative Finanzinstrumente abgesichert werden können, gehören beispielsweise das Kreditrisiko sowie das Wetterrisiko.

3.   Der Prozess des Risiko-Managements in der Praxis

3.1   Grundlagen und strategische Dimension

Ein effizienter Risiko-Management-Prozess funktioniert ähnlich dem menschlichen Organismus oder anderer Netzwerkstrukturen in der Natur. In einem menschlichen Organismus arbeiten Gehirn, Herz und Nervensystem zusammen. Netzwerke sind anpassungsfähig und flexibel, haben gemeinsame Ziele, spielen zusammen und vermeiden Hierarchien. Netzwerkstrukturen sind skalierbar und außerordentlich überlebensfähig. Übertragen auf den Prozess des Risiko-Managements bedeutet dies, dass verschiedene Sensoren und Sinne (etwa Auge, Ohr, Nerven oder Frühwarnindikatoren) die Risiken aufnehmen und sie an eine zentrale Stelle weiterleiten (Gehirn bzw. Risikomanager). Und insgesamt entscheidet die strategische Ausrichtung des Systems (Unternehmens) über das Risikoverständnis. In diesem Zusammenhang ist es wichtig, die strategische Dimension des Risiko-Managements nicht etwa losgelöst von der strategischen Unternehmensführung zu betrachten. Vielmehr ist das strategische Risiko-Management Bestandteil der strategischen Unternehmensführung.

Das *Strategische Risiko-Management* bildet die integrative Klammer und das Fundament des gesamten Risiko-Management-Prozesses. Es beinhaltet vor allem die Formulierung von Risiko-Management-Zielen in Form einer „Risikopolitik" sowie die Definition der Organisation des Risiko-Managements. Bevor das Risiko-Management als kontinuierlicher Prozess eingeführt und gelebt werden kann, müssen zunächst die Grundlagen bezüglich der Rahmenbedingungen (etwa Risk Policy Statement), Organisation (etwa Funktionen, Verantwortlichkeiten und Informationsfluss) und die eigentlichen Prozessphasen definiert werden.

Die Auswahl der Risiko-Managementziele erfolgt hier auf der Basis unterschiedlicher Chance/Risikoverhältnisse. Eine verbindlich kommunizierte Absichtserklärung seitens der Unternehmensleitung ist beim Aufbau eines Risiko-Managements obligatorisch. Ohne die Unterstützung der Unternehmensleitung oder auch des Aufsichtsrates wird die Einführung eines integrierten Risiko-Management-Systems nicht möglich sein, da:

■ Risiko-Management diverse Verantwortungsbereiche und Zuständigkeiten berührt und damit Interessen- und Zielkonflikte häufig unumgänglich sind;

■ der Erfolg des Risiko-Managements von der Kommunikation und den Informationen aller Personen und Funktionen abhängig ist. Erst die Aggregation der verschiedenen Informationen führt in der Regel zu einem effizienten Risiko-Management;

■ der Erfolg des Risiko-Managements davon abhängt, wie es im Unternehmen von allen Personen gelebt wird. Erst eine gelebte Risiko-Managementkultur und eine effiziente Steuerung von Chancen und Risiken werden ein Garant für einen langfristigen Erfolg und eine wertorientierte Unternehmenssteuerung sein.

Unternehmerische Tätigkeit ist immer mit Unsicherheiten verbunden. Die totale Sicherheit kann nie das originäre Ziel eines Unternehmens sein, da ein Unternehmen ohne die Übernahme von Risiken nicht existieren könnte. Ziel eines Unternehmens kann es daher nicht sein, die maximale, sondern vielmehr ein unter betriebswirtschaftlichen Gesichtspunkten optimales Sicherheitsniveau anzustreben.

Risiken effizient zu steuern und zu kontrollieren sowie Chancen zu erkennen und zu nutzen, gehört zur unternehmerischen Kerntätigkeit. Trotzdem ist die Bereitschaft der Unternehmen, Risiken einzugehen, sehr unterschiedlich und abhängig von den Eigentumsverhältnissen, der Liquidität, der Branchenzugehörigkeit und auch der persönlichen Risikoneigung der Unternehmensleitung bzw. der Eigentümer. Eine idealtypische Kategorisierung von Risikotypen ist in Abbildung III.4 dargestellt.

Eine „Maus" (A) geht ein geringes Risiko ein und hat einen äußerst geringen Kontrollaufwand. Der „Bürokrat" (C) hingegen ist ähnlich risikoscheu, nimmt aber durch seine Kontrollstruktur in Kauf, dass auch seine Chancen – und damit sein Wachstums- und Entwicklungspotenzial – äußerst begrenzt sind. Ein „Cowboy" (C) hingegen riskiert die Gefahr, von negativen Entwicklungen überrascht zu werden, die er nicht mehr kontrollieren kann. Der „kontrolliert handelnde Unternehmer" (D) demgegenüber verwendet bei seinen Entscheidungen die Werkzeuge des Risiko-Managements und geht Risiken bewusst und kontrolliert ein, um die damit verbundenen Gewinnchancen zu realisieren.

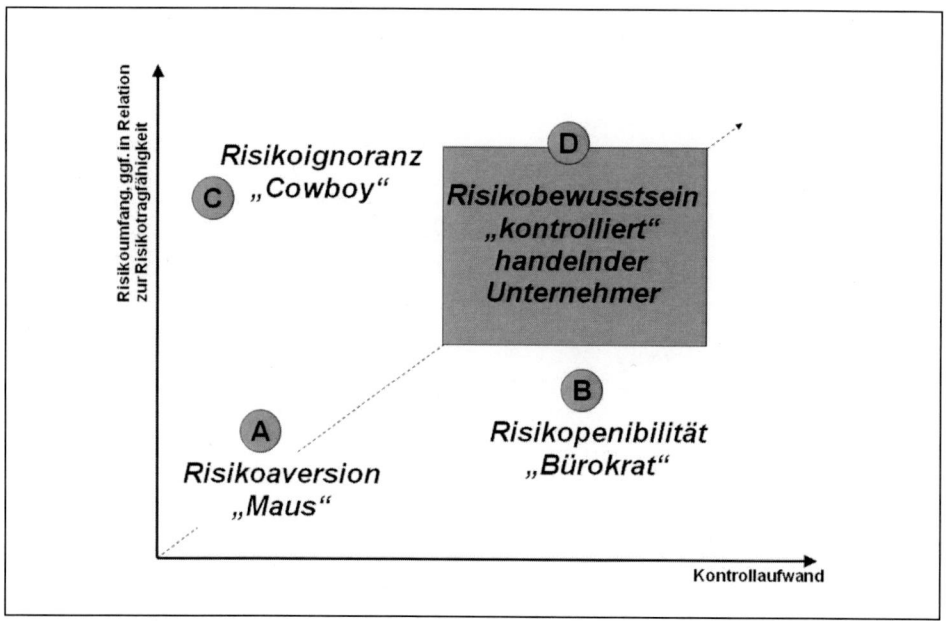

Abbildung III.4: *Idealtypische Risikotypologie*

So gibt es eher risikofreudige Unternehmen, weil etwa eine kurzfristige Gewinnmaximierung angestrebt wird oder eine gute Kapitalausstattung vorhanden ist. Andere Unternehmen investieren hohe Summen in die Risikosteuerung und -kontrolle und verhalten sich eher risikoavers, weil etwa die Liquiditätslage angespannt ist oder unplanmäßige Kosten vermieden werden sollen. Werden eine langfristige Sicherung der Marktposition und eine langfristige wertorientierte Unternehmenssteuerung angestrebt, so wird sich ein Unternehmen risikoneutral verhalten und sein Risiko-Chancen-Profil optimieren, um den Unternehmenswert zu maximieren.

Die Risiko-Management-Organisation definiert den aufbau- und ablauforganisatorischen Rahmen. Für die praktische Implementierung in die betrieblichen Prozesse ist es wichtig, dass Risiko-Management gelebt wird und einen Teil der Unternehmenskultur darstellt.

Unternehmensziele		
Leistungswirtschaftliche Unternehmensziele	**Finanzielle Unternehmensziele**	**Soziale Unternehmensziele**
Marktziele (Beschaffungs-, Absatz-, Finanz- und Arbeitsmarkt) **Produktionsziele** **Produkt- und Markenziele** **Qualitätsziele**	**Wertsteigerung bzw. -erhalt** **Umsatzwachstum** **Ausreichender Cash-Flow** **Umsatzrentabilität** **Ausreichende Liquidität** **Wirtschaftlichkeit**	**Mitarbeiterbezogene Ziele** **Gesellschaftsbezogene Ziele** **Umwelt** **Unternehmensimage** **Arbeitsverhältnisse der Zukunft**

Ziele des Risikomanagements			
Sicherung der Existenz des Unternehmens	**Sicherung des Unternehmenserfolges und Erhöhung des Unternehmenswertes**	**Senkung der Risikokosten (insbesondere mittel- und langfristig)**	**Optimierung des Risikodeckungspotenzials durch eine adäquate Eigenkapitalausstattung**

Abbildung III.5:   *Unternehmensziele und Ziele des Risiko-Managements[135]*

Die Risikopolitik muss in die Unternehmensstrategie, in der die langfristige Ausrichtung des Unternehmens festgelegt ist, integriert werden (vgl. Abbildung III.5).

---

[135] Quelle: ROMEIKE, F.; FINKE, R.: Erfolgsfaktor Risikomanagement: Chance für Industrie und Handel, Wiesbaden 2003, S. 151.

Die Organisation des Risiko-Managements sowie der Risiko-Management-Prozess sollten in einem Risiko-Management-Handbuch oder einer *Risk Management Policy* definiert werden. Eine gute Dokumentation ist von zentraler Bedeutung für eine dauerhafte (auch personenunabhängige) Funktionsfähigkeit des Risiko-Managements. Im Übrigen ist solch eine Dokumentation auch gesetzlich vorgeschrieben. So verlangt etwa das KonTraG (Gesetz zur Kontrolle und Transparenz im Unternehmensbereich)[136] eine angemessene Dokumentation aller Schritte und Maßnahmen. Gemäß den Empfehlungen des IDW-Prüfungsstandards 340 sollten in einer Dokumentation alle organisatorischen Maßnahmen und Regelungen des Früherkennungssystems erfasst werden.

Das IDW[137] weist in diesem Zusammenhang explizit darauf hin, dass „eine fehlende oder unvollständige Dokumentation zu Zweifeln an der dauerhaften Funktionsfähigkeit der getroffenen Maßnahmen führt".

In Tabelle III.1 sind exemplarisch die wesentlichen Bestandteile eines Risiko-Management-Handbuchs zusammengefasst.

Exemplarischer Aufbau eines Risiko-Management-Handbuchs bzw. einer Risk Management Policy
I. Vision und Ziele des Risiko-Managementsystems

• In diesem Abschnitt sollte kurz definiert werden, welche Ziele mit dem Risiko-Management-System verfolgt werden. Die primären Ziele des Risiko-Managements sind:
 	
   o Sicherung des künftigen Erfolgs des Unternehmens
 	
   o Sicherung der Unternehmensziele (leistungswirtschaftliche, finanzielle Ziele etc.)
 	
   o Nachhaltige Erhöhung des Unternehmenswertes
 	
   o Optimierung der Risikokosten
 	
   o Soziale Ziele aus der gesellschaftlichen Verantwortung des Unternehmens

---

[136] Das „Gesetz zur Kontrolle und Transparenz im Unternehmensbereich" (KonTraG) ist ein umfangreiches Artikelgesetz, das der Deutsche Bundestag am 5. März 1998 verabschiedete. Es trat am 1. Mai 1998 in Kraft und verpflichtet u. a. Vorstände börsennotierter Unternehmen zur Einrichtung eines Überwachungssystems, um Risiken frühzeitig zu erkennen. § 91 II AktG sieht vor, dass „der Vorstand geeignete Maßnahmen zu treffen, insbesondere ein Überwachungssystem einzurichten hat, damit den Fortbestand der Gesellschaft gefährdende Entwicklungen früh erkannt werden". Schon lange vor dem Inkrafttreten des KonTraG war es jedoch unbestritten, dass aus der Leitungsaufgabe des Vorstandes nach § 76 AktG eine Verpflichtung zur Einrichtung eines Überwachungssystems folgt.

[137] Das Institut der Wirtschaftsprüfer in Deutschland e.V. (IDW) mit Sitz in Düsseldorf ist ein eingetragener Verein, der die Arbeit der Wirtschaftsprüfer und Wirtschaftsprüfungsgesellschaften fördert und unterstützt, Aus- und Fortbildung anbietet sowie die Interessen des Berufsstands der Wirtschaftsprüfer vertritt.

Exemplarischer Aufbau eines Risiko-Management-Handbuchs bzw. einer Risk Management Policy
Werden eines oder mehrere dieser Ziele verfehlt, so ist ein Unternehmen möglicherweise in seiner Existenz gefährdet. Und hierbei gilt: Ohne die Unterstützung der Unternehmensleitung wird die Installation eines funktionierenden Risiko-Managements nicht möglich sein. Daher ist bei der Festlegung der Risiko-Managementziele die Geschäftsleitung bzw. der Vorstand die höchste Instanz.
II. Risikopolitische Grundsätze: Einstellung zum Risiko, Risikotragfähigkeit
• In diesem Abschnitt wird die allgemeine Risikopolitik des Unternehmens definiert. Hierzu gehören vor allem auch Aussagen zur Risikotragfähigkeit des Unternehmens.
III. Grundsätze für Risikoerkennung bzw. -identifikation und Risikobewertung (Risikoanalyse) sowie Risikokommunikation

• Das operative Risiko-Management beinhaltet den Prozess der systematischen und laufenden Risiko-Analyse der Geschäftsabläufe. Ziel der Risiko-Identifikation ist die frühzeitige Erkennung von „den Fortbestand der Gesellschaft gefährdende Entwicklungen", das heißt die möglichst vollständige Erfassung aller Risiko-Quellen, Schadensursachen und Störpotenziale.
 	
 • Für einen effizienten Risiko-Management-Prozess kommt es auch darauf an, dass das Risiko-Management als kontinuierlicher Prozess – im Sinne eines Regelkreises – in die Unternehmensprozesse integriert wird. Die Informationsbeschaffung ist die schwierigste Phase im gesamten Risiko-Management-Prozess und eine Schlüsselfunktion des Risiko-Managements, da dieser Prozessschritt die Informationsbasis für die nachgelagerten Phasen liefert. Erforderlich ist eine systematische, prozessorientierte Vorgehensweise.
 	
 • Die Identifikation kann je nach Unternehmen aus verschiedenen Perspektiven erfolgen; beispielsweise auf
 	
   o der Ebene der Risiko-Arten (leistungswirtschaftliche, finanzwirtschaftliche, externe Risiken etc.),
   o der Ebene der Prozesse (Projekte, Kern- und Unterstützungsprozesse etc.),
   o der Geschäftsfelder (Dienstleistungen, IT Services, Produktion etc.),
   o der Applikationen sowie
   o der IT-Infrastruktur (Betriebssysteme, Standardsoftware, Netzwerk etc.).
 	
 • Die grundsätzliche Methodik sollte in diesem Abschnitt beschrieben werden.

Exemplarischer Aufbau eines Risiko-Management-Handbuchs bzw. einer Risk Management Policy

IV. Begriffsdefinitionen (Risiko, Risikomaße etc.)

- Grundlage eines proaktiven und effizienten Risiko-Managements ist eine transparente und verständliche Kommunikation. In der Praxis der Unternehmen und auch zwischen den Branchen kann man jedoch sehr häufig ein Kommunikationsdefizit beobachten. Unterschiedliche Gruppierungen reden entweder gar nicht miteinander oder aneinander vorbei.

- Da oft keine gemeinsame Sprache (insbesondere zwischen den Branchen) und keine gemeinsame Kommunikationsebene (insbesondere in den Unternehmen) existiert, bleiben viele Potenziale zur Senkung der Risiken und damit zur Steigerung des Unternehmenswertes ungenutzt. In diesem Abschnitt werden daher Begriffe klar definiert und abgegrenzt.

V. Risikostruktur sowie Risikofaktoren und -kategorien

- Bevor eine quantitative Messung oder qualitative Bewertung der Risiken durchgeführt werden kann, müssen die relevanten Risikokategorien klar und transparent abgegrenzt werden. Die Vielfalt der Risikolandkarten in Banken, Versicherungen und Industrie- und Handelsunternehmen erschweren eine einheitliche Struktur. In der Vergangenheit wurde das Wissen über bestimmte Risiko-Kategorien vielfach in isolierten Expertenkreisen gesammelt.

- Durch die individuellen Ansichten, Praktiken und Termini werden die Kommunikation und das allgemeine Verständnis daher bis heute erschwert. So können eine ganze Vielzahl von Begriffspaaren gegenübergestellt werden: Einzelrisiken und Portfoliorisiken, Geschäftsrisiken und Finanzrisiken, interne und externe Risiken, strategische und operative Risiken, Erfolgsrisiken und Liquiditätsrisiken, versicherbare und nicht versicherbare Risiken etc. In diesem Abschnitt erfolgt außerdem eine klare Definition von relevanten Risikofaktoren und -kategorien.

VI. Definition der Aufbauorganisation, beispielsweise eines institutionalisierten Bereiches Risiko-Management

- In diesem Abschnitt wird die Aufbauorganisation im Risiko-Management definiert.

VII. Dokumentation von Risikoverantwortlichen und Maßnahmen

- Eine gute Dokumentation ist von zentraler Bedeutung für eine dauerhafte (auch personenunabhängige) Funktionsfähigkeit des Risiko-Managements. Dies gilt insbesondere auch für die Verantwortlichkeiten im Risiko-Management sowie Risikosteuerungsmaßnahmen.

Exemplarischer Aufbau eines Risiko-Management-Handbuchs bzw. einer Risk Management Policy
VIII. Definition der Methoden und Instrumente
• In diesem Abschnitt werden die im Risiko-Management-Prozess verwendeten Methoden und Instrumente beschrieben (etwa Value at Risk, Tail Value at Risk, Cash flow at Risk, Simulationsverfahren, Szenarioanalysen).
IX. Definition des Risiko-Management-Prozesses
• Für einen effizienten Risiko-Management-Prozess kommt es auch darauf an, dass Risiko-Management als kontinuierlicher Prozess – im Sinne eines Regelkreises – in die Unternehmensprozesse integriert wird. Daher werden in diesem Abschnitt die grundsätzlichen Prozessschritte des Risiko-Managements beschrieben.   o   Risikoidentifikation   o   Risikobewertung   o   Risikoaggregation   o   Risikosteuerung und -überwachung
X. IT-Konzept für das Risiko-Managementsystem (RMIS)
• In diesem Abschnitt erfolgt eine Beschreibung eines eventuell implementierten Risiko-Management-Informationssystems (RMIS).
XI. Zusammenstellung der wesentlichen integrierten Kontrollen sowie der Aufgaben der internen Revision
• In diesem Abschnitt erfolgt eine Definition und Abgrenzung der internen Revision sowie der wesentlichen integrierten Kontrollprozesse.
XII. Geltungsbereich, Inkraftsetzung

Tabelle III.1:   *Exemplarischer Aufbau eines Risiko-Management-Handbuchs*

3.2   Systematische Identifikation der Einzelrisiken

Das *operative Risiko-Management* (vgl. Abbildung III.6) beinhaltet den Prozess der systematischen und laufenden Risikoanalyse der Geschäftsabläufe. Ziel der Risikoidentifikation ist die frühzeitige Erkennung von „den Fortbestand der Gesellschaft gefährdende Entwicklungen", d. h. die möglichst vollständige Erfassung aller Risikoquellen, Schadensursachen und Störpotenzialen. Für einen effizienten Risiko-Management-Prozess kommt es darauf an, dass Risiko-Management als kontinuierlicher Prozess – im Sinne eines Regelkreises – in die Unternehmensprozesse integriert wird.

Die Informationsbeschaffung ist die schwierigste Phase im gesamten Risiko-Management-Prozess und eine Schlüsselfunktion des Risiko-Managements, da dieser Prozessschritt die Informationsbasis für alle nachfolgenden Phasen liefert – schließlich können nur Risiken bewertet und gesteuert werden, die auch erkannt wurden.

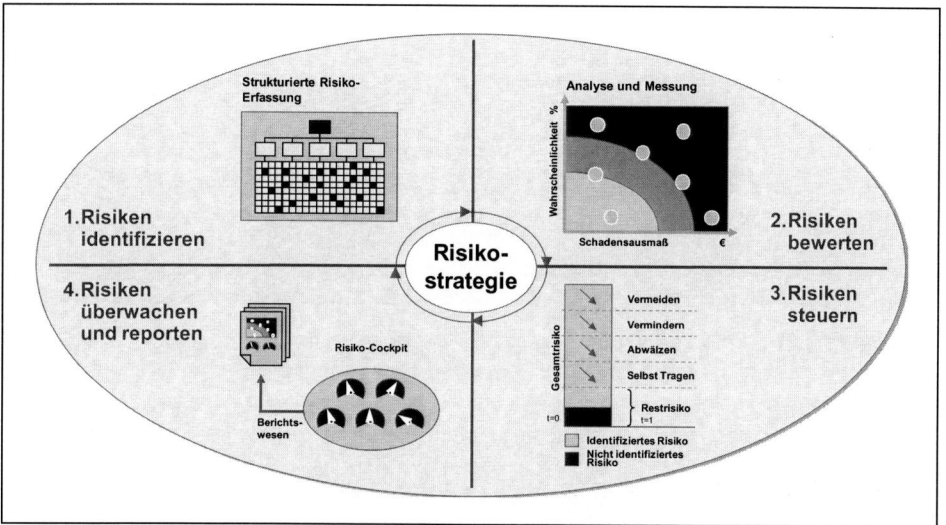

Abbildung III.6: *Der Prozess des strategischen und operativen Risiko-Managements*[138]

Um die Ziele des Risiko-Managements zu erreichen, ist eine systematische, prozessorientierte Vorgehensweise erforderlich. Die Identifikation kann je nach Unternehmen aus verschiedenen Perspektiven erfolgen; beispielsweise auf der Ebene der Risikoarten (leistungswirtschaftliche, finanzwirtschaftliche, externe Risiken etc.), der Ebene der Prozesse (Projekte, Kern- und Unterstützungsprozesse etc.) sowie der Geschäftsfelder (etwa Dienstleistungen, IT Services, Produktion). In der Praxis wird man erkennen, dass Risikokategorien nicht losgelöst voneinander erfasst werden können, sondern vielmehr durch positive und negative Rückkoppelungen miteinander verbunden sind (vgl. Abbildung III.3).

Die Betrachtung von Risiken erfordert die Analyse der Zusammenhänge ihrer Entstehung. Auswirkungen von Risikoereignissen stellen oft die Ursachen für andere Ereignisse dar. Operationelle und andere Risikoereignisse und -ursachen bilden so in der Regel mehrgliedrige Wirkungsketten (vgl. Abbildung III.7).

---

138 Quelle: ROMEIKE, F.: Integriertes Risiko-Controlling und -Management im global operierenden Konzern, in: Schierenbeck, H. (Hrsg.): Risk Controlling in der Praxis, Zürich 2006, S. 446.

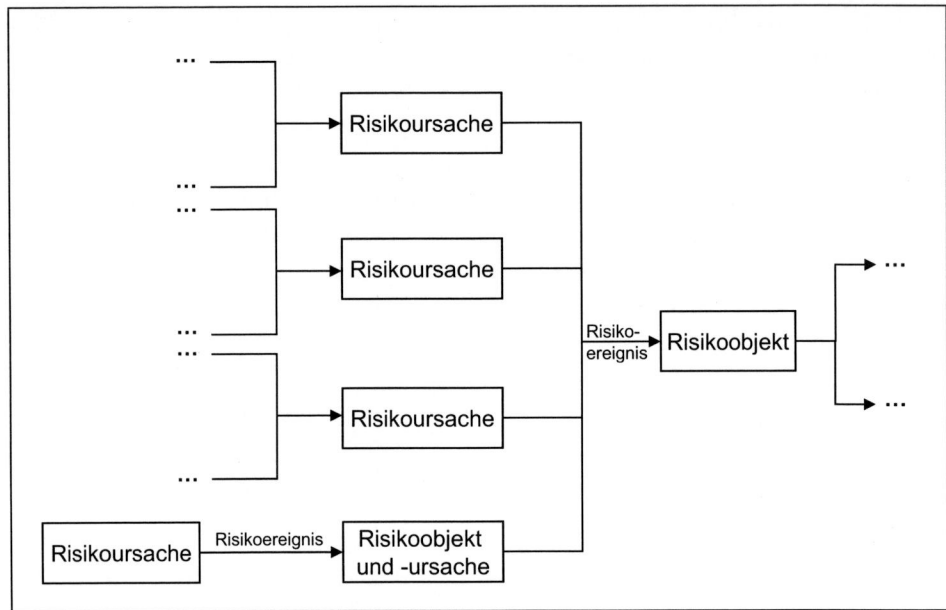

Abbildung III.7: *Risikoereignisketten*

In der betrieblichen Praxis ist häufig eine eindeutige Zuordnung eines Verlustes zu einem Risikoereignis und dessen Ursache nicht möglich: Vielmehr tritt ein bestimmtes Risiko erst durch die Kombinationen mehrerer Ereignisse bzw. Ursachen ein. Weiter kann ein Ereignis auch mehrere unterschiedliche Folgeereignisse auslösen, oder bestimmte Risikoereignisse treten verstärkt gemeinsam auf. Aus einzelnen Risikoereignissen resultieren sehr häufig Dominoeffekte, sodass einzelne, als unwesentlich wahrgenommene Risikoereignisse Ketten weiterer Risikoereignisse mit tiefgreifenderen Auswirkungen auslösen. Für die Risikoanalyse ist es deshalb sehr wichtig, diejenigen Stellen in den Geschäftsprozessen zu identifizieren, die als kritisch für die Fortführung der Geschäftstätigkeit gelten müssen.

Die Wahl der Methodik zur Risikoidentifikation hängt stark von den spezifischen Risikoprofilen des Unternehmens und der Branche ab. In der betrieblichen Praxis werden die einzelnen Identifikationsmethoden häufig kombiniert. Abbildung III.8 gibt einen Überblick über die verschiedenen in der Praxis angewendeten Methoden.

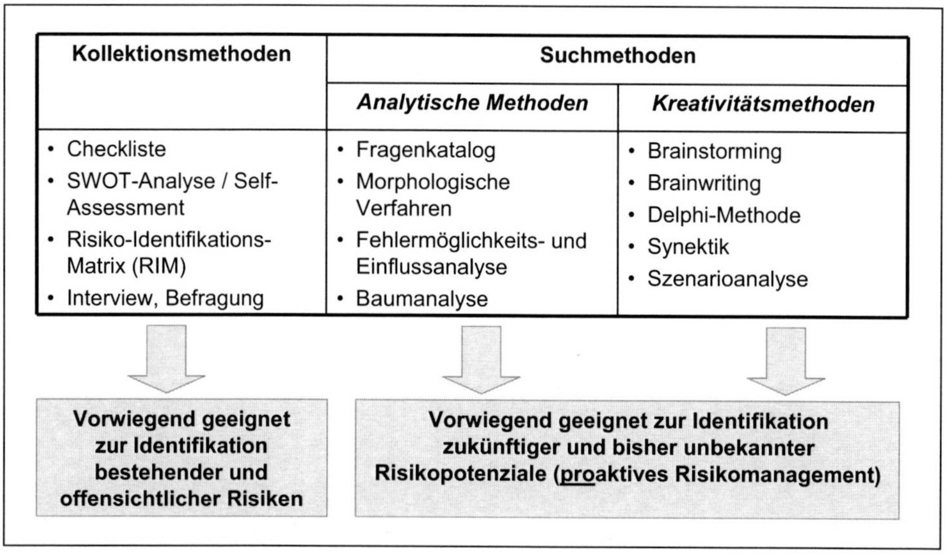

Kollektionsmethoden	Suchmethoden	
	Analytische Methoden	*Kreativitätsmethoden*
• Checkliste • SWOT-Analyse / Self-Assessment • Risiko-Identifikations-Matrix (RIM) • Interview, Befragung	• Fragenkatalog • Morphologische Verfahren • Fehlermöglichkeits- und Einflussanalyse • Baumanalyse	• Brainstorming • Brainwriting • Delphi-Methode • Synektik • Szenarioanalyse

Vorwiegend geeignet zur Identifikation bestehender und offensichtlicher Risiken	**Vorwiegend geeignet zur Identifikation zukünftiger und bisher unbekannter Risikopotenziale (<u>pro</u>aktives Risikomanagement)**

Abbildung III.8:   Methoden der Risikoidentifikation

Bei der Erfassung der Risiken helfen Checklisten, Workshops, Besichtigungen, Interviews, Organisationspläne, Bilanzen und Schadenstatistiken. Ergebnis der Risikoanalyse sollte ein Risikoinventar sein. Die identifizierten Risiken müssen im anschließenden Prozessschritt detailliert analysiert und bewertet werden. Ziel sollte dabei ein sinnvolles und möglichst für alle Risikokategorien anwendbares Risikomaß sein.

Ein wichtiges Instrument zur Risikoidentifikation sind außerdem *Frühwarnsysteme*, mit deren Hilfe Frühwarnindikatoren (etwa externe Größen wie Zinsen oder Konjunkturindizes, aber auch interne Faktoren wie etwa Fluktuation im Management) ihren Benutzern rechtzeitig latente (d. h. verdeckt bereits vorhandene) Risiken signalisieren, sodass noch hinreichend Zeit für die Ergreifung geeigneter Maßnahmen zur Abwendung oder Reduzierung der Bedrohung besteht.[139] Frühwarnsysteme verschaffen dem Unternehmen Zeit für Reaktionen und optimieren somit die Steuerbarkeit eines Unternehmens. Da häufig auch latente Chancen signalisiert werden, spricht man auch von *Früherkennung*. Wird zusätzlich noch der Prozessschritt der Risikosteuerung und Risikokontrolle berücksichtigt, die entsprechenden Maßnahmen zur Realisierung der Chancen bzw. der Abwehr/Minderung der Bedrohungen, so wird der Begriff *Frühaufklärung* verwendet (siehe Abbildung III.9).

---

[139] Vgl. ROMEIKE, F.: Gesunder Menschenverstand als Frühwarnsystem (Gastkommentar), in: Der Aufsichtsrat, Ausgabe 05/2008, S. 65 sowie ROMEIKE, F.: Frühwarnsysteme im Unternehmen, Nicht der Blick in den Rückspiegel ist entscheidend, in: RATING aktuell, April/Mai 2005, Heft 2, S. 22-27.

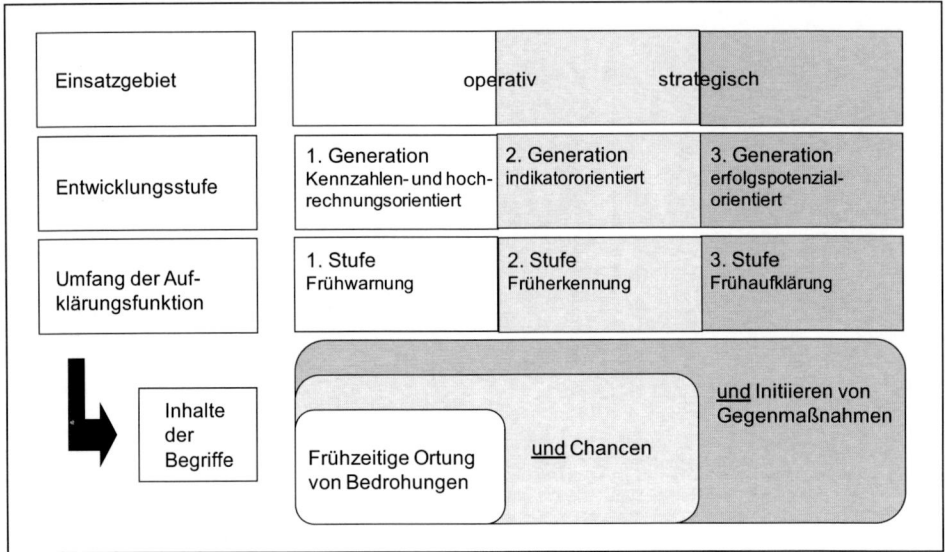

Abbildung III.9: *Frühaufklärung, Früherkennung und Frühwarnung[140]*

Moderne Frühwarnsysteme basieren auf *neuronalen Netzwerken*, deren Strukturen und Funktionen sich an den Nervennetzen lebender Organismen orientieren. Ein Vorteil etwa des menschlichen Gehirns ist, dass auch dann noch korrekte Ergebnisse geliefert werden, wenn es zu einem Ausfall einiger für die Problemlösung notwendiger Nervenzellen kommt. Selbst wenn bestimmte Daten ungenau sind, also etwa ein Text durch Verschmutzung unleserlich geworden ist, kann das Gehirn den Text noch erkennen. Das Ziel solcher künstlichen Netzwerke ist die Simulation der „massiv parallelen" Informationsverarbeitung im Gehirn unter Berücksichtigung der Lernfähigkeit. Neuronale Netze zeichnen sich durch eine hohe Fehlertoleranz und die verteilte Wissensrepräsentation aus, wodurch ein zerstörtes Neuron nur einen relativ kleinen Wissensausfall bedeutet.

Das Risikoprofil eines Unternehmens ist in jedem Fall abhängig von verschiedenen Parametern, etwa Produkt- und Marktfeldern, Unternehmensstruktur und regionaler Ausrichtung.

Neben den im Folgenden beschriebenen Verfahren kann auch das betriebliche Vorschlagswesen ein effizienter Weg zur Risikoidentifikation sein. Die einzelnen Mitarbeiter haben in der Regel „vor Ort" zeitnahe und gute Informationen über die Risiken. Viele Unternehmen integrieren daher ihr betriebliches Vorschlagswesen in den Prozess des Risiko-Managements. Als Nebeneffekt wird hierdurch auch die Akzeptanz des RisikoManagements positiv beeinflusst.

Die in der Praxis angewendeten Methoden können prinzipiell in Kollektions- und Suchverfahren unterteilt werden (siehe Abbildung III.8).

---

[140] Quelle: ROMEIKE, F.: Frühaufklärungssysteme als wesentliche Komponente eines proaktiven Risikomanagements, in: Controlling, Heft 4-5/2005 (April/Mai), S. 271-279.

3.3 Kollektionsmethoden

Die Kollektionsverfahren eignen sich vorwiegend für die Identifikation bestehender bzw. offensichtlicher Risiken.

Hierbei ist die in der Praxis am häufigsten angewendete Form, Risiken zu identifizieren, die Verwendung von *Checklisten* (Fragenkatalog). Checklisten dienen in der Regel der Identifikation von Risikoquellen. Der Nachteil einer detaillierten Checkliste liegt in dem großen Aufwand, der bei der Problemanalyse entsteht. Es gibt außerdem keine allgemeine Systematik bei der Erstellung von Checklisten. Die Qualität hängt in der Regel von der Erfahrung des Erstellers ab. Da die Anzahl der Fragen beschränkt ist, wird der Status quo (beispielsweise der Risikolandkarte) möglicherweise nur unvollständig identifiziert. Eine weitere Schwierigkeit bei der Verwendung von Checklisten ist der hohe Aggregationsgrad, da in der Regel nicht auf die Einzelrisiken und deren Wechselwirkungen geschlossen werden kann. Eine weitere Problematik liegt in der mangelnden Vollständigkeit und dem starren Raster, was dem revolvierenden Charakter der Risikoidentifikation entgegensteht. Checklisten können daher allenfalls einen Ausgangspunkt für die Risikoidentifikation darstellen.

SWOT-Analyse		Interne Analyse	
		Stärken (Strengths)	**Schwächen (Weaknesses)**
Externe Analyse	**Chancen (Opportunities)**	*Strategische Zielsetzung für Strengths und Opportunities*: Verfolgen von neuen Chancen, die gut zu den Stärken des Unternehmens passen.	*Strategische Zielsetzung für Weaknesses und Opportunities*: Schwächen eliminieren, um neue Möglichkeiten zu nutzen.
	Gefahren (Threats)	*Strategische Zielsetzung für Strengths und Threats*: Stärken nutzen, um Bedrohungen abzuwenden.	*Strategische Zielsetzung für Weaknesses und Threats*: Verteidigungen entwickeln, um vorhandene Schwächen nicht zum Ziel von Bedrohungen werden zu lassen.

Tabelle III.2:   *SWOT-Matrix*

Mit Hilfe der *SWOT-Analyse* können aus der Markt-, Wettbewerbs- und Organisationsanalyse Stärken, Schwächen, Chancen und Risiken (SWOT = strengths, weaknesses, opportunities and threats) abgeleitet werden. Das Resultat der Analyse ist eine genaue Bestandsaufnahme des gegenwärtigen Zustandes und liefert klare Erkenntnisse (vgl. Tabelle III.2):

▪ über den Ist-Zustand der eigenen Organisation (Kernkompetenzen),

▪ über die Zielgruppen (Zielgruppenfokus und -bedürfnisse),

▪ über das Wettbewerbsumfeld (Positionierung, Leistungsumfang, Alleinstellungsmerkmale) und

▪ über die Aufstellung im Markt (Marktpräsenz).

Im Rahmen der externen Analyse wird die Unternehmensumwelt untersucht. Daher wird häufig auch von einer Umweltanalyse gesprochen. Die Chancen/Gefahren wirken von außen auf das Unternehmen und resultieren aus Veränderungen im Markt, in der technologischen, sozialen oder ökologischen Umwelt. Die Umweltbedingungen sind für das Unternehmen exogen vorgegeben. Daher beobachtet oder antizipiert das Unternehmen diese Veränderungen und reagiert darauf mit einer adäquaten Strategieanpassung.

Die Stärken/Schwächen beziehen sich jedoch auf das Unternehmen selbst und resultieren aus einer Selbstanalyse des Unternehmens. Man spricht daher auch von der Inweltanalyse. Stärken/Schwächen produziert das Unternehmen selbst, es sind Eigenschaften des Unternehmens bzw. werden vom Unternehmen selbst geschaffen, sie sind also das Ergebnis beispielsweise der unternehmensinternen Prozesse.[141]

Auch durch die *Befragung* von Mitarbeitern *(Interview)* und externen Wissensträgern können Risiken identifiziert werden. Bei der Informationsgewinnung spielen die Erfahrung und Kompetenz sowohl des Interviewers als auch der befragten Personen eine entscheidende Rolle.

Das *Self-Assessment* wird häufig in Kombination mit Checklisten und entsprechenden Anleitungen angewendet und bezieht sich ausschließlich auf den internen Bereich eines Unternehmens. Ergänzend können im Rahmen eines Self-Assessments auch Interviews durchgeführt oder Workshops veranstaltet werden.[142]

Eine weitere alternative Methode zur Risikoidentifikation ist die Verwendung einer *Risiko-identifikations-Matrix*. Hierbei handelt es sich um eine systematische Tabelle, in der die Zusammenhänge zwischen den einzelnen Risikokategorien systematisch dargestellt werden.

3.4   Analytische Suchmethoden

Alle analytischen Suchverfahren sind darauf fokussiert, zukünftige und bisher unbekannte Risikopotenziale zu identifizieren. Einige analytische Suchverfahren wurden ursprünglich für

---

141   Weiterführende Informationen zur SWOT-Analyse vgl. SIMON, H.; GATHEN, A. VON DER: Das große Handbuch der Strategieinstrumente – Alle Werkzeuge für eine erfolgreiche Unternehmensführung, Frankfurt/Main 2002.

142   Bei einem Control Self Assessment (CSA) handelt es sich demgegenüber um eine überwachte Selbstbeurteilung. In diesem Zusammenhang werden von dedizierten Personen Fragebögen ausgefüllt, welche dann selbständig ausgewertet werden können. Vgl. vertiefend: ETTENGRUBER, R.: Einsatz von Control Self Assessment (CSA) für die Interne Revision heute, in: Förschler, D. (Hrsg.): Innovative Prüfungstechniken und Revisionsvorgehensweisen, Frankfurt/Main 2007, S. 435-474.

das Qualitätsmanagement entwickelt. Da die Prozessstruktur und Methodik des Risiko-Managements einige Parallelen zum Qualitätsmanagement aufweist, liegt es nahe, etablierte Methoden auch auf den Risikoidentifikationsprozess zu übertragen.

Die *Fehlermöglichkeits- und Einflussanalyse bzw. Ausfalleffektanalyse (FMEA = Failure Mode and Effects Analysis)* wurde ursprünglich zur Analyse von Schwachstellen technischer und militärischer Systeme oder Prozesse entwickelt. Bei der FMEA und der *FMECA (Failure Mode and Effects and Criticality Analysis)* handelt es sich um analytische Methoden der Zuverlässigkeitstechnik, um potenzielle Schwachstellen zu identifizieren. So wird die FMEA etwa im Rahmen des Qualitätsmanagements bzw. Sicherheitsmanagements zur Fehlervermeidung und Erhöhung der technischen Zuverlässigkeit vorbeugend eingesetzt. So wird die FMEA beispielsweise in der Design- bzw. Entwicklungsphase neuer Produkte oder Prozesse angewandt und von Lieferanten von Serienteilen für die Automobilhersteller (siehe ISO/TS 16949[143]) gefordert.

In einem ersten Schritt wird das Unternehmen als intaktes und störungsfreies System beschrieben und abgegrenzt. In einem weiteren Schritt wird das Gesamtsystem in unterschiedliche Funktionsbereiche o. ä. zerlegt. In einem dritten Schritt werden sodann die potenziellen Störungszustände der einzelnen Komponenten untersucht. Hierbei werden auch systemdurchgreifende Störungen erfasst. In einer abschließenden vierten Stufe werden die Auswirkungen auf das Gesamtsystem abgeleitet.

Ein wesentlicher Vorteil der Ausfalleffektanalyse ist die klare Formalisierung mit Hilfe von „Worksheets" (Arbeitsblättern), die neben der Funktion den Fehlermodus, die Fehlerursache, die Fehlerwirkung, die bedrohten Objekte (targets) sowie die Risikobewertung hinsichtlich Eintrittswahrscheinlichkeit und Schadensausmaß (Probability/Severity) enthalten. Ein wesentlicher Mangel der FMEA-Methode besteht darin, dass Interdependenzen zwischen den einzelnen Komponenten des Gesamtsystems nicht analysiert werden. Jedoch wurden in der Zwischenzeit eine ganze Reihe von Ergänzungen zur traditionellen FMEA entwickelt. So ist die System-FMEA ebenso wie die klassische Prozess-FMEA eine systematische und halbquantitative Risikoanalysemethode, die im Unterschied zur FMEA die möglichen Fehler auf der Ebene des Produktes und der möglichen Auswirkungen auf den Kunden bewertet. Der Ansatz der System-FMEA verbindet Produkt und Prozess, wodurch eindeutige Ursache-Wirkungs-Ketten dargestellt werden können.

Heute wird die FMEA vor allem basierend auf Qualitätsmanagement-Systemen (ISO 9000 ff.) in vielen Unternehmen angewendet.

Im Unterschied zur FMEA ist der Ausgangspunkt der *Fehlerbaumanalyse (FTA = Fault Tree Analysis)* nicht die einzelne Systemkomponente, sondern das gestörte Gesamtsystem.[144] Im

---

[143] Die Norm ISO/TS 16949 vereint existierende allgemeine Forderungen an Qualitätsmanagementsysteme der (meist nordamerikanischen und europäischen) Automobilindustrie. Sie wurden gemeinsam von den IATF-Mitgliedern entwickelt und zusammen mit der ISO als TS = Technische Spezifikation basierend auf der EN ISO 9001 veröffentlicht.

[144] Zur Vertiefung vgl. VESELY, W. ET AL.: Fault Tree Handbook. NUREG-0492, Washington DC 1981 (www.nrc.gov/reading-rm/doc-collections/nuregs/staff/sr0492/sr0492.pdf).

Kern handelt es sich um ein deduktives Verfahren, um die Wahrscheinlichkeit eines Ausfalls zu bestimmen. Die für alle Systeme geeignete Analyse impliziert ein unerwünschtes Ereignis und sucht nach allen kritischen Pfaden, die dieses auslösen können. In einem ersten Schritt wird daher das Gesamtsystem detailliert und möglichst exakt beschrieben, bevor hierauf aufbauend analysiert wird, welche primären Störungen zur Störung des Gesamtsystems beitragen. In einem nächsten Schritt werden diese in sekundäre Störungsursachen weiter aufgegliedert. Diese werden auf weitere Störungsebenen aufgegliedert, bis schließlich keine weitere Differenzierung der Störungen mehr möglich ist. Der Fehlerbaum stellt somit die logische Struktur aller Basisereignisse dar, die zu einem interessierenden Top-Ereignis führen können. Werden für den Eintritt aller Basisereignisse Eintrittswahrscheinlichkeiten angegeben, kann mit Hilfe der Booleschen Algebra[145] die Eintrittswahrscheinlichkeit für das Top-Ereignis ermittelt werden. Die Fehlerbaumanalyse wird in der Praxis sehr häufig zur Suche von Fehlerursachen und zur Bewertung der Systemsicherheit angewendet.

Auch ein *Fragenkatalog* kann eine wichtige Methode zur Auffindung von Risiken darstellen. Häufig baut der Fragenkatalog auf einer anderen Identifikationsmethode auf, die erst die Grundlage für die Zusammenstellung der Fragen liefert.

Das *Morphologische Verfahren* zählt zu den kreativen analytischen Methoden, um komplexe Problembereiche vollständig zu erfassen und zu analysieren. Ziel ist es, bestimmte Ordnungen und Strukturen aufzuzeigen, mit dem Ziel, ein klares Bezugssystem herzustellen. Die morphologische Methode beschreibt die wichtigsten Parameter eines Produktes, einer Tätigkeit oder einer Leistung und ordnet sie in einem Koordinatensystem an, um die Beziehungen der einzelnen Variablen systematisch untersuchen zu können. Diese Beziehungen werden in einem „Morphologischen Kasten", einem zweiachsigen Ideen-Modell abgebildet. Für die Risikoerkennung ist dieses Verfahren insofern von Interesse, da durch die Analyse des Bezugssystems zwischen den Einzelrisiken eventuell neue Risiken mit anderen Risikopotenzialen erkannt werden.

3.5   Kreativitätsmethoden

Kreativitätsmethoden basieren auf kreativen Prozessen, die durch divergentes Denken charakterisiert sind, um relativ flüssig und flexibel zu neuartigen Einfällen und originellen Lösungen zu gelangen. Kreativitätstechniken lassen – im Gegensatz zum rationalen und strukturierten Denken – das Denken chaotisch werden.

---

[145] Die Boolesche Algebra (oder ein boolescher Verband) ist eine spezifische algebraische Struktur, die die Eigenschaften der logischen Operatoren UND, ODER, NICHT sowie die Eigenschaften der mengentheoretischen Verknüpfungen Durchschnitt, Vereinigung, Komplement verallgemeinert.

Brainstorming[146] ist die in der Praxis am häufigsten angewendete Methode zur Ideenfindung. Sie wurde bereits in den späten 30er Jahren entwickelt. Ihre Ergebnisqualität beruht vor allem darauf, dass:

- zur Lösung eines Problems das Wissen mehrerer Personen genutzt wird,

- denkpsychologische Blockaden ausgeschaltet werden,

- die Lösungsvielfalt erweitert wird, da restriktive Äußerungen ausgegrenzt werden,

- das Kommunikationsverhalten der Beteiligten gestrafft und „demokratisiert" wird sowie

- unnötige Diskussionen vermieden werden.

Das Brainstorming versucht durch eine ungezwungene Atmosphäre, die Kreativität der am Suchprozess beteiligten Personen zu fördern. Im Falle der Risikoidentifikation ist die richtige Auswahl der Teilnehmer für den Erfolg entscheidend. Die „ideale" Brainstorming-Gruppe umfasst zwischen fünf und sieben Teilnehmern. Bei kleineren Gruppen ist oft das assoziative Potenzial für einen ausreichenden Ideenfluss zu gering. Ist die Gruppe größer, muss mit kommunikativen Störungen gerechnet werden. Es ist vorteilhaft, Gruppen im Hinblick auf das heterogene Spektrum der Risikokategorien interdisziplinär zu besetzen bzw. eine Mischung aus Fachleuten und Laien anzustreben.

Der Brainstorming-Begründer Alex Faickney Osborn stellte bereits Anfang des 20. Jahrhunderts fest, dass Arbeitstreffen die Kreativität der Mitarbeiter eher bremsen als fördern. Vor diesem Hintergrund entwickelte er basierend auf vier Regeln ein Verfahren, das den Mitarbeitern die Freiheit für neue Ideen schaffen sollte. In den kürzeren deutschen Übersetzungen lauten diese Regeln:

- Übe keine Kritik!

- Je mehr Ideen, desto besser!

- Ergänze und verbessere bereits vorhandene Ideen!

- Je ungewöhnlicher die Idee, desto besser!

Beim *Brainwriting* (auch Methode 635 genannt) steht ebenfalls die freie Gedankenäußerung einer Gruppe von Personen im Mittelpunkt. Bei dieser Technik schreibt jeder Teilnehmer vier Ideen auf ein Blatt Papier, welches er danach in der Mitte des Tisches ablegt. Sollten einmal einem Teilnehmer die Ideen ausgehen, so hat er die Möglichkeit, seine Gedanken gegen Entwürfe aus der Mitte auszutauschen. Gegen Ende sollte jeder Teilnehmer mindestens einmal sein eigenes Papier gegen eines aus der Mitte getauscht haben. Durch die Anregungen aus der Mitte, d. h. die kreativen Ideen von anderen, ergeben sich neue Anregungen oder Kombinationsmöglichkeiten. So hat jeder Teilnehmer die Möglichkeit, seine eigenen Ideen durch die Ressourcen der anderen Teilnehmer zu erweitern. Brainwriting wird überall dort eingesetzt, wo es um Ideenentwicklung in Gruppen geht (beispielsweise Risiko-Management,

---

[146] Der US-amerikanische Autor Alex Faickney Osborn (* 24. Mai 1888 in New York, † 4. Mai 1966) benannte die Methode nach dem Bild „using the brain to storm a problem" (Das Gehirn verwenden zum Sturm auf ein Problem).

Journalismus, Kreatives Schreiben). Die Methode des Brainwriting kann helfen, bestimmte Risikokategorien einmal aus einer anderen Perspektive zu betrachten oder auch neue Risiken zu identifizieren. Analog zum Brainstorming ist auch beim Brainwriting die interdisziplinäre bzw. heterogene Zusammensetzung der Teilnehmer von zentraler Bedeutung für den Erfolg.

Die Grundfunktion der *Synektik* ist das Zusammenfügen scheinbar nicht zusammenhängender und irrelevanter Elemente bzw. Tatbestände.[147] Sie überträgt problemfremde Strukturen bzw. kombiniert sachlich unzusammenhängende Wissenselemente. Als wesentliches Prinzip gilt „Mache dir das Fremde vertraut und entfremde das Vertraute." Hiermit wird einerseits eine gründliche Problemanalyse angesprochen, andererseits die Verfremdung der ursprünglichen Problemstellung durch Bildung von Analogien erreicht. Die grundlegende Heuristik (altgr. Heuriskein: (auf)finden, entdecken, Lehre von Verfahren, um Probleme zu lösen) der Ideengenerierung mit Synektik ist die der Übertragung problemfremder Strukturen bzw. die Kombination sachlich nicht zusammenhängender Wissenselemente. Ziel ist es, durch Reorganisation von unterschiedlichem Wissen neue Muster zu generieren. Aus diesem Vorgang leitet sich auch der Name der Methode ab: „synechein" (griech.) = etwas miteinander in Verbindung bringen; verknüpfen. Durch einen sachlichen Abstand von bekannten Ursache-Wirkungs-Ketten oder Risikokategorien führt die Synektik zu einer neuen Perspektive und zu einem „Blick über den Tellerrand". Das Verfahren ist mit einem großen Aufwand verbunden und stellt hohe Anforderungen an den Moderator. Die Rekombination sachlich nicht homogenen Wissens zählt zu den Wesenszügen des kreativen Prozesses. Diese Rekombination soll provoziert werden, indem die Synektik den Kreativen vom Problem weg in völlig andere Sachbereiche führt. Sie fordert dazu auf, Wissen aus diesen Sachbereichen mit dem Ausgangsproblem zu verknüpfen und daraus kreative Lösungsalternativen abzuleiten.

Nachfolgend sind die einzelnen Prozessphasen dieser eher unbekannten Kreativitätsmethode – basierend auf einem fiktiven Beispiel – skizziert:

1. *Problemanalyse und -definition*
    Beispiel: Wie kann eine Glasplatte möglichst einfach auf einem flachen Rahmen befestigt werden?

2. *Spontane Lösungen*
    Beispiel: Saugnäpfe, Klammern, doppelseitiges Klebeband, Klebstoff, Klebefolie etc.

3. *Neuformulierung des Problems*
    Beispiel: Wie kann erreicht werden, dass die Glasplatte leicht wieder abgenommen werden kann?

4. *Bildung direkter Analogien, beispielsweise aus der Natur*
    Beispiel: Tier verliert Winterfell, Baum streift Rinde ab, Schlange streift Haut ab, Geweih wird abgestoßen, Schnee schmilzt etc.

    Gruppe wählt: Schlange streift Haut ab

---

[147] Diese Methode wurde von William Gordon entwickelt und zum ersten Mal in seinem Buch „Synectics: The development of creative capacity" im Jahr 1961 vorgestellt.

5. *Persönliche Analogien, „Identifikationen"*
   Beispiel: Wie fühle ich mich als häutende Schlange? Es juckt, alte Haut engt ein, endlich frische Luft etc.

   Gruppe wählt: alte Haut engt ein

6. *Symbolische Analogien, „Kontradiktionen"*
   Beispiel: bedrückende Hülle, würgendes Ich, lückenlose Fessel etc.

   Gruppe wählt: lückenlose Fessel

7. *Direkte Analogien, beispielsweise aus der Technik*
   Beispiel: Leitplanken der Autobahn, Druckbehälter, Schienenstrang etc.

8. *Analyse der direkten Analogien*
   Beispiel: Leitplanke: Blechprofil, stabil, verformbar, auf beiden Seiten

9. *Übertragung auf das Problem – „Force-Fit"* (Phase, in der die letzten, direkten Analogien mit dem Problem in Verbindung gebracht werden, sollte nach den Regeln des Brainstorming verlaufen)
   Beispiel: Profilrahmen, knetartige Kugeln zwischen Glasplatte und Rahmen, Rahmen nur an zwei Seiten, Druckbehälter: steht unter Spannung

10. *Entwicklung von Lösungsansätzen*
    Beispiel: gekrümmter Rahmen erzeugt Spannung etc.

Ausgangslage für die *Delphi-Methode* (auch Delphi-Studie oder Delphi-Befragung genannt) ist ein Fragebogen oder Thesenpapier, der alle zu beantwortenden Fragen der zu lösenden Aufgabe enthält.[148] In mehreren, aufeinander aufbauenden Runden werden Expertenbefragungen durchgeführt (in aller Regel zwei bis vier Iterationen mit den Prozessschritten Befragung, Datenanalyse, Feedback, Diskussion und Entscheidung). Der Meinungsbildungsprozess enthält die Elemente: Generation, Korrektur bzw. teilweise Anpassung oder Verfeinerung, Mittelwertbildung bzw. Grenzwertbildung, oft auch offene Felder für Erläuterungen. Störende Einflüsse werden durch die Anonymisierung, den Zwang zur Schriftform und der Individualisierung eliminiert. Die Strategie der Delphi-Methode besteht aus: Konzentration auf das Wesentliche, mehrstufiger, teilweise rückgekoppelter Editierprozess, sicherere, umfassendere Aussagen durch Zulassen statistischer fuzzyartiger Ergebnisse.

Die Gruppengröße bei Delphi-Befragungen ist praktisch unbeschränkt, bewegt sich aber üblicherweise bei 50 bis 100 Personen. In der ersten Befragungsrunde geben die teilnehmenden Experten unbeeinflusst, individuell und intuitiv ihre Prognose bzw. ihren Lösungsvorschlag ab. Diese werden ausgewertet. Statistische Daten und Begründungen für die Progno-

---

148 Vgl. vertiefend SEEGER, TH.: Die Delphi-Methode. Expertenbefragungen zwischen Prognose und Gruppenmeinungsbildungsprozessen. Überprüft am Beispiel von Delphi-Befragungen im Gegenstandsbereich Information und Dokumentation, Freiburg im Breisgau 1979 und USAF Project RAND Report Delphi Assessment: Expert Opinion, Forecasting and Group Process (www.rand.org/pubs/reports/2006/ R1283. pdf) sowie LINSTONE, H. A.: The Delphi-Method – Techniques & Applications, Massachusetts 1975.

sewerte werden in einem Zwischenbericht zusammengestellt. Der Zwischenbericht wird den Teilnehmern wieder zur Verfügung gestellt. Auf der Basis dieser Informationen werden sie dann gebeten, ihre Prognosen zu überprüfen, die abgefragten Sachverhalte evtl. neu einzuschätzen oder neue Ideen, Vorschläge, Ergänzungen und Erweiterungen zu entwickeln. Extreme Abweichungen vom „Durchschnitt" sollten dabei begründet werden. Die Ergebnisse dieser Runde werden wiederum ausgewertet und an die Teilnehmer kommuniziert. Die Iteration der Befragung wird so lange wiederholt, bis sich die Teilnehmer auf eine möglichst zufriedenstellende Lösung oder Prognose geeinigt haben oder sich kaum mehr Abweichungen zur vorherigen Runde ergeben. Ein häufiges Problem bei der Delphi-Methode ist, dass die Experten ihre einmal geäußerte Meinung in den folgenden Runden trotz Anonymität nicht ändern, so dass der Zusatznutzen weiterer Runden oft klein ist.

Das systematische Vorgehen bei der Risikosuche erhöht die Wahrscheinlichkeit, sämtliche Risiken zu erfassen und eine vollständige Risikoerkennung zu erreichen. Jedoch kann keine der vorgestellten Methoden der Risikoerkennung für eine vollständige Erfassung aller Risiken bürgen. Ebenfalls wurde bisher auch kein Verfahren gefunden, das einen Nachweis über die vollständige Erfassung sämtlicher Risiken liefert. Eine sinnvolle Möglichkeit, die Chance auf eine vollständige Erfassung zu erhöhen, besteht darin, parallel verschiedene Verfahren der Risikoerkennung zu verwenden. Außerdem sollte sämtlichen Risiken, auch nur bei einem Verdacht, nachgegangen und die persönliche Einschätzung über die Wichtigkeit der Risiken vorerst unterlassen werden.

3.6   Methoden der Risikoquantifizierung

In der Unternehmenspraxis erfolgt traditionell eine Quantifizierung der Risiken hinsichtlich des Erwartungswertes. Der Erwartungswert bestimmt sich (bei diskreten Zufallsvariablen) zweidimensional aus der Multiplikation der Eintrittswahrscheinlichkeit mit dem Schadensausmaß (Risikodimension, Risikopotenzial, Tragweite). Der Erwartungswert $E(X)$ oder μ einer Zufallsvariablen (X) ist jener Wert, der sich (in der Regel) bei vielfachem Wiederholen des zugrunde liegenden Experiments als Mittelwert der Ergebnisse ergibt. Er bestimmt die Lokalisation (Lage) einer Verteilung und ist vergleichbar mit dem empirischen arithmetischen Mittel einer Häufigkeitsverteilung in der deskriptiven Statistik. Das Gesetz der großen Zahlen sichert in vielen Fällen zu, dass der Stichprobenmittelwert bei wachsender Stichprobengröße gegen den Erwartungswert konvergiert.

Eintrittswahrscheinlichkeit:	
1 = Hohe Eintrittswahrscheinlichkeit (häufig)	Eintritt innerhalb eines Jahres ist zu erwarten; bzw. Eintritt empirisch in den vergangenen 3 Jahren
2 = Mittlere Eintrittswahrscheinlichkeit (möglich)	Eintritt innerhalb von 3 Jahren ist zu erwarten; bzw. Eintritt empirisch in den vergangenen 8 Jahren
3 = Niedrige Eintrittswahrscheinlichkeit (selten)	Eintritt innerhalb von 8 Jahren ist zu erwarten; bzw. Eintritt empirisch in den vergangenen 15 Jahren
4 = Unwahrscheinlich	Risiko ist bisher, auch bei vergleichbaren Unternehmen, noch nicht eingetreten. Risiko kann aber auch nicht ausgeschlossen werden

Tabelle III.3: *Exemplarisches Beispiel für Klassifizierung der Eintrittswahrscheinlichkeit*

In der Unternehmenspraxis beschränkten sich viele Unternehmen auf ein einfaches System, in dem die Eintrittswahrscheinlichkeit und das Schadensausmaß mit Hilfe weniger Stufen – in der Regel basierend auf einer Experteneinschätzung – klassifiziert wird (vgl. Tabellen III.3 und III.4).

Schadensausmaß:	
1 = Katastrophenrisiko	Die Existenz des Unternehmens wird gefährdet
2 = Großrisiko	Der Eintritt des Risikos zwingt zur kurzfristigen Änderung der Unternehmensziele
3 = Mittleres Risiko	Der Eintritt des Risikos zwingt zur mittelfristigen Änderungen der Unternehmensziele
4 = Kleinrisiko	Der Eintritt des Risikos zwingt zur Änderung von Mitteln und Wegen
5 = Bagatellrisiko	Der Eintritt des Risikos hat keine Auswirkungen auf den Unternehmenswert

Tabelle III.4: *Exemplarisches Beispiel für Klassifizierung des Schadenausmaßes*

Die Ersteinschätzung der Relevanz geschieht in der Praxis durch kompetente Experten, die sich dabei vor allem am realistischen Höchstschaden orientieren. Sie unterteilen die Risiken beispielsweise in fünf Relevanzklassen von *„unbedeutendes Risiko"* bis *„bestandsgefährdendes Risiko"*. Tabelle III.5 zeigt exemplarisch verschiedene Relevanzklassen.

Relevanz wird dabei als die *Gesamtbedeutung* des Risikos für das Unternehmen verstanden. Sie gilt als weiteres Risikomaß und ist von folgenden Parametern abhängig:

- mittlere Ertragsbelastung (Erwartungswert),

■ realistischer Höchstschaden,

■ Wirkungsdauer.

Ein weiterer Vorteil der Relevanzeinschätzung besteht darin, dass sie die Information über die Schwere eines Risikos in einfacher Form beschreibt und so die Kommunikation relevanter Risikoinformationen erleichtert.

Als Bewertungsmethodik bietet sich entweder ein Top-down- oder ein Bottom-up-Ansatz an. Erfolgt die Bewertung nach einer Top-down-Methode, so stehen für das Unternehmen die bekannten Folgen der Risiken im Vordergrund. Hierbei werden Daten der Gewinn- und Verlustrechnung wie etwa Erträge, Kosten oder das Betriebsergebnis im Hinblick auf deren Volatilitäten hin untersucht. Der Top-down-Ansatz bietet den Vorteil einer relativ schnellen Erfassung der Hauptrisiken aus strategischer Sicht. Diese „Makroperspektive" kann jedoch auch dazu führen, dass bestimmte Risiken nicht erfasst werden oder Korrelationen zwischen Einzelrisiken nicht korrekt bewertet werden.

Relevanzskala		
Relevanz-klasse	Wirkung auf Risikotragfähigkeit	Erläuterungen
1	Unbedeutendes Risiko	Unbedeutende Risiken, die weder Jahresüberschuss noch Unternehmenswert spürbar beeinflussen
2	Mittleres Risiko	Mittlere Risiken, die eine spürbare Beeinträchtigung des Jahresüberschusses bewirken
3	Bedeutendes Risiko	Bedeutende Risiken, die den Jahresüberschuss stark beeinflussen oder zu einer spürbaren Reduzierung des Unternehmenswertes führen
4	Schwerwiegendes Risiko	Schwerwiegende Risiken, die zu einem Jahresfehlbetrag führen und den Unternehmenswert erheblich reduzieren
5	Bestandsgefährdendes Risiko	Bestandsgefährdende Risiken, die mit einer wesentlichen Wahrscheinlichkeit den Forbestand des Unternehmens gefährden

Tabelle III.5:   *Exemplarische Relevanzklassen des Risikos*

Demgegenüber stehen beim Bottom-up-Ansatz die Ursachen der verschiedenen Risikokategorien im Fokus. Es wird versucht, die möglichen Folgen eines Risikoeintritts für das Unternehmen herzuleiten und zu bewerten. Hierbei sind eine eingehende Analyse der Prozesse sowie deren Korrelationen erforderlich. Die Bottom-up-Ansätze bieten den Vorteil, dass sämtliche Geschäftsbereiche und Prozesse erfasst und analysiert werden können. Allerdings ist der Bottom-up-Ansatz auch um ein Vielfaches aufwendiger. In der Praxis bietet sich eine Kombination beider Methoden an.

3.7 Die Top-down-Bewertungsmethoden in der Praxis

Der Werkzeugkasten des Risikomanagers bietet eine große Vielfalt an Methoden und Analysemethoden. Die Auswahl der Werkzeuge und Methode wird primär von den verfügbaren Daten der einzelnen Risiken determiniert. Bei quantifizierbaren Risiken können die potenziellen Verlust in drei Bereiche aufgeteilt werden: Erwartete Verluste, statistische Verluste und Stressverluste.

Der erwartete Verlust (im Bereich der Finanzdienstleister auch als „Expected Loss" oder Standardrisikokosten bezeichnet)[149] spiegelt die mit einer Geschäftstätigkeit zusammenhängenden, durchschnittlichen inhärenten Verluste wider (vgl. linker Bereich in Abbildung III.10). Diese sind in den Budgets abgebildet und werden – sofern es die Rechnungslegungsstandards zulassen – direkt von den Erträgen abgezogen.

Verteilung	*Verteilung von X*	*Verteilungsfunktion* $F(x) = P(\{X < x\})$	*Wahrscheinlichkeitsfunktion* $f(x) = P(\{X = x\})$
Binomial-verteilung	$B_{n,p}$	$\sum_{i=0}^{\lceil x-1 \rceil} \binom{n}{i} p^i (1-p)^{n-i}$	$\binom{n}{i} p^i (1-p)^{n-i}$
Negative Binomial-verteilung	$NB_{n,p}$	$\sum_{i=n}^{\lceil x-1 \rceil} \binom{i-1}{n-1} p^n (1-p)^{i-n}$	$\binom{i-1}{n-1} p^n (1-p)^{i-n}$
Geometrische Verteilung (Var. B)	G_p	$\sum_{i=0}^{\lceil x-1 \rceil} p(1-p)^i =$ $1-(1-p)^{\lceil x \rceil}$	$p(1-p)^i$
Hypergeometrische Verteilung	$H_{M,N,n}$	$\sum_{i=\max(0,n-N)}^{x-1} \dfrac{\binom{M}{i}\binom{N}{n-i}}{\binom{M+N}{n}}$	$\dfrac{\binom{M}{i}\binom{N}{n-i}}{\binom{M+N}{n}}$

---

[149] Aus PD (Ausfallwahrscheinlichkeit = Wahrscheinlichkeit, dass der Schuldner ausfällt), EaD (erwartete Höhe der Forderung zum Zeitpunkt des Ausfalls) und LGD (Verlustquote bei Ausfall) lässt sich der erwartete Verlust (EL = Expected Loss) berechnen. EL ist strenggenommen kein Risikomaß, da er den Erwartungswert des zukünftigen Verlustes aus Kreditausfällen wiedergibt und damit keine Information über die Unsicherheit bezüglich des zukünftigen Verlustes (unerwarteter Verlust bzw. „Unexpected Loss") enthält. Ein Maß für die Unsicherheit ist demgegenüber der Value at Risk.

Verteilung	Verteilung von X	Verteilungsfunktion $F(x) = P(\{X < x\})$	Wahrscheinlichkeits-funktion $f(x) = P(\{X = x\})$
Poisson-Verteilung	P_α	$\sum_{i=0}^{\lceil x-1 \rceil} e^{-\alpha} \dfrac{\alpha^i}{i!}$	$e^{-\alpha} \dfrac{\alpha^i}{i!}$
Diskrete Gleichver-teilung	DL_n	$\dfrac{\left|\{i : x_i < x\}\right|}{n}$	$\begin{cases} \dfrac{1}{n} & \text{für } x = x_i\,(i = 1,...,n) \\ 0 & \text{sonst} \end{cases}$

Tabelle III.6:   *Diskrete Verteilungen*

Der statistische Verlust (unerwartete Verlust bzw. „unexpected loss") ist die geschätzte Abweichung des effektiven Verlusts vom erwarteten Verlust über einen bestimmten Zeithorizont und unter Annahme eines vorgegebenen Konfidenzintervalls (auch Vertrauensbereich oder Mutungsintervall genannt).

In der Regel ist aufgrund der begrenzten Datenbasis eine Modellierung nicht basierend auf empirischen Verteilungsfunktionen möglich. Vielmehr bedient man sich in der Praxis theoretischer Verteilungsfunktionen (vgl. mittlerer Bereich in Abbildung III.10).

In den Tabellen III.6 und III.7 sind die wichtigsten diskreten und stetigen Verteilungsfunktionen zusammengefasst.[150] In den Tabellen wird die Verteilungsfunktion als $F(x) = P(\{X < x\})$ definiert.

Verteilung	Vertei-lung von X	Verteilungsfunktion $F(x) = P(\{X < x\})$	Dichtefunktion
Gleich-verteilung	$L_{a,b}$	$\begin{cases} 0 & \text{wenn } x \le a \\ \dfrac{x-a}{b-a} & \text{wenn } a < x \le b \\ 1 & \text{wenn } x > b \end{cases}$	$\begin{cases} \dfrac{1}{b-a} & \text{wenn } a < x \le b \\ 0 & \text{sonst} \end{cases}$

---

[150] Zur Vertiefung vgl. auch: FISZ, M.: Wahrscheinlichkeitsrechnung und mathematische Statistik, 11. Auflage, Berlin 1989 sowie PODDIG, TH.; DICHTL, H.; PETERSMEIER, K.: Statistik, Ökonometrie, Optimierung – Methoden und ihre praktischen Anwendungen in Finanzanalyse und Portfoliomanagement, Bad Soden/Ts. 2008 sowie SACHS, L.: Angewandte Statistik, Berlin/Heidelberg 1992 sowie BLEYMÜLLER, J.; GEHLERT, G.; GÜLICHER, H.: Statistik für Wirtschaftswissenschaftler, München 2008.

Verteilung	Verteilung von X	Verteilungsfunktion $F(x) = P(\{X < x\})$	Dichtefunktion
Exponentialverteilung	E_α	$\begin{cases} 0 & \text{wenn } x \le 0 \\ 1 - e^{-\alpha x} & \text{wenn } x > 0 \end{cases}$	$\begin{cases} 0 & \text{wenn } x \le 0 \\ \alpha\, e^{-\alpha x} & \text{wenn } x > 0 \end{cases}$
Erlang-Verteilung	$E_{\alpha,n}$	$\begin{cases} 0 & \text{wenn } x \le 0 \\ 1 - e^{-\alpha x}\left[1 + \frac{(\alpha x)}{1!} + \frac{(\alpha x)^2}{2!} + \ldots + \frac{(\alpha x)^{n-1}}{(n-1)!}\right] & \text{wenn } x > 0 \end{cases}$	$\begin{cases} 0 & \text{wenn } x \le 0 \\ \frac{\alpha^n}{(n-1)!} x^{n-1} e^{-ax} & \text{wenn } x < 0 \end{cases}$
Normalverteilung	N_{μ,σ^2}	$\frac{1}{\sigma \cdot \sqrt{2\pi}} \cdot \int_{-\infty}^{x} e^{-\frac{1}{2}\left(\frac{t-\mu}{\sigma}\right)^2} dt$	$\frac{1}{\sigma \cdot \sqrt{2\pi}} \cdot e^{-\frac{1}{2}\left(\frac{x-\mu}{\sigma}\right)^2}$
Logarithmische Normalverteilung	LN_{μ,σ^2}	$\begin{cases} 0 & \text{wenn } x \le 0 \\ \frac{1}{\sigma \cdot \sqrt{2\pi}} \int_{0}^{x} \frac{1}{t} e^{-\frac{1}{2}\left(\frac{\ln t - \mu}{\sigma}\right)^2} dt & \text{wenn } x > 0 \end{cases}$	$\begin{cases} 0 & \text{wenn } x \le 0 \\ \frac{1}{\sigma \cdot \sqrt{2\pi}} \frac{1}{x} e^{-\frac{1}{2}\left(\frac{\ln x - \mu}{\sigma}\right)^2} & \text{wenn } x > 0 \end{cases}$
Weibull-Verteilung	$W_{\mu,\sigma,\lambda}$	$\begin{cases} 0 & \text{wenn } x \le \mu \\ 1 - e^{-\left(\frac{x-\mu}{\sigma}\right)^\lambda} & \text{wenn } x > \mu \end{cases}$	
Chi-Quadrat Verteilung	C_k	$\frac{1}{2\Gamma\left(\frac{k}{2}\right)} \cdot \int_{0}^{x} e^{-\frac{t}{2}} \cdot \left(\frac{t}{2}\right)^{\frac{k}{2}-1} dt =$ $1 - \frac{\Gamma\left(\frac{k}{2}, \frac{x}{2}\right)}{\Gamma\left(\frac{k}{2}\right)}$	$\frac{e^{-\frac{x}{2}} \cdot \left(\frac{x}{2}\right)^{\frac{k}{2}-1}}{2\Gamma\left(\frac{k}{2}\right)}$ wenn $0 < x < \infty$
Student t-Verteilung	T_k	$\frac{\Gamma\left(\frac{k+1}{2}\right)}{\Gamma\left(\frac{k}{2}\right)\sqrt{k\pi}} \cdot \int_{-\infty}^{x} \left(1 + \frac{t^2}{k}\right)^{-\left(\frac{k+1}{2}\right)} dt$	$\frac{\Gamma\left(\frac{k+1}{2}\right)}{\Gamma\left(\frac{k}{2}\right)\sqrt{k\pi}} \cdot \left(1 + \frac{x^2}{k}\right)^{-\left(\frac{k+1}{2}\right)}$

Verteilung	Vertei-lung von X	Verteilungsfunktion $F(x) = P(\{X < x\})$	Dichtefunktion
Fisher-Verteilung	$F_{m,n}$	$\begin{cases} 0 & \\ \dfrac{\Gamma\left(\frac{m+n}{2}\right)\left(\frac{m}{n}\right)^{\frac{m}{2}}}{\Gamma\left(\frac{m}{2}\right)\Gamma\left(\frac{n}{2}\right)} \cdot \displaystyle\int_0^x t^{\left(\frac{m}{2}-1\right)} \cdot \left(1+\frac{m}{n}\cdot t\right)^{\left(-\frac{m+n}{2}\right)} dt & \end{cases}$ *wenn* $x \le 0$ *wenn* $x > 0$	$\begin{cases} 0 & \\ \dfrac{\Gamma\left(\frac{m+n}{2}\right)\left(\frac{m}{n}\right)^{\frac{m}{2}}}{\Gamma\left(\frac{m}{2}\right)\Gamma\left(\frac{n}{2}\right)} \cdot x^{\left(\frac{m}{2}-1\right)} \cdot \left(1+\frac{m}{n}\cdot x\right)^{\left(-\frac{m+n}{2}\right)} & \end{cases}$ *wenn* $x \le 0$ *wenn* $x > 0$
Gamma-verteilung	$G_{b,p}$	$\begin{cases} 0 & \text{\textit{wenn} } x \le 0 \\ \dfrac{b^p}{\Gamma(p)} \cdot \displaystyle\int_0^x t^{p-1} e^{-bt}\, dt & \text{\textit{wenn} } x > 0 \end{cases}$	$\begin{cases} 0 & \text{\textit{wenn} } x \le 0 \\ \dfrac{b^p}{\Gamma(p)} x^{p-1} e^{-bx} & \text{\textit{wenn} } x > 0 \end{cases}$

Tabelle III.7:   *Stetige Verteilungen*

Der Stressverlust ist der Verlust, der durch extreme Ereignisse (High-Severity/Low-Frequency-Risiken) ausgelöst werden kann. Da in der Praxis für derartige Extremereignisse in aller Regel nicht genügend historische Risiko- oder Schadensdaten vorhanden sind (siehe Abbildung III.10), muss man entweder mit theoretischen Zufallsverteilungen (etwa der Binomial- und Poissonverteilung) arbeiten oder mit Hilfe von Stresstests potenzielle Stressszenarien analysieren. Bei potenziell katastrophalen Ereignissen, die zwar selten eintreten, dafür aber fatale Schadenssummen produzieren, greift man in der Praxis auch auf die *Extremwert-Theorie* („Extreme-Value-Theorie", EVT) bzw. die *Peaks-over-Threshold-Methode (PoT)* zurück.[151]

Mit ihrer Hilfe wurde beispielsweise die Höhe der Deiche berechnet, die Holland vor Überschwemmungen schützen. Für die Fluthöhen oberhalb von drei Metern setzte man eine verallgemeinerte Pareto-Verteilung an. Deren Parameter bestimmte man jedoch nicht nur aus den Daten der seltenen Katastrophenereignisse (vier Meter im Jahre 1570 als höchste Flut aller Zeiten; 3,85 Meter im Jahr 1953), sondern aus den empirischen Daten „normaler" Zeiten. Daraus ergab sich, dass ein Deich von 5,14 Metern Höhe eine Katastrophe mit großer Sicherheit verhindert, da mit einer solchen Flut nur einmal in 10.000 Jahren zu rechnen ist.

---

[151] Vgl. zur Vertiefung: GUMBEL, E. J.: Statistics of extremes, New York 1958 sowie EMBRECHTS, P.; KLÜP-PELBERG, C.; MIKOSCH, T.: Modelling extremal events for insurance and finance, Berlin 1997.

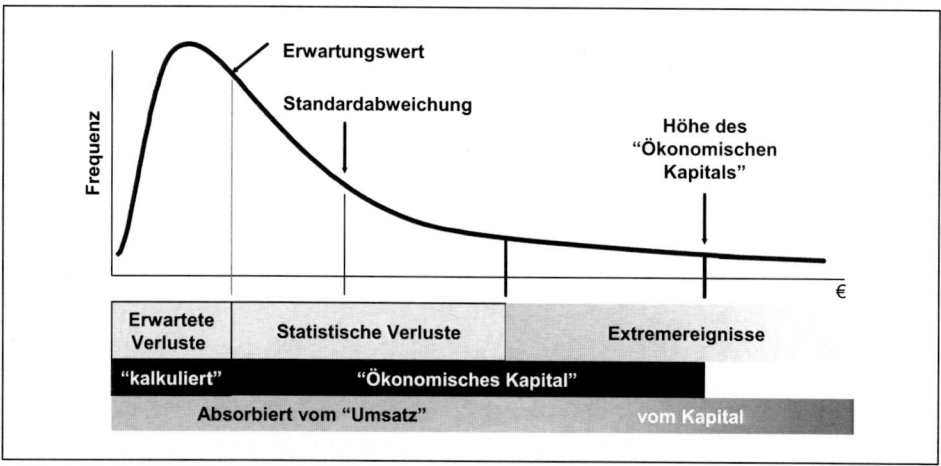

Abbildung III.10: *Häufigkeit und Tragweite von Schadensfällen*

Der Ansatz Extremwerttheorie basiert auf der Tatsache, dass für das Maximum (und das Minimum) einer Stichprobe (unabhängig von der zugrunde liegenden Verteilung) im Wesentlichen nur drei Grenzverteilungen möglich sind.

Formal bedeutet dies:

Es sei $f(x) = P(M_n < x)$ die Verteilungsfunktion des Maximums von n Zufallsvariablen.

$$P(V_t - V_0 \leq VaR_\alpha(t)) = \alpha.$$

Dies ist äquivalent zu

$$P(V_0 - V_t < VaR_\alpha(t)) = 1 - \alpha.$$

Mit anderen Worten: Ein Unternehmen muss freie Mittel der Höhe VaR$_\alpha$(t) besitzen, um einen Verlust der Höhe $100 \times (1 - \alpha)$ % ausgleichen zu können.

Der Value at Risk ist insbesondere im Bereich der Finanzindustrie ein beliebtes Risikomaß, da er einfach und anschaulich zu erklären ist. Jedoch sind mit dem Value at Risk auch einige Nachteile verbunden:

■ Der VaR ist kein kohärentes Risikomaß.[152]

■ Die Gesamtschadenverteilung wird bei der Berechnung des Value at Risk nicht berücksichtigt. Insbesondere werden potenzielle Extremereignisse bei Verteilungen mit „heavy tails" nicht adäquat berücksichtigt.

---

[152] Vgl. zur Vertiefung: ARTZNER, PH.; DELBAEN, F.; EBER, J. M.; HEATH, D.: Coherent Measures of Risk, in Mathematical Finance 9 no. 3/1999, S. 203-228.

Insbesondere auch die Verwendung historischer Daten als Grundlage für die Abschätzung zukünftiger Ereignisse kann dazu führen, dass nicht alle potenziellen Ereignisse erfasst werden, insbesondere solche, die ihrer Natur nach extrem sind („heavy tails" bzw. „long tails"). In empirischen Analysen konnte nachgewiesen werden, dass die Annahme, dass Änderungen in den Risikofaktoren einer Normalverteilung oder logarithmischen Normalverteilung folgen, sich in der wirtschaftlichen Realität als nicht zutreffend erwiesen und zu einer Unterschätzung der Wahrscheinlichkeit von extremen Risikoveränderungen geführt hat. So konnte in Studien nachgewiesen werden, dass nach dem Gauß'schen Modell ein Börsencrash – wie etwa im Oktober 1987 – nur einmal in 10^{87} Jahren eintreten dürfte. Die empirische Beobachtung hat jedoch gezeigt, dass derartige Crashs etwa alle 38 Jahre eintreten.[153] Ein Blick auf den Verlauf des Dow-Jones-Index der letzten 80 Jahre zeigt, dass etwa alle vier Monate ein Tagesverlust von über drei Prozent auftritt. Bei Gaußschen Modellen wären derartige Verluste aber nur alle 13 Monate zu erwarten. Ein Kurseinbruch von sechs Prozent und mehr an einem Tag fand durchschnittlich alle drei Jahre statt – und eben nicht nur alle 175.000 Jahre, wie es gemäß der Glockenkurve der Fall sein sollte. Und Verluste von über 9 Prozent traten einmal in einem Zeitraum von 17 Jahren ein – und eben nicht in einem Zeitraum, der ungefähr 25.000 Mal größer ist als das Alter unseres Universums.

In diesem Kontext ist insbesondere darauf hinzuweisen, dass der VaR nicht den maximalen Verlust eines Portfolios angibt, sondern den Verlust, der mit einer vorgegebenen Wahrscheinlichkeit (Konfidenzniveau) nicht überschritten wird, durchaus aber überschritten werden kann.[154] Insbesondere ist bei einem exakten VaR-Modell beispielsweise bei einem Konfidenzniveau von 99 Prozent gerade an 1 von 100 Tagen ein größerer Verlust als der durch den VaR prognostizierte Verlust „erwünscht", da nur dann der VaR ein guter Schätzer ist; andernfalls überschätzt der VaR das Risiko, wenn in weniger als 1 von 100 Fällen der tatsächliche Verlust größer ist als der durch den VaR prognostizierte Verlust, bzw. unterschätzt der VaR das Risiko, wenn in mehr als 1 von 100 Fällen der tatsächliche Verlust größer ist als der durch den VaR prognostizierte Verlust.[155]

Der *Expected Shortfall* gibt den erwarteten durchschnittlichen Verlust an, der mindestens so groß ist wie der Value at Risk. Dabei entsprechen die Bezeichnungen denen des VaR für das Intervall [0, t] zum Konfidenzniveau α.

$$ES_\alpha(t) = E(V_0 - V_t \mid V_0 - V_t \geq VaR_\alpha(t))$$

---

153 Vgl. ROMEIKE, F.; HEINICKE, F.: Schätzfehler von „modernen" Risikomodellen, in: Finance, Heft 2/2008, S. 32-33.

154 Nicht selten wird der Value at Risk in der Literatur als maximaler Verlust interpretiert. Dies ist unzutreffend.

155 GLEIßNER, W.; ROMEIKE, F.: Grundlagen und Grundbegriffe einer risikoorientierten Unternehmensführung (Band 1: Schriftlicher Management-Lehrgang „Risikoorientierte Unternehmensführung", Euroforum Verlag), Düsseldorf 2007, S. 79.

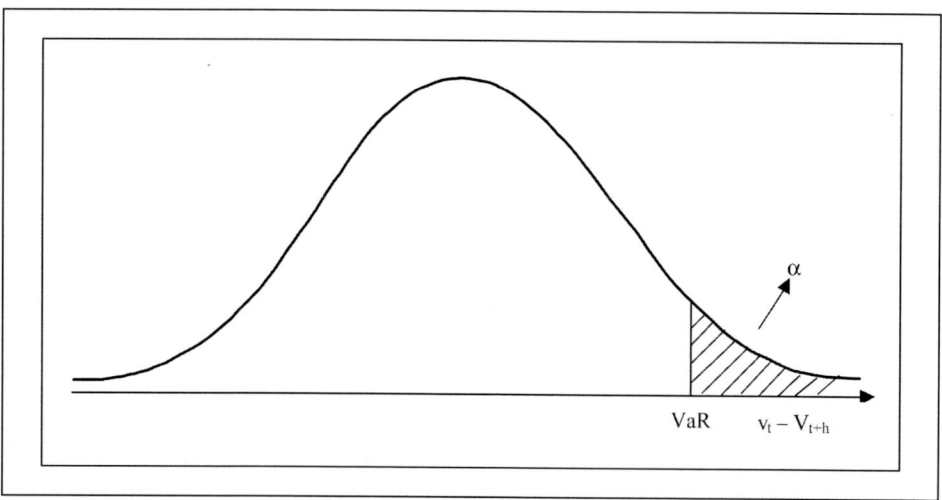

Abbildung III.11: *Dichtefunktion und Value at Risk bei normalverteilten Risikowerten*

Der Expected Shortfall ist im Vergleich zum Value at Risk das „sinnvollere" Risikomaß. Zum einen unterschätzt der Value at Risk die möglichen Verluste, da er den Wert des geringsten Verlusts angibt. Der Expected Shortfall gibt hingegen den durchschnittlichen Verlust der schlechtesten Fälle an. Zum anderen ist der Expected Shortfall subadditiv. Das bedeutet, das der ES beim Addieren zweier Risiken $X + Y$ nicht größer wird:

$$ES_a^{X+Y}(t) \le ES_a^X(t) + ES_a^Y(t)$$

Vorteile des Expected Shortfall:

- Der Expected Shortfall berücksichtigt nicht nur die Höhe des Verlustes, ab welchem der Insolvenzfall eintritt, sondern auch, in welcher dieser Verlust zu erwarten ist, da im Gegensatz zum Value at Risk nicht nur die Eintrittswahrscheinlichkeit berücksichtigt wird.

- Zum anderen ist der Expected Shortfall subadditiv und somit im Gegensatz zum Value at Risk kohährent.

- Die Ruinwahrscheinlichkeit wird durch Verwendung des Expected Shortfall gegenüber dem Value at Risk gesenkt.

Allerdings ist in diesem Kontext zu berücksichtigen, dass der Expected Shortfall komplexer zu berechnen ist als der VaR. Es muss zuerst der Value at Risk bestimmt werden, bevor der Expected Shortfall bestimmt werden kann, was aber umgangen werden kann, wenn man den Expected Shortfall als Lösung eines Optimierungsproblems auffasst. Außerdem können die Unterschiede zwischen Value at Risk und Expected Shortfall sehr extrem werden, wo der Expected Shortfall ein Vielfaches des Value at Risk sein kann. Doch auch beim Expected Shortfall ist zur berücksichtigen, dass auch er nicht komplett vor dem Insolvenzrisiko schützt.

Insbesondere unterliegen die Verteilungsenden bei der Modellierung häufig größeren Fehlern, da extreme Risiken seltener auftreten und es somit schwerer ist, diese genau zu bestimmen. Der Expected Shortfall basiert aber auf genau diesen Verteilungsenden und ist somit sehr sensibel gegenüber kleinen Änderungen an diesen Stellen.

Man unterscheidet grundsätzlich zwischen zwei Methoden zur Ermittlung des Value at Risk:

- dem analytischen Ansatz
  (etwa die Delta-Normal-Methode oder die Delta-Gamma-Methode) sowie

- dem Simulationsansatz
  (etwa die Historische Simulation und die Monte-Carlo-Simulation).

Die einzelnen Berechnungsmethoden sind in der Abbildung III.12 aufgeführt.

Bei der *historischen Simulation* handelt es sich um einen nicht parametrischen Ansatz zur Berechnung des Value at Risk, der auf den Ergebnisschwankungen der Risikofaktoren in der Vergangenheit basiert. Es wird dabei unterstellt, dass alle Risikofaktoren aus der Vergangenheit auch in der Zukunft den Marktwert des Portfolios o. ä. beeinflussen werden. Bei einem historischen Beobachtungszeitraum von beispielsweise 251 Tagen erhält man 250 Änderungen aller Risikofaktoren, die man über die Positionsinformation und die Bewertungsmodelle in 250 mögliche zukünftige Wertänderungen des aktuellen Portfolios umrechnet. Somit erhält man eine nichtparametrische Verteilungsfunktion der Portfoliowertänderungen, aus der man den Value at Risk ablesen kann. Vorteilhaft ist vor allem die einfache Implementierung, die einfache Aggregation von Risikozahlen über verschiedene Portfolien und EDV-Systeme hinweg und die Tatsache, dass keine Annahmen über die Verteilungsfunktion gemacht werden. Nachteilig ist eine gewisse Instabilität des Schätzers auf Grund der normalerweise geringen Anzahl der berechneten zukünftigen Portfoliowertänderungen und die fehlende Subadditivität der berechneten Risikomaße.[156]

Demgegenüber basiert die *Monte-Carlo-Simulation* nicht auf Vergangenheitswerten, sondern auf einer Simulation der Risikoparameter. Die Berechnung des Value at Risk erfolgt in der Form, dass zukünftige Entwicklungen der betrachteten Risikoparameter mit Hilfe eines jeweils eigenen stochastischen Prozesses modelliert werden. Ein Zufallszahlengenerator ermöglicht es, im Anschluss an die Modellierung eine Vielzahl von Modellrealisierungen durchzuführen, um so zu einer Schätzung des gesuchten Quantils der Verteilung zu gelangen.

Das Konzept der *Earnings at Risk* baut auf dem VaR-Konzept auf und analysiert die Schwankungen von Periodenerfolgsgrößen aus der Gewinn- und Verlustrechnung. Im Zusammenhang mit dem Konzept der wertorientierten Unternehmenssteuerung wurde das Konzept des *Cash Flow at Risk* entwickelt, in dem die liquiditätswirksamen Positionen betrachtet werden.

---

[156] Vgl. zur Vertiefung: ARTZNER, PH.; DELBAEN, F.; EBER, J. M.; HEATH, D.: Coherent Measures of Risk, Mathematical Finance 9 no. 3/1999, 203-228.

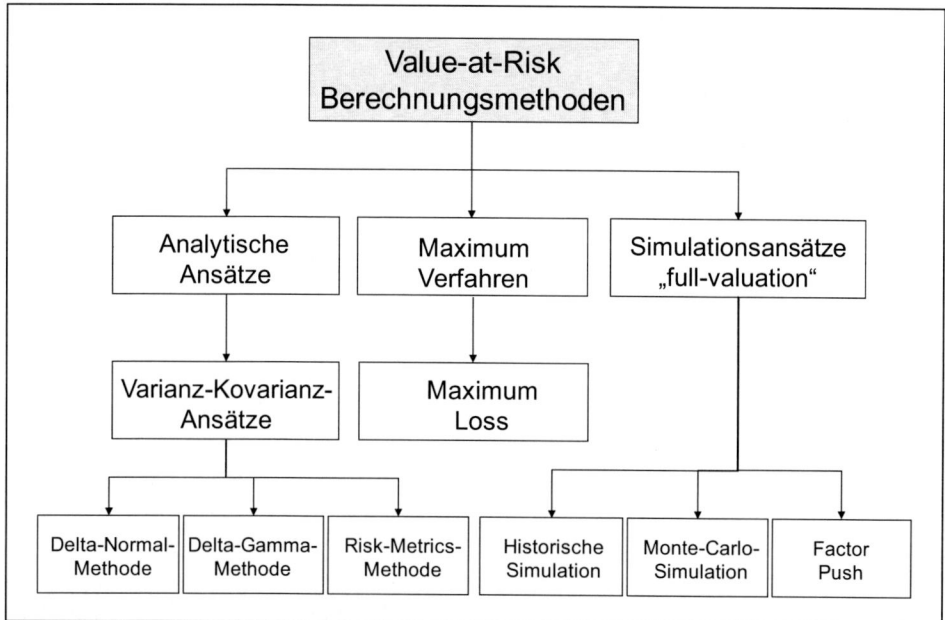

Abbildung III.12: *Berechnungsmethoden des Value at Risk*

Die qualitativ orientierten Top-down-Methoden sind primär durch die Bestimmung von Schlüsselindikatoren bzw. deren Systematisierung gekennzeichnet. So wird etwa bei der Bestimmung von *Key Risk Indicators (KRI)* versucht, die Ursachen von Risiken zu analysieren, um entsprechende Frühwarnindikatoren zu bestimmen. So kann etwa die Fluktuationsrate des Personals oder das Transaktionsvolumen einzelner Geschäfte als Risikoindikator gelten. In der Praxis werden häufig auch so genannte „Key Performance Indicators" und „Key Control Indicators" verwendet. Basierend auf der Ursachenanalyse wird ein zukünftiges Gesamtrisikoexposure geschätzt. Aufbauend hierauf und basierend auf den unterschiedlichen Präferenzen der Entscheidungsträger kann die *Nutzwertanalyse* die unterschiedlichen Alternativen bewerten, gewichten und ordnen. Hierzu werden die verschiedenen Risikoindikatoren einander gegenübergestellt und gewichtet. Ergebnis ist ein individuelles Bewertungsschema.

Auch das *Drei-Werte-Verfahren* zählt zu den qualitativen Top-down-Ansätzen. Für die Ergebnisgröße werden dabei ein mit hoher Wahrscheinlichkeit erwarteter, ein optimistischer sowie ein pessimistischer Erwartungswert geschätzt. Anschließend werden die Abweichungen des optimistischen und des pessimistischen Ergebniswertes zum mittleren Wert berechnet und zueinander ins Verhältnis gesetzt. Ergebnis ist ein Koeffizient, der als Indiz für die potenzielle Ergebnisabweichung gewertet werden kann. Beim Drei-Werte-Verfahren werden neben den Output-Größen (etwa Absatzmenge) auch die Input-Größen (etwa Marketingsausgaben) analysiert. Aus dem Vergleich des Input- mit dem Output-Koeffizienten lässt sich ein grober Eindruck über das Chancen- und Risikoprofil eines Unternehmens gewinnen. Die Risiko-Chancen-Analyse mit Hilfe des Drei-Werte-Verfahrens kann als eine Art qualitative Sensitivitätsanalyse betrachtet werden.

3.8   Die Bottom-up-Bewertungsmethoden in der Praxis

Bei allen Bottom-up-Methoden wird ausgehend von den Risikoursachen versucht, die potenziellen Folgen für das Unternehmen herzuleiten und zu bewerten.

Mit Hilfe von *Simulationsmodellen* wird die Komplexität eines Unternehmens modellgestützt nachgebildet, um die Wirkungen alternativer Bedingungskonstellationen zu „durchspielen". Reale Systeme sind in der Regel durch die folgenden Faktoren gekennzeichnet:

- Systeme sind durch dauernde Veränderungen (Konvergenz, Divergenz, Schwingungen, Zusammenbrüche) dynamisch,

- Systeme sind komplex und

- Systeme sind iterativ, d. h. sie sind durch interagierende, rückgekoppelte Regelkreise gekennzeichnet.

Bei der Modellkonzeption werden insbesondere datenbasierte und konzeptbasierte Vorgehen unterschieden. Bei datenbasierten Vorgehen wird von der statistischen Analyse der empirischen Daten auf die Beziehungen zwischen den Variablen geschlossen. Anschließend wird daraus sukzessive, d. h. im stetigen Pendeln zwischen Datenanalyse und Modellkonstruktion, das Beziehungsgefüge des Modells aufgebaut. Insbesondere ökonometrische Methoden bauen auf diesem datenbasierten Ansatz auf. Häufig fehlen bei der Risikobewertung jedoch quantitative Daten oder die entsprechenden Verfahren zur Beschreibung von kausalen Mechanismen eines komplexen Systems.

Systemdynamische Ansätze (etwa die von Forrester entwickelte *„system dynamics"*[157]) basieren daher auf der Methode eines konzeptbasierten Vorgehens und einer kybernetischen Systemlogik. Ein wichtiges Kennzeichen der System Dynamics ist, dass auch nicht-lineare Wirkungszusammenhänge relativ einfach simuliert werden können. System Dynamics unterstützt die Entwicklung formaler, mathematischer Modelle, um das Systemverhalten zu simulieren. Auf diese Weise können kurz-, mittel- und langfristige Konsequenzen von Entscheidungsregeln in unterschiedlichen Umweltszenarien in virtueller Realität ermittelt werden.

Für alle Simulationsmodelle gilt: Da ein Modell immer *ex definitione* eine vereinfachte und partielle Abbildung der Realität ist, kommt es bei der Wahl der Modelltheorie immer auf die jeweilige Problemstellung und den Modellzweck an. Die Wirkungen extremer Änderungen bestimmter Einflussgrößen können anhand von Stresssimulationen („Worst-Case-Szenarien") untersucht werden.

Als weitere wichtige Ansätze sind in diesem Zusammenhang zu nennen:

---

157 Vgl. FORRESTER, J. W.: Industrial dynamics, Cambridge 1977 sowie STERMAN, J. D.: Business dynamics: systems thinking and modeling for a complex world, Boston 2000 sowie STROHHECKER, J.; SEHNERT, J. (Hrsg.): System Dynamics für die Finanzindustrie – Simulieren und Analysieren dynamisch-komplexer Probleme, Frankfurt/Main 2008.

Die *Methode der Zuverlässigkeitstheorie* ermittelt den Zuverlässigkeitsgrad bzw. die Fehlerrate von Systemen und Prozessabläufen.

Die *Szenarioanalyse* beschreibt als qualitativer „Bottom-up"-Ansatz die zukünftige Entwicklung eines Prognosegegenstandes bei alternativen Rahmenbedingungen, um kausale Zusammenhänge und Entscheidungspunkte herauszuarbeiten. Ein Szenario ist nichts anderes als in die Zukunft geschriebene Geschichte, wobei man aus der Vergangenheit und der Gegenwart mögliche Zukunftsbilder generiert.

Zu den qualitativen Bewertungsmethoden sind außerdem die *Prozessrisikoanalyse* und die *Baumanalyse* zu zählen. Hierbei geht es vor allem darum, die Ursachen von potenziellen Störfällen in Prozessen oder Systemen, basierend auf Intuition und der Urteilsfähigkeit von Experten, zu analysieren. Die Risikoeinschätzung erfolgt hierbei subjektiv. Da sowohl die Baumanalyse als auch die *Fehlermöglichkeits- und Einflussanalyse bzw. Ausfalleffektanalyse (FMEA = Failure Mode and Effects Analysis)* zur Risikoidentifikation und -bewertung verwendet werden können, sei in diesem Zusammenhang auch auf die bereits vorgestellten Methoden zur Risikoidentifikation verwiesen.

Die Ergebnisse der Risikobewertung können in das *Risikoinventar* (bzw. den Risikokatalog) übernommen werden. Wenn basierend auf den oben skizzierten Bottom-up- bzw. Top-down-Methoden die Eintrittswahrscheinlichkeiten und der Ergebniseffekt (Impact, Schadensausmaß etc.) quantifiziert wurden, lassen sich diese in einer *Risk Map* (auch Risikomatrix oder Risikolandschaft genannt) darstellen. In Abbildung III.13 finden Sie ein Beispiel für eine Risikolandkarte. Eine Risk Map gibt einen Gesamtüberblick über das Risikoportfolio eines Unternehmens und kann den Entscheidungsträgern als erste Grundlage zur Risikosteuerung und -kontrolle dienen.

Alle Risiken oberhalb der Akzeptanzlinie sollten vom Unternehmen möglichst reduziert oder vermieden werden. Ist eine aktive Steuerung nicht möglich, so sollten Risiken oberhalb der Akzeptanzlinie zumindest regelmäßig beobachtet werden. Die Eintrittswahrscheinlichkeit gibt zwar an, wie wahrscheinlich der Eintritt eines Risikos ist, sagt jedoch nichts über den potenziellen Zeitpunkt des Risikoeintritts. Prognosen über die zeitliche Dimension der einzelnen Risikokategorien können im Risikoinventar erfasst werden. Des Weiteren kann man eine Risk Map in verschiedene Gefährdungs- und Akzeptanzbereiche differenzieren. Durch die Abbildung von individuellen Akzeptanzlinien werden bestimmte Schwellenwerte definiert, ab denen ein Handlungsbedarf ausgelöst wird. So kann ein Bagatellrisiko ohne Bedenken akzeptiert werden, während ein Großrisiko oder Katastrophenrisiko eine sofortige Entscheidung über entsprechende Risikosteuerungs- und Kontrollmaßnahmen erfordert. In einer Risk Map kann abgelesen werden, mit welcher Priorität die Risiken angegangen werden sollten. Man beginnt mit der Zone der nicht-tragbaren Risiken (katastrophales Schadenausmaß). Bei gleichem Schadensausmaß haben die Risiken mit der höheren Schadeneintrittswahrscheinlichkeit Priorität.

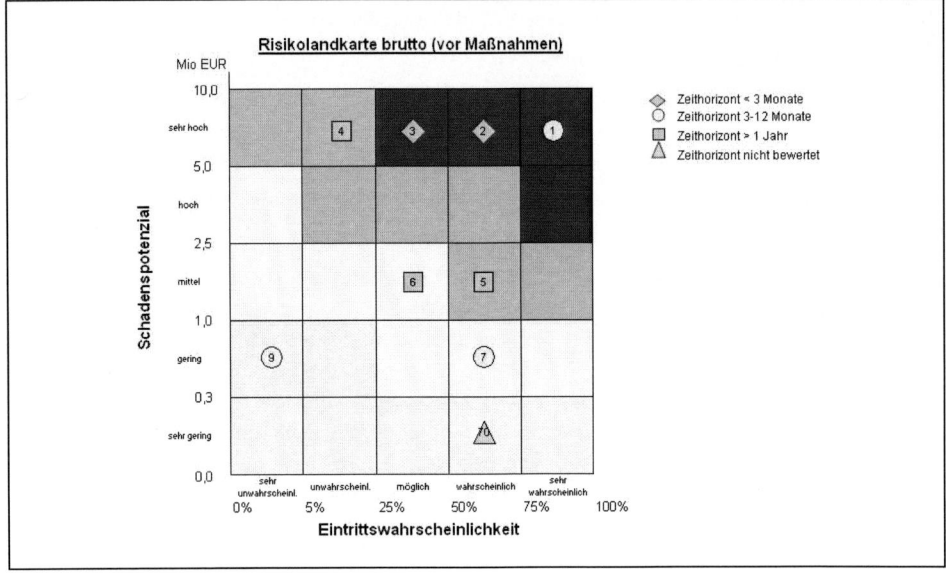

Abbildung III.13: *Beispiel für ein Risikoportfolio*

Um die Gesamtrisikoposition („Risk Exposure") des Unternehmens oder einzelner Unternehmensbereiche zu berechnen, müssen die positiven und negativen Rückkoppelungen sowie eine eventuelle Kumulierung der Risiken berücksichtigt werden. Daneben ist es auch möglich, die relative Bedeutung von Einzelrisiken zu ermitteln (etwa mit Hilfe der Sensitivitätsanalyse).[158]

3.9   Risikomaße zur Beschreibung von Risiken

Sollen Entscheidungen unter Unsicherheit (Risiko) getroffen werden, müssen diese hinsichtlich ihres Risikogehalts bewertet werden. *Risikomaße* sollen nun das Risiko quantifizieren, um Risikoinformationen insbesondere für die Unternehmenssteuerung zur Verfügung zu stellen.

Ein Risikomaß muss grundsätzlich festgelegt werden, um unterschiedliche Risiken mit unterschiedlichen Charakteristika, Verteilungstypen, Verteilungsparametern wie beispielsweise Schadenshöhe vergleichbar zu machen.

---

[158] Vgl. zur Vertiefung das nachfolgende Kapitel III.3.10.

Artzner et al. haben vier Eigenschaften vorgeschlagenen, die ein allgemeines sinnvolles, so genanntes kohärentes Risikomaß möglichst erfüllen sollte.[159]

■ **Positive Homogenität:** Eine Verdoppelung der eingesetzten risikobehafteten Anlage (des Kapitals) führt zu einer Verdoppelung des Risikomaßes.

■ **Monotonie:** Mehr Risiko bringt auch ein höheres Risikomaß mit sich.

■ **Subadditivität:** Das Risikomaß aus einem Portfolio aus zwei (oder mehr) risikobehafteten Anlagen ist kleiner oder gleich der Summe der Risikomaße der beiden einzelnen risikobehafteten Anlagen. Diversifizierung soll sich lohnen.

■ **Translationsinvarianz:** Eine zusätzliche Investition in eine risikolose Anlage (risikoloses Kapital) mindert das Risikomaß.

Im Folgenden werden verschiedene in der Praxis häufig verwendete Risikomaße skizziert und hinsichtlich Kohärenz beurteilt.

Das traditionelle Risikomaß der Kapitalmarkttheorie stellt die Varianz bzw. die Standardabweichung dar. Die Varianz bzw. Standardabweichung sind Volatilitätsmaße, sie quantifizieren das Ausmaß der Schwankungen einer risikobehafteten Größe um die mittlere Entwicklung (Erwartungswert). Bei stetigen Variablen wird die Varianz (VAR(X) oder auch σ^2) berechnet durch

$$VAR(X) = \int_{-\infty}^{+\infty}(x - E(x))^2 * f(x)dx = E(X - E(X))^2 = E(X^2) - E(X)^2$$

Dabei ist E(X) der Erwartungswert zu X, der sich wie folgt berechnet:

$$E(X) = \int_{-\infty}^{\infty} f(x) * x * dx$$

Im Falle diskreter Zufallsvariablen ergibt sich folgende Gleichung für die Varianz:

$$VAR(X) = \sum_{i}(x_i - E(x))^2 p_i = E(X - E(X))^2 = E(X^2) - E(X)^2$$

und für den Erwartungswert $E(X) = \sum_{i} p_i {}^*x_i$

Die Standardabweichung (σ_x)[160] ist sowohl im diskreten als auch im stetigen Fall die Quadratwurzel der Varianz:

---

159 Vgl. zur Vertiefung: ARTZNER, PH.; DELBAEN, F.; EBER, J. M.; HEATH, D.: Coherent Measures of Risk, in Mathematical Finance 9 no. 3/1999, 203-228.

160 Die Standardabweichung gibt an, wie weit die möglichen Ausprägungen im Mittel vom Erwartungswert entfernt sind. Bei einer Normalverteilung liegen beispielsweise 99,73 Prozent aller möglichen Fälle im Bereich von plus/minus drei Standardabweichungen um den Erwartungswert. Die Standardabweichung beschreibt nur bei einer Normalverteilung den Risikoumfang alleine. Bei anderen Verteilungstypen sind unter Umständen weitere Parameter (beispielsweise Schiefe oder Wölbung) erforderlich.

$$\sigma = \sqrt{\sigma^2}$$

Varianz bzw. Standardabweichung sind relativ einfach zu berechnen und leicht verständlich. Allerdings berücksichtigen sie sowohl die negativen als auch die positiven Abweichungen vom erwarteten Wert. Anleger sind in der Regel aber eher an den negativen Abweichungen interessiert.

Die Varianz bzw. die Standardabweichung sind im Allgemeinen nicht monoton und daher auch keine kohärenten Risikomaße.

So genannte *Downside-Risikomaße* beruhen daher auf der Idee, dass das Risiko als negative Abweichung angesehen wird und berücksichtigen somit ausschließlich negative Abweichungen von einem erwarteten Wert. Hierzu gehören beispielsweise der Value at Risk, der Conditional Value at Risk oder die untere Semivarianz. Problematisch bei diesen Downside-Risikomaßen ist oftmals die analytische Bestimmung. Häufig ist man hier auf Näherungslösungen oder Simulationsverfahren angewiesen.

Im Gegensatz zur Varianz werden beispielsweise bei der unteren *Semivarianz* nur negative Abweichungen vom erwarteten Wert in die Berechnung einbezogen. Bei stetigen Variablen wird die untere Semivarianz (SV(X) oder auch σ_{SV}^2) berechnet durch

$$SV(X) = \int_{-\infty}^{+\infty} \min(0; x - E(x))^2 * f(x)dx$$

Im Falle diskreter Zufallsvariablen resultiert folgende Gleichung:

$$SV(X) = \sum_i \min(0; x_i - E(x))^2 p_i$$

Die Berechnung der Semivarianz ist nur dann nötig, wenn die Verteilung der Zufallsgröße nicht symmetrisch ist. Im Falle einer symmetrischen Verteilung ist theoretische Semivarianz genau halb so groß wie die theoretische Varianz.

Analog zur Standardabweichung kann aus der Semivarianz auch die *Semistandardabweichung* berechnet werden.

$$\sigma_{SV} = \sqrt{\sigma_{SV}^2}$$

Insbesondere im Bank- und Versicherungsbereich findet der so genannte *Value at Risk* (VaR) als Risikomaß häufig Verwendung (vgl. Abbildung III.11). Der Value at Risk ist dabei definiert als Schadenshöhe, die in einem bestimmten Zeitraum („Halteperiode", beispielsweise ein Jahr) mit einer festgelegten Wahrscheinlichkeit („Konfidenzniveau", beispielsweise 95 Prozent) nicht überschritten wird.

Formal gesehen ist ein VaR die Differenz zwischen dem Erwartungswert und dem Quantil einer Verteilung. Das x %-Quantil zu einer Verteilung gibt den Wert an, bis zu dem x % aller möglichen Werte liegen. Weist das 5 %-Quantil also beispielsweise den monetären Wert von -100 auf, dann bedeutet dies, dass fünf Prozent aller möglichen Werte kleiner oder gleich -100 sind.

Der Value at Risk ist – wie bereits im vorangegangenen Kapitel dargestellt – positiv homogen, monoton, translationsinvariant, im Allgemeinen jedoch nicht subadditiv und folglich auch nicht kohärent. Es lassen sich damit Konstellationen konstruieren, in denen der Value at Risk einer aus zwei Einzelpositionen kombinierten Finanzposition höher ist als die Summe der Value at Risks der Einzelpositionen. Dies widerspricht einer von dem Diversifikationsgedanken geprägten Intuition.

Ein Risikomaß, das immer häufiger Verwendung findet, ist der *Conditional Value at Risk* (CVaR, bzw. auch Expected Shortfall). Er entspricht dem Erwartungswert der Werte einer risikobehafteten Größe, die unterhalb des Value at Risk zum Niveau α liegen. Während der Value at Risk die Abweichung misst, die innerhalb einer bestimmten Haltedauer mit einer vorgegebenen Wahrscheinlichkeit nicht überschritten wird, gibt der Conditional Value at Risk an, welche Abweichung bei Eintritt dieses Extremfalls, d. h. bei Überschreitung des Value at Risk, zu erwarten ist. Der Conditional Value at Risk berücksichtigt somit nicht nur die Wahrscheinlichkeit einer „großen" Abweichung, sondern auch die Höhe der darüber hinaus gehenden Abweichung.

$$CVaR_a(X) = E[X \mid X < VaR_a(X)]$$

Bei stetigen Zufallsvariablen X gilt, dass der Conditional Value at Risk größer oder gleich dem Value at Risk ist. Der Conditional Value at Risk ist positiv homogen, monoton, subadditiv und translationsinvariant, also kohärent.

Mehr noch als beim Value at Risk trifft man bei der analytischen Bestimmung des Conditional Value at Risk auf nicht oder nur unter unverhältnismäßig hohem Aufwand lösbare Probleme. Dieses Risikomaß kann somit häufig nur näherungsweise oder mit Hilfe von Simulationsverfahren bestimmt werden. Außerdem ist es oft in der Praxis – abweichend vom Ansatz des CVaR – gar nicht sinnvoll, alle möglichen Schäden aus einem Risiko im Risikomaß zu berücksichtigen: Schäden, die mehr als einmal zu einer Insolvenz eines Unternehmens führen, sind nicht schlimmer als Schäden, die eine Insolvenz auslösen.

Auch das Quantil einer Verteilung an sich kann für das Risiko-Management von Interesse sein. Grundgedanke dabei ist, dass das Eigenkapital eines Unternehmens grundsätzlich nur der Absicherung von Risiken dient. Dementsprechend muss ein Unternehmen nur soviel Eigenkapital vorhalten, wie zur Risikodeckung notwendig ist. Der *risikobedingte Eigenkapitalbedarf* (Risk Adjusted Capital, RAC) ist ein Risikomaß, das angibt, wie viel Eigenkapital zur Risikodeckung vorhanden sein muss. Hierzu wird zu einem festgelegten Konfidenzniveau von x % das 1 - x %-Quantil einer (Ergebnis-) Verteilung betrachtet, also beispielsweise bei einem Konfidenzniveau von 95 Prozent das 5 %-Quantil. Ist dieses Quantil im negativen Bereich (beispielsweise bei -200 Euro), bedeutet dies, dass das Ergebnis negativ werden kann und demnach genau so viel Eigenkapital zur Risikodeckung vorgehalten werden muss (also im Beispiel 200 Euro).

Bei einem Erwartungswert von Null stimmen Value at Risk und risikobedingter Eigenkapitalbedarf überein. Somit ist auch der risikobedingte Eigenkapitalbedarf analog zum Value at Risk im Allgemeinen kein kohärentes Risikomaß.

Ein weiteres Risikomaß, das im Risiko-Management (und vor allem bei Ratings) oft verwendet wird, ist die so genannte *Ausfallwahrscheinlichkeit* (PD, Probability of Default). Sie gibt die Wahrscheinlichkeit an, dass eine Variable wie beispielsweise das Eigenkapital einen vorgegebenen Grenzwert (hier meist Null) erreicht bzw. unterschreitet. Auch hier gilt in Analogie zum Value at Risk, dass die Ausfallwahrscheinlichkeit im Allgemeinen kein kohärentes Risikomaß darstellt.

Sind alle relevanten Risiken einzeln quantifiziert, ist ein wichtiger Teilschritt erreicht. Damit werden Aussagen über die zu erwartenden Abweichungen einzelner Plangrößen möglich. Zielsetzung der anschließenden Risikoaggregation ist die Bestimmung der Gesamtrisikoposition der Unternehmung sowie der relativen Bedeutung der Einzelrisiken.

3.10   Methoden der Risikoaggregation

Zielsetzung der Risikoaggregation ist die Bestimmung der Gesamtrisikoposition eines Unternehmens sowie eine Ermittlung der relativen Bedeutung der Einzelrisiken unter Berücksichtigung von Wechselwirkungen (Korrelationen) zwischen diesen Einzelrisiken. Die Risikoaggregation kann erst durchgeführt werden, wenn die Wirkungen der Risiken unter Berücksichtigung ihrer jeweiligen Eintrittswahrscheinlichkeit, ihrer Schadensverteilung (quantitative Auswirkung) sowie ihrer Wechselwirkungen untereinander durch ein geeignetes Verfahren ermittelt wurden.

Die Notwendigkeit eines solchen Verfahrens wird auch von den Wirtschaftsprüfern betont, wie die folgende Stellungnahme des IDW (Institut der Wirtschaftsprüfer) zum KonTraG (IDW PS 340) zeigt:

„Die Risikoanalyse beinhaltet eine Beurteilung der Tragweite der erkannten Risiken in Bezug auf Eintrittswahrscheinlichkeit und quantitative Auswirkungen. Hierzu gehört auch die Einschätzung, ob Einzelrisiken, die isoliert betrachtet von nachrangiger Bedeutung sind, sich in ihrem Zusammenwirken oder durch Kumulation im Zeitablauf zu einem bestandsgefährdenden Risiko aggregieren können. "

Eine Aggregation aller relevanten Risiken ist erforderlich, weil sie auch in der Realität zusammen auf Gewinn und Eigenkapital wirken. Es ist damit offensichtlich, dass alle Risiken gemeinsam die Risikotragfähigkeit eines Unternehmens belasten (siehe Abbildung III.14). Diese Risikotragfähigkeit wird – vereinfacht betrachtet – von zwei Größen bestimmt, nämlich zum einen vom Eigenkapital und zum anderen von den Liquiditätsreserven. Die Beurteilung des Gesamtrisikoumfangs ermöglicht eine Aussage darüber, ob die oben bereits erwähnte Risikotragfähigkeit eines Unternehmens ausreichend ist, um den Risikoumfang des Unternehmens tatsächlich zu tragen und damit den Bestand des Unternehmens zu gewährleisten. Sollte der vorhandene Risikoumfang eines Unternehmens gemessen an der Risikotragfähigkeit zu hoch sein, werden zusätzliche Maßnahmen der Risikobewältigung erforderlich. Die Kenntnis der relativen Bedeutung der Einzelrisiken (Sensitivitätsanalyse) ist für ein Unternehmen in der Praxis wichtig, um die Maßnahmen der Risikofinanzierung und -steuerung zu priorisieren.

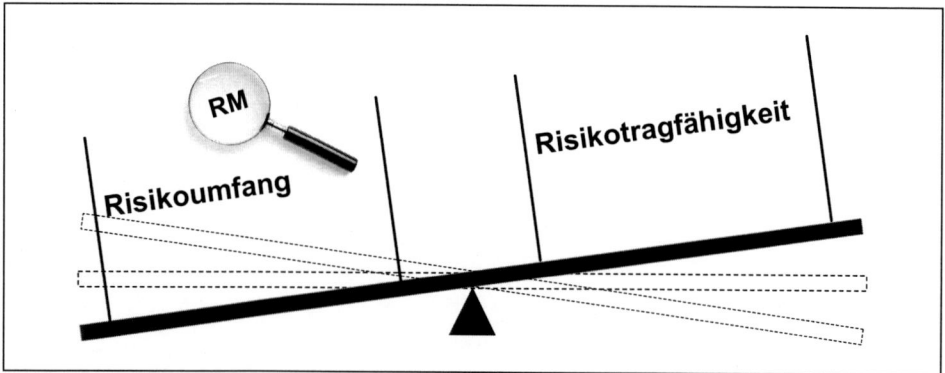

Abbildung III.14: *Die Risikotragfähigkeit eines Unternehmens wird durch die Größe des Eigenkapitals und die Liquiditätsreserve bestimmt*

3.10.1 Analytische Verfahren der Risikoaggregation: Der Varianz-Kovarianz-Ansatz

Die Aggregation von Risiken zu einer Gesamtrisikoposition kann grundsätzlich auf zwei Wegen erfolgen, analytisch oder durch Simulation.[161] Für den analytischen Weg bedarf es einer Verteilungsannahme (siehe Kapitel 3.10.2).

Der Varianz-Kovarianz-Ansatz ist ein analytisches Verfahren zur Bestimmung des Value at Risk, einer Gesamtrisikoposition, die sich aus verschiedenen Einzelrisiken additiv zusammensetzt.[162] Der Begriff wird häufig synonym mit der korrekteren Bezeichnung „Delta-Normal-Ansatz" (vgl. Abbildung III.12) verwendet und entspricht dem ursprünglichen VaR-Modell von J. P. Morgan. Die Stochastik der Risikofaktoren (Volatilitäten und Korrelationen) wird durch eine Kovarianzmatrix beschrieben, d. h. man geht von multivariat normalverteilten Änderungen der Risikofaktoren aus. Über die Volatilitäten (Standardabweichung) der Risikofaktoren wird der Value at Risk in den einzelnen Risikofaktoren ermittelt und über die Korrelationsmatrix auf die jeweilige Risiko-Konsolidierungsstufe aggregiert zur Gesamtrisikoposition.

---

[161] Vgl. HAGER, P.: Corporate Risk Management – Value at Risk und Cash Flow at Risk, Frankfurt/Main 2004.

[162] Details vgl. Kapitel XII.

So kann man etwa im Rahmen der Modellierung von Risikofaktoren auf Basis eines Random Walks[163] zu einer Normalverteilungsannahme kommen. Der Value at Risk einer einzelnen Vermögensposition ergibt sich aus der Multiplikation von einem Marktwert mit der auf die gewünschte Wahrscheinlichkeit skalierten Volatilität. Setzt sich ein Portfolio aus mehreren unterschiedlichen Vermögenspositionen zusammen, bedarf es einer Aggregation der einzelnen Value at Risk-Beträge zu einem Portfolio. In diesem Zusammenhang muss jedoch beachtet werden, dass bei einer einfachen Addition der Risikoträge die häufig vorhandenen Diversifikationseffekte (Korrelationen) unbeachtet bleiben. Eine Aussage über die mögliche Diversifikationswirkung zwischen zwei Vermögenspositionen liefert deren Korrelationskoeffizient.

Mit der folgenden Formel lässt sich auf analytischem Weg der VaR berechnen:

$$VaR_p = \sqrt{\sum_{i=1}^{n} x_i^2 \sigma_i^2 + 2 \cdot \sum_{i=1}^{n} \sum_{j<1}^{n} x_i \cdot x_j \cdot \sigma_{i,j}} \cdot z$$

$$VaR_p = \sqrt{[x_1, x_2, \ldots, x_n] \cdot \begin{bmatrix} \sigma_1^2 & cov_{1,2} & \cdots & cov_{1,n} \\ \vdots & & & \\ cov_{1,2} & cov_{n,2} & \cdots & \sigma_n^2 \end{bmatrix} \begin{bmatrix} x_1 \\ \vdots \\ x_n \end{bmatrix}} \cdot z$$

µ: Mittelwert: Der Mittelwert wird im allgemeinen Sprachgebrauch als Durchschnitt bezeichnet. Das arithmetische Mittel wird durch Addition aller Werte und anschließender Division der Summe durch die Anzahl der Werte berechnet.

σ: Standardabweichung: Die Standardabweichung ist eine einfache numerische Transformation der „Varianz". Sie entspricht der Quadratwurzel aus der Varianz. Sie wird berechnet, um die mit Hilfe der Varianz quantifizierte Streuung einer Variablen in den ursprünglichen Maßeinheiten interpretieren zu können.

---

163 Details vgl. Mathematischer Anhang in Kapitel XII. Bei einem „Random Walk" handelt es sich um eine wichtige Klasse stochastischer Prozesse. Sie dienen der Modellierung nichtdeterministischer Zeitreihen und der Herleitung von Wahrscheinlichkeitsverteilungen. Der eindimensionale Random Walk ist ein Bernoulli-Prozess, das heißt eine Folge von unabhängigen Bernoulli-Versuchen; er führt zu einer Binomialverteilung. Zahlreiche finanzmathematische Bewertungs- und Risikomodelle bauen auf einem Random Walk auf. Dieser zufällig gewählte Pfad kann wie der Weg eines Betrunkenen betrachtet werden. Wenn der Betrunkene auf seinem Heimweg eine Teilstrecke zurückgelegt hat, ist es ungewiss, welche Richtung er als nächstes einschlagen wird und welche Entfernung er dann in dieser Richtung hinter sich lässt. Die insgesamt von dem Betrunkenen zurückgelegte Wegstrecke setzt sich aus mehreren Teilschritten zusammen, die jeder für sich betrachtet bezüglich der Richtung und Länge ebenso zufällig und unabhängig vom vorherigen Schritt sind wie die daraus entstehende Gesamtentfernung vom Ursprungspunkt.

z-Wert: z-Werte ermöglichen es, für normalverteilte, intervall- oder ratioskalierte Variablen die relative Position eines beliebigen Rohwertes im Verhältnis zu den anderen Werten zu bestimmen. Die Standardisierung besteht darin, dass ein z = 1 dasselbe ist wie eine Standardabweichung. Damit sagt der z-Wert, wie viele Standardabweichungen ein Wert vom Mittelwert entfernt ist. Durch die Standardisierung mit Hilfe der Formel kann man jeden Wert aus einer beliebigen Normalverteilung mit Mittelwert μ und Standardabweichung σ in einen z-Wert umwandeln.

$k_{1,2}$ = Korrelation zwischen Variable 1 und 2

Für die Berechnung eines Value at Risk mit mehr als zwei Risikofaktoren lassen sich die oben gezeigten Gleichungen in eine allgemeine Form bringen. Bei einer Vielzahl von Risikofaktoren ist es sinnvoll, mit einer Matrixschreibweise mehr Übersichtlichkeit zu schaffen. Zur Verwendung der Matrizenschreibweise ist die Berechnung von Kovarianzen notwendig. Die Kovarianz zwischen zwei Risikofaktoren ist eine Kombination aus ihren Volatilitäten und der gegenseitigen Korrelation.

Der Varianz-Kovarianz-Ansatz ist einfach und schnell umzusetzen, hat aber einen häufig kritisierten Nachteil: Für alle Risikofaktoren wird in der Regel – wie oben erwähnt – eine Normalverteilung unterstellt, so dass Extremereignisse („fat tails") vernachlässigt werden. Eine Aggregation von Risiken, die verschiedenen Verteilungen folgen, ist ebenso unmöglich wie die Verbindung mit der Unternehmensplanung. Für die Praxis kann das Varianz-Kovarianz-Modell als erste schnelle Lösung dienen, um beispielsweise einen groben Eindruck von den aktuell bestehenden Risiken zu erhalten. So könnte die tägliche Risikoüberwachung mit einem Varianz-Kovarianz-Modell erfolgen und in gewissen Abständen wären die Risikoschätzungen mit Hilfe von exakteren, aber komplexen und rechenaufwendigen (stochastischen) Modellen zu prüfen.

Das Varianz-Kovarianz-Modell existiert in zwei Varianten, dem Delta-Normal-Ansatz und dem Delta-Gamma-Ansatz.

3.10.2 Simulationsbasierte Ansätze der Risikoaggregation

Bei einem integrierten unternehmensweiten Risiko-Management und im Kontext einer wertorientierten Unternehmenssteuerung müssen Verfahren der Risikoaggregation gewählt werden, die

- durch beliebige Wahrscheinlichkeitsverteilungen beschriebene Risiken erfassen können,

- dabei auch nicht additive (beispielsweise multiplikative) Verknüpfungen der Risiken berücksichtigen und

- den Kontext zur Unternehmensplanung herstellen, da Risiko-Management letztlich die Planungssicherheit und den Eigenkapitalbedarf eines Unternehmens konsistent zur tatsächlichen Planung aufzeigen möchte.

Die „historische Simulation", die in der Finanzwirtschaft häufig genutzt wird, disqualifiziert sich insofern zumindest teilweise.[164]

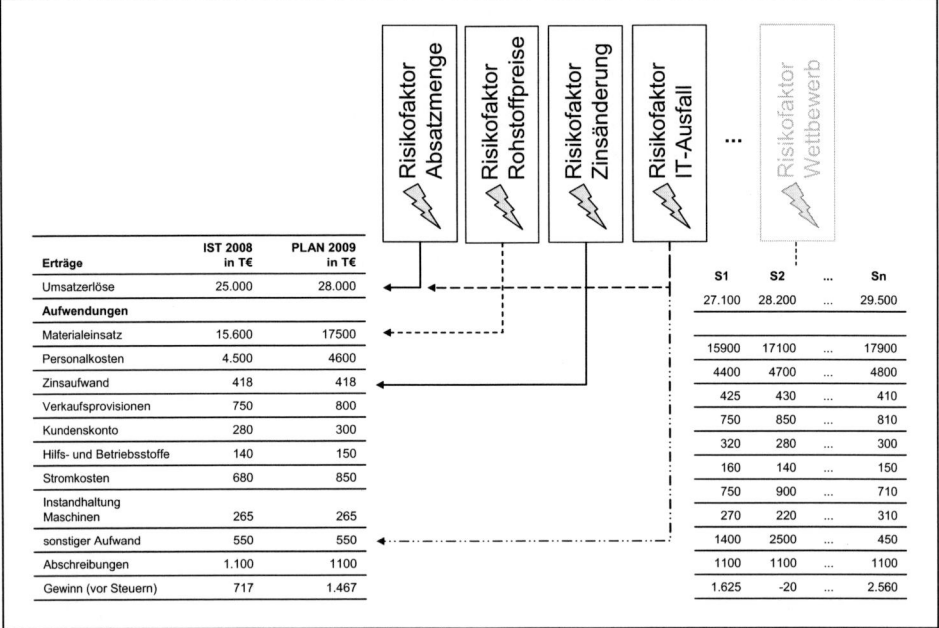

Abbildung III.15: *Modellierung von Risiken als Schwankungsbreite um einen Planwert*

Für die Risikoaggregation kann man sich der so genannten Monte-Carlo-Simulation bedienen. Hier werden zunächst die Wirkungen der Einzelrisiken bestimmten Positionen, etwa der Plan-Erfolgs-Rechnung oder der Plan-Bilanz, zugeordnet: Beispielsweise wird sich eine ungeplante Erhöhung der Rohstoffpreise auf die Position „Materialaufwand" auswirken. Eine Voraussetzung für die Bestimmung des „Gesamtrisikoumfangs" mittels Risikoaggregation stellt die Zuordnung von Risiken zu Positionen der Unternehmensplanung dar. Dabei können Risiken als Schwankungsbreite um einen Planwert modelliert werden (beispielsweise +/− 10 Prozent Absatzmengenschwankung). In den Abbildungen III.15 und III.16 ist das grundsätzliche Prinzip der Aggregation von Risiken sowie der Sensitivitätsanalyse dargestellt. S_1 bis S_n zeigen dabei die unterschiedlichen Zukunftspfade der Outputvariablen – basierend auf den modellierten Risiken (Inputfaktoren) – auf.

Ein Blick auf die verschiedenen Szenarien der Simulationsläufe veranschaulicht, dass sich bei jedem Simulationslauf andere Kombinationen von Ausprägungen der Risiken bzw. der Outputfaktoren ergeben. Damit erhält man in jedem Schritt einen simulierten Wert für die betrachtete Zielgröße (beispielsweise Gewinn oder Cash Flow). Die Gesamtheit aller Simula-

---

164 Vgl. HAGER, P.: Corporate Risk Management – Value at Risk und Cash Flow at Risk, Frankfurt/Main 2004.

tionsläufe liefert eine „repräsentative Stichprobe" aller möglichen Risiko-Szenarien des Unternehmens. Aus den ermittelten Realisationen der Zielgröße ergeben sich aggregierte Wahrscheinlichkeitsverteilungen (Dichtefunktionen), die dann für weitere Analysen genutzt werden.

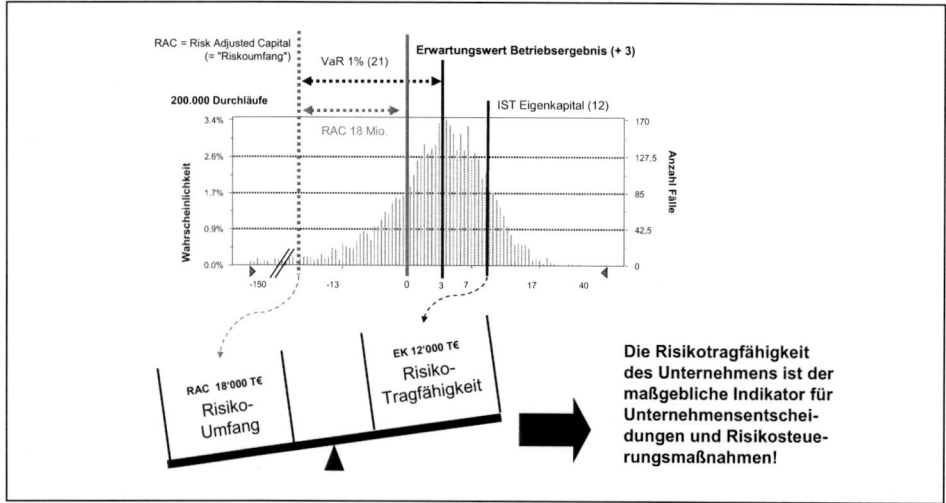

Abbildung III.16: *Die Aggregation von Risiken mit Hilfe von Simulationsmethoden*

Zudem können jedoch auch „ereignisorientierte Risiken" (wie etwa eine Betriebsunterbrechung durch einen Stromausfall oder die Insolvenz eines Großkunden) in die Risikoaggregation eingebunden werden, die dann über das außerordentliche Ergebnis den Gewinn beeinflussen. Ein Blick auf die verschiedenen Szenarien der Simulationsläufe veranschaulicht, dass sich bei jedem Simulationslauf andere Kombinationen von Ausprägungen der Risiken ergeben (vgl. Abbildung III.16 und III.17).

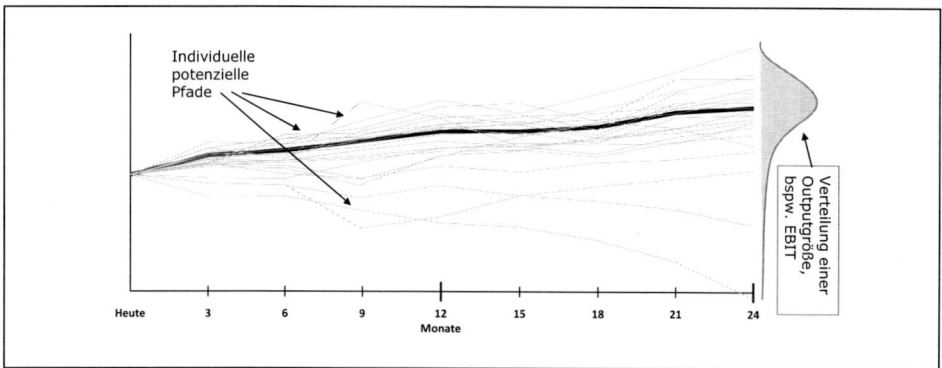

Abbildung III.17: *Stochastische Modellierung von potenziellen Zukunftspfaden*

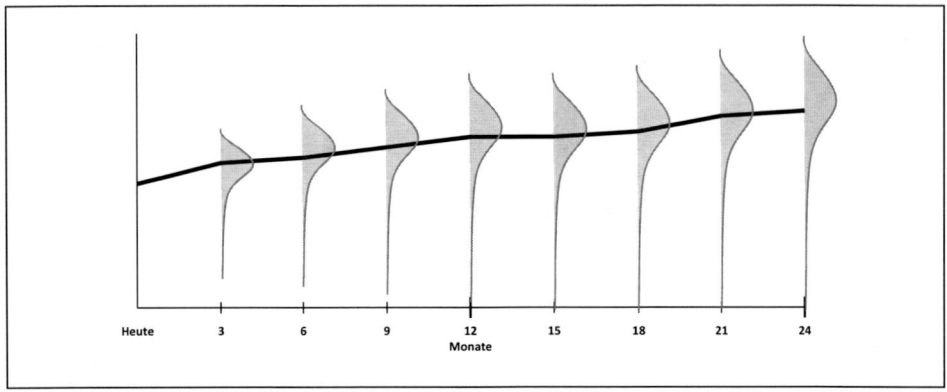

Abbildung III.18: *Planung basierend auf stochastischen Methoden*

Damit erhält man in jedem Schritt einen simulierten Wert für die betrachtete Zielgröße (beispielsweise Gewinn oder Cash Flow). Die Gesamtheit aller Simulationsläufe liefert eine „repräsentative Stichprobe" aller möglichen Risikoszenarien des Unternehmens. Aus den ermittelten Realisationen der Zielgröße ergeben sich aggregierte Wahrscheinlichkeitsverteilungen (Dichtefunktionen), die dann für weitere Analysen genutzt werden (Details siehe Abbildung III.17 und III.18).

3.11   Ableitung des Eigenkapitalbedarfs als Risikomaß

Ausgehend von der durch die Risikoaggregation ermittelten Verteilungsfunktion der Gewinne kann unmittelbar auf den *Eigenkapitalbedarf* (Risk Adjusted Capital, RAC) des Unternehmens geschlossen werden. Zur Vermeidung einer Überschuldung wird zumindest so viel Eigenkapital benötigt, wie auch Verluste auftreten können, die dieses reduzieren. Durch die Kenntnis der realistischen Verluste ist es nun im Rahmen einer risikoorientierten Unternehmensführung möglich, die risikogerechte Finanzierungsstruktur zu bestimmen, also zu berechnen, welche Eigenkapitalausstattung bzw. Eigenkapitalquote ein Unternehmen benötigt.[165]

Analog lässt sich der Bedarf an *Liquiditätsreserven* unter Nutzung der Verteilungsfunktion der Zahlungsflüsse (freie Cash Flows) ermitteln. Ergänzend können Risikokennzahlen abgeleitet werden. Ein Beispiel ist die Eigenkapitaldeckung, also das Verhältnis von verfügbarem Eigenkapital zu risikobedingtem Eigenkapitalbedarf.

---

[165] Vgl. GLEIßNER, W.; ROMEIKE, F.: Grundlagen und Grundbegriffe einer risikoorientierten Unternehmensführung (Band 1: Schriftlicher Management-Lehrgang „Risikoorientierte Unternehmensführung", Euroforum Verlag), Düsseldorf 2007 sowie GLEIßNER, W.; ROMEIKE, F.: Quantitative Risikoanalyse, Risikoaggregation und risikogerechte Kapitalkosten (Band 4: Schriftlicher Management-Lehrgang „Risikoorientierte Unternehmensführung", Euroforum Verlag), Düsseldorf 2007.

Aus den Ergebnissen der Risikoaggregation lassen sich auch die *Kapitalkostensätze* (Diskontierungszinssatz) für das Unternehmen ableiten. Risiken beeinflussen die Kapitalkostensätze von Unternehmen, also die risikoabhängigen Mindestverzinsungsanforderungen. Damit bestimmen sie auch den Unternehmenswert. Folglich kann das Risiko-Management ent zu einer Steigerung des Unternehmenswertes und damit zum Unternehmenserfolg maßgeblich beitragen. Naheliegenderweise sollten die *risikoabhängigen Kapitalkostensätze* (WACC[166]) vom tatsächlichen Risikoumfang eines Unternehmens abhängig sein. Genau diese Informationen stellt das Risiko-Management bereit. Der bisher anzutreffende „Umweg" bei der Bestimmung der Kapitalkostensätze – nämlich Kapitalmarktdaten statt Unternehmensdaten zu nutzen (wie beispielsweise im CAP-Modell[167]) – ist wenig überzeugend. Als Weg zur Bestimmung eines geeigneten Kapitalkostensatzes bietet sich die Berechnung der WACC in Abhängigkeit des Eigenkapitalbedarfs an. Hier wird unterstellt, dass nur risikotragendes Eigenkapital auch eine Risikoprämie verdient. Mehr Risiko erfordert mehr teures Eigenkapital zur Abdeckung möglicher Verluste, was wiederum höhere Kapitalkosten zur Folge hat.[168]

3.12 Proaktive Risikosteuerung und -kontrolle

Eine Schlüsselstelle im gesamten Risiko-Management-Prozess nimmt die *Risikosteuerung und -kontrolle* ein. Diese Phase zielt darauf ab, die Risikolage des Unternehmens positiv zu verändern bzw. ein ausgewogenes Verhältnis zwischen Ertrag (Chance) und Verlustgefahr (Risiko) zu erreichen, um den Unternehmenswert zu steigern. Die Risikosteuerung und -kontrolle umfasst alle Mechanismen und Maßnahmen zur Beeinflussung der Risikosituation, entweder durch eine Verringerung der Eintrittwahrscheinlichkeit und/oder des Schadensausmaßes. Dabei sollte die Risikosteuerung und -kontrolle mit den in der Risikostrategie definierten Zielen sowie den allgemeinen Unternehmenszielen übereinstimmen. Ziele dieser Prozessphase sind die Vermeidung von nicht akzeptablen Risiken sowie die Reduktion und der Transfer von nicht vermeidbaren Risiken auf ein akzeptables Maß. Eine optimale Risikosteuerung und -bewältigung ist dabei diejenige, die durch eine Optimierung der Risikopositionen des Unternehmens den Unternehmenswert steigert.

---

[166] Definition vgl. Glossar am Ende des Buches.

[167] CAPM (Capital Asset Pricing Model): Ein auf der Portfolio-Theorie basierendes Modell des Kapitalmarktes. CAPM ist von großer Bedeutung für die Bewertung von Aktien. Das Modell geht davon aus, dass Risiko explizit in Form einer vom Markt determinierten, zusätzlich geforderten Rendite berücksichtigt wird. Nach CAPM hängt der Wert einer Aktie von ihrem Risikobeitrag zum Portfolio ab. Kritisch muss angemerkt werden, dass CAPM von Annahmen ausgeht, die häufig realitätsfern sind. So werden etwa homogene Erwartungen unterstellt. Dies setzt voraus, dass alle Investoren die gleichen bewertungsrelevanten Informationen besitzen. Vergleiche ROMEIKE, F.: Lexikon Risikomanagement, Weinheim 2004, S. 26.

[168] Vgl. GLEIßNER, W.; ROMEIKE, F.: Risikomanagement – Umsetzung, Werkzeuge, Risikobewertung, Freiburg im Breisgau 2005, S. 33 ff. sowie GLEIßNER, W.; ROMEIKE, F.: Quantitative Risikoanalyse, Risikoaggregation und risikogerechte Kapitalkosten (Band 4: Schriftlicher Management-Lehrgang „Risikoorientierte Unternehmensführung", Euroforum Verlag), Düsseldorf 2007, S. 43.

In Abbildung III.19 sind einige möglichen Handlungsalternativen aufgezeigt, die wieder zu einer Balance von tatsächlichem Risikoumfang und Risikotragfähigkeit führen.

Der Gesamtrisikoumfang – als Ergebnis der Risikoaggregation – ermöglicht erst eine fundierte Beurteilung der Risikoeigentragungskraft des Unternehmens, die maßgeblich die nachfolgenden Maßnahmen der Risikofinanzierung oder des Risikotransfers bestimmen. In diesem Zusammenhang ist auch eine Berechnung der kalkulatorischen Eigenkapitalkosten – eine wesentliche Komponente der Gesamtrisikokosten – wichtig. So substituieren Versicherungslösungen letztlich knappes und relativ teures Eigenkapital. Die kalkulatorischen Eigenkapitalkosten resultieren als Produkt von Eigenkapitalbedarf und Eigenkapitalkostensatz, der von der akzeptierten Ausfallwahrscheinlichkeit und der erwarteten Rendite von Alternativanlagen (beispielsweise am Aktienmarkt) abhängt.[169]

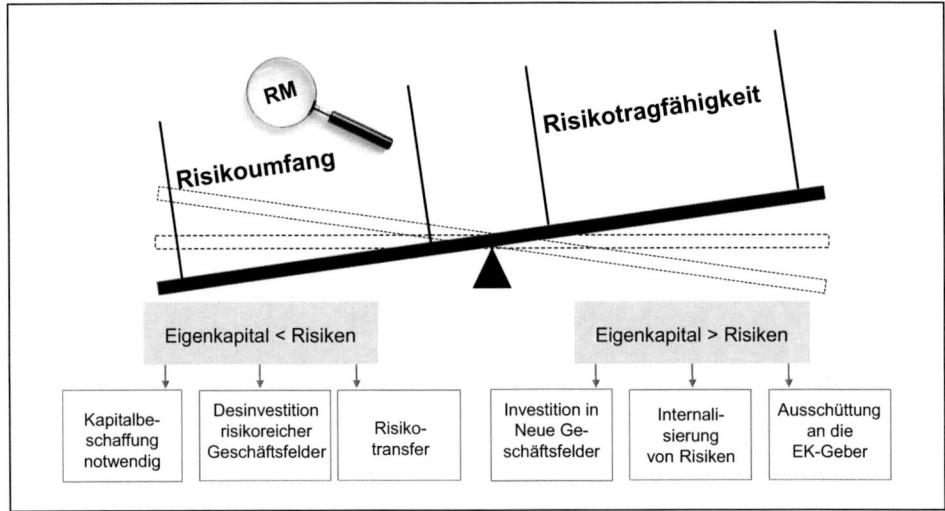

Abbildung III.19: *Wenn die Waage aus der Balance gerät*

Zur abschließenden Beurteilung, inwieweit ein Transfer von Risiken – beispielsweise basierend auf einer Versicherungslösung – sinnvoll ist, ist eine detaillierte ökonomische Analyse erforderlich. Wie bereits dargestellt bildet die Höhe des Eigenkapitals eine wesentliche Größe für diese Analyse. In diesem Kontext ist jedoch zu berücksichtigen, dass das zur Risikodeckung reservierte Eigenkapital im Schadenfall auch liquidierbar sein muss, also nicht investiert werden kann, zumindest dann, wenn der Betrieb nach einem Schaden fortgeführt werden soll.

---

[169] Vgl. ROMEIKE, F.; LÖFFLER, H.: RiskNET Experten-Studie: Wert- und Effizienzsteigerung durch ein integriertes Risiko- und Versicherungsmanagement, Oberaudorf/Hamburg 2007 sowie LÖFFLER, H.; RO-MEIKE, F.: Risiken schultern: Gesunde Balance für erfolgreiche Unternehmen, in: Finance, Heft 11/2007, S. 30.

Folgerichtig stellt eine klassische Versicherung eine alternative Fremdfinanzierungsform dar, die faktisch wie eine „Eigenkapitalspritze" im Schadenfall wirkt. Zur Überlassung des Schadendeckungskapitals muss der Versicherungsnehmer jedoch eine adäquate Risikoprämie an den Versicherer entrichten. Demnach lässt sich der ökonomische Nutzen einer Versicherungslösung in einem Vergleich zwischen der für die externe Risikotragung zu bezahlenden Versicherungsprämie (inkl. Versicherungssteuer und sonstiger fiskalischer Abgaben) und den für die Risikoeigentragung anfallenden, anteiligen Eigenkapitalkosten realisieren. So gesehen ist eine Versicherungslösung immer dann sinnvoll, wenn die zu entrichtende Versicherungsprämie geringer ausfällt als die zur Risikoeigentragung zu kalkulierenden Kapitalkosten (vgl. Abbildung III.20).

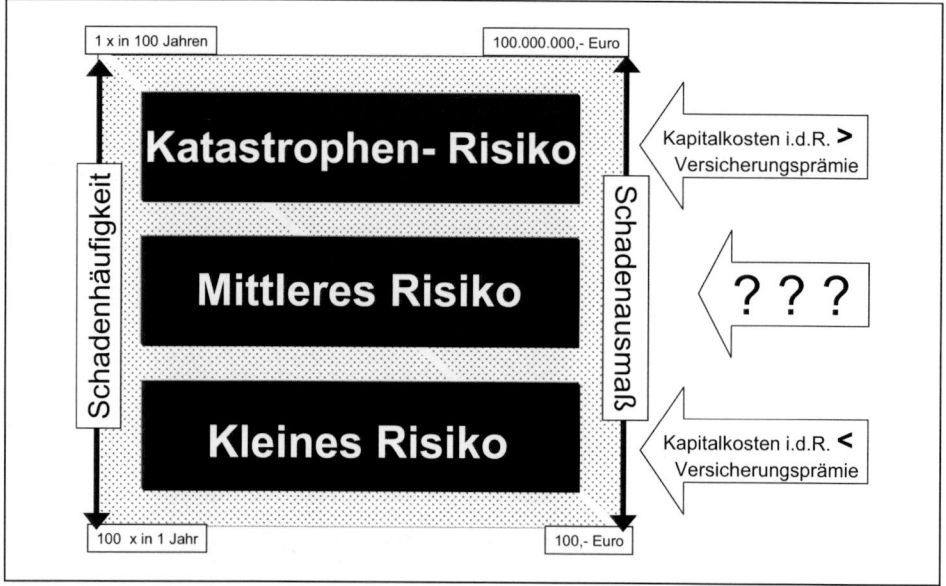

Abbildung III.20: *Entscheidungsmatrix zum Risikotransfer*[170]

Unter Berücksichtigung dieser Sichtweise lässt sich feststellen, dass sich eine klassische Versicherungslösung üblicherweise zur Abdeckung von Großrisiken (relativ geringe Eintrittswahrscheinlichkeit mit existenzbedrohender Auswirkung) rentiert, da in diesem Fall die Kapitalkosten einer Risikoeigentragung deutlich höher ausfallen als die Risikoprämie beim Transfer des Risikos auf eine Versicherungsgesellschaft.

Zur Beurteilung der Versicherungswürdigkeit von Schäden mittlerer Tragweite ist jeweils eine individuelle Betrachtung der Relation von Kapitalkosten und Versicherungsprämie durchzuführen.

---

[170] Quelle: ROMEIKE, F.; LÖFFLER, H.: RiskNET Experten-Studie: Wert- und Effizienzsteigerung durch ein integriertes Risiko- und Versicherungsmanagement, Oberaudorf/Hamburg 2007, S. 22.

In der Regel nicht versicherungswürdig sind Kleinst- bzw. Bagatell-Risiken (relativ hohe
Eintrittswahrscheinlichkeit mit geringfügiger Auswirkung, auch Frequenzschaden genannt),
da die Risikofinanzierungskosten zur versicherungstechnischen Absicherung dieser Risiken
zumindest mittelfristig höher ausfallen als die zur Risikoeigentragung zu kalkulierenden
Kapitalkosten. In der Regel sind im Bereich der Kleinst- und Bagatellschäden die vom Risikoträger zu kalkulierenden Transaktionskosten besonders hoch und beinhalten einen Großteil
der Versicherungsprämie. Außerdem belasten die Frequenzschäden die Rentabilität eines
Versicherungsvertrages oftmals übermäßig, was in absehbarer Zeit zu einer Anpassung der
Versicherungsprämie und langfristig zu einem reinen „Geldwechselgeschäft" führt.

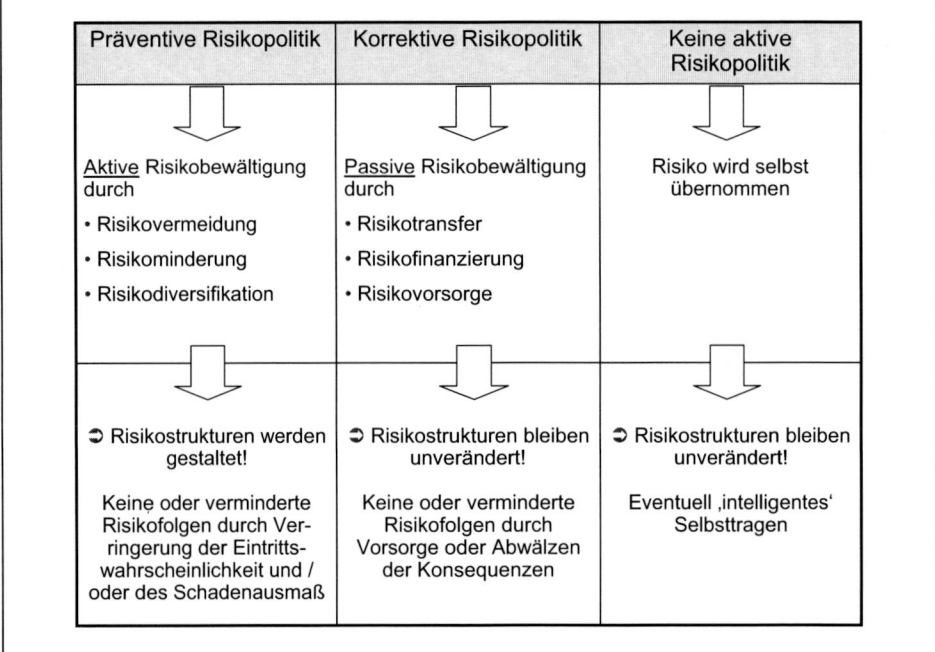

Abbildung III.21: *Unterschiedliche Maßnahmen der Risikosteuerung*

Im Gegensatz dazu führt eine nicht ausreichende Absicherung von Katastrophenrisiken im
Zweifelsfall unmittelbar zum Ruin des Unternehmens. Für die Absicherung derartiger höchst
seltener, aber katastrophaler Ereignisse ist die Versicherung ein ideales Absicherungsinstrument, da eine Selbstversicherung in diesem Segment weder sinnvoll noch darstellbar ist.

Im Hinblick auf die Steuerung bzw. das Management von Risiken bestehen prinzipiell drei
Strategiealternativen. Die so genannte *präventive* (oder auch *ätiologische*) *Risikopolitik* zielt
darauf ab, Risiken aktiv durch eine Beseitigung oder Reduzierung der entsprechenden *Ursachen* zu vermeiden oder zu vermindern. Es wird versucht, die Risikostrukturen durch Verringerung der Eintrittswahrscheinlichkeit und/oder der Tragweite einzelner Risiken zu verrin-

gern (siehe Abbildungen III.21 und III.22). Entscheidet sich ein Unternehmen wegen zu hoher Risikopotenziale, bestimmte Aktivitäten aufzugeben oder anzupassen, so spricht man von *Risikovermeidung* (vgl. Abbildung III.23).

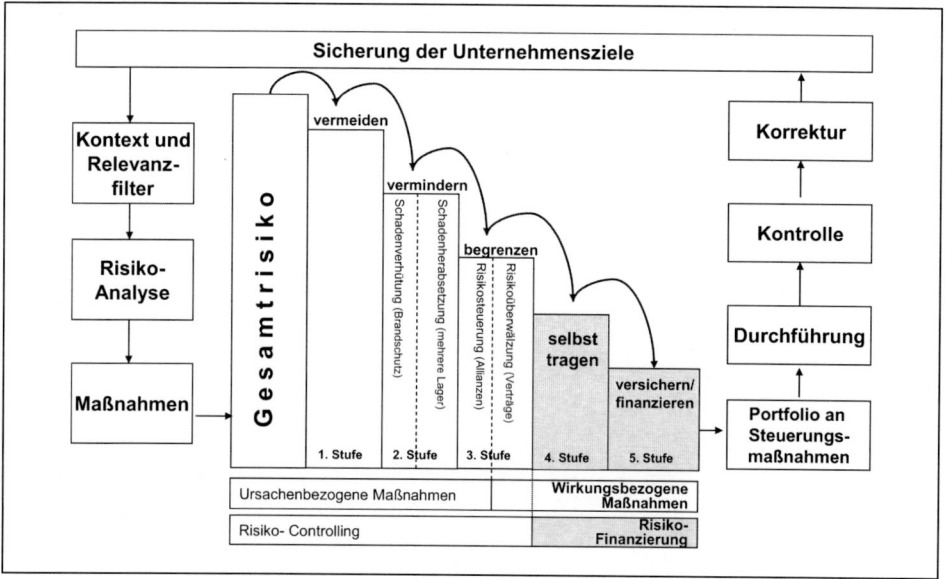

Abbildung III.22: *Der Prozess der aktiven Risikosteuerung*

Beispiel: Ein Hersteller von elektronischen Steuerungseinrichtungen für Pkw entscheidet sich aufgrund des hohen Produkthaftungsrisikos, zukünftig seine Produkte nicht mehr auf dem US-amerikanischen Markt zu vertreiben.

Auch die Anpassung der Prozessabläufe (beispielsweise im Produktionsprozess) kann zur Vermeidung von Risiken beitragen.

Beispiel: In einer Lackstraße wird auf ein umweltfreundlicheres Lackierverfahren umgestellt, um so das Umwelt- und Imagerisiko zu vermeiden.

Ein anderer Weg, Risiken zu vermeiden, wäre in diesem Fall die Verlagerung von Unternehmensteilen in andere Länder, in denen beispielsweise die Umweltgesetzgebung oder Arbeitsschutzgesetzgebung anders gestaltet ist. Hierbei muss jedoch eventuell ein höheres Reputationsrisiko in Kauf genommen werden.

Risikovermeidung ist zwar auf der einen Seite eine sehr naheliegende Strategie des Risiko-Managements, bedeutet häufig jedoch auch, dass potenzielle Chancen vermieden werden. Sehr häufig sind attraktive Chancen mit Risiken verbunden – analog dem Motto „Wer nicht wagt, der nicht gewinnt". Nur die simultane Betrachtung von Chance und Risiko kann das Risiko-Chancen-Kalkül und die Risikoperformance eines Unternehmens optimieren. Die Reduzierung entweder der Eintrittswahrscheinlichkeit oder aber der Tragweite setzt trivialerweise voraus, dass überhaupt die Möglichkeit zur Beeinflussung der Risikoursache besteht. Dies ist jedoch bei vielen Risikokategorien (etwa *externen* Risiken wie Naturkatastrophen) nicht immer der Fall.

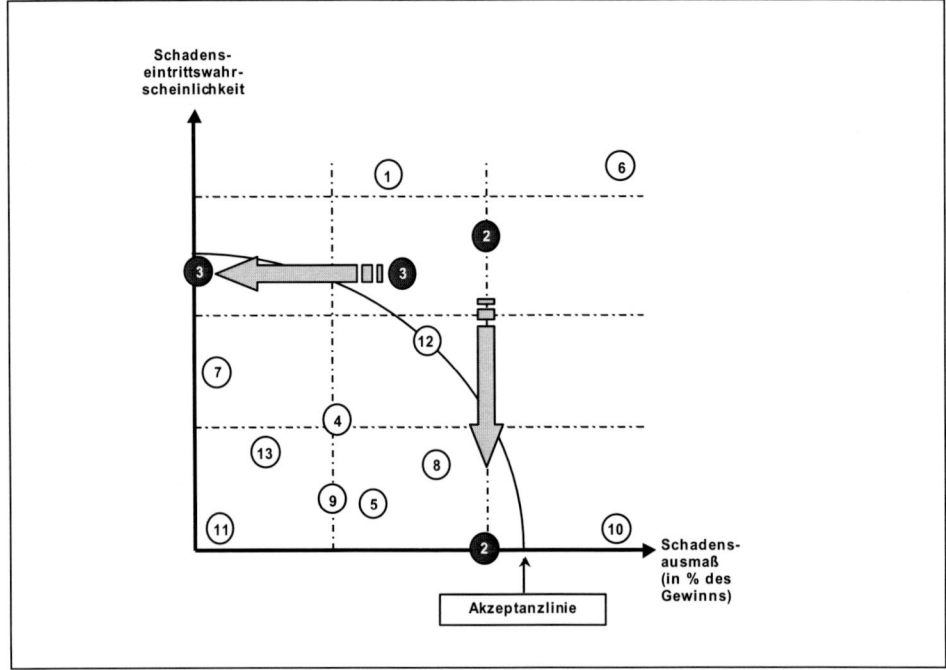

Abbildung III.23: *Aktive Risikobewältigung durch Risikovermeidung*

Entscheidet sich ein Unternehmen, Risiken auf Dritte (jedoch nicht Versicherer) überzuwälzen, innerhalb des Unternehmens einen Risikoausgleich zu erzielen oder durch technische und organisatorische Maßnahmen Schäden zu verhüten, so spricht man von Risikominderung. Ziel ist es, entweder die Eintrittswahrscheinlichkeiten und/oder die Tragweite von Risiken auf ein für das Unternehmen akzeptables Maß zu reduzieren (siehe Abbildung III.24).

Risiken können zum einen durch *personelle* Maßnahmen (etwa durch Mitarbeiterschulung oder Personalauswahl), durch *technische* Maßnahmen (etwa durch eine CO_2-Löschanlage, eine Firewall im Bereich der Informationstechnologie oder durch den Einsatz von Derivaten) oder auch durch *organisatorische* Maßnahmen (etwa durch eine Prozessoptimierung oder die Einführung eines Qualitätsmanagements) vermindert werden.

Innerhalb eines Konzerns können Risiken – sofern sie voneinander unabhängig sind – regional, objektbezogen oder personenbezogen gestreut werden. Dieses dritte Instrument der aktiven Risikobewältigung bezeichnet man als *Risikodiversifikation* (siehe Abbildung III.25). Prinzipiell bedeutet dies nichts anderes, als dass man nicht „alle Eier in einen einzigen Korb legt". Ziel ist es, die Tragweite der diversifizierten Risiken zu verringern, um die Risikoperformance des Unternehmens zu optimieren. Wird etwa die Produktion von Speicherchips auf drei *regional* voneinander getrennte Produktionseinheiten verteilt, so wird das Risiko einer Betriebsunterbrechung oder eines Totalausfalls durch Brand reduziert. So wird bei einer regionalen Streuung neben der Reduktion des Sachrisikos (etwa durch Produktionsstätten in drei verschiedenen Ländern) auch das politische Risiko reduziert. Durch Produktdiversifikation kann zudem das Marktrisiko reduziert werden *(objektbezogene Streuung)*. Ein IT-Risiko kann durch eine dezentrale Rechnerstruktur – im Gegensatz zu einem Großrechner – verringert werden. In der Praxis werden auch immer häufiger die Risiken durch den Fremdbezug von Leistungen (Outsourcing) diversifiziert.

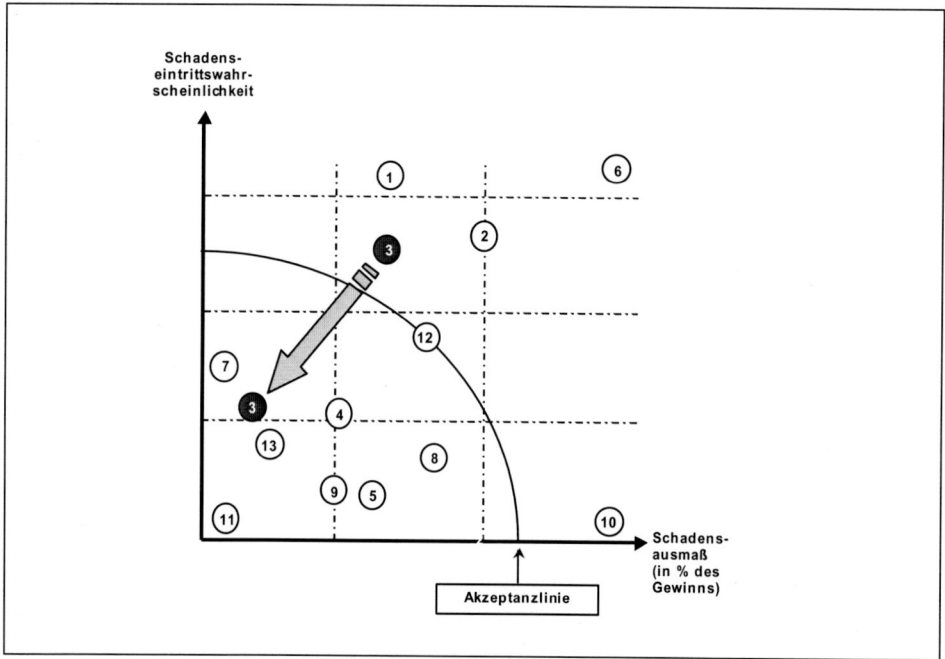

Abbildung III.24: *Aktive Risikobewältigung durch Risikoverminderung*

Beispiele: Ein Automobilkonzern gliedert sein Rechenzentrum an ein IT-Dienstleistungsunternehmen aus (Outsourcing). Ein Handelsunternehmen tritt seine Forderungen an eine Factoringgesellschaft ab (Diversifikation und Transfer des Risikos eines Forderungsausfalls). Ein mittelständisches Unternehmen entscheidet sich zum Leasing der IT-Anlage (Diversifikation des Technologierisikos).

Viele Unternehmen reduzieren ihr Personalrisiko durch eine Regelung, dass Vorstandsmitglieder stets in getrennten Fahrzeugen oder Flugzeugen reisen. Durch eine personalbezogene Diversifikation kann insbesondere das Risiko des Ausfalls von Schlüsselpositionen reduziert werden.

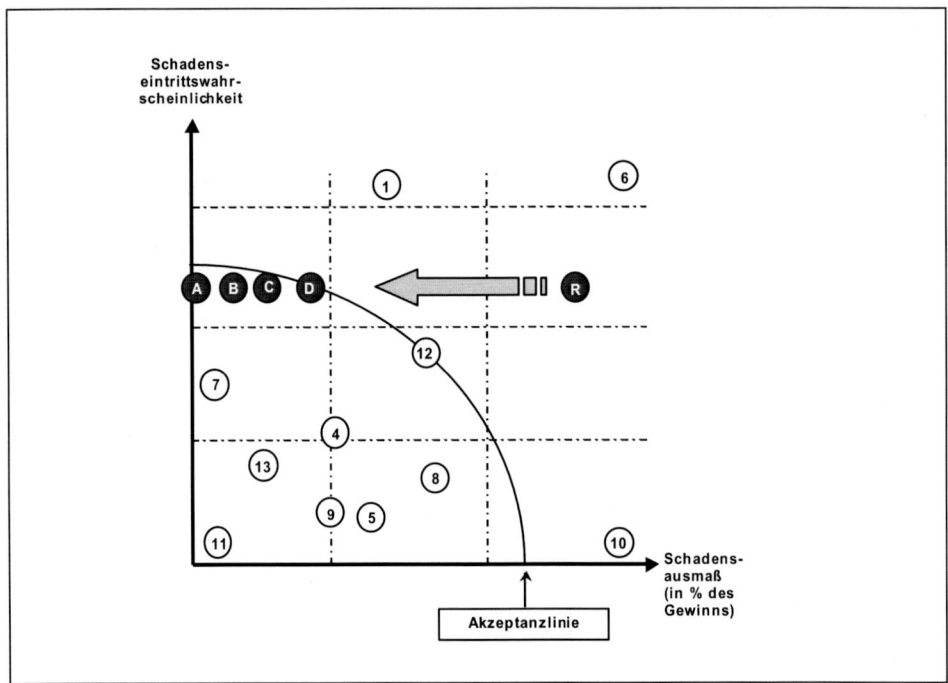

Abbildung III.25: *Risikobewältigung durch Risikodiversifikation*

Insbesondere bei Großunternehmen können durch die Risikodiversifikation erhebliche Effizienzgewinne erzielt werden. Die Risikodiversifikation bietet eine sehr kostengünstige Möglichkeit, Risiken zu vermindern, sofern sie nicht zu stark miteinander korrelieren. Hybride Instrumente der passiven Risikobewältigung basieren auf der Berücksichtigung der Diversifikationseffekte innerhalb des Risiko-Portefeuilles. Basierend auf der Portfolio-Theorie ist die Volatilität des Gesamtportefeuilles häufig geringer als die Summe der Volatilitäten der Einzelrisiken. Daher müssen die Korrelations- und Diversifikationseffekte auch bei der Festlegung der Risikopolitik berücksichtigt werden.

Im Gegensatz zu diesen *aktiven Steuerungsmaßnahmen*, die direkt an den strukturellen Risikoursachen (Eintrittswahrscheinlichkeit, Schadensausmaß) ansetzen, wird bei der so genannten *korrektiven* (oder *palliativen*) *Risikopolitik* der Eintritt eines Risikos bewusst akzeptiert (siehe Abbildung III.21). Ziel der passiven Risikopolitik ist es nicht, die Eintrittswahrscheinlichkeiten oder die Tragweite der Risiken zu reduzieren, d. h. die Risikostrukturen werden nicht verändert. Der Risikoträger versucht vielmehr, durch geeignete Maßnahmen Risikovorsorge zu betreiben. Diese Risikovorsorge hat zum Ziel, die *Auswirkungen* des Risikoeintritts zu vermeiden oder zu vermindern. Dies kann beispielsweise in Form der häufig praktizierten Überwälzung von Risiken auf andere Risikoträger (etwa Versicherer, Banken, Kapitalmarkt) geschehen. Bei einem Risikoeintritt werden neben der Bereitstellung der erforderlichen Liquidität die negativen Konsequenzen auf der Ertragslage abgefedert.

Die Maßnahmen der korrektiven Risikopolitik können in die Bereiche *Risikofinanzierung,* *Risikotransfer* und *Risikovorsorge* aufgeteilt werden. Primäres Ziel der Risikofinanzierung ist es, Finanzmittel für den Augleich eventuell auftretender Schäden zu beschaffen. In der Literatur werden die Begriffe „Risikotransfer" und „Risikofinanzierung" häufig synonym verwendet oder Risikotransfer fälschlich auch als Gegenstück zur Risikofinanzierung dargestellt. Beim Risikotransfer werden die Risiken auf Dritte übertragen. Daher handelt es sich beim Transfer neben dem Selbsttragen von Risiken um eine Methode der Risikofinanzierung. Beim Risikotransfer werden variable und ex ante unbekannte Kosten eines Risikos in Fixkosten umgewandelt. Ziel ist es insbesondere, die Risiken zu transferieren, die die Finanzkraft des Unternehmens übersteigen (etwa high-severity/low-frequency-Risiken). Die traditionellen Wege des Risikotransfers sind die Versicherung (also die Deckung eines im Einzelnen ungewissen, insgesamt aber abschätzbaren Mittelbedarfs auf der Grundlage des Risikoausgleichs im Kollektiv und in der Zeit) und das Hedging (also der Transfer auf den Kapitalmarkt). Auch durch die Optimierung von Verträgen mit Lieferanten und Kunden können Risiken transferiert werden.[171]

Werden die finanziellen Folgen von Risikoeintritten nicht auf professionelle Risikoträger transferiert, so muss das Unternehmen die notwendige Liquidität und die ertragsmäßigen Belastungen aus dem eigenen Finanzsystem bereitstellen. Das Selbsttragen von Risiken kann dabei bewusst oder unbewusst geschehen (vgl. Abbildung III.26). Wurden Risiken nicht identifiziert oder korrekt bewertet, so müssen die Folgen dieser Fehleinschätzung im Schadensfall aus dem laufenden Cash Flow, aus Rücklagen oder durch die Auflösung stiller Reserven finanziert werden. Dies kann jedoch dazu führen, dass der Unternehmensgewinn durch einen Schadeneintritt in einem gewinnschwachen Jahr besonders belastet wird. Demgegenüber basiert die *Risikovorsorge* auf dem Gedanken der Ex-ante-Finanzierung der finanziellen Konsequenzen von Risikoeintritten aus Unternehmensmitteln.

Die Methoden zum Aufbau einer finanziellen Vorsorge sind vielfältig. Ziel aller Methoden ist eine Vorfinanzierung über mehrere Rechnungsperioden. Als Risikodeckungsmassen können der Gewinn, stille Reserven, offene Reserven oder das gezeichnete Kapital die finanziellen Folgen des Risikoeintritts kompensieren. Im ersten Schritt sollten in jedem Fall die Risikodeckungsmassen verwendet werden, die keine große Publizitätswirkung haben. Dies können etwa über den Mindestgewinn erwirtschaftete Gewinnanteile sein oder auch stille Reserven. Erst in einem weiteren Schritt sollten der Mindestgewinn oder offene Reserven oder das gezeichnete Kapital verwendet werden.

---

[171] Die verschiedenen Wege der traditionellen und innovativen Risikofinanzierung werden in den folgenden Publikationen beschrieben: ROMEIKE, F.: Traditionelle und alternative Wege der Risikosteuerung und des Risikotransfers, in: Romeike, F.; Finke, R.: Erfolgsfaktor Risikomanagement: Chance für Industrie und Handel, Wiesbaden 2003, S. 247-270 sowie EICKSTÄDT, J.: Alternative Risiko-Finanzierungsinstrumente, München 2001.

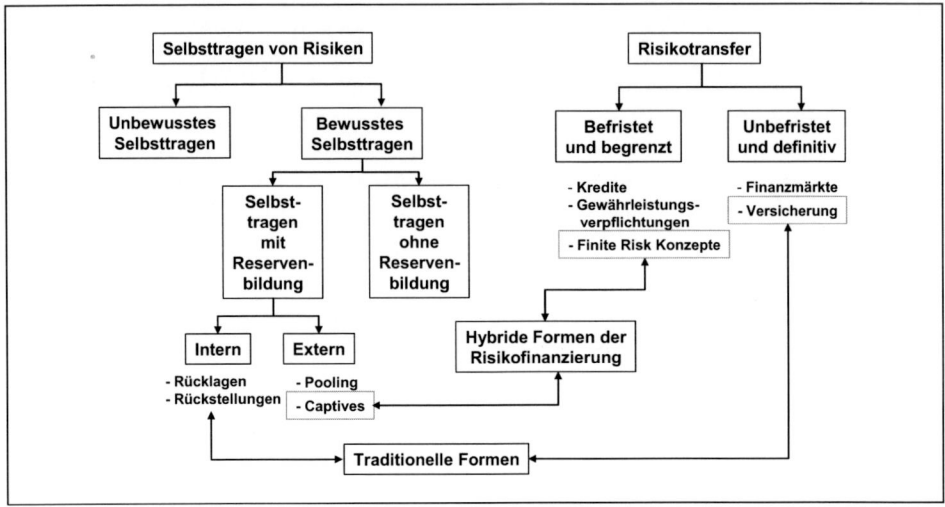

Abbildung III.26: *Risikobewältigung durch Risikodiversifikation*

Das klassische Mittel der Rücklagenbildung für bereits eingetretene oder zukünftig drohende Schäden sind Rückstellungen gemäß § 249 HGB.[172] Eine besondere und innovative Form der Reservenbildung ist das Funding (beispielsweise basierend auf einer Captive[173]). Die Reserven werden extern gebildet, während das Unternehmen eine Risikoprämie als Aufwand absetzen kann.

---

[172] § 249 HGB: Rückstellungen

(1) Rückstellungen sind für ungewisse Verbindlichkeiten und für drohende Verluste aus schwebenden Geschäften zu bilden. Ferner sind Rückstellungen zu bilden für

1. im Geschäftsjahr unterlassene Aufwendungen für Instandhaltung, die im folgenden Geschäftsjahr innerhalb von drei Monaten, oder für Abraumbeseitigung, die im folgenden Geschäftsjahr nachgeholt werden,

2. Gewährleistungen, die ohne rechtliche Verpflichtung erbracht werden.

Rückstellungen dürfen für unterlassene Aufwendungen für Instandhaltung auch gebildet werden, wenn die Instandhaltung nach Ablauf der Frist nach Satz 2 Nr. 1 innerhalb des Geschäftsjahrs nachgeholt wird.

(2) Rückstellungen dürfen außerdem für ihrer Eigenart nach genau umschriebene, dem Geschäftsjahr oder einem früheren Geschäftsjahr zuzuordnende Aufwendungen gebildet werden, die am Abschlussstichtag wahrscheinlich oder sicher, aber hinsichtlich ihrer Höhe oder des Zeitpunkts ihres Eintritts unbestimmt sind.

(3) Für andere als die in den Absätzen 1 und 2 bezeichneten Zwecke dürfen Rückstellungen nicht gebildet werden. Rückstellungen dürfen nur aufgelöst werden, soweit der Grund hierfür entfallen ist.

[173] Bei einer Captive (Insurance Company) handelt es sich um die höchste Stufe eines Finanzierungsfonds in einem Unternehmen. Im Wege des alternativen Risikotransfers dienen sie der Verlagerung von Konzernrisiken auf spezielle Vehikel, die u. a. einen Zugang zum Rückversicherungsmarkt und zum Kapitalmarkt besitzen. Captives sind eine Form der Selbstversicherung, da die Schäden durch konzerneigenes, oder von einer Captive Rückversicherung gekauftes Kapital gedeckt werden. Vor der Errichtung einer Captive wird in der Regel eine Feasibility Study durchgeführt. Es handelt sich um eine Form der externen Selbstversicherung. Gegenstand sind in der Regel Risiken aus den Bereichen der Sach- und/oder Haftpflichtversicherung. Weitere Informationen bei: BAWCUTT, P.: Captive Insurance Companies: Establishment, Operation and Management, London 1997 sowie SWISS RE: sigma Nr. 1/2003 Alternativer Risikotransfer – Eine Bestandsaufnahme, Zürich 2003.

Neben der aktiven und passiven Risikobewältigung besteht eine weitere Alternative schließlich darin, *keine aktive Risikopolitik zu betreiben.* So ergreift ein Unternehmen keinerlei risikopolitische Maßnahme, sondern akzeptiert und übernimmt das Risiko selbst.

Das Ziel des Risiko-Managements ist es nicht, alle Risiken auszuschalten, sondern vielmehr eine *Balance zwischen Chancen und Risiken* zu erreichen. Dies kann auch bedeuten, dass sich ein Unternehmen Risiken aussetzt, um auch potenzielle Chancen zu realisieren. Ziel eines Unternehmens muss es sein, mit einer Risikosteuerungsstrategie die Gesamtrisikoposition des Unternehmens zu verbessern. Hierbei muss auch berücksichtigt werden, dass durch den Einsatz der angesprochenen Instrumente (etwa beim Einsatz von derivativen Finanzinstrumenten) eventuell neue Risiken entstehen. Bei der Ermittlung einer Risikofinanzierungsstrategie und -umsetzung können Simulationsverfahren die Entscheidung unterstützen. Zielgröße ist in jedem Fall der Unternehmenswert, den es zu stabilisieren oder zu steigern gilt.

Zusammenfassend ist in der Prozessphase der Risikosteuerung und -kontrolle das Folgende zu beachten:

- Risiken, die nicht identifiziert und analysiert wurden, können trivialerweise nicht gesteuert werden.

- Bei der Fokussierung eines ausgewogenen Verhältnisses zwischen Ertrag (Chance) und Verlustgefahr (Risiko) ist die Gesamtrisikoposition des Unternehmens zu berücksichtigen.

- Voraussetzung für eine effektive Risikosteuerung ist eine adäquate Informationsversorgung der Entscheider.

- Strategien der Risikosteuerung können sein: Risiken vermeiden, vermindern, diversifizieren, transferieren, finanzieren oder akzeptieren.

- Risikosteuerung zielt auf eine Verringerung der Eintrittwahrscheinlichkeit und/oder des Schadensausmaßes unter Berücksichtigung eines optimalen Risiko-Chancen-Kalküls.

4.   Anforderungen an die Organisation des Risiko-Managements im Unternehmen

Ausgangspunkt für den Aufbau eines Risiko-Managements ist eine klar definierte Risikostrategie, die im Einklang mit den Unternehmenszielen sowie der Geschäftsstrategie steht. In diesem Kontext ist es wichtig, dass die Gesamtverantwortung für den Aufbau und die Umsetzung eines Risiko-Managements beim Vorstand bzw. der Geschäftsleitung liegt und diese Verantwortung nicht delegierbar ist.

Nachfolgend sind exemplarisch zwei Gerichtsurteile im Zusammenhang mit Mängeln im Risiko-Management bzw. beim Aufbau eines Frühwarnsystems skizziert:[174]

Ein *Urteil des Landgerichts München vom 5. April 2007* (Az.: 5 HK O 15964/06) unterstreicht die Relevanz eines funktionierenden Risiko-Management-Systems sowie die adäquate Dokumentation der Prozesse und Verantwortlichkeiten des Risiko-Managements. So mangelte es in diesem speziellen Fall eines Münchener Unternehmens unter anderem an der schriftlichen Dokumentation des Risiko-Managements. Die Richter wiesen in diesem Kontext noch einmal darauf hin, dass ein Vorstand geeignete RisikoManagement-Maßnahmen zu treffen hat, insbesondere ein Überwachungssystem einrichten sollte, damit eine den Fortbestand der Gesellschaft gefährdende Entwicklung früh erkannt werden könne. Der hier heranzuziehende § 91 Absatz 2 Aktiengesetz ist vom Gesetzgeber deshalb eingeführt worden, um angesichts offensichtlich fehlender Risiko-Managementsysteme in den Unternehmen durch eine ausdrückliche Regelung diese Verpflichtung besonders hervorzuheben.

Das Risiko-Management soll in diesem Kontext nicht nur die technischen Bedrohungen erkennen, sondern auch die rechtlichen Auswirkungen einzelner Bedrohungen und die Haftungsrisiken berücksichtigen. Hierzu ist erforderlich, die für das jeweilige Unternehmen und die jeweilige Branche einschlägigen gesetzlichen und regulatorischen Anforderungen zu evaluieren, ebenso das Maß ihrer tatsächlichen Erfüllung im Unternehmen.

Die Münchener Richter rügten in ihrem Urteil auch die Arbeit der Wirtschaftsprüfer. Denn bei der Prüfung des Jahresabschlusses müssen sie auch das Überwachungssystem zur Risikofrüherkennung untersuchen, das der Vorstand nach § 91 Absatz 2 Aktiengesetz einrichten muss. Dazu stand im Bericht: „Der Vorstand hat (. . .) ein Überwachungssystem eingerichtet, um bestandsgefährdende Entwicklungen frühzeitig zu erkennen. Unsere Prüfung hat ergeben, dass für das vom Vorstand eingerichtete Überwachungssystem keine formelle Dokumentation vorliegt. Somit war eine Funktions- und Systemprüfung nicht möglich."

Jedoch hatten sich die Wirtschaftsprüfer „durch Befragung des Vorstandes" davon überzeugt, dass die Gesellschaft über ein informelles Risikofrüherkennungssystem verfügt. „Wir haben den Vorstand auf seine Pflicht zur Dokumentation des Risikofrüherkennungssystems hingewiesen." Diese Passage fehlte jedoch in einem korrigierten Jahresabschluss der Gesellschaft. Der Bericht des Aufsichtsrats enthält ebenfalls keinen Hinweis auf das mangelhafte Risiko-Management.

Die Richter sahen nun einen schwerwiegenden Rechtsverstoß in der fehlenden Dokumentation des Risikofrüherkennungssystems. Insbesondere die Risikopotenziale der Informationstechnologie sind meist nicht hinreichend berücksichtigt und dokumentiert.

In dem *Urteil des Verwaltungsgerichts Frankfurt am Main vom 8. Juli 2004* entschied die für Versicherungsaufsichtsrecht zuständige Kammer über die Klage eines Vorstandsmitglieds, der sich gegen die Rechtmäßigkeit zweier Verfügungen der BaFin (Bundesanstalt für Finanzdienstleistungsaufsicht, Beklagte) wandte. Mit diesen Verfügungen hatte die BaFin vom

---

174 Vgl. Vorwort zu: ROMEIKE, F.: Rechtliche Grundlagen des Risikomanagements – Haftungs- und Strafvermeidung durch Corporate Compliance, Berlin 2008.

Aufsichtsrat des Versicherers verlangt, den Kläger als Mitglied des Vorstandes abzuberufen. Zwischen dem 10. und dem 14. Juni 2002 fand bei dem Versicherer eine örtliche Prüfung seitens der BaFin statt. Diese Prüfung ergab unter anderem, dass bei dem Versicherer die stillen Lasten aus Aktienengagement in mehreren Investmentfonds auf etwa 93 Millionen Euro angewachsen waren, die sich zum Jahresende 2001 auf etwa 55 Millionen Euro und Mitte 2001 auf etwa 26 Millionen Euro belaufen hatten. Im Juni 2002 kam es auf Anordnung der BaFin daraufhin zur Einsetzung eines Sonderbeauftragten für den Vorstand des Versicherers.

Mit Bescheid vom 12. Dezember 2002 verlangte die BaFin schließlich vom Aufsichtsrat der zwei Versicherungsunternehmen, in denen der Kläger Vorstandsmitglied war, ihn als Mitglied des Vorstandes abzuberufen. Diesem Verlangen folgten die jeweiligen Aufsichtsräte. Die BaFin begründete ihr Vorgehen damit, dass der Kläger nicht mehr den Anforderungen des Versicherungsaufsichtsgesetzes bezüglich der fachlichen Eignung von Geschäftsleitern von Versicherungsunternehmen genüge. Bei dem Versicherer sei im Hinblick auf die stillen Lasten aus Aktienengagements in mehreren Fonds eine existenzgefährdende Lage eingetreten. Diese finanzielle Schieflage sei maßgeblich auch auf fachliche Mängel im Bereich Controlling zurückzuführen. Bestimmte Missstände seien maßgeblich dem Kläger als für das Controlling zuständigen Vorstandsmitglied anzulasten. Vor dem Hintergrund dieser Mängel sei das Abberufungsverlangen notwendig, um die Belange der Versicherten zu wahren.

Der Kläger hielt dem entgegen, er habe in der kritischen Phase der Unternehmen seine Verantwortung als Ressortvorstand Controlling durchgängig aktiv wahrgenommen. Er habe sich zum Beispiel wiederholt mit eindeutigen Warnungen gegenüber Aufsichtsrat und Vorstand des Versicherers zu Wort gemeldet. Das Ressortcontrolling habe dem Vorstand regelmäßig monatlich über die Entwicklung der Zeitwerte und der stillen Lasten berichtet. Die Installation eines Risikosystems sowie eines Risikolimitsystems sei der Beklagten zugesichert worden. Für den Bereich Kapitalanlage sei ein anderes Vorstandsmitglied zuständig gewesen. Dieses habe dem Kläger nach bestimmten Vorgaben berichten sollen. Eine solche Informationsmitteilung seitens des Bereichs Kapitalanlagen sei jedoch zu keinem Zeitpunkt erfolgt. Es habe für ihn aber auch keinerlei Anzeichen dafür gegeben, dass die Vorstände für den Bereich Kapitalanlage oder den Bereich Revision ihre erhaltenen Aufträge nicht ausführen würden.

Versicherungsunternehmen dürfen ihren Geschäftsbetrieb nur mit einer Erlaubnis der BaFin als Aufsichtsbehörde aufnehmen (§ 5 Versicherungsaufsichtsgesetz, VAG). Diese Erlaubnis ist unter anderem dann zu versagen, wenn Tatsachen vorliegen, die den Schluss darauf zulassen („die die Annahme rechtfertigen"), dass der Betriebsinhaber oder – bei juristischen Personen – ein gesetzlicher oder satzungsmäßiger Vertreter nicht zuverlässig ist oder aus anderen Gründen nicht den im Interesse einer soliden und umsichtigen Führung des Erstversicherungsunternehmens zu stellenden Ansprüchen genügt. Unter denselben Voraussetzungen kann die BaFin auch ein Abberufungsverlangen stellen, wenn ihr nachträglich solche Tatsachen bekannt werden (§ 87 Absatz 6 VAG). Nach Auffassung des Verwaltungsgerichts hat die BaFin auf dieser Gesetzesgrundlage rechtmäßig gehandelt, so dass der Kläger nicht in seinen Rechten verletzt ist.

Das Gericht stellte des Weiteren klar, dass der Vorstand in seiner Gesamtverantwortung ein Risikofrüherkennungs- und -überwachungssystem einzurichten hat, damit eine den Fortbestand der Gesellschaft gefährdende Entwicklung früh erkannt werden könne. In diesem Kontext wies das Gericht auch darauf hin, dass bereits vor Inkrafttreten des hier entsprechend anwendbaren § 91 Absatz 2 Aktiengesetz entsprechende Verpflichtungen zur Schaffung angemessener interner Kontrollverfahren bestanden (§ 81 Absatz 1 Satz 5 Versicherungsaufsichtsgesetz und § 25 a Kreditwesengesetz). Mit Einführung des § 91 Absatz 2 Aktiengesetz im Jahre 1998 habe der Gesetzgeber die Verpflichtung der Geschäftsleitung hervorheben wollen, Risikofrüherkennungs- sowie Risikoüberwachungssysteme in den Unternehmen einzurichten, um Entwicklungen vorzubeugen, die den Fortbestand der Gesellschaft gefährden könnten. Der Gesetzgeber habe nämlich erkannt, dass die Ursache von Fehlentwicklungen vielmals an einer mangelhaften Risikoeinschätzung der Unternehmensleitungen gelegen habe, so dass nicht frühzeitig auf drohende Schieflagen der Unternehmen habe reagiert werden können.

Ein wesentlicher Pfeiler der im Jahr 2007 verabschiedeten 9. Novelle des Versicherungsaufsichtsgesetz (VAG) sind neue Bestimmungen zum Risiko-Management in Versicherungsunternehmen. Die neue Regelung übernimmt inhaltlich in weiten Teilen die entsprechenden Regelungen des Kreditwesengesetzes und ermöglicht damit ein kohärentes Vorgehen der Aufsichtsbehörde im Rahmen qualitativer Aufsichtsnormen. Basierend auf dem neu eingeführten § 64a VAG gehört zum Risiko-Management nicht nur eine Risikostrategie, die sämtliche Risiken des betriebenen Geschäfts umfassend berücksichtigt, sondern auch ein organisatorischer Rahmen, mit dessen Hilfe der Geschäftsablauf effektiv überwacht und kontrolliert sowie an veränderte Rahmenbedingungen angepasst werden kann. Außerdem sind von Versicherungsunternehmen im Rahmen ihrer ordnungsgemäßen Geschäftsorganisation interne Steuerungs- und Kontrollprozesse einzurichten, die sich zu einem konsistenten und transparenten Steuerungs- und Kontrollmechanismus zusammenfügen und damit gewährleisten, dass die Geschäftsleitung die wesentlichen Risiken kennt, denen das Versicherungsunternehmen ausgesetzt ist, diese bewerten und steuern kann und in der Lage ist, für eine ausreichende Ausstattung des Unternehmens mit geeigneten Eigenmitteln zur Abdeckung der Risiken zu sorgen.

Das im § 64a genannte angemessene Risikotragfähigkeitskonzept gibt für jedes Unternehmen individuell insbesondere wieder, mit welchen Methoden die unternehmensinternen Kapitalziele abgeleitet werden, welche Verluste über welche Planungshorizonte das Unternehmen höchstens eingehen will, wie sich die vorhandenen Eigenmittel zur Verlustdeckung zusammensetzen und wie sich deren Auskömmlichkeit und Verzinsung aufgrund der getroffenen Steuerungsmaßnahmen beim Vergleich mit den Kapitalzielen darstellt. Das im Zusammenhang mit dem Risikotragfähigkeitskonzept festzulegende Limitsystem muss einerseits aufzeigen, wie viel Risiko die Einheiten des Unternehmens eingehen dürfen und andererseits geeignet sein, die Umsetzung des vom Unternehmen gewählten Risikotragfähigkeitskonzepts zu unterstützen.

So müssen alle wesentlichen Risiken, denen ein Versicherungsunternehmen ausgesetzt ist oder ausgesetzt sein könnte, von dem Unternehmen erkannt und einer angemessenen Behandlung zugeführt werden. Dazu hat das Unternehmen Prozesse einzurichten, mit denen sämtliche Risiken identifiziert, analysiert, bewertet, gesteuert und überwacht werden können.

Der ganzheitliche Ansatz des Risiko-Managements verlangt, dass eine dem Gesamtrisikoprofil angemessene Risikostrategie von oben nach unten in notwendigem Umfang in das operative Tagesgeschäft umgesetzt wird und Risiken des operativen Tagesgeschäfts wiederum von unten nach oben berichtet werden (Gegenstromplanung), so dass ein Gesamtrisikoprofil für das Unternehmen erstellt werden kann.

Die Risiko- bzw. Risiko-Management-Strategie ist mit der Geschäftsstrategie abzustimmen und darf dieser selbstverständlich nicht widersprechen. Unter einer Geschäftsstrategie kann allgemein die geschäftspolitische Ausrichtung, die Zielsetzungen und Planungen des Unternehmens über einen angemessenen Zeithorizont verstanden werden. Demgegenüber versteht man unter einer Risikostrategie die Beschreibung des Umgangs mit den sich aus der Geschäftsstrategie ergebenden Risiken.

Insbesondere schildert die Risikostrategie die Auswirkungen der Geschäftsstrategie auf die Risikosituation des Unternehmens und beschreibt den Umgang mit den vorhandenen Risiken und die Fähigkeit des Unternehmens, neu hinzugekommene Risiken zu tragen.

In der Risikostrategie werden die sich aus der Umsetzung der Geschäftsstrategie ergebenden Risiken bezüglich ihres Einflusses auf die Wirtschafts-, Finanz- oder Ertragslage des Unternehmens dargestellt sowie daraus resultierende Leitlinien für den Umgang mit den Risiken.

Basierend auf den gesetzlichen Anforderungen des KonTraG (insbesondere § 91 Absatz 2 AktG bzw. des IDW PS 340) muss die Verantwortlichkeit für die Überwachung der wesentlichen Risiken, einschließlich Angaben zu Überwachungsturnus und Überwachungsumfang, klar zugeordnet und dokumentiert werden. Zudem muss die Unternehmensführung eine Risikopolitik formulieren, die grundsätzliche Anforderungen in dem Umfang mit Risiken definiert.

Im *Prüfungsstandard des Institutes der Deutschen Wirtschaftsprüfer (IDW PS 340)* sind die wesentlichen Anforderungen an den Aufbau eines Risiko-Managements definiert:[175]

■ *Festlegung der Risikofelder*

Die Geschäftsleitung muss geeignete Maßnahmen treffen, insbesondere ein Überwachungssystem einrichten, damit den Fortbestand gefährdende Entwicklungen früh erkannt werden. Die Maßnahmen sind auf das gesamte Unternehmen zu erstrecken.

Dabei sind sämtliche Prozesse und Funktionsbereiche, einschließlich aller Hierarchiestufen und Stabsfunktionen, einzubeziehen.

Dadurch sollten Einzelrisiken oder mehrere Risiken im Zusammenwirken erfasst werden, die eine Bestandsgefährdung darstellen.

---

[175] Vgl. zur Vertiefung: ROMEIKE, F.: Rechtliche Grundlagen des Risikomanagements – Haftungs- und Strafvermeidung durch Corporate Compliance, Berlin 2008 sowie IDW PS 340: Die Prüfung des Risikofrüherkennungssystems nach § 317 Abs. 4 HGB.

Ergänzend sind die Bereiche, Funktionen und/oder Prozesse, aus denen solche Risiken im besonderen Maß resultieren bzw. in die diese Risiken aus der Unternehmenswelt einwirken, einzubeziehen.

■ *Risikoerkennung und Risikoanalyse*

Eine wirksame Risikoerfassung erfordert, dass sowohl im Vorhinein definierte Risiken als auch Auffälligkeiten oder Risiken, die keinem vorab definiertem Erscheinungsbild entsprechen, erkannt werden.

Dies setzt die Schaffung und die Fortentwicklung eines angemessenen Risikobewusstseins aller Mitarbeiter voraus.

Die Risikoanalyse beinhaltet eine Beurteilung der Tragweite der erkannten Risiken in Bezug auf Eintrittswahrscheinlichkeit und quantitative Auswirkungen.

Hierzu gehört auch die Einschätzung, ob Einzelrisiken, die isoliert betrachtet von nachrangiger Bedeutung sind, sich in ihrem Zusammenwirken oder durch Kumulation im Zeitablauf zu einem bestandsgefährdenden Risiko aggregieren können.

■ *Risikokommunikation*

Die Risikokommunikation hat für die Funktionsfähigkeit des Früherkennungssystems eine zentrale Bedeutung. Dies setzt eine Kommunikationsbereitschaft der verantwortlichen Stellen voraus, die beispielsweise durch Schulungsmaßnahmen gefördert werden sollte.

Bei nicht bewältigten Risiken muss sichergestellt werden, dass diese in nachweisbarer Form an die zuständigen Entscheidungsträger weitergeleitet werden.

Um sicherzustellen, dass sich Einzelrisiken nicht zu einem bestandsgefährdenden Risiko kumulieren können, sind auf jeder Stufe der Risikokommunikation Schwellenwerte zu definieren, deren Überschreitung eine Berichtspflicht auslöst.

In welchen Zeitabständen und an wen über Veränderungen der Risiken berichtet werden muss, hängt von der Art des Risikos und seiner Bedeutung für das Unternehmen ab. Bei Eilbedürftigkeit müssen jedoch förmliche Berichtsstrukturen überwunden werden.

■ *Zuordnung Verantwortlichkeiten und Aufgaben*

Den Unternehmensbereichen ist die Verantwortung dafür zu übertragen, dass die auftretenden Risiken erfasst und sofort bewältigt oder an die festgelegten Berichtsempfänger weitergeleitet werden.

Dabei sind die Verantwortlichkeiten – in der Regel und sinnvollerweise nach Hierarchieebenen – abzustufen. Es ist sicherzustellen, dass eine Rückkopplung zwischen den Unternehmensbereichen erfolgt, um der Möglichkeit einer Aggregation, der wechselseitigen Verstärkung oder der Kompensation von Einzelrisiken Rechnung zu tragen.

Damit eine rechtzeitige Risikoerfassung gewährleistet ist, wird es in der Regel zweckmä-ßig sein, die Verantwortung für die Rückkopplung den jeweils zuständigen Berichtsemp-fängern zu übertragen.

Wenn keine Möglichkeit zu Risikobewältigung besteht, ist die Weiterleitung an einen übergeordneten Berichtsempfänger erforderlich.

■ *Einrichtung eines Überwachungssystems*

Die Einhaltung der eingerichteten Maßnahmen zur Erfassung und Kommunikation von den Bestand des Unternehmens gefährdender Risiken und ihrer Veränderung ist durch ein geeignetes Überwachungssystem sicherzustellen.

Teilweise sind diese Maßnahmen Kontrollen, die in die Abläufe fest eingebaut sind, wie etwa die Überwachung der Einhaltung von Meldegrenzen oder die Genehmigung und Kontrolle der Risikoberichterstattung.

Sämtliche Maßnahmen sind Gegenstand der Prüfungen durch die Interne Revision.

Gegenstand der Prüfungstätigkeit der Internen Revision sind unter anderem:

– vollständige Erfassung aller Risikofelder des Unternehmens
– Angemessenheit der Maßnahmen
– Kontinuierliche Anwendung der Maßnahmen
– Einhaltung der integrierten Kontrollen

■ *Dokumentation getroffener Maßnahmen*

Zur Sicherstellung der dauerhaften, Personen unabhängigen Funktionsfähigkeit der getrof-fenen Maßnahmen und zum Nachweis der Erfüllung der Pflichten des Aufsichtsrates ist es erforderlich, dass die Maßnahmen einschließlich des Überwachungssystems angemessen dokumentiert werden.

Erstellung eines Risikohandbuchs, in das die organisatorischen Regelungen und Maßnah-men aufgenommen werden.

5. Fazit und Ausblick

Bei vielen Unternehmen wurde Risiko-Management in den vergangenen Jahren eher als lästige Pflichtübung verstanden und nicht als Kernaufgabe einer strategischen, wert- und risikoorientierten Unternehmensführung. Formale Risiko-Managementsysteme, die durch den Druck des KonTraG aufgebaut wurden, zeigen daher teilweise erhebliche Defizite:[176]

- *Schwächen bei der Risikoanalyse:* Im Rahmen der Risikoanalyse werden Risiken vielfach wenig systematisch identifiziert und unbefriedigend quantifiziert. Entweder fehlt die Quantifizierung komplett oder es werden lediglich sehr einfache Beschreibungen des Risikos vorgenommen – beispielsweise anhand von Schadenshöhe und Eintrittswahrscheinlichkeit. Moderne Methoden der Risikoquantifizierung werden nicht genutzt. Auch die Wechselwirkungen zwischen Risiken werden oft nicht erfasst. Häufig lässt sich bei der Risikoidentifikation zudem feststellen, dass ein strategischer Bezug fehlt. Es wird insbesondere nicht analysiert, welchen Bedrohungen die langfristigen Erfolgsfaktoren des Unternehmens – wie Wettbewerbsvorteile und Kernkompetenzen – ausgesetzt sind.

- *Unzureichende Anwendung von Werkzeugen zur Identifikation und Bewertung von Risiken:* Der gut gefüllte Werkzeugkasten des Risiko-Managements wird in der Praxis häufig nur zum Teil angewendet. So konzentrieren sich viele Unternehmen auf eine rein qualitative oder semi-quantitative Bewertung der Risiken. Kreativitätsmethoden werden nicht verwendet, obwohl gerade diese Methoden (nicht offensichtliche) Risiken aufzeigen. Sinnvoll wäre es jedoch, parallel verschiedene Verfahren der Risikoidentifikation und -bewertung zu verwenden, da die Risikotypologien höchst unterschiedlich sind und die Qualität der vorhandenen Daten immer heterogen ist. Somit definiert eher die vorhandene Datenlage sowie die Risikotypologie die Anwendung der Identifikations- und Bewertungsmethoden.

- *Fehlen von Verfahren und Methoden zur Risikoaggregation:* Eine akzeptable Risikoaggregation schließt aus der Menge der identifizierten und bewerteten Einzelrisiken auf den Gesamtrisikoumfang des Unternehmens. Die Risikoaggregation soll einerseits aufzeigen, in welchen risikobedingten Streuungsbändern sich wichtige Unternehmenszielgrößen – wie beispielsweise der Cash Flow – bewegen. Andererseits wird durch die Risikoaggregation deutlich, wie viel Eigenkapital erforderlich ist, um die durch die Risiken möglicherweise entstehenden Verluste aufzufangen und damit eine Überschuldung bzw. Illiquidität des Unternehmens wirksam zu verhindern. Wegen der damit verbundenen methodischen Herausforderungen – beispielsweise den relativ komplexen Simulationsverfahren – ist diese wichtigste Aufgabe des Risiko-Managements in vielen Unternehmen kaum entwickelt. Ist es nicht möglich, den Eigenkapitalbedarf eines Unternehmens zu bestimmen, können auch keine risikogerechten Kapitalkostensätze für die wertorientierte Unternehmensführung abgeleitet werden.

- *Fehlende Integration des Risiko-Managements in Unternehmensplanung und Controlling:* Risiken führen zu Abweichungen der tatsächlichen von den geplanten Unternehmensergebnissen. Für einen ökonomisch sinnvollen Umgang mit Risiken müssen diese daher in den Kontext der Unternehmensplanung gestellt werden. Ein so verstandenes Risiko-Management ermöglicht eine „Aufrüstung" der vorhandenen Systeme zur Unternehmens-

---

[176] Vgl. GLEIßNER, W; ROMEIKE, F.: Risikomanagement – Umsetzung, Werkzeuge, Risikobewertung, Freiburg im Breisgau 2005, S. 376 ff.

planung und zum Controlling. Risiko-Management ist folglich keine eigenständige Aufgabe, sondern ein integraler Bestandteil eines fundierten Unternehmenssteuerungskonzepts.

■ *Bürokratische Organisation der Risiko-Managementsysteme:* Sinnvolle Risiko-Managementsysteme nutzen möglichst die vorhandenen Organisations- und Berichtsstrukturen des Unternehmens. Die Kritik an den heute implementierten KonTraG-orientierten Risiko-Managementsystemen resultiert zum einen daher, dass unnötiger bürokratischer Aufwand betrieben wurde. Zum anderen wird kritisiert, dass sich Risiko-Managementsysteme mit einer Vielzahl von Risiken auseinandersetzen, die eigentlich nur von geringer Bedeutung für das jeweilige Unternehmen sind. Häufig haben die implementierten Risiko-Managementsysteme primär noch einen statischen Charakter. Dynamische Frühaufklärungs- und Prognosesysteme zur frühzeitigen Signalisierung einer unerfreulichen Umsatzentwicklung fehlen meist.

■ *Defizite bei der Risikobewältigung:* Ökonomischen Nutzen entfalten Risiko-Managementsysteme erst dann, wenn die zusätzlich vorhandenen Informationen über die Risiken des Unternehmens auch zur Optimierung der Risikobewältigung genutzt werden. Da Unternehmertum zwangsläufig mit dem Eingehen von Risiken verbunden ist, geht es bei der Risikobewältigung keinesfalls um die Verbannung sämtlicher Risiken aus dem Unternehmen. Vielmehr soll das Chancen-Risiko-Profil des Unternehmens optimiert werden. Die Maßnahmen zur Risikobewältigung beschränken sich aber in vielen Unternehmen immer noch auf den Abschluss von Versicherungen.

■ *Umgang mit Managementrisiken:* Viele Risiken sind letztlich auf ein mögliches Fehlverhalten von Menschen zurückzuführen. Unter den personenbezogenen, operationellen Risiken haben die Managementrisiken mit weitem Abstand die größte Bedeutung. Dieser Typ von Risiken kennzeichnet die Möglichkeit, dass die Unternehmensführung eine grundlegende strategische Fehlentscheidung trifft, die bei den vorhandenen Informationen eigentlich vermeidbar wäre. Vielfach wird gar nicht erst versucht, alle für eine wesentliche Entscheidung relevanten Informationen zu beschaffen und diese zielorientiert auszuwerten. Natürlich kann – wegen der Unvorhersehbarkeit der Zukunft – nicht erwartet werden, dass das Management stets die – im Nachhinein – optimale Entscheidung trifft. Managementrisiken sollten daher immer bewertet werden unter Berücksichtigung derjenigen Informationen, die dem Management zum Entscheidungszeitpunkt zur Verfügung standen oder mit vertretbarem Aufwand hätten beschafft werden können.

Mit diesen und vielen hier nicht genannten Schwächen wird sich das Risiko-Management in der Zukunft auseinandersetzen müssen. Aus der Perspektive des wertorientierten Managements kommt dem Risiko-Management eigentlich ein ähnlich hoher Stellenwert zu wie dem Kostenmanagement oder dem Vertriebsmanagement. Diese Stellung in den Unternehmenssteuerungssystemen und im Selbstverständnis der Unternehmensführung hat das Risiko-Management heute aber noch lange nicht erreicht. Abbildung III.27 zeigt die Evolutionsstufen im Risiko-Management ausgehend von einer „statischen Risikobuchhaltung" hin zu einer strategisch Unternehmens- und Kapitalsteuerung basierend auf *Enterprise Risk Management* (ERM).

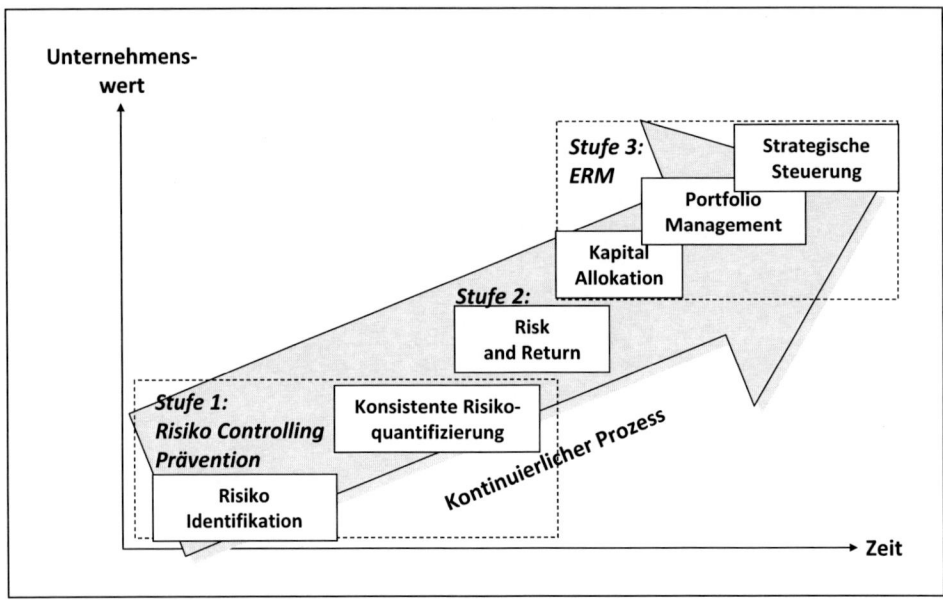

Abbildung III.27: *Evolutionsstufen im Risiko-Management[177]*

Ein funktionierendes und effizientes Risiko-Management sowie eine gelebte Risiko- und Kontrollkultur entwickeln sich zunehmend zu wesentlichen Erfolgsfaktoren für Unternehmen. Nur diejenigen Unternehmen, die ihre Risiken effizient steuern und kontrollieren sowie dabei auch ihre Chancen erkennen und nutzen werden langfristig erfolgreich sein und ihren Unternehmenswert steigern. Um bei zunehmenden Risiken wirtschaftlich erfolgreich zu sein, wird eine adäquate Informationsversorgung der Entscheidungsträger immer wichtiger.

Risiko-Management war immer schon implizit Bestandteil der Unternehmenssteuerung, da fast alle Entscheidungen (und Nichtentscheidungen) mit Risiken verbunden sind. Häufig war das Risiko-Management jedoch rein reaktiv ausgestaltet – es wurde erst dann reagiert, wenn das Unternehmen bereits „in stürmischer See" oder gar „in akuter Seenot" war. Nicht selten lag der primäre Fokus auf der Erfüllung von gesetzlichen Vorschriften oder Auflagen der Versicherer. Aufgrund der veränderten Rahmenbedingungen für Unternehmen ist ein proaktives, systematisches und holistisches Risiko-Management jedoch Voraussetzung, um die Klippen in stürmischer See rechtzeitig zu erkennen und zu umschiffen.

---

177 Quelle: ROMEIKE, F.: Integriertes Risk Controlling und Risikomanagement im global operierenden Konzern, in: Schierenbeck, H.: Risk Controlling in der Praxis, Zürich 2006, S. 457.

Literaturverzeichnis

ARTZNER, PH.; DELBAEN, F.; EBER, J. M.; HEATH, D.: Coherent Measures of Risk, in Mathematical Finance 9 no. 3/1999, S. 203-228.

BAWCUTT, P.: Captive Insurance Companies: Establishment, Operation and Management, London 1997.

BLEYMÜLLER, J.; GEHLERT, G.; GÜLICHER, H.: Statistik für Wirtschaftswissenschaftler, München 2008.

EICKSTÄDT, J.: Alternative Risiko-Finanzierungsinstrumente, München 2001.

EMBRECHTS, P.; KLÜPPELBERG, C.; MIKOSCH, T.: Modelling extremal events for insurance and finance, Berlin 1997.

ERBEN, R.; ROMEIKE, F.: Allein auf stürmischer See – Risikomanagement für Einsteiger, Weinheim 2003.

ETTENGRUBER, R.: Einsatz von Control Self Assessment (CSA) für die Interne Revision heute, in: Förschler, D. (Hrsg.): Innovative Prüfungstechniken und Revisionsvorgehensweisen, Frankfurt/Main 2007, S. 435-474.

FISZ, M.: Wahrscheinlichkeitsrechnung und mathematische Statistik, 11. Auflage, Berlin 1989.

FORRESTER, J. W.: Industrial Dynamics, Cambridge 1977.

GLEIßNER, W.; ROMEIKE, F.: Risikomanagement – Umsetzung, Werkzeuge, Risikobewertung, Freiburg im Breisgau 2005.

GLEIßNER, W.; ROMEIKE, F.: Grundlagen und Grundbegriffe einer risikoorientierten Unternehmensführung (Band 1: Schriftlicher Management-Lehrgang „Risikoorientierte Unternehmensführung", Euroforum Verlag), Düsseldorf 2007.

GLEIßNER, W.; ROMEIKE, F.: Quantitative Risikoanalyse, Risikoaggregation und risikogerechte Kapitalkosten (Band 4: Schriftlicher Management-Lehrgang „Risikoorientierte Unternehmensführung", Euroforum Verlag), Düsseldorf 2007.

GUMBEL, E. J.: Statistics of extremes, New York 1958.

HAGER, P.: Corporate Risk Management – Value at Risk und Cash Flow at Risk, Frankfurt/Main 2004.

LINSTONE, H. A.: The Delphi-Method – Techniques & Applications, Massachusetts 1975.

LÖFFLER, H.; ROMEIKE, F.: Risiken schultern: Gesunde Balance für erfolgreiche Unternehmen, in: Finance, Heft 11/2007, S. 30.

PODDIG, TH.; DICHTL, H.; PETERSMEIER, K.: Statistik, Ökonometrie, Optimierung – Methoden und ihre praktischen Anwendungen in Finanzanalyse und Portfoliomanagement, Bad Soden/Ts. 2008.

ROMEIKE, F.: Traditionelle und alternative Wege der Risikosteuerung und des Risikotransfers, in: Romeike, F.; Finke, R.: Erfolgsfaktor Risiko-Management: Chance für Industrie und Handel, Wiesbaden 2003, S. 247-270.

ROMEIKE, F.: Lexikon Risiko-Management, Weinheim 2004.

ROMEIKE, F.: Integration des Managements der operationellen Risiken in die Gesamtbanksteuerung, in: BIT (Banking and Information Technology), Band 5, Heft 3/2004, S. 41-54.

ROMEIKE, F.: Frühwarnsysteme im Unternehmen, Nicht der Blick in den Rückspiegel ist entscheidend, in: Rating aktuell, April/Mai 2005, Heft 2, S. 22-27.

ROMEIKE, F.: Frühaufklärungssysteme als wesentliche Komponente eines proaktiven Risikomanagements, in: Controlling, Heft 4-5/2005 (April/Mai), S. 271-279.

ROMEIKE, F.: Integriertes Risiko-Controlling und -Management im global operierenden Konzern, in: Schierenbeck, H. (Hrsg.): Risk Controlling in der Praxis, Zürich 2006, S. 429-463.

ROMEIKE, F.: Gesunder Menschenverstand als Frühwarnsystem (Gastkommentar), in: Der Aufsichtsrat, Ausgabe 05/2008, S. 65.

ROMEIKE, F.: Rechtliche Grundlagen des Risikomanagements – Haftungs- und Strafvermeidung durch Corporate Compliance, Berlin 2008

ROMEIKE, F.; FINKE, R.: Erfolgsfaktor Risiko-Management: Chance für Industrie und Handel, Wiesbaden 2003.

ROMEIKE, F.; LÖFFLER, H.: RiskNET Experten-Studie: Wert- und Effizienzsteigerung durch ein integriertes Risiko- und Versicherungsmanagement, Oberaudorf/Hamburg 2007.

ROMEIKE, F.; HEINICKE, F.: Schätzfehler von „modernen" Risikomodellen, in: Finance, Heft 2/2008, S. 32-33.

ROMEIKE, F.; MÜLLER-REICHART, M.: Risikomanagement in Versicherungsunternehmen – Grundlagen, Methoden, Checklisten und Implementierung, 2. Auflage, Weinheim 2008.

SACHS, L.: Angewandte Statistik, Berlin/Heidelberg 1992.

SCHIERENBECK, H. (Hrsg.): Risk Controlling in der Praxis, Zürich 2006.

SEEGER, TH.: Die Delphi-Methode. Expertenbefragungen zwischen Prognose und Gruppenmeinungsbildungsprozessen. Überprüft am Beispiel von Delphi-Befragungen im Gegenstandsbereich Information und Dokumentation, Freiburg im Breisgau 1979.

SIMON, H.; GATHEN, A. VON DER: Das große Handbuch der Strategieinstrumente – Alle Werkzeuge für eine erfolgreiche Unternehmensführung, Frankfurt/Main 2002.

STERMAN, J. D.: Business dynamics: systems thinking and modeling for a complex world, Boston 2000.

STROHHECKER, J.; SEHNERT, J. (Hrsg.): System Dynamics für die Finanzindustrie – Simulieren und Analysieren dynamisch-komplexer Probleme, Frankfurt/Main 2008.

SWISS RE: sigma Nr. 1/2003 Alternativer Risikotransfer – Eine Bestandsaufnahme, Zürich 2003.

USAF PROJECT RAND REPORT DELPHI ASSESSMENT: Expert Opinion, Forecasting and Group Process (www.rand.org/pubs/reports/2006/R1283.pdf).

VESELY, W. ET AL.: Fault Tree Handbook. NUREG-0492, Washington DC 1981 (www.nrc.gov/reading-rm/doc-collections/nuregs/staff/sr0492/sr0492.pdf).

Der Begriff „Strategie" leitet sich ab aus dem Griechischen,
wo er so viel bedeutet wie „Feldherrenkunst".
Demnach ist in der „Unternehmensstrategie"
das Element der „Menschenführung" ebenso enthalten
wie der richtige Einsatz aller Ressourcen, Techniken und
Materialien. Kurz gefasst können wir sagen:
Strategie ist die Kunst, zu gewinnen,
Menschen und Unternehmungen zum Sieg,
zum Erfolg zu führen.

IV. Strategische Chancen und Risiken von Investitionen

1. Lessons learned: Konkurrenz für die Post – Erschließung neuer Märkte

Die Erschließung neuer Märkte versetzt Investoren jedes Mal in Goldgräberstimmung. Und in den letzten Jahrzehnten gab es zahlreiche Chancen für Goldgräber: Mauerfall, Öffnung der ehemaligen UdSSR und Chinas für westliche Investoren, Privatisierung der Bundespost und Liberalisierung von Telekommunikation und Postbeförderung, Versteigerung der UMTS-Lizenzen und vieles mehr.

Das deutsche Postmonopol aus dem Jahr 1597 wurde nach gut 400 Jahren schrittweise aufgelöst. Wie schon zuvor bei der Liberalisierung der Telekommunikation mangelt es nicht an Wettbewerbern. FedEx, Midway, TNT, Hermes, UPS und viele andere stehen am Start, um der Post Marktanteile abzujagen. Dabei haben bereits die ersten Konsolidierungen und Insolvenzen stattgefunden. Die bisher bekannteste Insolvenz dürfte der Zusammenbruch der PIN-Group S. A. sein. Die Wurzeln des Unternehmens reichen bis zu seiner Gründung 1999 in Berlin zurück. Danach folgte ein rasantes Wachstum mit Unternehmenszukäufen und Einbringungen von Briefdienstleistern durch neue Gesellschafter, insbesondere durch Verlage, die sich an PIN Mail beteiligten.

Der Umsatz des Unternehmens sollte sich in den letzten zwei Jahren vor dem Zusammenbruch fast verdoppeln (von 168 Mio. im Jahr 2006 auf geschätzte 350 Mio. im Jahr 2008), die Mitarbeiterzahl erreichte mit über 11.000 Beschäftigten im Jahr 2007 ihren Höchststand. Für 2010 prognostizierte das Unternehmen auf seiner Homepage sogar einen angestrebten Umsatz von mehr als einer Milliarde Euro.[178] Mit der Eröffnung des ersten PIN Partner Shops in der Sparkassen Siegen am 1. September 2007 und der damit eingeleiteten Strategie zur Ausdehnung auf bis zu 13.400 mitarbeiterbesetzte Filialen des deutschen Sparkassen-Filialnetzes waren die besten Voraussetzungen dafür geschaffen.[179]

---

[178] Vgl. www.pin-group.net, Menüpunkt „Die PIN-Gruppe", Stand Juli 2008.

[179] Die Autoren gehen davon aus, dass aus Platzgründen in Automatenfilialen keine Shops eröffnet werden könnten. Für Details zum Filialnetz der Sparkassen (Stand 2008) vgl.: www.dsgv.de.

Mit der Einführung eines Mindestlohns, resultierend aus einem zwischen der Gewerkschaft ver.di und dem Arbeitgeberverband Postdienste geschlossenen Tarifvertrag, wurden die Post-dienstleistungen für PIN Mail in zahlreichen Gebieten Deutschland unwirtschaftlich, der Hauptaktionär des Unternehmens zog sich zurück und es begann reihenweise die Insolvenz zahlreicher regionaler PIN-Tochtergesellschaften.[180] Im Anschluss begann der Kampf um das Überleben der PIN-Group. Die wirtschaftlich interessanten Teile des Unternehmens wurden vom Insolvenzverwalter an neue Investoren veräußert.[181] Wie konnte ein so großes Unter-nehmen so sehr in die Schieflage geraten?

Das Risikomanagement des Unternehmens hatte, sofern es überhaupt existierte, die Einfüh-rung eines Mindestlohns als wesentliches Risiko nicht erkannt. Obwohl der Arbeitgeberver-band Postdienste von dem Hauptkonkurrenten maßgeblich beeinflusst werden könnte, exis-tierte wohl kein Notfallplan für ein solches Risiko. Zwar hatte PIN Mail gemeinsam mit dem Arbeitgeberverband Neue Brief- und Zustelldienste (NBZ) durch die Förderung der kurzfris-tigen Gründung einer Gegen-Gewerkschaft zu Ver.di (Gewerkschaft der Neuen Brief- und Zustelldienste) versucht, sich dem drohenden Ver.di-Tarifvertrag zu entziehen, doch im No-vember 2007 beschließt die Bundesregierung die Aufnahme des Briefzustellerbereichs in das Arbeitnehmer-Entsendegesetz (AEntG) und im Dezember 2007 bestätigt der Bundesrat die Ausweitung des Gesetztes auf die Branche, was die Voraussetzungen für die Einführung eines Mindestlohns schafft.[182] Damit scheiterte auch der letzte Versuch der PIN-Group zur Verhin-derung des Mindestlohns.

Die Einführung eines Mindestlohns war kein bis dahin unbekanntes Ereignis, zuvor wurde bereits für die Baubranche und für Gebäudereiniger durch die Aufnahme in das Entsendege-setz der Weg für einen Mindestlohn geebnet. Im März 2008 haben noch sieben weitere Branchen dieses Verfahren beantragt.[183] Wie hätte das für die PIN-Group und die damit verbundenen Investitionen schlagend gewordene Erfolgsrisiko frühzeitig erkannt werden können?

Maßgebliche Einflussfaktoren bei Unternehmenskrisen, die auch im Fall der PIN-Group zu erkennen waren, sind nach Erben[184]:

■ *Strategische Fehleinschätzungen*

  Die eigene strategische Ausrichtung des Unternehmens ist regelmäßig kritisch zu hinter-fragen und mit den sich wandelnden Rahmenbedingungen abzugleichen. Gerade aufgrund der steigenden Umweltkomplexität und -dynamik nimmt die Gefahr zu, strategische Feh-ler zu begehen.

---

180 Vgl. Pressemeldungen ab Dezember 2007 im Archiv auf www.pin-group.net.
181 Vgl. Tagesschau vom 25.09.2008, „Holtzbrink kauft PIN-Gesellschaften".
182 Vgl. Focus Magazin, www.focus.de, 20.12.2007.
183 Vgl. http://www.focus.de/finanzen/news/entsendegesetz_aid_267798.html.
184 Vgl. ERBEN, R.: Lessons Learned: Beispiele für den Eintritt von Strategierisiken, operationellen Risiken und Reputationsrisiken, in: Kaiser, T. (Hrsg.): Wettbewerbsvorteil Risikomanagement, Berlin 2007, S. 39 ff.

■ *Versagen von Aufsichtsgremien und Banken sowie mangelhafte Kontrollsysteme*

Regelmäßig wird bei Unternehmenskrisen und -zusammenbrüchen ein Versagen der Aufsichts- und Kontrollorgane konstatiert. Die durch strenge regulatorische Auflagen wie zum Beispiel Basel II in ihrem Handlungsspielraum eingeengten Banken neigen zeitweise zu Überreaktionen und entziehen so auch prinzipiell kreditwürdigen Unternehmen ihre Unterstützung voreilig.

■ *Intransparenz der Geschäfte und Unternehmensstrukturen*

Mit zunehmender Intransparenz der Geschäfte eines Unternehmens und seiner Strukturen nimmt auch die Effizienz von Kontrollen ab. Zusätzlich fördert Intransparenz das absichtliche Verdecken von Fehlern und die Entstehung von Wirtschaftskriminalität. Letztendlich kann Intransparenz in einer Krise Externe von einer Hilfestellung bzw. einem Engagement mit frischem Kapital abhalten, da diese von der Unübersichtlichkeit des Investments abgeschreckt werden.

■ *Unzureichende Risikokultur*

Das Risikobewusstsein jedes einzelnen Mitarbeiters ist gefordert und gilt es zu fördern. Dazu bedarf es einer entsprechenden Unternehmenskultur. Insbesondere bei sehr erfolgreichen Unternehmen lässt die Unternehmenskultur tendenziell ein Bewusstsein für mögliche Fehlentscheidungen und Risiken vermissen. Kommt dann eine Fixierung auf den Unternehmensgründer respektive Vorstandsvorsitzenden hinzu, wird offene Kritik an Missständen und die Diskussion von Gefahren und Risiken allzu oft gemieden.

■ *Politische Einflussnahme*

Große Unternehmen und Gruppen branchengleicher Unternehmen betreiben gerne Lobbyarbeit, national wie auch europaweit oder gar international. Aber auch in der Region sind sie meist mit dem politischen System in einem guten Kontakt. Bei größeren Unternehmen entstehen zusätzliche Verflechtungen durch die Besetzung von Aufsichtsratsposten mit Politikern oder beispielsweise die Vergabe von Beraueraufträgen an Politiker mit dazu geeigneten Berufen aus ihrer Zeit vor Amtsantritt. Politiker sind aber nicht unbedingt gute und sachverständige Kontrolleure in einem Aufsichtsrat. Umgekehrt ist deren Möglichkeit zur Unterstützung des Unternehmens in einer Krise von politischer Seite begrenzt. Bei Unternehmenszusammenbrüchen ist immer häufiger ein schneller Rückzug der Politik zu beobachten.[185] Anders verhält es sich bei Systemkrisen wie zum Beispiel der Finanzmarktkrise.

Im Fall der PIN-Group kann zumindest ein Versäumnis in der hinreichenden Berücksichtigung strategischer Risiken erkannt werden, zumal das Szenario einer Mindestlohneinführung schon von anderen Branchen bekannt war. Ebenso ist eine politische Einflussnahme in Form einer erfolgreichen Lobbyarbeit des Konkurrenten Post AG nicht auszuschließen.

---

[185] Vgl. ERBEN, R.: Lessons Learned: Beispiele für den Eintritt von Strategierisiken, operationellen Risiken und Reputationsrisiken, in: Kaiser, T. (Hrsg.): Wettbewerbsvorteil Risikomanagement, Berlin 2007, S. 42 ff.

2.   Methoden: Strategische Chancen und Risiken erkennen

Im Folgenden werden zwei Methoden zur Bewertung und Quantifizierung von strategischen Chancen und Risiken vorgestellt. Begonnen wird mit der Spieltheorie, die derzeit einen noch abstrakten Ansatz bietet, jedoch als erste Methode die Umweltzustände nicht als gegeben ansieht sondern abhängig vom Handeln der Konkurrenten. Daran sich anschließend erfolgt die Bewertung von strategischen Chancen und Risiken mit Hilfe von Realoptionen, die bereits seit Jahren zur Quantifizierung in Unternehmensbewertungsmodellen eingesetzt werden und ebenfalls den Wert einer Option von den Handlungen der anderen Investoren bzw. Konkurrenten abhängig machen.

Die Spieltheorie befasst sich als Wissenschaft mit der Modellierung von Entscheidungsprozessen, in denen die Umweltbedingungen sich dynamisch verändern können. Hierbei werden agierende oder auf eigene Entscheidungen reagierende Konkurrenten (Mitspieler) angenommen. Die Spieltheorie war ursprünglich eine mathematische Theorie und hat in den letzten Jahren Einzug in die Realwissenschaften, insbesondere in die Wirtschaft- und Sozialwissenschaft, gehalten. Sie eignet sich vorrangig für Strategieplanung, Marketing und Organisation, um Probleme als strategische Konflikte abzubilden. Dabei handelt es sich jedoch um eine relativ junge Disziplin der Wissenschaft, so dass in der Literatur Grundlagenforschung gegenüber praktischen Anwendungen tendenziell überwiegt.

Im Gegensatz zu der klassischen Entscheidungstheorie, die Umweltsituationen wie zum Beispiel das Verhalten der Konkurrenz eines Unternehmens am Markt als gegeben ansieht und unter diesen Rahmenbedingungen nach dem optimalen Ergebnis sucht, betrachtet die Spieltheorie die wechselseitigen Abhängigkeiten zwischen eigenen Entscheidungen und dem Konkurrenzverhalten. Ähnlich wie bei Gesellschaftsspielen ändern sich die Rahmenbedingungen einer Entscheidung durch das Verhalten rationaler Gegenspieler. Das Ergebnis einer Entscheidungssituation ist damit sowohl vom eigenen als auch von dem Verhalten anderer Entscheider (Konkurrenten) abhängig, wobei eine soziale Interaktion zwischen allen Beteiligten berücksichtigt wird. Rieck definiert ein strategisches Spiel als eine Entscheidungssituation, in der mehrere vernunftbegabte Entscheider Einfluss auf das Resultat haben und dabei ihre eigenen Interessen verfolgen.[186]

Die grundlegende Idee der Spieltheorie lässt sich am Beispiel des häufig zitierten und bereits genannten Gefangenen-Dilemmas beschreiben. Zwei eines Verbrechens beschuldigte Gefangene werden isoliert inhaftiert und bekommen vom Staatsanwalt jeweils folgendes Angebot unterbreitet: Bei Gestehen des Verbrechens wird im Rahmen einer Kronzeugenregelung Haftverschonung garantiert, der zweite Beschuldigte erhält dann neun Jahre Haft. Gestehen beide, erhalten sie beide jeweils fünf Jahre Haft. Leugnen beide, können sie nur wegen ge-

---

[186] Vgl. RIECK, C.: Spieltheorie – eine Einführung, Eschborn 2007, S. 21 ff.

ringfügigerer Vergehen für je ein Jahr inhaftiert werden. Da aber das Verhalten nicht mehr gegenseitig abgestimmt werden kann, kommt es sowohl zu einem persönlichen Dilemma jedes Einzelnen als auch für die Gruppe beider Inhaftierter.

		Gefangener Peter	
		leugnen	gestehen
Gefangener Frank	leugnen	(1;1)	(9;0)
	gestehen	(0;9)	(5;5)

Tabelle IV.1: *Matrix Szenario 1*

Die Matrix bedeutet: Wenn Peter und Frank leugnen, bekommen sie jeweils ein Jahr Haft. Wenn Peter gesteht und Frank leugnet, bekommt Frank neun Jahre Haft und Peter geht straffrei aus. Wenn beide gestehen erhalten sie jeweils fünf Jahre Haft. Die Maximalstrafe beträgt für jeden Einzelnen neun Jahre Haft und die persönliche Nutzenmaximierung besteht nun in der Reduzierung der maximalen Haftzeit. Dazu wird die Matrix in Anlehnung an Rieck überführt in eine Darstellung der verkürzbaren Haftzeit in Jahren (= Maximalstrafe – Hafterleichterung durch Gestehen bzw. beidseitiges Leugnen).

		Gefangener Peter	
		leugnen	gestehen
Gefangener Frank	leugnen	(8;8)	(0;9)
	gestehen	(9;0)	(4;4)

Tabelle IV.2: *Matrix Szenario 2*

Die neue Matrix kennzeichnet die Hafterleichterung durch Verkürzung der Haftzeit in Jahren und dadurch einem Zugewinn von Jahren in Freiheit. Wenn Peter gesteht und Frank leugnet, gewinnt Peter neun Jahre in Freiheit und Frank null, da er die Maximalstrafe absitzen muss. Wenn beide leugnen gewinnen sie jeweils acht Jahre in Freiheit, da beide nur das eine Jahr absitzen müssen. Gestehen beide und müssen folglich fünf Jahre absitzen, haben sie immer noch vier Jahre in Freiheit gewonnen.

Die Strategie „beidseitiges Leugnen" stellt immer noch die für beide beste Alternative da und führt damit zum maximalen Ergebnis für die Gruppe. Für jeden Einzelnen jedoch entsteht durch die Ungewissheit über das Handelns des jeweils Anderen folgendes Dilemma: Egal wie Frank sich verhält, für Peter bietet die Variante „Gestehen" den größten individuellen Nutzen: Wenn Frank leugnet, bekommt Peter neun Freiheitsjahre und damit eins mehr als bei der Variante „Leugnen". Wenn Frank ebenfalls gesteht, bekommt Peter vier Freiheitsjahre und damit vier mehr als bei der Variante „Leugnen". Gleichgültig wie Frank sich verhält, die Variante „Gestehen" bietet in jedem Szenario die für Peter persönlich beste Lösung. Das Gleiche gilt auch aus Franks Perspektive gegenüber Peter.

Die Variante „beidseitiges Gestehen" wird auch als strategisches Gleichgewicht bzw. Nash-Gleichgewicht bezeichnet[187], da für jeden einzelnen Entscheider als Einziger das Abweichen von dieser Strategie zu einem für ihn persönlich schlechteren Ergebnis führt. Denn weicht nur einer ab, so erhält er statt vier Freiheitsjahren keine Haftverschonung (null).

Sowohl das strategische Gleichgewicht als auch die persönliche Nutzenoptimierung führen zu einem Ergebnis, das aus Gruppensicht die schlechteste Lösung darstellt: Wenn beide gestehen, müssen sie in der Summe zehn Jahre Haft absitzen (= Gruppenergebnis von 2 • 5 Jahren). In jeder anderen Variante wäre das Gruppenergebnis besser (zum Beispiel 2 • 1 Jahr oder 0 + 9 Jahre). Auch ist der Nutzen für jeden Einzelnen geringer als bei beidseitigem Leugnen. Trotzdem stellt die Variante „beidseitiges Gestehen" bei Unsicherheit über das Verhalten des Konkurrenten die persönlich beste Lösung dar.

Die Spieltheorie bietet weitaus komplexere Modelle als das Gefangenendilemma, das sich jedoch für eine Einführung in die Thematik besonders gut eignet. Das Beispiel zeigt, dass das Ergebnis eines strategischen Spiels von der Interaktion der einzelnen Entscheider abhängt und diese sich bei ihrer Entscheidungsfindung von den Handlungsmöglichkeiten der Konkurrenten und ihrer Wirkung auf das Gesamtergebnis beeinflussen lassen. Eine Übertragung auf die Praxis könnte beispielsweise die strategische Frage sein, ob das eigene Unternehmen einen bestimmten Markt betreten soll oder ihn seinen Konkurrenten überlassen möchte.

Ein praktisches Beispiel bildet die Schließung von Bankfilialen in ländlicheren und strukturschwachen Regionen. Wird ein Filialbetrieb dort als unrentabel identifiziert, wäre eine Schließung die logische Konsequenz. Dann müssten die vorhandenen Kunden den Weg zum nächsten Ort mit einer noch vorhandenen Filiale auf sich nehmen. Schließt die Konkurrenz ihre (ebenfalls unrentable) Filiale jedoch nicht, wird sich die Bank mit dem Rückzug der eigenen Präsenz aus diesem Geschäftsgebiet schwer tun. Ähnlich dem Gefangenendilemma entsteht die für beide Unternehmen zusammen betrachtet schlechteste Variante: Betrieb zweier jeweils unrentablen Filialen. Würde sich eine Bank aus dem Geschäftsgebiet zurückziehen, dann hätte die damit einsetzende Kundenwanderung zur verbleibenden Filiale der Konkurrenz eine Verbesserung deren Rentabilität zur Folge. Ähnlich dem Gefangenendilemma erreicht so ein Unternehmen das maximale und das andere das schlechteste Ergebnis. Erst wenn sich beide zurückziehen, würde daraus das beste Ergebnis für die Gruppe entstehen, die Schließung zweier jeweils unrentabler Filialen.

Die Spieltheorie unterscheidet zwischen kooperativen Spielen (Kommunikation mit bindender Vereinbarung zwischen den Spielern) und nicht-kooperativen Spielen (bindende Vereinbarungen sind nicht möglich). Für beide Zweige werden entsprechende Modelle bereitgestellt. Jedoch sind in der wirtschaftlichen Realität aufgrund von gesetzlichen Rahmenbedingungen (etwa um Monopole zu verhindern) und Aufsichtsbehörden (beispielsweise Bundeskartellamt) teilweise keine rechtlich bindenden Verträge möglich. Ein weiteres Beispiel für ein nicht-kooperatives strategisches Spiel bietet die langjährige Konkurrenz zwischen den digitalen Pay-TV-Anbietern Premiere (Bertelsmann/Canal+) und DF1 (Kirch-Gruppe). Der Bieterwettkampf um Ausstrahlungsrechte und Sportrechte bescherte beiden

---

[187] Vgl. NASH, J.: Non-Cooperative Games, in: Annals of Mathematics 54, 1951, S. 286-295.

Anbietern hohe Verluste mit erheblichen Konsequenzen für beide Seiten.[188] Ein weiteres Beispiel bietet die Versteigerung der UMTS-Lizenzen an Mobilfunkbetreiber.

Einen weiteren wissenschaftlichen Ansatz zur Bewertung von strategischen Chancen und Risiken bieten die Realoptionen, deren Konzept sich aus den finanzmarktwirtschaftlichen Kapitalmarktoptionen ableitet. Strategische Risiken ergeben sich aus den getroffenen Entscheidungen des Unternehmens, beispielsweise in eine Fertigungsstätte zu investieren, noch zu warten oder diese Investition bewusst zu unterlassen. Die gleiche Handlungsoption haben oftmals mehrere Investoren gleichzeitig, so dass der Wert einer Realoption von den Handlungen der anderen Investoren bzw. Konkurrenten beeinflusst wird.

Die Handlungsalternativen von Unternehmen haben viele *Parallelen zu Aktienoptionen*. Eine Investition bedeutet die Möglichkeit, gegen Zahlung eines Entgelts eine Vermögensposition mit unsicherer Wertentwicklung zu erwerben. Die Investitionsauszahlung ist vergleichbar mit dem Basispreis einer Aktienoption. Dem steht der Barwert aller erwarteten Rückflüsse aus der Investition gegenüber, der vergleichbar ist mit dem Kassakurs einer Aktie. Der Zeitraum, bis zu dessen Ende die Investitionsentscheidung getroffen werden kann, ist vergleichbar mit der Optionslaufzeit einer Aktienoption.

Aktienoption	Investition	Desinvestition
Aktienkurs (=Bezugsgut)	Gegenwartswert der erwarteten Rückflüsse (ohne Investitionsauszahlung)	Gegenwartswert der erwarteten Rückflüsse
Basispreis	Investitionsauszahlung	Desinvestitionseinzahlung
Optionslaufzeit	Zeitraum, bis zu dessen Ende mit der Investitionsentscheidung gewartet werden kann	Zeitraum, bis zu dessen Ende mit der Desinvestitionsentscheidung gewartet werden kann

Abbildung IV.1: *Parallelen zwischen Aktienoptionen und Realoptionen*

Ebenso wie die Möglichkeit einer Investition lässt sich auch die Möglichkeit einer Desinvestition mit einer Aktienoption vergleichen. In Abbildung IV.1 werden in Anlehnung an Tomaszewski die Parallelen zwischen einer Aktienoption und den beiden Investitionsmöglichkeiten aufgezeigt.[189] Die Möglichkeit, eine Investition respektive Desinvestition zu

---

[188] Vgl. ERBEN, R.: Lessons Learned: Beispiele für den Eintritt von Strategierisiken, operationellen Risiken und Reputationsrisiken, in: Kaiser, T.: Wettbewerbsvorteil Risikomanagement, Berlin 2007, S. 45.

[189] Vgl. TOMASZEWSKI, C.: Bewertung strategischer Flexibilität beim Unternehmenserwerb – Der Wertbeitrag von Realoptionen, Frankfurt/Main 2000, S. 92.; WERNER, T.: Investitionen, Unsicherheit und Realoptionen, Wiesbaden 2000, S. 39.

tätigen oder zu unterlassen, wird als *Realoption* bezeichnet. Unter einer Realoption ist allgemein die zukünftige Wachstumsmöglichkeit eines Unternehmens zu verstehen. Die Existenz von Realoptionen mit einem positiven Wert setzt das Vorhandensein von Faktoren wie Marktmacht, Kostenvorteile oder Marktfriktionen voraus.[190]

Die Realoption einer Investition wird dann in Anspruch genommen, wenn bis zum Ende des Entscheidungszeitraums der Barwert aller erwarteten Rückflüsse aus der Investition größer als der Investitionsbetrag ist. Auch hier ist die Analogie zur Kaufoption auf eine Aktie (engl. Call) erkennbar, da diese ausgeübt wird, wenn der Aktienkurs (vgl. Barwert zukünftiger Erträge der Investition) über dem Basispreis (vgl. Investitionsbetrag) liegt.

	Aktienoption	**Investition**	**Desinvestition**
Einsatzzweck	Spekulation / Hedging	Erhöht das Gewinnpotenzial des Unternehmens	Begrenzt das Verlustpotenzial
Veräußerbarkeit	Hohe Fungibilität der Option (aufnahmefähige Sekundärmärkte)	Realoptionen sind meist nicht veräußerbar	
Basispreis	Basispreis vertraglich fixiert	Basispreis als Barwert zukünftiger Cash Flows ist unsicher, da die Cash Flows selbst unsicher sind	

Abbildung IV.2:   *Unterschiede zwischen Aktienoptionen und Realoptionen*

Eine vollständige Übereinstimmung zwischen Aktienoptionen und Realoptionen besteht jedoch nicht. Tomaszewski verweist beispielhaft auf die permanent verfügbaren Marktpreise von Aktien und Aktienoptionen (vgl. Abbildung IV.2). Im Gegensatz dazu können die „Marktpreise" für die den Realoptionen zu Grunde liegenden Bezugsgüter häufig nur geschätzt werden. Während für Aktienoptionen gut funktionierende Sekundärmärkte existieren, sind Realoptionen häufig nicht veräußerbar.[191] Während der Käufer einer Aktienoption selbst und unabhängig von anderen Marktteilnehmern über die Ausübung entscheiden kann, ist für Realoptionen bei Existenz von Wettbewerbern diese Exklusivität nicht immer gegeben. Es kann vorkommen, dass eine Realoption mit dem gleichen Bezugsgut mehreren Unternehmen zur Verfügung steht, was zu einer Minderung des Werts für das einzelne Unternehmen führt.

---

[190] Vgl. LUCKE, C.: Investitionsprojekte mit mehreren Realoptionen – Bewertung und Analyse, in: Schriftenreihe Wirtschafts- und Sozialwissenschaften, Band 46, Sternenfels 2001, S. 7 f.

[191] Vgl. TOMASZEWSKI, C.: Bewertung strategischer Flexibilität beim Unternehmenserwerb – Der Wertbeitrag von Realoptionen, Frankfurt/Main 2000, S. 95-98.

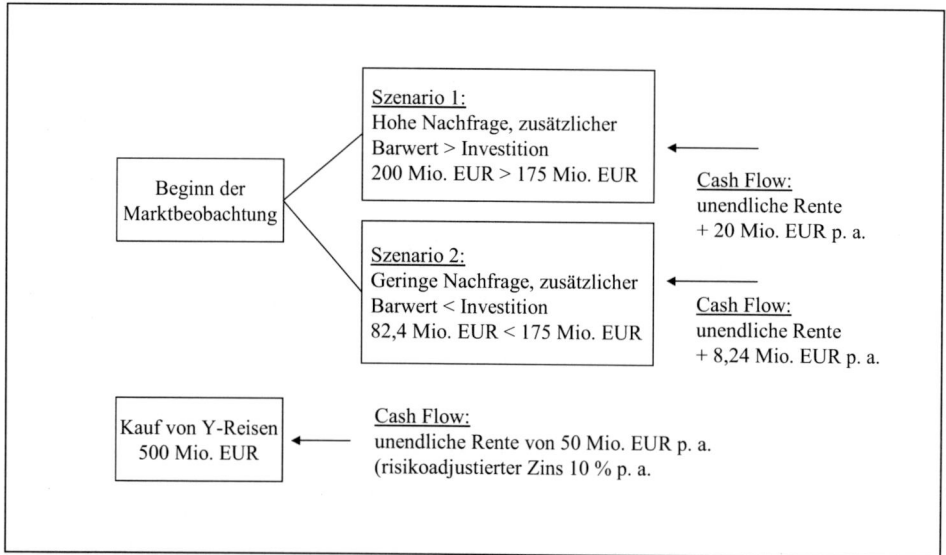

Abbildung IV.3: *Beispiel für eine Realoption*

Für die Bewertung von Realoptionen kann auf die finanzwirtschaftlichen Optionspreis-modelle zurückgegriffen werden. Als zeitdiskreter Ansatz wird häufig das Binomialmodell von Cox, Ross und Rubinstein angewendet, einen zeitstetigen Ansatz liefert das Black-Scho-les-Modell. Das *Binomialmodell von Cox, Ross und Rubinstein* ist zeitdiskret, da es eine begrenzte Anzahl von möglichen Wertänderungen während der Optionslaufzeit betrachtet.[192] Die Anwendung des Modells auf Realoptionen wird an einem Beispiel gezeigt.

Die Fluggesellschaft NCB Airlines plant das Konkurrenzunternehmen Y-Reisen zu 100 Prozent zu übernehmen. Der Wert des Konkurrenzunternehmens möge sich als Barwert aller erwarteten Rückflüsse ergeben, der vereinfachend als eine ewige Rente von 50 Mio. EUR jährlich geschätzt werden kann. Für einen risikoadjustierten Zinssatz von 10 % p. a. über alle Laufzeiten beträgt der Unternehmenswert von Y-Reisen nach der Discounted-Cash-Flow-Methode 500 Mio. EUR (= 50 Mio. EUR / 0,10). Zusätzlich zu den realisierbaren Rückflüssen aus dem Konkurrenzunternehmen erhofft sich die Fluggesellschaft NCB Airlines durch die Übernahme Synergieeffekte und ein schnelleres Wachstum des Marktanteils. Nach der Übernahme von Y-Reisen will die NCB Airlines über die Investition in neue Flugstrecken entscheiden. Zuvor soll jedoch eine Marktbeobachtung stattfinden. Der Zeitraum für die Marktanalyse und Entscheidungsvorbereitung möge ein Jahr betragen.

Nach Ablauf des Beobachtungszeitraums sind zwei gleichwahrscheinliche Szenarien denkbar. In Szenario 1 ist mit einer hohen Nachfrage für die neuen Flugstrecken zu rechnen. In Szena-rio 2 ist die erwartete Nachfrage zu gering, um in eine Erweiterung des Flugnetzes zu inves-

---

192 Vgl. COX, J. C; ROSS, S. A.; RUBINSTEIN, M.: Option pricing: a simplified approach, in: Journal of Finan-cial Economics, Vol. 7, No. 3, 1979, S. 229 ff.

tieren. Mit der hohen Nachfrage aus Szenario 1 sind höhere zukünftige Rückflüsse von 20 Mio. EUR zusätzlich pro Jahr zu erwarten. Auch die zusätzlichen Rückflüsse werden als eine ewige Rente betrachtet und ergeben bei einem konstanten risikoadjustierten Zinssatz von 10 % p.a. den Barwert von 200 Mio. EUR (= 20 Mio. EUR / 0,1). Dem steht in t = 1 eine Folgeinvestition für zusätzliche Flugstrecken und Maschinen in Höhe von 175 Mio. EUR gegenüber. Umgekehrt würden die zusätzlichen Rückflüsse in dem schlechteren Szenario 2 nur 8,24 Mio. EUR jährlich betragen, so dass für diesen Fall der Barwert der zusätzlichen Rückflüsse nur 82,40 Mio. EUR (= 8,24 Mio. EUR / 0,1) unter den zusätzlichen Investitionsausgaben liegt und daher keine Folgeinvestition durchgeführt wird. In Abbildung IV.3 wird der Sachverhalt grafsch verdeutlicht.

Die Möglichkeit der NCB Airlines, im Zeitpunkt t = 1 ihr Flugstreckennetz auszubauen, kann als eine Realoption aufgefasst werden. Im Gegensatz zu einer Aktie wird das Bezugsgut Flugstrecke jedoch nicht auf einem organisierten Markt gehandelt, folglich ist es schwierig, einen objektivierten Marktpreis festzustellen.[193] In der Literatur werden zwei Alternativen zur Abschätzung des Marktwerts für das Bezugsgut einer Realoption präsentiert. Zum einen wird die Abschätzung mit einem in der Risikostruktur stark korrelierenden Vermögenstitel vorgeschlagen, für Gold-, Kupfer- oder Ölförderrechte zum Beispiel anhand der jeweiligen Rohstoffpreise am Markt.[194] Zum andern kann die Wertbestimmung mit Hilfe eines Verfahrens aus der Investitionsrechnung erfolgen, da deren Zweck gerade die Ermittlung des Werts ist, zu dem das Investitionsobjekt bei Erfüllung der jeweiligen Modellprämissen am Kapitalmarkt gehandelt würde.

Preisbestimmende Parameter der Realoption	Wert	vergleichbarer Parameter bei einer Aktienoption
Barwert des Bezugsguts	B_0 = 128,36 Mio. EUR	Kassakurs der Aktie
Investitionsauszahlung	I = 175,00 Mio. EUR	Basispreis der Option
Steigungsfaktor	u = 1,5581	Steigungsfaktor
Senkungsfaktor	d = 0,6419	Senkungsfaktor
Zinssatz der Binomialperiode	r = 10 %	Zinssatz der Binomialperiode
Optionslaufzeit	T = 1 Jahr	Optionslaufzeit

Tabelle IV.3:   *Preisbestimmende Parameter der Realoption*

---

[193] Vgl. WERNER, T.: Investitionen, Unsicherheit und Realoptionen, Wiesbaden 2000, S. 39.

[194] Vgl. TOMASZEWSKI, C.: Bewertung strategischer Flexibilität beim Unternehmenserwerb – Der Wertbeitrag von Realoptionen, Frankfurt/Main 2000, S. 109 f.

In dem Beispiel der NCB Airlines lässt sich der Wert für das Bezugsgut „neue Flugstrecken" mit dem Barwert der daraus erwarteten Rückflüsse abschätzen. Der Erwartungswert für das Bezugsgut ergibt sich aus der Gewichtung der Barwerte beider Szenarien mit ihren Eintrittswahrscheinlichkeiten. In Szenario 1 hat das Bezugsgut neue Flugstrecken zum Zeitpunkt t = 1 einen Barwert von 200 Mio. EUR und die Eintrittswahrscheinlichkeit hierfür beträgt 50 %. Bei Szenario 2 wird mit gleicher Wahrscheinlichkeit nur ein Barwert von 82,4 Mio. EUR erreicht. Der Erwartungswert zum Zeitpunkt t = 1 beträgt 141,20 Mio. EUR (= 200,00 Mio. EUR • 0,5 + 82,40 Mio. EUR • 0,5). Die Diskontierung mit dem risikoadjustierten Zinssatz von 10 % p.a. führt zu einem Erwartungswert von 128,36 Mio. EUR im Zeitpunkt t = 0 (= 141,20 Mio. EUR / (1+0,1)). Das der Realoption zu Grunde liegende Bezugsgut „neue Flugstrecken" hat folglich zum Zeitpunkt t = 0 einen Barwert von 128,36 Mio. EUR.

Die bisherigen Bemühungen dienten nur zur Wertbestimmung des der Realoption zu Grunde liegenden Bezugsgutes.[195] Im nächsten Schritt wird das Optionsrecht auf das Bezugsgut bewertet. In Analogie zu einer Aktienoption sind die in Tabelle IV.3 gezeigten preisbestimmenden Parameter notwendig und bekannt.

Die notwendige Investitionsauszahlung ist exogen gegeben und der Barwert des Bezugsguts wurde oben berechnet. Wenn nach dem Ablauf einer Periode das Szenario 1 eintritt, steigt der Wert des Bezugsguts auf 200,00 Mio. EUR in t = 1. Aus der Relation von dem Barwert in Szenario 1 per t = 1 zu dem Barwert des Bezugsguts in t = 0 ergibt sich ein Steigungsfaktor von 1,5581 (= 200,00 Mio. EUR / 128,36 Mio. EUR). Bei Eintritt von Szenario 2 sinkt der Wert des Bezugsguts auf 82,40 Mio. EUR in t = 1, woraus sich ein Senkungsfaktor von 0,6419 errechnet (= 82,40 Mio. EUR / 128,36 Mio. EUR).

Für eine risikoneutrale Bewertung der Investitionsmöglichkeiten kann der Steigungs- und Senkungsfaktor mit Hilfe einer Formel von Cox/Ross/Rubinstein in Wahrscheinlichkeiten umgerechnet werden.[196] Die Grundlage hierfür bildet die risikoneutrale Bewertung einer Aktienoption mit Hilfe eines Duplikationsportfolios, welches aus Aktien und einem Kredit besteht. Um den Wert der Aktienoption zu bestimmen, können die Eigenschaften der Aktienoption vollständig mit einem Duplikationsportfolio nachgebildet werden. Wenn das Duplikationsportfolio zu jedem Zeitpunkt der betrachteten Laufzeit die gleichen Eigenschaften und den gleichen Wert wie die Aktienoption selbst hat, muss der Barwert des Duplikationsportfolios im Zeitpunkt t = 0 zu dem gesuchten Preis der Aktienoption führen. Eine ausführliche Darstellung der risikoneutralen Bewertung von Aktienoptionen würde den Umfang dieses Abschnitts übersteigen, weshalb auf einschlägige Literatur zu diesem Thema verwiesen wird.[197] Aus dem Modell von Cox/Ross/Rubinstein ergibt sich die gesuchte Gleichung IV.1 zur Berechnung von Wahrscheinlichkeiten aus den Steigungs- und Senkungsfaktor sowie dem risikolosen Zinssatz.[198]

---

[195] Bei Aktienoptionen entspricht der Kassakurs der Aktie dem Bezugsgut.

[196] Vgl. COX, J. C.; ROSS, S. A.; RUBINSTEIN, M.: Option pricing: a simplified approach, in: Journal of Financial Economics, Vol. 7, No. 3, 1979, S. 229 ff.

[197] Vgl. KOCH, C.: Optionsbasierte Unternehmensbewertung – Realoptionen im Rahmen von Akquisitionen, Wiesbaden 1999, S. 43 ff.

[198] Vgl. HULL, J. C.: Optionen, Futures und andere Derivate, 6. Auflage, München 2005, S. 300 ff.

Gleichung IV.1 : $p = \dfrac{1+r-d}{u-d}$

Die berechnete Wahrscheinlichkeit p für das Eintreten von Szenario 1 beträgt 50 % [= (1 + 0,10 – 0,6419) / (1,5581 – 0,6419)]. Daraus folgt als Gegenwahrscheinlichkeit 1 – p für das Eintreten von Szenario 2 ebenfalls der Wert 50 % (= 1 – 0,5). Der Wert der Investitionsmöglichkeit zum Zeitpunkt t = 1 ergibt sich aus der Differenz vom szenarioabhängigen Wert des Bezugsguts in t = 1 und der Investitionsauszahlung. Für Szenario 1 hat das Bezugsgut per t = 1 einen Barwert von 200 Mio. EUR, nach Abzug der Investitionszahlung von 175 Mio. EUR verbleiben 25 Mio. EUR.

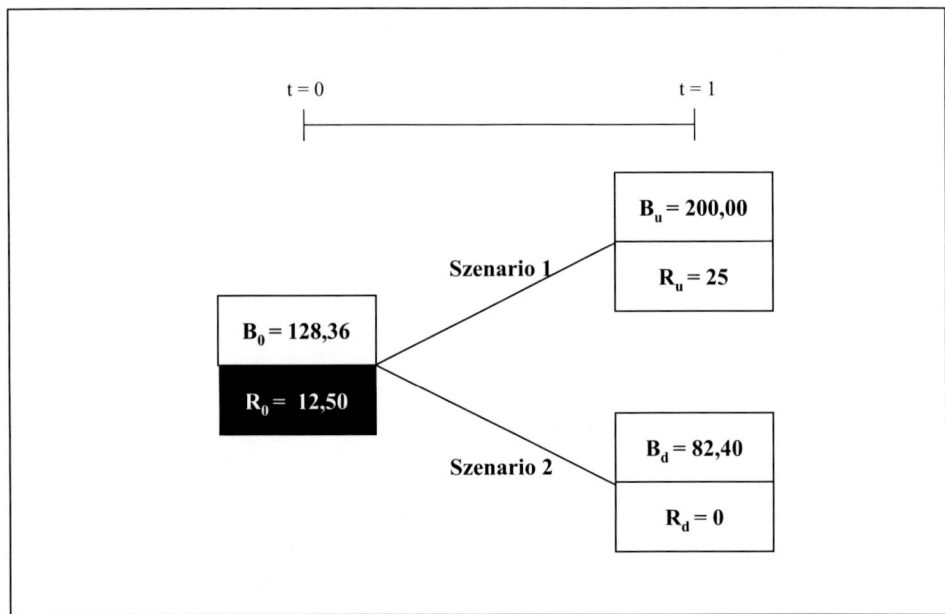

Abbildung IV.4: *Wertentwicklung von Bezugsgut B0 und Realoption R0 gemäß den Erwartungen des Investors*

Bei Eintritt von Szenario 2 hat die Investitionsmöglichkeit per t = 1 einen Wert von 0, da der Wert des Bezugsguts mit 84,40 Mio. EUR noch unter der Investitionsauszahlung von 175 Mio. EUR liegt und die Investition deshalb nicht getätigt wird. Mit Hilfe der Wahrscheinlichkeiten für das Eintreten der Szenarien lässt sich der Erwartungswert per t = 1 für die Investitionsmöglichkeit berechnen. Die beiden szenarioabhängigen Werte des Bezugsguts werden mit ihrer Eintrittswahrscheinlichkeit gewichtet und führen zu einem Erwartungswert von 12,50 Mio. EUR (= 0,5 • 25 Mio. EUR + 0,5 • 0 Mio. EUR).

In Abbildung IV.4 werden die Wertentwicklungen des Bezugsguts „neue Flugstrecken" der Realoption auf dieses Bezugsgut gegenübergestellt. Die Preisobergrenze für den Erwerb von Y-Reisen beträgt aus Sicht der NCB Airlines 512,50 Mio. EUR. Der Betrag setzt sich zusammen aus einem mit der traditionellen Discounted-Cash-Flow-Methode ermittelten Wert von 500,00 Mio. EUR und dem Wert der zusätzlichen Investitionsmöglichkeit in Höhe von 12,50 Mio. EUR.

Das betrachtete Modell hat bisher eine Optionslaufzeit von einer Periode, nach deren Ablauf einmalig die Entscheidung über den Ausbau des Flugstreckennetzes möglich ist. Denkbar ist auch, dass die Entscheidung bis zur vierten Periode getroffen werden kann. Das Binomialmodell wird für diesen Fall auf vier Teilperioden ausgedehnt. An dem Vorgehen ändert sich jedoch nichts. Für jede Teilperiode kann wieder ein Steigungs- und Senkungsfaktor ermittelt werden. Bei drei Teilperioden mit identischen Steigungs- und Senkungsfaktoren sind vier Umweltzustände am Ende der Optionslaufzeit denkbar.[199] Theoretisch ist die Ausdehnung auf unendliche viele Teilperioden möglich. Dann kann das zeitdiskrete Binomialmodell in das zeitstetige Black-/Scholes-Modell überführt werden. In Abbildung IV.5 ist skizziert, wie das Binomialmodell bei einer Vielzahl von Teilperioden gegen eine Normalverteilung strebt.[200]

Die Steigungs- und Senkungsfaktoren lassen sich mit Hilfe der Parameterüberführung von Cox/Ross/Rubinstein in eine Volatilität für die Normalverteilung umrechnen.[201] Die Konstante e steht für die Eulersche Zahl 2,718282, T ist die Laufzeit der Option und n die Anzahl der Binomialperioden. Daraus ergibt sich die Dauer einer Periode mit $dt = T/n$. Die Volatilität σ ist die auf den Zeitraum von 1 Jahr bezogene Standardabweichung des Bezugsguts.

Gleichung IV.2: $u = e^{\sigma \cdot \sqrt{dt}}$

Gleichung IV.3: $d = e^{-\sigma \cdot \sqrt{dt}} = 1/u$

Im Beispiel wird von einer Binomialperiode mit einem Steigungsfaktor von 1,5581 und einem Senkungsfaktor von 0,6419 ausgegangen. Die Optionslaufzeit T beträgt 1 Jahr. Um die gesuchte Volatilität σ berechnen zu können, müssen die Gleichungen für u und d umgestellt werden. Gleichung IV.2 dient zur Berechnung des Aufwärtsfaktors u. Für $T = 1$ und $n = 1$ ist der Wert der Wurzel 1 und es verbleibt für u der Ausdruck $u = e^{\sigma}$. Die Umkehrung der e-Funktion ist der Logarithmus und σ ergibt sich aus $\ln(u)$. Im Beispiel beträgt die Volatilität 44,34 % $(= \ln[1,5581])$. Weil die Volatilität symmetrisch ist, muss geprüft werden, ob sich für den Senkungsfaktor die gleiche Volatilität ergibt. Nach Einsetzen von $dt = 1$ in Gleichung IV.3 bleibt $d = e^{-\sigma}$ und die Umkehrfunktion lautet $\sigma = \ln(1/d)$. Der Abwärtsfaktor lässt sich ebenfalls in eine Volatilität von 44,34 % $(= \ln[1/0,6419])$ überführen.

---

[199] Die identischen Steigungs- und Senkungsfaktoren können wie Kopf und Zahl beim Werfen einer Münze betrachtet werden. Dabei ist es für das Endergebnis „Anzahl der Würfe mit Zahl oben" unerheblich, in welcher Reihenfolge Kopf und Zahl geworfen werden. Ebenso ist es für den Umweltzustand am Ende der Optionslaufzeit unerheblich, in welcher Reihenfolge die über alle Perioden identischen Steigungs- und Senkungsfaktoren eintreten.

[200] Vgl. SCHIERENBECK. H.; WIEDEMANN, A.: Marktwertrechnungen im Finanzcontrolling, Stuttgart 1996, S. 363 ff.

[201] Vgl. DEUTSCH, H-P.: Derivate und interne Modelle: Modernes Risikomanagement, 2. Auflage, Stuttgart 2001, S. 155 ff.; HULL, J. C.: Optionen, Futures und andere Derivate, 6. Auflage, München 2005, S. 303.

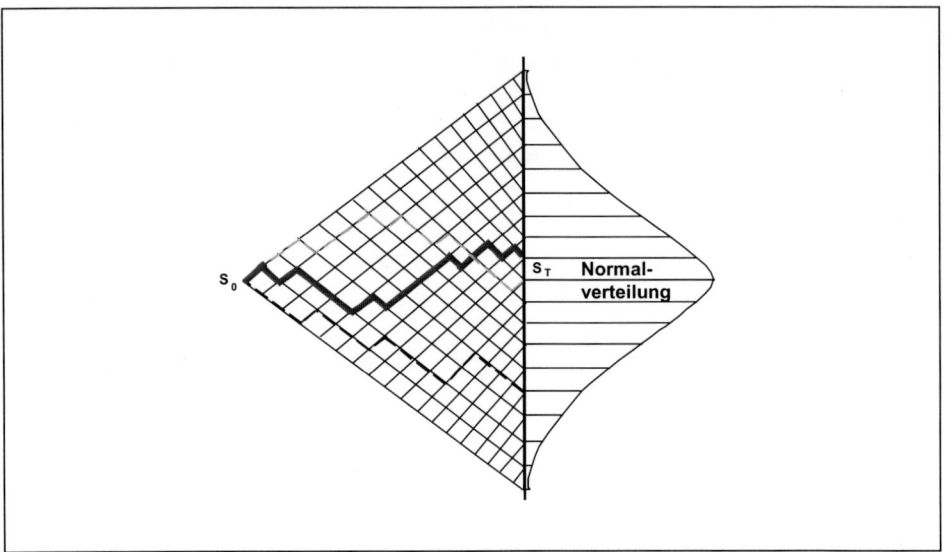

Abbildung IV.5:   *Für n → ∞ geht das Binomialmodell in die Normalverteilung des Black-Scholes-Modells über*

Nachdem die diskreten Steigungs- und Senkungsfaktoren in eine Volatilität überführt wurden, ist die Herleitung des Black-Scholes-Modell aus dem Binomialmodell zu zeigen. Der wesentliche Unterschied zwischen dem Black-Scholes-Modell und dem Binomialmodell besteht in der Annahme der Wertentwicklung des Bezugsguts. Statt dem zeitdiskreten multiplikativen Binomialprozess mit den Steigungs- und Senkungsfaktoren wird ein stochastischer Prozess mit einer Volatilität angenommen. Die zu Grunde liegende Annahme entspricht einem Random Walk, der aus einer deterministischen Trendkomponente μ und einer stochastischen Komponente, dem Wiener Prozess $dz = \varepsilon \cdot \sqrt{dt}$ (auch Geometrische Brownsche Bewegung genannt) besteht.[202] Da ε einer Standardnormalverteilung folgt, ist auch der Wiener Prozess dz normalverteilt mit einem Erwartungswert $\mu = 0$ und $\sigma = 1$. Für den einfachen Fall einer Aktie mit dem Kurs K ergibt sich die Aktienkursveränderung dK im Black-/Scholes-Modell aus Gleichung IV.4.

Gleichung IV.4: $dK = \mu \cdot K \cdot dt + \sigma \cdot K \cdot dz$

Das Black-Scholes-Modell basiert ebenso wie das Binomialmodell auf dem Gedanken eines risikolosen Hedgeportfolios, auch Duplikationsportfolio genannt, welches sich aus dem Kauf eines Anteils der Aktie und dem Verkauf einer Option auf die Aktie zusammensetzt.[203] Der Wert des Hedgeportfolios ist der Saldo aus der gekauften anteiligen Aktie und der verkauften Option.

---

[202] Vgl. HULL, J. C.: Optionen, Futures und andere Derivate, 6. Auflage, München 2005, S. 338 f.
[203] Vgl. SCHIERENBECK. H.; WIEDEMANN, A.: Marktwertrechnungen im Finanzcontrolling, Stuttgart 1996, S. 350 ff.

Gleichung IV.5: $H = \Delta \cdot K - C$

Der Ausdruck Delta (Δ) entspricht der relativen Veränderung des Optionswerts in Bezug auf den Aktienkurs ($\Delta = dC / dK$) und steht für den Aktienanteil im Portfolio. Ändert sich der Aktienkurs um den Betrag dK, bewirkt dies eine Veränderung des Portfoliowerts um dH.

Gleichung IV.6: $dH = \Delta \cdot dK - dC$

Die Veränderung dC des Optionswerts C lässt sich durch eine Taylor-Approximation beschreiben (vgl. Schritt 1 in Abbildung IV.6). Der letzte Summand beinhaltet das Gamma und den Faktor $(dK)^2$. Wenn angenommen wird, dass der Aktienkurs K einem Wiener Prozess folgt, kann $(dK)^2$ durch den Ausdruck $(\sigma \cdot K \cdot \sqrt{dt})^2$ bzw. $\sigma^2 \cdot K^2 \cdot dt$ ersetzt werden.[204] Wird nun dC in der Gleichung für die Veränderung des Portfoliowerts dH durch die Taylor-Approximation für dC ersetzt (Schritt 2), ergibt sich daraus Schritt 3 in der nachfolgenden Abbildung. Weil das Hedgeportfolio H risikolos ist, hat es eine risikolose Rendite r. Deshalb kann die Wertänderung dH des Hedgeportfolios über die Verzinsung des Portfoliowerts mit dem risikolosen Zinssatz r für die Laufzeit dt ausgedrückt werden (vgl. Schritt 4 in Abbildung IV.6). Wegen der Gleichung $H = (\Delta \cdot K - C)$ für den Portfoliowert kann $dH = r \cdot dt \cdot H$ in $dH = r \cdot dt \cdot (\Delta \cdot K - C)$ umgeformt werden.

❶ $dC = \dfrac{\delta C}{\delta t} \cdot dt + \dfrac{\delta C}{\delta K} \cdot dK + \dfrac{1}{2}\dfrac{\delta^2 C}{\delta K^2} \cdot (dK)^2$

❷ $dH = \Delta dK - dC$

❸ $dH = \dfrac{\delta C}{\delta K} \cdot dK - \left[\dfrac{\delta C}{\delta t} \cdot dt + \dfrac{\delta C}{\delta K} \cdot dK + \dfrac{1}{2}\dfrac{\delta^2 C}{\delta K^2} \cdot \sigma^2 \cdot K^2 \cdot dt \right]$

$\underbrace{\phantom{\dfrac{\delta C}{\delta K} \cdot dK}}_{\Delta dK} \qquad \underbrace{\phantom{\dfrac{\delta C}{\delta t} \cdot dt + \dfrac{\delta C}{\delta K} \cdot dK + \dfrac{1}{2}\dfrac{\delta^2 C}{\delta K^2} \cdot \sigma^2 \cdot K^2 \cdot dt}}_{dC}$

❹ $dH = r \cdot dt \cdot H = r \cdot dt \cdot (\Delta \cdot K - C)$ wegen $H = (\Delta \cdot K - C)$

❸ = ❹ $\dfrac{\delta C}{\delta K} \cdot dK - \dfrac{\delta C}{\delta t} \cdot dt - \dfrac{\delta C}{\delta K} \cdot dK - \dfrac{1}{2}\dfrac{\delta^2 C}{\delta K^2} \cdot \sigma^2 \cdot K^2 \cdot dt = r \cdot dt(\Delta \cdot K - C)$

$\Leftrightarrow \dfrac{\delta C}{\delta t} + \dfrac{1}{2}\dfrac{\delta^2 C}{\delta K^2} \cdot \sigma^2 \cdot K^2 + r \cdot \Delta \cdot K - r \cdot C = 0$

$\Leftrightarrow \dfrac{\delta C}{\delta t} + \dfrac{1}{2}\Gamma \cdot \sigma^2 \cdot K^2 + r \cdot \Delta \cdot K - r \cdot C = 0$

Abbildung IV.6: *Herleitung der Differentialgleichung von Black/Scholes*

---

[204] Das ergibt sich aus der Annahme eines Wiener Prozesses für den Aktienkurs.

In Schritt 3 der Abbildung IV.6 wird dH über die Änderung dC des Callpreises ausgedrückt, wobei für letztere die Taylor-Approximation angewendet wird. Schritt 4 beschreibt ebenfalls die Wertänderung dH, jedoch mit Hilfe der risikolosen Verzinsung des Portfolios H. Da es sich in beiden Gleichungen um dasselbe dH handelt, können die Gleichungen aus den Schritten 3 und 4 gleichgesetzt werden. Nach einigen Kürzungen und Umformungen ergibt sich daraus in der letzten Zeile die Differentialgleichung von Black-/Scholes.

Die Differentialgleichung ist noch in einer offenen Form. Der Callpreis einer Aktie kann damit nur iterativ bestimmt werden. Um die Gleichung in eine geschlossene Form zu überführen, ist ein Integral erforderlich. Für diesen Zweck dient ein Integral aus der Physik, welches auch für die Differentialgleichung von Black/Scholes gültig ist. Es handelt sich dabei um die Wärmeleitungsgleichung, auch Diffusionsgleichung genannt, welche ebenso wie die Black-Scholes-Gleichung eine lineare, parabolische partielle Differentialgleichung zweiter Ordnung ist.[205]

Für die Überführung der Differentialgleichung von Black-/Scholes in eine geschlossene Form sind drei Nebenbedingungen zu berücksichtigen:[206]

1. Am Ende der Laufzeit ist der Wert einer Kaufoption gleich dem inneren Wert, falls diese positiv ist, sonst Null

    $C_{t=T} = \max (K-X;0)$

2. Wenn die Aktie K keinen Wert besitzt, dann ist auch die Kaufoption wertlos

    $C_{K=0} = 0$

3. Für unendlich hohe Aktienkurse sind Aktienkurs und Optionswert identisch

    $C_{K=\infty} = K$

Das Integral der partiellen Differentialgleichung unter Berücksichtigung der drei Nebenbedingungen ist die analytische, eindeutig geschlossene Formel zur Bewertung von europäischen Kaufoptionen, auch als Black-Scholes-Formel für Aktienoptionen bekannt (vgl. obige Ableitung).[207]

Die Herleitung der Formel von Black/Scholes für die Bewertung von Aktienoptionen dient in diesem Buch zwei Zwecken. Zum einen kann im Folgenden gezeigt werden, wie sich eine Realoption mit einem zeitstetigen Modell bewerten lässt. Zum anderen wird aber deutlich,

---

[205] Für eine ausführliche Darstellung der Parallelen zwischen der Wärmeleitungsgleichung aus der Physik und der Differentialgleichung von Black-/Scholes vgl. DEUTSCH, H-P.: Derivate und interne Modelle: Modernes Risikomanagement, 2. Auflage, Stuttgart 2001, S. 100 ff.

[206] Vgl. TOMASZEWSKI, C.: Bewertung strategischer Flexibilität beim Unternehmenserwerb – Der Wertbeitrag von Realoptionen, Frankfurt/Main 2000, S. 128 f.

[207] Vgl. BLACK, F.; SCHOLES, M.: The Pricing of Options and Corporate Liabilities, in: Journal of Political Economy, 81, 1973, S. 637 ff.; MERTON, R. C.: Theory of Rational Option Pricing, in: Bell Journal of Economics and Management Science, 4, 1973, S. 141 ff.; LUCKE, C.: Investitionsprojekte mit mehreren Realoptionen – Bewertung und Analyse, in: Schriftenreihe Wirtschafts- und Sozialwissenschaften, Band 46, Sternenfels 2001, S. 7, S. 55.

dass die üblichen Bewertungsmodelle für Derivate ebenso auf einem Random Walk und einer Normalverteilung aufbauen, wie das in diesem Werk verwendete Prognosemodell. Zusammenfassend kann festgestellt werden, dass der Varianz-Kovarianz-Ansatz, die Monte-Carlo-Simulation, die Bewertungsformel von Black/Scholes für Aktienoptionen, die Black76-Formel für Zinsoptionen sowie das hier angewendete Prognosemodell für die Entwicklung von Marktpreisrisiken *alle auf der gleichen Annahme beruhen:* Die Entwicklung von Marktpreisen folgt einem *Random Walk.*

$$C = K \cdot N(d_1) - X \cdot e^{-R_f \cdot t} \cdot N(d_2)$$

$$P = X \cdot e^{-R_f \cdot t} \cdot N(-d_2) - K \cdot N(-d_1)$$

mit:

$$d_1 = \frac{\ln\left(\dfrac{K}{X}\right) + \left(R_f + 0,5 \cdot \sigma^2\right) \cdot t}{\sigma \cdot \sqrt{t}}$$

$$d_2 = d_1 - \sigma \cdot \sqrt{t}$$

Ausgangsdaten

C	**Fair Value des Calls**
K	**Aktueller Kassakurs der Aktie**
X	**Basispreis**
t	**Restlaufzeit der Option**
R_f	**Risikoloser Zinssatz für die Restlaufzeit der Option**
σ	**Volatilität der Aktie**
N	**kumulative Standard-Normal-Verteilung**

Abbildung IV.7:   *Die Black-/Scholes-Formel für Aktienoptionen*

Das gesamte in diesem Abschnitt präsentierte Konzept ist in sich geschlossen und konsistent. Wenn die Random-Walk-Annahme gilt, müssen alle darauf aufbauenden Modelle akzeptiert werden. Wird jedoch die Random-Walk-Annahme abgelehnt, dann muss sie konsequent für alle Modelle abgelehnt werden, also auch für die genannten Optionspreismodelle.

Abschließend erfolgt die Bewertung der Realoption aus dem obigen Beispiel auf Basis der Daten von Abbildung IV.6. Alle Parameter können übernommen werden, nur der Steigungs- und Senkungsfaktor wird durch die zuvor errechnete Volatilität von 44,34 % p.a. ersetzt. Statt des diskreten Zinssatzes von 10 % p.a. ist nun ein stetiger Zinssatz von 9,53 % p.a. (= ln(1+0,10)) zu verwenden. Nach Einsetzen der Werte in die Black-/Scholes-Formel aus Abbildung IV.6 ergibt sich für d_1 = - 0,251794 und für d_2 = - 0,695194. Die Werte N(d_1) und N(d_2) sind die Quantile der Standard-Normalverteilung von d_1 und d_2. Für N(d_1) = 0,4006 und N(d_2) = 0,2435 errechnet sich ein Callpreis C = 12,69 Mio. EUR.

Die Optionspreistheorie kann für vielfältige Fragestellungen in der Industrie eingesetzt werden. Von Koch wird die Bewertung von Lizenzprojekten in der Pharmaindustrie unter Berücksichtigung von Enwicklungsrisiken und Umsatzpotenzialen präsentiert.[208] Der Einsatz

---

[208] Vgl. KOCH, U.: Finanzielle Bewertung von Lizenzprojekten in der Pharmaindustrie: NPV-Modelle oder Realoptionsansatz? In: v. Hommel, U.; Scholich, M.; Vollrath, R.: Realoptionen in der Unternehmenspraxis – Wert schaffen durch Flexibilität, Berlin, Heidelberg 2001, S. 79 ff.; Einen ähnlichen Ansatz entwickelt auch PRITSCH, G.: Realoptionen als Controlling-Instrument – Das Beispiel pharmazeutische Forschung und Entwicklung, Wiesbaden 2000, S. 285 ff.

der Optionspreistheorie zur Bewertung von Softwareentwicklungsprojekten wird von Stickel vorgestellt.[209] Ebenso lassen sich Biotech-Start-ups[210], globale Produktions- und Logistiknetzwerke[211] oder Kraftwerksinvestitionen[212] als Realoptionen quantifizieren. Ebenso werden Realoptionen eingesetzt, um die notwendige Flexibilität und den Hedgingbedarf unter Berücksichtigung der Unsicherheit über die zukünftige Preisentwicklung von Strom, Öl oder Gas in der Elektrizitätswirtschaft zu bewerten.

Die Auswirkung von Wechselkursschwankungen auf geplante Investitionen wie etwa den Bau einer Fertigungsstätte im Ausland, zeigt Werner mit Hilfe einer Realoption und der Monte-Carlo-Simulation.[213] Als Erkenntnis ergibt sich, dass mit zunehmender Unsicherheit die Investition zeitlich herausgezögert wird. Diese These wird im Rahmen einer empirischen Untersuchung für die BRD bestätigt.

Die Chancen und Risiken aus strategischen Projekten können ebenfalls als Realoptionen aufgefasst und mit Hilfe der Optionspreistheorie bewertet werden. Erst dieser Schritt ermöglicht es, die zunächst nicht quantifizierbaren Risiken in Zahlen und Werte zu überführen. Sobald aber Cash Flows oder Barwerte verfügbar sind, können mit Hilfe von Value-at-Risk- und Cash-Flow-at-Risk-Modellen auch die Chancen und Risiken aus strategischen Entscheidungen quantifiziert werden. Daher dienen Realoptionen im Exposure-Mapping als Schnittstelle für die Einbindung von immateriellen Vermögenswerten in die Risikosteuerung.

Literaturverzeichnis

BLACK, F.; SCHOLES, M.: The Pricing of Options and Corporate Liabilities, in: Journal of Political Economy, 81, 1973, S. 637 ff.

COX, J. C.; ROSS, S. A.; RUBINSTEIN, M., Option pricing: a simplified approach, in: Journal of Financial Economics, Vol. 7, No. 3, 1979, S. 229-263.

DEUTSCH, H-P.: Derivate und interne Modelle: Modernes Risikomanagement, 2. Auflage, Stuttgart 2001.

---

[209] Vgl. STICKEL, E.: Einsatz der Optionspreistheorie zur Bewertung von Softwareentwicklungsprojekten, in: v. Hommel, U.; Scholich, M.; Vollrath, R.: Realoptionen in der Unternehmenspraxis – Wert schaffen durch Flexibilität, Berlin/Heidelberg 2001, S. 231 ff.

[210] Vgl. SCHÄFER, H.; SCHÄSSBURGER, B.: Bewertung eines Biotech-Start-ups mit dem Realoptionsansatz, in: v. Hommel, U.; Scholich, M.; Vollrath, R.: Realoptionen in der Unternehmenspraxis – Wert schaffen durch Flexibilität, Berlin/Heidelberg 2001, S. 251 ff.

[211] Vgl. HUCHZERMEIER, A.: Bewertung von Realoptionen in globalen Produktions- und Logistiknetzwerken, in: v. Hommel, U.; Scholich, M.; Vollrath, R. (Hrsg.): Realoptionen in der Unternehmenspraxis – Wert schaffen durch Flexibilität, Berlin/Heidelberg 2001, S. 207 ff.

[212] Vgl. RAMS, A.: Die Bewertung von Kraftwerksinvestitionen als Realoption , in: v. Hommel, U.; Scholich, M.; Vollrath, R.: Realoptionen in der Unternehmenspraxis – Wert schaffen durch Flexibilität, Berlin/Heidelberg 2001, S. 155 ff.

[213] Vgl. WERNER, T.: Investitionen, Unsicherheit und Realoptionen, Wiesbaden 2000, S. 69 ff., 96 ff., 119 f.

ERBEN, R.: Management von operationellen Risiken im Groß- und Einzelhandel der Konsumgüterbranche, in: Kaiser, T. (Hrsg.): Wettbewerbsvorteil Risikomanagement, Berlin 2007, S. 145-159.

HAGER, P.: Corporate Risk Management – Cash Flow at Risk und Value at Risk in Unternehmen, Frankfurt/Main 2004.

HUCHZERMEIER, A.: Bewertung von Realoptionen in globalen Produktions- und Logistiknetzwerken, in: v. Hommel, U.; Scholich, M.; Vollrath, R. (Hrsg.): Realoptionen in der Unternehmenspraxis – Wert schaffen durch Flexibilität, Berlin/Heidelberg 2001, S. 207 ff.

HULL, J. C.: Optionen, Futures und andere Derivate, 6. Auflage, München 2005.

KOCH, C.: Optionsbasierte Unternehmensbewertung – Realoptionen im Rahmen von Akquisitionen, Wiesbaden 1999.

KOCH, U.: Finanzielle Bewertung von Lizenzprojekten in der Pharmaindustrie: NPV-Modelle oder Realoptionsansatz?, in: v. Hommel, U.; Scholich, M.; Vollrath, R.: Realoptionen in der Unternehmenspraxis – Wert schaffen durch Flexibilität, Berlin/Heidelberg 2001.

LUCKE, C.: Investitionsprojekte mit mehreren Realoptionen – Bewertung und Analyse, in: Schriftenreihe Wirtschafts- und Sozialwissenschaften, Band 46, Sternenfels, 2001.

MERTON, R. C.: Theory of Rational Option Pricing, in: Bell Journal of Economics and Management Science, 4, 1973, S. 141 ff.

NASH, JOHN: Non-Cooperative Games, in: Annals of Mathematics 54, 1951, S. 286-295.

PRITSCH, G.: Realoptionen als Controlling-Instrument – Das Beispiel pharmazeutische Forschung und Entwicklung, Wiesbaden 2000.

RAMS, A.: Die Bewertung von Kraftwerksinvestitionen als Realoption, in: v. Hommel, U.; Scholich, M.; Vollrath, R.: Realoptionen in der Unternehmenspraxis – Wert schaffen durch Flexibilität, Berlin/Heidelberg 2001.

RIECK, C.: Spieltheorie – Eine Einführung, 7. Auflage, Eschborn 2007.

SCHÄFER, H.; SCHÄSSBURGER, B.: Bewertung eines Biotech-Start-ups mit dem Realoptionsansatz, in: v. Hommel, U.; Scholich, M.; Vollrath, R.: Realoptionen in der Unternehmenspraxis – Wert schaffen durch Flexibilität, Berlin/Heidelberg 2001, S. 251 ff.

SCHIERENBECK. H.; WIEDEMANN, A.: Marktwertrechnungen im Finanzcontrolling, Stuttgart 1996.

STICKEL, E.: Einsatz der Optionspreistheorie zur Bewertung von Softwareentwicklungsprojekten, in: v. Hommel, U.; Scholich, M.; Vollrath, R.: Realoptionen in der Unternehmenspraxis – Wert schaffen durch Flexibilität, Berlin/Heidelberg 2001, S. 231 ff.

TOMASZEWSKI, C.: Bewertung strategischer Flexibilität beim Unternehmenserwerb – Der Wertbeitrag von Realoptionen, Frankfurt/Main 2000.

WERNER, T.: Investitionen, Unsicherheit und Realoptionen, Wiesbaden 2000.

Wie volatil hätten Sie es gerne?

V. Risiko-Management von Preisen im Einkauf und Verkauf

1.   Lessons learned: Schwankende Marktpreise

Seit den 1990er Jahren wurden von der Industrie Gewinneinbußen infolge schwankender Marktpreise für Rohstoffe und Wechselkursschwankungen für Exporterlöse beklagt. Bekannte Unternehmen wie beispielsweise BMW, Daimler, Lufthansa sowie zahlreiche Mittelständler gehörten zu dem Kreis der Betroffenen. Teilweise finden sich inzwischen in den Konzernberichten Hinweise auf einen Ausbau der Risiko-Management-Systeme um auch die Marktpreisschwankungen zu managen.[214] Vielfach mangelt es jedoch an geeigneten Ansätzen zur Risikomessung und -steuerung, insbesondere im Mittelstand.

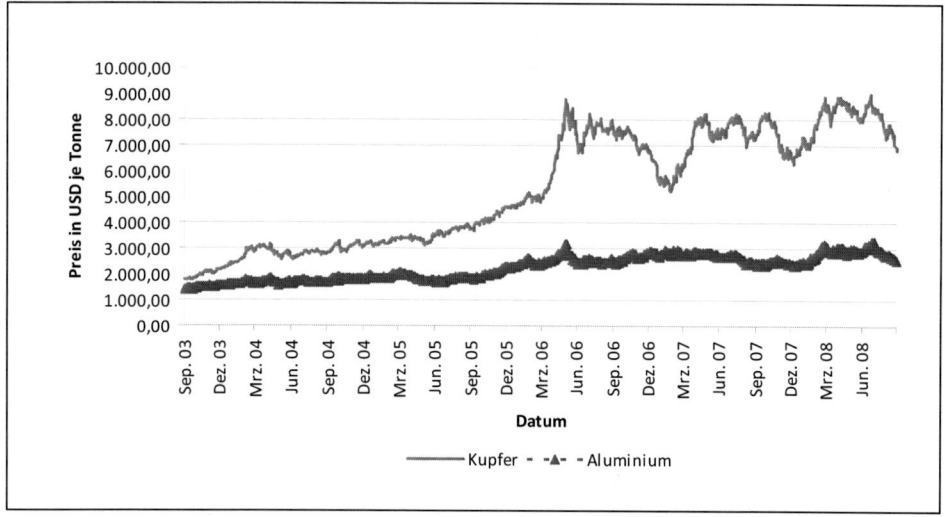

Abbildung V.1: *Schwankungen von Marktpreisen für Kupfer und Aluminium*

---

[214] Vgl. Geschäftsbericht 2007 der BMW Group (S. 65 und S. 125 f.).

Abbildung V.1 zeigt exemplarisch einen volatilen Marktpreis für Kupfer und einen tenden-ziell stabilen Markptreis von Aluminium. Da beide Rohstoffe auf den Weltmärkten in USD gehandelt werden, kommt für einen europäischen Einkäufer noch die Wechselkursschwan-kung hinzu, so dass je nach Rohstoff die Einstandspreise stark schwanken können. Das trifft insbesondere diejenige verarbeitende Industrie, die solche Preisschwankungen nicht unmit-telbar an den Kunden weitergeben kann, da beispielsweise langfristige Lieferverträge mit den eigenen Kunden geschlossen wurden. Bei geringen Margen im Vertrieb kann eine fehlerhafte Rohstoffpreisabsicherung zu einem zu hohen Einkaufspreis ebenso ruinös wirken wie eine fehlende Absicherung. Das betrifft aber nicht nur Rohstoffe, sondern auch den Einkauf von Vorprodukten und Komponenten sowie Energie.

Der Vorteil für die Einführung eines Risiko-Managements im Einkauf und Verkauf besteht darin, dass sich viele der in diesen Bereichen vorkommenden Risiken quantifizieren lassen und so Gewinn- und Verlustchancen leichter zu bestimmen sind. Bei Marktpreisrisiken und Absatzrisiken liegen die idealen Bedingungen für eine Risikomessung vor, da meistens mo-natliche oder gar tägliche Messgrößen vorliegen und häufig auch eine hinreichend lange Historie für die Adjustierung der Risikomodelle vorliegt.

2. Wertorientierte versus zahlungsstromorientierte Messung

Unter der finanziellen Exposure eines Unternehmens ist dessen offene Risikoposition zu verstehen, deren Wert durch unerwartete Veränderungen von Risikofaktoren beeinflusst wird. Innerhalb der offenen Risikopositionen ist zwischen Value und Cash Flow Exposures zu unterscheiden. Während die Cash Flow Exposures mit dynamischen Risikomodellen wie etwa Cash Flow at Risk, Earnings at Risk, Ebit at Risk oder Budget at Risk gemessen wer-den, genügen für die Messung von Value Exposures statische, aber weniger rechenintensive Value-at-Risk-Modelle.[215] Bereits seit Mitte der 1990er Jahre erfreuen sich Value-at-Risk-Modelle insbesondere im Bereich von Kreditinstituten und Finanzdienstleistern großer Be-liebtheit.[216] Im Gegensatz zu den zuvor eingesetzten Szenarioanalysen mit standardisierten, aber meist unrealistischen Risikoszenarien, verknüpfen Value-at-Risk-Modelle ihre Risiko-prognose zusätzlich mit einer Wahrscheinlichkeit.

---

[215] Vgl. HAGER, P.: Corporate Risk Management – Cash Flow at Risk und Value at Risk, Frankfurt/Main 2004, S. 218 ff.

[216] Vgl. beispielsweise RiskMetrics von J.P. Morgan, das bereits 1996 via Internet frei verfügbar war (www.riskmetrics.com).

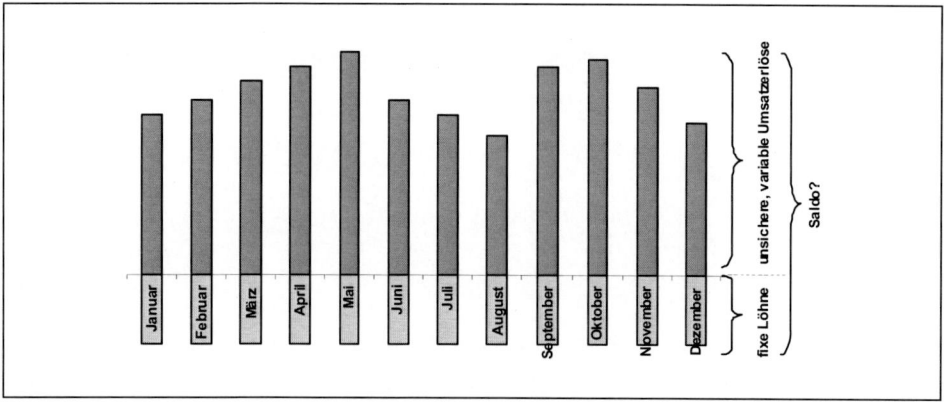

Abbildung V.2: *Sichere versus unsichere Zahlungsströme*

Auf Unternehmen können die in Kreditinstituten beliebten Risikomessverfahren nur bedingt übertragen werden. Das Finanzmanagement in Unternehmen bekommt von den anderen Unternehmensabteilungen Cash Flows gemeldet und ermittelt auf dieser Basis eine Exposure. Eine wichtige Frage hierfür ist, welche Cash Flows einbezogen und gemeldet werden sollen. Werden nur bereits vertraglich fixierte Cash Flows einbezogen, dann wären beispielsweise auch die Löhne und Gehälter für ausländische Niederlassungen zu berücksichtigen, nicht jedoch die geplanten und noch unsicheren Umsatzerlöse auf den ausländischen Märkten. Dadurch würde eine Überzeichnung des Wechselkursrisikos stattfinden, da die sicheren Auszahlungen durch die unsicheren Einzahlungen mehr oder minder kompensiert werden und somit die tatsächliche Risikoexposure geringer ist als bei einer isolierten Betrachtung der vertraglich fixierten Cash Flows. Im nicht unwahrscheinlichen Extremfall könnte eine Kompensierung der Auszahlungen (Löhne) durch die Einzahlungen (Umsatzerlöse Ausland) zu einer entgegensetzten Risikoposition führen, so dass dann das Risiko nicht mehr in einer Abwertung, sondern in der Aufwertung der Inlandswährung liegen würde (vgl. Abbildung V.2).

Die Betrachtung von sowohl sicheren als auch unsicheren Cash Flows ist für die korrekte Messung der Exposure zu empfehlen. Da jedoch Modelle, wie sie in Kreditinstituten zum Einsatz kommen, die Kenntnis der Cash Flows voraussetzen, müssten die unsicheren Cash Flows genauso wie vertraglich fixierte Cash Flows behandelt werden, um von diesen Konzepten erfasst werden zu können. Eine solche Lösung führt zu verfälschten Ergebnissen, da durch die Umwidmung von unsicheren in sichere Cash Flows das Risiko von Schwankungen in den unsicheren Cash Flow per Definition ausgeschlossen wird. Im oben genannten Beispiel mit der Produktion und Vermarktung von Gütern im Ausland bedeutet dies, dass das eigentliche Absatzrisiko mit seinen unsicheren Umsätzen einfach ausgeblendet und stattdessen wie bei einer vertraglichen Abnahme von Gütern ein sicher, fester Umsatz eingeplant wird.[217]

---

[217] Vgl. HAGER, P.: Corporate Risk Management – Cash Flow at Risk und Value at Risk, Frankfurt/Main 2004, S. 218 ff.

Ein Ansatz zur korrekten Erfassung von sicheren und unsicheren Cash Flows könnte eine grundlegende Trennung der Exposures in Value Exposures und Cash Flow Exposures sein. Diese Trennung muss eindeutig durchführbar und sinnvoll sein, damit nicht sich gegenseitig kompensierende Risiken zu großen Exposures auseinander gezogen werden. Im Folgenden wird zwischen Value und Cash Flow Exposures unterschieden. Unter *Value Exposures* werden die finanziellen Risiken ausgesetzten Bestände oder Lagervorräte an Rohstoffen, Währungen und Finanzinstrumenten wie beispielsweise Wertpapiere und Kredite zusammengefasst. Es handelt sich hierbei um Barwerte oder Marktwerte von Vermögenspositionen (= Values), die einem Risiko ausgesetzt sind (= Value at Risk). Während Marktwerte sich aus den an offiziellen Börsen und anderen Finanzmarktplätzen durch Angebot und Nachfrage zustanden kommenden Preisen ergeben, können Barwerte aus sicheren Cash Flows berechnet werden. Der Unterschied zwischen Cash Flow und Value Exposures wird im Folgenden am Beispiel von Rohstoff-, Wechselkurs- und Zinsrisiken erklärt.

Eine Finanzierung durch einen Kredit beispielsweise führt zu einer Verbindlichkeit des Unternehmens mit einem vertraglich kontrahierten Zahlungsstrom. Abgesehen vom Ausfallrisiko des Kreditnehmers (= Unternehmen) bzw. kostenpflichtigen Vertragsänderungen wird es bis zur Fälligkeit der Finanzierung keine Änderung des Zahlungsstroms geben. Wenn aber alle Zahlungen sicher sind, können sie auch zu einem Barwert verdichtet werden. Im nachfolgenden Beispiel wird ein zehnjähriger Kredit von fünf Mio. EUR mit endfälliger Tilgung und einem Nominalzins von sechs Prozent p. a. betrachtet. Vereinfachend soll die Zinszahlung jährlich erfolgen und es wird für die Barwertermittlung eine horizontale Zinsstrukturkurve am Interbankenmarkt von fünf Prozent über alle Laufzeiten unterstellt. Das bedeutet, dass Kreditinstitute Geld für jede beliebige Laufzeit zu fünf Prozent anlegen oder aufnehmen können, während der Kunde aufgrund der Marge und seiner Bonität sechs Prozent bezahlen muss. Der Kreditvertrag bedeutet für das Unternehmen sichere Zinsaufwendungen über zehn Jahre von -300.000 EUR p. a. und nach zehn Jahren eine Tilgungszahlung von -5.000.000 EUR. Werden diese Zahlungen mit fünf Prozent diskontiert, das heißt die -5.300.000 EUR im zehnten Jahr werden mit $1,05^{10}$ (= -5.300.00 / $1,05^{10}$), die -300.000 im neunten Jahr mit $1,05^9$ usw. abgezinst, folgt daraus ein Barwert von -5.386.087 EUR. Das Unternehmen nimmt einen Kredit von 5.000.000 EUR auf und geht im Gegenzug zukünftige Zahlungsverpflichtungen mit einem Marktwert (Barwert) von 5.386.000 EUR ein.

Das Value Exposure des Unternehmens beträgt -5.386.076 EUR und es besteht ein Zinsrisiko in Form von sinkenden Zinsen. Würden beispielsweise einen Tag nach Abschluss des Kreditvertrags die Marktzinssätze von fünf Prozent auf vier Prozent für alle Laufzeiten sinken, hätte dies einen Anstieg des Value Exposures auf -5.811.090 EUR zur Folge. An der Zahlungsverpflichtung des Unternehmens hat sich nominal nichts geändert, es zahlt weiterhin jährlich 300.000 EUR Zinsen und am Ende der Kreditlaufzeit 5.000.000 EUR. Aber der wirtschaftliche Wert, das heißt der Marktwert dieser Position ist größer geworden, was jedoch für das Unternehmen einen Nachteil bedeutet. Denn nachdem die Marktzinsen gesunken sind, hätte das Unternehmen den Kredit mit einer günstigeren Zinsbelastung bekommen können, nun ist es aber schon vertraglich an die vergleichsweise hohe Zinszahlung gebunden. Daher ist der Marktwert der Verbindlichkeit gestiegen. Bei einer Umschuldung käme dieser Umstand

durch die Vergütung einer Vorfälligkeitsentschädigung an die Bank zum Ausdruck. Der Barwert einer Vermögensposition (engl. value) im Zeitpunkt t = 0 bildet daher die Exposure,
deren Risiko mit Hilfe eines barwertorientierten Modells messbar ist.

Anders verhält es sich bei erwarteten Cash Flows, deren Eintritt per se nicht sicher vorausge-
sagt werden kann. Aber auch wenn die geplanten Cash Flows näherungsweise realisiert werden, können sie hinsichtlich Zeitpunkt und Betrag von den Erwartungen abweichen. In Abbildung V.3 sind die erwarteten Umsatzerlöse für die nächsten zwölf Monate gezeigt. Der
gezeigte Cash Flow ist geplant, jedoch im Gegensatz zu den Zinszahlungen des Kredits nicht
vertraglich fixiert. Hinsichtlich der sicheren Quantifizierung der monatlichen Umsatzerlöse
besteht ein qualitativer Unterschied zum vorherigen Beispiel. In den erwarteten Umsatzerlö-
sen sind viele Unsicherheiten enthalten. Die auf vielen Annahmen und Meinungen beruhende
Schätzung der zukünftigen Absatzzahlen kann nicht mit vertraglich fixierten Zinszahlungen
gleichgesetzt werden. Beispielsweise könnte die Marketing-Abteilung das Absatzpotenzial
falsch eingeschätzt haben. Handelt es sich um Exportgeschäfte, könnten Wechselkursänderungen zu einer Verteuerung des Produktes auf dem ausländischen Markt und zu einem damit
verbundenen Absatzrückgang führen. Zahlreiche Unwägbarkeiten können zu einer Abweichung von der Zielgröße führen.

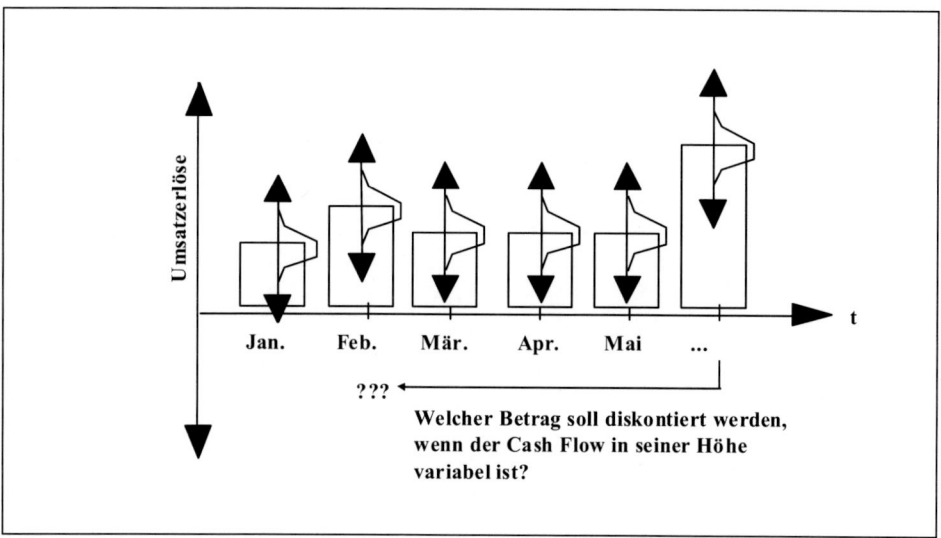

Abbildung V.3: *Erwartete Umsatzerlöse als Beispiel für eine Cash Flow Exposure*

Da es sich nicht um sichere, exakt quantifizierbare Cash Flows handelt, kann deren Barwert
nicht berechnet werden. Selbst dann, wenn nur zwei unterschiedlich hohe Cash Flows je
Zeitpunkt denkbar wären, etwa bestmöglicher und schlechtester denkbarer Monatsumsatz,
wäre eine Barwertermittlung ohne einschränkende Prämissen nicht möglich. Von diesem
konzeptionellen Problem abgesehen würde eine barwertige Messung zukünftiger Umsatzerlöse zu wenig brauchbaren Aussagen führen, denn welche Geschäftsleitung aus der Industrie

oder dem Dienstleistungsgewerbe kann mit der Barwertschwankung seiner zukünftigen Umsatzerlöse etwas anfangen? Solche Steuerungsmodelle sind Kreditinstituten und Finanzdienstleistern vorbehalten. Industrie, Handel und Dienstleistung denken in Zahlungsströmen wie Cash Flows, EBIT oder Budgets und sollten daher auch zahlungsstromorientierte Risikomodelle anwenden.

Die bisherigen Überlegungen führen zu der Erkenntnis, dass es im Unternehmen zwei grundlegende Arten von Exposures gibt. Auf der einen Seite befinden sich die Value Exposures, denen Vermögenspositionen zu Grunde liegen. Die Vermögenspositionen werden mit den Barwerten von sicheren Cash Flows bewertet. Das Vermögen kann für einen bestimmten Zeitpunkt bewertet werden und dann als Grundlage von barwertorientierten Risikoberechnungen dienen. Auf der anderen Seite stehen die zeitraumbezogenen Cash Flow Exposures. Hierfür können keine Barwerte ermittelt werden, da zum Bewertungszeitpunkt noch nicht sicher ist, ob diese Cash Flows tatsächlich so eintreten werden, wie es erwartet wird. Um die Risiken für erwartete, aber nicht sichere Cash Flows zu berechnen, bedarf es eines zeitraumbezogenen Modells. In diesem Buch werden für beide Exposurearten, sowohl für Value Exposures (Kapitel VIII) als auch Cash Flow Exposures (dieses Kapitel), Risikomodelle vorgestellt.

Für die getrennte Betrachtung von finanziellen Cash Flow Exposures und Value Exposures erfolgt eine Abgrenzung der in diesem Buch behandelten Kategorien von Marktpreisrisiken. Als Wechselkurs-Cash-Flow-Exposure wird die Gesamtheit der in einer Fremdwährung nominierten erwarteten Cash Flows definiert, die in der Zukunft in eine andere Währung umgetauscht werden müssen (vgl. Abbildung V.4).[218] Dabei ist die relevante Zukunft definiert als der Zeitraum zwischen dem Betrachtungszeitpunkt und dem Ende des Planungshorizonts für unsichere Cash Flows. Dieser Zeitraum wird in den Beispielen in Monatsintervalle unterteilt, sogenannte Stützstellen. Jede andere Anzahl von Stützstellen, beispielsweise eine tageweise oder quartalsweise Betrachtung der Cash Flows, ist ebenso möglich. Die Höhe der Cash Flows ist zum Bewertungszeitpunkt unsicher, der Wechselkurs ist nicht fixiert und Verluste infolge von Wechselkursänderungen können nicht sofort an die Kunden durchgereicht werden.

Ein Beispiel für diese Exposureart sind die monatlichen Exportumsätze eines deutschen Automobilherstellers in den USA. Der Planungshorizont für die unsicheren Cash Flows möge ein Jahr betragen und die Zahlungen werden monatlich betrachtet (= zwölf Stützstellen). Wie viele Fahrzeuge in den USA während den nächsten zwölf Monaten verkauft werden können, ist noch nicht sicher. Damit ist auch noch nicht sicher, wie viele US-Dollar dem Automobilhersteller aus dem Verkauf der Fahrzeuge zufließen werden und es ist schwierig, das Wechselkursrisiko von den nur „erhofften" Cash Flows per Termingeschäft abzusichern. Gleichzeitig mögen die Verkaufspreise von den Fahrzeugen für die nächsten zwölf Monate in den Preislisten festgeschrieben sein und ein gegenüber dem US-Dollar fallender Euro kann nicht sofort durch Preiserhöhungen ausgeglichen werden. Das Risiko des Automobilherstellers besteht deshalb in der Abwertung des USD, bevor die Fahrzeuge abgesetzt und der Cash

---

Flow von USD in EUR umgetauscht werden kann. Für den gleichen Planungszeitraum sind die sicheren Cash Flows kalkulatorisch zu berücksichtigen, damit es zu keiner fehlerhaften Einschätzung der Exposure kommt. Wenn beispielsweise die sicheren Cash Flows für Investitionen in USD die unsicheren Cash Flows aus Erlösen in USD übersteigen, besteht das Risiko nicht in einer Abwertung, sondern in einer Aufwertung des USD.

	Cash Flow Exposure	**Value Exposure**
Beschreibung	- alle Cash Flows im Planungszeitraum - Stromgröße	- sichere Cash Flows - Bestandsgröße
Inhaber der Fremdwährung	- Risiko bei Abwertung der Fremdwährung	- Risiko bei Abwertung der Fremdwährung
Käufer der Fremdwährung	- Risiko bei Aufwertung der Fremdwährung - Umtauschbedarf unsicher	- Risiko bei Aufwertung der Fremdwährung - Umtauschbedarf =Bestand

Abbildung V.4: *Definition der Wechselkurs-Exposures*

Die Wechselkurs-Cash-Flow-Exposure für ein Unternehmen, das zukünftig eine Fremdwährung kaufen muss, besteht in der Aufwertung der Fremdwährung. Ein Automobilhersteller, der Rohstoffe und Komponenten aus dem Ausland importiert, würde beispielsweise auch als Käufer von Fremdwährungen auftreten. Da sein eigener Absatz von Fahrzeugen Schwankungen unterliegt, ist auch der Bedarf an Rohstoffen und Zulieferteilen unsicher. Folglich ist der Fremdwährungsbedarf für den Einkauf im Ausland ebenfalls unsicher.

Unter der Wechselkurs-Value-Exposure ist das gesamte in einer fremden Währung gehaltene Vermögen zu verstehen, beispielsweise die Fremdwährungsbestände von inländischen Unternehmen für die Bezahlung von Importen und ausländischen Investitionen (vgl. Abbildung V.4). Das Risiko für die Vermögensposition besteht in einer Abwertung der gehaltenen Fremdwährung. Umgekehrt besteht das Risiko für eine Verbindlichkeit in ausländischer Währung in einer Aufwertung der Fremdwährung. Beispielsweise müsste ein deutsches Unternehmen nach Aufwertung des US-Dollar mehr EUR aufwenden, um die Zins- und Tilgungszahlungen für einen in USD aufgenommen Kredit zu begleichen. Die Value Exposure lässt sich durch die Diskontierung der sicheren Cash Flows ermitteln. Im Beispiel des Fremdwährungskredits ergibt sich die Wechselkurs-Value-Exposure aus dem Barwert der noch ausstehenden Zins- und Tilgungszahlungen.

Die Zins-Value-Exposure umfasst alle zukünftigen sicheren Cash Flows, wie sie beispielsweise aus festverzinslichen Wertpapieren, Mietverträgen oder mehrjährigen Lieferverpflichtungen mit fixen Mengen und Preisen resultieren (vgl. Abbildung V.5).[219] Für die sicheren

---

[219] Vgl. HAGER, P.: Corporate Risk Management – Cash Flow at Risk und Value at Risk, Frankfurt/Main 2004, S. 24 f.

Cash Flows kann ein Barwert bestimmt werden, der wie oben gezeigt auch sofort realisierbar ist. Bei positiven Cash Flows besteht das Risiko in steigenden Zinsen, da infolge einer stärkeren Diskontierung der Barwert sinkt. Umgekehrt bedeuten sinkende Zinsen ein Risiko für negative Cash Flows, da in diesem Fall der steigende Barwert für das Unternehmen nachteilig ist.

	Cash Flow Exposure	Value Exposure
Beschreibung	- alle Cash Flows im Planungszeitraum - Stromgröße	- sichere Cash Flows - Bestandsgröße
Inhaber der Fremdwährung	- Risiko bei steigenden Zinsen - Zinsexposure ist variabel	- Risiko bei steigenden Zinsen - Zinsexposure ist bekannt
Käufer der Fremdwährung	- Risiko bei sinkenden Zinsen - Zinsexposure ist variabel	- Risiko bei Aufwertung der Fremdwährung - Zinsexposure ist bekannt

Abbildung V.5: *Definition der Zins-Exposures*

Zum besseren Verständnis wird dieser Fall an einem Beispiel erläutert. Das Unternehmen möge einen festverzinslichen Kredit zu sechs Prozent p. a. aufgenommen haben und anschließend beginnen die Zinsen zu sinken. Der Barwert des Kredits stellt den aktuellen Wert der Verbindlichkeit dar und steigt bei sinkenden Zinsen. Das Unternehmen erleidet Verluste, da der steigende Barwert eine Verbindlichkeit des Unternehmens gegenüber dem Kreditgeber ist. Die Verluste aufgrund der gesunkenen Zinsen können ökonomisch so erklärt werden, dass das Unternehmen den gleichen Kredit nun zu einem geringeren Zinssatz erhalten könnte, folglich war der Abschluss zum hohen Zinsniveau von sechs Prozent unvorteilhaft. Der ökonomische Wert des hochverzinslichen Kredits muss mit sinkenden Zinsen abnehmen. Bei dem oben beispielhaft genannten Fremdwährungskredit liegt eine Kombination aus Wechselkurs-Value-Exposure und Zins-Value-Exposure vor.

Im Gegensatz zur Value Exposure ist die Ermittlung der Zins-Cash-Flow-Exposure schwieriger (vgl. Abbildung V.5). In die Zins-Cash-Flow-Exposure fließen alle Zahlungen ein, die bis zum Ende des für unsichere Cash Flows relevanten Planungshorizonts erwartet werden. Aus diesen Zahlungen wird unter Berücksichtigung der vorhandenen Liquidität der erwartete Netto-Refinanzierungsbedarf bzw. Anlagebedarf je Monat (= Stützstelle) berechnet. Anschließend wird der Netto-Refinanzierungsbedarf über alle Stützstellen kumuliert und zu dem Netto-Refinanzierungsbedarf des Prognosezeitraums zusammengefasst. Das Risiko besteht in steigenden Zinsen. Für einen positiven Betrag ergibt sich ein Netto-Anlagebedarf im Prognosezeitraum mit einem Risiko bei sinkenden Zinsen. Für den gleichen Planungszeitraum sind die sicheren Cash Flows kalkulatorisch zu berücksichtigen, damit es zu keiner fehlerhaften Einschätzung der Exposure kommt. Beispielsweise können negative unsichere Cash Flows durch positive sichere Cash Flows kompensiert werden, so dass sich aus der integrierten Betrachtung beider Positionen eine andere Exposure ergibt als bei einer isolierten Betrachtung der unsicheren Cash Flows.

Als Rohstoff-Cash-Flow-Exposure eines Unternehmens, das als Käufer auftritt, wird die Gesamtheit der bis zum Ende des Planungshorizonts benötigten Rohstoffe definiert (vgl. Abbildung V.6).[220] Der exakte Bedarf ist zum Betrachtungszeitpunkt noch nicht bekannt, der Bezugspreis ist nicht vertraglich fixiert und Verluste aus Rohstoffpreiserhöhungen können nicht sofort durchgereicht werden. Ein Beispiel für diese Exposure sind Unternehmen mit einem von der Nachfrage abhängigen Rohstoffbedarf, aber im Risikozeitraum verbindlichen Preisen. Für Unternehmen, die als Verkäufer von Rohstoffen auftreten, wie beispielsweise die ölfördernde und -verarbeitende Industrie, besteht die Rohstoff-Cash-Flow-Exposure in sinkenden Rohstoffpreisen. Dabei ist die zukünftige Absatzmenge unsicher und sinkende Rohstoffpreise müssen nicht automatisch zu höheren Absatzmengen führen. Beispielsweise können Erhöhungen der Mineralölsteuer auch bei sinkenden Rohstoffpreisen zu konstanten oder sogar abnehmenden Absatzmengen führen.

Die Rohstoff-Value-Exposure erfasst zum einen die vom Unternehmen gelagerten Rohstoffe, deren Wert ebenfalls Preisschwankungen unterliegen kann (vgl. Abbildung V.6). Die Lagerbestände bilden eine Vermögensposition, so dass sinkende Rohstoffpreise zu Wertverlusten führen. Zum anderen kann die Rohstoff-Value-Exposure aus einer Lieferverbindlichkeit bestehen, beispielsweise wenn sich ein Unternehmen verpflichtet, eine festgelegte Menge von Rohstoffen zu einem festen Preis über einen bestimmten Zeitraum zu liefern. Das Risiko besteht in steigenden Rohstoffpreisen, von denen das ausliefernde Unternehmen wegen der Preisfestschreibung nicht profitieren kann. Der Abnehmer der Rohstoffe hat die entgegengesetzte Risikoposition. Seine Verpflichtung, die Rohstoffe zu einem festen Preis zu kaufen, hindert ihn daran, an sinkenden Rohstoffpreisen zu partizipieren.

	Cash Flow Exposure	Value Exposure
Beschreibung	- alle Cash Flows im Planungszeitraum - Stromgröße	- sichere Cash Flows - Bestandsgröße
Inhaber der Fremdwährung	- Risiko bei steigenden Preisen - unsichere Einkaufsmenge	- Risiko bei steigenden Preisen - Lagerbestand (Bedarf)
Käufer der Fremdwährung	- Risiko bei sinkenden Preisen - unsichere Absatzmenge	- Risiko bei steigenden Preisen - Lagerbestand (Absatz)

Abbildung V.6: Definition der Rohstoffpreis-Exposures

Unabhängig von der Frage, welches Risiko in welcher Exposure-Art vorliegt, muss in einer grundsätzlichen Entscheidung stets der Rahmen der einzubeziehenden Unternehmensteile, Tochtergesellschaften und Beteiligungen festgelegt werden. Welche Unternehmensteile ein-

---

[220] Vgl. HAGER, P.: Corporate Risk Management – Cash Flow at Risk und Value at Risk, Frankfurt/Main 2004, S. 25 f.

bezogen werden sollten, hängt von den individuellen Gegebenheiten im Unternehmen ab. Tochterunternehmen, an denen das Mutterunternehmen nur quotal beteiligt ist, sollten, sofern eine Verlustbeteiligung ebenfalls quotal erfolgt und keine anderen Absprachen getroffen werden, auch quotal mit ihrer Risikoexposure einbezogen werden. Im Einzelfall kann es aber auch zu abweichenden Regelungen kommen. Werden beispielsweise für die nur anteiligen Tochtergesellschaften alle Risiken von der Muttergesellschaft übernommen und gesteuert, ist es sinnvoll, die Risikopositionen der Töchter nicht nur quotal, sondern vollständig einzubeziehen.

Für die erfassten Risikopositionen ist in einem zweiten Schritt zu prüfen, ob mögliche Risiken auch tatsächlich eintreten können. Beispielsweise wäre es denkbar, dass Verluste aus unerwarteten Rohstoffpreiserhöhungen oder Wechselkursänderungen direkt an die Kunden weitergegeben werden können. Solche Positionen sollten in der Risikoexposure unbeachtet bleiben. Umgekehrt kann die Preisentwicklung einzelner Rohstoffe eine herausragende Bedeutung für die Wettbewerbsfähigkeit von Unternehmen haben, wenn unerwartete Preisänderungen nicht sofort weitergegeben werden können. So sind beispielsweise Luftfahrt- und Touristikunternehmen besonders von Preisänderungen für Kerosin betroffen. Bei den im Beispiel genannten Branchen sind die Angebote in den Flugplänen und Reisekatalogen oftmals für 12 bis 24 Monate mit verbindlichen Preisen vertraglich festgelegt. Preiserhöhungen für Kerosin führen bis zur nächsten möglichen Preisanpassung zu geringeren Margen. Auf Märkten mit starkem Wettbewerb kann eine Preiserhöhung noch länger dauern oder ganz ausbleiben.

Schließlich ist die Festlegung eines Zeithorizonts für Risikomessungen notwendig. Sofern Value Exposures mit barwertorientierten Modellen gemessen werden, ist den Risikoprognosen häufig ein Zeithorizont der nächsten ein bis zehn Tage zu Grunde gelegt. Es empfiehlt sich, einen für alle Value Exposures einheitlichen Planungshorizont festzulegen, da sonst beispielsweise ein Zinsrisiko binnen Tagesfrist nicht aggregierbar ist mit dem Wechselkursrisiko der nächsten zehn Tage. Bei Cash Flow Exposures sind beliebige kurz- bis mittelfristige Zeithorizonte möglich, deren Länge auf der modelltechnischen Seite ausschließlich durch die Güte der Prognosemodelle für Risikofaktoren begrenzt wird. Der Planungshorizont für Cash Flow Exposures wird wesentlich länger sein als bei Value Exposures, sollte aber für alle Cash Flows Exposures einheitlich gewählt werden. Damit wird die Aggregierbarkeit von Risiken innerhalb der beiden Exposure Kategorien gewährleistet. Wegen der unterschiedlichen Zeithorizonte sind die beiden Exposure Kategorien jedoch nicht aggregierbar.

Die Unterscheidung nach Value Exposure und Cash Flow Exposure für alle Marktpreisrisiken bietet Vorteile gegenüber dem traditionellen Vorgehen, bei dem die nur erwarteten Cash Flows wie sichere Cash Flows behandelt werden. Bei Anwendung eines traditionellen Konzepts müssen die operativen Abteilungen Punktschätzungen für ihre Cash Flows abgeben, zum Beispiel der Exporterlös in zwölf Monaten wird 1,5 Mio. EUR betragen. Dann können die operativen Cash Flows zu einem Barwert diskontiert und wie eine Value Exposure betrachtet werden. Dabei wird aber die Möglichkeit, dass der Exporterlös nur 1,3 Mio. EUR oder auch 1,6 Mio. EUR betragen könnte, nicht mehr berücksichtigt. Damit wird die Unsicherheit über die zukünftige Entwicklung der Exporterlöse ignoriert.

3.   Szenariogenerierung für Marktpreisrisiken

Die Messung von Chancen und Risiken erfolgt mit Hilfe von alternativen Szenarien für die zukünftige Entwicklung der relevanten Risikofaktoren und die Veränderung von Umweltzuständen. Die erforderlichen Szenarien können aus der Historie, Expertenbefragungen, aktuellen Marktgegebenheiten und -preisen, Zufallszahlen und vielen anderen Quellen gewonnen werden. Im Bereich der Marktpreisrisiken wird häufig auf Terminpreise, historische und/oder per Zufallszahlen simulierte Preisänderungen zurückgegriffen. Terminpreise werden für meist an Börsen gehandelte Finanzinstrumente und Güter gestellt. Dazu gehören insbesondere Zinsen, Aktien, Wechselkurse, Rohstoffe und Energie. Für Zinsen, Wechselkurse und Rohstoffe wird im Folgenden exemplarisch die Ableitung von Terminpreisen aus aktuellen Marktpreisen vorgeführt.

Die Berechnung von Terminpreisen im Zinsbereich wird am Beispiel eines EUR-Swapzinssatzes gezeigt. Der Ein-Jahres-Swapzins vom 03.12.2008 beträgt 3,77 Prozent, der Zwei-Jahres-Swapzins liegt zu diesem Zeitpunkt bei 2,86 Prozent. Als faire Forward Rate $FR(1,1)$ wird in diesem Beispiel der Zinssatz für ein Geschäft bezeichnet, das in einem Jahr beginnt und eine Laufzeit von einem Jahr hat. Ein Unternehmen möge in einem Jahr eine Zwischenfinanzierung von 1.000.000 EUR benötigen und möchte sich das aktuell niedrige Zinsniveau sichern. Die Fragestellung ist, welcher Zinssatz für eine Finanzierung in einem Jahr mit Laufzeit ein Jahr marktgerecht ist und wie sich das Unternehmen diesen Zinssatz am 03.12.2008 für die Zukunft sichern kann.

Terminpreise beruhen auf Arbitrageüberlegungen. Arbitrage bedeutet die Ausnutzung von Preisunterschieden für gleiche Güter von verschiedenen Anbietern oder Märkten. In der Finanzmathematik ist ein Marktpreis arbitragefrei, wenn durch keine Nachbildung mit anderen Finanzinstrumenten das gleiche Produkt oder der gleiche Zahlungsstrom zu einem günstigeren Preis erstellt werden kann. Im Beispiel der Geldaufnahme in der Zukunft könnte das Unternehmen versuchen, den gleichen Zahlungsstrom durch eine Kombination von Kassageschäften, das heißt Geschäften mit sofortigem Beginn per 03.12.2008 nachzubilden. Um einen Betrag in einem Jahr für ein Jahr aufzunehmen, könnte das Unternehmen am 03.12.2008 (Zeitpunkt t = 0) sofort einen zweijährigen Kredit von 990.982 EUR zu dem per 03.12.2008 gültigen Zwei-Jahres-Zinssatz von 2,86 % aufnehmen und diesen Betrag im ersten Jahr zu dem Ein-Jahres-Zinssatz von 3,77 % anlegen, da es die Liquidität erst ab dem zweiten Jahr benötigt.[221] Damit hätte das Unternehmen in t = 0 per Saldo eine Vermögensänderung von Null. Das ist gerechtfertigt, da das Unternehmen im Zeitpunkt t = 0 noch keinen Finanzierungsbedarf hat, folglich auch keine liquiden Mittel benötigt.

Nach dem Ablauf von einem Jahr sind die Kreditzinsen für das abgelaufene Jahr zu tilgen. Das Unternehmen hat eine Zinsschuld von 28.342 EUR zu bezahlen (= 990.982 • 0,0286).

---

[221] Von Bonitätsaufschlägen für das Kreditausfallrisiko des Unternehmens wird an dieser Stelle vereinfachend abgesehen und die Berechnung erfolgt auf Basis der Mid-Swapkurve vom 03.12.2008.

Aus der einjährigen Geldanlage erhält es eine Zinszahlung von 37.360 EUR
(= 990.982 • 0,0377) und die angelegten 990.982 EUR. Per Saldo steht dem Unternehmen
nach Verrechnung der Zinszahlungen 1.000.000 EUR Liquidität zur Verfügung. Das ist genau
der Betrag, den das Unternehmen von t = 0 aus für den Zeitraum von t = 1 bis t = 2 aufnehmen wollte. Nach Ablauf des zweiten Jahres muss das Unternehmen für den zweijährigen
Kredit mit Zins und Tilgung 1.019.324 EUR zurückbezahlen (= 990.982 • 1,0377).

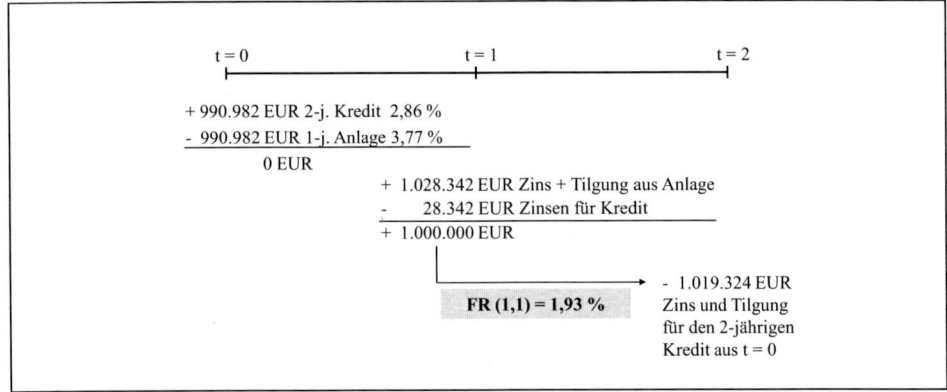

Abbildung V.7: *Arbitragefreie Forward-Zinssätze*

In Abbildung V.7 sind die Cash Flows der beiden Geschäfte über die Laufzeit von zwei Jahren dargestellt. Per Saldo hatte das Unternehmen einen Zahlungsmittelzufluss von 1.000.000
EUR im Zeitpunkt t = 1 und einen Zahlungsmittelabfluss von - 1.019.324 EUR im Zeitpunkt
t = 2. Für den Zeitpunkt t = 0 ist der Saldo Null. Der saldierte Cash Flow aus beiden Geschäften entspricht aus Sicht von t = 0 einer Geldaufnahme (Finanzierung) in einem Jahr für ein
Jahr. Der Zinssatz für dieses Geschäft berechnet sich aus der Restschuld in t = 2 und dem
„aufgenommenen" Kapital in t = 1. Dieser Zins ist die gesuchte Forward Rate (1,1) und
beträgt 1,93 % (= 1.019.324 EUR / 1.000.000 EUR).

Auf arbitragefreien Märkten muss die Kombination aus einer zweijährigen Geldaufnahme
mit einer einjährigen Geldanlage im ersten Jahr der Laufzeit zu dem gleichen Ergebnis führen, wie der Abschluss einer einjährigen Geldaufnahme zum Forward-Zins (Terminpreis) mit
Beginn in einem Jahr. Beide Varianten haben die gleiche Fristigkeit, den gleichen Zinsertrag
und das gleiche Zinsrisiko. Der einzige Unterschied besteht darin, dass Variante 1 aus zwei
Verträgen und Variante 2 aus nur einem Vertrag besteht. Folglich müssen beide Varianten zu
dem gleichen Endvermögen in t = 2 führen.

Die arbitragefreien Forwardsätze werden häufig als die Zinsmeinung des Marktes bezeichnet
und als Substitut für Zinsprognosen verwendet.[222] Insbesondere für Risikoberechnungen
erscheinen jedoch diese „Prognosen des Marktes" wenig geeignet. Dabei ist zu berücksichti-

---

[222] Rolfes schlägt unter anderem die Verwendung von Forward Rates als Indikator für die Zinserwartung des
Geld- und Kapitalmarktes vor. Vgl. ROLFES, B.: Gesamtbanksteuerung, Stuttgart 1999, S. 4, 60.

gen, dass sich diese „Zukunftszinssätze" mathematisch aus der aktuellen Zinsstrukturkurve ergeben. Auf eine Meinung der Marktteilnehmer kommt es hierbei nicht an. Bei einer normalen Zinsstrukturkurve, die für lange Laufzeiten höhere Zinssätze als für kurze Laufzeiten aufweist, werden sich stets über der aktuellen Zinsstrukturkurve liegende Forwardsätze ergeben. Die wechselnden Phasen hoher und niedriger Volatilitäten, der im Zeitablauf schwankende Risikoappetit der Marktteilnehmer und andere Marktunvollkommenheiten werden bei diesem Ansatz nicht berücksichtigt.[223]

Es wird in der Literatur zum Teil die Meinung vertreten, dass aufgrund der Marktpflege durch die Zentralbanken die Forward-Zinssätze akzeptable Prognosen für sehr kurzfristige Zeiträume liefern.[224] In den Industriestaaten werden Änderungen der Leitzinsen nur in kleinen Schritten und zeitlich gestreckt von den Zentralbanken durchgeführt, daher ist das Gefüge von Kassa- und Terminkursen für kurze Zeiträume stabil. Die Prognosegüte verschlechtert sich jedoch deutlich für längere Zeiträume, weil ein Wechsel in der Zinspolitik der Zentralbanken nicht vorhergesehen werden kann. Für langfristige Zeiträume, und hier besteht Einigkeit, sind die Forwardsätze kein geeigneter Indikator.

Die kalkulatorischen Zukunftszinssätze können jedoch als ein Vergleichsmaßstab für die eigene Zinsmeinung dienen. Liegt die persönliche Zinserwartung unter dem Forwardsatz, wäre es beispielsweise sinnvoll, schon heute eine Geldanlage zu dem Forwardsatz abzuschließen. Das ist auch der Zweck von Forwardgeschäften, einen arbitragefreien Zinssatz für Geschäfte mit Beginn in der Zukunft schon heute vertraglich zu vereinbaren.

Ebenso wie Forward-Zinssätze können auch zukünftige, *deterministische Wechselkurse* berechnet werden. Wenn beispielsweise der 6-Monats-Zins in Deutschland 3,96 % p. a. und in den USA 2,54 % p. a. beträgt und der Wechselkassakurs bei 1,25 EUR/USD liegt, dann muss auf arbitragefreien Märkten der Terminkurs für den Umtausch von USD in EUR in sechs Monaten 1,24 EUR/USD betragen. In dieser Konstellation ist eine sechsmonatige Geldanlage in den USA gleichwertig zu einer sechsmonatigen Geldanlage in Deutschland, Arbitrage ist nicht möglich (vgl. Abbildung V.8).

Zur Ausnutzung des hohen Zinsniveaus in den USA könnte ein deutsches Unternehmen beispielsweise einen sechsmonatigen Kredit in Höhe von 10.000.000 USD zu 2,54 % aufnehmen, den Betrag zum aktuellen Kassakurs von 1,25 EUR/USD in 8.000.000 EUR umtauschen und in Deutschland zu 3,96 % für sechs Monate anlegen. In sechs Monaten ist eine Zahlung in Höhe von 8,158 Mio. EUR (= 8 Mio. EUR • (1+0,0396/2)) für Zins und Tilgung zu erwarten. Das Risiko für das Unternehmen besteht in einer Aufwertung des US-Dollar gegenüber dem EURO, wodurch ein Teil des höheren Zinsertrags auf dem deutschen Markt verzehrt werden kann. Es besteht die Möglichkeit, das Wechselkursrisiko bereits am Tag der Geldanlage durch die vertragliche Fixierung eines Terminkurses für den Fälligkeitstermin abzusichern.

---

[223] Vgl. MALZ, A. M.: Financial crises, implied volatility and stress testing, in: Working paper Number 01-01, RiskMetrics Group, 2001, www.riskmetrics.com, S. 4 ff.

[224] Vgl. KIM, J.; MALZ, A. M.; MINA, J.: LongRun Technical Document, RiskMetrics Group, 1999, www.riskmetrics.com, S. 30.

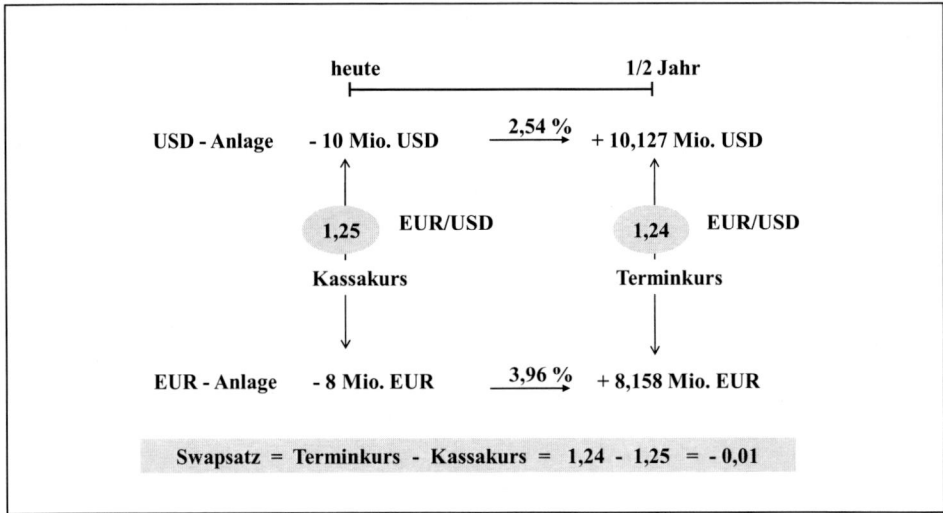

Abbildung V.8: *Zukünftige, deterministische Wechselkurse*

Aus den Arbitragefreiheits-Überlegungen muss der Terminkurs am Tag der Geldanlage 1,24 EUR/USD betragen. Wenn sich das Unternehmen diesen Wechselkurs sichert, hat es kein Wechselkursrisiko mehr und kann mit einem sicheren Cash Flow von 10,127 Mio. USD (= 8,158 Mio. EUR • 1,24 EUR/USD) in sechs Monaten rechnen. Das ist gleichzeitig genau der Betrag, den das Unternehmen in sechs Monaten zur Tilgung des aufgenommen Kredits in USD benötigt (= 10,127 Mio. EUR • (1+0,0254/2)). Per Saldo ist keine Arbitrage durch die Geldaufnahme zum niedrigeren Auslandszins bei gleichzeitiger Absicherung des Wechselkursrisikos möglich. Wie bei den Forward-Zinssätzen auch, handelt es sich bei den Terminkursen für Währungen um arbitragefreie Wechselkurse, die sich aus den aktuellen Kassakursen berechnen. Der gegenüber dem Kassakurs niedrigere Terminkurs ergibt sich aufgrund des in den USA gegenüber Deutschland niedrigeren Zinsniveaus. Die Devisenterminkurse bilden, wie zuvor die Forward-Zinssätze auch, eine Möglichkeit zur Marktbeobachtung. Für Risikoprognosen erscheinen sie ungeeignet. Auch die Devisenterminkurse ergeben sich aus rein kalkulatorischen Arbitrageüberlegungen.

Die Preise von Rohstoffen haben im Vergleich zu Aktienkursen, Zinsen und Wechselkursen grundlegend unterschiedliche Eigenschaften. Im Gegensatz zu den Finanzinstrumenten werden Rohstoffe nur von wenigen Marktteilnehmern für Spekulationszwecke gehalten. Die Spekulation mit Rohstoffen würde auch höhere Kosten als bei Finanzinstrumenten verursachen, denn die Depotgebühren für 10.000 Aktien sind nicht mit den Lagerkosten von 10.000 Tonnen Öl zu vergleichen. Davon werden die Futurepreise der Rohstoffe beeinflusst. Bei Finanzinstrumenten setzt sich der Futurepreis aus dem Kassakurs (Spotpreis) des zu Grunde liegenden Basisinstruments (Underlying) und den Cost of Carry zusammen (vgl. Gleichung V.1).

Gleichung V.1: Futurepreis$_{(F)}$ = Spotpreis$_{(F)}$ + Cost of Carry$_{(F)}$

Die Cost of Carry bei Finanzinstrumenten sind abhängig von den Haltekosten des Underlyings. Durch den Kauf eines Zins-Futures spart der Käufer bis zum Erfüllungszeitpunkt die Finanzierungskosten für den Erwerb der gegenüber dem Future teureren Anleihe. Gleichzeitig entgehen ihm die Kuponzinsen, die er bei dem direkten Erwerb der Anleihe erhalten würde. Die ersparten Finanzierungskosten müssen den Futurepreis erhöhen, die entgangenen Finanzierungserträge mindern den Preis. Beide Komponenten zusammen ergeben die Cost of Carry (Finanzierungskosten – Finanzierungserträge bzw. Kreditzinsen – Kuponzinsen).

Die Cost of Carry der Rohstoffpreis-Futures enthalten weitaus mehr Komponenten als es bei den Finanzinstrumenten der Fall ist. Bei dem Kauf und Verkauf von Rohstoffen entstehen Transport-, Lager- und Versicherungskosten. In den meisten Fällen dienen Rohstoffe daher nicht der Spekulation, sondern der Weiterverarbeitung, so dass sie gegenüber den Finanzinstrumenten zusätzlich zu ihrem Kaufpreis einen Konsumwert (Convenience Yield) besitzen.[225] Die Berücksichtigung der Convenience Yield kann bei Rohstoffpreisen zu einem Verlauf der Rohstoffpreise führen, der als „Backwardation" bezeichnet wird.[226]

Die Backwardation ist in ihrem Verlauf mit einer inversen Zinsstrukturkurve vergleichbar und dadurch gekennzeichnet, dass die Spotpreise von Rohstoffen höher sind als die Futurepreise, das heißt ein Rohstoff ist heute mehr wert als zu einem Zeitpunkt in der Zukunft.[227] Insbesondere bei wichtigen Rohstoffen wie Öl lässt sich der Effekt dadurch erklären, dass es bei Produktionsengpässen oder Transportproblemen von Öl, wie sie zum Beispiel als Folge von politischen Krisen auftreten können, zu teuren Absatzschwankungen und sogar Produktionsstillstand in der weiterverarbeitenden Industrie kommen kann. Daher wird aus dem physikalischen Besitz der Rohstoffe ein zusätzlicher Konsumwert erzielt, wodurch der Spotpreis höher ist als der Futurepreis. Die „normale" Marktsituation wird als „contango" bezeichnet und ist in ihrem Verlauf vergleichbar mit einer normalen Zinsstrukturkurve.[228] Aufgrund der Cost of Carry sind höhere Rohstoffpreise für den Kauf zu einem Zeitpunkt in der Zukunft eine Folge der Lagerkosten des Verkäufers. Der Futurepreis für Rohstoffe setzt sich aus drei Komponenten zusammen (vgl. Gleichung V.2).

Gleichung V.2: $Futurepreis_{(R)} = Spotpreis_{(R)} + Cost\ of\ Carry_{(R)} - Convenience\ Yield_{(R)}$

Kurzfristig sind Angebot und Nachfrage festgeschrieben. Daher reagieren Rohstoffpreise schon auf geringe Marktturbulenzen sehr sensibel und der Konsumwert ist entsprechend hoch. Nur mittel- und langfristig können die Produktionskapazitäten der Rohstofflieferanten sowie der rohstoffverarbeitenden Industrie angepasst werden. Deshalb kann bei Rohstoffpreisen zum Teil die Eigenschaft beobachtet werden, nach kurzfristig starken Schwankungen gegen einen Mittelwert zu konvergieren (Mean Reversion), der von ihren Produktionskosten

---

[225] Vgl. HULL, J. C.: Optionen, Futures und andere Derivate, 6. Auflage, München 2005, S. 156 f.

[226] Vgl. HUMPHREYS, H. B. ; SHIMKO, D. C.: Commodity Risk Management and the Corporate Treasury, in: Deloitte & Touche LLP Risk Publications: Financial Risk and the Corporate Treasury – New Development in Strategy and Control, London (1997), S. 112.

[227] Vgl. STEPHENS, J.J.: Managing Commoditiy Risk using commodity futures and options, 2001, S. 81 f.

[228] Vgl. HARRIS, C.: Long-Term Metal Price Development, in: UBS Risk Publications: Managing Metals Price Risk, London, 1997, S. 176.

abhängig ist. Die Mean Reversion vollzieht sich aber, wenn überhaupt, nur sehr langfristig. Der Effekt kann ausgesetzt werden, wenn zum Beispiel ein Rohstoff durch einen anderen substituiert wird und somit auf Dauer einen Wertverlust erleidet.

Die Futurepreise von Rohstoffen besitzen, wie auch die Forward-Zinssätze und Devisenterminkurse zuvor, keine hohe Prognosegüte bezüglich der zukünftigen Marktpreisentwicklung eines Rohstoffs. Die Kurven von Rohstoff-Futurespreisen können einen geknickten Verlauf annehmen (Smile-Effekt), was bedeutet, dass die Futurepreise für beispielsweise ein bis sechszehn Monate einen stark sinkenden Verlauf haben und die längerfristigen Futurepreise wieder steigen.[229] Einige Rohstoffe wie Agrargüter und Öl können abhängig vom Wetter saisonalen Schwankungen unterliegen. Eine verregnete Ernte wird zu steigenden Getreidepreisen und ein kalter Winter zu steigenden Ölpreisen führen. Auch diese Eigenschaften unterscheiden Rohstoffe von Zinsen oder Wechselkursen, wo etwa ein Zusammenhang zwischen der Außentemperatur und dem Euribor nicht erkennbar ist. Es ist aber nicht möglich, eine zwölfmonatige Wetterprognose zu erstellen und im Öl-Futurepreis zu berücksichtigen. Trotzdem wird das Wetter in zwölf Monaten den Ölpreis beeinflussen.

Zusammenfassend ist die Verwendung von Forward-Zinssätzen, Devisenterminkursen und Futurepreisen für Risikoprognosen abzulehnen. Terminpreise treten vom Zufall abhängig ein oder nicht. Die Gefahr besteht darin, dass das Unternehmen in seiner Risikoeinschätzung auf das Eintreten der Terminpreise vertraut und tatsächlich die entgegengesetzte Entwicklung stattfindet. Wünschenswert wäre im Risikocontrolling ein Konzept, das sowohl die Auswirkungen von steigenden als auch vor sinkenden Preisen quantifiziert und die daraus resultierenden Ergebniswirkungen mit Wahrscheinlichkeiten belegen kann. Im Folgenden werden hierzu Zufallsprozesse und daraus resultierende Vertrauensintervalle für die Entwicklung von Risikofaktoren entwickelt.

Die Entwicklung von zukünftigen Zinssätzen, Wechselkursen und Rohstoffpreisen kann als ein Zufallsprozess aufgefasst werden. Zum Zeitpunkt der Risikoprognose ist es ungewiss, ob die tatsächliche Entwicklung eines Marktpreises gemäß den aktuellen Terminpreisen verlaufen wird oder ob sich eine entgegengesetzte Entwicklung einstellt. Der Random Walk bildet einen Zufallsprozess ab und kann bei einer Vielzahl von Szenarien sowohl die Auswirkungen von hohen und mittleren als auch von niedrigen Wechselkursen simulieren. In Gleichung V.3a ist gezeigt, wie mit Hilfe eines einfachen (geometrischen) Random Walks zukünftige Wechselkursentwicklungen simuliert werden können. Die Variable S_0 kennzeichnet den aktuellen Wechselkurs zum Zeitpunkt der Simulation. Am 26.11.2008 notierte der Wechselkurs EUR/USD bei 1,2935. Der zweite Faktor enthält im Exponenten eine standardnormalverteilte Zufallszahl, die Standardabweichung der logarithmierten Wechselkursänderungen und die Wurzel aus der simulierten Zeitdauer. Dieses Produkt wird zur Basis e $\approx$ 2,718282

---

[229] So ein Verlauf ist beispielsweise für Zinssätze nur in theoretischen Extremsituationen möglich. Bei Rohstoffen kann dieser Effekt hingegen häufiger auftreten. Vgl. HUMPHREYS, H. B. ; SHIMKO, D. C.: Commodity Risk Management and the Corporate Treasury, in: Deloitte & Touche LLP Risk Publications: Financial Risk and the Corporate Treasury – New Development in Strategy and Control, London (1997), S. 116, 119.

potenziert und simuliert den Zufallsprozess. Die folgenden Ausführungen sind an Hager angelehnt.[230]

Gleichung V.3 a: $S_t = S_0 \cdot e^{(\text{standardnormalverteilte Zufallszahl} \cdot \sigma \cdot \sqrt{t})}$

Gleichung V.3 b: $S_t = S_0 + \text{standardnormalverteilte Zufallszahl} \cdot \sigma \cdot \sqrt{t}$

Die Gleichung V.3b zeigt einen arithmetischen Random Walk. Beim geometrischen Random Walk sind größere Preissprünge möglich als bei dem arithmetischen, so dass je nach Einsatzzweck eine sinnvolle Variante gewählt werden kann. Beispielsweise werden Aktienkurse häufig als geometrischer Random Walk simuliert, da hier größere Kursausschläge und extreme Verläufe vom Ausgangspunkt denkbar sind, während stabile Wechselkurse tendenziell als arithmetischer Zufallsprozess betrachtet werden. Die Anwendung beider Varianten wird am Beispiel des Wechselkurses EUR/USD gezeigt. Dabei bleibt der Wert für die tägliche Standardabweichung σ konstant und für die Zeit t von eins bis 255 Handelstage wird der jeweils betrachtete Tag eingesetzt. Die standardnormalverteilte Zufallszahl wird mit Hilfe einer Monte-Carlo-Simulation beispielsweise 10.000-mal erzeugt. Daraus ergeben sich für jeden der 255 Handelstage 10.000 mögliche Wechselkurse.

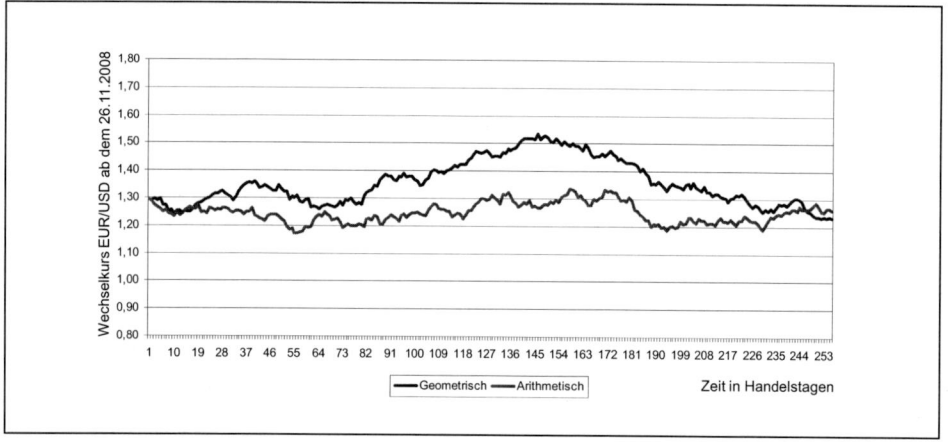

Abbildung V.9: Beispiele für einen geometrischen und einen arithmetischen Random Walk

Insgesamt werden 2,55 Mio. Simulationen benötigt. Statt nur einem historischen Preispfad, wie er bei einer Historischen Simulation entstehen würde, simuliert die Monte-Carlo-Methode 10.000 Preispfade. In Abbildung V.9 wird exemplarisch ein geometrischer und ein arithmetischer Random Walk für den Wechselkurs dargestellt. Wie im unteren Teil der Abbildung V.10 zu erkennen ist, werden mit den Random Walks auch einige wenige Wechselkurse außerhalb des zweiseitigen Vertrauensintervalls simuliert. Die Verwendung von Random

---

[230] Vgl. HAGER, P.: Corporate Risk Management – Cash Flow at Risk und Value at Risk, Frankfurt/Main 2004, S. 172 ff.

Walks ermöglicht es, alle denkbaren zukünftigen Entwicklungen von Risikoparametern zu simulieren. Aus einer Vielzahl von simulierten zeitlichen Entwicklungen der relevanten Risikoparameter können später Verteilungen und Wahrscheinlichkeitsaussagen abgeleitet werden.

Um die simulierten Wechselkurspfade kann ein zweiseitiges Vertrauensintervall gespannt werden. Wenn für das Vertrauensintervall ein Wert z = 1,65 gewählt wird, dann liegen ca. 90 Prozent der simulierten Preispfade in diesem Vertrauensintervall. Die obere Intervallgrenze ergibt sich aus Gleichung V.4 und die untere aus Gleichung V.5.

Gleichung V.4: obere Intervallgrenze   mit t = 1 bis 255 und z = 1,644853

$$S_t^o = S_0 \bullet e^{(z \bullet \sigma \bullet \sqrt{t})}$$ (geometrischer Random Walk)

$$S_t^o = S_0 + z \bullet \sigma \bullet \sqrt{t}$$ (arithmetischer Random Walk)

Gleichung V.5: untere Intervallgrenze   mit t = 1 bis 255 und z = 1,644853

$$S_t^u = S_0 \bullet e^{(-z \bullet \sigma \bullet \sqrt{t})}$$ (geometrischer Random Walk)

$$S_t^u = S_0 - z \bullet \sigma \bullet \sqrt{t}$$ (arithmetischer Random Walk)

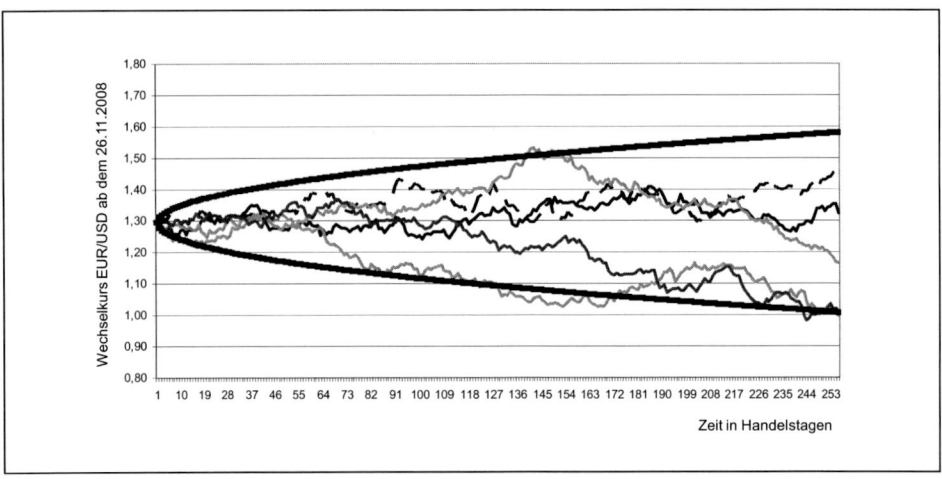

Abbildung V.10:   *Random Walks innerhalb eines Vertrauensintervalls*

In Abbildung V.10 ist der Verlauf einiger exemplarisch gewählter Szenarien für die zukünftige Entwicklung des Wechselkurses EUR/USD gezeigt. Die tulpenförmige Umrandung beschreibt das Vertrauensintervall, durch das ca. 90 % der simulierten Kurspfade laufen. Darüber und darunter werden jeweils weitere ca. fünf Prozent Kurspfade simuliert, die extremere Wechselkursentwicklungen simulieren. Bisher wurde für die Simulation des zukünftigen Wechselkurses nur der Random Walk verwendet. Zusätzlich zu diesem stochastischen Prozess kann eine deterministische Komponente im Sinne eines Trends berücksichtigt werden. Der Trendkomponente lässt sich entweder aufgrund von historischen Beobachtungen schätzten, oder sie wird aus dem Forward-/Futurepreis abgeleitet. Bei Betrachtung der historischen Entwicklung stellt sich die Frage, welche Historie der Trendbestimmung zu Grunde gelegt werden soll. So könnte sich aus den letzten zwölf Monaten ein anderer Trend ergeben als beispielsweise aus den letzten 30 Monaten (vgl. Abbildung V.11).

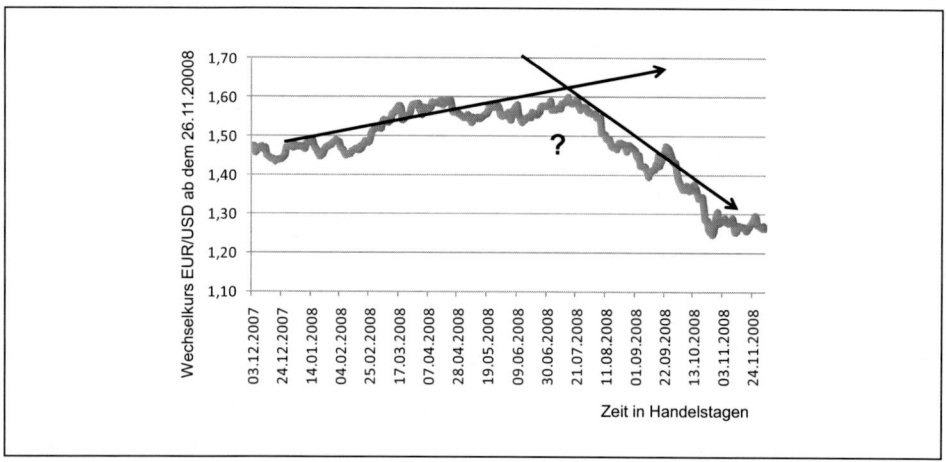

Abbildung V.11: *Die Berücksichtigung historischer Trends*

Statt der Orientierung an der Vergangenheit schlagen Kim, Malz und Mina den Blick in die Zukunft als Grundlage einer Trendbestimmung vor. Der Trend errechnet sich aus der Forward-Prämie, die sich als Differenz zwischen Devisenterminkurs und Devisenkassakurs ergibt.[231] In den Gleichungen V.6a und V.6b werden sowohl der Trend als auch die stochastische Komponente in den Random Walks berücksichtigt.

Gleichung V.6 a: $S_t = S_0 \cdot e^{(\mu \cdot t + \text{standardnormalverteilte Zufallszahl} \cdot \sigma \cdot \sqrt{t})}$

Gleichung V.6 b: $S_t = S_0 + \mu \cdot t + \text{standardnormalverteilte Zufallszahl} \cdot \sigma \cdot \sqrt{t}$

Im Exponenten der e-Funktion ist im Vergleich zu Gleichung V.3a ein neuer Summand enthalten. Mit dem Ausdruck $\mu \cdot t$ wird ein im Zeitablauf $t = 1$ bis 255 sinkender Wechselkurs simuliert. Die Grenzen des zweiseitigen 90-Prozent-Vertrauensintervalls werden in der Gleichung V.8a und Gleichung V.8b ebenfalls um die Trendkomponente erweitert (mit $t = 1$ bis 255 und $z = 1,644853$).

Gleichung V.7 a/b: obere Intervallgrenze mit Berücksichtigung eines Trends

$$S_t^{\,o} = S_0 \cdot e^{(\mu \cdot t + z \cdot \sigma \cdot \sqrt{t})} \qquad \text{(geometrischer Random Walk)}$$

$$S_t^{\,o} = S_0 + \mu \cdot t + z \cdot \sigma \cdot \sqrt{t} \quad \text{(arithmetsicher Random Walk)}$$

---

231 Vgl. KIM, J.; MALZ, A. M.; MINA, J.: LongRun Technical Document, RiskMetrics Group, 1999, www.risk-metrics.com, S. 27 ff.

Gleichung V.8 a/b: untere Intervallgrenze mit Berücksichtigung eines Trends

$$S_t^u = S_0 \bullet e^{(\mu \bullet t - z \bullet \sigma \bullet \sqrt{t})} \qquad \text{(geometrischer Random Walk)}$$

$$S_t^o = S_0 + \mu \bullet t - z \bullet \sigma \bullet \sqrt{t} \quad \text{(arithmetsicher Random Walk)}$$

In Abbildung V.12 wird für die Simulation des Wechselkurses EUR/USD ab dem 26.11.2008 ein steigender Trend unterstellt. Die Szenarien und das Vertrauensintervall passen sich dem Trend an. Die Größe und Richtung sowohl von historischen Trends als auch Trends aus Termingeschäfts-Prämien sind durch eine starke Abhängigkeit von dem betrachteten Zeitraum geprägt. Für die Bestimmung des Trends ist nur der erste und der letzte Wert des ausgewählten Zeitraums relevant. Der Zusammenhang wird an dem einfachen Beispiel deutlich:

$$\ln S = \ln\left(\frac{A_1}{A_0}\right) + \ln\left(\frac{A_2}{A_1}\right) + \ln\left(\frac{A_3}{A_2}\right) + \ln\left(\frac{A_4}{A_5}\right) + \ln\left(\frac{A_5}{A_4}\right) + \ln\left(\frac{A_6}{A_5}\right)$$

Für die Berechnung von $\ln S$ im Zeitraum von t_0 bis t_6 sind die Werte A_1 bis A_5 nicht notwendig, sie lassen sich kürzen. Die Gesamtveränderung, und damit auch der Trend von S, ist nur abhängig von dem Logarithmus aus A_6 / A_0. Einen Tag später wird der Wert von A_0 durch A_1 ersetzt und für A_6 folgt A_7. Der Trend könnte nun ganz anders aussehen. Es zeigt sich, dass die Trendbestimmung wesentlich von dem Betrachtungszeitpunkt und dem ausgewählten Zeitfenster abhängig ist. Das gilt auch für Termin (Forward)-Prämien, da sie aus kalkulatorischen Arbitragerechnungen resultieren und sich täglich mit den Spot-Preisen ändern.

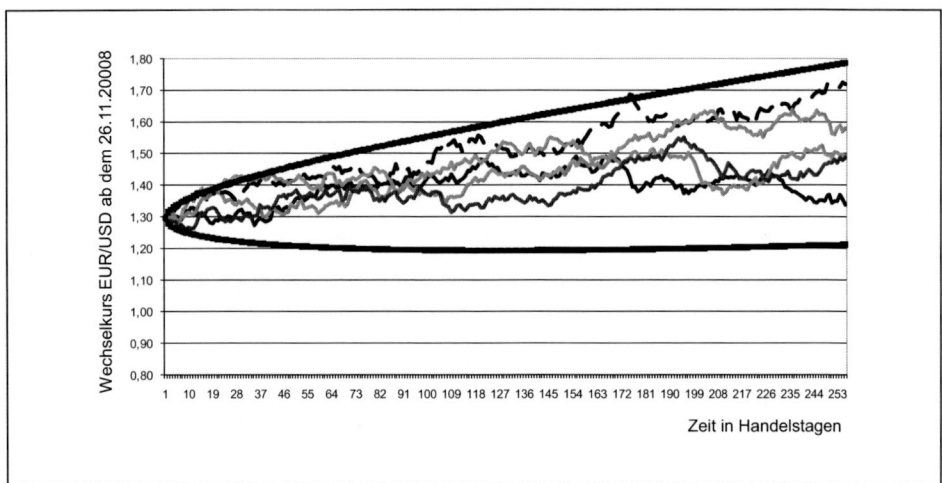

Abbildung V.12:   *Prognose mit Trend und Random Walk*

Die Verwendung von Trends setzt in einem ersten Schritt voraus, dass die historische Entwicklung oder die Termingeschäfts-Prämien als zuverlässige Indikatoren für die Zukunft verwendet werden können. In einem zweiten Schritt wäre mit Hilfe eines rollierenden Zeitfensters eine Mittelung der Trendberechnungen durchzuführen, um so eine größere Unabhängigkeit von einem einzigen Betrachtungszeitpunkt zu gewährleisten. Für historische Trends könnte beispielsweise die Trendkomponente für A_{30}/A_0, A_{31}/A_1, ... , A_{59}/A_{29} bestimmt werden. Mit den 30 ermittelten Trends könnten 30 Prognosen erstellt werden, aus denen in einem zweiten Schritt der Mittelwert zu berechnen wäre. Das Vorgehen bei Verwendung von Forward-Prämien ist analog, nur werden dabei die Forward-Prämien der letzten 30 Tage verwendet.

Durch die Verwendung von Trends werden Prognoseverfahren aufwendiger. Wegen der Unsicherheit über die zukünftige Relevanz der ermittelten Trends sind nach Möglichkeit Prognoseverfahren ohne Trendberücksichtigung zu verwenden. Sofern Risikoprognosen ohne Trendkomponente keine zufriedenstellende Prognosegüte liefern, sollte eine empirische Untersuchung folgen, welche Trendkomponente die valideren Ergebnisse liefert. Eine Alternative bieten die ökonometrischen Modelle.

Ökonometrische Modelle leiten aus einer Vielzahl von Marktpreisen und ökonomischen Kennzahlen Prognosen ab. Im Vergleich zu den Prognosen auf Basis von Terminpreisen oder Random Walks sind die ökonometrischen Modelle komplexer und benötigen einen großen Datenhaushalt. Der Einsatz von ökonometrischen Modellen ist nur dann sinnvoll, wenn mit den einfachen Random Walk Modellen keine zuverlässigen Risikoprognosen zu erzielen sind.

Den Vektor Autoregressiven Modellen (VARM) liegt die Annahme zu Grunde, dass jede zu prognostizierende Variable von ihrer eigenen Historie und von der Historie aller anderen im System betrachteten Variablen abhängig ist.[232] Die Error Correction Modelle unterstellen einen im Zeitablauf stabilen Zusammenhang zwischen den betrachteten Variablen. Selbst wenn sich eine Variable kurzfristig ohne einen Zusammenhang zu den anderen Größen verhält, kann langfristig eine stabile wechselseitige Abhängigkeit aller Variablen des betrachteten Systems unterstellt werden. Von dieser Co-Integration der Variablen lässt sich ein Korrekturmechanismus für Fehlentwicklungen einzelner Variablen herstellen, der als Error Correction Modell (ECM) bezeichnet wird.

Von J. P. Morgan wurde für mittelfristige Prognosen von Risikofaktoren ein Vektor Autoregressives Modell (VARM) mit einem Error Correction Modell (ECM) verknüpft, woraus ein Vector Error Correction Modell (VECM) entsteht.[233] Der Schwerpunkt liegt auf der Prognose des Mittelwerts eines jeden Risikofaktors, hingegen werden weder die Volatilität noch die Korrelationen mit den anderen Risikofaktoren explizit geschätzt. Als Basis der Prognose dienen die Historie des jeweiligen Risikofaktors sowie die Historien von allen anderen im Modell erfassten Risikofaktoren und/oder makroökonomischen Größen. Die gegenseitigen

---

[232] Vgl. DEUTSCH, H-P.: Derivate und interne Modelle: Modernes Risikomanagement, 2. Auflage, Stuttgart 2001, S. 506 ff; ROBERTSON, J. C.; TALLMAN, E. W.: Vector Autoregressions: Forecasting and Reality, Economic Review, Vol. 84, 1999, S. 4 ff.

[233] Vgl. KIM, J.; MALZ, A. M.; MINA, J.: LongRun Technical Document, RiskMetrics Group, 1999, www.riskmetrics.com, S. 9, 81 ff.

Abhängigkeiten werden gleichzeitig für Fehlerkorrekturen verwendet. Das Vector Error Correction Modell kommt nicht ohne eine Normalverteilungsannahme für die logarithmierten Veränderungen der Risikofaktoren aus.

In einem Beispiel mit nur zwei Variablen x_1 und x_2 sei die Idee dargestellt. Für den Verlauf der Variablen x_1 ist kein Muster erkennbar, so dass eine Prognose über deren zukünftige Entwicklung auf Basis ihrer eigenen Historie keinen Erfolg verspricht. Das Gleiche gilt auch für die Variable x_2. Allerdings gibt es zwischen x_1 und x_2 einen derartigen Zusammenhang, dass sich die beiden Variablen gleichgerichtet verhalten. Wenn sich die Variable x_1 im Zeitablauf ähnlich bewegt wie x_2, dann muss die neue Variable z_1 mit $z_1 = x_1 - x_2$ im Zeitablauf stabil sein. Es ist davon auszugehen, dass z_1 um einen Mittelwert schwankt, ohne sich davon über die Zeit zu stark zu entfernen. Während x_1 und x_2 getrennt betrachtet als ein Random Walk aufzufassen sind, ist ihr Abstand stationär. Daher werden x_1 und x_2 als co-integriert bezeichnet.

Übertragen auf eine Parabel von Murray bedeutet dies: Wenn ein Betrunkener (Random Walk 1) und sein Hund (Random Walk 2) abends den Heimweg antreten, ist der Weg eines jeden einzelnen nicht genau vorhersehbar. Allerdings wird sich der Hund nicht zu weit von seinem Herrchen entfernen (im Zeitablauf stabiler Abstand), das heißt wenn absehbar ist, wo einer der beiden entlang geht, kann daraus der Standort des jeweils anderen bestimmt werden.[234]

In der Literatur werden alternative Modelle angeboten, welche ohne eine Normalverteilungsannahme auskommen. Für die Prognose kurzfristiger Zinsen werden Gleichgewichtsmodelle, wie zum Beispiel das Modell von Vasicek, und No-Arbitrage-Modelle, wie etwa das Modell von Ho und Lee oder Hull und White, diskutiert.[235] Schon seit den 60er Jahren hat sich die Wissenschaft der Entwicklung von Zinsrisiko-Modellen gewidmet, die aber aufgrund ihrer stetig steigenden Komplexität zu hohen Implementierungskosten und Modellrisiken führen. Mit der schnell wachsenden Rechenleistung von Computern sind aber Kosteneinsparungen und eine weitere Verbreitung der Modelle zu erwarten.[236]

In der Praxis des Währungsmanagements überwiegt gemäß Johnson bei der Berücksichtigung makroökonomischer Variablen die Fundamental-Analyse, weil die Verwendung von ökonometrischen Modellen zu teuer und zu zeitaufwendig ist.[237] Für das Rohstoffpreismanagement schlagen Praktiker ebenfalls die Auswertung von fundamentalen Informationen und die Technische Chartanalyse vor.[238] Insbesondere die Chartanalyse wird in der Praxis gerne durchgeführt, da sie wenig Aufwand bereitet und keine Kenntnisse der komplexen ökono-

---

[234] Vgl. KIM, J.; MALZ, A. M.; MINA, J.: LongRun Technical Document, RiskMetrics Group, 1999, www.riskmetrics.com, S. 87.

[235] Vgl. HULL, J. C.: Options, Futures und andere Derivate, München, 2005, S. 781 ff.; SANYAL, A.: The Integration of Time-Series Analysis und Term-Structure Modelling, in: v. Cornyn, A.G.; Mays E.: Interest Rate Risk Models, Theory and Practice, Chicago 1997, S. 53 ff.

[236] Vgl. MCGUIRE, W. J.: The Evolution of Interest-Rate-Risk Models, in: v. Cornyn, A.G.; Mays E.: Interest Rate Risk Models, Theory and Practice, Chicago 1997, S. 15 ff.

[237] Vgl. JOHNSON, E. I.: Fundamental Analysis, in: v. Klopfenstein, G.: FX: Managing Global Currency Risk, The Definitive Handbook for Coporations and Financial Institutions, Chicago 1997, S. 69.

[238] Vgl. STEPHENS, J. J.: Managing Commoditiy Risk using commodity futures and options, 2001, S. 99 ff.

metrischen Modelle voraussetzt. Gleichzeitig erfordert die Chartanalyse im Vergleich zu den ökonometrischen Modellen keine hohen Rechenkapazitäten.

Vor diesem Hintergrund gilt es, einen Ansatz zu finden, der anders als beispielsweise die zinsrisikospezifischen Modelle auf möglichst viele Risikofaktoren wie Aktienkurse, Wechselkurse und Rohstoffpreise anwendbar ist. Der Ansatz muss in der Lage sein, sehr viele denkbare Marktsituationen abzubilden und statt einzelner Punktschätzungen einen Korridor für die zukünftige Entwicklung der Risikoparameter aufzuzeigen.

Sowohl ein Vector-Error-Correction-Modell als auch ein Random-Walk-Modell können diesen Anforderungen gerecht werden. Im Gegensatz zu einem Vector-Error-Correction-Modell benötigt ein Random-Walk-Modell weniger Dateninput und ist einfacher zu implementieren. Die Simulation mit einem Random-Walk-Modell kann, wenn ein Rechenkern für die Monte-Carlo-Methode vorhanden ist, mit Hilfe einer Tabellenkalkulation auf die individuellen Bedürfnisse des Unternehmens abgestimmt werden. Die Verwendung eines Vector-Error-Correction-Modells ohne eine spezielle Software gestaltet sich dagegen schwieriger.

In Ermangelung einer geeigneten Software konnte für das Vector-Error-Correction-Modell kein eigenes Backtesting durchgeführt werden. Stattdessen erfolgt der Verweis auf einen von der RiskMetrics Group erstellten Vergleich der Prognosegüte des gezeigten Vector-Error-Correction-Modell, einem Random Walk mit Trend und einem Random Walk ohne Trend.[239] In dem Test wurden 65 Marktpreise aus den vier Assetklassen Währungen, Zinsen, Aktien und Rohstoffe über einen Zeithorizont von zwölf Monaten prognostiziert. Die Wahrscheinlichkeit für das zweiseitige Vertrauensintervall beträgt 90 Prozent, so dass nach unten und oben insgesamt 10 Prozent Ausreißer zu erwarten wären.

Modell	Anzahl der Ausreißer (erwartet 10%)
Random Walk ohne Trendkomponente	3,23 % bis 8,60 %
Random Walk mit Trendkomponente	5,40 % bis 14,63 %
Vector-Error-Correction-Modell	6,64 % bis 10,48 %

Tabelle V.1:   *Backtesting der Modelle für Langzeitprognosen*

Die tatsächliche Anzahl der Ausreißer für die einzelnen Modelle ist in Tabelle V.1 gezeigt. Dabei werden in der Darstellung der RiskMetrics Group nur Intervalle angegeben, welche die Bandbreite der Ausreißer über alle Assetklassen angeben.[240] Das Backtesting des Vector-Error-Correction-Modells der RiskMetrics Group lässt zwar eine höhere Prognosegüte für das hauseigene Modell erkennen, dennoch ist abzuwägen, ob der Unterschied zur Prognosegüte einfacher Random-Walk-Modelle den hohen Rechenaufwand und Datenbedarf eines komple-

---

[239] Für den Random Walk mit Trend wurden Forward-Prämien verwendet.

[240] Vgl. KIM, J.; MALZ, A. M.; MINA, J.: LongRun Technical Document, RiskMetrics Group, 1999, www.risk-metrics.com, S. 87.

xen Vector-Error-Correction-Modells rechtfertigt. Der Random Walk mit Trendkomponente liefert in dem Backtesting mehr Abweichungen von den erwarteten zehn Prozent nach unten und oben als das Vector-Error-Correction-Modell. Der Random Walk ohne Trendkomponente erweist sich als konservativ und führt in dem vorliegende Backtesting stets zu weniger Ausreißern, als bei Anwendung eines 90-Prozent-Vertrauensintervalls zu erwarten wären.

Bei dem Testergebnis der RiskMetrics Group handelt es sich um eine Zusammenfassung der Prognosegüte für 65 einzelne Marktpreise. Bei Hager werden die Prognosen eines Random-Walk-Modells ohne Trendkomponente mit den über einen Zeitraum von 255 Tagen tatsächlich eingetretenen Marktpreisen für Aluminium, Gold, Kupfer, Öl, Silber, Swapzinsen und für die beiden Wechselkurse EUR/USD und USD/JPY verglichen.[241] Es zeigt sich, dass für alle betrachteten Risikofaktoren die tatsächliche Marktentwicklung weitgehend von den Vertrauensintervallen des Prognosemodells erfasst wird. Das Random-Walk-Modell schafft den Kompromiss zwischen der notwendigen Kompatibilität, um viele unterschiedliche Risikofaktoren und damit die individuellen Anforderungen eines Unternehmens abbilden zu können, einer geringen Rechenzeit, zuverlässigen Prognosen und einer überschaubaren Komplexität (Modellrisiko). Daher erscheint zunächst die Beschränkung auf ein einfaches Modell wie den Random Walk ohne Trend sinnvoll.

Auf die Berücksichtigung von Korrelationen zwischen den Risikofaktoren bei der Erstellung von mittel- und langfristigen Prognosen wird verzichtet. Zum einen hat die Diskussion im ersten Teil des Buches bereits die konzeptionellen Unzulänglichkeiten der Korrelation aufgezeigt. Insbesondere ist die fehlerhafte Abbildung nichtlinearer Zusammenhänge hier noch einmal zu nennen. Zum anderen können sich Korrelationen im Zeitablauf schnell ändern, im Extremfall kommt es zum Correlation Breakdown. Am Beispiel von Rohöl und Heizöl wird noch ein anderes Problem deutlich. Für die beiden Rohstoffpreise lässt sich empirisch eine starke positive Korrelation nachweisen. Wenn der Rohölpreis steigt, steigt auch der Heizölpreis. Umgekehrt ist bei sinkenden Rohölpreisen oft nur eine Seitwärtsbewegung des Heizölpreises zu beobachten. Zwischen den beiden Rohstoffpreisen existiert tatsächlich ein nichtlinearer Zusammenhang, der für Rohstoffpreise häufig beobachtet werden kann.[242] Daher ist die Korrelation kein geeignetes Maß zur Messung der Wechselbeziehungen von Risikofaktoren, insbesondere nicht für längere Prognosehorizonte.

Bei Bedarf ist es ohne die Berücksichtigung von Korrelationen möglich, für unterschiedliche Marktpreise auch unterschiedliche Prognosemodelle zu verwenden. Grundsätzlich sind Kombinationen wie beispielsweise die Verwendung eines ökonometrischen Modells für den Risikofaktor A, der Einsatz eines Random Walk mit Trend für den Risikofaktor B und die Prognose mit einem Random Walk ohne Trend für den Risikofaktor C denkbar. Eine Kombination von mehreren Prognosemodellen ist dann zu rechtfertigen, wenn sie zu insgesamt besseren Prognosen führt, weil für jeden Risikofaktor das Modell gewählt wurde, das dessen Verlauf

---

241 Vgl. HAGER, P.: Corporate Risk Management – Cash Flow at Risk und Value at Risk, Frankfurt/Main 2004, Anhang C.2.

242 Vgl. HUMPHREYS, H. B.; SHIMKO, D. C.: Commodity Risk Management and the Corporate Treasury, in: Deloitte & Touche LLP Risk Publications: Financial Risk and the Corporate Treasury – New Development in Strategy and Control, London 1997, S. 123.

am besten beschreiben kann. In diesem Werk wird für die Prognose aller Marktpreise ein Random Walk ohne Trend verwendet.

4.   Fallstudie: Management von Marktpreisrisiken im Einkauf

Die Inntal AG möchte aufgrund eines stark schwankenden Kupferpreises und Wechselkurses von EUR/USD ihr Risiko im Einkauf von Rohstoffen reduzieren. Vor der Absicherung des Rohstoffpreis- und Wechselkursrisikos möchte der Vorstand eine Schätzung, in welchem Umfang das Jahresergebnis des Geschäftsjahres 2008 durch volatile Marktpreise beeinträchtigt werden kann. Die relevante Größe für die interne Steuerung bilden die Earnings before interest and taxes (EBIT).[243]

Vereinfachend wird zunächst von einem konstanten Einkaufsbedarf von zehn Tonnen Kupfer pro Monat ausgegangen. Zwei Risikofaktoren sind zu berücksichtigen: Der volatile Kupferpreis in USD pro Tonne und der Wechselkurs EUR/USD. Beginn der Planung ist der 01.01.2008 und der Planungshorizont endet am 31.12.2008. Für den Kupferpreis wird ein geometrischer Random Walk angenommen, da hierfür in der Historie zum Teil eratische Preisschwankungen zu verzeichnen waren. Der Wechselkurs EUR/USD wird als arithmetischer Random Walk simuliert. Die Volatilitäten beider Risikofaktoren werden aus dem Vorjahr vom 01.01.2007 bis 31.12.2007 gemessen, und auf eine Verwendung von Trends wird verzichtet. Für die Messung der Chancen und Risiken wird eine Wahrscheinlichkeit von 95 Prozent zu Grunde gelegt.

Am 31.12.2007 beträgt der Wechselkurs EUR/USD 1,4598 und der Kupferpreis steht bei 6.676,50 USD/T. Für den geometrischen Random Walk wird die Standardabweichung der logarithmierten Tagesrenditen aus dem Jahr 2007 bestimmt, deren Wert bei 0,020 liegt. Die Standardabweichung der Tagesdifferenzen des Wechselkurses EUR/USD beträgt für den gleichen Zeitraum 0,005. Wegen des häufig zu beobachtenden Volatilitätsclusterings, bei dem sich volatile und ruhige Marktphasen regelmäßig abwechseln, kann es bei Verwendung einer sehr kurzfristigen Volatilität zu falschen mittelfristigen Risikoprognosen kommen. In einer Phase hoher Volatilitäten würde es zu einer Überschätzung und in einer Phase niedriger Volatilitäten zu einer Unterschätzung der Volatilität für die nächsten zwölf Monate kommen. Bei der Auswahl einer sehr langfristigen Volatilität wird das Modell aber zu träge. Daher wird als Kompromiss häufig der historische Beobachtungszeitraum genauso lang gewählt wie der zu

---

[243] EBIT: Bezeichnet den Gewinn vor Zinsen und Steuern. In der gängigen Definition werden bei diesem Ergebnis alle außerordentlichen Ergebnisse sowie das Finanzergebnis und die Steuern ignoriert. Ziel ist das Ergebnis aus dem betrieblichen Kerngeschäft innerhalb einer Periode.

prognostizierende Planungszeitraum lang ist. Abbildung V.13 zeigt die gesamte zur Verfügung stehende Historie und den Verlauf der beiden Risikofaktoren. Daraus wurde der Abschnitt vom 01.01.2007 bis zum 31.12.2007 zur Messung der Standardabweichung verwendet.

Mit Hilfe der Monte-Carlo-Simulation werden für jeden der 255 Tage 10.000 standardnormalverteilte Zufallszahlen generiert, aus denen sich 10.000 mögliche Wechselkurse und Kupferpreise pro Tag ergeben. Mit den Zufallszahlen wird gleichzeitig eine Wechselkursänderungen und Kupferpreisänderungen angenommen. Insgesamt simuliert die Monte-Carlo-Methode in dem Prognosezeitraum von 255 Handelstagen je 2,55 Mio. Wechselkurse und Kupferpreise, die auch als 10.000 Pfade interpretiert werden können.[244]

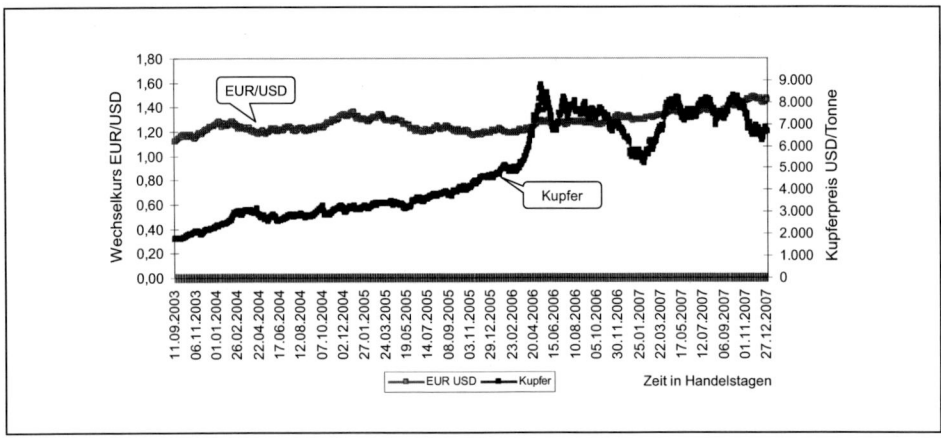

Abbildung V.13: *Historischer Verlauf vom Kupferpreis und EUR/USD*

Simulation des Wechselkurses EUR/USD für die ersten drei Tage des Planungshorizonts auf Basis eines geometrischen Random Walks mit standardnormal verteilten Zufallszahlen:

02.01.2008 (1. Tag): $Wk_1 = 1,4598 \cdot e^{\text{(N(0;1)-Zufallszahl} \cdot 0,005 \cdot \sqrt{1})}$

03.01.2008 (2. Tag): $Wk_2 = Wk_1 \cdot e^{\text{(N(0;1)-Zufallszahl} \cdot 0,005 \cdot \sqrt{1})}$

04.01.2008 (3. Tag): $Wk_3 = Wk_2 \cdot e^{\text{(N(0;1)-Zufallszahl} \cdot 0,005 \cdot \sqrt{1})}$

Simulation des Kupferpreises USD/Tonne für die ersten drei Tage des Planungshorizonts auf Basis eines arithmetischen Random Walks mit standardnormal verteilten Zufallszahlen:

02.01.2008 (1. Tag): $CU_1 = 6.676,50 + \text{N(0;1)-Zufallszahl} \cdot 0,02 \cdot \sqrt{1}$

03.01.2008 (2. Tag): $CU_2 = CU_1 + \text{N(0;1)-Zufallszahl} \cdot 0,02 \cdot \sqrt{1}$

04.01.2008 (3. Tag): $CU_3 = CU_2 + \text{N(0;1)-Zufallszahl} \cdot 0,02 \cdot \sqrt{1}$

---

[244] Ein handelsüblicher PC benötigt mit der Software RiskKIT oder ähnlichen Lösungen etwa eine Minute für die Simulation.

Abbildung V.14 zeigt exemplarisch je einen simulierten Pfad für den zukünftigen Verlauf des Wechselkurses EUR/USD und den Kupferpreis. Während der Wechselkurs aufgrund seiner geringeren Standardabweichung und des arithmetischen Random Walks sich nur geringfügig verändert, unterliegt der volatilere Kupferpreis in der Simulation als geometrischer Random Walk höheren Schwankungen. Die gezeigten Pfade für den Wechselkurs und den Kupferpreis sind nur exemplarisch. Unter den simulierten Szenarien sind auch volatilere Wechselkurs- und stabilere Kupferpreisentwicklungen zu sehen. Bei 10.000 simulierten Preispfaden kann davon ausgegangen werden, dass nahezu alle Möglichkeiten der Entwicklung des zukünftigen Wechselkurses abgebildet werden.[245]

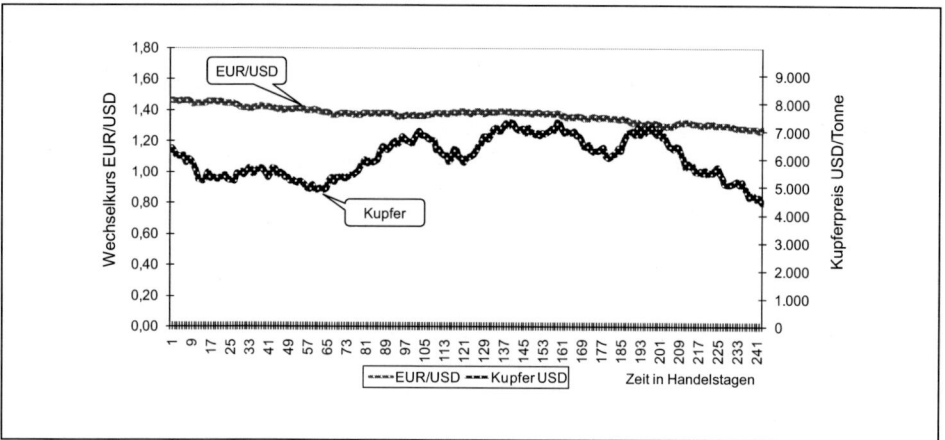

Abbildung V.14: *Beispiel für die Simulation der beiden Risikofaktoren*

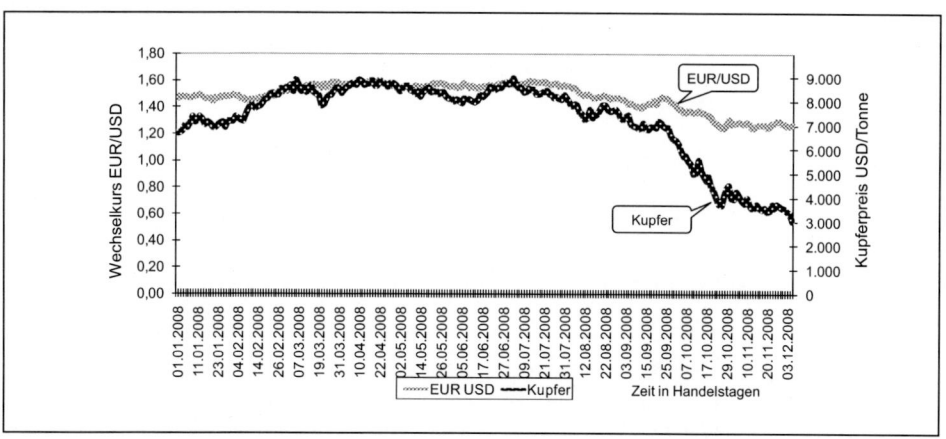

Abbildung V.15: *Tatsächlicher Verlauf der Marktpreise vom 01.01.2008 beginnend*

---

[245] In RiskKIT und ähnlichen Lösungen können mehrere Millionen Szenarien in einem Simulationslauf berücksichtigt werden.

Im Vergleich zu der Simulation zeigt Abbildung V.15 rückblickend den tatsächlichen Verlauf für den Wechselkurs EUR/USD und den Kupferpreis seit dem 01.01.2008. Für die Modellierung des Wechselkurses lieferte die historische Standardabweichung aus dem Jahr 2007 einen guten Schätzwert. Bei der Simulation des Kupferpreises hat die im Zuge der Finanzkrise seit dem Herbst 2008 stark abnehmende weltweite Nachfrage nach Kupfer den Preis einbrechen lassen. Solche Preisszenarien sind zwar in der Simulation mit einem Random Walk enthalten, jedoch sprechen volkswirtschaftliche Krisen gegen die Prämissen der meisten Risikomodelle: Funktionierende Märkte![246]

In jedem Simulationslauf werden die USD-Ausgaben für Kupfer mit den generierten Wechselkursen EUR/USD bewertet. Aus der Addition der in EUR umgerechneten Rohstoffkosten ergibt sich die zu erwartende Belastung des EBIT durch Ausgaben für den Materialeinsatz. Aus den 10.000 simulierten Szenarien folgt die in Abbildung V.16 gezeigte Häufigkeitsverteilung der Rohstoffausgaben 2008. Aus der Häufigkeitsverteilung kann eine Aussage getroffen werden, welcher Ausgabensumme mit einer Wahrscheinlichkeit von 95 Prozent nicht unterschritten wird. Der gesuchte Wert entspricht dem empirischen 95 %-Quantil der Verteilung. Mit einer Wahrscheinlichkeit von 95 Prozent werden die Rohstoffausgaben im Jahr 2008 nicht mehr als 789.605 EUR betragen. Der Maximalwert der Ausgaben liegt mit 1.163.898 EUR noch deutlich darüber. Die tatsächlichen Ausgaben hätten rückblickend aufgrund der realen Wechselkurs- und Kupferpreisentwicklung 552.942 EUR betragen.

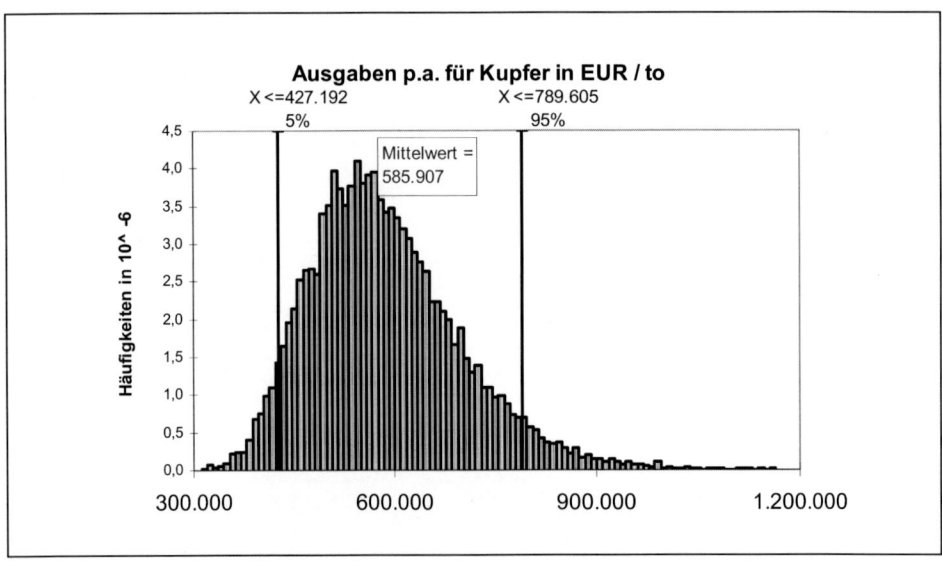

Abbildung V.16: *Ergebnis der Simulation der Rohstoffausgaben für Kupfer in EUR für das Jahr 2008*

---

[246] Zu den Prämissen für den Einsatz von Random Walks und darauf basierenden Risikomodellen, u. a. auch VaR-Modellen vgl. das Kapitel XII „Mathematische Grundlagen".

Aus der Häufigkeitsverteilung der Jahresausgaben für Kupfer in EUR kann die Geschäftsleitung der Inntal AG ablesen, wie stark das Jahresergebnis 2008 (EBIT) von den Rohstoffausgaben belastet werden kann. Darauf aufbauend können alternative Absicherungsstrategien
wie zum Beispiel Termingeschäfte für den Bezug von Kupfer, Termingeschäfte oder Optionen für EUR/USD erwogen und in ihrer Wirkung auf den EBIT analysiert werden. Dazu wird
die Simulation erneut unter Berücksichtigung der jeweiligen Sicherungsmaßnahem angesto-
ßen und die Auswirkung auf den EBIT bzw. auf die mit 95 Prozent Wahrscheinlichkeit nicht
zu überschreitenden Ausgaben gemessen.

5. Risikomessung mit Cash Flow at Risk, EBIT at Risk und Budget at Risk

Basierend auf der Fallstudie aus Abschnitt V.4 können alternative Risikomaße angewendet
werden. Da das Unternehmen an dem Risiko für sein Jahresergebnis 2008 intessiert ist, empfiehlt sich die Messung eines Cash Flow at Risk, EBIT at Risk oder Budget at Risk.[247] Die
Messmethode ist bei allen drei Verfahren gleich: Cash Flow at Risk, EBIT at Risk und Budget at Risk unterscheiden sich nur anhand der zu Grunde gelegten Messgröße Cash Flow,
EBIT oder Budget. Grundsätzlich sind die drei Risikokennzahlen für alle Arten von Exposu-
redefinitionen anwendbar, sofern Stromgrößen statt Bestandsgrößen der Risikomessung zu
Grunde liegen. In der Literatur werden auch alternative Exposuredefinitonen wie zum Bei-
spiel Earnings per Share at Risk, Shareholder Value at Risk oder Balance Sheet Translation
Risk angedacht.[248] Alle weiterführenden Konzepte basieren jedoch entweder auf dem Cash
Flow oder auf den handelsrechtlichen Erträgen und Aufwendungen (Earnings).

Während der Cash Flow at Risk aus den erwarteten Einnahmen und Ausgaben berechnet
wird, gehen in die Earnings at Risk die erwarteten Erträge und Aufwendungen des Unternehmens ein. Im Earnings at Risk-Ansatz werden die Auswirkungen von finanziellen Risiken
auf den handelsrechtlichen Jahresgewinn simuliert, aus dem externe Analysten und Investoren Kennzahlen zur Bewertung des Unternehmens etwa die Price-Earnings-Ratio und den
Return-on-Equity herleiten. Die Begrenzung der Volatilität von Erträgen kann zu einer Steigerung von Aktienkurs und Shareholder Value des Unternehmens führen.[249] Die amerikani-

---

[247] Ein Value at Risk, wie er häufig in der Literatur genannt wird, ist hier nicht angebracht. Der Value at Risk
misst eine Vermögensänderung. Hier wird aber eine Zahlungsstromgröße betrachtet: die Ausgaben für
Kupfer in den nächsten zwölf Monaten.

[248] Vgl. LEE, A. Y.: CorporateMetrics™ Technical Document, RiskMetrics Group, New York 1999, www.risk-
metrics.com, S. 36.

[249] Vgl. HAGER, P.: Corporate Risk Management – Cash Flow at Risk und Value at Risk, Frankfurt/Main
2004, S. 10 ff.

schen börsennotierten Aktiengesellschaften sind von der nationalen Aufsichtsbehörde SEC zur quartalsweisen Earnings-Berichterstattung verpflichtet, so dass ein Earnings at Risk Modell dazu dienen kann, um frühzeitig einer negativen Entwicklung von Unternehmenskennzahlen gegenzusteuern. Zur Ermittlung der Earnings at Risk bedarf es eines Referenzwertes, der mit einer bestimmten Wahrscheinlichkeit innerhalb des Prognosehorizonts um nicht mehr als den Earnings at Risk-Betrag marktrisikobedingt verfehlt wird. Denkbar ist auch die Ermittlung des Minimums bzw. Maximums der Earnings für eine bestimmte Wahrscheinlchkeit innerhalb des Prognosezeitraums, um zu prüfen, ob die Planwerte des Unternehmens realistisch sind. Für die Praxis ist es aber bedeutender, zu messen, wie groß das Risiko ist, die Planwerte zu verfehlen.[250]

Die *Unterschiede z*wischen Earnings at Risk und Cash Flow at Risk lassen sich aus den Unterschieden zwischen handelsrechtlicher und pagatorischer Erfassung der Zahlungsströme ableiten. Beispielsweise führt die Durchführung einer Investition pagatorisch zu einer sofortigen, aber einmaligen Auszahlung in Höhe des Anschaffungspreises, während in der handelsrechtlichen Gewinn- und Verlustrechnung der Kaufpreis in Form von Abschreibungen über die Nutzungsdauer verteilt wird. Es wird deutlich, dass es zwischen Earnings at risk und Cash Flow at Risk Unterschiede bezüglich Betrag und Zeitpunkt einer Zahlung geben kann.

Durch handelsrechtliche Vorschriften können sich in beiden Konzepten unterschiedliche Risikowirkungen für ein und dieselbe Position ergeben. Beispielsweise kann der Einsatz derivativer Instrumente die Earnings at Risk erhöhen, während gleichzeitig der Cash Flow at Risk gesenkt wird. Der Fall wird regelmäßig dann eintreten, wenn aufgrund nationaler Rechnungslegungsvorschriften die Verwendung eines derivativen Instruments nicht als Hedginggeschäft anerkannt wird und somit als eine zusätzliche Risikoposition zu werten ist. In diesem Fall steigt der Earnings at Risk, gleichzeitig sinkt der Cash Flow at Risk durch die risikomindernde Wirkung des Derivats.

Das Cash-Flow-at-Risk-Konzept ist für die Zwecke der Risikosteuerung dem Earnings-at-Risk-Konzept überlegen, da letzteres Konzept aufgrund von handelsrechtlichen Restriktionen zu falschen Steuerungsinformationen führen kann.[251] Zudem eröffnet sich ein großer Spielraum bei der Frage, welche Erträge der Messung zu Grunde gelegt werden sollen. Von den Bruttoerträgen beginnend bis hin zu dem Gewinn nach Steuern sind alle Facetten denkbar und kalkulierbar.[252] Das Konzept zur Kalkulation der Earnings at Risk ist vollkommen identisch mit dem Cash Flow at Risk, nur der Input ist ein anderer.

---

[250] Vgl. LEE, A. Y.: CorporateMetrics™ Technical Document, RiskMetrics Group, New York 1999, www.riskmetrics.com, S. 32.

[251] Das Problem von teilweise unterschiedlichen Steuerungsimpulsen von Gewinn- und Verlustrechnung und tatsächlichen Cash Flows (Barwertsteuerung) ist in der Bankenwelt seit Längerem bekannt. Vgl. ROLFES, B.: Gesamtbanksteuerung, Stuttgart 1999, S. 18 ff.; SCHIERENBECK, H.; WIEDEMANN, A.: Marktwertrechnungen im Finanzcontrolling, 1996, S. 385 ff.; Zur Verknüpfung des ökonomischen und handelsrechtlichen Ergebnisses von Unternehmen vgl. WIEDEMANN, A.: Die Passivseite als Erfolgsquelle, Wiesbaden 1998, S. 274 ff., 299 ff.

[252] Vgl. MATTEN, C.: Managing Bank Capital: Capital Allocation and Performance Measurement, Chichester 1996, S. 104.

Von den an Stromgrößen orientierten Risikokennzahlen (Cash Flow bzw. Earnings at Risk) ist der an Bestandsgrößen oder Vermögenswerten orientierte Value at Risk deutlich abzugrenzen. Anders als es manche Autoren etwas oberflächlich schildern, unterscheiden sich Value at Risk und Cash Flow at Risk nicht nur in der zugrunde gelegten Exposuredefinition, sondern insbesondere in dem Risikomessverfahren. Damit sind diese Kennzahlen auch nicht ineinander überführbar. Angenommen, der deutsche Hersteller würde Vorräte an Rohstoffen lagern und auf seinen Konten Devisenpositionen vorhalten. Der Value at Risk wäre dann die richtige Antwort auf eine der nachfolgenden Fragen:

■ Wie groß kann mit einer bestimmten Wahrscheinlichkeit der Wertverlust der Rohstoffvorräte aufgrund von Rohstoffpreisänderungen innerhalb von einem (10) Tag(en) ausfallen?

■ Wie groß kann mit einer bestimmten Wahrscheinlichkeit der Wertverlust der Devisenbestände aufgrund von Wechselkursänderungen innerhalb von einem (10) Tag(en) ausfallen?

In diesen Fällen handelt es sich um das Marktpreisrisiko für Bestände an Rohstoffen und Devisen. Der Value at Risk prognostiziert, welcher Verlust dieser Vermögenswerte mit einer bestimmten Wahrscheinlichkeit nicht überschritten wird. Die Messung ist statisch komparativ und beruht auf einer analytischen oder empirischen Häufigkeitsverteilung (für Details dazu vgl. zum Value at Risk Abschnitt VIII und den finanzmathematischen Anhang). Statisch komparativ bedeutet, dass der Vermögenswert heute mit einem Vermögenswert an einem Stichtag in der Zukunft verglichen wird. Voraussetzung sind in jedem Fall Vermögenswerte. Existieren stattdessen nur Cash Flows, müssen diese durch Diskontierung zu einem Barwert erst zu Vermögenswerten verdichtet werden, bevor der Value at Risk zum Einsatz gelangen kann. Der Cash Flow at Risk (bzw. Earnings at Risk) simuliert im Gegensatz zum Value at Risk nicht nur die Marktsituation an einem Stichtag, sondern über einen ganzen Zeitraum für jeden Tag darin. Es handelt sich hierbei um pfadabhängige Risikosimulationen, meistens für mittelfristige Planungsperioden. Mit diesen simulierten Entwicklungen für jeden Risikofaktoren über den gesamten Planungszeitraum können auch alle darin befindlichen Cash Flows bewertet werden.

Das Value-at-Risk-Konzept liefert nur eine gute Prognosegüte für die Zeiträume, für die es auch von den Handelsbereichen der Banken konzipiert wurde. Insbesondere bei Haltedauern von ein bis zehn Tagen können Value-at-Risk-Modelle gute Risikoschätzungen liefern. Unter Missachtung der gezeigten Fehlerquellen[253] bei längeren Prognosen könnte der Value at Risk auch auf 30 Tage oder ganz grob auf 90 Tage ausgedehnt werden. Selbst dieser Zeitraum ist zu kurz, um bei Erkennen von Risiken im operativen Geschäft wirksame Maßnahmen zu planen, einzuleiten und erfolgreich abzuschließen. Für Banken entstehen Risiken aus Finanzgeschäften, die mit Hilfe von Derivaten binnen kurzer Zeit vollständig abgesichert werden können. In Unternehmen haben die Risiken aus Finanzgeschäften gegenüber den Risiken aus dem operativen Geschäft eine vergleichsweise geringe Bedeutung. Im operativen Geschäft ist ein Unternehmen jedoch eher mit einem großen Schiff in voller Fahrt vergleichbar und es benötigt einen wesentlich längeren „Bremsweg" bei Erkennen von Risiken als eine Bank.

---

[253] Vgl. die im finanzmathematischen Anhang erläuterten Fehlerquellen für Value at Risk-Prognosen über längere Zeiträume.

Aus der industriellen Sichtweise erscheint der Prognosezeitraum von zwölf Monaten noch knapp bemessen zu sein.

Die Risiken des operativen Geschäfts können mit dem Value at Risk Ansatz nicht adäquat erfasst werden. Ein Ansatz zum Einsatz des Value at Risk für die integrierte Steuerung von Risiken aus operativen Geschäften könnte darin bestehen, die Cash Flows des operativen Geschäfts per Definition festzulegen und zu diskontieren. Dann lauten bei korrekter Würdigung der Voraussetzungen zur Anwendung des Value-at-Risk-Modells die impliziten Annahmen:

- Die Cash Flows aus dem operativen Geschäft lassen sich genau schätzen und es gibt keine zufälligen Schwankungen der Absatzmenge. Sonst können keine Barwerte ermittelt werden, hierzu bedarf es sicherer und konstanter Cash Flows für den Prognosezeitraum;

- Risiken aus anderen unerwarteten Entwicklungen, wie beispielsweise der Verlust von Marktanteilen an Konkurrenten bei bestimmten Wechselkursentwicklungen, existieren nicht;

- Eine Prognose der Risiken für die nächsten ein bis 30/90 Tage ist auch zur Risikosteuerung in den operativen Bereichen vollkommen ausreichend.

Alle Modelle sind eine Abstraktion der Realität, sie müssen Annahmen und Vereinfachungen vornehmen, um funktionieren zu können. Wenn das Unternehmen mit den oben genannten Annahmen zurecht kommt, ist die Anwendung eines Value-at-Risk-Modells auch zur Steuerung der noch verbleibenden Risiken aus dem operativen Geschäft vorstellbar. Am Beispiel von Wechselkursrisiken präsentieren Deards und Gil die Messung der Risikoexposure mit Hilfe eines Value-at-Risk-Modells.[254] Auf Basis des Free Cash Flows für ein bestimmtes Zeitintervall wird unter der Annahme einer Cash-Flow-Volatilität von Null der Barwert berechnet. Danach kann die Risikomessung mit einem Value-at-Risk-Modell durchgeführt werden. Das gleiche Konzept wird von den Autoren auch für die Messung von Zinsrisiken und Aktienrisiken vorgeschlagen. An dem Ansatz ist zu kritisieren, dass keine integrierte Messung aller finanziellen Risiken und der daraus resultierenden Risiken für das operative Geschäft erfolgt. Insbesondere ist die implizite Annahme einer Cash Flow-Volatilität von Null in Frage zu stellen.

In Fortführung der Fallstudie aus Abschnitt 4 wird die Anwendung des für Stromgrößen wie Cash Flow und Earnings (etwa EBIT) entwickelten Konzepts gezeigt. Im Vergleich dazu erfolgt im Abschnitt VIII die Darstellung der für Bestandsgrößen und Vermögenswerte erdachten Value-at-Risk-Konzepte.

Für die Messung eines Risikos bedarf es eines Referenzpunktes, von dem aus die Abweichung als Risiko gemessen werden soll. Risiko wird definiert als eine unerwartete und ungünstige Abweichung von einem erwarteten oder geplanten Ergebnis. In der in Abschnitt V.4 beschriebenen Fallstudie beträgt der Mittelwert aller simulierten Rohstoffausgaben gerundet 586.000 EUR (exakt 585.907 EUR). Für die Berechnung eines EBIT at Risk fehlen bisher die

---

254 DEARDS, P.; GIL, A.: The art of optimal hedging, in: RISK – currency risk special report, 2001, S. 15 ff.

restlichen Ausgaben und die Einnahmen. Daher wird zunächst der Budget at Risk bestimmt: Aufgrund der Volatilität des Kupferpreises und des Wechselkurses sind bei einer konstanten Bedarfsmenge für die Produktion von Exportgütern von zehn Tonnen Kupfer pro Monat für das Jahr 2008 Rohstoffausgaben in Höhe von 585.907 EUR zu erwarten. Ein entsprechendes Budget wurde in der Jahresplanung 2008 berücksichtigt. Mit 95 % Wahrscheinlichkeit wird dieser Wert nicht um mehr als knapp 204.000 EUR überschritten, da das 95 %-Quantil in der Simulation bei 789.605 EUR liegt.[255]

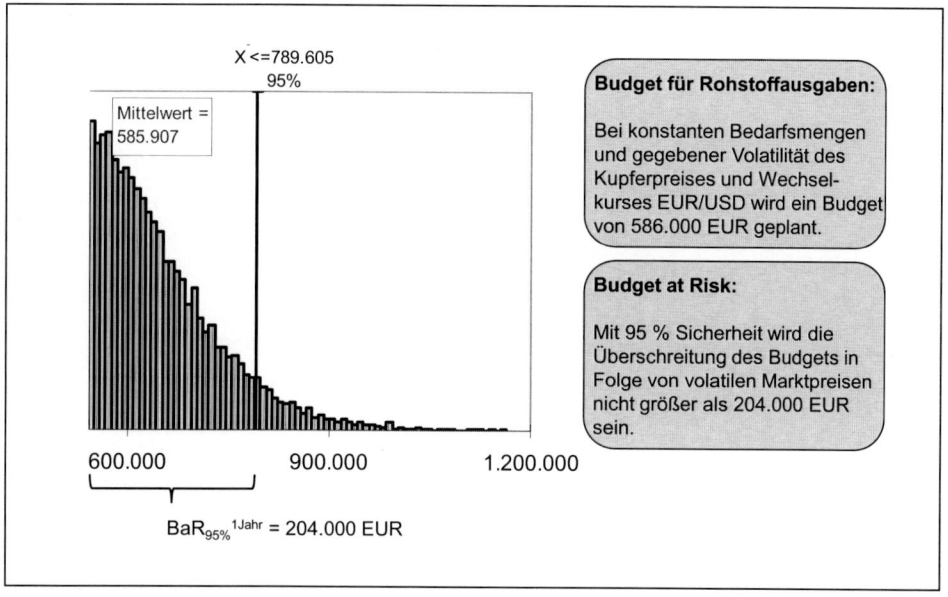

Abbildung V.17: *Messung des Budget at Risk*

Die Nachricht an die Geschäftsleitung lautet: Für den Rohstoffeinkauf von Kupfer wird im Jahr 2008 ein Budget von 586.000 EUR benötigt. Bei konstanten Bedarfsmengen für das Exportgeschäft wird dieses Budget mit 95 Prozent Sicherheit nicht um mehr als 204.000 EUR überschritten in Folge von Marktpreisschwankungen auf den volatilen Weltmärkten. Erscheint der Geschäftsleitung diese mögliche Budgetüberschreitung zu riskant, kann das Risiko gegen Zahlung einer Prämie und/oder den Verzicht auf Chancen durch sinkende Marktpreise reduziert werden. Abbildung V.17 zeigt die Definition und Messung des Budget at Risk. Darauf aufbauend wird in den nächsten Schritten der EBIT at Risk entwickelt.

Für eine Messung aller relevanten Risiken aus dem Einkauf und Verkauf von Waren und Dienstleistungen bedarf es zunächst eines Exposure Mappings. Darin werden die geplanten

---

[255] Den Autoren erscheint eine geringe Rundung der Werte angemessen und praxisgerecht, da die Werte aus einer Zufallszahlensimulation stammen und somit weder reproduzierbar sind noch den Anspruch erheben, exakt bis auf die letzte Nachkommastelle die Realität im Modell erfasst zu haben.

Ein- und Ausgaben (= Cash Flows) für den betrachteten Zeitraum erfasst, in dem Beispiel für die zwölf Monate von Januar bis Dezember 2008. Zwischen den Einnahmen und Ausgaben können Wechselbeziehungen bestehen: Steigen beispielsweise in Folge von höheren Rohstoffkosten die Verkaufspreise der selbst produzierten Endprodukte, wird in der Folge die Nachfrage gebremst. Damit sinkt der Rohstoffeinsatz. Außerdem könnte sich der Umsatz aus Preis mal Menge je nach Preiselastizität rückläufig entwickeln. Die Preiselastizität beschreibt, wie sich die Nachfragemenge ändert, wenn sich der Verkaufspreis etwa infolge von steigenden Rohstoffpreisen erhöht.

Die Beziehungen zwischen den Risikofaktoren und den finanziellen Ergebnissen der Unternehmung sind von den individuellen Gegebenheiten eines Unternehmens abhängig. Ein deutsches Unternehmen mit Exporten in die USA ist dem Wechselkursrisiko von EUR/USD ausgesetzt. Für einen amerikanischen Konkurrenten, der auf dem gleichen Absatzmarkt tätig ist, existiert dieses Risiko hingegen nicht.[256] Die Komplexität des Exposure Mappings kann stufenweise erweitert werden. In der einfachsten Stufe erfolgt eine ausschließliche Betrachtung des Marktpreisrisikos. In einer höheren Komplexitätsstufe können zum Beispiel die Exporterlöse in EUR in Abhängigkeit des Wechselkurses und der Absatzmenge betrachtet werden, wobei die Absatzmenge selbst vom Wechselkurs abhängig ist. Wird beispielsweise ein Fahrzeugtyp für 50.000 EUR pro Stück in die USA exportiert, beträgt der kalkulierte Verkaufspreis Anfang Januar 2008 bei einem Wechselkurs von 1,46 EUR/USD 73.000 USD (50.000 EUR • 1,46 EUR/USD = 73.000 USD). Auf einem Wechselkursniveau von ca. 1,40 – 1,50 EUR/USD plant das Unternehmen eine Absatzmenge von 12.000 Fahrzeugen pro Jahr. Wenn der Wechselkurs jedoch auf ca. 1,60 EUR/USD steigt, fällt der in EUR konvertierte Exporterlös je Fahrzeug auf 45.625 EUR (= 73.000 USD: 1,60 EUR/USD). Kann der Automobilhersteller diesen Verlust nicht verkraften, muss er die Preise in USD anpassen. Dann verteuert sich das Fahrzeug auf dem Absatzmarkt um 7.000 USD auf 80.000 USD (50.000 EUR • 1,60 EUR/USD = 80.000 USD). Für den um knapp zehn Prozent gestiegenen Preis ist mit einer geringeren Absatzmenge zu rechnen.

Das Unternehmen möge im Beispiel die Verkaufspreise in USD anheben und infolge des angehobenen Verkaufspreises 3.000 Fahrzeuge weniger absetzen, woraus sich geringere Exporterlöse ergeben. Bei der integrierten Betrachtung von Geschäfts- und Marktpreisrisiko kann daher nicht mehr von konstanten Cash Flows in USD ausgegangen werden. Der Zusammenhang zwischen der Absatzmenge und dem Wechselkurs lässt sich mit Hilfe von Preiselastizitäten darstellen. Die *Preiselastizität* misst die Reaktion der Nachfrage auf Änderungen des Preises und berechnet sich für infinitesimal kleine Änderungen gemäß Gleichung V.9.

Gleichung V.9: $$\eta_{p_i;M_i} = \frac{dM_i}{M_i} : \frac{dp_i}{p_i} = \frac{dM_i}{dp_i} \bullet \frac{p_i}{M_i}$$

---

[256] Zunächst wird vereinfachend unterstellt, dass der amerikanische Konkurrent dieses Risiko nicht hat. Später wird diese vereinfachende Annahme aufgehoben.

Der Quotient dM_i/M_i misst die relative Änderung der Absatzmenge M_i. Aus dem Quotienten dp_i/p_i berechnet sich die relative Preisänderung. Der Quotient aus der relativen Änderung der Absatzmenge zur relativen Preisänderung ergibt die Preiselastizität an einem bestimmten Punkt der Preis-Absatzfunktion. Im Beispiel beträgt die relative Änderung der Absatzmenge -0,25 (= -3.000 Stück/12.000 Stück), die relative Preisänderung liegt bei 0,096 (= 7.000 USD/73.000 USD). Bei einer Absatzmenge von 12.000 Stück und einem Preis von 73.000 USD beträgt die Preiselastizität -2,6 (= -0,25/0,096).

Im Normalfall ist die Preiselastizität stets Null oder negativ, da bei steigenden Preisen mit sinkenden Absatzmengen bzw. bei sinkenden Preisen mit steigenden Absatzmengen zu rechnen ist. Folglich ist stets eine der beiden relativen Änderungen negativ. Per Definition liegt die Preiselastizität daher im Intervall zwischen minus Unendlich und Null. Bei einer Preiselastizität zwischen 0 und -1 führt eine Preiserhöhung zu einer Umsatzerhöhung, da die Absatzmenge langsamer zurückgeht, als der Preis steigt. Insgesamt führt das Produkt aus Preis mal Menge zu mehr Umsatz. Im Sonderfall einer Preiselastizität von -1 gleichen sich Mengenänderung und Preisänderung in ihrer Wirkung auf den Umsatz aus.

Für eine negative Preiselastizität kleiner als -1 kommt es bei einer Preiserhöhung zu einem Umsatzrückgang, weil sich die Absatzmenge schneller verringert, als der Preis steigt. In dem gezeigten Beispiel ist das der Fall, da eine Preiserhöhung von knapp zehn Prozent zu einem Umsatzrückgang von 25 Prozent führt. Vor der Preiserhöhung hätte der Umsatz 876 Mio. USD betragen (= 73.000 USD/Stück • 12.000 Stück), nach der Preiserhöhung sind es noch 720 Mio. USD (= 80.000 USD/Stück • 9.000 Stück). Mit der Preiselastizität von -2,6 kommt ein für das Unternehmen ungünstiges Verhältnis von Mengenänderung (-25 Prozent) und Preisänderung (+9,6 Prozent) zum Ausdruck.

Die Verwendung von Elastizitäten zur Darstellung der Abhängigkeit zwischen Marktpreisänderungen und Veränderungen des Unternehmens-Cash Flows stellt einen praktikablen und einfachen Ansatz für die integrierte Messung beider Effekte da. Im Unternehmen sollten für die betriebliche Planung die eigenen Preiselastizitäten bekannt sein. Sofern die Daten nicht bekannt sind und auch nicht aus den eigenen Aufzeichnungen ermittelt werden können, ist auf volkswirtschaftliche Publikationen zurückzugreifen. In Abbildung V.18 sind einige Beispiele für Preiselastizitäten der Nachfrage gezeigt. Weitere Beispiele finden sich bei Pindyck/Rubinfeld für die Nachfrage in Supermarktketten, Designerjeans usw.[257]

In der nächst höheren Komplexitätsstufe können die geschäftspolitischen Risikofaktoren wie beispielsweise Absatzmengen und Marktpreisrisikofaktoren als zwei Random Walks betrachtet werden. Zwar ist auch hier eine starre Beziehung zwischen der Absatzmenge und dem Wechselkurs wie zuvor mit der Preiselastizität herstellbar, zusätzlich wird die Absatzmenge aber auch zufälligen Schwankungen unterliegen. Für diesen Ansatz wäre im Beispiel eines in die USA exportierenden Unternehmens die Kenntnis der Beziehung zwischen Wechselkurs und Absatzmenge sowie die Schätzung der Schwankungsbreite der Absatzmenge (Volatilität) notwendig. Wenn keine Volatilität für die Absatzmenge berücksichtigt wird, wird implizit

---

[257] Vgl. PINDYCK, R. S.; RUBINFELD, D. L.: Mikroökonomie, 6. Auflage, München 2005, S. 468.

unterstellt, dass kein Geschäftsrisiko existiert. Die Gleichungen zur Berechnung einzelner Risiken, wie zum Beispiel dem Wechselkursrisiko bei Exporten, können zu einem Risikomodell für das gesamte Unternehmen zusammengefasst werden. Darin können beispielsweise auch Hedgingmaßnahmen und saisonale Ergebnisschwankungen Berücksichtigung finden.

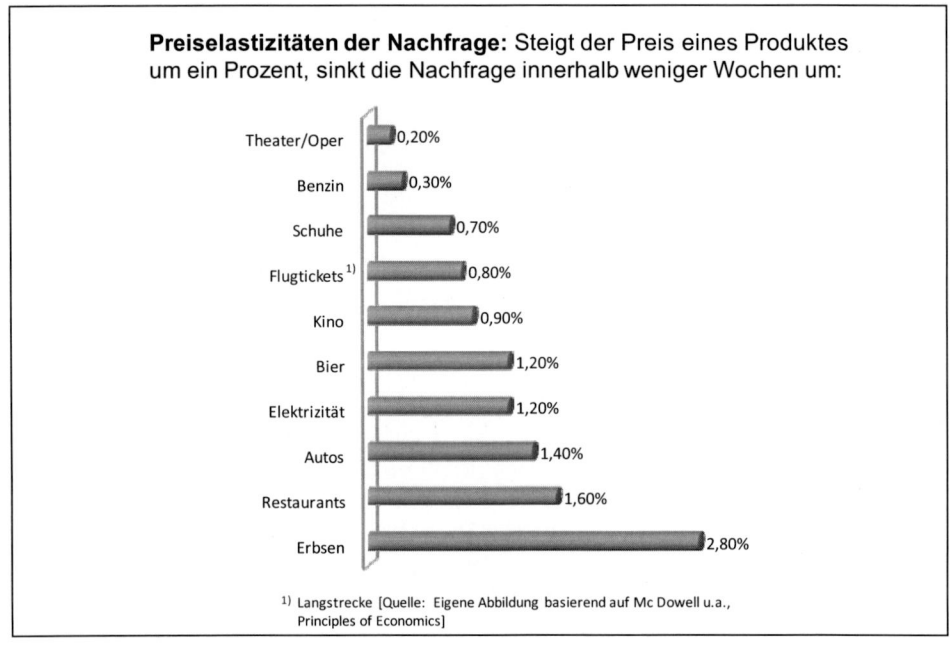

Abbildung V.18: *Beispiele für Preiselastizitäten der Nachfrage*

In der Exposure Map werden die Abhängigkeiten der Produktion, des Vertriebs und damit der Ergebnisgröße Earnings before interest and taxes (EBIT) von den Risikofaktoren systematisch erfasst. Neben den zuvor beschriebenen Marktpreisrisiken können hier auch operationelle Risiken wie beispielsweise der Ausfall eines Lieferanten oder der Brand einer Fabrik mit der Folge einer Produktionsstörung und eines Umsatzeinbruchs als Zufallsereignis berücksichtigt werden. Beispielsweise kann im simulierten Planungszeitraum in jedem Monat eine Abfrage erfolgen, ob es durch Brand in der Produktionsstätte, lang anhaltende Streiks der Belegschaft, Ausfall der IT und Ähnliches zu einem Produktionsausfall kommen soll. Solche Schätzungen können mit Hilfe von Versicherungsstatistiken, insbesondere den Prämien für Produktionsausfallversicherungen, erstellt werden. In der Praxis wären noch viele weitere Risikofaktoren in der Exposure Map zu berücksichtigen. Die Exposure Map ist der Rohbau des Modells, allerdings noch ohne Szenariogenerator.

In der in Abschnitt V.4 skizzierten Fallstudie bleiben die Auslandsnachfrage und damit der Rohstoffeinsatz für das Exportgeschäft zunächst konstant. Die Rohstoffe werden zum Monatsultimo für die Produktion im nächsten Monat eingekauft. Zusätzlich zu den Ausgaben für den Materialeinsatz werden die damit erzielten Umsatzerlöse berücksichtigt. Vereinfachend wird unterstellt, dass der Materialeinkauf ausschließlich der Produktion für das Exportgeschäft dient. Die Umsatzerlöse auf dem Exportmarkt betragen konstant 200.000 USD pro Monat und werden nach einem abgeschlossenen Monat zum Monatsersten des jeweiligen Folgemonats in EUR konvertiert. Am Beispiel des Monats Januar 2008 lässt sich dieser Zusammenhang wie folgt beschreiben: Per 31. Dezember 2007 wurden die Rohstoffe für die Januar-Produktion eingekauft. Die fertigen Produkte wurden daraufhin im Januar 2008 ausgeliefert, und am Monatsende vom Januar bezahlen die Kunden ihre Einkäufe in USD an den Hersteller. Der Zahlungseingang beim Hersteller findet am 01.02.2008 statt. Zum Zeitpunkt des Zahlungseingangs wird der erhaltene USD-Betrag in EUR konvertiert.

Alle gezeigten Abhängigkeiten zwischen Rohstoffpreisen, Wechselkursen und Mengen werden in einem Tabellenkalkulationsprogramm verknüpft, um so die Cash Flows der geplanten zwölf Monate simulieren zu können (vgl. Abbildung V.19). Zunächst wird isoliert das Risiko einer Rohstoffpreiserhöhung für Kupfer und das Risiko einer Wechselkurserhöhung für die Konvertierung der Exporterlöse betrachtet. Die Simulation zeigt, dass mit 95 % Wahrscheinlichkeit die Ausgaben für Kupfer in den nächsten zwölf Monaten nicht über 789.605 EUR und damit gerundet 790.000 EUR steigen werden. Mit der gleichen Wahrscheinlichkeit werden die Exporterlöse von zwölf mal 200.000 USD aufgrund von Wechselkursschwankungen nicht unter einen Jahreserlös von 1.693.799 EUR, rund 1.700.000 EUR fallen. Per Saldo würde damit der Deckungsbeitrag nach Rohstoffkosten mit 95 % Wahrscheinlichkeit nicht unter 910.000 EUR (= 1.700.000 – 790.000) fallen. Da jedoch ein hoher Wechselkurs EUR/USD gleichzeitig gut für den Einkauf von Kupfer ist, wird die negative Auswirkung auf den Umtausch der Exporterlöse durch den günstigeren Einkauf der Rohstoffe etwas kompensiert. Denn der Einkauf von Rohstoffen erfolgt jeweils zum Monatsende, am Monatsanfang des Folgemonats werden die Umsatzerlöse konvertiert. Damit liegen beide Zeitpunkte stets dicht beieinander. Bei integrierter Betrachtung beider Risiken fällt der Deckungsbeitrag nach Rohstoffkosten mit 95 % Wahrscheinlichkeit nicht unter 990.000 EUR (= Wert aus der Häufigkeitsverteilung für den Saldo Umsatzerlöse in EUR minus Rohstoffkosten in EUR). Dieser Wert ist um 80.000 EUR oder fast zehn Prozent besser als der Wert aus einer isolierten Betrachtung beider Risikofaktoren (910.000 EUR). Abbildung V.20 zeigt die Verteilung für den Deckungsbeitrag in EUR nach Rohstoffkosten.

Die Zwölf-Monats-Cash-Flows aus Exporterlösen werden um die Rohstoffausgaben saldiert, in EUR konvertiert und zu einem Jahres-Cash-Flow aggregiert. Aus der Häufigkeitsverteilung des Jahres-Cash-Flows ist in Abbildung V.20 der Betrag ablesbar, der mit einer Wahrscheinlichkeit von 95 % nicht durch Änderungen der Marktpreise unterschritten wird. Das Modell schätzt, dass mit 95 % Wahrscheinlichkeit der Cash Flow nach Abzug der Rohstoffkosten mindestens rund 990.000 EUR betragen wird.

Mit dieser Risikoprognose kann das Unternehmen prüfen, ob der mit 95 % Wahrscheinlichkeit zu erwartende Mindest-Cash-Flow nach Abzug der Rohstoffkosten ausreicht, um die darüber hinaus entstehenden Kosten zu decken. In Abbildung V.21 werden drei weitere Positionen mit Kosten von dem Cash Flow abgezogen, woraus ein Deckungsbeitrag von 210.500 EUR resultiert. Wenn die Exporterlöse nach Abzug der Rohstoffkosten mit 95 % Wahrscheinlichkeit nicht unter 990.000 EUR fallen, dann wird der Deckungsbeitrag mit 95 % Wahrscheinlichkeit nicht unter 210.500 EUR sinken. Reicht dem Unternehmen dieser Deckungsbeitrag nicht aus, dann werden Absicherungsmaßnahmen gegen eine negative Entwicklung der Marktpreise und des Wechselkurses notwendig.

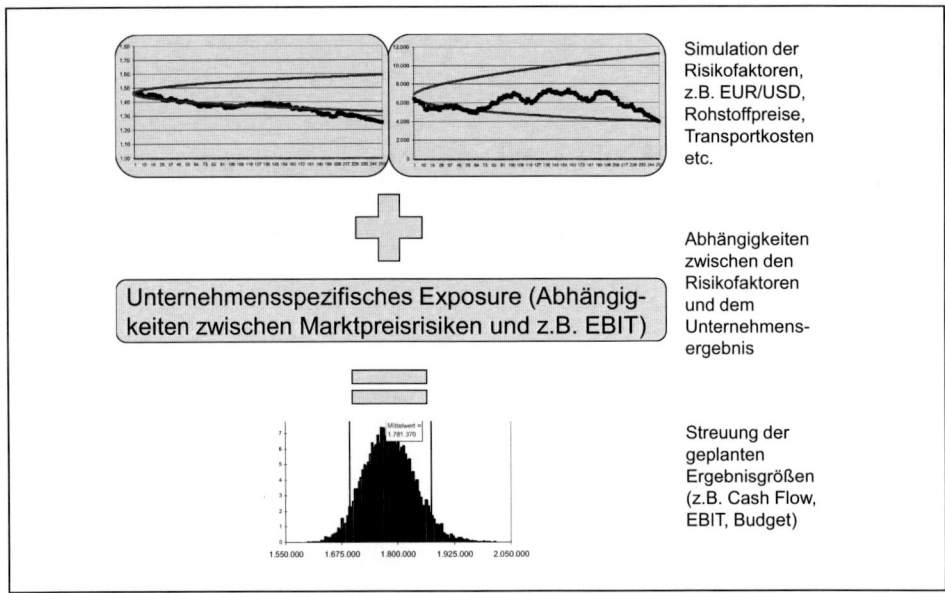

Abbildung V.19: *Schema der Budget-Cash-Flow- oder EBIT-at-Risk-Berechnung*

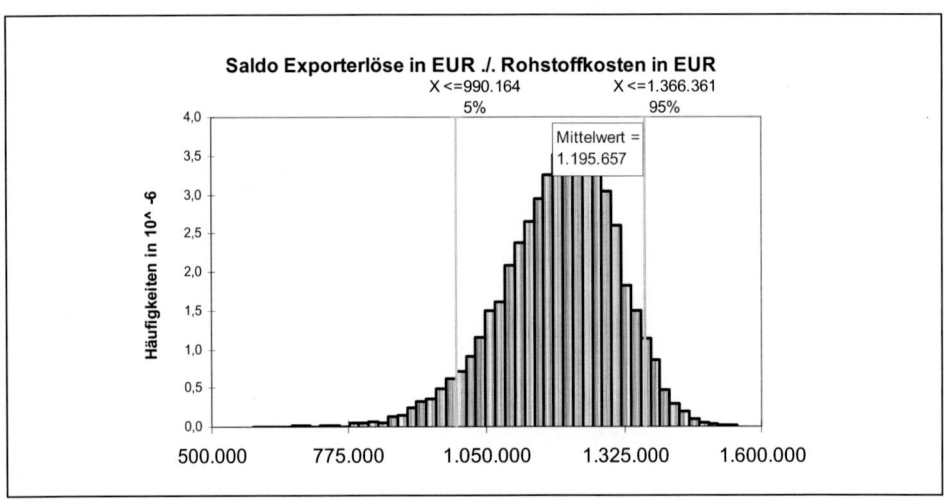

Abbildung V.20: *Deckungsbeitrag in EUR nach Rohstoffkosten*

Position	Risikoadjustierte 12-Monats-Planung für den Export	
0	Exporterlöse in EUR nach Abzug der Rohstoffkosten (Untergrenze mit 95 % Wahrscheinlichkeit)	990.000 EUR
1	./. Anteilige Lohnkosten (fix)	450.000 EUR
2	./. Anteilige Betriebskosten (fix)	280.000 EUR
3	./. Fremdkapitalzinsen für Vorfinanzierung	49.500 EUR
	Deckungsbeitrag	210.500 EUR

Abbildung V.21: *Implementierung des CFaR in die betriebliche Planung*

Mit Hilfe der Empirischen Verteilungsfunktion aus den simulierten Werten können Wahrscheinlichkeiten für die Deckung der einzelnen Positionen ermittelt werden. Mit fast 100 % Wahrscheinlichkeit sind die anteiligen Lohnkosten gedeckt (450.000 EUR). Mit 99,80 % Wahrscheinlichkeit werden zusätzlich auch die Betriebskosten gedeckt sein (450.000 + 280.000 EUR). Und mit fast der gleichen Wahrscheinlichkeit (99,70 %) werden auch zusätzlich die Fremdkapitalzinsen verdient. Der Deckungsbeitrag von 210.500 EUR wird mit 95 % Wahrscheinlichkeit erreicht. Die Wahrscheinlichkeit für einen Deckungsbeitrag von zum Beispiel 500.000 EUR oder mehr beträgt jedoch nur knapp 24 %. Und nur mit einem Prozent Wahrscheinlichkeit wird der Deckungsbeitrag mehr als 650.000 EUR betragen.

Diese Eckwerte helfen der Unternehmensleitung einzuschätzen, wie realistisch die eigene Planung im Vergleich zu den aktuellen Marktvolatilitäten ist. Sollte der geplante Deckungsbeitrag durch volatile Marktpreise signifikant gefährdet sein, ist bei einem Planungshorizont von zwölf Monaten ein frühes Eingreifen noch möglich. Die isolierte Betrachtung der Rohstoff-Ausgaben (Fallstudie aus Abschnitt V.4) hätte zu der falschen Erkenntnis geführt, dass die Exposure von einem sinkenden Wechselkurs EUR/USD abhängt (Rohstoffkosten in EUR = Rohstoffkosten in USD: Wechselkurs EUR/USD). Je geringer der Kurs, desto teurer werden die Rohstoffe im Einkauf in EUR. Aufgrund der integrierten Betrachtung von Rohstoff-Ausgaben und Exporterlösen ergibt sich eine entgegengesetzte Exposure. Das Risiko besteht in einem steigenden Wechselkurs EUR/USD. Je höher der Kurs, desto geringer ist der Umsatzerlös in EUR nach Umtausch der USD-Erlöse.

Literaturverzeichnis

DEARDS, P.; GIL, A.: The art of optimal hedging, in: RISK – currency risk special report, 2001.

DEUTSCH, H-P.: Derivate und interne Modelle: Modernes Risikomanagement, 2. Auflage, Stuttgart 2001.

HAGER, P.: Corporate Risk Management – Cash Flow at Risk und Value at Risk, Frankfurt/Main 2004.

HARRIS, C.: Long-Term Metal Price Development, in: UBS Risk Publications: Managing Metals Price Risk, London 1997.

HULL, J. C.: Optionen, Futures und andere Derivate, 6. Auflage, München 2005.

HUMPHREYS, H. B.; SHIMKO, D. C.: Commodity Risk Management and the Corporate Treasury, in: Deloitte & Touche LLP Risk Publications: Financial Risk and the Corporate Treasury – New Development in Strategy and Control, London 1997.

JOHNSON, E. I.: Fundamental Analysis, in: v. Klopfenstein, G.: FX: Managing Global Currency Risk, The Definitive Handbook for Coporations and Financial Institutions, Chicago 1997.

KIM, J.; MALZ, A. M.; MINA, J.: LongRun Technical Document, RiskMetrics Group, 1999, www.riskmetrics.com.

LEE, A. Y.: CorporateMetrics™ Technical Document, RiskMetrics Group, New York 1999, www.riskmetrics.com.

MALZ, A. M.: Financial crises, implied volatility and stress testing, in: Working paper Number 01-01, RiskMetrics Group, 2001, www.riskmetrics.com.

MATTEN, C.: Managing Bank Capital: Capital Allocation and Performance Measurement, Chichester 1996.

MCGUIRE, W. J.: The Evolution of Interest-Rate-Risk Models, in: v. Cornyn, A. G./Mays E.: Interest Rate Risk Models, Theory and Practice, Chicago 1997.

PINDYCK, R. S.; RUBINFELD, D. L.: Mikroökonomie, 6. Auflage, München 2005.

ROBERTSON, J. C.; TALLMAN, E. W.: Vector Autoregressions: Forecasting and Reality, Economic Review, Vol. 84, 1999.

ROLFES, B.: Gesamtbanksteuerung, Stuttgart 1999.

SANYAL, A.: The Integration of Time-Series Analysis und Term-Structure Modelling, in: v. Cornyn, A. G.; Mays E.: Interest Rate Risk Models, Theory and Practice, Chicago, 1997.

SCHIERENBECK, H.; WIEDEMANN, A.: Marktwertrechnungen im Finanzcontrolling, 1996.

STEPHENS, J. J.: Managing Commoditiy Risk using commodity futures and options, 2001.

WIEDEMANN, A.: Die Passivseite als Erfolgsquelle, Wiesbaden 1998.

Le risque est l'onde de proue du succès!
(Risiko ist die Bugwelle des Erfolgs)

VI. Risiko-Management in der Produktion

1. Risiko-Management im Kontext von Supply Chain Management

In einem Industrie- und Handelsunternehmen können Risiken an jedem Punkt entlang der Wertschöpfungskette entstehen. Durch die verstärkte Globalisierung der Wertschöpfungsnetzwerke sowie die Verschlankung derartiger Netzwerke (etwa durch „Single Sourcing") ist die Risikoexponierung vieler Unternehmen in den vergangenen Jahren rasant angestiegen. Insbesondere durch den zunehmenden Trend zur Konzentration auf Kernkompetenzen (Verringerung von intraorganisationaler Arbeitsteilung bzw. Fertigungstiefe im Unternehmen) entwickeln sich zunehmend differenziertere Supply Chains.

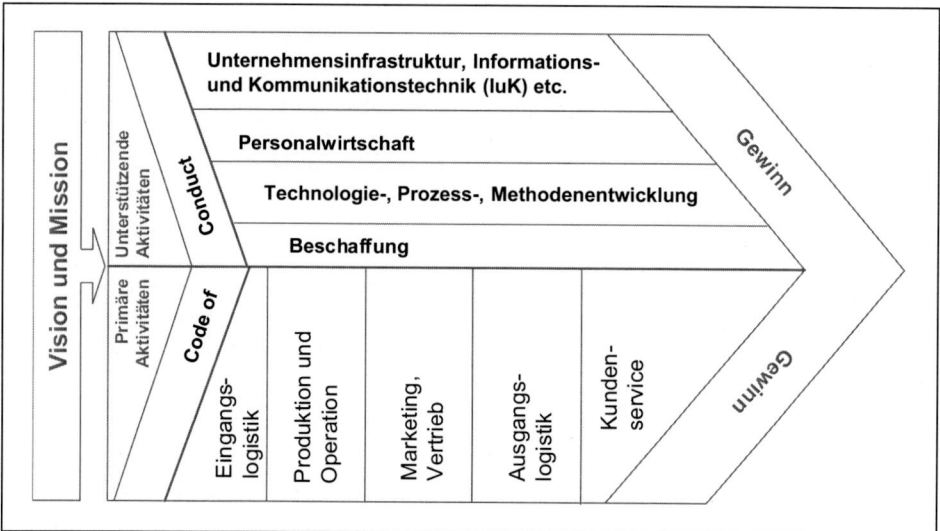

Abbildung VI.1: *Klassische Wertschöpfungskette in der Industrie und im Handel (eigene Darstellung)*

Aus einer Makroperspektive kann die Wertschöpfungskette eines produzierenden Unternehmens als Prozess von vorgelagerten und nachgelagerten Prozessen – von der Rohstoffbeschaffung bis zum Service beim Endkunden – betrachtet werden (siehe Abbildung VI.1). Alle Aktivitäten, die Teil der Wertschöpfungskette sind, können mit dem Begriff *Supply Chain Management* (SCM) zusammengefasst werden.[258]

Der Wert eines Produktes oder auch einer Dienstleistung besteht nicht nur aus dem eigentlichen Produkt oder der Dienstleistung, sondern – betrachtet aus einer Mikroperspektive – aus sehr vielen unterschiedlichen Komponenten, die in den „Wertschöpfungsstufen" entstehen. In Addition stellen mehrere Wertschöpfungsstufen eine Wertschöpfungskette dar. Während sich die Wertkette (value chain[259]) ausschließlich auf die intraorganisationalen Bereiche bezieht, ist die Lieferkette (supply chain) weiter gefasst und umfasst auch externe Wertschöpfungsstufen (etwa in der Folge eines Outsourcings). In diesem Kontext spricht man auch von einem Wertschöpfungsnetzwerk.

Nachfolgend ist am Beispiel des Rohstoffs Kohle ein typisches Wertschöpfungsnetzwerk skizziert:

■ Die Kohle wird in einem Bergwerk oder im Tagebau gefördert und an ein Stahlwerk verkauft.

■ Das Stahlwerk verfeuert die Kohle – mit Stahlschrott – in Hochöfen. Dabei verbrennen im Stahl unerwünschte Begleitelemente wie Schwefel, Phosphor, Kohlenstoff etc. und gehen in das Rauchgas oder die Schlacke über. Der Rohstahl wird in eine Stahlgießpfanne abgegossen. Der Stahl wird dann für das Strangguss-Verfahren in die so genannte Kokille abgegossen, bevor der Rohstahl durch Umformen oder Walzen weiterverarbeitet wird.

■ Das Stahlwerk verkauft den Stahl an Automobilzulieferer, der sie in ein Karosserieteil verarbeitet, welches wiederum an einen

■ Automobilhersteller verkauft und dort zu einem Auto verbaut wird.

■ Das Auto wird an einen Händler verkauft und landet schließlich beim

■ Verbraucher, der das Auto kauft.

An dem kleinen Beispiel erkennt man, dass die „supply chain" ein Netzwerk von Organisationseinheiten ist, die durch Interaktion eine Leistung in Form eines Produkts oder einer Dienstleistung erbringen (vgl. Abbildung VI.2). In diesem Kontext ist es unerheblich, zu welchem Unternehmen die Organisationseinheiten gehören. Im Kern der Betrachtung stehen übergreifende Prozesse, die beschreiben, wie Produkte oder Dienstleistungen erstellt werden,

---

[258] Vgl. PORTER, M.: Competitive Advantage: Creating and Sustaining Superior Performance, New York 1985 sowie SENNHEISER A.; SCHNETZLER M.: Wertorientiertes Supply Chain Management, Heidelberg/Berlin 2008.

[259] Die Begriffe „value chain" und Wertschöpfungsnetzwerk bzw. Wertschöpfungskette werden im Folgenden synonym verwendet.

transportiert werden und schließlich beim Kunden ankommen. Eine Wertschöpfungskette besteht in der Regel aus Zulieferern, Produktionsstandorten, Logistikdienstleitern, Logistik- und Distributionszentren und einer Händlerorganisation sowie aus Rohstoffen, Halbfertiger- zeugnissen und Fertigwaren, die zwischen den einzelnen Organisationselementen fließen. Ergänzt werden kann auch noch der Informations-, der Kapital-, Service und Wissens- transfer.[260]

Daher kann man eine derartige Wertschöpfungskette auch als ein unternehmensübergreifen- des virtuelles Organisationsgebilde (= Netzwerk) betrachten, das als gesamtheitlich zu be- trachtendes Leistungssystem spezifische Wirtschaftsgüter produziert.

Das oben skizzierte Beispiel könnte man daher auch noch um das Recycling des Autos ergän- zen, so dass die „supply chain" sich von der Rohstoffgewinnung bis zum Recycling von Alt- Produkten erstreckt.

Das Supply Chain Management zielt in diesem Zusammenhang auf eine langfristige (strate- gische), mittelfristige (taktische) und kurzfristige (operative) Verbesserung von Effektivität und Effizienz industrieller Wertschöpfungsketten ab. Auch das Risiko-Management muss daher die komplette Wertschöpfungskette analysieren und potenzielle Risiken entsprechend bewerten.

Ergebnis der Verschlankung der Wertschöpfungsketten in den vergangenen Jahrzehnten – als Folge des zunehmenden globalen Wettbewerbs und der gestiegenen Anforderungen auf der Kundenseite – sind reduzierte Lagerbestände (*Just-in-time-Produktion* oder *Just-in-time- Logistik*), hoch ausgelastete Kapazitäten und optimierte Durchlaufzeiten.

So bezeichnet man als Just-in-time-Produktion (JIT) eine fertigungs- bzw. bedarfssynchrone Produktionsstrategie.[261] Hierbei wird das Ziel verfolgt, über durchgängige Material- und Informationsflüsse entlang der Wertschöpfungskette eine schnellere Auftragsbearbeitung zu ermöglichen. Ein Produkt – beispielsweise ein Auto – wird exakt zu dem Zeitpunkt produ- ziert bzw. geliefert, zu dem es auch benötigt wird. In dem Kontext sind die einzelnen Produk- tionsschritte zeitlich in der Wertschöpfungskette einzuplanen.[262]

---

[260] Vgl. BOWERSOX, D. J.; CLOSS, D. J.; COOPER, M. B.: Supply chain logistics management, Boston 2007.

[261] Vgl. WILDEMANN, H.: Das Just-In-Time-Konzept, München 2001 sowie MAJIMA, I.: JIT, Kostensenkung durch Just-In-Time Production, München 1994.

[262] Das JIT-Konzept wurde ursprünglich vom japanischen Automobilhersteller Toyota eingeführt. Es war in den 1950er Jahren ein Teil des Toyota Produktionssystem (TPS). Laut Taiichi Ono, dem die Idee zu JIT zugeschrieben wird, begann die Innovation in Richtung JIT im Jahr 1945, als der damalige Präsident von Toyota verlangte, dass sein Unternehmen binnen drei Jahren an Amerika Anschluss fände. Ono verfolgte daher die Strategie, dass durch die Eliminierung von Verschwendung (jap. Muda) Einsparungen erzielt werden können. Das Problem, welches er zu adressieren suchte, war die Überproduktion (mehr zu produ- zieren, als man unmittelbar benötigt) und die Vorratshaltung (Lagerung). Vgl. ONO, T.: Toyota Production System: Beyond Large-Scale Production, Cambridge 1988.

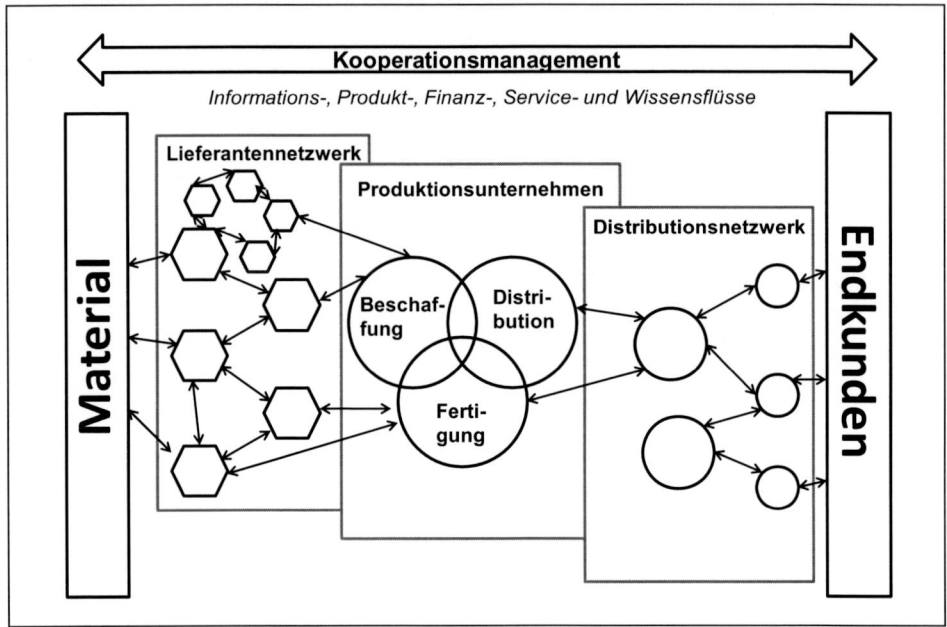

Abbildung VI.2:   *Allgemeines Supply-Chain-Modell[263]*

JIT kann die Effektivität der Wertschöpfungskette stark erhöhen. So sinkt beispielsweise die End-Montagezeit eines Autos in der Folge des JIT-Konzepts von ursprünglich 20 auf etwa acht Stunden beim Bau des Smart. Gleichzeitig muss der Lieferant die Vormaterialien und Endprodukte der jeweiligen Baugruppen vorhalten, so dass in der Folge der Hersteller seine Lagerkapazität und seine Lagerkosten verringern kann.

Auf der anderen Seite steigt in der Folge der schlanken Wertschöpfungsnetzwerke, globaler Lieferanten- und Distributionsnetzwerke auch deren Verwundbarkeit. In diesem Kontext sind nicht nur die höhere Komplexität und die kürzen Zeitfenster (siehe JIT) als Ursachen für steigende Risiken zu nennen, sondern auch der Einfluss unterschiedlicher Kulturen und Rechtssysteme. So werden bei einer JIT-Fertigung in aller Regel hohe Konventionalstrafen vereinbart, sofern der Lieferant in Lieferschwierigkeiten gerät und in der Konsequenz auch die Wertschöpfungskette des Herstellers massiv beeinflusst wird.

Wie kann nun das Risiko-Management in die klassische Wertschöpfungskette eingebunden werden? In Ergänzung zu Abbildung VI.1 ist in Abbildung VI.3 ein alternatives Prozessmodell dargestellt. Bereits mit der Normenreihe EN ISO 9000 ff. sind Normen geschaffen worden, die die Grundsätze für Maßnahmen zum Qualitätsmanagement dokumentieren. Gemeinsam bilden sie einen zusammenhängenden Satz von Normen für Qualitätsmanagementsysteme,

---

263 In Anlehnung an KERSTEN, W.; HOHRATH, P.; WINTER, M.: Risikomanagement in Wertschöpfungsnetz-
     werken – Status quo und aktuelle Herausforderungen, in: Fachhochschule des bfi Wien (Hrsg.): Supply
     Chain Risk Management, Wien 2008.

die das gegenseitige Verständnis auf nationaler und internationaler Ebene erleichtern sollen. Die Normen EN ISO 9000:2000 ff. sind grundsätzlich prozessorientiert aufgebaut. So legt die EN ISO 9001 die Anforderungen an ein Qualitätsmanagementsystem (QM-System) für den Fall fest, dass eine Organisation ihre Fähigkeit darlegen muss, Produkte bereitzustellen, welche die Anforderungen der Kunden und allfällige behördliche Anforderungen erfüllen, und anstrebt, die Kundenzufriedenheit zu erhöhen. Die EN ISO 9001 beschreibt modellhaft das gesamte Qualitätsmanagementsystem und ist Basis für ein umfassendes Qualitätsmanagementsystem.

In diesem Zusammenhang gliedert die EN ISO 9001 die Prozesse einer Organisation in die Prozesse der Führung, der Ressourcen, der Produkt- und Dienstleistungsrealisierung und der Unterstützung. Da Risiko-Management ein Teil der strategischen Unternehmenssteuerungsprozesse ist, sollte der Risiko-Managementprozess zwangsläufig auch als Führungsprozess dokumentiert werden. In Abbildung VI.3 ist dies idealtypisch skizziert. Risiken führen in der unternehmerischen Realität zu Abweichungen der tatsächlichen von den geplanten Unternehmensergebnissen. Für einen ökonomisch sinnvollen Umgang mit Risiken müssen diese daher in den Kontext der Unternehmensplanung und strategischen Steuerung gestellt werden. Ein so verstandenes Risiko-Management ermöglicht eine „Aufrüstung" der vorhandenen Systeme zur Unternehmensplanung und zum Controlling. Risiko-Management ist daher folglich keine eigenständige Aufgabe, sondern ein integraler Bestandteil eines fundierten Unternehmenssteuerungskonzepts.

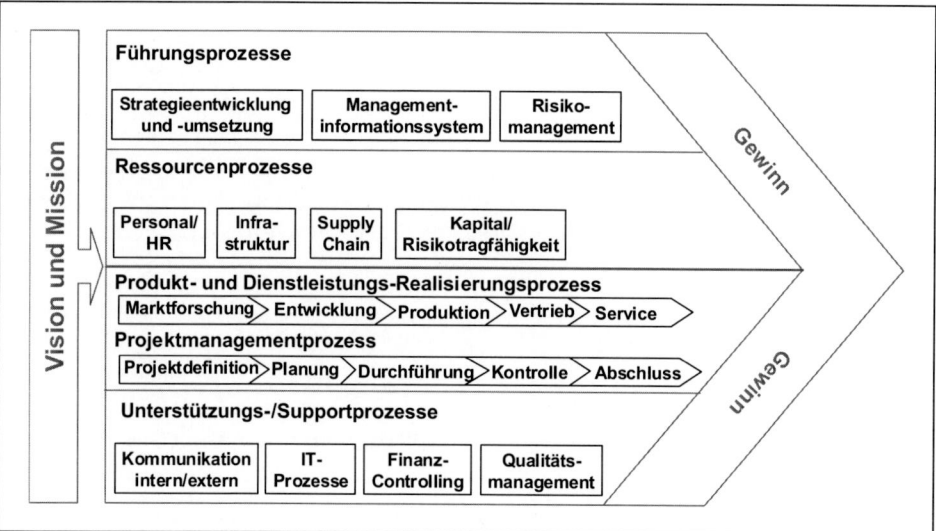

Abbildung VI.3: *Risiko-Management als integraler Bestandteil der strategischen Führungsprozesse*

2.   Verwundbarkeit der Wertschöpfungsketten am Beispiel der Automobilindustrie

Empirische Studien zeigen auf, dass zunehmende Risiken vor allem durch die engere Zusammenarbeit in Wertschöpfungsnetzwerken, die fortschreitende Internationalisierung der „supply chains" sowie eine starke Effizienzfokussierung induziert werden. So wurden als wichtige Treiber die Globalisierung der Wertschöpfungsnetzwerke sowie der Abbau von Lagerbeständen, der Trend zu Lean Management und der anhaltende Trend zum Outsourcing identifiziert.[264]

Neben endogenen Einflussgrößen beim Zulieferer können auch exogene Ereignisse (etwa in der Folge von politischen Unruhen, Krieg oder Naturkatastrophen) die Wertschöpfungskette massiv beeinflussen. So führte beispielsweise die (Teil-)Insolvenz des Automobilzulieferers Delphi zu einem Produktionsrückgang bei verschiedenen Automobilherstellern.

Der starke Margendruck zwischen Herstellern und Zulieferbetrieben hatte in den vergangenen Jahren zu einem radikalen Selektionsprozess geführt, der u. a. die Zulieferer Collins & Aikman, Delphi und Tower Automotive in die Insolvenz getrieben hat. Durch die enge Verzahnung der Wertschöpfungskette hat dies – trivialerweise – auch direkte Auswirkungen auf die Abnehmer.

Die Krise bei den US-amerikanischen Automobilherstellern Ford, General Motors und Chrysler („the Big Three") stellt besonders deutlich die Verwundbarkeit der Wertschöpfungskette im Bereich der Automobilindustrie dar. Als eine wesentliche Ursache für die jüngste Krise der US-Automobilhersteller kann die Stagnation des amerikanischen Automobilmarktes betrachtet werden. Seit den Terroranschlägen vom 11. September 2001 der islamistischen Terrororganisation al-Qaida auf die Türme des World Trade Centers in New York City und das Pentagon in Arlington schrumpfte die Nachfrage nach Autos insgesamt.

Die Finanzkrise 2007/2008, die im Frühsommer 2007 mit der US-Immobilienkrise (auch Subprimekrise) begann, führte zu weiteren ökonomischen Schwierigkeiten bei den US-amerikanischen Automobilherstellern. Die Subprimekrise wurde wesentlich beeinflusst durch stagnierende oder fallende Immobilienpreise in den USA, die sich nach einer langen Preissteigerungsphase zu einer Immobilienblase entwickelt hatten. Gleichzeitig konnten immer mehr Kreditnehmer ihre Kreditraten nicht mehr bedienen, teils wegen steigender Zinsen, teils wegen fehlender Einkommen.

Diese Entwicklung steht in einem diametralen Gegensatz zum vorangegangenen Boom der US-amerikanischen Wirtschaft in den 90er Jahren. In der Phase der Hochkonjunktur (Boom, obere Wendepunktphase im Konjunkturverlauf) waren in der Folge einer starken Nachfrage

---

[264] Vgl. JÜTTNER, U.: Supply chain risk management: Understanding the business requirements from a practitioner persepctive, in: International Journal of Logistics Management, Vol 16/2005, S. 134.

nach Autos die Produktionskapazitäten voll ausgelastet. Es herrschte Vollbeschäftigung. Das Lohnniveau und die Preise stiegen. Dies verleitete einige Automobilhersteller dazu, weiter zu expandieren und mehr Fahrzeuge zu produzieren.

Die Produktion wurde so lange gesteigert, bis eine Überhitzung des Marktes eintrat und die übermäßig optimistischen Erwartungen durch die Ereignisse des 11. September gedämpft wurden. Der Markt war gesättigt und die produzierten Fahrzeuge wurden nicht mehr nachgefragt. In der Konsequenz führte die Überproduktion zu sinkenden Profitmargen oder Verlusten der Unternehmen, zu Massenentlassungen, zu Schließungen von Standorten und dem Kürzen von Sozialstandards.

Ein Blick auf den aktuellen Status im *Konjunkturverlauf* hätte viele Hersteller davon abgehalten, die Strategie der Überproduktion weiter zu verfolgen.

Der Konjunkturverlauf in der Konjunkturuhr, wie sie beispielsweise im Rahmen des ifo-Geschäftsklimaindex[265] Verwendung findet, skizziert die folgenden Merkmale für einen gesättigten Markt:

■ Das Marktvolumen steigt nur noch in geringem Umfang;

■ Teilmärkte werden von Stagnation oder Schrumpfung erfasst;

■ die Preise verfallen;

■ weniger produktive und viele kleine Unternehmen scheiden aus dem Markt aus;

■ Unternehmensübernahmen verstärken einen Konzentrations- und Konsolidierungsprozess;

■ polypolistische Marktstrukturen werden durch oligopolistische Strukturen ersetzt.

Die Grundidee der *ifo-Konjunkturuhr* besteht darin, der Geschäftslage zu jedem Zeitpunkt die jeweiligen von den Unternehmen gemeldeten Geschäftserwartungen zuzuordnen.[266] Die grundsätzliche Struktur der ifo-Konjunkturuhr ist in Abbildung VI.4 dargestellt.

Auf der Abszisse der Konjunkturuhr ist der Lageindikator aufgetragen, auf der Ordinate der dazugehörende Wert des Erwartungsindikators.[267] Durch das Fadenkreuz der beiden Null-

---

[265] Der ifo-Geschäftsklimaindex ist ein vom ifo Institut für Wirtschaftsforschung an der Ludwig-Maximilians-Universität München erstellter, vielbeachteter Frühindikator für die konjunkturelle Entwicklung in Deutschland. Vgl. www.cesifo-group.de sowie KUNKEL, A.: Zur Prognosefähigkeit des ifo-Geschäftsklimas und seiner Komponenten sowie die Überprüfung der „Dreimal-Regel", ifo-Diskussionsbeiträge, Nr. 80, München 2003.

[266] Vgl. ABBERGER, K.; NIERHAUS, W.: Die ifo Konjunkturuhr: Ein Präzisionswerk zur Analyse der Wirtschaft, in: ifo Schnelldienst 23/2008.

[267] Das Geschäftsklima wird als geometrischer Mittelwert der beiden Komponenten „Geschäftslage" und „Geschäftserwartungen für die nächsten sechs Monate" berechnet. Konkret wird das ifo-Geschäftsklima nach der Formel $[(GL + 200)(GE + 200)]^{1/2} - 200$ ermittelt, wobei GL den Prozentsaldo aus den positiven und negativen Meldungen zur aktuellen Geschäftslage bezeichnet und GE den Prozentsaldo aus den positiven und negativen Meldungen zu den Geschäftsaussichten in den nächsten sechs Monaten. Durch die geometrische Mittelung werden die Schwankungen des ifo-Geschäftsklimas bei Extremwerten im Vergleich zu einer arithmetischen Mittelung leicht gedämpft. Die beiden Klimakomponenten spiegeln die gegenwärtige Situation (die Geschäftslage ist gut/befriedigend/schlecht) und die Aussichten (die Geschäftslage wird eher günstiger/etwa gleich bleiben/eher ungünstiger) der im Konjunkturtest befragten Unternehmen wider.

linien wird das Diagramm in vier Quadranten geteilt, die – gemessen am konkreten Verlauf der Geschäftslage – die vier Phasen der Konjunktur (Aufschwung, Boom, Abschwung, Rezession) markieren. Sind die Urteile der befragten Unternehmen zur Geschäftslage und zu den Geschäftserwartungen per saldo schlecht, das heißt im Minus, so befindet sich die Konjunktur in der „Rezession" (Quadrant links unten). Gelangt der Erwartungsindikator ins Plus (bei sich verbessernder, aber per saldo noch schlechter Geschäftslage), so gerät man in die Phase Aufschwung (Quadrant links oben). Sind Geschäftslage und Geschäftserwartungen beide per saldo gut, das heißt im Plus, so herrscht „Boom" (Quadrant rechts oben).

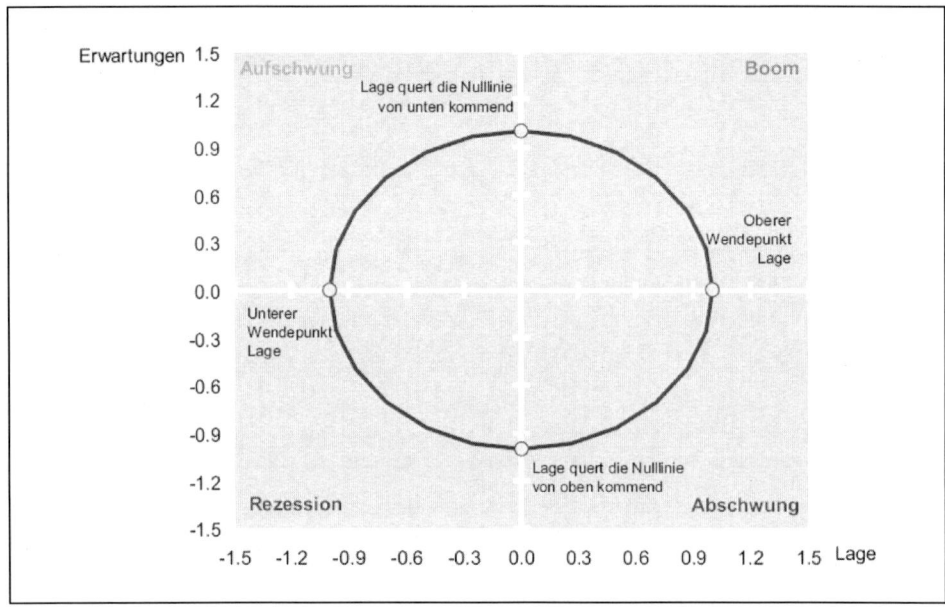

Abbildung VI.4:   *ifo-Konjunkturuhr*

Dreht der Erwartungsindikator ins Minus (bei sich verschlechternder, aber per saldo noch guter Geschäftslage), so hat der Abschwung eingesetzt (Quadrant rechts unten). Weil der Erwartungsindikator dem Lageindikator systematisch um exakt sechs Monate bei einem insgesamt zweijährigen Konjunkturzyklus vorausläuft, bewegt sich die Konjunktur in diesem Diagramm im Uhrzeigersinn in einem Kreis. Dabei schneidet der Lage-Erwartungsgraph die Abszisse der Konjunkturuhr bei Erreichen des Maximums bzw. Minimums der Geschäftslage (oberer bzw. unterer konjunktureller Wendepunkt). Die Ordinate der Uhr wird geschnitten, wenn die Geschäftslage den Nullsaldo „von unten" bzw. „von oben kommend" erreicht.

Mit *Konjunkturindikatoren* soll das zyklische Wirtschaftsgeschehen in marktwirtschaftlichen Systemen möglichst zeitnah und zutreffend beschrieben werden. Konjunkturindikatoren lassen sich nach ihrem zeitlichen Zusammenhang mit dem Zyklus in vorlaufende (leading), gleichlaufende (coincident) und nachlaufende (lagging) Indikatoren unterscheiden. Von besonderer Wichtigkeit für die Konjunkturanalyse sind die vorlaufenden Indikatoren, das heißt so genannte Frühindikatoren. Ein guter Frühindikator zeichnet sich dadurch aus, dass seine Wendepunkte möglichst frühzeitig und deutlich (das heißt ohne Fehlalarme) die Wendepunkte in der Wirtschaftsentwicklung signalisieren. Darüber hinaus sollte der Vorlauf stabil sein, so dass relativ sicher abgeschätzt werden kann, wie frühzeitig das Signal des Indikators erfolgt.

Abbildung VI.5 zeigt die Uhr für die gewerbliche Wirtschaft im Zeitraum Januar 2005 bis November 2008 auf.

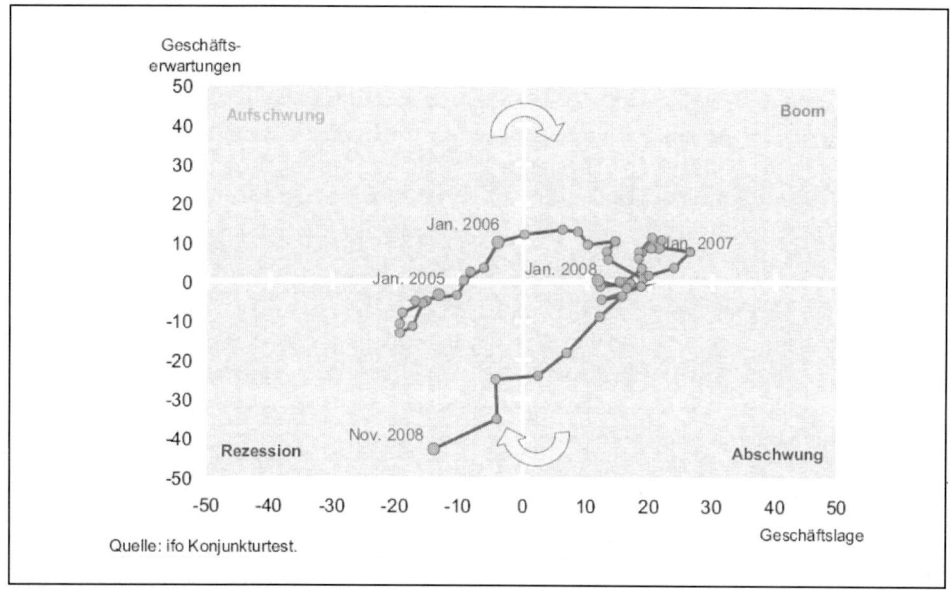

Abbildung VI.5: *ifo-Konjunkturuhr im Zeitfenster Januar 2005 bis November 2008*

Auch bei den Entwicklungen auf dem US-Automobilmarkt handelt es sich um einen typischen Konjunktur- und Krisenverlauf,[268] der durch einen exogenen Schock induziert wurde. So argumentiert beispielsweise die Real-Business-Cycle-Theorie (RBC-Theorie, Theorie realer Konjunkturzyklen)[269], dass Konjunkturzyklen primär durch reale Schocks verursacht werden. Diese Schocks können beispielsweise durch neue Technologien oder makroökonomische Faktoren verursacht werden. Im Gegensatz dazu sehen Keynesianismus und Monetarismus die Ursache von Konjunkturschwankungen in Nachfrageschwankungen, etwa ausgelöst durch Fiskal- oder Geldpolitik.

---

[268] Vgl. vertiefend zur Konjunkturtheorie: ARNOLD, LUTZ G.: Business cycle theory, Oxford 2002 sowie MAUßNER, A.: Konjunkturtheorie, Berlin 1994.

[269] Die wichtigsten Vertreter der Real-Business-Cycle-Theorie sind Edward C. Prescott und Finn E. Kydland, die im Jahr 2004 gemeinsam den Nobelpreis für Wirtschaftswissenschaften erhielten. Vgl. PLOSSER, CH. I.: Understanding Real Business Cycles, in: Journal of Economic Perspectives. 3, Nr. 3, 1989.

So verzeichnete General Motors (GM) im Jahr 2005 in Nordamerika einen Verlust von acht Milliarden US-Dollar. Die Konsequenzen waren massive Restrukturierungsmaßnahmen, die Schließung von zwölf Produktionsstätten und der Abbau von etwa 30.000 Arbeitsplätzen.

Am 8. Oktober 2005 beantragte die Delphi Corporation Gläubigerschutz unter dem amerikanischen „Chapter 11"[270]. Von dieser Vorstufe zu einer (unter europäischem Verständnis) Insolvenz ist einzig der US-amerikanische Teil von Delphi betroffen. Delphi war zur damaligen Zeit das weltweit größte Unternehmen in diesem Segment. Bereits im Jahr 1999 wurde Delphi von GM abgespalten, nachdem das Unternehmen im Jahr 1994 von General Motors als „Automotive Components Group" gegründet wurde.

Basierend auf dieser gemeinsamen Historie war GM durch zahlreiche Verpflichtungen, beispielsweise komplexe Lieferverträge und Bürgschaften mit der ehemaligen Konzernsparte verbunden. GM rechnet mit einer Belastung von bis zu elf Milliarden Dollar durch Pensionszusagen und andere Garantien. Durch die enge Vernetzung in der Wertschöpfungskette hatten Analysten der Bank of America berechnet, dass die Wahrscheinlichkeit einer GM-Insolvenz in den beiden Jahren nach der Delphi-Pleite auf 30 Prozent angestiegen sei. Auch die Rating-Agentur Standard & Poor's senkte die Kreditwürdigkeit des Detroiter Konzerns um eine Stufe von „BB" auf „BB-", was in der Konsequenz zu höheren Zinsen führt.

Basierend auf Verkaufszahlen war GM über einen Zeitraum von 77 Jahren der größte Automobilhersteller der Welt. Durch die anhaltenden wirtschaftlichen Schwierigkeiten auf dem Heimatmarkt USA – insbesondere aber auch eine völlig verfehlte Modellpolitik[271] – und die globale Finanzkrise verlor GM diese Position jedoch im ersten Quartal 2008 an den japanischen Konkurrenten Toyota.[272] Zur Vermeidung einer Insolvenz hatte im Dezember 2008 die US-Regierung dem GM-Konzern Rettungshilfen von insgesamt 13,4 Mrd. US-Dollar gewährt.

Das Beispiel verdeutlicht, dass (exogene) Konjunkturrisiken ein omnipräsentes Risiko moderner Volkswirtschaften darstellen. Für den zukünftigen Erfolg wird neben einer monopol- oder oligopolartigen Anbietersituation, einer hohen Produktinnovation, einer hohen Produkt-/ Prozesskomplexität (= hohes Maß an Produktions- und Fertigungskompetenz), einer soliden Eigenkapitalquote (= hohe Risikotragfähigkeit), einem fokussierten Produktportfolio und einer geographischen Streuung vor allem auch ein proaktives Chancen- und Risiko-Management an Bedeutung gewinnen.

---

270 Chapter 11 ist ein Abschnitt des Insolvenzrechts der Vereinigten Staaten (US bankruptcy code). Der Begriff bezeichnet in der angelsächsischen Finanz- und Rechtssprache die Insolvenz eines Unternehmens.

271 Basierend auf drastisch gestiegenen Treibstoffpreisen verzeichnete der Heimatmarkt massive Verkaufseinbrüche bei SUVs, Vans und Pickups. Für diejenigen, die sich noch für den Kauf eines Autos entscheiden, ist ein geringer Spritverbrauch wichtiger als Hubraum und Größe. Bei General Motors werden die Käufer ebenso wenig fündig wie bei Ford oder Chrysler.

272 Im Jahr 2007 erwirtschaftete General Motors einen Umsatz von 181,1 Mrd. US-Dollar und verbuchte mit 38,7 Mrd. US-Dollar den größten Verlust seiner Geschichte. In der Bilanz wies der Konzern für das Jahr 2007 eine Verschuldung von über 37 Mrd. US-Dollar aus. Toyota hat im Jahr 2008 weltweit 8,972 Millionen Fahrzeuge verkauft. GM ist daher mit 8,35 Millionen verkauften Autos weltweit nur noch die Nummer zwei.

So könnte das Risiko-Management beispielsweise Hedging-Produkte konzipieren, die bestimmte konjunkturinduzierte Risiken abdecken und an Versicherer oder Banken bzw. den Kapitalmarkt transferieren. So könnten etwa Derivate auf Makroindices begeben werden, die den Konjunkturzyklus abbilden. Durch den Kauf oder Verkauf dieser Makroderivate könnte so auf dem Konjunkturzyklus investiert werden.[273]

In jedem Fall kann ein proaktiv und präventiv ausgerichtetes Risiko-Management die *Verwundbarkeit der Wertschöpfungskette* reduzieren. So können beispielsweise mit Hilfe der Szenario-Technik im Rahmen der Strategischen Planung die potenziellen Zukunftspfade approximiert werden. So können beispielsweise Extremszenarios (positives Extrem-Szenario, negatives Extrem-Szenario, Trendszenario) oder besonders typische Szenarios abgebildet werden (Details siehe Methodenbaukasten in diesem Kapitel). Auch können deterministische bzw. stochastische Simulationsmodelle bzw. Insolvenzprognoseverfahren Stresssituationen modellieren und zukünftige Stressszenarien aufzeigen.

Ergänzend zum eher präventiv ausgerichteten Risiko-Management verfolgt eine sowohl präventiv als auch reaktiv ausgerichtetes *Notfall- und Krisenmanagement* das Ziel, die negativen Konsequenzen aus einem Notfall bzw. einer Krise – wie beispielsweise Reputationsverlust oder Wiederherstellungskosten – zu eliminieren bzw. zu reduzieren sowie den Fortbestand des Unternehmens sicherzustellen.

Der typischen Verlauf einer Krise sowie die Unterscheidungsmerkmale zwischen *Risiko-Management, Notfallorganisation und Krisenmanagement* sind in Abbildung VI.6 skizziert.

3.   Methodenbaukasten

Die Risikoquellen in einer Wertschöpfungskette können sowohl *endogener* als auch *exogener Natur* sein. Neben *Versorgungsrisiken* (exogen), *Nachfragerisiken* (exogen) und *Umfeldrisiken* (exogen) können im Workflow Prozessrisiken (endogen und exogen) sowie Steuerungsrisiken (exogen und endogen) entstehen (vgl. Abbildung VI.7). *Umfeldrisiken* können beispielsweise durch politische Risiken, Naturkatastrophen oder Terrorismus entstehen. *Prozessrisiken und Steuerungsrisiken* resultieren aus den unternehmensinternen Produktions- und Logistikprozessen bzw. aus strategischen Entscheidungen des Managements.

---

[273] Vgl. vertiefend DURICA, M.: Product Development for Electronic Derivative Exchanges: The case of the German ifo business climate index as underlying for exchange traded derivatives to hedge business cycle risk, Berlin 2006.

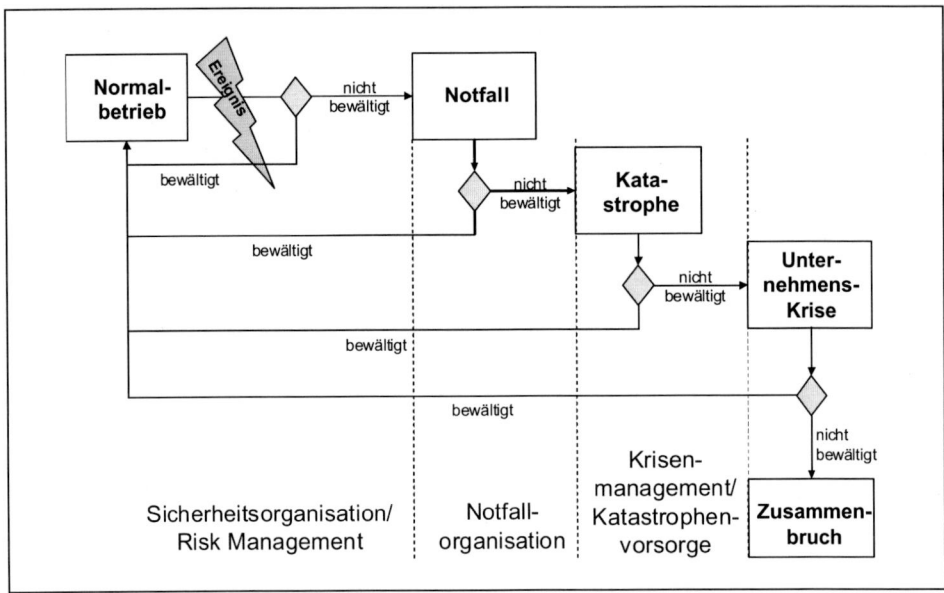

Abbildung VI.6:   *Risiko-Management, Notfallorganisation, Krisenmanagement[274]*

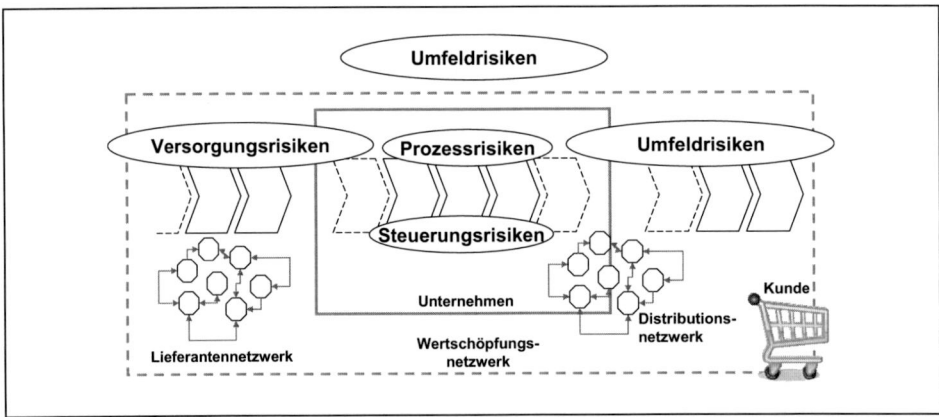

Abbildung VI.7:   *Risikoquellen im Wertschöpfungsnetz*

Empirische Studien sind bei einer Analyse der wesentlichen Risikotreiber in Wertschöp-
fungsnetzen zu dem Ergebnis gekommen, dass vor allem Versorgungs- und Nachfragerisiken
die gesamte Risikolandkarte dominieren.[275]

---

[274] Quelle: ROMEIKE, F.: Lexikon Risiko-Management, Köln 2004, S. 71.

[275] Vgl. beispielhaft KERSTEN, W.; HOHRATH, P.: Risiko-Management in internationalen Supply Chains, in:
Wimmer, T.; Bobel, T. (Hrsg.): 24. Deutscher Logistik-Kongress, Berlin 2007.

Praxisbeispiel: Erdbeben von Kōbe und Auswirkungen im Bereich der Wertschöpfungsnetzwerke

So führte beispielsweise das Erdbeben von Kōbe (Hanshin-Awaji-Erdbebenkatastrophe, offizielle Bezeichnung Süd-Hyōgo-Beben), welches am 17. Januar 1995 eine Stärke von M = 7,3[276] erreichte, nicht nur zu einer Naturkatastrophe mit einer der höchsten Schadenssummen aller Zeiten in Japan, sondern vor allem auch zu massiven Schäden im Bereich der Wertschöpfungskette von diversen Computerherstellen. Die Gesamtsumme aller durch das Erdbeben verursachten Schäden wird auf etwa 100 Milliarden US-Dollar – ohne Berücksichtigung von Folgeschäden durch Produktionsunterbrechungen – geschätzt. Die Ursache für das schwere Beben liegt in der tektonischen Struktur, da vor der Ostküste Japans drei Kontinentalplatten (Eurasische Platte, Philippinische Platte und Pazifische Platte) aufeinandertreffen. Durch das Erdbeben und seine Folgen starben etwa 6.400 Menschen, rund 42.000 Menschen wurden verletzt. 300.000 Menschen wurden durch das Erdbeben obdachlos, viele davon erst durch die vom Beben ausgelösten mehr als 300 Brände. Es wurden etwa 210.000 Gebäude zerstört oder schwer beschädigt, davon 7.500 durch Feuer.[277]

Das Epizentrum lag etwa zwanzig Kilometer südwestlich vom Stadtzentrum von Kōbe in der Straße von Akashi, das Hypozentrum lag in einer Tiefe von sechzehn Kilometern. Das Hauptbeben dauerte etwa zwanzig Sekunden und setzte achtmal soviel Energie frei wie die Hiroshima-Bombe.

Trotz der gesetzlich vorgeschriebenen erdbebensicheren Bauweise (Urban Building Law aus dem Jahr 1919) wurden sowohl Neubauten als auch ältere Gebäude beschädigt oder zerstört. Obwohl diese Gesetze im Laufe der Zeit immer wieder nach Schadenbeben in Japan modifiziert und den neuen Erkenntnissen angepasst wurde, hielten auch viele neuere Gebäude den Schwingungen und Disallokationen des Untergrunds nicht stand.[278]

In Kobe wurde zuvor ein Sicherheits-Steuerungssystem zur Verhinderung von Überschwemmungsschäden durch gebrochene Wasserleitungen installiert. Bei einer Magnitude

---

[276] Die Stärke eines Erdbebens kann mit Hilfe einer Magnitudenskala gemessen werden. Die populärste Magnitudenskala ist die Richterskala, die von Charles Francis Richter und Beno Gutenberg am California Institute of Technology 1935 entwickelt und anfänglich als ML-Skala (Magnitude Local) bezeichnet wurde. Aufgrund ihrer Definition ist die Richterskala nach oben unbegrenzt, die physischen Eigenschaften der Erdkruste machen aber ein Auftreten von Erdbeben der Stärke 9,5 oder höher nahezu unmöglich, da das Gestein nicht genug Energie speichern kann und sich vor Erreichen dieser Stärke entlädt. Der angegebene Wert, die Magnitude oder Größenklasse leitet sich aus dem dekadischen Logarithmus der maximalen Amplitude (Auslenkung) im Seismogramm ab, mit der ein kurzperiodisches Standardseismometer ein Beben in einer Entfernung von 100 km zum Epizentrum aufzeichnen würde. Ein Punkt mehr auf der Skala bedeutet demnach einen etwa zehnfach höheren Ausschlag (Amplitude) im Seismogramm und die 32-fache Energiefreisetzung (logarithmischer Anstieg) im Erdbebenherd. Vgl. SEIBOLD, E.: Entfesselte Erde – Vom Umgang mit Naturkatastrophen, Stuttgart 1995, S. 70.

[277] Vgl. Münchener Rückversicherungs-Gesellschaft (Hrsg.): Topic 95, München 1996, S. 8.

[278] Vgl. UNITED NATIONS CENTRE FOR REGIONAL DEVELOPMENT (UNCRD): Comprehensive Study of the Great Hanshin Earthquake, Nagoya 1995, S. 59 ff.

von M = 5 wurde automatisch die Wasserzufuhr gestoppt. Die Löschwasserversorgung sollte daher durch Tankwagen erfolgen. Durch die Zerstörung des Straßennetzes war es jedoch den Tankwagen nicht in allen Fällen möglich, die Brandherde zu erreichen. Nach einem besonders regenarmen Sommer waren die Zisternen der Stadt nicht mit Löschwasser aufgefüllt worden, so dass die Feuerwehr den meisten Bränden tatenlos zusehen musste.[279]

In der Folge des Erdbebens waren alle Transportwege zwischen zwischen Nishainomiya und Kōbe schwer beschädigt. Ebenso wurden die wesentlichen Versorgungssysteme wie Elektrizität, Wasserversorgung, Gasleitungen und Telekommunikation zum Teil stark zerstört. Dadurch wurde das urbane Leben für mehrere Tage erschwert, und auch die Aufräumarbeiten konnten nicht in vollen Umfang durchgeführt werden. So waren beispielsweise nach dem Erdbeben etwa 85 Prozent der Menschen ohne Wasserversorgung.[280]

Die Wiederherstellungszeiten der Infrastruktur gestalteten sich in Kōbe wie folgt:

- Transportwege: etwa 4 Monate

- Hafenanlage: etwa 2 bis 3 Jahre

- Telefonnetz: etwa 2 Wochen

- Stromversorgung: etwa eine Woche

- Wasserversorgung: etwa 5 Wochen

- Gasversorgung: etwa 5 Monate

Kōbe zählt zu den wirtschaftlich erfolgreichsten Zentren auf der Insel Honshū. Der bedeutende Hafen von Kōbe wickelte im Jahr 1998, gemessen am Wert, acht Prozent des gesamten japanischen Außenhandels ab und war damit nach den Häfen Yokohama und Tōkyō (je elf Prozent) der drittwichtigste Hafen. Viele Unternehmen haben in Kōbe und Umgebung ihre Niederlassungen und Produktionsstätten. Diese Agglomeration war einer der wesentlichen Gründe für das hohe Schadensausmaß. In der Folge des Erdbebens kamen die Waren- und Materialflüsse – und damit in der Konsequenz das Wertschöpfungsnetzwerk – zum Erliegen. Die Produktion des größten japanischen Automobilherstellers Toyota war aufgrund der Schäden von zwei großen Stahlproduzenten für etwa drei Wochen stark beeinträchtigt. Betriebsunterbrechungen führten auch in der Computerindustrie zu Lieferengpässen und Produktionsunterbrechungen.

Zur damaligen Zeit wurden die meisten Aktiv-Matrix-Displays (Flüssigkristallbildschirme für die Laptop-Fertigung, Thin Film Transistor = TFT) in Japan und überwiegend in Kōbe produziert. So mussten die Unternehmen Fujitsu, Matsushita, Sanyo, Sharp und Display

---

[279] Vgl. UNITED NATIONS CENTRE FOR REGIONAL DEVELOPMENT (UNCRD): Comprehensive Study of the Great Hanshin Earthquake, Nagoya 1995, S. 101.

[280] Vgl. UNITED NATIONS CENTRE FOR REGIONAL DEVELOPMENT (UNCRD): Comprehensive Study of the Great Hanshin Earthquake, Nagoya 1995, S. 75.

Technology ihre Produktion zeitweilig einstellen. In der Folge der globalen Vernetzung der Wertschöpfungsketten kam es auch im globalen Kontext zu wirtschaftlichen Schäden in der Folge von Betriebsunterbrechungen. Die Produktionsausfälle führten beispielsweise zu Lieferengpässen bei den US-amerikanischen Herstellern Apple und IBM Corporation.

In der Folge des Erdbebens fiel auch der japanische Nikkei 225-Börsenindex am Tag nach dem Erdbeben um über tausend Punkte (5,6 Prozent). Auch die Börsen in Hongkong und Singapur brachen um 3,6 Prozent bzw. um 3,1 Prozent ein. Dies führte indirekt zur Insolvenz der Barings Bank, da deren Mitarbeiter Nick Leeson hohe Summen in Optionen auf den Nikkei investiert hatte.[281]

Zielsetzung eines präventiv ausgerichteten Risiko-Managements ist es, potenzielle Schwachstellen („bottle necks") in der Wertschöpfungskette zu identifizieren und adäquate Maßnahmen zu initiieren, um die Verwundbarkeitstreiber zu reduzieren bzw. zu eliminieren.

Den folgenden Methoden liegt ein systemtheoretisches Verständnis von Risiken zugrunde. Ein bestimmtes Risiko tritt häufig erst durch die Kombination mehrerer Ursachen auf. Abbildung VI.8 veranschaulicht, dass ein Risikoeintritt mehrere Folgereignisse auslösen kann, wobei diese oftmals nicht nur in eine Richtung wirken, sondern es können auch Rückkopplungen auftreten. In der unternehmerischen Praxis ist nicht selten zu beobachten, dass das, was man als Wirkung bezeichnet, auf die Ursache zurückwirkt und damit selbst zur Ursache wird. Außerdem können in der Praxis so genannte *„Dominoeffekte"* eintreten, sodass einzelne als unwesentlich wahrgenommene Risikoereignisse eine Kette weiterer Risiken mit schwerwiegenden Auswirkungen auslösen können.

Derartige „Dominoeffekte" werden auch als *systemische Risiken* bezeichnet. Ein systemisches Risiko liegt vor, wenn sich ein auf ein Element eines Systems einwirkendes Ereignis aufgrund der dynamischen Wechselwirkungen zwischen den Elementen des Systems auf das System als ganzes negativ auswirken kann oder wenn sich aufgrund der Wechselwirkungen zwischen den Elementen die Auswirkungen mehrerer auf einzelne Elemente einwirkender Ereignisse so überlagern, dass sie sich auf das System als ganzes negativ auswirken können. Ihre besondere Brisanz gewinnen systemische Risiken nicht allein aus den direkten physischen Schäden, die sie verursachen. Es sind vielmehr die weitreichenden Wirkungen in zentralen gesellschaftlichen Systemen (etwa der Wirtschaft, der Finanzwelt oder der Politik), die den Umgang mit diesem Risikotyp schwierig und zugleich dringlich machen.[282]

Parallel hierzu verändern sich die Ursache-Wirkungs-Zusammenhänge im Zeitablauf.

---

[281] Vgl. vertiefend ERBEN, R. F.: Sandbank – Wie Barings & Co. Schiffbruch erlitten hat, in: Risknews, 1. Jg. (2004), H. 1, S. 46-50.

[282] Definition vgl. RiskNET-Glossar: http://glossar.risknet.de.

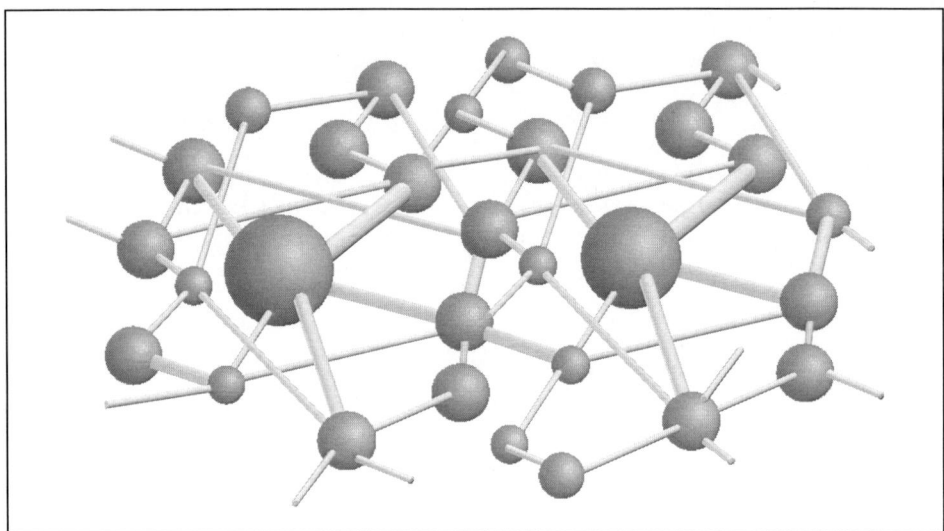

Abbildung VI.8: *Systemtheoretisches Risikoverständnis: Jede einzelne Kugel stellt ein potenzielles Risiko dar*

In Kapitel III (Risiko-Management im Kontext einer wert- und risikoorientierten Unternehmensführung) sind bereits einige Methoden der Risikoidentifikation und -bewertung beschrieben worden. Im Zusammenhang mit Risiken im Kontext Produktion werden im Folgenden die folgenden Methoden vertiefend beschrieben:

- Szenarioanalyse/-technik,

- FMEA (Failure Mode and Effects Analysis),

- Fehlerbaumanalyse,

- Key Risk Indicator, Key Performance Indicator, Key Control Indicator,

- CIRS,

- HAZOP,

- HACCP.

Die folgenden Methoden wurden bereits in Kapitel III (Risiko-Management im Kontext einer wert- und risikoorientierten Unternehmensführung) beschrieben:

- Checklisten/Fragenkatalog,

- Interview/Befragung,

- Brainstorming,

- Brainwriting,

▪ Delphi-Methode,

▪ Synektik,

▪ SWOT-Analyse,

▪ Stochastische Methoden,

▪ Morphologie.

3.1 Szenariotechnik

Die *Szenariotechnik* ist ursprünglich als Methode der *Zukunftsforschung*[283] entwickelt worden. Sie wurde in den 1950er und 1960er Jahren von Herman Kahn[284] und Mitarbeitern in den USA entwickelt und vor allem als Prognosetechnik bei nicht linearen Verläufen und unberechenbaren Ereignissen eingesetzt. Im Hinblick auf die Zukunftsforschung definiert Kahn seine Szenarien als „[...] hypothetische Folge von Ereignissen, die konstruiert werden, um die Aufmerksamkeit auf kausale Prozesse und Entscheidungspunkte zu lenken."[285] Dabei „[...] beschränkt sich die Szenario-Technik im Gegensatz zu den meisten Prognosetechniken nicht nur auf die Verarbeitung quantitativer Informationen"[286], sondern greift vor allem auch auf qualitative Daten zurück. Darauf aufbauende, komplexe Systemanalysen sollen für ein umfassendes Verständnis des Systems sorgen und alternative Zukunftsbilder hervorbringen.

Inzwischen ist die Prognosefunktion in den Hintergrund getreten und Szenarien dienen mehr als Entscheidungshilfe („Was wäre, wenn ...") beispielsweise im Zusammenhang mit der Strategischen Planung. Sie basiert im Kern auf der Entwicklung und Analyse möglicher Entwicklungen der Zukunft. Die Szenariotechnik verfolgt etwa die Analyse von Extremszenarios (positives Extrem-Szenario/„Best Case Szenario", negatives Extrem-Szenario/„Worst Case

---

[283] Die Zukunftsforschung ist eine interdisziplinär ausgerichtete wissenschaftliche Beschäftigung mit möglichen, wahrscheinlichen und wünschbaren Zukunftsentwicklungen und Gestaltungsoptionen sowie deren Voraussetzungen in Vergangenheit und Gegenwart. In der internationalen Zukunftsforschung werden hauptsächlich die Begriffe Future(s) Research und Futures Studies gebraucht. Methoden und Techniken der Zukunftsforschung umfassen unter anderem Trendanalysen und -extrapolationen, Prognoseverfahren, Modellbildungen, Szenariotechniken, Simulationsverfahren, Zukunfts- und Visionswerkstätten. Neuerdings wird versucht, die Ergebnisse der Futurologie durch sogenannte Wild Cards zu ergänzen, also unvorhersehbare Entwicklungssprünge, ausgelöst etwa durch Kriege oder die Terroranschläge vom 11. September 2001.

[284] Kahn war bei der RAND Corporation beschäftigt, einem vom amerikanischen Verteidigungsministerium gegründeten Institut für Zukunftsforschung.

[285] Vgl. KAHN, H.; WIENER, A. J.: The Year 2000. A Framework for Speculation on the next 33 Years, New York, Toronto 1968, S. 6 sowie GÖTZE, U.: Szenario-Technik in der strategischen Unternehmensplanung, Wiesbaden 1993, S. 36.

[286] Vgl. MEYER-SCHÖNHERR, M.: Szenario-Technik als Instrument der strategischen Planung, Ludwigsburg/Berlin 1992, S. 31.

Szenario") oder besonders relevanter oder typischer Szenarios (Trendszenario). Szenarios werden häufig in Form eines Szenariotrichters dargestellt (vgl. Abbildung VI.9). Bezogen auf die Zukunft symbolisiert der Trichter Komplexität und Unsicherheit. Die Zukunftsbilder befinden sich folglich auf der Schnittstelle des Trichters, wohingegen die Gegenwart immer am engsten Punkt des Trichters liegt. Den Ausgangspunkt der Betrachtung bildet das Trend-szenario, welches auf einer Zeitachse aufgespannt wird. Dieses Trendszenario stellt die zu-künftige Entwicklung unter der Annahme stabiler Umweltentwicklungen dar (ceteris pari-bus).

Jenes Extremszenario, das die bestmögliche Entwicklung („best case") aufzeigt, stellt das obere Ende des Trichters dar, wohingegen der sogenannte „worst case", also die schlechteste Entwicklungsmöglichkeit, das untere Ende bildet.

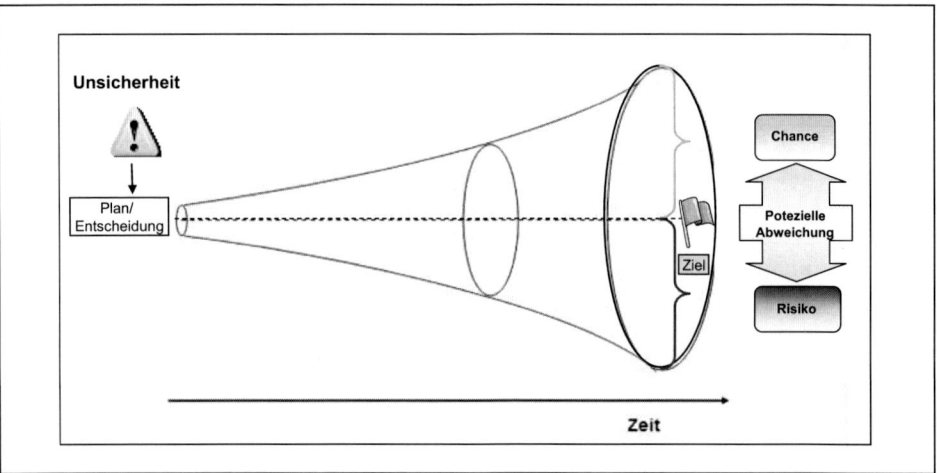

Abbildung VI.9: *Szenariotrichter*

In der Praxis ist eine enorme Vielfalt an Definitionen und Varianten der Szenariomethode anzutreffen. Daher ist eine Systematisierung der Vorgehensweise keineswegs trivial.

Im Folgenden ist ein einfaches vierstufiges Vorgehen skizziert:

Schritt 1: Aufgaben- und Problemanalyse: Im Rahmen der Aufgaben- und Problemanalyse wird der Untersuchungsgegenstand zunächst festgelegt und beschrieben. Anschließend wer-den die Faktoren/Deskriptoren ermittelt, die den Untersuchungsgegenstand bzw. die künfti-gen Szenarios dieses Feldes beschreiben und möglicherweise beeinflussen. Output dieser Phase sind eine detaillierte Aufgaben- und Problembeschreibung sowie eine Faktorenliste.

Schritt 2: Einflussanalyse: Eine gute System- und Einflussanalyse muss die wesentlichen Systemelemente (Schlüsselfaktoren) und Beziehungen erfassen. In der Einflussanalyse wird untersucht, wie sich die einzelnen Faktoren wechselseitig beeinflussen. Dies kann mit einer Vernetzungstabelle ermittelt werden. Hierbei werden die Deskriptoren einander gegenübergestellt. Im direkten Vergleich wird ermittelt, welchen Einfluss (keinen, mittlere Wirkung, hohe Wirkung) ein Faktor auf einen anderen Faktor besitzt. Anschließend können jeweils die Aktiv- und die Passivwirkungen kumuliert und die Faktoren in einer Einflussmatrix miteinander verglichen werden.

Output dieser Phase sind die Vernetzungstabelle und eine Einflussmatrix sowie eine Übersicht über die Größe des Einflusses der einzelnen Faktoren. Mit Hilfe dessen kann man die meist sehr große Anzahl von Einflussfaktoren auf eine handhabbare Anzahl reduzieren, wenn man nur die einflussreichsten Faktoren auswählt.

Schritt 3: Trendprojektion und Ermittlung von Szenarios: Zunächst gilt es, die unterschiedlichen Entwicklungsmöglichkeiten für die einzelnen ausgewählten Faktoren zu ermitteln. Welche Ausprägungen/zukünftige Entwicklungen sind für die einzelnen Faktoren möglich/denkbar? Die unterschiedlichen Ausprägungen können generisch in einem morphologischen Kasten (siehe Kapitel III) ermittelt werden.

Durch die mathematische Kombination der verschiedenen Faktorausprägungen entstehen mögliche Szenarios. Beispielsweise kombiniert man die erste Ausprägung des ersten Faktors mit der zweiten Ausprägung des dritten Faktors: „Politische Risiken in Drittländern" mit der Ausprägung „Single-Sourcing-Risiken" wird kombiniert mit der Ausprägung des Faktors 3 „Technologieabhängigkeit". Da aber unter Umständen nicht alle Kombinationen sinnvoll sind oder sich sogar ausschließen, oder mehrere Kombinationen aufgrund ihrer Ähnlichkeit oder Bedeutung zusammengefasst werden können, ist eine Bündelung der Alternativen und eine Beschränkung der weiteren Untersuchung auf ausgesuchte Szenarios oder Alternativenbündel sinnvoll. Um effektiv mit den Szenarios arbeiten zu können, ist es sinnvoll, eine Anzahl von vier bis acht Szenarios auszuwählen. Üblicherweise wird man wenigstens die beiden Extremszenarios, das Trendszenario und eventuell wenige, ausgewählte Szenarios weiter betrachten. Man sollte aber darauf achten, nicht ausschließlich die beiden Extremszenarios weiter zu betrachten, sich also nicht nur auf eine schwarze oder weiße Zukunft einstellen.

Output dieser Phase sind die möglichen Ausprägungen der einzelnen Faktoren/Deskriptoren sowie ihre Kombination/Bündelung zu verschiedenen Szenarios. Anschließend bietet sich eine Beschreibung/Ausformulierung der Szenarios an, um sie verständlicher und leichter kommunizierbar zu machen.

Schritt 4: Bewertung und Interpretation

Die ausgewählten Szenarios werden in dieser Phase weiter untersucht. Die Szenarios werden mit ihren geschätzten Eintrittswahrscheinlichkeiten und den mit den jeweiligen Szenarios verbundenen Chancen und Risiken gegenübergestellt. Außerdem lassen sich die Szenarios bezüglich Ist-Situation (in welchem Szenario befinden wir uns) und Erwartungssituation (wohin entwickelt sich die Zukunft) bewerten. Nach dieser Betrachtung können Unternehmen Maßnahmen/Handlungsoptionen für die einzelnen Szenarios definieren, um sich für diese zu rüsten. Mit Hilfe von Szenarios kann ein Unternehmen ebenfalls seine Strategie überprüfen. Stellt es fest, dass seine aktuelle Strategie in keinem der erarbeiteten Szenarios Erfolg hat, muss eine Anpassung der Strategie stattfinden. Szenarios helfen in diesem Fall bei der zukunftsrobusten Strategiefindung.

Output dieser Phase ist Bewertung und Gegenüberstellung sowie abgeleitete Handlungsoptionen und Maßnahmen der ausgewählten Szenarios.

Beim *Einsatz der Szenariotechnik im Risiko-Management* können eine Reihe von Anforderungen definiert werden:[287]

- Sachkompetenz: Kenntnisse über Untersuchungsgegenstand und -raum,

- Vorstellungen und Kenntnisse über grundlegende ökonomische und gesellschaftliche Zusammenhänge und Prozesse,

- Methodenkompetenz,

- Phantasie und Kreativität.

Da eine einzelne Person alle Anforderungen nur in den seltensten Fällen erfüllen kann, sollte die Szenariotechnik immer nur im Rahmen von (interdisziplinär zusammengesetzten) Workshops verwendet werden. So eignet sich die Szenariotechnik ideal für die Risikoevaluierung im Rahmen von Projektteams oder Risikokomitees.

In der Unternehmenspraxis sind unterschiedliche Typen von Szenarien bekannt, deren Übergänge jedoch fließend sind.

Trendszenarien stellen die Frage, wie es weitergeht, wenn alles wie bisher weiterläuft („business as usual"). Als Ausgangsszenarien sind sie wichtig. Sie kommen Trendextrapolationen am nächsten, berücksichtigen aber auch qualitative Informationen und sind damit methodisch komplexer. Beispiel: Wie entwickelt sich die Risikolandkarte, wenn keine neuen Risiken hinzutreten und die ökonomischen Rahmenbedingungen gleich bleiben?

Alternativszenarien stellen die Frage, was wäre, wenn diese oder jene Richtung eingeschlagen würde (beispielsweise „best case" oder „worst case"). Sie geben alternative Entwicklungsmöglichkeiten an, die, wenn sie erreicht werden sollen, entsprechendes zielgerichtetes Handeln voraussetzen oder, wenn sie vermieden werden sollen, entsprechende Gegenmaßnahmen notwendig machen. Beispiel: Wie entwickelt sich die Risikolandkarte, wenn der Dollar/Euro-Wechselkurs sich um zwanzig Prozent verändert? Wie entwickelt sich die Risikolandkarte, wenn unser Hauptkunde insolvent wird?

Kontrastszenarien stellen die Frage, was zu tun ist, um ein bestimmtes Ziel zu erreichen. Beispiel: Was ist zu tun, damit unsere Risikotragfähigkeit erhalten bleibt oder Value at Risk den Betrag von fünf Millionen Euro nicht überschreitet?

---

287 Vgl. STRÄTER, D.: Szenarien als Instrument der Vorausschau in der räumlichen Planung. In: Akademie für Raumforschung und Landesplanung (Hrsg.): Regionalprognosen. Methoden und ihre Anwendung, S. 417-440, Hannover 1988 (Veröffentlichungen der Akademie für Raumforschung und Landesplanung: Forschungs- und Sitzungsberichte, 175), S. 429.

3.2   FMEA (Failure Mode and Effects Analysis)

Die *Fehlermöglichkeits- und Einflussanalyse* bzw. *Ausfalleffektanalyse* (FMEA = Failure Mode and Effects Analysis*)* ist eine systematische, halbquantitative Risikoanalysemethode.[288] Sie wurde ursprünglich zur Analyse von Schwachstellen (Risiken) technischer und militärischer Systeme oder Prozesse entwickelt. So wurde die FMEA beispielsweise in den sechziger Jahren für die Untersuchung der Sicherheit von Flugzeugen entwickelt und anschließend auch in der Raumfahrt, für Produktionsprozesse in der chemischen Industrie und in der Automobilentwicklung verwendet. So wurde die FMEA nach dem Störfall im Druckwasserreaktor „Three Miles Island" in Harrisburgh/Pennsylvania vom 28. März 1979 auch für Nuklearanlagen empfohlen. Heute empfehlen viele Standards, beispielsweise im Qualitätsmanagement, den Einsatz der FMEA.

Die Kernidee der FMEA basiert auf dem frühzeitigen Erkennen und Verhindern von potenziellen Fehlern sowie deren Auswirkungen auf die Produktfunktionen. Die FMEA analysiert daher präventiv Fehler und deren Ursache. Sie bewertet Risiken bezüglich Auftreten, Bedeutung und ihrer Entdeckung.

Hierbei gilt die einfache Logik: Je früher ein Fehler erkannt wird, desto besser. Eine Fehlerfortpflanzung von der Forschung und Entwicklung bis zum Produkt bedeutet fast immer eine Potenzierung des Aufwandes.

In der Praxis werden unterschiedliche Arten von FMEA unterschieden:

(1) System-FMEA:
Hierbei liegt der Fokus vor allem auf einem einwandfreien Funktionieren der einzelnen Systemkomponenten. Bereits in einer sehr frühen Produktplanungsphase werden Überlegungen zum Gesamtrisiko wie etwa unsichere Marktanteile, Kostenbeherrschung, Make or Buy, Sicherheit, Werbe- und Vertriebsstrategien oder Fragen der Umweltverträglichkeit gestellt.

(2) Konstruktions-FMEA:
Der primäre Fokus liegt hierbei vor allem bei einem einwandfreien Funktionieren der einzelnen Produktkomponenten. Hierbei wird der konkrete Produktentwurf, bevor er in der Detailkonstruktion weiterbearbeitet wird, von Fachleuten der Konstruktion, der Produktion, des Verkaufs, des Kundendienstes und der Qualitätsabteilung auf Produktionsrisiken, Prüfrisiken oder Materialrisiken untersucht.

(3) Prozess-FMEA:
Hierbei liegt der Fokus vor allem beim Aufbau von einwandfreien Prozessen zur Herstellung der Bauteile und Systeme. Bevor die Einzelteile und Baugruppen in die Produktion gehen, untersucht ein Team von Experten die Realisierungsrisiken und legt fest, welche möglichen prozessbegleitenden Maßnahmen zur besseren Beherrschung notwendig werden.

---

[288] Vgl. GLEIßNER, W.; ROMEIKE, F.: Risikomanagement, Freiburg im Breisgau 2005, S. 182.

In einem ersten Schritt wird das Unternehmen als intaktes und störungsfreies System beschrieben und abgegrenzt. In einem weiteren Schritt wird das Gesamtsystem in unterschiedliche Funktionsbereiche o. Ä. zerlegt. In einem dritten Schritt werden sodann die potenziellen Störungszustände der einzelnen Komponenten untersucht. Hierbei werden auch systemdurchgreifende Störungen erfasst. In einer abschließenden vierten Stufe werden die Auswirkungen auf das Gesamtsystem abgeleitet.

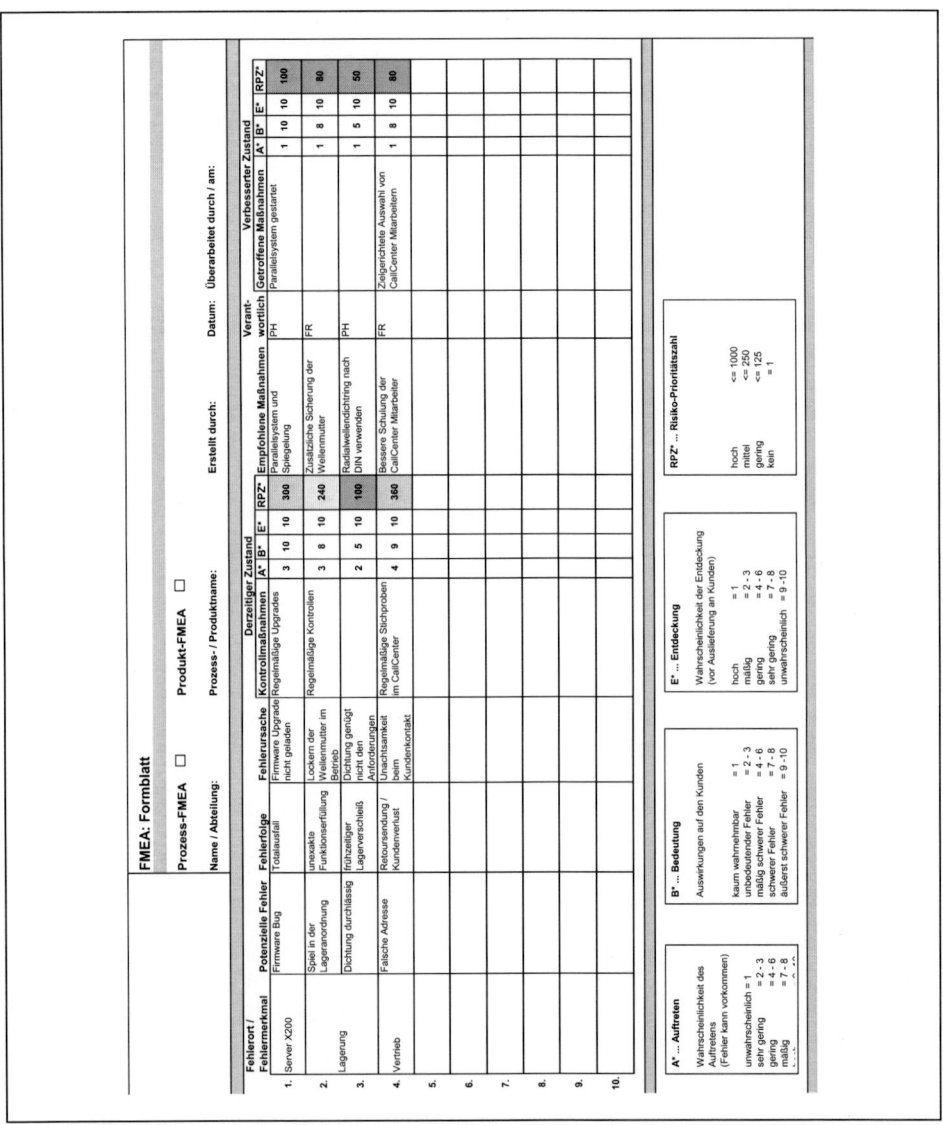

Abbildung VI.10: *Beispiel für ein FMEA-Arbeitsblatt*

Ein wesentlicher Vorteil der Ausfalleffektanalyse ist die klare Formalisierung mit Hilfe von „Worksheets" (Arbeitsblättern), die neben der Funktion die Fehlerursache, die Fehlerwirkung, die bedrohten Objekte (targets) sowie die Risikobewertung hinsichtlich Eintrittswahrscheinlichkeit und Schadensausmaß (Probability/Severity) enthalten (vgl. Abbildung VI.10). Ein wesentlicher Mangel der FMEA-Methode besteht auch darin, dass Interdependenzen, das heißt Abhängigkeiten zwischen den einzelnen Komponenten des Gesamtsystems, nicht analysiert werden. Jedoch wurden in der Zwischenzeit eine ganze Reihe von Ergänzungen zur traditionellen FMEA entwickelt. So ist die System-FMEA ebenso wie die klassische Prozess-FMEA eine systematische und halbquantitative Risikoanalysemethode, die im Unterschied zur FMEA die möglichen Fehler auf der Ebene des Produktes und der möglichen Auswirkungen auf den Kunden bewertet. Der Ansatz der System-FMEA verbindet Produkt und Prozess, wodurch eindeutige Ursache-Wirkungs-Ketten dargestellt werden können. Heute wird die FMEA vor allem basierend auf Qualitätsmanagement-Systemen (ISO 9000 ff.) in vielen Unternehmen angewendet.

Die vom österreichischen Normungsinstitut veröffentlichten ON-Regeln „Risikomanagement für Organisationen und Systeme"[289] empfehlen beispielsweise die Verknüpfung des Produktentstehungsprozesses mit dem Risiko-Management. Dieser Zusammenhang ist in Abbildung VI.11 dargestellt.

Ergänzend führt die ON-Regel eine exemplarische Gefahrenliste auf, die der Risikoidentifikation im Produktentstehungsprozess dienen kann:[290]

Gefahrengebiet 1: Produktsystem

1.1 Objektstruktur/Baugruppen

1.2 Projektplanung, Projektstruktur und Projektablauf

1.3 Systemunterstützung und Methodik

1.4 Leistungsumfang

1.5 Gesetze, Standards und Regelwerke

1.6 Personelle Ressourcen

---

[289] Vgl. ÖSTERREICHISCHES NORMUNGSINSTITUT: ONR 49000 – Risikomanagement für Organisationen und Systeme: Begriffe und Grundlagen, Anwendung von ISO/DIS 31000 in der Praxis; ONR 49001 – Risikomanagement für Organisationen und Systeme: Risikomanagement, Anwendung von ISO/DIS 31000 in der Praxis; ONR 49002-1 – Risikomanagement für Organisationen und Systeme: Teil 1: Leitfaden für die Einbettung des Risikomanagements in das Managementsystem, Anwendung von ISO/DIS 31000 in der Praxis; ONR 49002-2 – Risikomanagement für Organisationen und Systeme: Teil 2: Leitfaden für die Methoden der Risikobeurteilung, Anwendung von ISO/DIS 31000 in der Praxis; ONR 49003 – Risikomanagement für Organisationen und Systeme: Teil 3: Leitfaden für das Notfall-, Krisen- und Kontinuitätsmanagement, Anwendung von ISO/DIS 31000 in der Praxis; ONR 49003 – Risikomanagement für Organisationen und Systeme: Anforderungen an die Qualifikation des Risikomanagers, Anwendung von ISO/DIS 31000 in der Praxis, Wien 2008.

[290] Vgl. ÖSTERREICHISCHES NORMUNGSINSTITUT: ONR 49002-1 - Risikomanagement für Organisationen und Systeme: Teil 1: Leitfaden für die Einbettung des Risikomanagements in das Managementsystem, Anwendung von ISO/DIS 31000 in der Praxis, Wien 2008, S. 13.

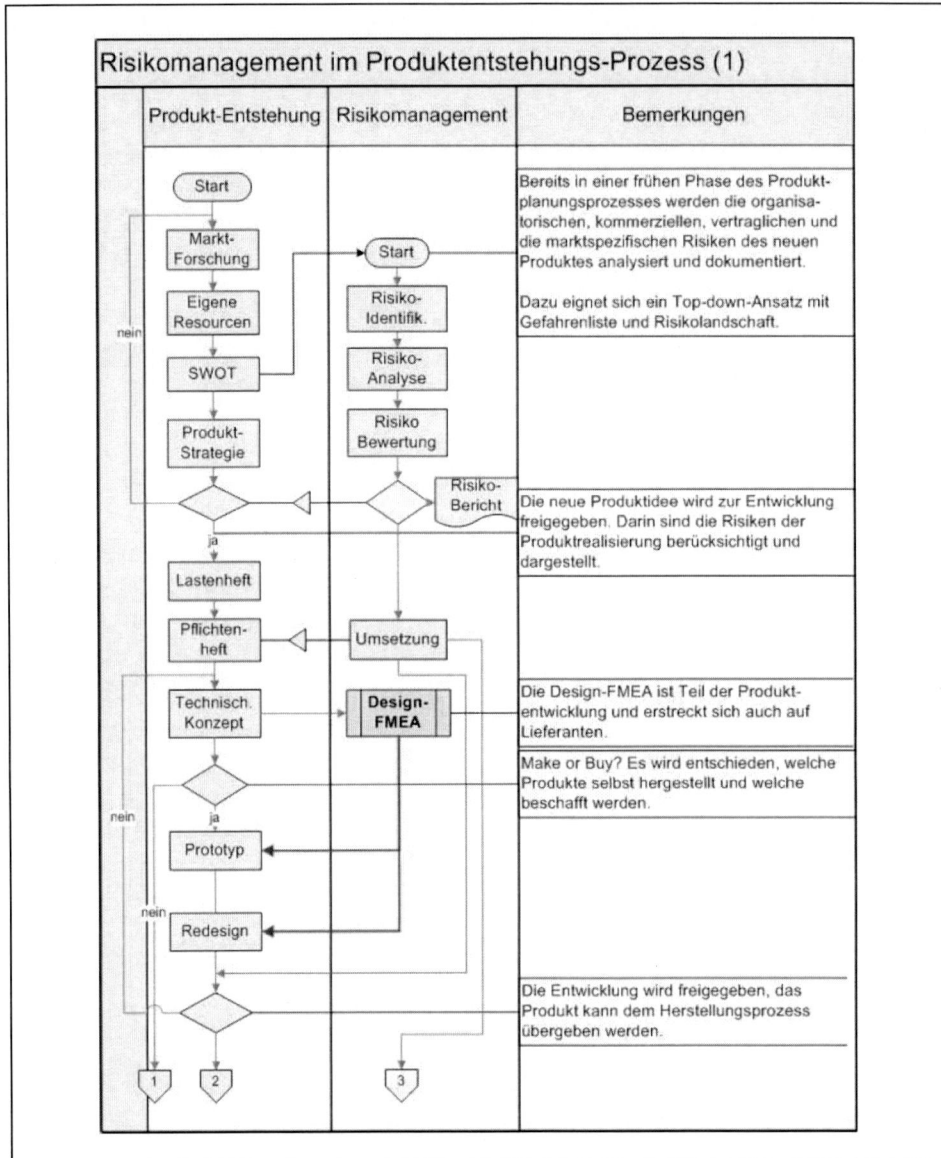

Abbildung VI.11.1: *Verknüpfung von Produktentstehungsprozess mit dem Risiko-Management[291]*

---

[291] Quelle: ÖSTERREICHISCHES NORMUNGSINSTITUT: ONR 49002-1 – Risikomanagement für Organisationen und Systeme: Teil 1: Leitfaden für die Einbettung des Risikomanagements in das Managementsystem, Anwendung von ISO/DIS 31000 in der Praxis, Wien 2008, S. 11-12.

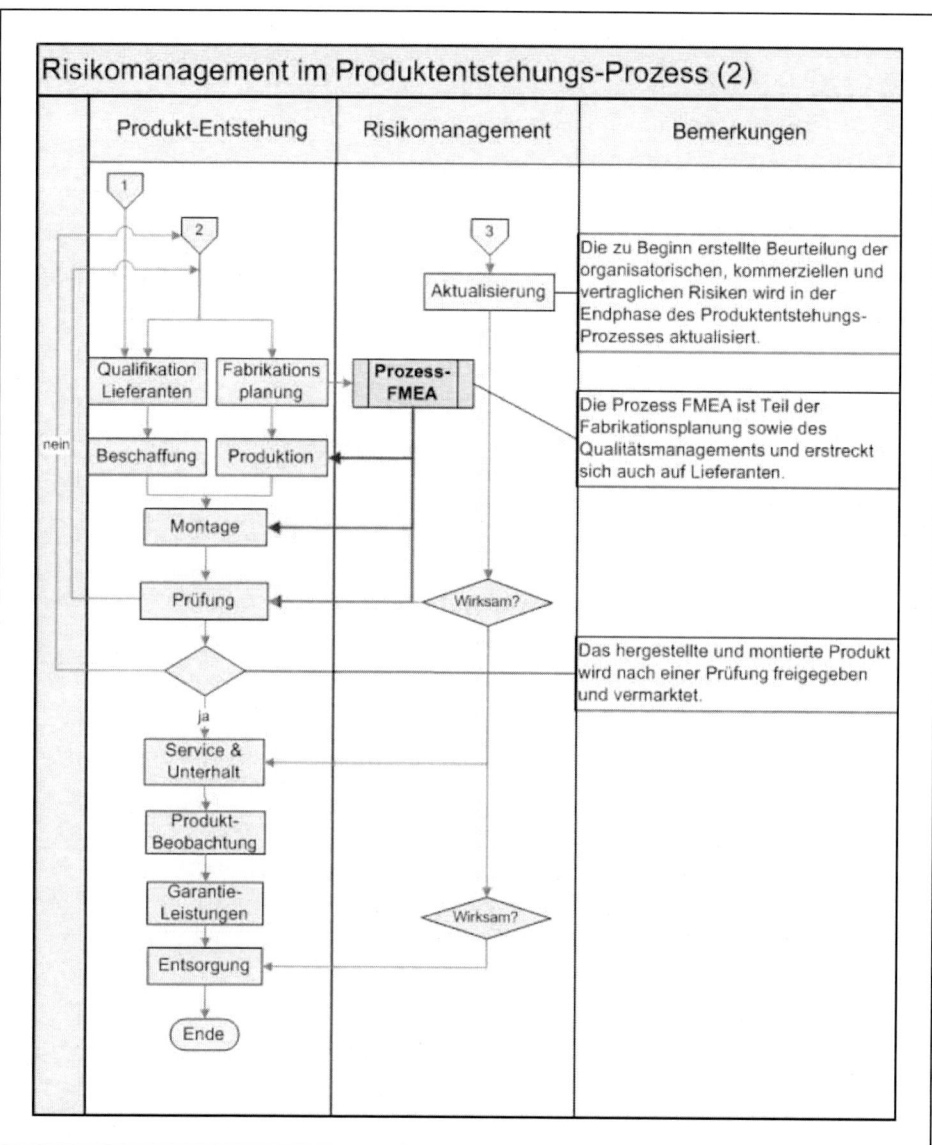

Abbildung VI.11.2: *Verknüpfung von Produktentstehungsprozess mit dem Risiko-*
Management

Gefahrengebiet 2: Vertrag und Finanzierung

2.1 Spezifikationen

2.2 Liefertermine, Zahlungsbedingungen und Pönalen

2.3 Leistungs- und Funktionsgarantien

2.4 Versicherungen

2.5 Kalkulation des Projektpreises, Preissteigerungen

2.6 Währungs- und Zinsrisiken

Gefahrengebiet 3: Produktentwicklung

3.1 Lastenheft

3.2 Entwicklungsprozess (Change Management)

3.3 Systempflichtenheft

3.4 Normen und Regelwerke, Konformitätsbewertung

3.5 Auswahl der Subsysteme, und Technologische Anforderungen

3.6 Qualitätseigenschaften (Zuverlässigkeit, Verfügbarkeit)

3.7 Gefährliche Eigenschaften, Produktsicherheit und Funktionalitäten

3.8 Eigene Patente bzw. Verletzung von fremden Patenten

Gefahrengebiet 4: Beschaffung

4.1 Lieferantenauswahl

4.2 Beschaffungsprozess

4.3 Beschaffungsanforderungen, Lieferkonditionen

4.4 Stabilität und finanzielle Kontinuität der Lieferanten

4.5 Genehmigungen und Vertraulichkeiten

4.6 After Sales Services

4.7 Reklamationsmanagement

Gefahrengebiet 5: Fertigung

5.1 Produktionsprozess

5.2 Produktionsplanung und -steuerung

5.3 Personal, Betriebsmittel, Standorte, Materialfluss

5.4 Technologietransfer, Schutz von Know-how

5.5 Arbeitssicherheit, Umweltschutz

Gefahrengebiet 6: Lieferung

6.1 Warendisposition und Systemunterstützung

6.2 Genehmigungen und Transporte

6.3 Abnahme, Übergabe und Fakturierung

6.4 Reklamationsabwicklung

6.5 Gesetzliche Anforderungen für den Warenverkehr

Gefahrengebiet 7: After Sales Services

7.1 Ausbildung, Training

7.2 Handbücher, Instruktion, Gebrauchsanweisungen

7.3 Garantieansprüche

7.4 Kundenbetreuung

7.5 Entsorgung

3.3   Fehlerbaumanalyse

Mit Beginn der 1960er Jahre wurden Techniken zur systematischen Analyse sicherheitskritischer Systeme entwickelt. Dazu gehören neben der Hazard and Operability Analysis (HAZOP) und der FMEA auch die *Fehlerbaumanalyse* (*fault tree analysis*, FTA). Sie wurde im Jahr 1961 in den Bell Telephone Laboratories entwickelt.

Die Fehlerbaumanalyse nimmt als Ausgangspunkt – im Gegensatz zur FMEA – nicht eine einzelne Systemkomponente, sondern das potenziell gestörte Gesamtsystem als Ausgangspunkt. Sie gehört zu den Top-down-Analyseformen. In einem ersten Schritt wird daher das Gesamtsystem detailliert und exakt beschrieben. Darauf aufbauend wird analysiert, welche primären Störungen eine Störung des Gesamtsystems verursachen oder dazu beitragen können. Der nächste Schritt gliedert die sekundären Störungsursachen weiter auf, bis schließlich keine weitere Differenzierung der Störungen mehr möglich oder sinnvoll ist. Der Fehlerbaum stellt damit alle Basisergebnisse dar, die zu einem interessierenden Top-Ereignis führen können.

In der einfachsten Form besteht er aus folgenden Elementen: Entscheidungsknoten (E), die Entscheidungen kennzeichnen, Zufallsknoten, die den Eintritt eines zufälligen Ereignisses darstellen sowie aus Ergebnisknoten (R), die das Ergebnis von Entscheidungen oder Ereignissen darstellen. Zwischen diesen Elementen befinden sich Verbindungslinien.

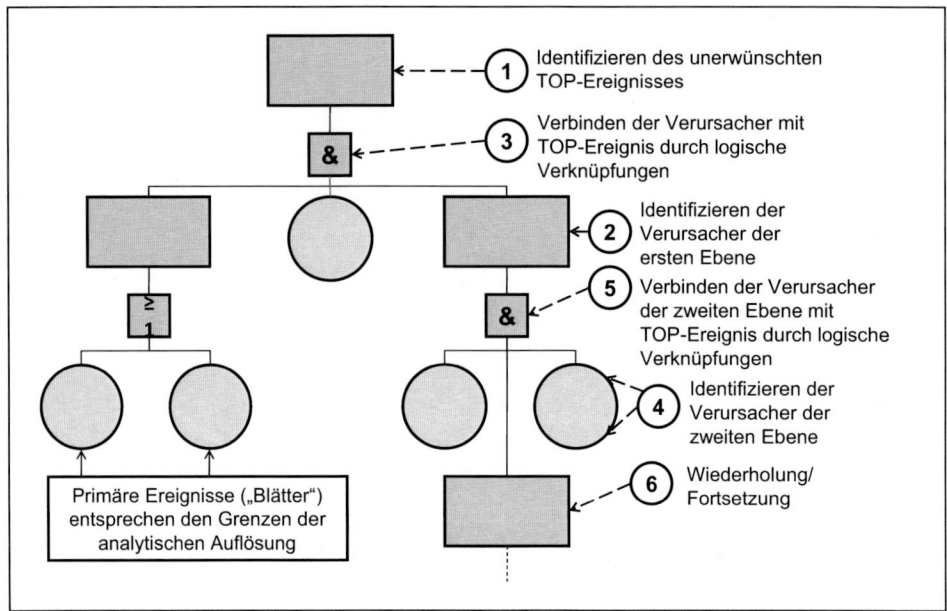

Abbildung VI.12: *Vorgehensweise zur Konstruktion eines Fehlerbaumes[292]*

Komplexe Fehlerereignisse werden mittels logischer Verknüpfung weiter in einfachere Ereignisse aufgeteilt. Verknüpfungen lassen sich grundlegend in zwei Kategorien einteilen: in Oder-Verknüpfungen, bei denen der Fehler auftritt, falls eines der Ereignisse auftritt, sowie in Und-Verknüpfungen, bei denen der Fehler nur auftritt, falls alle Ereignisse auftreten. Ein Block-Gatter führt zwischen einem Ereignis und der entsprechenden Ursache eine Nebenbedingung ein.

Die Nebenbedingung muss zusätzlich zur Ursache vorhanden sein, damit die Wirkung eintritt. Die Bedingung beschreibt Ereignisse, die keine Fehler oder Defekte sind und im Normalbetrieb auftreten. Um einen großen Fehlerbaum anschaulich zu präsentieren, können ganze Unterbäume durch ein Transfer-Symbol markiert und separat analysiert werden. Die im Fehlerbaum definierten Ursachen sind Zwischenereignisse, die weiter untersucht werden, bis ein gewünschter Detaillierungsgrad erreicht wird. Ursachen, die nicht weiter untersucht werden, sind Blätter im Fehlerbaum. Blätter sind entweder Basisereignisse des Systems oder Ereignisse, die für die Analyse (noch) nicht detailliert genug beschrieben wurden (nicht untersuchte Ereignisse).

In Abbildung VI.12 ist ein Beispiel für einen Fehlerbaum dargestellt. In Abbildung VI.13 sind die grundlegenden Symbole im Zusammenhang mit der Fehlerbaumanalyse skizziert.

---

[292] In Anlehnung an: SCHWINDT, E.: Gefahrenanalyse mittels Fehlerbaumanalyse, Paderborn 2004 (Ausarbeitung im Rahmen des Seminars Analyse, Entwurf und Implementierung zuverlässiger Software).

Symbol(e)	Name	Bedeutung
	Top/Zwischen-ereignis	Ein Ereignis, das aus der Interaktion mehrerer Ereignisse durch eine logische Verknüpfung resultiert, u.a. das *unerwünschten Ereignis* (Top Event) und die *Zwischenereignisse* (Intermediate Events).
	Primäres Ereignis	Ein *Primäres Ereignis* (PE) repräsentiert den Ausfall einer Komponente oder einen Bedien-Fehler. Es wird nicht weiter aufgegliedert und stellt somit die feinste Auflösung des Fehlerbaums dar.
	Unentwickeltes Ereignis	Mit der Raute werden fehlerhafte Ereignisse symbolisiert, die nicht weiter aufgegliedert werden, da keine näheren Details bekannt sind oder die weitere Verfeinerung des Fehlerbaums nicht erwünscht ist.
	Transfer Symbole	Das Dreieck wird benutzt, um (Teil-)Bäume zu verbinden. Das IN-Symbol signalisiert den Input von einem anderen Baum (in der Regel auf einer neuen Seite). Und das OUT-Symbol erscheint an der Position des Top Event und bedeutet, dass diese Stelle den Input für einen anderen Baum liefert.
	ODER-Verknüpfung	Bei der ODER-Verknüpfung tritt das Ausgangsereignis ein, sobald mindestens ein Eingangsereignis eingetreten ist. Die ODER-Verknüpfung kann beliebig viele Eingänge haben.
	UND-Verknüpfung	Der Ausgang der UND-Verknüpfung ist genau dann wahr, wenn alle seine Eingänge wahr sind. Die Anzahl der Eingänge ist beliebig.
	X-ODER-Verknüpfung	Die X-ODER-Verknüpfung ist wahr, wenn genau einer der Eingänge wahr ist. Die Anzahl der Eingänge ist beliebig.
	X-ODER-Verknüpfung	Die M-VON-N-Verknüpfung ist wahr, wenn mindestens M der N Eingänge wahr sind. Die Anzahl der Eingänge ist beliebig.
	Bedingte Verknüpfung	Das Ausgangsereignis der bedingten Verknüpfung tritt ein, wenn das Eingangsereignis eintritt und die Bedingung B erfüllt ist.

Abbildung VI.13: *Symbole im Rahmen der Fehlerbaumanalyse[293]*

Eine wesentliche Eigenschaft der Ereignisse in einem Fehlerbaum ist, dass sie unerwünscht sind. Sie beschreiben Fehlerzustände, Störungen oder Ausfälle.

In der Praxis ist der Einsatz von Fehlerbaum-Techniken oft auch gemeinsam mit Szenariotechniken und mit Ereignisbaum-Techniken zu beobachten. Letzterer Ansatz verfolgt das Ziel, dass alle Faktoren identifiziert werden, die zu einem Störfall führen können. Die Darstellung erfolgt ebenfalls als Baum.

---

[293] Vgl. SCHWINDT, E.: Gefahrenanalyse mittels Fehlerbaumanalyse, Paderborn 2004 (Ausarbeitung im Rahmen des Seminars Analyse, Entwurf und Implementierung zuverlässiger Software).

Die Fehlerbaumanalyse wird beispielsweise für die folgenden Fragestellungen eingesetzt:

- ▪ In der Planung von Industrieanlagen, vor allem in der Verfahrenstechnik, und im vorbeugenden Brandschutz.

- ▪ In der Software-Entwicklung wird sie verwendet, um die Fehler von Programmen zu analysieren.

- ▪ In der Flugsicherheit werden zur Bestimmung der definierten Sicherheit Fehlerbaumanalysen mittels Checklisten ausgeführt.

- ▪ In der Produktentwicklung, vor allem in der Automobilindustrie.

- ▪ Im Rahmem der PSÜ (Periodische Sicherheitsüberprüfung) für kerntechnische Anlagen, um die Wahrscheinlich für den Ausfall eines sicherheitstechnischen Systems angeben zu können.

3.4 Key Risk Indicator, Key Performance Indicator, Key Control Indicator

Ein *Risikoindikator* bzw. *Key Risk Indicator* ist mit dem menschlichen Nervensystem vergleichbar. Es registriert Veränderungen innerhalb eines Organismus und löst Warnungen aus. Wenn die „Schmerzgrenze" überschritten ist, reagiert der Körper und versucht die negative Situation zu ändern, damit die Schmerzen eliminiert oder reduziert werden.

So basieren Frühwarnsysteme im Bereich des Katastrophenschutzes auf einer Sammlung von Umweltdaten (etwa Temperatur oder Schwingungen), die über viele Sensoren erfasst werden. Die Messwerte der Sensoren werden fortlaufend auf Unregelmäßigkeiten überprüft. Beim Überschreiten definierter Schwellenwerte wird ein Alarm oder eine automatische Reaktion ausgelöst. So lassen sich Züge stoppen, Brücken sperren und Gasleitungen abdrehen.[294] Das wohl am meisten verbreitete Frühwarnsystem findet sich im Bereich des Brandschutzes. Dort werden mit Hilfe von Rauchdetektoren, Feuermeldern, Brandschutztüren, Sprinklern und Sirenen beim Überschreiten definierter Schwellenwerte Brände rechtzeitig gemeldet und größere Schäden somit vermieden. Nichts anderes im Bereich der Wirtschaft: Auch dort soll über Sensoren bzw. Frühwarnindikatoren rechtzeitig darauf hingewiesen werden, ob ein Unternehmen möglicherweise in „gefährliche Gewässer segelt" oder ein „Leck in der Bordwand" zu einem existenzbedrohenden Ungleichgewicht führt. Die Beachtung von Frühwarnindikatoren im Bereich der Wirtschaft war immer schon ein wichtiges unternehmenspolitisches Instrument zur Erreichung der Unternehmensziele.

---

[294] Vgl. ROMEIKE, F.: Frühwarnsysteme im Unternehmen, Nicht der Blick in den Rückspiegel ist entscheidend, in: Rating aktuell, April/Mai 2005, Heft 2, S. 22-27.

Unternehmen hatten sich in der Vergangenheit nicht selten vor allem auf ihr „Bauchgefühl" verlassen und auf Risiken primär situativ bzw. retrospektiv reagiert. Frühwarnsysteme bzw. Risiko-Management hat per definitionem jedoch nicht das Ziel, die Vergangenheit zu erklären, sondern will zukünftige Chancen und Risiken antizipieren und helfen, bessere Antworten auf bessere Fragen zu finden. Risiko-Management sollte daher proaktiv (oder auch prospektiv) ausgerichtet sein.

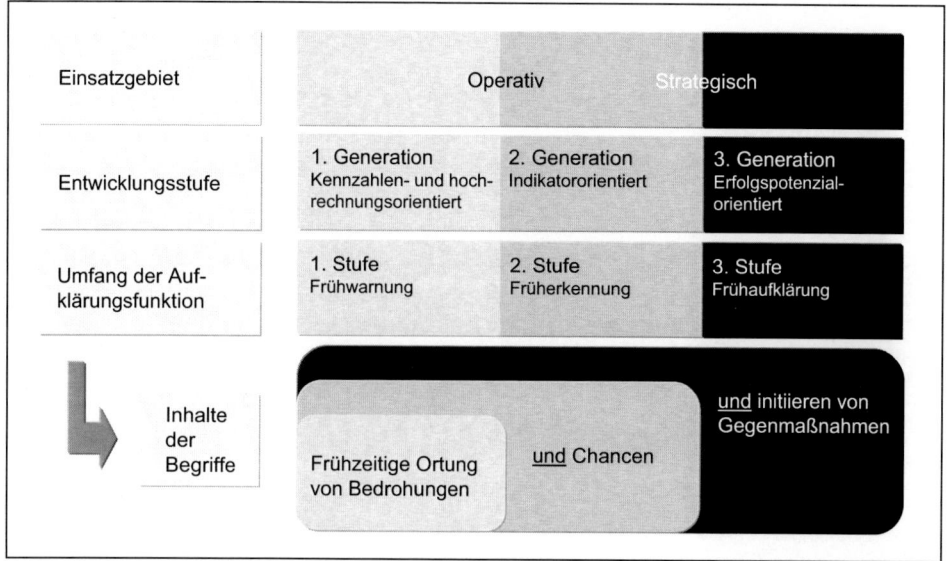

Abbildung VI.14: *Typologisierung von Frühaufklärungsansätzen*[295]

Allgemein können drei unterschiedliche Arten bzw. Generationen von Frühaufklärungssystemen unterschieden werden (vgl. Abbildung VI.14):

■ Kennzahlen- und hochrechnungsorientierte,

■ Indikatororientierte und

■ Strategische Frühaufklärungssysteme.

Kennzahlen- und hochrechnungsorientierte Frühaufklärungssysteme basieren auf einem periodischen Vergleich von Kennzahlen bzw. auf innerjährlichen Hochrechnungen von Über- und Unterschreitungen bestehender Jahrespläne (Budgets) und eignen sich daher vor allem für das operative Controlling.[296] Hierbei werden insbesondere Soll-Ist-Zahlen bzw. Soll-Wird-Zahlen verglichen. Beim Unter- bzw. Überschreiten definierter Schwellenwerte sollen

---

[295] In Anlehnung an KRYSTEK, U.; MÜLLER-STEWENS, G.: Frühaufklärung für Unternehmen: Identifikation und Handhabung zukünftiger Chancen und Bedrohungen, Stuttgart 1993, S. 26.

[296] Vgl. ROMEIKE, F.: Integriertes Risiko-Controlling und -Management im global operierenden Konzern, in: Schierenbeck, H. (Hrsg.): Risk Controlling in der Praxis, Zürich 2006, S. 453 ff.

adäquate Warnmeldungen ausgelöst werden. Kritisch ist hierbei anzumerken, dass kennzahlen- und hochrechnungsorientierte Frühaufklärungssysteme auf vergangenheitsorientierten Daten basieren und eine längerfristige Früherkennung von Chancen und Risiken nicht möglich ist.

Zentrale Elemente von *indikatororientierten Frühaufklärungssystemen* sind Indikatoren (leading indicators), die Informationen über die zukünftige Entwicklung der Umweltveränderungen im unternehmensinternen und externen Bereich liefern.[297] Die Definition und Erhebung von Indikatoren sollte sinnvollerweise im Rahmen von existierenden Planungs- und Berichtssystemen bzw. im Zusammenhang mit einer implementierten Balanced Scorecard erfolgen. Die größte Herausforderung bei indikatorbasierten Frühaufklärungssystemen besteht bei der Selektion geeigneter Indikatoren, da Kausalzusammenhänge in einer komplexen Wirtschaftswelt nur selten über singuläre und statische Indikatoren erklärt werden können. Indikatoren spiegeln nicht selten lediglich die bisherigen Erfahrungen und Kenntnisse wider und blenden potenzielle neue Entwicklungen und Kausalitäten aus. Adäquate Indikatoren müssen insbesondere eindeutig, vollständig und rechtzeitig verfügbar sein, frühzeitig auf zukünftige Entwicklungen hinweisen sowie unter ökonomischen Gesichtspunkten sinnvoll erfasst werden können. In den vergangenen Jahren haben insbesondere global operierende Konzerne große Anstrengungen unternommen, um adäquate (Key-)Risk-Indikatoren zu definieren und zu erfassen.

Strategischen Frühaufklärungssystemen liegt das Konzept der schwachen Signale von Ansoff zugrunde.[298] Ansoff geht davon aus, dass tief greifende Umbrüche (etwa im ökonomischen, sozialen und politischen Bereich) nicht zufällig ablaufen, sondern sich lange im Voraus durch schwache Signale (weak signals) ankündigen. Oft handelt es sich um Informationsrudimente, das heißt unscharfe und wenig strukturierte Informationen, wie beispielsweise Gefühle, dass mit Bedrohungen bzw. Chancen zu rechnen ist (etwa basierend auf Presseberichten, Studien von Zukunftsforschungsinstituten, Informationen aus Diskussionsforen im Internet oder Informationen bezüglich der allgemeinen wirtschaftlichen Entwicklung), nur vagen Informationen über mögliche Quellen und Ursachen latenter Gefahren, nur vagen Informationen bzgl. konkreter Bedrohungen und Chancen, aber klarer Vorstellung hinsichtlich strategischer Relevanz. Schwache Signale verstärken sich häufig im Zeitablauf und weisen immer stärker auf Trend-/Paradigmawechsel hin.

Nach Ansoff gibt es unerwartete Diskontinuitäten nur, weil die Empfänger dieser Signale nicht darauf reagieren. Zur Vorbeugung von strategischen „Überraschungen" müssen schwache Signale rechtzeitig geortet werden. Dies bedingt eine Sensibilisierung aller Mitarbeiter für schwache Signale, da mit zunehmender Konkretisierung der Signale die Reaktionsfähig-

---

297 Vgl. ROMEIKE, F.: Integriertes Risiko-Controlling und -Management im global operierenden Konzern, in: Schierenbeck, H. (Hrsg.): Risk Controlling in der Praxis, Zürich 2006, S. 453 ff.

298 Vgl. KRYSTEK, U.; MÜLLER, M.: Frühaufklärungssysteme – Spezielle Informationssysteme zur Erfüllung der Risikokontrollpflicht nach KonTraG, in: Controlling, Heft 4/5 (1999), S. 181 ff. sowie ANSOFF, H. I.: Managing Surprise and Discontinuity – Strategic Response to Weak Signals (dt. Übersetzung: Die Bewältigung von Überraschungen – Strategische Reaktionen auf schwache Signale), in: Zeitschrift für betriebswirtschaftliche Forschung 28 (1976), S. 129-152.

keit des Unternehmens abnimmt. Insbesondere erfordert die Umsetzung des Konzepts von schwachen Signalen eine Abkehr von starren und streng hierarchisch strukturierten Denk- und Organisationsstrukturen. Frühaufklärungssysteme der dritten Generation werden auch unter dem Begriff des *„strategischen Radars"* bzw. *„360-Grad-Radar"* zusammengefasst, da das Ortungssystem offen und ungerichtet ist. Das „strategische Radar" verwendet vor allem die Instrumente des „Scanning" und „Monitoring". Ersteres stellt ein ungerichtetes Abtasten des gesamten Unternehmensumfeldes dar und bezweckt das Erkennen trendartiger Entwicklungen. Diese werden im Rahmen des Monitoring gezielteren und tief greifenderen Analysen unterzogen.

Ziel dabei ist es, möglichst viele unscharfe Signale zu empfangen, die erst in einem weiteren Schritt hinsichtlich ihres Verhaltens- bzw. Ausbreitungsmuster sowie ihrer Ursachen und Wirkungen analysiert werden. In einem weiteren Schritt wird die Relevanz der analysierten Signale beurteilt und hinsichtlich ihrer Dringlichkeit in eine Rangordnung gebracht. Erst in einem abschließenden Schritt werden adäquate Reaktionsstrategien entwickelt und umgesetzt. Bei der Analyse von strategischen Frühaufklärungssystemen können Instrumente aus dem strategischen Marketing (Erfahrungskurve, Produktlebenszyklus etc.) und auch andere etablierte und praxiserprobte Methoden (Szenario-Technik, Portfoliomethode, Delphi-Verfahren, Trend-Impact-Analyse etc.) verwendet werden.

Die Eigenschaften eines guten Risikoindikators können wie folgt beschrieben werden:

- Ein Risikoindikator wird regelmäßig gemessen.
- Ein Risikoindikator sollte das Risiko reflektieren.
- Ein Risikoindikator benötigt Schwellenwerte, die definieren, ab wann korrigierende Aktionen und Maßnahmen eingeleitet werden sollen.
- Ein Risikoindikator wird zeitnah gemessen.
- Ein Risikoindikator zeigt die Veränderungen des Risikoprofils präventiv an, bevor bestimmte Ereignisse akut werden.
- Ein Risikoindikator sollte effizient gemessen werden.

Die regelmäßige Messung ist eine Voraussetzung für die Erkennung von ungünstigen Trends. Darüber hinaus hängt es von der verbleibenden Reaktionszeit nach einer Warnmeldung ab, wie oft gemessen werden muss. Wenn die Reaktionszeit kurz ist, muss die Messfrequenz entsprechend hoch sein. Wenn die Reaktionszeit sehr lang ist und trotzdem mit einer hohen Messfrequenz gemessen wird, kommt es sehr leicht zur Vernachlässigung der Warnmeldungen. In solchen Fällen würde das Ziel der Implementierung von Risikoindikatoren geradezu verfehlt.

In einem nächsten Schritt müssen für den Risikoindikator Schwellenwerte definiert werden. Unternehmen und Unternehmenslenker sind daran interessiert zu erfahren, wann eine Situation gefährlich oder gar kritisch wird. Oftmals werden diese Situationen mit Ampelfarben abgebildet. Die Schwellenwerte müssen für jeden Risikoindikator individuell bestimmt werden. In der Unternehmenspraxis sind regelmäßig die Risikoindikatoren mit einer „Warnmeldefunktion" verknüpft, die nach einer Überschreitung der festgelegten Schwellenwerte den verantwortlichen Personenkreis informiert.

Ein Risiko-Indikator soll *zeitnah* gemessen werden. Die Messfrequenz wird durch die notwendige Reaktionszeit und durch die zu erwartende Schadenshöhe bestimmt. Die Bestimmung wird unter der Randbedingung der Wirtschaftlichkeit optimiert.

Es scheint so selbstredend, dass die Risiko-Indikatoren die *Veränderungen im Risikoprofil* abbilden sollen. Die Erfüllung dieser Anforderung ist in der Praxis keineswegs so trivial, wie vermutet werden könnte. Dass Risiko-Indikatoren effizient gemessen werden sollen, ist eher eine Randbedingung als eine funktionale Eigenschaft.

3.5   CIRS

Unter einem *Critical Incident Reporting-System* (CIRS) wird ein Berichtssystem zur in der Regel anonymen Meldung von kritischen Ereignissen (critical incident) und Beinahe-Schäden (near miss) verstanden. In der Industrie und im Handel dient eine CIRS der *Prävention von zukünftigen Risikoeintritten*. Im Gesundheitswesen wird CIRS als ein Instrument zur Verbesserung der Patientensicherheit eingesetzt („Man muss nicht jeden Fehler selber machen, um daraus zu lernen!").[299]

Herbert William Heinrich, ein US-amerikanischer Pionier im Bereich der industriellen Schadenprävention und Mitarbeiter der Travelers Insurance Company, hat im Jahr 1931 aus einer Beobachtung von 550.000 Unfällen eine Ursache-/Wirkungsanalyse durchgeführt.[300] Seine Untersuchungen kamen zu dem Ergebnis, dass in Kliniken Trivialereignisse, wenn sie in einer unglücklichen Verkettung auftreten, in äußerst seltenen Fällen zu schweren Störungen von Gesundheit oder zum Verlust von Leben führen.

„Heinrichs Gesetz" (Heinrich's law) hat zum Inhalt, dass katastrophale Ereignisse nicht unvorhersehbar sind oder überraschend eintreten.[301] Gerade kleine Fehler oder gefährliche Situationen ohne negative Auswirkungen dürfen nicht einfach mit der Bemerkung „Ist ja gerade noch mal gut gegangen" abgetan werden. Basierend auf Heinrichs Gesetz bilden 300 Beinahe-Unfälle (oder „leichte Fehler" oder „kleine Verschwendungen") die statistische Grundlage für 29 mittelschwere Vorkommnisse (oder „sichtbare/spürbare Fehler" oder „deutliche kostenwirksame Verschwendungen") und diese wiederum sind die statistische Basis für einen Katastrophenfall (oder „Kunstfehlerklage"). Mittelschwere Unfälle und Katastrophen deuten sich also an in Form von Frühwarninformationen, abgeleitet aus Frühwarnindikatoren.

---

[299] Vgl. beispielsweise Fehlerberichts- und Lernsystem für Hausarztpraxen, www.jeder-fehler-zaehlt.de.

[300] Vgl. HEINRICH, H. W.; PETERSEN, D.; ROOS, N. R.; BROWN, J.; HAZLETT, S.: Industrial Accident Prevention: A Safety Management Approach, 1980.

[301] Vgl. von EIFF, W.; MIDDENDORF, C.: Klinisches Risikomanagement – kein Bedarf für deutsche Krankenhäuser?, in: Das Krankenhaus, 7/2004, S. 537-542.

So wird der Grenzübergang vom Bagatellfehler (also dem allseits akzeptierten und arbeitstäglich tolerierten kleinen Fehler) zum mittelschweren Problem ebenso wie der Übergang zur Katastrophe gerade dann in der Praxis beobachtbar vollzogen, wenn Außergewöhnliches passiert bzw. Organisation und Mitarbeiter unter Zeitdruck geraten.

Heinrichs Gesetz rät, durch verstärkte Fehlererkennung, Fehlervermeidung und Fehlerbehebung bereits am „stumpfen Ende" des Risikoeisbergs die Unglücksfälle am „spitzen Ende" zu verhindern (vgl. Abbildung VI.15).

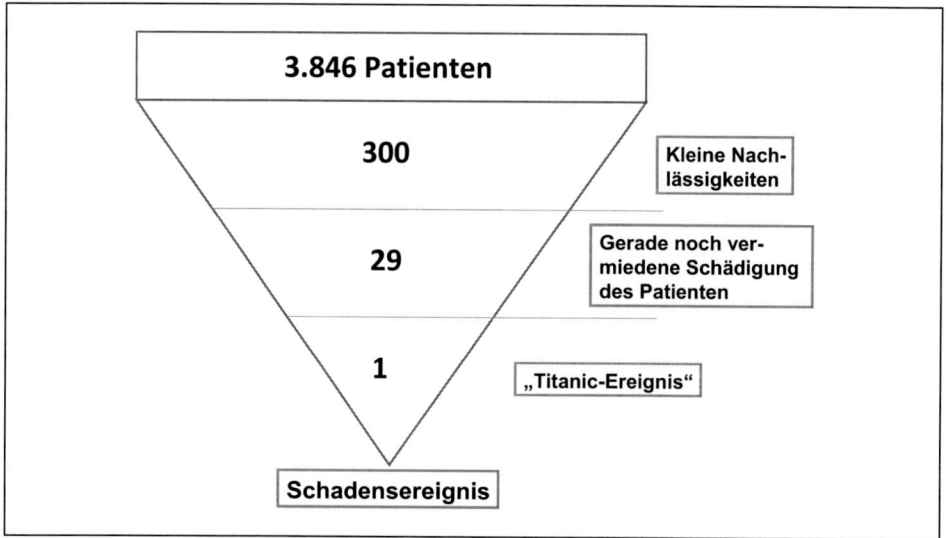

Abbildung VI.15: *Heinrichs Gesetz*

So ist u. a. die rasante Entwicklung der medizinischen Technik ein Grund für die steigende Tendenz an Schadensereignissen, das heißt der medizinische Fortschritt hat gleichzeitig zu höheren Risiken geführt. Heutzutage sind viele Untersuchungs- und Behandlungsverfahren erfolgreicher geworden, jedoch darf nicht außer Acht gelassen werden, dass damit auch vermehrt Komplikationen und Gefahren einhergehen. Darüber hinaus hat sich die Rechtsprechung tendenziell eher zum Vorteil für Patienten entwickelt.

Außerdem führen strenge gesetzliche Anforderungen einerseits und die Verknappung der Ressourcen andererseits in vielen Krankenhäusern dazu, dass Personaleinsparungen getroffen werden.

Heinrichs Gesetz kann auch auf Unternehmen aus Industrie und Handel übertragen werden. Auch dort (siehe Ausführungen zu Key Risk Indicator, Key Performance Indicator, Key Control Indicator) treten Ereignisse häufig nicht unvermittelt und plötzlich ein. Vielmehr gehen sogenannte „Vorläufer" – also Frühindikatoren einer möglichen Veränderung – voraus.

Strukturbrüche und Krisen lassen sich daher frühzeitig noch vor ihrem eigentlichen Eintreten wahrnehmen.

Wie bereits skizziert, geht insbesondere der *„Weak Signal"-Ansatz von Ansoff* davon aus, dass unerwartete exogene Störungen nicht vollständig unvorhersehbar eintreten. Frühaufklärungsinformationen werden quasi mit einem „360-Grad-Radar" überall und zu jeder Zeit als „schwache Signale" gewonnen. Dabei kann es sich beispielsweise um folgende, unscharf strukturierte Informationen handeln:[302]

- ◼ die Verbreitung neuartiger Meinungen und Ideen in Medien,

- ◼ die plötzliche Häufung gleichartiger Ereignisse mit strategischer Relevanz für das betreffende Unternehmen,

- ◼ Meinungen und Stellungnahmen von Organisationen und Verbänden bzw. von Schlüsselpersonen aus dem öffentlichen Leben,

- ◼ Tendenzen der Gesetzgebung und Rechtsprechung.

„Schwache Signale" werden bevorzugt über öffentlich zugängliche Kommunikationsorgane wie etwas das Internet verbreitet. Eine besondere Problematik „schwacher Signale" besteht aus der anfänglich vorherrschenden Ignoranz bei den Empfängern, die in eine regelrechte „Ignoranzfalle" münden kann. Trotz einer hohen Manövrierfähigkeit werden daher häufig „schwache Signale" nicht ernst genommen. Erst bei einer zunehmenden Häufung von Signalen und gleichzeitig abnehmender Ignoranz bei den Signalempfängern wächst die Bereitschaft zu Reaktionsstrategien.

Das Konzept der „schwachen Signale" von Ansoff weist eine Reihe von Schwächen auf. Insbesondere wird die Frühzeitigkeit der Problemerkennung erkauft mit einer größeren Unsicherheit und erhöhten Subjektivität in der Signalinterpretation. Außerdem können die Ereignisse und deren Einfluss auf die Strategieumsetzung und die Potenziale nur qualitativ gemessen werden.

3.6   HAZOP

HAZOP-Studien (englisch: HAZard and OPerability) sind eine international weitverbreitete Methode zur Erkennung potenzieller Probleme bezüglich der Sicherheit und der Funktionsfähigkeit technischer Systeme. Von der methodischen Seite ist die *HAZOP-Methode* mit der Design-FMEA vergleichbar. Die HAZOP-Methode war ursprünglich für Chemieanlagen konzipiert, wird heute aber auch für Anlagen in anderen Industrien eingesetzt, hauptsächlich bei der Planung von Neuanlagen, aber auch bei der Planung von Umbauten und bei der Be-

---

302 Vgl. ROMEIKE, F.: Frühwarnsysteme im Unternehmen, Nicht der Blick in den Rückspiegel ist entscheidend, in: Rating aktuell, April/Mai 2005, Heft 2, S. 22-27.

wertung von bestehenden Anlagen. In Deutschland ist die HAZOP-Methode auch als *PAAG-Verfahren* bekannt. PAAG basiert auf den Bausteinen *P*rognose, *A*uffinden der Ursache, *A*bschätzen der Auswirkungen, *G*egenmaßnahmen definieren.

In einer HAZOP-Studie wird untersucht, welche Abweichungen vom bestimmungsgemäßen Betrieb einer Anlage zu welchen Problemen bezüglich Sicherheit und Betrieb einer Anlage führen können. Die Studie wird in der Unternehmenspraxis regelmäßig in einem interdisziplinären Team durchgeführt, welches Kompetenzen über die eingesetzten Substanzen, den Prozess, die Anlage und die Automatisierungstechnik zusammenführt. Im Rahmen der Analyse wird systematisch jede Komponente einer Anlage untersucht, was geschehen könnte, wenn ein charakteristischer Betriebsparameter dieser Komponente vom vorgesehenen Wert bzw. Wertebereich abweichen sollte.

Dabei werden eine oder mehrere Sollfunktionen für die betrachtete Komponente (Anlagenteil, Verfahrensabschnitt, Aggregat, Apparat etc.) definiert, mit denen die vorgesehene Funktionalität beschrieben wird. Anhand von einfachen Leitworten (ja/nein, mehr/weniger, sowohl als auch, teilweise, anders als) wird dann die „Ausführung" der Sollfunktion entsprechend geändert, die daraus resultierenden Konsequenzen diskutiert und so Ursachen für Ablaufstörungen bis hin zu Störfällen erkannt.

Üblicherweise basiert eine HAZOP-Studie auf einer gemeinsamen Betrachtung der Fließbilder der Anlage. Den Fließbildern lassen sich die Stoffströme und zum Teil auch die Informationsflüsse innerhalb der Anlage entnehmen.

3.7   HACCP

„*Hazard Analysis and Critical Control Point*" (HACCP, deutsch: Gefährdungsanalyse und kritische Lenkungspunkte) ist eine präventive Methode, die die Sicherheit von Lebensmitteln und in der Konsequenz von Verbrauchern gewährleisten soll.

Bereits im Jahr 1959 wurde das HACCP-Konzept entwickelt, als der amerikanische Konzern „The Pillsbury Company" von der Raumfahrtbehörde NASA beauftragt wurde, eine weltraumgeeignete Astronautennahrung herzustellen, die hundertprozentig sicher sein sollte. Das HACCP-Konzept fordert die Einhaltung der folgenden Punkte:

- *Grundsatz 1:* Identifizierung der möglichen Gefährdung(en) auf allen Stufen der Lebensmittelherstellung von der Erzeugung über die Behandlung, Verarbeitung und Verteilung bis zum Verbrauch. Abschätzen der Wahrscheinlichkeit des Vorkommens der Gefährdung(en) und Festlegen der Vorbeugemaßnahmen zu ihrer Beherrschung.

- *Grundsatz 2:* Bestimmen der Stellen, Behandlungs- und Verfahrensstufen, an denen sich die Gefährdung(en) ausschalten oder die Wahrscheinlichkeit ihres Vorkommens verringern lässt (CCP = kritische Kontrollpunkte). Eine „Stufe" ist jedes Stadium der Lebensmittelherstellung und/oder -bearbeitung einschließlich der Rohmaterialien, des Wareneingangs, der Herstellung, Gewinnung, Beförderung, Zusammenstellung, Behandlung Lagerung etc.

■ *Grundsatz 3:* Festlegung der kritischen Grenzwerte (Sollwerte), deren Einhaltung sicherstellt, dass der CCP unter Kontrolle ist.

■ *Grundsatz 4:* Einrichtung eines Systems zur Überwachung der CCPs durch planmäßige Prüfungen oder Beobachtungen.

■ *Grundsatz 5:* Festlegungen von Korrekturmaßnahmen, die zu ergreifen sind, sobald die Überwachung anzeigt, dass ein bestimmter CCP nicht mehr unter Kontrolle ist.

■ *Grundsatz 6:* Einrichten von Bestätigungsverfahren mit ergänzenden Prüfungen oder Maßnahmen, die sicherstellen, dass das HACCP-System einwandfrei funktioniert.

■ *Grundsatz 7:* Einrichten einer Dokumentation, die alle mit diesen Grundsätzen und ihrer Anwendung zusammenhängenden Verfahren und Berichte umfasst.

Eine international verbindliche Version des HACCP-Konzepts findet sich im Regelwerk des FAO/WHO (Food and Agriculture Organization of the United Nations, Ernährungs- und Landwirtschaftsorganisation der Vereinten Nationen) Codex Alimentarius und ist Bestandteil der „Allgemeinen Grundsätze der Lebensmittelhygiene"[303]. Das HACCP-Konzept ist „.... ein System, das dazu dient, bedeutende gesundheitliche Gefahren durch Lebensmittel zu identifizieren, zu bewerten und zu beherrschen." Demnach sind spezifische Gesundheitsgefahren für den Konsumenten – dies können chemische, physikalische und mikrobiologische Gesundheitsgefahren sein – zu identifizieren (engl.: hazard identification) und die Wahrscheinlichkeit und Bedeutung ihres Auftretens zu bewerten. Aufgrund dieser Analyse sind die notwendigen vorbeugenden Maßnahmen festzulegen, mit denen sich die ermittelten Gefahren bereits während der Herstellung des Lebensmittels vermeiden, ausschalten oder zumindest auf ein akzeptables Maß vermindern lassen. Ein derartiges System ist vor allem in Betrieben mit feststehenden, sich ständig wiederholenden Arbeitsabläufen anwendbar.

Seit 1. Januar 2006 gilt die *EU-Verordnung 852/2004* über Lebensmittelhygiene. Artikel 5 dieser Verordnung verpflichtet Lebensmittelunternehmer zur Einrichtung, Durchführung und Aufrechterhaltung sowie stetiger Anpassung eines HACCP/Eigenkontrollsystems. Gegenüber der Lebensmittelüberwachungsbehörde müssen die Unternehmen einen entsprechenden Nachweis erbringen.

Ein wirksames und gut dokumentiertes HACCP/Eigenkontrollsystem sorgt für geordnete Betriebsabläufe und dient neben der Lebensmittelsicherheit auch der Wirtschaftlichkeit sowie Reduzierung des Risikoexposures. Dieses betriebseigene System kann in ein bereits vorhandenes Qualitätsmanagementsystem integriert und mit vertretbarem Aufwand eingerichtet werden.

---

303 FAO/WHO Codex Alimentarius Commission (1996): General Principles of Food Hygiene, Annex: Hazard Analysis Critical Control Point (HACCP) System and Guidelines for its Application. Report of the Twenty-ninth Session of the Codex Committee on Food Hygiene, Washington D.C. 21.–25.10.1996, ALI-NORM 97/13A, Appendix II. (Stufe 8 der Codex Prozedur).

4.   Krisenmanagement

„Wenn mich jemand fragt, wie ich am besten meine Erfahrungen aus 40 Jahren auf hoher See beschreiben würde, so könnte ich diese Frage lediglich mit ‚unspektakulär' beantworten. Natürlich gab es schwere Stürme, Gewitter und Nebel, jedoch war ich nie in einen Unfall jeglicher Art verwickelt, der es wert wäre, über ihn zu berichten. Ich habe während dieser langen Zeit kaum in Schiff in Seenot erlebt ... Ich habe weder ein Wrack gesehen noch bin ich selbst in Seenot geraten oder habe ich mich sonst in einer misslichen Lage befunden, die in irgendeiner Form drohte zum Desaster zu werden."

Dieses Zitat stammt von Edward John Smith und datiert auf das Jahr 1907. Und E. J. Smith wurde der „Stolz Großbritanniens" – das Luxusschiff RMS Titanic – anvertraut. Doch bereits die Jungfernfahrt von Southampton nach New York war ihre letzte Reise. Überhöhte Geschwindigkeit, blindes Vertrauen in die Technik und ein riesiger Eisberg verursachten ein Inferno: Die Reise der Titanic wurde am 14. April gegen 23:40 Uhr jäh unterbrochen, als der Ausguck Frederick Fleet direkt voraus einen Eisberg entdeckte, dreimal die Alarmglocke läutete und die Warnung direkt telefonisch an die Brücke weiterleitete, wo sie vom 6. Offizier James P. Moody entgegengenommen wurde. Die Titanic kollidierte bei voller Reisegeschwindigkeit ungebremst mit ihrer vorderen Steuerbordseite mit dem circa 300.000 Tonnen schweren Eisgebilde. In der ersten Stunde strömten zwischen 22.000 Tonnen und 25.000 Tonnen Wasser in das Schiff.

Kapitän Smith erteilte den Funkern gegen 0:15 Uhr den Befehl, Notrufe an andere Schiffe zu senden. Das nächste Schiff, das darauf antwortete, war die Carpathia, welche fast vier Stunden bis zur Unglücksstelle brauchte. Nachdem mehrere Besatzungsmitglieder in der Ferne Lichter eines Schiffes ausgemacht hatten, wurde ab 0:45 Uhr versucht, durch regelmäßigen Abschuss von Seenotraketen Kontakt zu dem Schiff aufzunehmen, doch blieb eine Antwort aus. Bei der durch den Kapitän um 0:05 Uhr angeordneten Evakuierung wurde etwa 65 Minuten nach der Kollision das erste Rettungsboot in das Wasser hinabgelassen.

Gegen 2:10 Uhr war Kesselraum Nummer vier, die siebte wasserdichte Abteilung vom Bug aus gesehen komplett geflutet. Rund 40.000 Tonnen Wasser drückten den Bug in die Tiefe, das Wasser erreichte nun die Schiffsbrücke und begann, das Bootsdeck zu überspülen.

Experten hatten zuvor bestätigt, dass das Schiff wegen seiner 16 wasserdichten Abteilungen unsinkbar sei. Unglücklicherweise durchbohrte der Eisberg sechs davon. Von den 2.220 Personen kamen 1.513 ums Leben – einer davon war der Kapitän E. J. Smith.

Aus der Titatic-Katastrophe kann man eine Reihe von *Lehren für das Krisenmanagement* und auch Risiko-Management in Unternehmen ziehen. Nachfolgend sind einige „Lessons learned" skizziert:

■ Das Schiff ist nachweislich zu schnell durch gefährliches Gewässer gefahren. E. J. Smith war als risikofreudiger Draufgänger berühmt. Bei Sturm und schlechtem Wetter fuhr er regelmäßig „unter Volldampf". So wird berichtet, dass E. J. Smith regelmäßig das Schiff mit voller Fahrt durch die Sandbänke der Süd-West-Landzunge hindurchmanövrierte, die Entfernungen mit Augenmaß abschätzte und an jeder Seite nur wenige Zentimeter Platz zwischen Schiffswand und Sandbänken war.

- E. J. Smith war ein weißhaariger „Gentleman" mit perfekter Ausstrahlung und bei Mannschaften, Passagieren und Reederei sehr beliebt. Dadurch war er gleichzeitig auch „unantastbar" und immun für jegliche Kritik.

- Die Reederei (als Aufsichtsorgan) hatte die tatsächliche Kompetenz von E. J. Smith sowohl falsch eingeschätzt als auch niemals überprüft.

- Bereits bei der Jungfernfahrt des Schwesterschiffes der Titanic, der Olympic, verursacht Smith als verantwortlicher Kapitän aufgrund eines Navigationsfehlers im Hafen von New York eine Havarie mit einem anderen Schiff. Dieser Frühwarnindikator wurde von keiner Seite beachtet.

- E. J. Smith bekam die Kommandos über die beiden großen Schiffe im Alter von 60 Jahren. Trotz seiner langjährigen Erfahrungen als Kapitän hatte er keinerlei Erfahrungen mit derart großen Schiffen.

- Die Titanic galt als unsinkbar aufgrund neuer Sicherheitskonzepte (siehe oben). Man verließ sich auf die quer verlaufenden Schotts. Vorab wurden jedoch keinerlei Tests durchgeführt.

- An Bord gab es keinerlei präventive Sicherheitsstandards oder präventive Notfallübungen. Es gab vielmehr zu wenige Rettungsringe und Rettungsboote.

- Alle Frühwarnindikatoren, insbesondere Eisbergwarnungen, die via Telegramm und Funk eingingen, wurden ignoriert. Die Fahrt wurde mit ungedrosselter Geschwindigkeit fortgesetzt.

- Trotz der Eisbergwarnungen wurde die Route nicht weit genug nach Süden verlegt, um das ehrgeizige Ziel und den Zeitplan von E. J. Smith nicht zu gefährden.

- Erst etwa 30 Minuten nach der Kollision erfolgte der erste SOS-Funkspruch.

- An Bord der Titanic gab es keinen „offiziellen" Alarm. Vielmehr klopften Stewards an die Türen der 1. Klasse und wiesen auf den Unfall hin. Die Passagiere der 3. Klasse wurden erst wach, als das Wasser durch die Türen und Fenster kam.

- Von den vorhandenen 1.178 Rettungsbootplätzen wurden nur 705 genutzt. Statt der teilweise möglichen Kapazität von 65 Passagieren wurden viele Boote nur zur Hälfte besetzt; eines der für 40 Passagiere ausgelegten Rettungsboote wurde sogar bereits gefiert, als sich darin nur zwölf Personen befanden.

- Die SS Californian, die sich in der Nähe befand, kam nicht zu Hilfe, weil deren Bordfunker dienstfrei und sich schlafen gelegt hatte. Bis heute ist aber strittig, ob die Lichter, die von der Titanic aus gesehen wurden, tatsächlich die der Californian waren, denn zum damaligen Zeitpunkt waren die Positionen von Schiffen nicht jederzeit genau bestimmbar.

Wie auf den Ozeanen geraten auch in der komplexen Wirtschaftswelt des 21. Jahrhunderts immer mehr Flaggschiffe in akute Seenot. Ob Philipp Holzmann, Kirch-Gruppe, Balsam, Enron oder WorldCom – die Topmanager dieser Unternehmen erkannten die Risiken zu spät, ignorierten die Frühwarnindikatoren oder waren schlichtweg korrupt.

Die typischen Verläufe von Krisen sind in Abbildung VI.16 idealtypisch dargestellt. Eine *eruptive Krise* kann dadurch charakterisiert werden, dass sich kurz nach dem Kriseneintritt ein stark ansteigendes öffentliches Interesse zeigt. Dieses Interesse nimmt jedoch relativ schnell – in Abhängigkeit von den Krisenbewältigungsmaßnahmen – stetig ab. Als Beispiele können hier Katastrophen in der Folge von Flugzeugabstürzen oder Großbrände genannt werden.

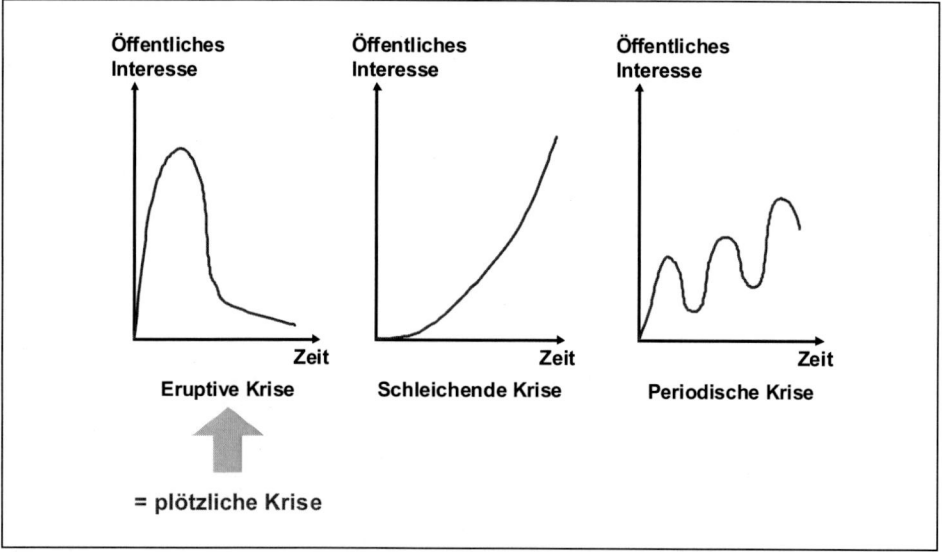

Abbildung VI.16: *Krisentypologien*[304]

Bei einer *schleichenden Krise* ist das öffentliche Interesse anfänglich sehr gering und nimmt im Zeitablauf, ausgelöst durch Multiplikator- und Akzeleratorwirkungen, exponentiell zu. Im Höhepunkt des Krisenverlaufs eskaliert die Krise. Eine schleichende Krise weist häufig darauf hin, dass entweder kein oder nur ein unzureichendes Krisenmanagement betrieben wurde.

Ein vielzitiertes Beispiel ist die geplante Versenkung der Brent Spar, bei der es sich um einen schwimmenden Öltank in der Nordsee handelt. Der im Besitz des Shell-Konzerns und Esso befindliche Tank wurde in den Medien oftmals irrtümlich als Förderplattform bezeichnet. Als Pipelines, die das Öl zum Ölterminal Sullom Voe befördern, die Aufgabe des Öltransports übernahmen, wurde die mit einer Höhe von 140 Metern, einem Durchmesser von 30 Metern

---

[304] In Anlehnung an: TÖPFER, A.: Plötzliche Unternehmenskrisen – Gefahr oder Chance?, Grundlagen des Krisenmanagements, Praxisfälle, Grundsätze zur Krisenvorsorge, Neuwied/Kriftel 1999, S. 275.

und einem Gewicht von 14.500 Tonnen zu den kleineren Tanks zählende Brent Spar überflüssig und sollte 1995 im Meer versenkt werden. Nach anfänglichem Desinteresse in der Bevölkerung gelang es der Umweltorganisation Greenpeace – u. a. durch die Besetzung von Brent Spar durch Aktivisten der Umweltschutzorganisation Greenpeace – ein starkes öffentliches Interesse zu mobilisieren. Dies mündete u. a. in einem Boykott von Shell-Tankstellen. Auch einige deutsche Behörden ließen ihre Autos nicht mehr bei Shell tanken. Daraufhin sanken die Umsätze der deutschen Shell-Tankstellen um bis zu 50 Prozent.

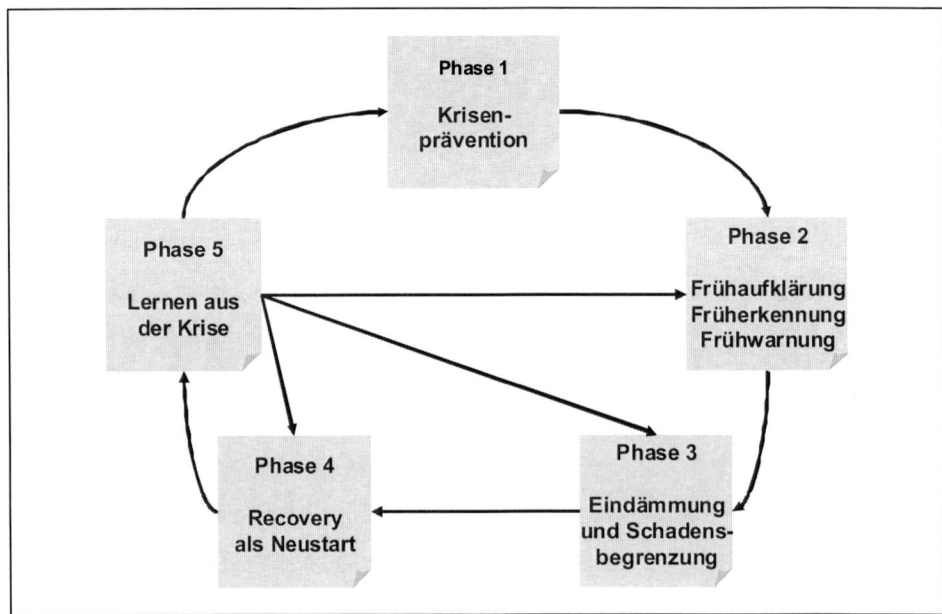

Abbildung VI.17: Zyklus des Krisenmanagementprozesses

Bei einer *periodischen Krise* ist ein ständiges Auf und Ab des öffentlichen Interesses zu beobachten. Insgesamt steigt jedoch das öffentliche Interesse ingesamt. Bei dieser Krisenerscheinungsform ist im Allgemeinen festzustellen, dass „[...] das Unternehmen keine Lerneffekte erzielt und damit auch keine Maßnahmen zur Krisenbewältigung und Krisenvorsorge durchführt"[305].

Der Zyklus des Krisenmanagements kann klassischerweise und idealtypisch in fünf Phasen aufgeteilt werden (vgl. Abbildung VI.17).

---

[305] TÖPFER, A.: Plötzliche Unternehmenskrisen – Gefahr oder Chance?, Grundlagen des Krisenmanagements, Praxisfälle, Grundsätze zur Krisenvorsorge, Neuwied/Kriftel 1999, S. 275.

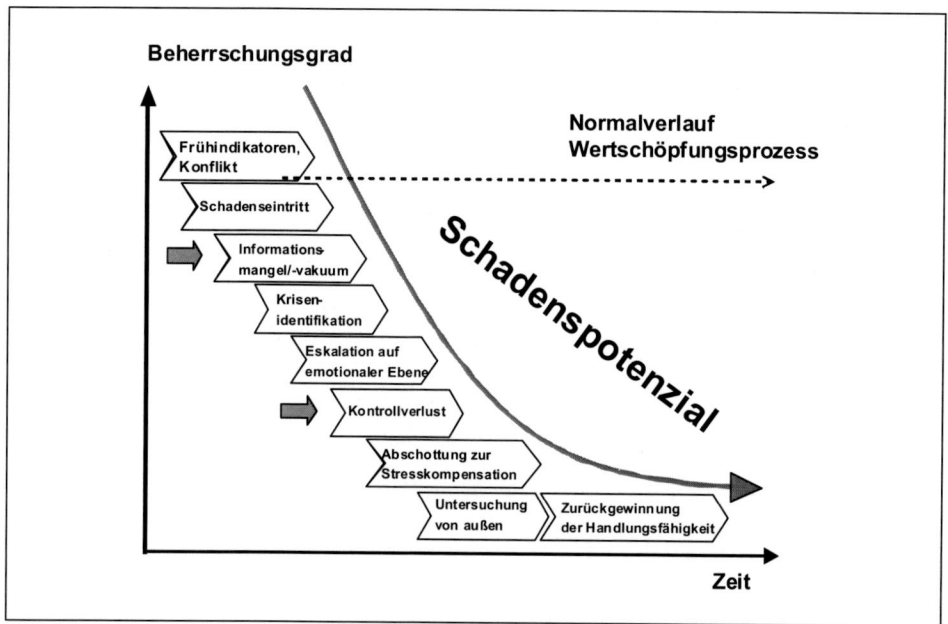

Abbildung VI.18: *Potenzieller Krisenverlauf ohne Krisenmanagement*

Phase 1 – Krisenprävention: In der ersten Phase, der Krisenprävention, werden die Maßnahmen definiert, die eingeleitet wurden, um die potenzielle Krise zu vermeiden oder auch eine akute Krise in die richtigen Bahnen zu lenken. Krisenprävention hat vor allem etwas mit Krisenbewusstsein zu tun. Man muss das Undenkbare vorausdenken („Think the unthinkable") und potenzielle Krisenursachen antizipieren. Ziel der ersten Phase sollte die Erstellung eines Krisenplans (evtl. auch als Bestandteil eines Risiko-Management-Handbuches) sein. Hier sollten potenzielle Krisen sowie organisatorische, technische und personelle Maßnahmen beim Anbahnen einer Krise dargestellt werden. Wichtig sind ferner Aussagen zur Krisenkommunikation und zu Verantwortlichkeiten. Der Krisenplan sollte nicht als starre Prozessdefinition verstanden werden, sondern vielmehr als grobe Leitlinie. Um bei einer sich anbahnenden Krise schnell zu reagieren, können außerdem „Darksites" im Internet helfen. Diese werden im Krisenfall online geschaltet.

Phase 2 – Frühaufklärung, Früherkennung und Frühwarnung: Wie bereits im Kapitel über Frühwarnindikatoren dargestellt, sollte ein Unternehmen im Bereich der Frühaufklärung versuchen, schwache Signale („weak signals" im Sinne von Ansoff) für eine Krise abzufangen und über mögliche Krisenursachen aufzuklären (360-Grad-Radar). Im Bereich der Früherkennung und -warnung sollten typische Krisenindikatoren beim Überschreiten bestimmter Toleranzgrenzen rechtzeitig erkannt werden und latente Krisen in die richtigen Bahnen gelenkt werden. In Abbildung VI.18 ist ein typischer Krisenverlauf ohne Krisenmanagement dargestellt. In Abbildung VI.19 ist demgegenüber ein idealtypischer Verlauf unter Berücksichtigung der Wirkung eines Krisenmanagements skizziert.

Das Krisenmanagement bietet verschiedene Methoden und Werkzeuge der Frühaufklärung und -erkennung. Als Beispiele seien hier die bereits beschriebene Methode der Szenarioanalyse oder das Medienmonitoring genannt.

3. Phase – Eindämmung und Schadensbegrenzung: Welche Maßnahmen wurden nach Eintritt der Krise zur Schadensbegrenzung ergriffen? Vor allem ein präventiv erstellter Krisenplan bietet hier eine wertvolle Hilfe. In der Prozessphase der Schadensbegrenzung ist insbesondere eine gezielte Krisenkommunikation wichtig. Vor allem in der Vergangenheit aufgebaute Netzwerke zu Medien sind in diesem Kontext nicht zu unterschätzen.

4. Phase – Recovery als Neustart durch Beseitigung der negativen Folgewirkungen:

Wie können die negativen Folgewirkungen einer Krise beseitigt werden? Wie erreicht man das Vertrauen der Kunden oder Shareholder zurück? Auch in dieser Phase spielt eine gezielte Kommunikation eine ganz wesentliche Rolle. Dies beginnt vor allem bei dem Versuch des Wiedererlangens des Vertrauens der Mitarbeiter, Kunden und Shareholder. Die Wiederaufnahme des Normalbetriebs, vor allem auch der geregelten Werbemaßnahmen nach der Zeit des permanenten medialen Drucks und der Rechtfertigungen ist enorm wichtig, um das Ziel des Recovery möglichst rasch erreichen zu können

5. Phase – Lernen aus der Krise (Krisennachbereitung): Die Erfahrungen, die während der Krise gesammelt werden, sollten im Sinne einer „Lernenden Organisation" in der Lernphase wieder als Feedback in die Organisation zurückfließen. So können sich Unternehmen auf zukünftige Krisen besser vorbereiten.

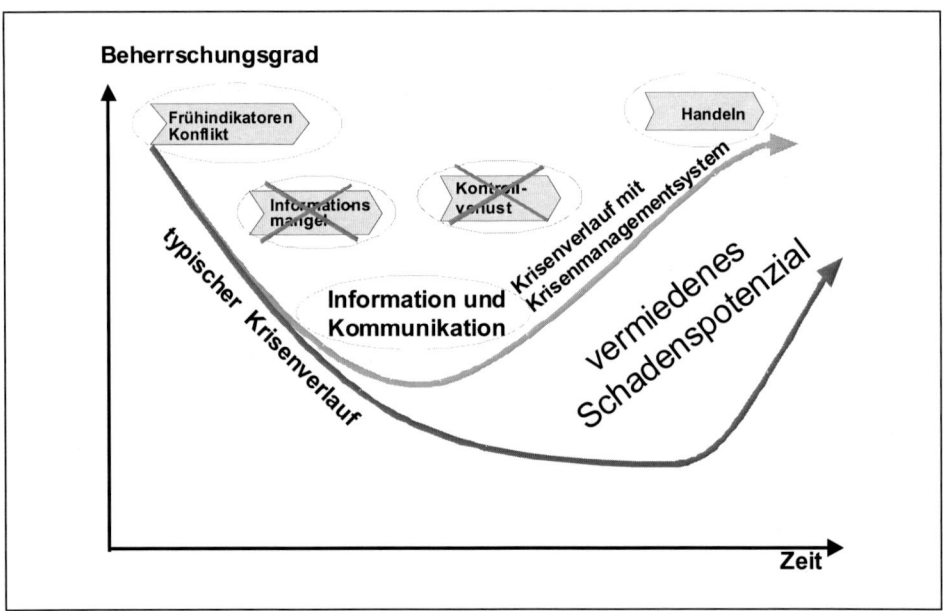

Abbildung VI.19: *Potenzieller Krisenverlauf mit Krisenmanagement*

Basierend auf der Analyse von diversen Krisenverläufen können die folgenden *zwölf Grundsätze des Krisenmanagements* formuliert werden:

1. Jede Krise ist anders.

2. Krisenvorsorge – wie auch Risiko-Management – ist eine Investition in die Zukunft.

3. Die Formulierung eines Krisenplans bedeutet immer eine Gratwanderung zwischen standardisierten Inhalten und Prozessen sowie vollständiger Flexibilität.

4. Das Denken in Worst-case-Szenarien („Think the unthinkable") reduziert die Wahrscheinlichkeit von existenzbedrohenden Krisen.

5. Während einer Krise muss das Top-Management als Kapitän agieren, ein Krisenteam als Task Force und ein Kommunikationsprofi als Kommunikator.

6. Präventives Medientraining führt zu einer höheren Souveränität.

7. Ein Sparring mit einem (externen) Review-Team hilft, Krisengefahren zu lokalisieren, zu präzisieren und zu vermeiden und reduziert das Risiko von Betriebsblindheit.

8. Der Wille zur Aufklärung muss kommuniziert werden. Als primäres Ziel muss eine rasche Transparenzschaffung über die Krisenursachen verfolgt werden.

9. Die Interessen der Kunden und der Öffentlichkeit stehen an erster Stelle.

10. In der Krise ist es wichtig, dass bereits etablierte Kommunikationsnetzwerke genutzt werden.

11. Eindeutige Botschaften in der Krisenkommunikation verstärken die Glaubwürdigkeit.

12. Vertrauen ist das höchste Gut in einer Krise.

Literaturverzeichnis

ABBERGER, K.; NIERHAUS, W.: Die ifo Konjunkturuhr: Ein Präzisionswerk zur Analyse der Wirtschaft, in: ifo Schnelldienst 23/2008.

ANSOFF, H. I.: Managing Surprise and Discontinuity – Strategic Response to Weak Signals (dt. Übersetzung: Die Bewältigung von Überraschungen – Strategische Reaktionen auf schwache Signale), in: Zeitschrift für betriebswirtschaftliche Forschung 28 (1976), S. 129-152.

ARNOLD, L. G.: Business cycle theory, Oxford 2002.

BOWERSOX, D. J.; CLOSS, D. J.; COOPER, M. B.: Supply chain logistics management, Boston 2007.

DURICA, M.: Product Development for Electronic Derivative Exchanges: The case of the German ifo business climate index as underlying for exchange traded derivatives to hedge business cycle risk, Berlin 2006.

ERBEN, R. F.: Sandbank – Wie Barings & Co. Schiffbruch erlitten hat, in: RISKNEWS, 1. Jg. (2004), H. 1, S. 46-50.

FAO/WHO Codex Alimentarius Commission (1996): General Principles of Food Hygiene, Annex: Hazard Analysis Critical Control Point (HACCP) System and Guidelines for its Application. Report of the Twenty-ninth Session of the Codex Committee on Food Hygiene, Washington D. C. 21.–25.10.1996, ALINORM 97/13A, Appendix II. (Stufe 8 der Codex Prozedur).

GLEIßNER, W.; ROMEIKE, F.: Risikomanagement – Umsetzung, Werkzeuge, Risikobewertung, Freiburg i. Br. 2005.

GLEIßNER, W.; ROMEIKE, F.: Grundlagen und Grundbegriffe einer risikoorientierten Unternehmensführung (Band 1: Schriftlicher Management-Lehrgang „Risikoorientierte Unternehmensführung", Euroforum Verlag), Düsseldorf 2007.

GLEIßNER, W.; ROMEIKE, F.: Quantitative Risikoanalyse, Risikoaggregation und risikogerechte Kapitalkosten (Band 4: Schriftlicher Management-Lehrgang „Risikoorientierte Unternehmensführung", Euroforum Verlag), Düsseldorf 2007.

GÖTZE, U.: Szenario-Technik in der strategischen Unternehmensplanung, Wiesbaden 1993.

HEINRICH, H. W.; PETERSEN, D.; ROOS, N. R.; BROWN, J.; HAZLETT, S.: Industrial Accident Prevention: A Safety Management Approach, 1980.

JÜTTNER, U.: Supply chain risk management: Understanding the business requirements from a practitioner persepctive, in: International Journal of Logistics Management, Vol 16/2005, S. 120-141.

KAHN, H.; WIENER, A. J.: The Year 2000. A Framework for Speculation on the next 33 Years, New York, Toronto 1968.

KERSTEN, W.; HOHRATH, P.; WINTER, M.: Risikomanagement in Wertschöpfungsnetzwerken – Status quo und aktuelle Herausforderungen, in: Fachhochschule des bfi Wien (Hrsg.): Supply Chain Risk Management, Wien 2008.

KRYSTEK, U.; MÜLLER, M.: Frühaufklärungssysteme – Spezielle Informationssysteme zur Erfüllung der Risikokontrollpflicht nach KonTraG, in: Controlling, Heft 4/5 (1999).

KRYSTEK, U.; MÜLLER-STEWENS, G.: Frühaufklärung für Unternehmen: Identifikation und Handhabung zukünftiger Chancen und Bedrohungen, Stuttgart 1993.

KUNKEL, A.: Zur Prognosefähigkeit des ifo-Geschäftsklimas und seiner Komponenten sowie die Überprüfung der „Dreimal-Regel", ifo-Diskussionsbeiträge, Nr.80, München 2003.

MAJIMA, I.: JIT, Kostensenkung durch Just-In-Time Production, München 1994.

MAUßNER, A.: Konjunkturtheorie, Berlin 1994.

MEYER-SCHÖNHERR, M.: Szenario-Technik als Instrument der strategischen Planung, Ludwigsburg/Berlin 1992.

MÜNCHENER RÜCKVERSICHERUNGS-GESELLSCHAFT (Hrsg.): Topic 95, München 1996.

ONO, T.: Toyota Production System: Beyond Large-Scale Production, Cambridge 1988.

PLOSSER, CH. I.: Understanding Real Business Cycles, in: Journal of Economic Perspectives. 3, Nr. 3, 1989.

PORTER, M.: Competitive Advantage: Creating and Sustaining Superior Performance, New York 1985.

ROMEIKE, F.: Lexikon Risiko-Management, Weinheim 2004.

ROMEIKE, F.: Frühwarnsysteme im Unternehmen, Nicht der Blick in den Rückspiegel ist entscheidend, in: RATING aktuell, April/Mai 2005, Heft 2, S. 22-27.

ROMEIKE, F.: Frühaufklärungssysteme als wesentliche Komponente eines proaktiven Risikomanagements, in: Controlling, Heft 4-5/2005 (April/Mai), S. 271-279.

ROMEIKE, F.: Integriertes Risiko-Controlling und -Management im global operierenden Konzern, in: Schierenbeck, H. (Hrsg.): Risk Controlling in der Praxis, Zürich 2006, S. 429-463.

ROMEIKE, F.; FINKE, R.: Erfolgsfaktor Risikomanagement: Chance für Industrie und Handel, Wiesbaden 2003.

SCHIERENBECK, H. (Hrsg.): Risk Controlling in der Praxis, Zürich 2006.

SCHWINDT, E.: Gefahrenanalyse mittels Fehlerbaumanalyse, Paderborn 2004 (Ausarbeitung im Rahmen des Seminars Analyse, Entwurf und Implementierung zuverlässiger Software).

SEIBOLD, E.: Entfesselte Erde – Vom Umgang mit Naturkatastrophen, Stuttgart 1995, S. 70.

SENNHEISER A.; SCHNETZLER M.: Wertorientiertes Supply Chain Management, Heidelberg/Berlin 2008.

STRÄTER, D.: Szenarien als Instrument der Vorausschau in der räumlichen Planung, in: Akademie für Raumforschung und Landesplanung (Hrsg.): Regionalprognosen. Methoden und ihre Anwendung, S. 417-440, Hannover 1988 (Veröffentlichungen der Akademie für Raumforschung und Landesplanung: Forschungs- und Sitzungsberichte, 175).

TÖPFER, A.: Plötzliche Unternehmenskrisen – Gefahr oder Chance?, Grundlagen des Krisenmanagements, Praxisfälle, Grundsätze zur Krisenvorsorge, Neuwied/Kriftel 1999.

UNITED NATIONS CENTRE FOR REGIONAL DEVELOPMENT (UNCRD): Comprehensive Study of the Great Hanshin Earthquake, Nagoya 1995.

VON EIFF, W.; MIDDENDORF, C.: Klinisches Risikomanagement – kein Bedarf für deutsche Krankenhäuser?, in: Das Krankenhaus, 7/2004, S. 537-542.

WILDEMANN, H.: Das Just-In-Time-Konzept, München 2001.

Die Mitarbeiter sind unser wichtigstes Kapital

(In vielen Unternehmensgrundsätzen nachzulesen)

VII. Der Chancen-/Risikofaktor Personal

1. Talente binden – Personalrisiken frühzeitig erkennen

Das Management von Risiken des Humankapitals steht in zahlreichen Unternehmen noch am Anfang. Während zu Beginn der Industrialisierung die Produktionsfaktoren Boden und Kapital (Maschinen, Anlagen, Rohstoffe) im Vordergrund standen, wird heute in vielen Branchen der Produktionsfaktor Personal zunehmend als wichtiger Wettbewerbsvorteil erkannt.

Ein sicheres Indiz für die Bedeutung des Produktionsfaktors Personal für die Marktwirtschaft ist das verstärkte Aufkommen von Personalberatern in den letzten Jahren, die sich darauf spezialisiert haben, Leistungsträger abzuwerben und an Konkurrenten zu vermitteln. Mit der wachsenden Globalisierung, der Verlagerung von Produktionsstätten in Billiglohnländer und der damit einhergehenden Konzentration auf Forschung & Entwicklung und Dienstleistungen widmen sich Unternehmen verstärkt dem Produktionsfaktor Personal. Zwischen Mitarbeiter- und Kundenzufriedenheit ist eine positive Korrelation erkennbar. Die Maßnahmen beschränken sich bisher vielfach auf innovative Vergütungssysteme, Personalentwicklung und vereinzelte Versuche zur Mitarbeiterbindung. Das Management des Chancen-/Risikofaktors Personal im Rahmen eines integrierten Risiko-Managements (Corporate Risk Management oder Enterprise Risk Management) ist aber in nur wenigen Unternehmen vorhanden.

Dabei ist der Chancen-/Risikofaktor Personal schwieriger zu steuern als die Produktion, Finanzen oder der Einkauf von Rohstoffen: Das Personal entscheidet selbst, mit welcher Intensität (Motivation) und Dauer (Fluktuation) es sich in das Unternehmen einbringt. In Kombination mit der zunehmenden Bedeutung dieses Produktionsfaktors wird deutlich, wie wichtig ein Management von Personalchancen- und risiken wird.

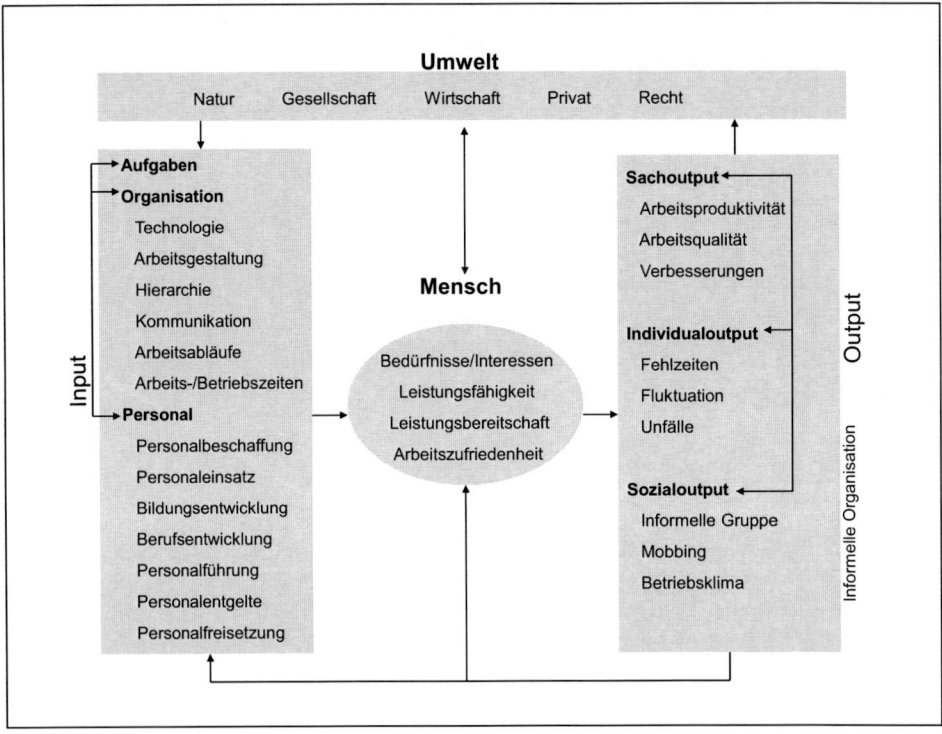

Abbildung VII.1: *Bezugsrahmen für den Menschen und Produktionsfaktor Personal*[306]

Den Zusammenhang zwischen dem Handeln des Unternehmens und dem Verhalten des Personals zeigt Abbildung VII.1. Die daraus ableitbaren und wichtigsten Personalrisiken sind:

■ *Engpassrisiko:* Das Fehlen von Leistungsträgern. Das Risiko-Management muss rechtzeitig erkennen, welche Qualifikationen in welcher Menge zukünftig im Unternehmen zur Umsetzung der Strategie benötigt werden. Zu unterscheiden ist zwischen Bedarfslücken (funktionsbezogen) und Potenziallücken (personenbezogen). Nur so können Mitarbeiter rechtzeitig weiterqualifiziert oder extern angeworben werden. Im Rahmen des Engpassrisikos ist auch zu analysieren, mit welcher Fluktuation durch Austritte, Versetzungen an andere Standorte und Pensionierungen zu rechnen ist, um so langfristige Bedarfslücken zu vermeiden.

---

306 Vgl. KROPP, W.: Personalrisiko-Management, in: Bröckermann, R.; Pepels, W. (Hrsg.): Personalbindung: Wettbewerbsvorteile durch strategisches Human Resource Management, Berlin 2004, S. 4.

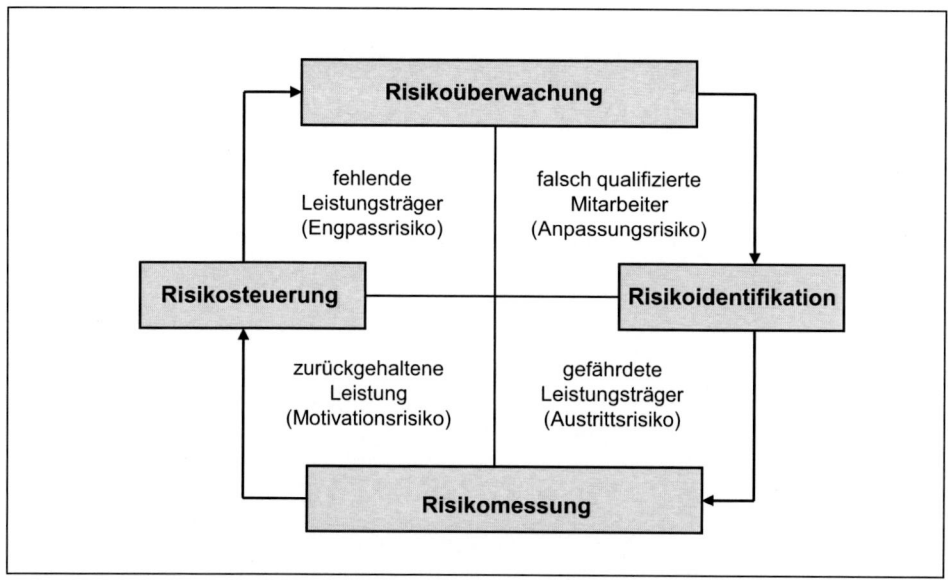

Abbildung VII.2: *Personalrisiken und Risiko-Management-Prozess[307]*

■ *Anpassungsrisiko:* Strategiewechsel lassen sich nicht umsetzen. Im Zeitalter regelmäßig erfolgender Fusionen kann sich ein Unternehmen gar nicht davor schützen, spätestens mit der nächsten Übernahme zum Teil auch falsch qualifizierte oder wenig flexible Mitarbeiter zu bekommen. Sind diese weiterbildungswillig, geistig und sozial flexibel, so kann der Mangel noch behoben werden. Häufig wechseln jedoch diejenigen, die besonders flexibel sind und keine Probleme mit einem neuen Umfeld haben, sobald ihnen ein besseres Angebot vorliegt. Neueinstellungen, insbesondere über Personalberater, sind teuer. Das Management des Anpassungsrisikos ist daher eng verzahnt mit dem Austrittsrisiko.

■ *Austrittsrisiko:* Verlust von Leistungsträgern mit Schlüsselqualifikationen. Es liegt in den Eigeninteressen des Mitarbeiters und seines persönlichen Risiko-Managements, dass er seine Absicht zur Kündigung zeitlich nur so knapp wie vertraglich erforderlich ankündigt. Das ist für ein Unternehmen besonders dann schädlich, wenn es sich um Leistungsträger oder Nachwuchskräfte handelt, in die bereits umfangreich investiert wurde und die in der Zukunftsplanung fest berücksichtigt sind. Dem entgegenwirken können Frühwarnindikatoren, Checklisten und Maßnahmen, die zu einem guten Betriebsklima, persönlichen Weiterentwicklungsmöglichkeiten, Arbeitsplatzsicherheit, eigenverantwortlichen Arbeiten und Reputation im Unternehmen führen. Hinzu kommt eine leistungsgerechte Bezahlung, offene Kommunikation mit den Mitarbeitern und eine transparente Unternehmenspolitik.

---

[307] Quelle: Kobi, J.-M.: Die Früherkennung von Personalrisiken als Pflicht, Personalmagazin, 10/2002, S. 20 ff.

- *Motivationsrisiko:* Rückgang der Intensität der Arbeitsleistung. Hierunter fallen Schlagwörter wie „Burnout", „innere Kündigung", „Montagsauto", der Rückzug auf Pflichtleistungen und das Ausbleiben von Goodwill-Leistungen seitens der Mitarbeiter, aber auch die bewusste Schädigung des Arbeitgebers sowie Betrugsdelikte seitens der Mitarbeiter (Loyalitätsrisiko).

Diese Risiken gilt es im Prozess des Risiko-Controllings zu identifizieren, bewerten und steuern (vgl. Abbildung VII.2). Die in Abbildung VII.1 genannten Inputfaktoren zeigen die Quellen für die Entstehung möglicher Risiken und bieten gleichzeitig Eingriffsmöglichkeiten zur Risikominderung oder gar Risikovermeidung. Das Verhältnis zwischen den Input- und Output-Kennzahlen kann in Frühwarnsysteme integriert werden, so dass Verbesserungspotenziale, Fehlentwicklungen und Gefahren rechtzeitig erkannt werden. Der folgende Abschnitt beschäftigt sich mit qualitativen und quantitativen Methoden zur Risikoidentifizierung und Risikomessung für den Produktionsfaktor Personal.

2.   Die Chancen-/Risikobeurteilung im Personalbereich

Für die Früherkennung von Chancen und Risiken im Personalbereich können mit Hilfe diverser Auswertungen von Personaldaten wertvolle Indikatoren und Kennzahlen abgeleitet werden, etwa für das Austrittsrisiko anhand von Fluktuationszahlen oder für das Anpassungsrisiko mit Hilfe von Fortbildungstagen oder der Anzahl eingereichter Verbesserungsvorschläge.[308] Verfügt das Unternehmen bereits über eine Balanced Scorecard so bieten die dort verfügbaren Kennzahlen aus der „internen Perspektive" bzw. „Lern- und Entwicklungsperspektive" eine umfangreiche Quelle mit Kennzahlen zur Personalentwicklung. Ein weiterer Vorteil der Balanced Scorecard besteht darin, dass sie in einer Ursachen-Wirkungskette auch die Verknüpfungen von Personalzielen mit weiteren bestehenden Unternehmenszielen aufzeigt und so einer integrierten Chancen-/Risikobetrachtung dient (vgl. Abbildung VII.3).[309]

Neben den im Rechnungswesen, Controlling und in der Kosten-Leistungs-Rechnung erfassten Daten über Entgeltentwicklung, Krankheitstage und andere Ausfallzeiten, Fluktuation etc. können mit Hilfe unterschiedlicher Techniken weitere Daten für das Personal-Risiko-

---

[308] Vgl. WIEDEMANN, A.: Balanced Scorecard als Instrument des Bankcontrolling, in: Handbuch Bankcontrolling, hrsg. v. Schierenbeck, H., Rolfes, B. und Schüller, St., 2. Auflage, Wiesbaden 2001, S. 493-507; LISGES, G.; SCHÜBBE, F.: Personalcontrolling, 2. Auflage, Freiburg 2007, S. 298 f., ROMEIKE, F.: Balanced Scorecard in Versicherungen, Wiesbaden 2003, S. 60 ff.

[309] Vgl. ROMEIKE, F.: Balanced Scorecard in Versicherungsunternehmen, Wiesbaden 2003, S. 65

Management beschafft werden. Beginnend mit dem Engpassrisiko liefern interne Zielplanungen aus den Bereichen Finanzen, Beschaffung, Produktion, Absatz und Investition den aktuellen und zukünftigen Personalbedarf. So aktualisierte und periodisch wiederkehrende Personalbedarfsrechnungen decken frühzeitig im Abgleich mit den vorhandenen Personalkapazitäten ungünstige Trends auf. Öffentliche Statistiken wie beispielsweise von Krankenkassen und Berufsgenossenschaften über Krankheiten und Unfälle, Auswertungen von Fehlerquoten durch Berufsverbände, Fluktuationsstatistiken von Personaldienstleistern sowie Personalmarkt- und Gesellschaftsanalysen erweitern diesen internen Datenkranz.

Besonders beliebt sind Interviews sowie Feedbacks in mündlicher und schriftlicher Form. Hier kann jeder jeden beurteilen, Vorgesetzte ihre Mitarbeiter, Mitarbeiter ihre Vorgesetzten, Kunden das Personal usw. Neben den klassischen Ziel- oder Beurteilungsgesprächen haben in den letzten Jahren die 360-Grad-Feedbacks zugenommen. Dabei wird ein Leistungsträger durch seine Vorgesetzten, Kollegen auf der gleichen Hierarchiestufe und Untergebenen beurteilt. Je nach Ansatz kann zusätzlich auch das Feedback von Großkunden einbezogen werden. Dieses Fremdbild wird mit der Selbsteinschätzung (Selbstbild) des Beurteilten verglichen. Das gesamte Verfahren ist jedoch sehr aufwendig. Einfacher und gröber lassen sich ausgewählte Frühwarnindikatoren durch schriftliche Befragungen mit standardisierten Fragebögen durchführen. Diese fragen in der Regel die Einschätzung, Zufriedenheit und Verbesserungswünsche der Mitarbeiter bezüglich der in Abbildung VII.1 genannten Inputfaktoren ab.

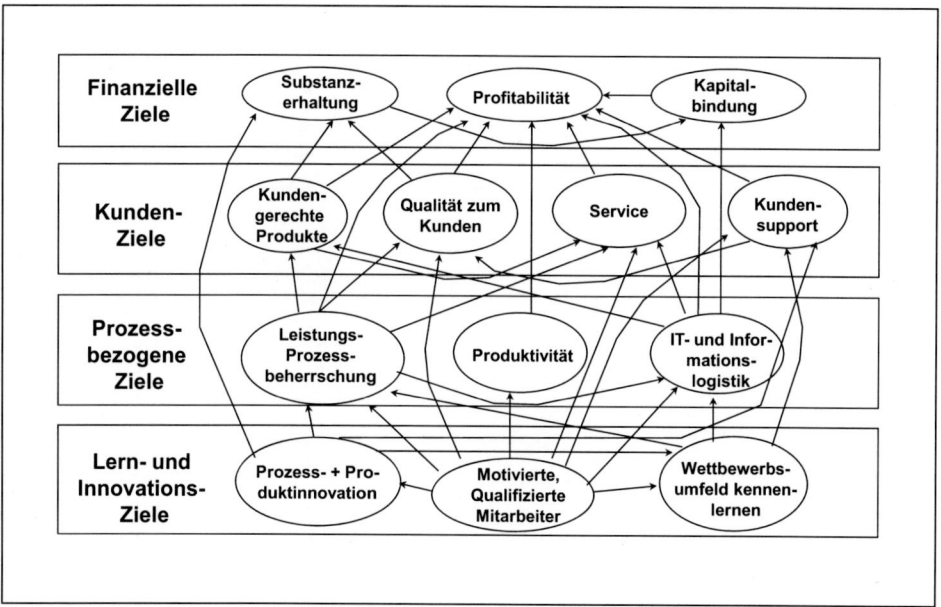

Abbildung VII.3: *Ursache-Wirkungsbeziehungen der Balanced Scorecard*

Formloser und gleichzeitig wesentlich subjektiver ist die Informationsquelle des Flur- und Pausengesprächs mit Kollegen und Vorgesetzten. Diese Gespräche sind jedoch nicht geeignet, um Frühwarnindikatoren zu quantifizieren, sondern bestenfalls um Verantwortliche zu sensibilisieren und in der Folge eine detailliertere Analyse möglicher Chancen und Risiken anzustoßen. Das persönliche Gespräch kann aber ganz konkrete Ansatzpunkte über Schwachstellen liefern, wenn es beispielsweise mit austrittswilligen Mitarbeitern geführt wird, die bereits ihre Kündigung angedroht oder eingereicht haben. Auch das Feedback von Außenstehenden wie etwa Bewerbern, Praktikanten oder Werkstudenten liefert einen Baustein für die Beurteilung des Unternehmens durch das (potenzielle) Personal. Mit „great places to work" ausgezeichnete Unternehmen haben tendenziell weniger Fluktuation (Austrittsrisiko), geringere Personalbeschaffungskosten (siehe Engpassrisiko) und zeichnen sich in Langzeitstudien auch als „great places to invest" aus.[310]

Risk-Map ● Soll-/Zielwert ○ Istwert ○ Zukunftswert

Bereich	Indikator	Grenzwert	1	2	3	4	5	Zusammenhänge	Indikation	Informations-instrumente/-daten
Umweltrisiken	Konjunktur	Schlechter						Besser	Früh	• Marktanalysen/Planung
	Arbeitslosenquote	Höher						Geringer		• Beurteilungen
	Tariflöhne	Höher						Geringer		• Gesprächsführung
Inputrisiken	Auftragsentwicklung	Geringer						Höher		• Befragungen
	Organisationsentwicklung	Starrer						Flexibler		• Mitarbeiterbefragungen
		Funktional						Prozessual		• Statistiken
	Personalbeschaffung	Weniger						Mehr		• Auswahlassessment
		Intern						Extern		• Managementaudit
	Personaleinsatz	Über-/Unterforderung						Angemessen		• Personalbedarfsplanung
	Bildungsentwicklung	Weniger						Mehr		• Stellenbeschreibung
	Berufsentwicklung	Weniger						Mehr		• Arbeitsplatzanalysen
	Personalführung	Autoritär						Kooperativ		• Austrittsinterview
	Leistungsentgelte	Weniger						Mehr		• Rechnungswesen
	Personalfreisetzung	Mehr						Weniger		
Potenzialrisiken	Qualifikation	Weniger						Mehr		
	Gesundheit	Weniger						Mehr		
	Motivation	Weniger						Mehr		
	Arbeitszufriedenheit	Weniger						Mehr		
	Altersstruktur	Unausgewogen						Ausgewogen		
Outputrisiken	Betriebsklima	Schlechter						Besser		
	Fluktuation	Mehr						Weniger		
	Verbesserungsvorschläge	Weniger						Mehr		
	Arbeitsproduktivität	Schlechter						Besser		
Versorgungsrisiken	Quantitativ/Qualitativ	Unter-/Überdeckung						Ausgeglichen		
Erfolgsrisiken	Aufwand	Mehr						Weniger		
	Ertrag	Mehr						Weniger	Spät	

Abbildung VII.4: *Risk Map zur Risikoidentifizierung und -bewertung*

Die aus verschiedenen Datenquellen zusammengetragenen Werte und Beobachtungen können in einer Risk Map verdichtet und bewertet werden (vgl. Abbildung VII.4).[311] Das Verfahren einer Risk Map ist in Kapitel III dieses Buches beschrieben. Die bisher diskutierten Verfahren dienen vorrangig der Risikoidentifikation und bereiten den Boden für eine spätere Risikomessung. Im nächsten Schritt gilt es, Verfahren zur Quantifizierung der im Personalbereich

---

[310] Vgl. KOBI, J.-M.: Die Mitarbeiterdimension in der Balanced Scorecard, in: Controller Magazin 3/2000, S. 255.

[311] Vgl. KROPP, W.: Personalrisiko-Management, in: Bröckermann, R.; Pepels, W. (Hrsg.): Personalbindung: Wettbewerbsvorteile durch strategisches Human Resource Management, Berlin 2004, S. 21.

identifizierten Chancen und Risiken zu entwickeln. Da der gesamte Bereich des Personal-Risiko-Managements noch am Anfang seiner Entwicklung steht, mangelt es insbesondere an den meist anspruchsvolleren Modellen zur Messung von Risiken in dieser Kategorie. Die Autoren entwickeln im Folgenden einen eigenen Ansatz zur Ermittlung eines Personalrisikowerts als EBIT at Risk.

Ausgehend von den Überlegungen von Rieder zu Investments in Humankapital via Studienfonds als neue Assetklasse wird ein quantitativer Ansatz zur Chancen-/Risikoermittlung im Personalbereich hergeleitet.[312] In seinem Modell betrachtet Rieder das Chancen-/Risikoprofil eines Studienfonds, der während der Ausbildung in Studierende verschiedener Studiengänge investiert und anschließend auf eine Rückzahlung der Fördergelder hofft. Unter Berücksichtigung einer Reihe von Markt-, Makro- und Modellrisiken münden seine Überlegungen in einem Varianz-Kovarianz-Ansatz zur Messung eines Value et Risk unter Berücksichtigung von Korrelationen zwischen den einzelnen Risikofaktoren.

b) Wie wahrscheinlich ist es, dass Sie innert den unten angegebenen Zeiträumen weggehen?

Anzahl Jahre	Praktisch unmöglich (0-5 %)	sehr unwahrscheinlich (5-20 %)	unwahr- scheinlich (20-40 %)	durchaus möglich (40-60 %)	wahr- scheinlich (60-80 %)	sehr wahrscheinlich (80-95 %)	praktisch sicher (95-100 %)
1	☐	☐	☐	☐	☐	☐	☐
2-3	☐	☐	☐	☐	☐	☐	☐
4-5	☐	☐	☐	☐	☐	☐	☐
5-8	☐	☐	☐	☐	☐	☐	☐

c) Auf welchen Erfahrungen und Annahmen basiert diese Einschätzung?

4. Grösse des potenziellen Schadens

a) Welches sind die Auswirkungen eines Abgangs Ihrerseits? (auf die Geschäftsergebnisse)

    a) im schlimmsten Fall?

    b) im wahrscheinlichsten Fall?

    c) im besten Fall?

b) Auf welchen Erfahrungen und Annahmen basiert diese Einschätzung?

c) Wie lange benötigt jemand, um sich in Ihre Stelle einzuarbeiten, damit er/sie operativ tätig sein kann?

    < 3 Monate ☐   3-4 Mt. ☐   5-6 Mt. ☐   7-8 Mt. ☐   mehr ☐

d) Wie lange dauert es bis jemand annähernd so viel weiss wie Sie?

    < 5 Monate ☐   6-8 Mt. ☐   9-12 Mt. ☐   13-18 Mt. ☐   mehr ☐

Abbildung VII.5: *Mitarbeiterbefragung zum Austrittsrisiko*[313]

---

312 RIEDER, M.: Rendite-Risiko-Profil eines Investments in Humankapital, in: Risiko Manager 08/2008, S. 1 und 8 ff.

313 Vgl. MEYER, P.; ZBINDEN, D.: Wissensrisiko-Management, in: Reihe A: Discusson Paper 2001-05, veröffentlicht von der FH Solothurn Nordwestschweiz, S. 10.

Für ein einzelnes Unternehmen ist dieses anspruchsvolle Modell jedoch zu aufwendig, so dass sich die Autoren für einen einfacheren Ansatz auf Basis von Scoringtabellen und anschließender Verdichtung zu einem Risikowert entschlossen haben. Ausgehend von den eingangs angestellten Überlegungen zum Engpass-, Anpassungs-, Austritts- und Motivations-risiko werden in einer Scoringtabelle die von den jeweiligen Risiken betroffenen Leistungs-träger erfasst und die Eintrittswahrscheinlichkeit für das jeweilige Risiko mit einer Einschät-zung wie „sehr wahrscheinlich (6)", „wahrscheinlich (5)", „tendenziell wahrscheinlich (4)", „tendenziell unwahrscheinlich (3)", „unwahrscheinlich (2)" und „sehr unwahrscheinlich (1)" belegt. Bei dem Engpassrisiko und Austrittsrisiko können alternativ auch historisch gemesse-ne oder für die Zukunft prognostizierte Quoten verwendet werden, die beispielsweise aus einer anonymen Mitarbeiterbefragung ableitbar sind (vgl. Abbildung VII.5).

In Abbildung VII.6 ist die Zusammenfassung aller Quoten und Scoringwerte gezeigt. Die Autoren dieses Buches haben bei der Skala des Scorings auf einen einen mittleren Wert ver-zichtet, das heißt der Anwender muss sich entweder für den positiven Bereich 1 bis 3 oder für den negativen Bereich 4 bis 6 entscheiden. Andernfalls liegt es in der Psyche des Menschen sich vorsichtig in der Mitte zu positionieren (zum Beispiel „40 bis 60 Prozent Wahrschein-lichkeit, durchaus möglich"), um nichts falsch zu machen. Auf diese Art ist es aber in Befra-gungen schwierig, an verwertbare Chancen-/Risikoprognosen zu gelangen. Ohne die „golde-ne Mitte" wird eine Entscheidung für die eine oder andere Seite erzwungen.

| Unternehmensbereich | Engpassrisiko | | Austrittsrisiko | | Anpassungs-risiko | Motivations-risiko |
	Fehlzeiten-quote	Unfall-quote	Fluktuation (Austrittswahrsch. p.a.)	Pension.	Scoring	Scoring
F&E	2,00%	1,50%	20,00%	5,00%	1	1
Produktion	7,00%	2,80%	50,00%	50,00%	5	5
Vertrieb	5,00%	0,50%	10,00%	7,00%	4	4
Betriebswirtschaft & Rechnungswesen	4,50%	0,25%	10,00%	7,00%	3	5
Führungspersonal 1., 2. und 3. Ebene	2,00%	0,25%	10,00%	5,00%	2	1

Abbildung VII.6: *Quoten und Scoringwerte für die Risikobewertung*

Den einzelnen Risiken werden im nächsten Schritt Schadensausmaße bzw. Kosten zugeord-net. Bei diesen Kosten ist die Größe der jeweiligen Abteilung zu beachten: Da in der Produk-tion in der Regel deutlich mehr Personal beschäftigt wird als im Bereich F&E, sind die damit verbundenen Kosten höher. Beispiel: 450 Beschäftigte in der Produktion werden mit 250 Arbeitstagen pro Jahr eingeplant. Pro Jahr werden 13,50 Mio. EUR für die Bezahlung dieses Teils der Belegschaft budgetiert. Fallen von den 112.500 Manntagen (450 Beschäftige • 250 Arbeitstage) wie im Beispiel 7 % bei voller Lohnfortzahlung aus, verursacht das Kosten in Höhe von ca. 950.000 EUR pro Jahr.

Ähnlich können beim Austrittsrisiko die Kosten für Leiharbeiter oder externe Berater bis zur Wiederbesetzung der Stelle, gegebenenfalls zuzüglich der Ausgaben für einen Personalbera-ter, berücksichtigt werden. Die Quantifizierung beim Anpassungs- und Motivationsrisiko

gestaltet sich schwieriger. Hier gilt es, mit Hilfe von SWOT-, Hazard- und Kreativitätsmethoden wie beispielsweise Brainstorming oder Delphi die möglichen Folgen für das Unternehmen abzuschätzen. Wie wirken sich Anpassungs- und Motivationsrisiken auf die Erreichung
der strategischen Unternehmensziele, auf die Konkurrenzfähigkeit, die Qualität der Produkte
etc. aus? Welche Chancen bestehen, wenn mehr in die Weiterbildung und Motivation des
Personals investiert wird? Welche stillen Reserven können durch eine bessere Förderung der
Mitarbeiterpotenziale gehoben werden? Welche Steigerungen des Outputs und der Unternehmensperformance sind bei konstantem Personalbestand und gleichzeitig gesteigerter
Motivation und Know-How-Förderung möglich? Wie kann dieses Wissen gesichert werden?
Alle möglichen Schäden, Kosten und Erträge aus diesen Überlegungen gilt es in einer Über-
sicht zusammenzufassen (vgl. Abbildung VII.7).

Unternehmensbereich	Durchschnittlicher Schaden oder durchschnittliche Kosten bei Eintritt von					
	Fehlzeit	Unfall	Wechsel	Ruhestand	Weiterbildung	Motivationsrisk.
F&E	1.250.000	450.000	150.000	150.000	180.000	5.000.000
Produktion	13.500.000	27.000.000	5.000	3.000	30.000	70.000
Vertrieb	3.950.000	11.850.000	6.000	2.000	90.000	2.500.000
Betriebswirtschaft & Rechnungswesen	800.000	2.400.000	30.000	10.000	28.000	800.000
Führungspersonal 1., 2. und 3. Ebene	2.900.000	8.700.000	120.000	120.000	70.000	25.000.000

Abbildung VII.7: Risikobewertung

Abschließend werden die Schäden und Kosten der einzelnen Risiken mit den jeweiligen
Quoten und Eintrittswahrscheinlichkeiten multipliziert und zu einem Gesamtrisikowert je
Risikokategorie addiert. Beispielsweise sind die Fehlzeitenquoten der einzelnen Abteilungen
mit den daraus entstehenden Kosten zu multiplizieren (2 % • 1.250.000 + 7 % • 13.500.000 +
5 % • 3.950.000 + 4,5 % • 800.000 + 2 % • 2.900.000) und ergeben in der Summe 1.261.500
EUR pro Jahr. Hinzu kommen 849.750 EUR aus Fehlzeiten durch Unfälle. Die Summe aller
hier erfassten Engpassrisiken beträgt 2.111.250 EUR. Die mit einem Scoring von 1 bis 6
belegten Anpassungs- und Motivationsrisiken müssen in einem Zwischenschritt mit Hilfe von
Wahrscheinlichkeiten aggregiert werden. Dazu wurden von den Autoren die in Abbildung
VII.8 gezeigten Wahrscheinlichkeiten den einzelnen Scoringwerten zugeordnet.

Auf diese Weise errechnen sich für das Anpassungsrisiko Kosten von 112.200 EUR und für
das Motivationsrisiko ein Schaden von 8.446.000 EUR. Die Summe aller bisher identifizierten und bewerteten Personalrisiken beträgt 10.733.390 EUR pro Jahr (EBIT at Risk aus dem
gesamten Personalrisiko). In einer Risk Map werden die erfassten Risiken graphisch dargestellt. Aus der Übersicht können die gefährlichsten und vom Ausmaß für das Bestehen des
Unternehmens bedeutenden Risiken entnommen werden.

Scoring	Wahrscheinlichkeit
1	5%
2	20%
3	40%
4	60%
5	80%
6	100%

Abbildung VII.8: *Belegung von Scoringwerten mit Wahrscheinlichkeiten*

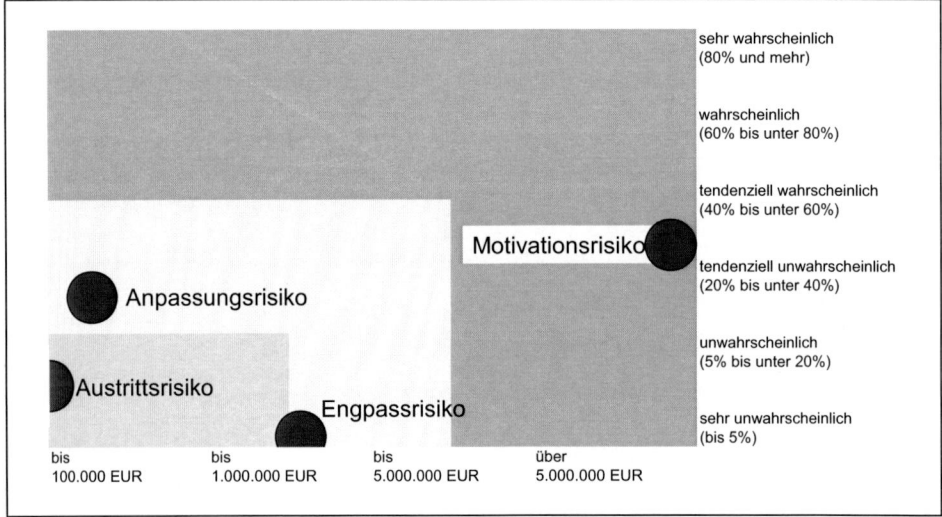

Abbildung VII.9: *Risk Map für das Personalrisiko*

Auf der Abzisse (X-Achse) werden mögliche Kosten oder Schäden abgetragen. Auf der Ordinate (Y-Achse) findet sich die Einschätzung bezüglich der Eintrittswahrscheinlichkeit wieder. Für eine korrekte Darstellung ist es erforderlich, die Einzelwahrscheinlichkeiten der jeweiligen Risikoart mit ihren Kosten oder Schäden zu gewichten, um so eine durchschnittliche Eintrittswahrscheinlichkeit je Risikoart zu erhalten. Die durchschnittliche Eintrittswahrscheinlichkeit des Engpassrisikos beträgt: 2.111.250 EUR / 72.800.000 EUR = 2,90 Prozent. Nach dem gleichen Schema beträgt die durchschnittliche Eintrittswahrscheinlichkeit für das Austrittsrisiko 10,73 Prozent, für das Anpassungsrisiko 28,19 Prozent und für das Motivationsrisiko 25,31 Prozent. Aus der Risk Map wird ersichtlich, dass von allen Personalrisiken das Motivationsrisiko am wesentlichsten ist. Der durchschnittliche Schaden von knapp 8,5 Mio. EUR in Kombination mit einer durchschnittlichen Eintrittswahrscheinlichkeit von rund 25 Prozent kann als EBIT at Risk betrachtet werden und lässt diesem Risiko eine besondere Aufmerksamkeit zukommen.

3.   Chancen fördern, Personalrisiken reduzieren

Dem klassischen Controllingzyklus folgend sind nach der Risikoidentifikation und Risikomessung Maßnahmen zur Risikosteuerung zu ergreifen. Im geschlossen Controllingzyklus
erfolgt dabei ein permanenter Abgleich zwischen dem alten Istwert und der Zielerreichung
(Planwert). In einer Tabelle werden die identifizierten Personalrisiken mit ihren Istwerten
erfasst und jedem Risiko wird ein zukünftig angestrebter Zielwert zugeordnet. Daneben werden Maßnahmen zur Zielerreichung definiert. Im nächsten Controllingdurchlauf erfolgt ein
Abgleich der zuletzt geplanten Zielwerte mit den nun gemessenen Istwerten, um die Effizienz
der Maßnahmen beurteilen zu können (vgl. Abbildung VII.10).

Vollständiger Risiko-Controllingzyklus								
Risikoidentifikation			**Planung**	**Steuerung**		**Überwachung**		
Personalrisiko	Messgröße	Istwert (alt)	Zielwert (neu)	Maßnahme(n)		Istwert (neu)	Abweichung	Kommentar
Engpassrisiko								
- Fehlzeit	quotal	5,63%	3,00%			4,20%	-1,20%	Grippewelle
- Unfall	quotal	1,67%	1,00%	Unfallverhütung verbessern		1,85%	-0,85%	Brand mit Rauchvergift.
Austrittsrisiko								
- Fluktuation	quotal	15,47%	10,00%	Flexiblere Arbeitszeiten		13,53%	-3,53%	Headhunter Angriff
- Pensionierung	quotal	5,56%	3,00%	Altersteilzeit einführen		6,13%	-3,13%	mangelnde Stellen
Anpassungsrisiko	Scoring	2,30	2,00	mehr Seminare bei RiskNET		1,73	0,27	top
Motivationsrisiko	Scoring	1,33	1,30	Erfolgsbeteiligung einführen		1,27	0,03	ohne Wirkung

Abbildung VII.10:   *Risikosteuerung und Optimierung der Maßnahmen*

Das Management von Personalchancen und -risiken ist so vielfältig wie die Zusammensetzung des Personals. Daher verwundert es nicht, wenn umfangreiche Maßnahmenkataloge für
die Steuerung jeder einzelnen Risikokategorie existieren. Beispielhaft für die Reduzierung
des Austrittsrisikos zählen Lisges/Schübbe auf[314]:

■ Vereinbarung angemessener Kündigungsfristen (je größer das Austrittsrisiko, umso länger
die zu vereinbarende Frist im Rahmen der gesetzlichen Rahmenbedingungen)

■ Zufriedenheitsanalyse durch Mitarbeiterbefragungen um potenzielle Austrittsgründe frühzeitig zu erkennen:

  − Führungssituation
  − Betriebsklima
  − Materielle Leistungen des Unternehmens
  − Weiterbildungs- und Entwicklungsmöglichkeiten
  − Freiraum für eigenverantwortliches Handeln

■ Tätigkeitsbezogene Analyse des Arbeitsmarktes (regional / überregional)

---

314 Vgl. LISGES, G.; SCHÜBBE, F.: Personalcontrolling, 2. Auflage, Freiburg 2007, S. 280 f.

- Analyse der soziodemographischen Situation:

  – Ausgewogene Alters- und Dienstaltersstruktur sicherstellen
  – Auf angemessenes Verhältnis zwischen Bildungsstufen achten

- Materielle Motivatoren beachten:

  – Marktgerechte, transparente und leistungsorientierte Vergütung
  – Zusatzleistungen
  – Betriebliche Altersvorsorge oder Förderung der privaten Vorsorge
  – Breit angelegtes Weiterbildungsangebot

- Immaterielle Motivatoren beachten:

  – Übertragung von Verantwortung
  – Vergabe von Projektaufgaben
  – Flexible Arbeitszeitgestaltung
  – Wertschätzende Führungskultur
  – Kommunikationsfördernde Arbeitsbedingungen

Das Management von Personalchancen und -risiken ist eine operative und strategische Aufgabe. Es ist verbunden mit der Überlegung, welche Mitarbeiter das Unternehmen in der Zukunft braucht, um seine Ziele zu verwirklichen, wie es diese Mitarbeiter heranziehen und halten kann und wie die Anpassungsfähigkeit an neue Entwicklungen und die Motivation dauerhaft gesichert werden kann.

Das Ziel des Personal-Risiko-Managements ist es, Chancen und Risiken rechtzeitig zu erkennen und mit Hilfe optimierter Maßnahmen so zu steuern, dass die Unternehmensstrategie gefördert wird. Diese Arbeit wird dadurch erschwert, dass das Personal im Gegensatz zu Maschinen und Computern eigene Ziele verfolgt. Seitdem mit der Globalisierung vielfach einhergehend der Verlust von Arbeitsplatzsicherheit, Fairness seitens der Arbeitgeber und Loyalität und Treue der Arbeitnehmer beklagt wird, breitet sich in beiden Lagern, bei Arbeitnehmern und Arbeitgebern, zunehmend Egoismus heraus. Beide Seiten verfolgen verstärkt ihre eigenen Interessen wie etwa Karriere oder maximale Rendite. Zahlreiche Verlagerungen von Produktionsstandorten ins Ausland, starke Beschäftigungsschwankungen, Lohndumping etc. belasten das Vertrauensverhältnis ebenso wie überzogene Renditeerwartungen, aber auch häufige Streiks und überdimensionierte Forderungen nach Lohnerhöhungen. Gleichzeitig nimmt die Mobilität der Arbeitnehmer zu und im Gegensatz zu früheren Generationen ist häufiger ein Wechsel des Arbeitgebers üblich.

Dieser gesellschaftliche Wertewandel hebt die besondere Bedeutung eines ganzheitlichen Chancen-/Risiko-Managements im Personalbereich hervor, verknüpft mit anderen wichtigen Bereichen wie beispielsweise der strategischen Planung. Gleichzeitig ist das Management von Personalchancen und -risiken eine komplexe Aufgabe, deren Erfüllung nicht mit stark theoretischen Konzepten praxisgerecht möglich ist. Hier gilt es, statt stochastischer Modelle einfache und transparente Methoden auszuwählen, die auch in mittelständischen Unternehmen umsetzbar sind und trotzdem die Komplexität der Realität adäquat berücksichtigen.

Möge das in diesem Abschnitt entwickelte Verfahren einen hilfreichen Beitrag für die Praxis leisten.

Insbesondere die diversen Korruptionsskandale der vergangenen Jahre haben verdeutlicht, dass ein solides „Value Management", im Sinne eines „Integrity Managements", die solide Grundlage für Unternehmen bilden sollte. Integres Verhalten kann als Benchmark für die moralische Performance eines Unternehmens betrachtet werden. Die diversen Werte können in einer Werte-Relevanz-Matrix (auch Werte-Viereck) abgebildet werden. In Abbildung VII.11. sind die grundlegenden Werte in einer Vier-Felder-Matrix abgebildet, die mit den Koordinaten „ökonomisch relevant" und „ethisch relevant" arbeitet und die einzelnen Werte in die vier Cluster Leistungswerte, Kommunikationswerte, Kooperationswerte und moralische Werte unterteilt.

Im Rahmen des unternehmensweiten Risiko-Managements bildet das „Integrity Management" eine solide Grundlage für die Risiko-Management-Kultur sowie die gesamte Unternehmenskultur. Die aktive Umsetzung und das „Vorleben" – insbesondere auch von der Unternehmensleitung – der in Abbildung VII.11 skizzierten Werte bietet eine exzellente Prävention für Personalrisiken.

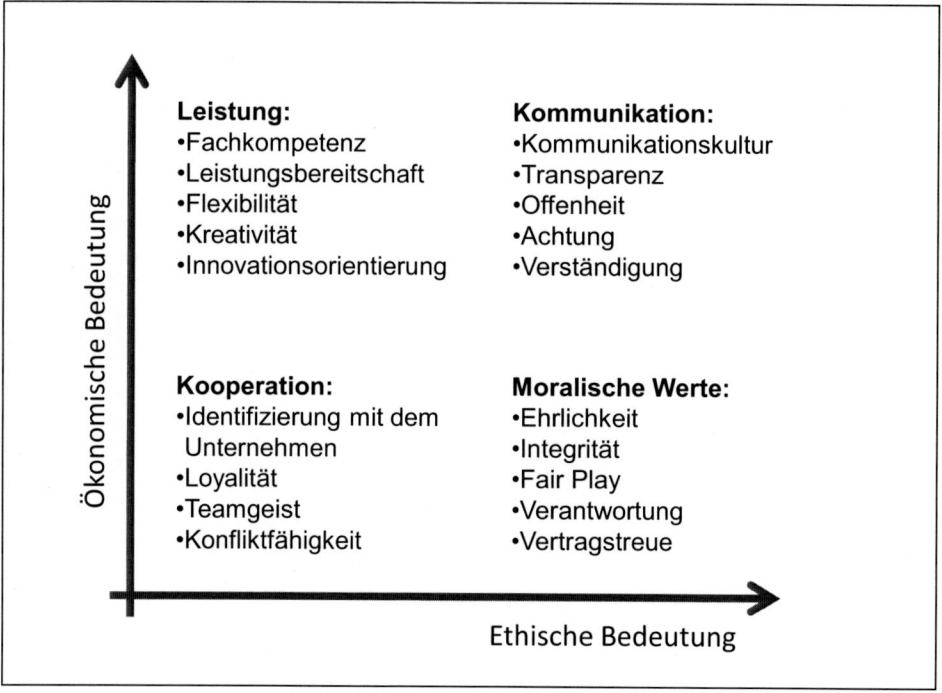

Abbildung VII.11:   *Risikosteuerung und Optimierung der Maßnahmen*

Literaturverzeichnis:

KOBI, J.-M.: Die Mitarbeiterdimension in der Balanced Scorecard, in: Controller Magazin 3/2000.

KOBI, J.-M.: Die Früherkennung von Personalrisiken als Pflicht, Personalmagazin, 10/2002, S. 20 ff.

KROPP, W.: Personalrisiko-Management, in: Bröckermann, R.; Pepels, W. (Hrsg.): Personalbindung: Wettbewerbsvorteile durch strategisches Human Resource Management, Berlin 2004.

LISGES, G.; SCHÜBBE, F.: Personalcontrolling, 2. Auflage, Freiburg 2007.

MEYER, P.; ZBINDEN, D.: Wissensrisiko-Management, in: Reihe A: Discusson Paper 2001-05, veröffentlich von der FH Solothurn Nordwestschweiz.

RIEDER, M.: Rendite-Risiko-Profil eines Investments in Humankapital, in: Risiko Manager 08/2008, S. 1 und 8 ff.

ROMEIKE, F.: Balanced Scorecard in Versicherungsunternehmen, Wiesbaden 2003.

WIEDEMANN, A.: Balanced Scorecard als Instrument des Bankcontrolling, in: Handbuch Bankcontrolling, Schierenbeck, H.; Rolfes, B. und Schüller, St. (Hrsg.), 2. Auflage, Wiesbaden 2001, S. 493-507.

Risikomanagement im Vermögensbereich und drei
exemplarische Risikofaktoren

VIII. Quantifizierung von Risiken im Finanzbereich

1. Das Drei-Werte-Verfahren

Traditionell verwenden Risikoanalysen im Treasury (Vermögensbereich) punktgenaue Schätzungen auf Basis ausgewählter Szenarien für die zu prognostizierenden Variablen. Dabei wird zwischen erwarteten Szenarien (Normalszenarien) und unerwarteten Szenarien mit extremen Auswirkungen (Stressszenarien) unterschieden. Die Szenarioanalysen erfreuen sich in der Praxis einer großen Beliebtheit, da sie im Vergleich zu statistischen Analysen schnell und einfach durchführbar sind. Am bekanntesten ist die Risikoanalyse mit dem Drei-Werte-Verfahren, das einen optimistischen (besten), einen pessimistischen (schlechtesten) und einen erwarteten (normalen) Wert enthält. Der erwartete Wert wird für „am wahrscheinlichsten" gehalten, wobei es sich in der Regel um eine vom Anwender subjektiv empfundene, auf Erfahrungen beruhende Wahrscheinlichkeit handelt. Die optimistischen Werte bilden den besten Fall (engl. „best case"), die pessimistischen Werte den schlechtesten Fall (engl. „worst case") und das vom Anwender erwartete Szenario setzt sich aus den für ihn wahrscheinlichsten Werten zusammen.

Eine Grundlage für die Definition von Szenarien unter alternativen Rahmenbedingungen bietet traditionell die Betrachtung der Vergangenheit, besser wären jedoch zukunftsgerichtete Szenarien. Im Beispiel erfolgt die Betrachtung eines deutschen Unternehmens, das auf einem Fremdwährungskonto Vermögen in USD hält, um damit zukünftige Importe zu bezahlen. Mit Hilfe einer Szenarioanalyse wird der Gegenwert des Vermögens in EUR zum nächsten Bilanzstichtag simuliert. Die Risikoprognose erfolgt am 30.06.2008 mit einem Prognosehorizont von sechs Monaten auf den 31.12.2008. Auf Basis der Historie vom 16.07.2007 bis zum 30.06.2008 (250 Handelstage) wurde als bester Wechselkurs 1,34 EUR/USD und als schlechtester Wechselkurs 1,60 EUR/USD beobachtet. Folglich wird unterstellt, dass auch in den nächsten zwölf Monaten ein EUR nicht mehr als 1,60 USD und nicht weniger als 1,34 USD kosten wird (vgl. Abbildung VIII.1). Im Mittelwert lag der Wechselkurs in der betrachteten Historie bei 1,48 EUR/USD und aus diesem Wert wird das normale (erwartete) Szenario gebildet.

Neben dem Wechselkurs gibt es eine zweite Unbekannte zum Bilanzstichtag: Den dann noch vorhandenen Bestand an Vermögen in USD. Dieser Vermögensbestand ist abhängig von der Anzahl der in den nächsten sechs Monaten noch zu importierenden Waren. Bei einer hohen

Inlandsnachfrage und einem damit starken Importgeschäft wird sich der Vermögensbestand in USD zum Bilanzstichtag nach der Schätzung des Unternehmens noch auf 5.000.000 USD belaufen. Sollte die Inlandsnachfrage sehr schlecht sein, werden weniger Importe benötigt und es bleibt schätzungsweise 12.000.000 USD Fremdwährungsbestand zum 31.12.2008. Treten exakt die Planwerte des Unternehmens für den Import ein, wird der Fremdwährungsbestand auf 8.000.000 USD sinken. Aus den drei Prognosewerten für den Wechselkurs und den drei geschätzten Fremdwährungsbeständen ergeben sich die in Abbildung VIII.2 gezeigten neun Realisationen für das von USD in EUR konvertierte Vermögen zum nächsten Bilanzstichtag.

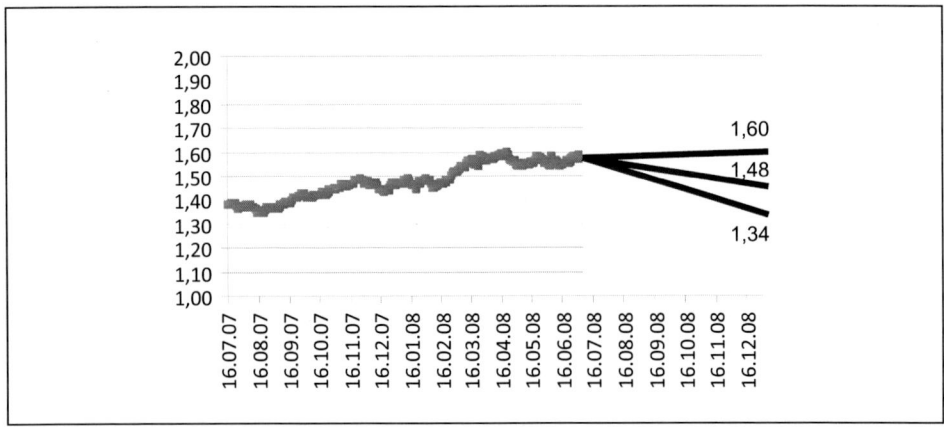

Abbildung VIII.1: *Schwankende Wechselkurse und Unternehmensplanung*

Der beste Fall in Abbildung VIII.2 setzt sich zusammen aus dem bestmöglichen Importergebnis und damit dem geringsten Fremdwährungsbestand in USD von 5.000.000 und dem günstigsten Wechselkurs von 1,34 EUR je USD (5 Mio. USD : 1,34 EUR/USD = 3,125 Mio. EUR). Im schlechtesten Fall beträgt der Fremdwährungsbestand 12.000.000 USD und der Wechselkurs notiert bei 1,60 EUR je USD (= 12 Mio. USD : 1,60 EUR/USD = 7,5 Mio. EUR). Den erwarteten Fall bildet die Kombination aus dem erwarteten Fremdwährungsbestand von 7.000.000 USD bei geplantem Importgeschäft und dem mittleren Wechselkurs von 1,48 EUR je USD. Abbildung VIII.2 fasst alle neun Szenarien in einer Übersicht zusammen.

Die Spannbreite des denkbaren Fremdwährungsbestands liegt in EUR konvertiert per 31.12.2008 zwischen 3.125.000 EUR und 8.955.224 EUR im schlechtesten Fall. Welche der neun Realisationen eintreten wird, ist unsicher. Zur Unterstützung der Planung lässt sich das arithmetische Mittel aus den neun Szenarien berechnen. Zunächst wird vereinfachend unterstellt, dass alle neun Szenarien gleichwahrscheinlich seien.[315] In der Statistik wird eine Ver-

---

[315] Das ist eine stark vereinfachende Annahme zu Beginn, denn die Kombination aus dem schlechtesten Importgeschäft (= größter Fremdwährungsbestand) und dem ungünstigsten Wechselkurs von 1,60 EUR/USD dürfte weniger wahrscheinlich sein als eine Kombination aus einem moderaten Wechselkurs und dem geplanten Importgeschäft.

teilung, bei der alle Realisationen einer diskreten Zufallsvariable gleichwahrscheinlich sind, als Gleichverteilung bezeichnet. Das arithmetische Mittel beträgt in diesem Beispiel 5.685.956 EUR. Bisher wurden keine statistischen Verteilungen für den Wechselkurs EUR/USD und den Fremdwährungsbestand in USD benötigt. Jedes Szenario besteht bisher aus der Kombination von einem der drei Wechselkurse mit einem der drei Fremdwährungsbestände. Zur Ermittlung des arithmetischen Mittels bei neun Szenarien wurde mangels besserer Kenntnis angenommen, dass alle neun Szenarien gleichwahrscheinlich sein mögen. Die (diskrete) Gleichverteilung bezog sich auf die Eintrittswahrscheinlichkeiten der neun Szenarien.

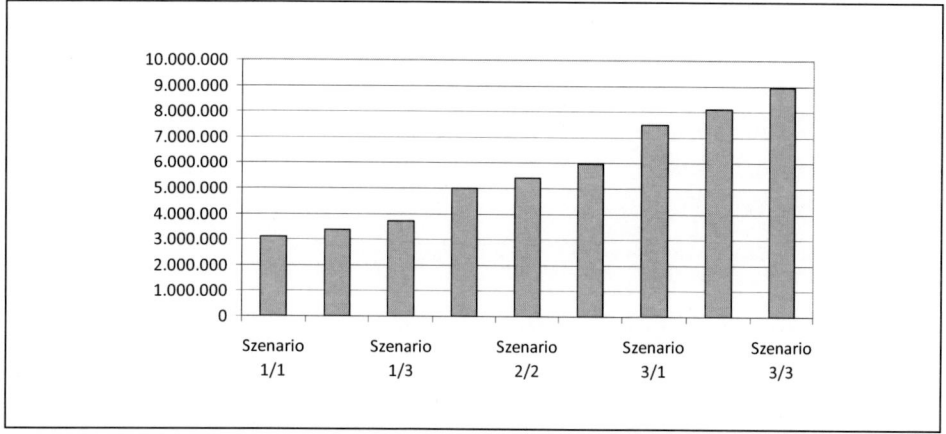

Abbildung VIII.2: *Szenarioanalyse des Fremdwährungsbestands für ein Beispielunternehmen*

Im nächsten Schritt wird für den Wechselkurs und für den Fremdwährungsbestand zum Bilanzstichtag (und damit für die geleisteten Importe) jeweils eine Gleichverteilung verwendet. Dabei sind nicht nur die zuvor ermittelten besten und schlechtesten Werte zulässig, sondern auch alle Werte dazwischen. Das bedeutet, dass in der Simulation alle denkbaren Wechselkurse zwischen 1,34 und 1,60 mit allen denkbaren Fremdwährungsbeständen zwischen 5.000.000 USD und 12.000.000 USD kombiniert werden. Aus den zuvor neun Szenarien werden nun beliebig viele Szenarien, im Beispiel sind es gewählte 10.000. Abbildung VIII.3 zeigt die Häufigkeitsverteilung für das in EUR konvertierte Fremdwährungsvermögen aus USD zum Bilanzstichtag 31.12.2008.

AbbildungVIII.3 zeigt als Eingangsgrößen die Wechselkurse und Fremdwährungsvermögen jeweils am oberen Rand als Gleichverteilung angedeutet. Die Verteilungen haben die Form eines Rechtecks, da alle Realisationen von Wechselkursen bzw. Fremdwährungsvermögen innerhalb der angegebenen Intervalle jeweils die gleiche relative Häufigkeit haben. Für beide Eingangsgrößen werden aus Zufallszahlen jeweils 10.000 Werte innerhalb der angegebenen Intervalle generiert und mit Hilfe der Division „Fremdwährungsvermögen in USD" geteilt durch „Wechselkurs EUR/USD" zu der Häufigkeitsverteilung in der Mitte der Abbildung VIII.3 verdichtet.

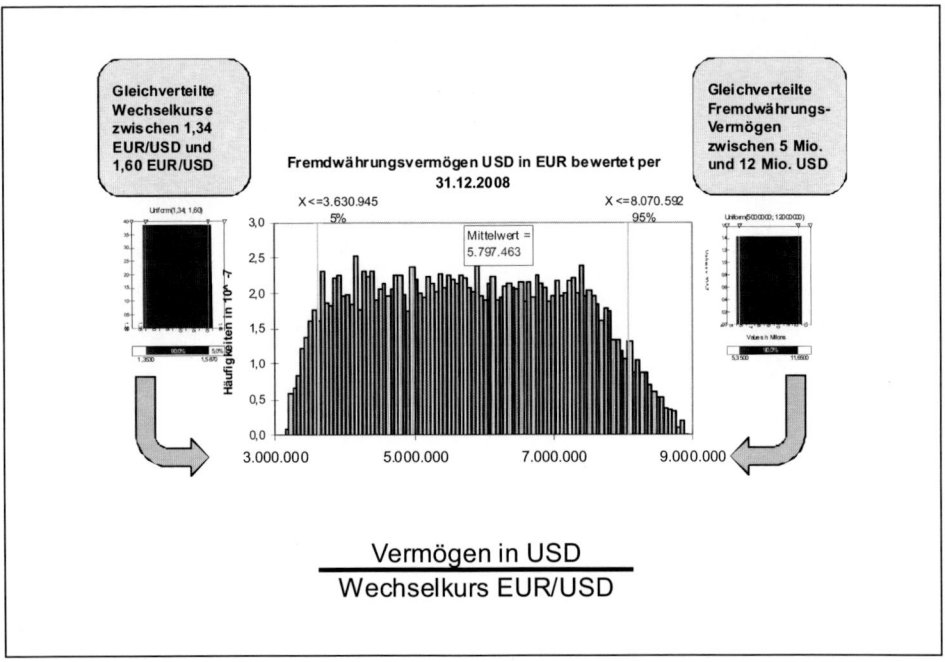

Abbildung VIII.3: *Risikoanalyse mit 10.000 Szenarien*

Im unteren Teil der Abbildung VIII.3 werden die simulierten Fremdwährungsbestände in EUR in einer Häufigkeitsverteilung mit 100 Klassen dargestellt. Auf der Abszisse (x-Achse) der Häufigkeitsverteilung werden die in Größenklassen erfassten Realisationen der Fremdwährungsvermögen in EUR und auf der Ordinate (y-Achse) die korrespondierenden relativen Häufigkeiten abgetragen. Die relativen Häufigkeiten ergeben sich aus der Anzahl der Beobachtungen je Größenklasse in Relation zur Gesamtzahl der Beobachtungen. Wenn beispielsweise zwei von 10.000 Szenarien zu einem Fremdwährungsvermögen in EUR zwischen 3.200.000 EUR und 3.260.000 EUR führen, beträgt die relative Häufigkeit für diese Größenklasse 0,0002 (= 2/10.000) respektive 0,02 Prozent. An den beiden Extrema für das Fremdwährungsvermögen in EUR hat sich auch bei der Simulation von 10.000 Szenarien nichts geändert. Der niedrigste Wert liegt noch immer bei 3.125.000 EUR und der höchste Wert bei 8.955.224 EUR. Aus der Kombination von zwei gleichverteilten Variablen ergibt sich aber keine Gleichverteilung der Ergebnisgröße. Die Erklärung für diesen Effekt besteht darin, dass viele Kombinationen von Fremdwährungsbeständen in USD (nach Importen) und Wechselkursen zu Fremdwährungsvermögen in EUR im mittleren Bereich führen, wohingegen beispielsweise das minimale Fremdwährungsvermögen in EUR von 3.125.000 EUR nur bei einer einzigen Kombination möglich ist.

Das arithmetische Mittel steigt bei 10.000 Szenarien auf 5.797.463 EUR im Vergleich zu 5.685.956 EUR bei nur neun Szenarien. Aus der Häufigkeitsverteilung kann abgezählt werden, dass in circa 95 Prozent der Szenarien ein Fremdwährungsvermögen in EUR von weni-

ger als 8.070.000 EUR erreicht wird. Das Abzählen der relativen Häufigkeiten in der Häufigkeitsverteilung ist jedoch aufwendig. Die relativen Häufigkeiten für das Fremdwährungsvermögen in EUR lassen sich als kumulierte Häufigkeiten in einer empirischen Verteilungsfunktion abtragen. Hierzu werden die Umsatzerlöse nach ihrer Größe aufsteigend geordnet.

Die kleinste beobachtete Realisation für das Fremdwährungsvermögen in EUR beträgt in
diesem Simulationslauf 3.125.000 EUR. In der aufsteigenden Ordnung von Abbildung VIII.4
steht sie auf Rang 1 und macht 0,01 Prozent der simulierten Werte aus (= 1/10.000). Auf
Rang 2 steht ein Umsatzerlös von 3.147.104 EUR. Die kumulierte Häufigkeit für ein Fremdwährungsvermögen von höchstens 3.147.104 EUR umfasst die ersten beiden Beobachtungen
bzw. 0,02 Prozent der simulierten Werte. Auf diese Weise wird Abbildung VIII.4 bis zur
letzten Beobachtung vervollständigt. So beträgt beispielsweise die Unterschreitungswahr-
scheinlichkeit 99,96 Prozent für ein Fremdwährungsvermögen von 8.849.865 EUR, da 9.996
von 10.000 Realisationen kleiner als dieser Wert sind. Die Gegenwahrscheinlichkeit für einen
Fremdwährungsvermögen von mindestens 8.849.865 EUR beträgt 0,04 Prozent (= 1 –
0,9996), da 4 von 10.000 Realisationen auf oder über diesem Wert liegen.

Auf der Abszisse der Verteilungsfunktion in Abbildung VIII.4 sind wieder die möglichen
Fremdwährungsvermögen in EUR gezeigt, auf der Ordinate lässt sich die korrespondierende
kumulierte Wahrscheinlichkeit ablesen. Um beispielsweise die Wahrscheinlichkeit dafür zu
ermitteln, dass das Fremdwährungsvermögen per 31.12.2008 weniger als 5.309.387 EUR
betragen wird, muss von diesem Wert auf der Abszisse ausgehend eine gedachte Linie bis zur
Höhe des Randes der grauen Fläche gezogen werden, auf dieser Höhe lässt sich an der Ordinate die zugehörige Wahrscheinlichkeit von 40 Prozent ablesen.

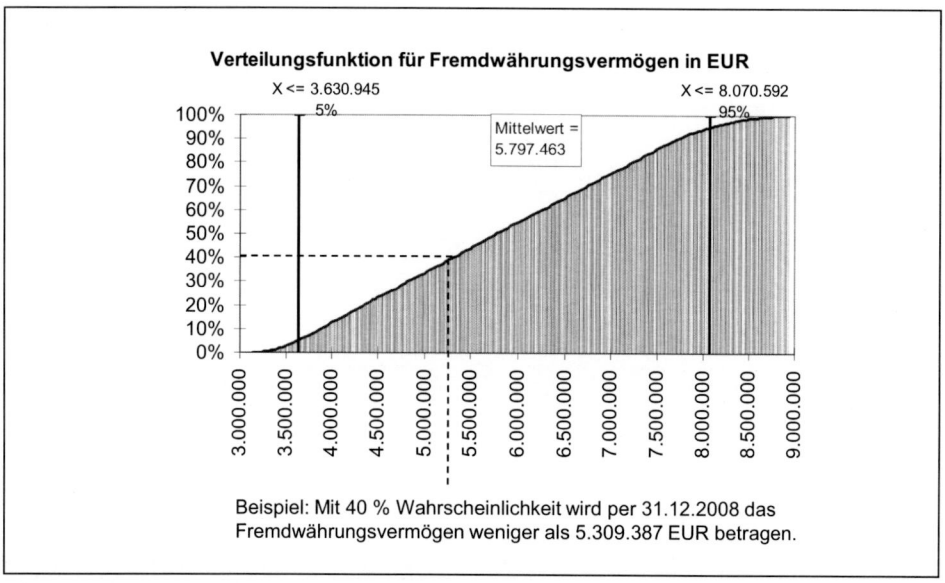

Abbildung VIII.4: *Verteilungsfunktion auf Basis von 10.000 simulierten Szenarien*

Die Wahrscheinlichkeit von fünf Prozent für die Erreichung bzw. Unterschreitung eines Fremdwährungsbestands von 3.630.945 EUR wird in der Statistik als Quantil bezeichnet. Das 5 %-Quantil sagt aus, dass fünf Prozent der beobachteten Werte kleiner oder gleich dem Quantilswert (3.630.945 EUR) sind. Umgekehrt wird mit 95 % Wahrscheinlichkeit ein höheres Fremdwährungsvermögen als dieser Wert realisiert. Wenn eine Stichprobe zu klein ist, um das gewünschte Quantil zu bilden, wird zwischen zwei Werten interpoliert. Beispielsweise ist es bei 100 Beobachtungen zur Ermittlung des 97,5 %-Quantils erforderlich, zwischen dem 97 %- und 98 %-Quantil zu interpolieren.

Das Bild der Häufigkeitsverteilung könnte sich noch stärker ändern, wenn auch die zu Grunde liegenden Verteilungsannahmen optimiert werden. Bisher wurde angenommen, dass die 10.000 simulierten Realisationen des Wechselkurses und des Fremdwährungsvermögens innerhalb ihres jeweiligen Intervalls gleichwahrscheinlich sind. Die Intervalle wurden auf Basis historischer Beobachtungen ermittelt und die Intervallgrenzen orientierten sich an den historischen Höchst- und Tiefstkursen. Es ist fraglich, ob diese beiden Extremwerte die gleiche Eintrittswahrscheinlichkeit haben wie zum Beispiel moderatere Werte zwischen den Extrema. Ist ein Wechselkurs von zum Beispiel 1,40 EUR/USD ebenso wahrscheinlich wie das 250-Tage-Hoch von 1,60 EUR/USD? Ebenso könnte in Frage gestellt werden, ob die Extremwerte für Fremdwährungsbestände (und damit für Importe) gleichwahrscheinlich sind wie zum Beispiel mittlere Werte, denn die statistischen Modelle unterscheiden sich gerade darin von subjektiven Szenarioanalysen, dass sie Wahrscheinlichkeitsaussagen für das Eintreten von bestimmten Ereignissen abgeben können.

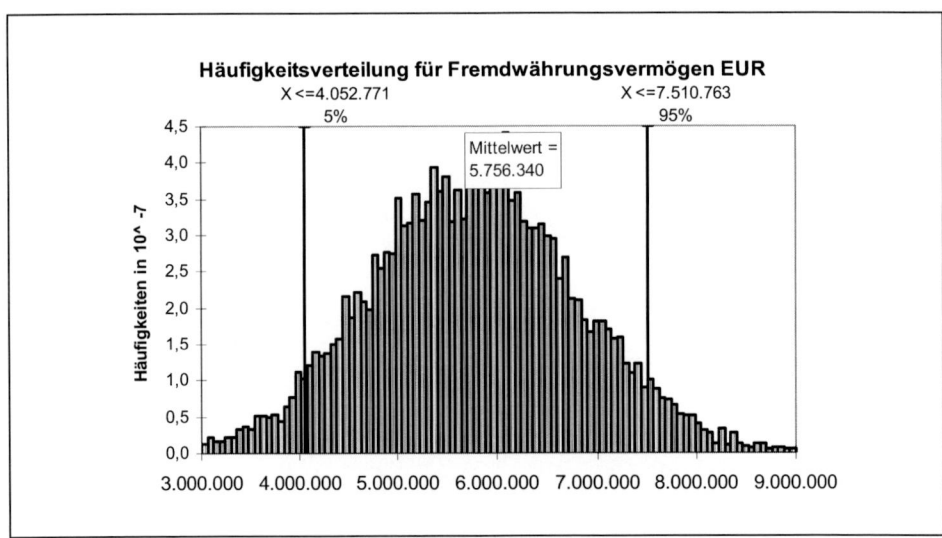

Abbildung VIII.5: *Häufigkeitsverteilung auf Basis von Normalverteilungen*

Die Annahme einer statistischen Gleichverteilung für alle Unbekannten war zunächst gerechtfertigt, da die Gleichverteilung für solche Fälle empfohlen wird, in denen keine Informationen über die tatsächliche Verteilung vorliegen. Für die Beschreibung der Realität hat jedoch die Gleichverteilung wenig Bedeutung. Dort treten moderate Werte mit einer größeren Wahrscheinlichkeit ein als Extremwerte. In Kapitel XII wird erklärt, wie die Verteilung von Risikofaktoren bestimmt werden kann.

Die Veränderung der Verteilungsannahmen von Gleichverteilungen auf Normalverteilungen für den Wechselkurs und den Fremdwährungsbestand hätte in diesem Beispiel zu einer anderen Einschätzung des Risikos geführt (vergleiche die Verteilung in Abbildung VIII.5 mit der Verteilung in Abbildung VIII.3).

2. Das Varianz-Kovarianz-Modell

Die quantitative Messung von Risiken kann grundsätzlich auf zwei Wegen erfolgen, analytisch oder durch Simulation. Für den analytischen Weg bedarf es einer Verteilungsannahme. In Kapitel XII ist gezeigt, wie die Modellierung von Risikofaktoren auf Basis eines Random Walks zu einer Normalverteilungsannahme führt. Die Normalverteilungsannahme für Risikofaktoren liegt dem *Varianz-Kovarianz-Modell* zu Grunde. Bei der Normalverteilung sind Werte um den Mittelwert am wahrscheinlichsten, die Verteilung ist symmetrisch und damit sind Abweichungen nach unten und oben vom Mittelwert möglich.

In den Natur-, Ingenieur- und Wirtschaftswissenschaften wird die Normalverteilung häufig als Näherung für die Verteilung von Unbekannten genutzt. Beispielsweise werden zufällige Messfehler bzw. Produktionsfehler gerne mit der Normalverteilung beschrieben. In der Finanz- und Versicherungsmathematik können mit der Normalverteilung Verluste und Schäden im mittleren Bereich modelliert werden. Für die Messung extrem seltener Risiken sind die Normalverteilung wie auch das gesamte Value-at-Risk-Konzept hingegen nicht geeignet. Die Value-at-Risk-Verfahren sind konzipiert für die Messung von Risiken unter normalen Umweltbedingungen, das heißt mittlere bis größere Verluste durch übliche Marktpreisschwankungen auf funktionierenden Märkten.

Der Value at Risk einer einzelnen Vermögensposition ergibt sich im Varianz-Kovarianz-Modell aus der Multiplikation von einem Marktwert mit seiner Volatilität, wobei letztere zuvor auf die gewünschte Wahrscheinlichkeit der Aussage skaliert wurde. Am Beispiel des Wechselkurses EUR/USD beträgt die historische Tagesvolatilität auf Basis der letzten 250 Tage vom 30.06.2008 ausgehend 4,60 %. Wird eine Normalverteilung der Wechselkursschwankungen unterstellt, so beträgt die Wechselkursschwankung bei einem Ausgangswert von 1,58 EUR/USD am 30.06.2008 pro Tag $\pm$ 0,07 EUR/USD (= $\pm$ 4,60 %). Die Normalverteilung sagt aus, dass mit einer Wahrscheinlichkeit von circa zwei Dritteln (68,27 %) die Abweichung vom Ausgangswert höchstens eine Standardabweichung (im Beispiel 0,07 EUR/USD) beträgt.[316] Mit Hilfe für die Normalverteilung definierter Faktoren (z-Werte) kann gemessen werden wie groß höchstens die Abweichung beispielsweise mit 95 Prozent ausfällt. Dazu wird die Volatilität (4,60 %) respektive die Standardabweichung (0,07 EUR/USD) mit dem Faktor 1,6449 multipliziert. Die Aussage lautet nun: Mit 95 Prozent Wahrscheinlichkeit wird der Wechselkurs von 1,58 EUR/USD am nächsten Tag nicht höher als 1,70 EUR/USD liegen.

Das bisher beschriebene Modell ist noch recht grob, denn meistens sind die Risikofaktoren wie hier im Beispiel der Wechselkurs EUR/USD nicht normalverteilt. Abbildung VIII.6 zeigt vergleichend die Verteilung der Wechselkurse und die Verteilung der logarithmierten Veränderungen der Wechselkurse.[317] Während die Wechselkurse selbst nicht normalverteilt sind, lassen sich deren Veränderungen näherungsweise mit Hilfe der Normalverteilung beschreiben. Diese Beobachtung gilt für die meisten Marktpreisrisiken.[318] Das Risiko des Unternehmens besteht auch nicht in dem Wechselkurs, sondern in seiner unerwarteten und wirtschaftlich ungünstigen Veränderung. Ausgehend von dieser Erkenntnis wird im Folgenden nur noch auf die Veränderungen der Risikofaktoren abgestellt.

Für den Wechselkurs EUR/USD beträgt die tägliche Standardabweichung der logarithmierten Veränderungen 0,00555 EUR/USD.[319] Bei den späteren Risikoberechnungen muss die Standardabweichung der logarithmierten Renditen wieder transformiert werden. Die Umkehrfunktion zum Logarithmieren bildet die e-Funktion (vgl. mathematischer Anhang im Kapitel XII). Der Value at Risk Wert mit 95 Prozent Wahrscheinlichkeit beträgt für einen Tag 1,58 EUR/USD $\cdot$ e$^{(0,00555 \text{ EUR/USD} \cdot 1,6449)}$ = 1,59 EUR/USD und für 125 Tage 1,58 EUR/USD $\cdot$ e$^{(0,00555 \text{ EUR/USD} \cdot 1,6449 \cdot \sqrt{125})}$ = 1,75 EUR/USD. Mit diesem Risikowert können anschließend Fremdwährungs- und Rohstoffbestände bewertet werden, beispielsweise die Lagervorräte von Kupfer. Die tägliche Standardabweichung der logarithmierten Veränderungen des Kupferpreises beträgt für die oben gewählte Historie 0,0180 USD. Ausgehend von einem aktuellen Kupferpreis von 8.775,50 USD per 30.06.2008 folgt daraus ein Value at Risk mit 95 Prozent Wahrscheinlichkeit für einen Tag von 8.775,50 USD $\cdot$ e$^{(0,018 \cdot -1,6449)}$ = 8.519 USD und für 125 Tage 8.775,50 USD $\cdot$ e$^{(0,018 \cdot -1,6449 \cdot \sqrt{125})}$ = 6.302 USD.

---

316 Vgl. Kapitel XII.

317 Zu den Eigenschaften von Werten vor und nach dem Logarithmieren und der Bedeutung für das Risikomanagement vgl. Kapitel XII.

318 Vgl. HAGER, P.: Corporate Risk Management – Cash Flow at Risk und Value at Risk, Frankfurt/Main 2004, Kapitel B.1 bis B.2 und Anhang C.1.

319 Gemessen wurden die logarithmierten Veränderungen der Wechselkurse vom 16.07.2007 bis 30.06.2008. Diese ergeben sich aus der Formel LN(Wechselkurs vom Vortag : Wechselkurs des aktuellen Tages). Aus diesen logarithmierten Veränderungen wurde die Standardabweichung ermittelt. Für Details vgl. Kapitel XII.

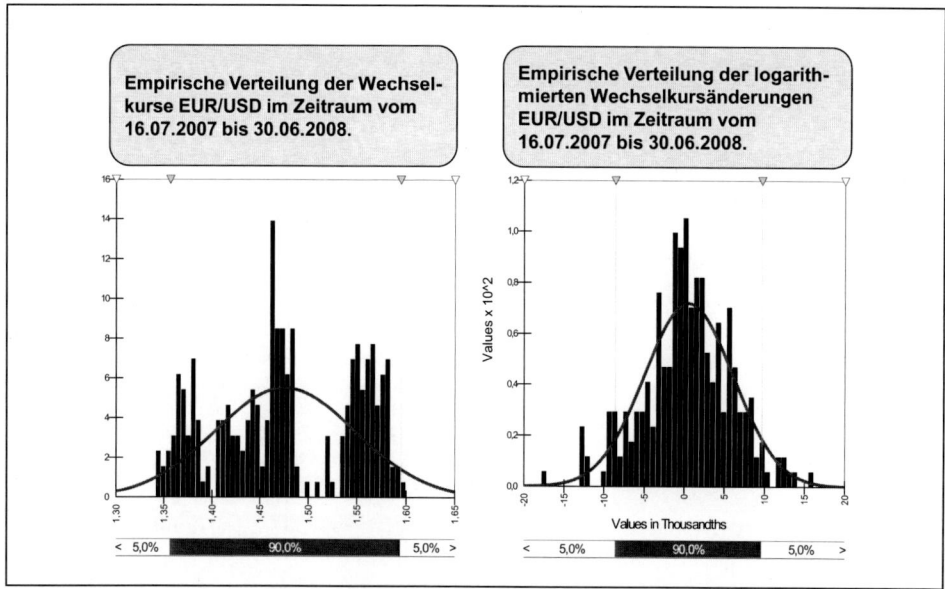

Abbildung VIII.6: *Häufigkeitsverteilung auf Basis von Normalverteilungen*

Setzt sich ein Portfolio aus mehreren unterschiedlichen Vermögenspositionen zusammen, bedarf es einer Aggregation der einzelnen Value-at-Risk-Beträge zu einem Portfolio-Value-at-Risk. Bei einer einfachen Addition der Risikobeträge bleiben die häufig vorhandenen Diversifikationseffekte unbeachtet. Eine Aussage über die mögliche Diversifikationswirkung zwischen zwei Vermögenspositionen liefert deren Korrelationskoeffizient.[320] Die risikodiversifizierende Wirkung des Korrelationskoeffizienten wird für ein Beispiel-Portfolio berechnet. Die Inntal AG möge Kupfervorräte mit einem Marktwert von 478 Tonnen halten.[321] Am 30.06.2008 beträgt das Rohstoffvermögen in Kupfer bei einem Marktpreis von 8.775,50 USD je Tonne 4.194.689 USD respektive 2.654.866 EUR bei einem aktuellen Wechselkurs von 1,58 EUR/USD. Mit einer Wahrscheinlichkeit von 95 Prozent wird der Verlust aus einer Kupferpreisänderung binnen eines Tages nicht größer als circa 122.600 USD (= 478 Tonnen • (8.775,50 – 8.519) USD) respektive ceteris paribus rund 77.600 EUR (= 122.600 USD : 1,58 EUR/USD). Denn mit 95 Prozent Wahrscheinlichkeit wird der Kupferpreis von 8.775,50 USD binnen eines Tages nicht unter 8.519 USD fallen, der Wechselkurs EUR/USD wird dabei konstant gehalten.

Bei einem mit 95 Prozent Wahrscheinlichkeit nicht höher als 1,59 notierenden Wechselkurs beträgt der Verlust aus Wechselkursschwankungen bei einem ceteris paribus konstanten Kupferpreis circa 16.700 EUR [= (478 Tonnen • 8.775,50 USD: 1,58 EUR/USD) – (478 Tonnen •

---

[320] Die Definition und Berechnung von Korrelationen wird in Kapitel XII erläutert.

[321] Der Weltmarktpreis für Rohstoffe wie Gold, Silber, Kupfer und Rohöl wird in der Regel in USD angegeben.

8.775,50 USD : 1,59 EUR/USD)]. Das Gesamtrisiko aus Kupferpreis- und Wechselkurs-schwankung beträgt mit 95 Prozent Wahrscheinlichkeit binnen eines Tages nicht mehr als 77.600 EUR + 16.700 EUR = 94.300 EUR.

Mit der Addition beider Risiken wird unterstellt, dass das Wechselkursrisiko und das Roh-stoffpreisrisiko gleichzeitig schlagend werden (Korrelation = 1). Die Korrelation zwischen EUR/USD und dem Kupferpreis liegt jedoch empirisch nahe Null, das gilt sowohl für den hier betrachteten Zeitraum vom 16.07.2007 bis zum 30.06.2008 (k = 0,075) als auch für frühere Zeiträume ab 1998.[322] Mit einer Korrelation unter 1 können *Risikodiversifikationsef-fekte* realisiert werden, die in der bisherigen Berechnung noch nicht betrachtet wurden. Die Korrelation zwischen den beiden Risikofaktoren kann mit Hilfe von Gleichung VIII.1 be-rücksichtigt werden, welche an eine Formel aus dem *Portfolio-Selection-Modell* von Marko-witz zur Berechnung des Portfoliorisikos im Zwei-Anlagen-Fall angelehnt ist.[323]

Gleichung VIII.1:
$$VaR_P = \sqrt{VaR_1^2 + VaR_2^2 + 2 \cdot VaR_1 \cdot VaR_2 \cdot k_{1,2}}$$

Bei Anwendung der Gleichung VIII.1 wird für den VaR_1 der VaR_{Kupfer} = 77.600 EUR, für den VaR_2 der $VaR_{EUR/USD}$ = 16.700 EUR und für die Korrelation zwischen beiden $k_{1,2}$ = 0,075 eingesetzt. Gegenüber dem Portfolio-VaR_{EUR} mit einer Korrelation von 1 verringert sich der Risikobetrag in Folge des nun berücksichtigten Diversifikationseffekts um 13.700 EUR auf circa 80.600 EUR.

Für die Berechnung eines Value at Risk mit mehr als zwei Risikofaktoren lässt sich Glei-chung VIII.1 in eine allgemeine Form bringen mit Hilfe der Matrizenschreibweise. Bei einer Vielzahl von Risikofaktoren würde ein langer Ausdruck unter der Wurzel entstehen, nament-lich u. a. die Summanden aller möglichen Zweierkombinationen von Value-at-Risk-Werten und deren Korrelationen, so dass die Überführung in eine *Matrizenschreibweise* mehr Über-sichtlichkeit verschafft. Eine Matrix A ist ein rechteckiges Zahlenschema mit m Zeilen und n Spalten und wird kurz als m • n Matrix bezeichnet.[324] Abbildung VIII.7 zeigt die unterschied-lichen Schreibweisen. Für eine ausführliche Darstellung der Matrizenrechnung im Varianz-Kovarianz-Modell vgl. Hager 2004 mit entsprechenden Beispielrechnungen.[325] Eine Excel-Datei mit Beispielen zum Varianz-Kovarianz-Modell mit einer Matrizenmultiplikation und dazugehörigen Formeln finden Sie als Download auf der Gabler Homepage (www.gabler.de).

---

[322] Vgl. HAGER, P.: Corporate Risk Management – Cash Flow at Risk und Value at Risk, Frankfurt/Main 2004, S. 104.

[323] Vgl. HAGER, P.: Corporate Risk Management – Cash Flow at Risk und Value at Risk, Frankfurt/Main 2004, S. 104 f.; Markowitz, H.: Portfolio Selection, in: Journal of Finance, Vol. 7, No. 1, S. 77 ff.; Schul-ter-Mattler, H.; Tysiak, W.: TRIRISK: Was Pythagoras und Markowitz gemeinsam haben, in: Die Bank 2/99, S. 84-88.

[324] Vgl. CREMERS, H.: Mathematik und Stochastik für Banker, 2. Auflage, Frankfurt/Main 1999, S. 171.

[325] Vgl. HAGER, P.: Corporate Risk Management – Cash Flow at Risk und Value at Risk, Frankfurt/Main 2004, S. 106 ff.

Die ausführliche Matrizenschreibweise ist im unteren Teil von Abbildung VIII.7 dargestellt. Darunter steht die Kurzform, in der X^T für den Zeilenvektor der x_i, cov für die Varianz-Kovarianz-Matrix und X für den Spaltenvektor der x_i steht. Der Zeilenvektor X^T ist die Transponente des Spaltenvektors X und trägt daher den Index T. Für den Fall zweier Anlagen sind die unteren Gleichungen identisch mit der ursprünglichen Gleichung VIII.1. Zur Verwendung der Matrizenschreibweise ist die Berechnung von Kovarianzen notwendig. Die Kovarianz zwischen zwei Risikofaktoren ist eine Kombination aus ihren Volatilitäten und der gegenseitigen Korrelation. Zwischen dem Kupferpreis und dem Wechselkurs EUR/USD lässt sich die Kovarianz beispielhaft wie folgt ermitteln $cov_{1,2} = \sigma_1 \cdot \sigma_2 \cdot k_{1,2} = 0{,}0180 \cdot 0{,}00555 \cdot 0{,}075$). Im nächsten Schritt wird die Varianz-Kovarianz-Matrix erstellt. Die benötigten Varianzen ergeben sich aus den quadrierten Standardabweichungen. In dem Beispiel mit Kupfer und dem Wechselkurs EUR/USD entsteht aufgrund der zwei Risikofaktoren eine zwei mal zwei *Varianz-Kovarianz-Matrix*. Aus dieser allgemeinen Schreibweise mit Matrizen ist der Name für das Risikomodell entstanden: Varianz-Kovarianz-Modell. Anschaulicher als die Matrizen mit Varianzen-Kovarianzen ist aber die in Gleichung VIII.1 vorgestellte Form mit Standardabweichungen (in den Value-at-Risk-Werten der Einzelrisiken) und Korrelationen.

$$VaR_p = \sqrt{VaR_1^2 + VaR_2^2 + 2 \cdot VaR_1 \cdot VaR_2 \cdot k_{1,2}}$$

$$VaR_p = \sqrt{\sum_{i=1}^{n} x_i^2 \sigma_i^2 + 2 \cdot \sum_{i=1}^{n} \sum_{j<1}^{n} x_i \cdot x_j \cdot \sigma_{i,j}} \cdot z$$

$$VaR_p = \sqrt{[x_1, x_2, \ldots, x_n] \cdot \begin{bmatrix} \sigma_1^2 & cov_{1,2} & \ldots & cov_{1,n} \\ \vdots & & & \\ cov_{1,2} & cov_{n,2} & \ldots & \sigma_n^2 \end{bmatrix} \cdot \begin{bmatrix} x_1 \\ \vdots \\ x_n \end{bmatrix}} \cdot z$$

$$VaR_p = \sqrt{X^T \cdot cov \cdot X} \cdot z$$

Abbildung VIII.7: *Das Varianz-Kovarianz-Modell in unterschiedlichen Schreibweisen*

Das Varianz-Kovarianz-Modell existiert in zwei Varianten, dem Delta-Normal-Ansatz und dem Delta-Gamma-Ansatz.[326] Der *Delta-Normal-Ansatz* unterstellt, dass die Marktwerte der Positionen im Portfolio linear auf Veränderungen der Risikofaktoren reagieren und ist daher für die Risikoberechnung von Portfolios mit symmetrischen Finanzinstrumenten geeignet. Ein Beispiel für *symmetrische Finanzinstrumente* sind Aktien. Kauft ein Unternehmen eine Aktie zum Kurs von 100 EUR, so bedeutet jeder Euro Kursverlust einen gleich großen Verlust für das Unternehmen und umgekehrt erhöht jeder Kursgewinn den Gewinn des Unternehmens um den gleichen Betrag. Das Unternehmen könnte alternativ eine Kaufoption auf eine Aktie beziehen (engl. Call). Durch den Kauf eines Calls ist das Unternehmen berechtigt, aber nicht verpflichtet, eine bestimmte Anzahl von Aktien zu einem vorher vertraglich fixierten Basispreis vom Stillhalter der Option zu beziehen.

Der mögliche Verlust des Unternehmens als Inhaber des Wahlrechts ist auf die gezahlte Optionsprämie beschränkt. Sollte der Kurs der Aktie unter einen zuvor vereinbarten Basispreis von beispielsweise 95 EUR fallen, kann das Unternehmen die Aktie am Markt günstiger beziehen als durch die Ausübung der Option. Der Call auf die Aktie verfällt wertlos und die gezahlte Prämie ist verloren. Umgekehrt hat das Unternehmen unbegrenzte Gewinnchancen. Unabhängig davon, wie stark der Aktienkurs steigt, kann das Unternehmen bei Ausübung der Option die Aktie stets zu 95 EUR kaufen und am Markt zu dem entsprechend höheren Kassakurs wieder verkaufen. Dem begrenzten Verlustpotenzial steht ein unbegrenztes Gewinnpotenzial gegenüber. Im Gegensatz zur Aktie liegt bei dem Call daher ein *asymmetrisches Gewinn- und Verlustprofil* vor.[327] In Abbildung VIII.8 wird das symmetrische Profil einer Aktie dem asymmetrischen Profil einer gekauften Call-Option gegenübergestellt.

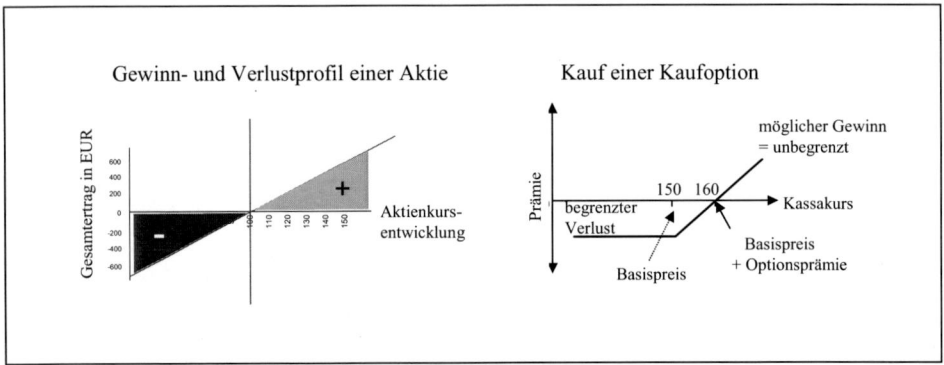

Abbildung VIII.8: *Symmetrische und asymmetrische Derivate*

---

[326] Vgl. HULL, J. C.: Optionen, Futures und andere Derivate, 4. Auflage, München 2001, S. 489; JORION, P.: Value at Risk – The New Benchmark for Controlling Derivatives Risk, USA 1997, S. 186 ff.; RAU-BREDOW, H.: Überwachung von Marktpreisrisiken durch Value at Risk, in: WiSt., 6/2001, S. 317.

[327] Für eine ausführliche Beschreibung von Chancen und Risiken bei Swaps und Zins-Optionen vgl. WIEDEMANN, A.: Financial Engineering – Bewertung von Finanzinstrumenten, 4. Auflage, Frankfurt/Main am Main 2007.

Wie symmetrische und asymmetrische Finanzinstrumente im Delta-Normal-Ansatz berücksichtigt werden, wird an einem Beispiel gezeigt. Das Unternehmen möge ein Portfolio halten, welches aus einer Aktie und einer Option auf eine weitere gleichartige Aktie (Call) besteht. Mit der Option hat sich das Unternehmen bei Vertragsabschluss einen Bezugspreis von 95 EUR gesichert. Inzwischen möge der Kurs der Aktie (engl. Underlying der Option) auf 100 EUR gestiegen sein. Die Option ist somit „im Geld", denn bei Ausübung könnte das Unternehmen eine Aktie zum Preis von 95 EUR beziehen, obwohl der aktuelle Marktwert bei 100 EUR liegt. Der Marktwert der Option ist daher höher als bei Vertragsabschluss, jedoch steigt der Optionspreis im Gegensatz zur Aktie nicht linear. Im oberen Teil von Abbildung VIII.8 ist der Verlauf des Optionspreises für alternative Aktienkurse skizziert.[328] An der Ordinate ist der Preis C der Call-Option abgetragen, an der Abszisse der Kurs K der Aktie.

Die Kurve für den Marktwert der Option in Abhängigkeit vom Aktienkurs verläuft gekrümmt. Ist der Aktienkurs weit unter dem Basispreis von 95 EUR, steigt die Kurve für den Marktwert der Option nur langsam. Die Option ist weit „aus dem Geld" und ihre Ausübung ist unwahrscheinlich. Je weiter sich der Aktienkurs dem Basispreis annähert, desto stärker steigt die Kurve für den Marktwert. Die Option ist „am Geld", wenn der Aktienkurs sehr dicht am Basispreis liegt. Hier ist die Unsicherheit einer Ausübung am größten. Wegen der Volatilität des Aktienkurses kann die Option noch aus dem Geld oder tiefer ins Geld wandern. Die Kurve für den Marktwert der Option ist in diesem Bereich am stärksten gekrümmt und bereits kleine Änderungen des Aktienkurses verursachen stärkere Änderungen des Optionspreises. Für einen Aktienkurs weit über dem Basispreis ist die Option tief „im Geld", eine Ausübung ist relativ sicher und der Marktwert steigt nur noch langsam an (vgl. Abbildung VIII.9).

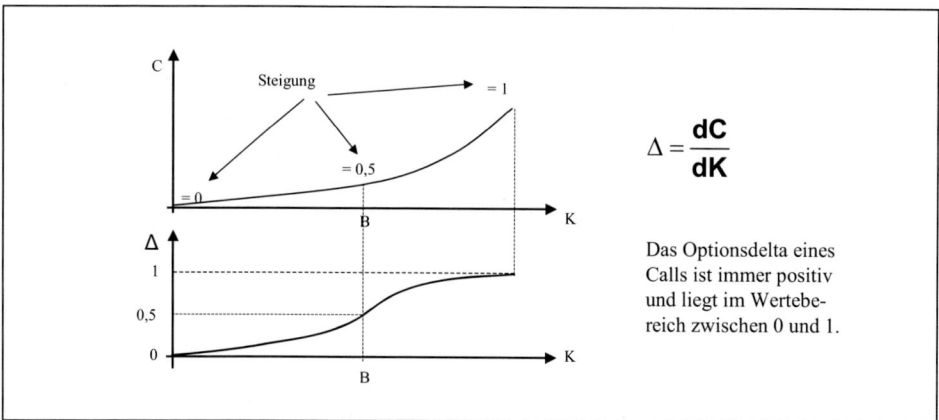

Abbildung VIII.9: *Veränderung des Deltas bei einer Call-Option in Abhängigkeit des Kassakurses*

---

[328] Die exakte Bestimmung der Optionspreise erfolgt für Aktien mit dem Black-Scholes-Modell und für Zinsoptionen mit dem Black76-Modell. Vgl. HULL, J. C.: Optionen, Futures und andere Derivate, 4. Auflage, München 2001, S. 356 ff., 748 ff.

Die Abhängigkeit des Marktwerts der Option gegenüber dem Aktienkurs wird durch das *Optionsdelta* beschrieben.[329] Es bezeichnet allgemein die Preissensitivität einer Option gegenüber Veränderungen des Basisobjektpreises. Das Delta trägt den griechischen Buchstaben Δ und berechnet sich aus der Relation der Optionspreisänderung dC für den Call zur Änderung des Kassakurses dK (vgl. Gleichung VIII.2).

Gleichung VIII.2: $$\Delta = \frac{dC}{dK}$$

Graphisch entspricht das Delta der Steigung der Optionspreiskurve in Abhängigkeit von dem Kassakurs. Wie im unteren Teil der Abbildung VIII.9 zu erkennen ist, strebt das Delta für einen Aktienkurs weit unter dem Basispreis gegen Null. Der obere Teil der Abbildung VIII.9 zeigt, dass bei einem sehr niedrigen Aktienkurs die Option weit aus dem Geld ist und ihr Preis nur marginal auf eine Änderung des Aktienkurses reagiert. Daher muss das Delta in diesem Bereich sehr klein sein. Hingegen strebt das Delta gegen Eins, wenn der Aktienkurs weit über dem Basispreis liegt. Dann ist die Ausübung der Option fast sicher und jede Änderung des Aktienkurses erhöht im gleichen Verhältnis den Wert der Option.[330]

Für das Beispiel-Portfolio soll zum Vergleich sowohl der Value at Risk für die Aktie als auch für die Option berechnet werden. Als Tages-Volatilität der Aktie wird der Wert 1,2 Prozent angenommen und die Option möge eine Tages-Volatilität von 1,075 Prozent haben. Der Value at Risk der Aktie für eine Haltedauer von einem Tag mit 95 Prozent (z = -1,6449) Wahrscheinlichkeit ergibt sich als Produkt aus dem Aktienkurs und der mit -1,6449 skalierten Volatilität.

VaR_{Aktie} = Kurs • z-Wert • Volatilität

          = 100 EUR • (-1,6449) • 0,012

          = -1,974 EUR

Um den Value at Risk der Call-Option zu berechnen, muss die Berechnung um das Delta erweitert werden. Für das Beispiel möge Δ = 0,8113 sein.[331] Die Ergänzung der Value-at-Risk-Berechnung um das Delta ist notwendig, da bei einem Kursverlust der Aktie von zum Beispiel 10 EUR die Option nur einen Wertverlust von Δ • 10 EUR (0,8113 • 10 EUR = 8,11 EUR) erleiden würde. Der Optionspreis beträgt 7,80 EUR.

---

[329] Vgl. BUTLER, C.: Mastering Value at Risk – A step by step guide to understanding and applying VaR, Wiltshire GB, S. 93; HULL, J. C.: Optionen, Futures und andere Derivate, 4. Auflage, München 2001, S. 443

[330] Optionspreise bestehen aus zwei Komponenten, einem inneren Wert und einem Zeitwert. Der Zeitwert ist eine Prämie für die Unsicherheit über die Ausübung oder Nichtausübung der Option. Für eine Option weit aus dem Geld oder weit im Geld spielt diese Komponente eine absolut untergeordnete Rolle. Ist die Option weit im Geld, wird ihr Preis vorrangig durch den inneren Wert bestimmt, der sich als Differenz aus dem Marktpreis der Aktie und dem Basispreis ergibt. Der innere Wert steigt linear mit dem Aktienkurs.

[331] Das Delta ist identisch mit dem Wert N(d1) aus der Optionspreisformel von Black/Scholes. Die Berechnung für das Delta und den Optionspreis mit Hilfe der Black-Scholes-Formel wird ausführlich in Kapitel XII dargestellt.

VaR_{Call}	$=$ Optionspreis $\cdot \Delta \cdot$ z-Wert $\cdot$ Volatilität
	$= 7,80$ EUR $\cdot 0,8113 \cdot (-1,6449) \cdot 0,01075$
VaR_{Call}	$= -0,1119$ EUR

Trotz der VaR-Adjustierung um das Delta der Option kommt es bei der Delta-Normal-Methode häufig zu einer *Fehleinschätzung des tatsächlichen Risikos*. In dem Beispiel befindet sich der aktuelle Aktienkurs bei 100 EUR und der Wert der Option beträgt 7,80 EUR. Bei einem Kursverlust von 2,00 EUR ändert sich der Wert der Option wegen des nichtlinearen Verlaufs der Preisfunktion nur um einen Bruchteil, der durch das Delta $\Delta = 0,8113$ approximiert wird. Der Wert der Option fällt näherungsweise um $0,8113 \cdot (-1$ EUR$)$ auf 6,17 EUR. Eine exakte Neubewertung der Option mit Hilfe der Black-Scholes-Formel führt zu einem Optionspreis von 6,24 EUR. Der Optionspreis sinkt langsamer, als es von der Delta-Normal-Methode angenommen wird. Die Differenz zwischen dem exakten und dem approximierten Wert beträgt 0,07 EUR ($= 6,24$ EUR $- 6,17$ EUR). Sie entsteht dadurch, dass sich das Delta stets verändert.

Die *ständige Veränderung des Deltas* ist auf die permanent schwankenden Aktienkurse zurückzuführen. Für jeden Aktienkurs ergibt sich eine andere Steigung der Optionspreiskurve (Delta). Beispielsweise würde das Delta bei dem neuen Aktienkursniveau von 98 EUR den Wert 0,7404 statt zuvor 0,8113 haben. Aus der ständigen Veränderung des Deltas entstehen Fehler bei der Value-at-Risk-Berechnung mit der Delta-Normal-Variante des Varianz-Kovarianz-Modells (vgl. Abbildung VIII.10).

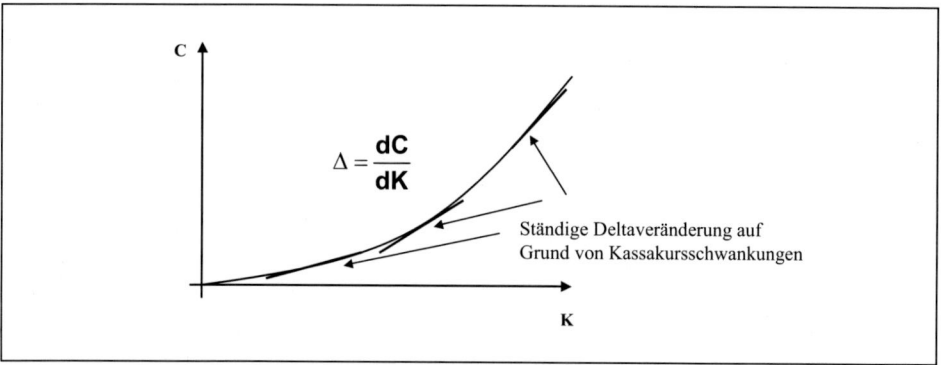

Abbildung VIII.10: *Die ständige Veränderung des Deltas*

Die zweite Methode des Varianz-Kovarianz-Modells bildet der *Delta-Gamma-Ansatz*.[332] Darin wird die Veränderung des Deltas durch eine weitere griechische Kennzahl berücksichtigt. Das Gamma Γ gibt die Veränderungsrate des Deltas Δ bezüglich der Veränderung des Kassakurses an (vgl. Abbildung VIII.11).

---

332 Vgl. HULL, J. C.: Optionen, Futures und andere Derivate, 4. Auflage, München 2001, S. 499; JORION, P.: Value at Risk – The New Benchmark for Controlling Derivatives Risk, USA 1997, S. 191 ff.

▷ **Das Optionsgamma gibt die Veränderungsrate des Optionsdeltas bezüglich der Veränderung des Kassakurses an:**

$$\Gamma(\text{Call}) = \frac{d^2 C}{dK^2}$$

▷ **Für eine Call-Option auf Aktien ohne Dividendenzahlung gilt gemäß dem Modell von Black/Scholes:**

$$\Gamma(C) = \frac{N'(d_1)}{K * \sigma * \sqrt{T}}$$

Abbildung VIII.11: *Das Gamma*

Für das Beispiel lässt sich berechnen, wie stark sich das Delta ändert, wenn sich der Aktienkurs um 1,00 EUR verändert. Graphisch beschreibt das Gamma die Krümmung der Optionspreiskurve (vgl. Abbildung VIII.12). Die Krümmung ist dort am größten, wo der Aktienkurs nahe am Basispreis liegt, die Option also am Geld ist. In diesem Bereich ist das Gamma am größten, was bedeutet, dass dort die Steigung der Optionspreiskurve am steilsten ist und sich somit das Delta am stärksten verändert.

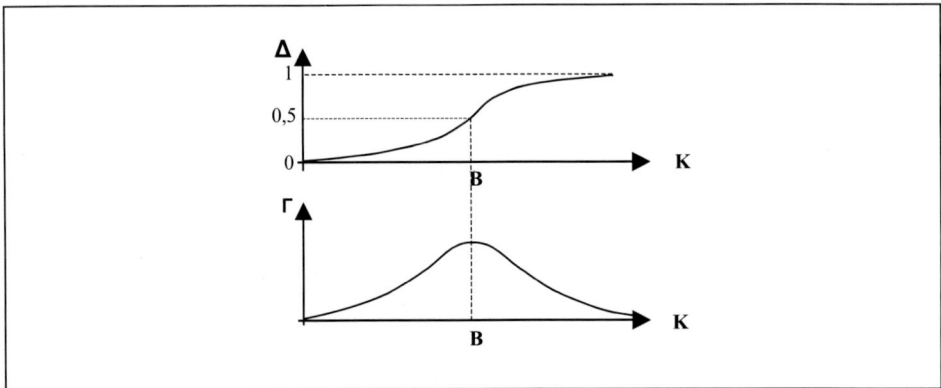

Abbildung VIII.12: *Das Optionsgamma beschreibt die Krümmung des Optionsdeltas*

Für das Beispiel ergibt sich für den Aktienkurs von 100 EUR ein Gamma von -0,0336.[333] Damit das Gamma in der Value-at-Risk-Berechnung berücksichtigt werden kann, ist zuvor eine *Taylor-Approximation* der Optionsbewertungsfunktion notwendig. Die Taylor-Approximation hat viele Verwendungszwecke bei Risikoberechnungen. Mit ihrer Hilfe lassen sich Durationsmaße, Konvexitätsmaße und auch die Formel von Black/Scholes ableiten. Zunächst wird die Taylor-Approximation an einem einfachen Beispiel vorgeführt. Gegeben

---

[333] Das Gamma bezieht sich auf eine Kursänderung der Aktie von -1 EUR. Die Formel zur Berechnung des Gammas und der ausführliche Rechenweg werden im mathematischen Anhang in Kapitel XII gezeigt.

sei eine fiktive Bewertungsfunktion H mit $H(x) = x^5$. Der Preis H für das fiktive Instrument ergibt sich in Abhängigkeit von x. Für $x = 11$ wird $H(x)$ exakt berechnet und ergibt den Wert 161.051 ($= 11^5$). Die Fragestellung lautet: Wie ändert sich $H(x)$ wenn sich x um -1 verändert, das heißt $x = 10$ ist. Eine neue Berechnung von $H(x)$, mit $x = 10$ führt zu dem Wert 100.000 ($= 10^5$). Für eine Value-at-Risk-Berechnung mit dem Varianz-Kovarianz-Ansatz ist die Berechnung von $H(x)$ für jedes x zu aufwendig, insbesondere wenn $H(x)$ eine Optionspreisformel wäre. Für nichtlineare Finanzinstrumente wie Optionen muss eine *Linearisierung* der nichtlinearen Bewertungsfunktion versucht werden.

Mit Hilfe der Taylor-Approximation kann näherungsweise der Wert für H(10) berechnet werden, wenn H(11) bekannt ist. Zu diesem Zweck wird schrittweise die erste, zweite, dritte bis n-te Ableitung von $H(x)$ gebildet und zu einer Summe verknüpft. In Abbildung VIII.13 ist die Taylor-Approximation von $H(x)$ zunächst allgemein und darunter für das verwendete Beispiel mit $H(x) = x^5$ gezeigt. Die erste Ableitung von $H(x)$ nach x ist dH/dx, folglich wird aus $H(x) = x^5$ nach der Ableitung $5 \cdot x^{5-1} = 5 \cdot x^4$. Die zweite Ableitung von $H(x)$ ist $4 \cdot 5 \cdot x^{4-1} = 20 \cdot x^3$. Jeder abgeleitete Term bildet einen Summanden, der erste Term wird mit $\Delta x = -1$ gewichtet, der zweite Term mit $\Delta x^2 = (-1)^2$ und der dritte Term mit $\Delta x^3 = (-1)^3$. Allgemein wird der Term der n-ten Ableitung mit Δx^n gewichtet.

$$\text{Funktion} \qquad H(x) = x^5$$

$$\text{exakte Berechnung für} \qquad x = 11: \quad H(11) = 11^5 = 161.051$$

$$\text{Taylor} - \text{Approximation für} \quad x = 10 \; (\Delta x = -1)$$

$$\Delta H = \frac{dH}{dx} \cdot \Delta x + \frac{1}{2} \cdot \frac{d^2H}{dx^2} \Delta x^2 + \frac{1}{6} \cdot \frac{d^3H}{dx^3} \Delta x^3 + \frac{1}{24} \cdot \frac{d^4H}{dx^4} \Delta x^4$$

$$= 5 \cdot x^4 \cdot \Delta x + \frac{1}{2} \cdot 20 \cdot x^3 \cdot \Delta x^2 + \frac{1}{6} 60 \cdot x^2 \cdot \Delta x^3 + \frac{1}{24} \cdot 120 \cdot x^1 \cdot \Delta x^4$$

$$= \underbrace{5 \cdot 11^4 \cdot (-1)}_{} + \underbrace{\frac{1}{2} \cdot 20 \cdot 11^3 \cdot (-1)^2}_{} + \underbrace{\frac{1}{6} \cdot 60 \cdot 11^2 \cdot (-1)^3}_{} + \underbrace{\frac{1}{24} \cdot 120 \cdot 11 \cdot (-1)^4}_{}$$

1. Summand	2. Summand	3. Summand	4. Summand
= -73.205	= 13.310	= -1.210	= 55

Abbildung VIII.13: *Beispiel für eine Taylor-Approximation*

Mit Hilfe der Taylor-Approximation kann näherungsweise der Wert für H(10) berechnet werden, wenn H(11) bekannt ist. Zu diesem Zweck wird schrittweise die erste, zweite, dritte bis n-te Ableitung von $H(x)$ gebildet und zu einer Summe verknüpft. In Abbildung VIII.13 ist die Taylor-Approximation von $H(x)$ zunächst allgemein und darunter für das verwendete Beispiel mit $H(x) = x^5$ gezeigt. Die erste Ableitung von $H(x)$ nach x ist dH/dx, folglich wird aus $H(x) = x^5$ nach der Ableitung $5 \cdot x^{5-1} = 5 \cdot x^4$. Die zweite Ableitung von $H(x)$ ist $4 \cdot 5 \cdot x^{4-1} =$

$20 \cdot x^3$. Jeder abgeleitete Term bildet einen Summanden, der erste Term wird mit $\Delta x = -1$ gewichtet, der zweite Term mit $\Delta x^2 = (-1)^2$ und der dritte Term mit $\Delta x^3 = (-1)^3$. Allgemein wird der Term der n-ten Ableitung mit Δx^n gewichtet.

Die Summe der Ableitungen des ersten bis n-ten Grades approximiert die Veränderung ΔH für eine Änderung von x um Δx. Daher werden die Summanden aus der Taylor-Approximation zu dem Wert von $H_{(11)} = 161.051$ addiert, um $H_{(11+\Delta x)}$ zu erhalten. Wie viele Terme zu berücksichtigen sind, hängt von der gewünschten Genauigkeit der Näherung ab. Wird nur der erste Term berücksichtigt, ergibt die Taylor-Approximation einen Schätzwert von 87.846 (= 161.051 + (-73.205)). Die Differenz zu dem exakten Wert von 100.000 beträgt 12.154. Die Berücksichtigung der ersten beiden Summanden führt zu einem besseren Schätzwert von 101.156 (= 161.051 + (-73.205) + 13.310). Wenn schließlich die ersten vier Summanden einbezogen werden, liefert die Taylor-Approximation einen Schätzwert von 100.001, der nur noch marginal von dem exakten Wert 100.000 abweicht (vgl. Abbildung VIII.14).

	Taylor-Terme	kumuliert
H(11)	161.051	
1. Ableitung	-73.205	87.846
2. Ableitung	13.310	101.156
3. Ableitung	-1.210	99.946
4. Ableitung	55	100.001

Abbildung VIII.14: *Taylor-Approximation*

Die Delta-Normal-Methode berücksichtigt nur das Delta, welches der ersten Ableitung der Optionspreisformel von Black/Scholes entspricht. Bei der *Delta-Gamma-Methode* wird auch die *zweite Ableitung* berücksichtigt, so dass Wertschwankungen von Optionen besser abgebildet werden können. Aus den in Abbildung VIII.11 gezeigten Abhängigkeiten folgt für das Gamma der Aktienoption ein Wert von -0,0336.[334] Das Gamma entspricht der zweiten Ableitung der Optionspreisformel von Black/Scholes und wird in Form einer Taylor-Approximation zu der ersten Ableitung addiert, dem Delta.

Die allgemeine Darstellung der Delta-Gamma-Methode in Form einer Taylor-Approximation zeigt Gleichung VIII.3. Für das Beispiel ergibt sich ein Value at Risk der Aktienoption von -0,1116 mit einer Wahrscheinlichkeit von 95 Prozent. Die Differenz zum Value at Risk mit der Delta-Normal-Methode beträgt 0,00032 und ist identisch mit dem Wert aus der zweiten Ableitung, die das Gamma enthält.

---

[334] Genaue Berechnung vgl. mathematische Grundlagen im Kapitel XII.

Gleichung VIII.3:

VaR_{Call} = Optionspreis • |Δ| • z-Wert • Volatilität - ½ • Γ • (z-Wert • Volatilität • Optionspreis)²

Beispiel:

VaR_{Call} = 7,80 EUR • 0,8113 • (-1,6449) • 0,01075 + ½ • 0,0336

        • (-1,6449 • 0,01075 • 7,80)²

VaR_{Call} = -0,1119 + 0,00032 = -0,1116

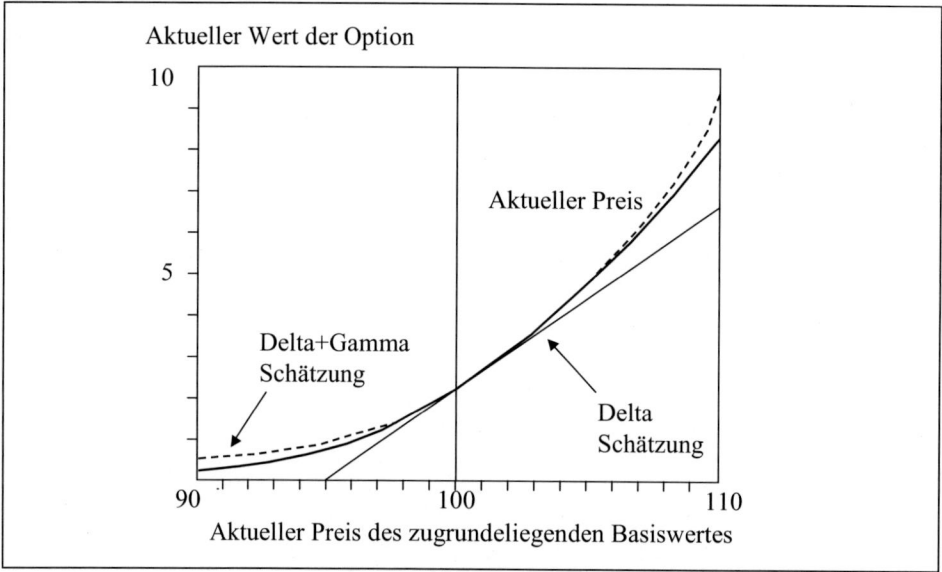

Abbildung VIII.15: *Delta-Gamma-Approximation für eine Kaufoption*

Der Value at Risk mit Hilfe der Delta-Gamma-Methode fällt geringer aus, da durch das Gamma der gekrümmte Verlauf der Optionspreisformel besser berücksichtigt wird. Wenn der Aktienkurs sinkt, fällt der Optionspreis langsamer, als von der Delta-Normal-Methode angenommen wird (vgl. Abbildung VIII.15). Der Käufer einer Kaufoption, im Englischen wird die Position kurz als long Call bezeichnet, profitiert von einem hohen Gamma (long Gamma). Je größer das Gamma, desto stärker ist die Kurve gekrümmt und umso langsamer fällt der Optionswert bei sinkenden Aktienkursen. Ebenso positiv ist der Fall steigender Kurse, denn hier steigt der Optionswert schneller als dies bei einem linearen Verlauf angenommen wird.[335]

---

[335] Vgl. BUTLER, C.: Mastering Value at Risk – A step by step guide to understanding and applying VaR, Wiltshire GB 1999, S. 110 f. Der gleiche Effekt gilt bei long Put Positionen und Anleihen mit einer hohen Konvexität.

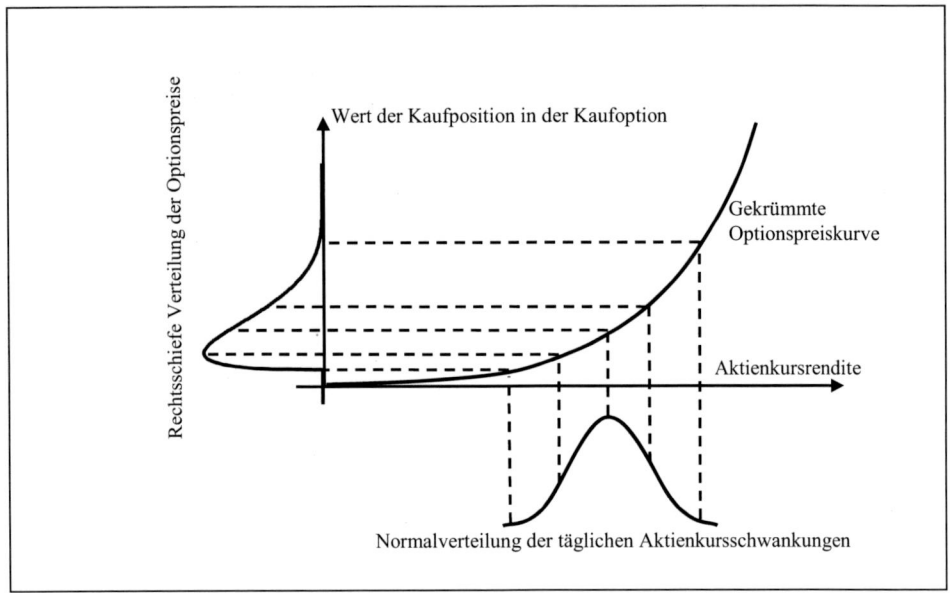

Abbildung VIII.16: Verteilung für den Optionspreis einer Kaufoption

Im Umkehrschluss bedeutet ein hohes Gamma für den Stillhalter (Verkäufer, engl. short Call) der Option sowohl bei sinkenden als auch steigenden Aktienkursen ein höheres Risiko, als von der Delta-Normal-Methode angenommen wird. Der Delta-Gamma-Methode hingegen gelingt es besser, den gekrümmten Verlauf der Optionspreiskurve nachzubilden. Jedoch entsteht durch die Krümmung ein neues Problem. Je größer das Gamma ist, umso stärker krümmt sich die Optionspreiskurve und umso schiefer wird die Verteilung der Optionspreise. Für den Käufer einer Kaufoption ist das Gamma positiv und es ergibt sich eine rechtsschiefe Verteilung der Optionspreise (vgl. Abbildung VIII.16).[336]

Eine rechtsschiefe Verteilung ist gekennzeichnet durch eine schmale Flanke am äußeren linken Ende. Für die Value-at-Risk-Berechnung ist das linke Ende entscheidend. Da auch von der Delta-Gamma-Methode eine Normalverteilung angenommen wird, kommt es ohne Berücksichtigung der Schiefe zu einer *Überschätzung des Risikos*. Eine Korrektur unter Einbezug der gemessenen Schiefe ist mit Hilfe der Cornish-Fisher-Erweiterung möglich, die den z-Wert um die Schiefe der Verteilung bereinigt.[337]

---

[336] Der Verkäufer einer Kaufoption hat die Gegenposition, folglich ein negatives Gamma und eine daraus resultierende linksschiefe Verteilung für den Optionswert. Vgl. HULL, J. C.: Optionen, Futures und andere Derivate, 4. Auflage, München 2001, S. 500 f.

[337] Vgl. HULL, J. C.: Optionen, Futures und andere Derivate, 4. Auflage, München 2001, S. 502 f.; RAU-BREDOW, H.: Überwachung von Marktpreisrisiken durch Value at Risk, in: WiSt., 6/2001, S. 317.

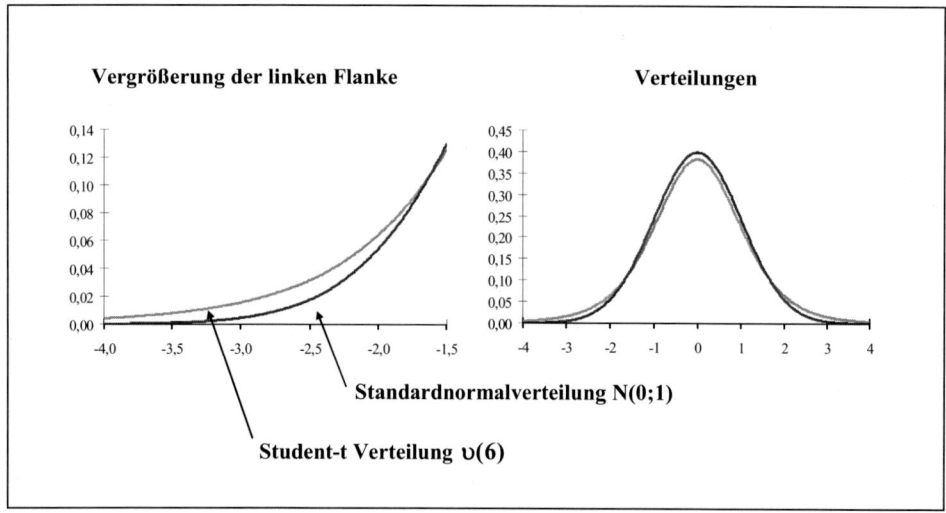

Abbildung VIII.17: *Vergleich Student-t-Verteilung mit Standardnormalverteilung*

Abschließend werden beide Varianten des Varianz-Kovarianz-Modells kritisch gewürdigt. Die Delta-Normal-Methode hat gegenüber allen anderen Methoden zur Risikomessung den Vorteil einer besonders schnellen und einfachen Risikoschätzung. Davon abgesehen benötigt das Modell aber eine Reihe von Annahmen, die in der Realität nicht immer erfüllt sind.[338] Am häufigsten wird die Annahme normalverteilter Veränderungen der Risikofaktoren kritisiert, die nach Auffassung von einigen Autoren wie beispielsweise Wegner/Sievi/Schumacher für die Praxis nicht haltbar sei.[339] Deshalb haben in der Vergangenheit zahlreiche Autoren Ansätze zur Risikomessung mit parametrischen Modellen auf Basis alternativer Verteilungen, etwa der Student-t-Verteilung, präsentiert.[340]

Die **Student-t-Verteilung** wurde im Jahr 1908 von W. S. Gossett entdeckt. Zu diesem Zeitpunkt war Gossett bei der Guinness Brauerei beschäftigt, die ihren Angestellten keine Veröffentlichungen zugestand. Daher veröffentlichte Gossett seine Erkenntnisse unter dem Pseudonym „Student". Die Student-t-Verteilung ist, wie die Normalverteilung auch, eine Glockenkurve, die den Bereich von minus bis plus Unendlich abdeckt. Die Parametrisierung der Verteilung erfolgt über die Anzahl der Freiheitsgrade υ.

Die Student-t-Verteilung nähert sich mit zunehmendem Freiheitsgrad der Standardnormalverteilung N(0;1) an. Für unendlich viele Freiheitsgrade ist die Student-t-Verteilung mit der

338 Vgl. FRÖMMEL, M.; MENKHOFF, L.; TOLKSDORF, N.: Wechselkursvolatilität und institutsspezifische Value at Risk-Ansätze, in: Die Sparkasse, 11/1999, 116. Jahrgang, S. 508 ff.

339 Vgl. WEGNER, O.; SIEVI, C.; SCHUMACHER, M.: Szenarien der wertorientierten Steuerung des Zinsänderungsrisikos, in: Betriebswirtschaftliche Blätter, 03/2001, S. 140.

340 Für eine Übersicht vgl. MINA, J.; YI XIAO, J.: Return to RiskMetrics: The Evolution of a Standard, RiskMetrics Group, New York 2001, veröffentlicht auf: www.riskmetrics.com., 97 f.; Monographie: GROTTKE, M.: Die t-Verteilung und ihre Verallgemeinerungen als Modell für Finanzmarktdaten, Lohmar 2002.

Standardnormalverteilung identisch. In Abbildung VIII.17 wird eine Student-t-Verteilung mit sechs Freiheitsgraden der Standardnormalverteilung gegenübergestellt. Im Gegensatz zu der Standardnormalverteilung hat die Student-t-Verteilung dickere Enden und kann somit besser die in der Realität häufig beobachteten „fat tails" abbilden. Von Koedjik, Huisman und Pownall wird vorgeschlagen, die Anzahl der Freiheitsgrade der Student-t-Verteilung anhand der „(fat) tails" auszurichten.[341]

Eine umfassende Arbeit zur Verwendung der Student-t-Verteilung bei Existenz von fat tails bieten Glassermann, Heidelberger und Shahabuddin.[342] Die Autoren verwenden zunächst die Student-t-Verteilung zusammen mit einer Taylor-Approximation, wechseln dann jedoch zu einer Monte-Carlo-Simulation der Student-t-Verteilung. Die Ursache dafür ist, dass auch die Taylor-Approximation, wie sie in der Delta-Gamma-Methode Verwendung findet, nicht für alle Berechnungen eine ausreichende Genauigkeit bei der Value-at-Risk-Berechnung sicherstellen kann.

Neben den aufgewiesenen Vorteilen hat die Student-t-Verteilung auch *Nachteile.* Die Verteilung ist zwar besonders gut geeignet, um die fat tails abzubilden und kann entsprechend parametrisiert werden, dieser Vorteil wird jedoch zum Nachteil, wenn nicht nur die Risiken betrachtet werden sollen, sondern die gesamte Renditeverteilung. Denn fat tails gehen häufig einher mit hohen Wahrscheinlichkeiten für sehr geringe Renditen, was zusammen die Leptokurtosis ausmacht. Bereits die Normalverteilung ist in der Mitte zu flach, um bei der Leptokurtosis die hohen Wahrscheinlichkeiten für Renditen nahe Null abbilden zu können. Die Student-t-Verteilung ist noch flacher und damit vorrangig für die Berechnung des Value at Risk, nicht aber für die gesamte Wahrscheinlichkeitsverteilung von Renditen. Da Zeitreihen häufig nur begrenzt stationär sind, wird der Anwender in regelmäßigen Abständen mit der Parametrisierung der Student-t-Verteilung konfrontiert. Der daraus resultierende Nachteil besteht in dem hohen Aufwand zur Ermittlung des Verteilungsparameters.[343]

Für die Abbildung einer *einzelnen Kategorie von Risikofaktoren*, wie etwa Zinssätze für die Bewertung von Anleihen, mögen bessere Verteilungen als die Normalverteilung existieren. Die Herausforderung besteht jedoch darin, ein komplexes Portfolio mit einer Vielzahl unterschiedlicher Risikofaktoren, wie beispielsweise Zinsen, Aktien, Wechselkurse und Rohstoffpreise, adäquat und zeitnah abzubilden. Die Abweichung von der Normalverteilung zur Student-t-Verteilung ist dann eine gute Alternative, wenn das Unternehmen nur einem oder sehr wenigen Risikofaktoren ausgesetzt ist, alle Verteilungen mit der gleichen Anzahl von Freiheitsgraden parametrisiert werden können, und der Schwerpunkt der Risikomessung insbesondere auf der Berücksichtigung von fat tails liegt.

---

[341] Vgl. KOEDJIK, K.; HUISMAN, R.; POWNHALL, R.: VaR-x: Fat tails in Financial Risk Management, in: Journal of Risk 1, S. 47 ff.

[342] Vgl. GLASSERMANN, P.; HEIDELBERGER, P.; SHAHABUDDIN, P.: Portfolio Value at Risk with heavy-tailed risk factors, Working Paper Series in Money, Economics And Finance, Columbia Business School, Juni 2000, S. 13.

[343] Vgl. FRÖMMEL, M.; MENKHOFF, L.; TOLKSDORF, N.: Wechselkursvolatilität und institutsspezifische Value at Risk-Ansätze, in: Die Sparkasse, 11/1999, 116. Jahrgang, S. 509.

Die Delta-Normal-Methode führt, unabhängig davon, welche Verteilung ihr zu Grunde gelegt wird, zu falschen Risikoprognosen, wenn in dem betrachteten Portfolio Optionen enthalten sind.[344] Das Ausmaß des Fehlers wächst mit dem Portfolioanteil asymmetrischer Produkte. Daher wurde in dem zweiten Abschnitt dieses Kapitels die *Delta-Gamma-Methode* zur Lösung des Problems vorgeschlagen. Die Anwendung der Delta-Gamma-Methode liefert für Portfolios mit optionalen Produkten exaktere Value-at-Risk-Schätzungen als die Delta-Normal-Methode. Dennoch kommt es auch bei der Delta-Gamma-Methode zu *fehlerhaften Risikoeinschätzungen,* wenn die Restlaufzeit der Optionen gegen Null strebt und/oder die Optionen im Geld sind.

Die Autoren Knöchlein und Liermann haben die Prognosegüte der Delta-Normal-Methode und der Delta-Gamma-Approximation für Aktienoptionen mit einer Restlaufzeit von 91 Tagen und drei Tagen untersucht.[345] Dabei wurden die Value-at-Risk-Schätzungen aus den beiden Methoden mit Referenzwerten aus einer Monte-Carlo-Simulation verglichen. Während die Delta-Normal-Methode und die Delta-Gamma-Approximation nur eine Näherungslösung für die Veränderung des Optionspreises bei Änderung von Preisparametern liefern, wird bei der Monte-Carlo-Simulation die Option mit jedem simulierten Satz von Preisparametern neu bewertet (Vollbewertung).

Bei Restlaufzeiten von 91 Tagen entstehen aus beiden Approximationen bereits Abweichungen, die bei drei Tagen Restlaufzeit deutlich zunehmen. Für Optionen, die am Geld sind und/oder eine sehr kurze Restlaufzeit haben, wird eine Vollbewertung als ebenso notwendig angesehen wie bei exotischen Optionen oder sehr großen Risikofaktoränderungen. Weder die Delta-Normal-Methode noch die Delta-Gamma-Approximation liefern in den genannten Fällen zuverlässige Value-at-Risk-Schätzungen.

Zusammenfassend ist festzustellen, dass ein Portfolio, welches optionale Produkte beinhaltet, beiden Varianz-Kovarianz-Modellen Probleme bereitet. Die Delta-Normal-Methode ist einfach zu implementieren, kann jedoch in Extremfällen einen Value at Risk von Null ausweisen, obwohl tatsächlich Risiken in Millionenhöhe vorhanden sind.[346] Die Delta-Gamma-Methode ist exakter, aber mathematisch auch anspruchsvoller. Trotzdem gelingt auch mit dieser Methode keine zuverlässige Bestimmung des Value at Risk, sobald ein erhöhter Bestand an Optionen in das Portfolio aufgenommen wird. Dabei kann keine generelle Aussage über die Größe des Fehlers bei der VaR-Schätzung in Abhängigkeit des Volumens an Optionen gemacht werden. Die alleinige Präsenz von Optionen im Portfolio muss allerdings nicht zu einem falschen Value at Risk führen. Der Fehler hängt vielmehr von der Restlaufzeit und

---

[344] Vgl. BUTLER, C.: Mastering Value at Risk – A step by step guide to understanding and applying VaR, Wiltshire GB 1999, S. 108. JORION, P.: Value at Risk – The New Benchmark for Controlling Derivatives Risk, USA 1997, S. 209.

[345] Vgl. KNÖCHLEIN, G.; LIERMANN, V.: Value at Risk und Barwert-Approximation, in: Betriebswirtschaftliche Blätter, Nr. 8/2000, 49. Jahrgang, S. 388 ff.

[346] Als Beispiel kann die deltaneutrale Kombination von Calls und Puts betrachtet werden. Das positive Delta vom Call wird durch das negative Delta vom Put aufgehoben. Die Delta-Normal-Methode würde ein Risiko von Null ausweisen. Die englische Barings Bank wurde 1995 mit dieser „risikolosen" Kombination von Nick Leeson ruiniert. Vgl. JORION, P.: Value at Risk – The New Benchmark for Controlling Derivatives Risk, USA 1997, S. 215 ff.

der Volatilität der Optionen und von der betrachteten Haltedauer für den Value at Risk ab.[347] Von Jorion wird explizit darauf hingewiesen, dass auch das Wurzelgesetz nicht anwendbar ist, wenn im Portfolio Optionen vorhanden sind.

Für die Praxis kann das Varianz-Kovarianz-Modell als erste schnelle Lösung dienen, um beispielsweise einen groben Eindruck von den aktuell bestehenden Risiken zu erhalten. So könnte die tägliche Risikoüberwachung mit einem Varianz-Kovarianz-Modell erfolgen und in gewissen Abständen wären die Risikoschätzungen mit Hilfe von exakteren, aber komplexen und rechenaufwendigen Modellen wie beispielsweise der Monte-Carlo-Simulation und einer Vollbewertung zu prüfen.

3.   Die Historische Simulation

Die Historische Simulation verzichtet auf eine analytische Untersuchung der Risikofaktoren und arbeitet stattdessen mit Daten der Vergangenheit.[348] Entsprechend hoch ist der Aufwand für die Pflege des Datenhaushalts. Während für die Anwendung des Varianz-Kovarianz-Ansatzes und der Monte-Carlo-Simulation die Schätzung der Volatilitäten und Korrelationen genügt, müssen für die Historische Simulation von allen Risikofaktoren alle Tageswerte der betrachteten Vergangenheit archiviert werden. Die Schwierigkeit besteht in der Auswahl eines optimalen Zeitfensters. Wenn die betrachteten Werte weit in die Vergangenheit zurückgehen, stellt sich die Frage, inwiefern sehr alte Beobachtungen für die aktuelle Risikomessung noch relevant sind. Wird die Historie jedoch zu kurz gewählt, stellt sich die Frage, ob die Anzahl der betrachteten Werte repräsentativ ist. Gleichzeitig vergrößert sich der Schätzfehler bei abnehmendem Stichprobenumfang.

Im Folgenden wird die Historische Simulation an einem Beispiel erläutert. Für den Wechselkurs EUR/USD soll am 30.06.2008 auf Basis von zunächst 250 historischen Wechselkursdifferenzen der Value at Risk mit einer Haltedauer von einem Tag und einer Wahrscheinlichkeit von 95 Prozent berechnet werden. Das einfachste Verfahren zur Durchführung einer Historischen Simulation ist die *Differenzenmethode*.[349] Die Anwendung der Differenzenmethode wird für die Inntal AG mit einer Fremdwährungsposition von 4.194.689 USD (= Rohstoffvorrat von 478 Tonnen Kupfer) gezeigt, die per 30.06.2008 einen Gegenwert von 2.654.866 EUR hat (= 4.194.689 USD : 1,58 EUR/USD).

---

[347] Vgl. JORION, P.: Value at Risk – The New Benchmark for Controlling Derivatives Risk, USA 1997, S. 208-218.

[348] Vgl. BUTLER, C.: Mastering Value at Risk – A step by step guide to understanding and applying VaR, Wiltshire GB 1999, S. 50 f.; Oehler, A.; Unser, M.: Finanzwirtschaftliches Risikomanagement, Berlin 2001, S. 161.

[349] Vgl. HUSCHENS, S.: Value at Risk-Berechnung durch historische Simulation, in: Dresdner Beiträge zu Quantitativen Verfahren Nr. 30/00, Technische Universität Dresden, Fakultät für Wirtschaftswissenschaften, Dresden 2000, S. 6 f., 12 ff.

In einem ersten Schritt werden für die vom 30.06.2008 aus betrachtet letzten 250 Handelstage die täglichen Wechselkursdifferenzen berechnet (jeweils alter Wechselkurs minus neuer Wechselkurs). Ausgehend vom aktuellen Wechselkurs 1,58 EUR/USD per 30.06.2008 werden die 250 historischen Differenzen addiert und ergeben so 250 Szenarien für die Wechselkursänderung binnen eines Tages. Mit den 250 Wechselkursszenarien wird im zweiten Schritt die Fremdwährungsposition von 4.194.689 USD bewertet. Daraus entstehen 250 mögliche Fremdwährungsvermögen in EUR konvertiert. Diese können der Größe nach geordnet und als Häufigkeitsverteilung dargestellt werden (vgl. Abbildung VIII.19). Aus der Häufigkeitsverteilung ist ablesbar, welcher Verlust im Fremdwährungsvermögen in EUR mit einer bestimmten Wahrscheinlichkeit binnen eines Tages aufgrund von Wechselkursschwankungen nicht überschritten wird. In dem betrachteten Beispiel beträgt dieser Value at Risk circa 16.200 EUR (= Ausgangswert heute 2.654.866 minus 5 %-schlechtester Wert morgen 2.638.633).

Historie	Datum	EUR/USD	Differenz	Simulation	
-250	16.07.2007	1,377			
-249	17.07.2007	1,378	0,001	1,581	**Simulation:**
-248	18.07.2007	1,380	0,001	1,581	**Wechselkurs**
-247	19.07.2007	1,380	0,000	1,580	**vom 30.06.08**
-246	20.07.2007	1,383	0,003	1,583	**+ historische**
-245	23.07.2007	1,381	-0,002	1,578	**Differenz.**
-244	24.07.2007	1,383	0,001	1,581	
-243	25.07.2007	1,373	-0,007	1,573	**Beispiel:**
-242	26.07.2007	1,374	0,001	1,581	**1,58 + 0,004**
-241	27.07.2007	1,363	-0,008	1,572	**= 1,584**
-240	30.07.2007	1,369	0,004 ⟷	1,584 ⟷	
…	…	…	…	…	
…		…	…	…	
…	…	…	…	…	
-8	18.06.2008	1,553	0,002	1,582	
-7	19.06.2008	1,551	-0,002	1,578	
-6	20.06.2008	1,563	0,008	1,588	
-5	23.06.2008	1,552	-0,007	1,573	
-4	24.06.2008	1,557	0,003	1,583	
-3	25.06.2008	1,567	0,007	1,587	
-2	26.06.2008	1,575	0,005	1,585	
-1	27.06.2008	1,580	0,003	1,583	
0	30.06.2008	1,576	-0,003	1,577	

Abbildung VIII.18: *Die Differenzenmethode*

Für einen längeren Planungshorizont werden statt der täglichen Differenzen die wöchentlichen, monatlichen oder quartalsweisen Differenzen berechnet und in der Simulation addiert. Beispielsweise ergibt sich die erste 10-Tages-Differenz aus der Subtraktion des Wechselkurses vom 16.07.2007 (t_{-250} = 1,377 EUR/USD) von dem Wert am 30.07.2007 (t_{-240} = 1,369 EUR/USD) und beträgt -0,008 EUR/USD. In der Risikobetrachtung wird dieser Wert zum aktuellen Wechselkurs von 1,58 EUR/USD addiert und simuliert das erste Szenario für den Wechselkurs in zehn Tagen: 1,588 EUR/USD. Das zweite Szenario folgt analog aus der 10-Tages-Differenz zwischen dem 17.07.2007 und dem 31.07.2007.

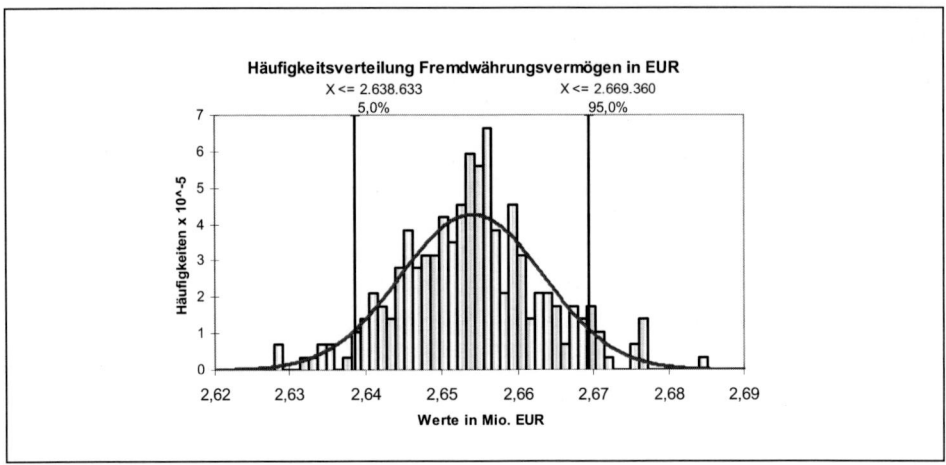

Abbildung VIII.19: *Geordnete Ergebnisse für die Differenzenmethode*

Die wesentliche *Annahme der Differenzenmethode* besteht darin, dass die Höhe der Differenzen unabhängig vom Niveau des Risikofaktors ist, respektive das Niveau im Zeitablauf relativ konstant bleibt. Diese Annahme ist bei einem Wechselkurs annähernd erfüllt, da dieser keine Sprünge von 1,00 EUR/USD auf 8,00 EUR/USD und zurück verfolgt. Anders sieht es beispielsweise beim Kupferpreis aus, der im September 2003 bei einem Preisniveau um 1.700 bis 1.800 USD notierte und im Mai 2006 auf knapp 8.800 USD kletterte. Die auf einem Preisniveau um 1.800 USD gemessenen Schwankungen sind nicht übertragbar auf das Niveau von 8.800 USD und umgekehrt. In solchen Fällen kann es zu falschen Risikoeinschätzungen kommen.

In der Literatur wird in Einzelmeinungen die Verwendung relativer oder logarithmierter Veränderungen als Alternative gegenüber der Betrachtung von absoluten Differenzen abgelehnt.[350] Das nachfolgende Beispiel zeigt aber, dass der herrschenden Meinung folgend gerade die relativen und logarithmierten Veränderungen (Renditen) von Risikofaktoren für eine korrekte Risikoeinschätzung zielführend sind. Die *Quotientenmethode* misst die *logarithmierten Veränderungen* und erfüllt sowohl das Kriterium der Unabhängigkeit von dem absoluten Niveau als auch das Kriterium der Stationarität.[351] Für das Standardbeispiel einer Fremdwährungsposition werden die *logarithmierten Wechselkursänderungen* der vergangenen 250 Tage berechnet. Die erste Wechselkursänderung ergibt sich aus dem natürlichen Logarithmus des Quotienten $\ln$(Wechselkurs$_{t-249}$: Wechselkurs$_{t-250}$) und beträgt für das Beispiel 0,00065 (= $\ln$(1,378 / 1,377)). Die nächste logarithmierte Wechselkursänderung folgt analog aus $\ln$(Wechselkurs$_{t-248}$/Wechselkurs$_{t-249}$) und beträgt 0,00145 (= $\ln$(1,380 / 1,378). Auf diese Weise entstehen 250 logarithmierte tägliche Wechselkursänderungen. Im zweiten

---

[350] Vgl. WEGNER, O.; SIEVI, C.; SCHUMACHER, M.: Szenarien der wertorientierten Steuerung des Zinsänderungsrisikos, in: Betriebswirtschaftliche Blätter, 03/2001, S. 139.

[351] Zu den Kriterien vgl. Kapitel XII.

Schritt werden die 250 beobachteten Veränderungen (Renditen) mit dem Wechselkurs vom 30.06.2008 multipliziert (=1,58 EUR/USD • $e^{logarithmierte\ Rendite}$) und ergeben 250 mögliche Wechselkursänderungen für den nächsten Tag.

Historie	log. Rendite EUR/USD	log. Rendite Kupfer	Simulation EUR/USD	Simulation Kupfer	Vermögen in EUR
-249	0,00065	-0,01613	1,58	8.635	2.610.676
-248	0,00145	0,00509	1,58	8.820	2.664.545
-247	-0,00036	0,01524	1,58	8.910	2.696.610
-246	0,00261	0,01483	1,58	8.907	2.687.507
-245	-0,00188	0,01096	1,58	8.872	2.689.181
-244	0,00145	-0,00611	1,58	8.722	2.634.882
-243	-0,00740	-0,02293	1,57	8.577	2.613.958
-242	0,00087	-0,00869	1,58	8.700	2.629.598
-241	-0,00760	-0,00329	1,57	8.747	2.666.320
-240	0,00439	0,00063	1,59	8.781	2.644.911
...	...	...	...	...	...
...	...	...	...	...	...
...	...	...	...	...	...
-9	0,00252	-0,00900	1,58	8.697	2.624.450
-8	0,00174	0,01396	1,58	8.899	2.687.506
-7	-0,00168	0,01073	1,58	8.870	2.688.008
-6	0,00797	0,02409	1,59	8.990	2.698.036
-5	-0,00719	-0,00578	1,57	8.725	2.658.619
-4	0,00309	-0,00575	1,58	8.725	2.631.495
-3	0,00653	0,00593	1,59	8.828	2.653.269
-2	0,00547	0,00105	1,59	8.785	2.643.156
-1	0,00260	0,01497	1,58	8.908	2.687.922
0	-0,00254	0,01094	1,58	8.872	2.690.891

Abbildung VIII.20: *Datenaufbereitung für die Quotientenmethode*

Die logarithmierte Veränderung (Rendite) wird zur Basis der Eulerschen Zahl e ≈ 2,718282 potenziert, da zuvor die Veränderungen aus dem Logarithmus des Quotienten zweier aufeinanderfolgenden Wechselkurse errechnet wurden. Die e-Funktion bildet die Umkehrfunktion zum natürlichen Logarithmieren. Durch die Betrachtung der Veränderungen in Relation zum jeweiligen Preisniveau können einfacher mehrere Risikofaktoren in ihrer wechselseitigen Wirkung betrachtet werden, beispielsweise der Wechselkurs EUR/USD und der Kupferpreis. Auf diese Weise werden wechselseitige Abhängigkeiten und Diversifikationseffekte implizit in der Risikosimulation berücksichtigt (vgl. Abbildung VIII.20). Einige Autoren verzichten auf das Logarithmieren und berechnen die täglichen Veränderungen aus dem Quotienten $(S_{t-249} - S_{t-250}) / S_{t-250}$.[352] Aus Vereinfachungsgründen ist der Verzicht auf die logarithmierten Veränderungen zulässig, insbesondere dann, wenn die Wechselkursänderungen gering sind und die Wechselkurse selbst auf einem hohen Niveau liegen.[353]

---

[352] Vgl. HULL, J. C.: Optionen, Futures und andere Derivate, 4. Auflage, München 2001, S. 523; HUSCHENS, S.: Value at Risk-Berechnung durch historische Simulation, in: Dresdner Beiträge zu Quantitativen Verfahren Nr. 30/00, Technische Universität Dresden, Fakultät für Wirtschaftswissenschaften, Dresden 2000, S. 9.

[353] Vgl. HAGER, P.: Corporate Risk Management – Cash Flow at Risk und Value at Risk, Frankfurt/Main 2004, S. 129 ff.

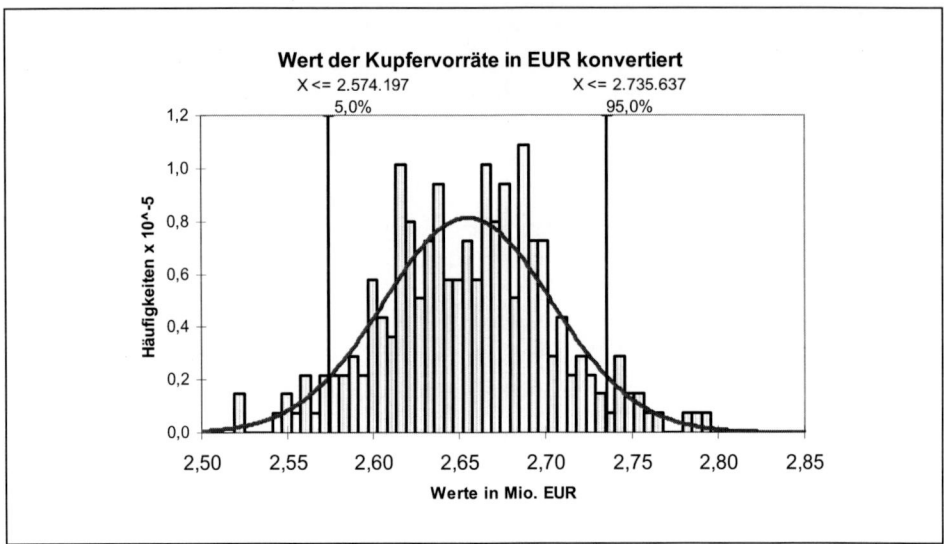

Abbildung VIII.21: *Geordnete Ergebnisse der Historischen Simulation für den Wechsel-kurs EUR/USD und den Kupferpreis (logarithmierten Renditen)*

Auf die in Abbildung VIII.20 gezeigte Weise werden 250 mögliche Wechselkurse und Kup-ferpreise für den nächsten Tag berechnet. Die Wechselkursschwankungen und Kupferpreis-änderungen werden paarweise so in die Zukunft simuliert, wie sie in der Historie beobachtet wurden. Dadurch wird implizit die historische Korrelation zwischen beiden Risikofaktoren berücksichtigt. Abbildung VIII.21 zeigt als Ergebnis der Simulation die Häufigkeitsverteilung für den Wert in EUR der 478 Tonnen Kupfervorräte. Für die im Beispiel gewählte Wahr-scheinlichkeit von 95 Prozent muss das 5 %-Quantil bestimmt werden. Mit 5 Prozent Wahr-scheinlichkeit wird der Verlust höher als der Wert des 5 %-Quantils ausfallen. Umgekehrt wird mit 95 Prozent Wahrscheinlichkeit höchstens ein Verlust in Höhe des 5 %-Quantils eintreten. Bei 250 geordneten möglichen Realisationen des Vermögens liegt das 5 %-Quantil zwischen dem 12. Wert und 13. Wert. Wird der 13. Wert als Quantilswert verwendet, dann sind 12 Werte (= 4,80 %) kleiner. Das ist zu wenig, da bei einem 5 %-Quantil erwartet wird, dass 5 Prozent der Werte unter dem Quantilswert liegen. Dient der 14. Wert als Quantilswert, dann liegen 13 Werte (= 5,20 %) darunter. Das ist zu viel, denn die Value-at-Risk-Schätzung hat in diesem Fall nur eine Wahrscheinlichkeit von 94,78 Prozent (= 100 % – 5,22 %) statt 95 Prozent. Bei einer konservativen Entscheidung fällt die Wahl auf den 13. Wert als 5 %-Quantil. Alternativ könnte zwischen dem 12. und 13. Wert interpoliert werden. Die Differenz zwischen dem 12. und 13. Wert ist zu 0,50 Teilen vom 12. Wert zu subtrahieren. Es ergibt sich ein interpoliertes 5 %-Quantil.[354] Im Beispiel wird mit 95 Prozent (hier mangels Interpo-lation exakt 95,20 %) Wahrscheinlichkeit der Wert der Rohstoffvorräte am nächsten Tag nicht unter 2.574.197 EUR fallen. Im Vergleich zum Ausgangswert vom 30.06.2008 (2.654.866

---

[354] Die Quantilsfunktion von Excel nutzt Interpolationen.

EUR) wäre das ein Verlust von circa 80.700 EUR. Dieser Value at Risk ist nahe an dem Wert von 80.600 EUR, der in Abschnitt VIII.1 mit dem Varianz-Kovarianz-Ansatz ermittelt wurde, obwohl beide Risikomodelle grundsätzlich unterschiedlich konzipiert sind.[355]

In der Literatur wird häufig nur die Quotientenmethode als Historische Simulation vorgestellt, ohne die Existenz weiterer Methoden zu erwähnen.[356] Um die möglichen, oben diskutierten Fehler bei der Risikoabschätzung mit Differenzen zu vermeiden, ist die Quotientenmethode vorzuziehen. Darin dürfte auch die Ursache liegen, dass der Differenzenmethode in der Literatur nur wenig bis keine Bedeutung zukommt.

Für die Betrachtung mehrer Risikofaktoren können innerhalb der Historischen Simulation grundsätzlich zwei Ansätze zur Berechnung des Portfoliorisikos unterschieden werden, der Faktoransatz und der Portfolioansatz.[357] Bei dem *Faktoransatz* wird zunächst für die einzelnen Risikofaktoren der Value at Risk isoliert berechnet und dann zu einem Value at Risk des Portfolios aufaddiert. Im Beispiel ergibt sich der Value at Risk des Portfolios aus der Summe der Value-at-Risk-Werte für das Wechselkursrisiko und das Rohstoffpreisrisiko, bei Bedarf unter Berücksichtigung einer explizit gemessenen Korrelation mit Hilfe der Gleichung VIII.1 Der Faktoransatz kann als ein gemischter Ansatz aus Differenzenmethode und Quotientenmethode eingesetzt werden. Die zweite Alternative zur Berücksichtigung mehrerer Risikofaktoren stellt der *Portfolioansatz* dar.[358] Implizit wird dabei unterstellt, dass die Veränderungen mehrerer Risikofaktoren in der Zukunft in der gleichen Kombination auftreten werden, wie es in der Vergangenheit beobachtet wurde. Die Berechnung in der Abbildung VIII.20 wurde nach dem Portfolioansatz durchgeführt.[359]

Abschließend kann für die Historische Simulation als wesentlicher Vorteil festgehalten werden, dass keine Verteilungsannahme benötigt wird. Der Ansatz kommt daher mit weniger Modellannahmen aus.[360] Es wird keine explizite Korrelationsmatrix berechnet. Im Portfolio-

---

[355] Beide Modelle arbeiten aber mit einer identischen Historie. Im Varianz-Kovarianz-Ansatz wurden die Standardabweichungen und die Korrelation aus der gleichen Historie geschätzt, wie sie in der Historischen Simulation für die Ermittlung der logarithmierten Renditen dient.

[356] Häufig wird die Historische Simulation nur hinsichtlich der zu Grunde liegenden Daten von der Monte-Carlo-Simulation abgegrenzt. Vgl. DEUTSCH, H.-P.: Derivate und interne Modelle: Modernes Risikomanagement, 2. Auflage, Stuttgart 2001, S. 410; HULL, J. C.: Optionen, Futures und andere Derivate, 4. Auflage, München 2001, S. 505 f.; JORION, P.: Value at Risk – The New Benchmark for Controlling Derivatives Risk, USA 1997, S. 193 ff.; OEHLER, A.; UNSER, M.: Finanzwirtschaftliches Risikomanagement, Berlin 2001, S. 161.

[357] Vgl. HUSCHENS, S.: Value at Risk-Berechnung durch historische Simulation, in: Dresdner Beiträge zu Quantitativen Verfahren Nr. 30/00, Technische Universität Dresden, Fakultät für Wirtschaftswissenschaften, Dresden 2000, S. 6 ff.

[358] Häufig wird unter dem Begriff der historischen Simulation ausschließlich der Portfolioansatz gezeigt. Vgl. DEUTSCH, H.-P.: Derivate und interne Modelle: Modernes Risikomanagement, 2. Auflage, Stuttgart 2001, S. 410; HULL, J. C.: Optionen, Futures und andere Derivate, 4. Auflage, München 2001, S. 506; JORION, P.: Value at Risk – The New Benchmark for Controlling Derivatives Risk, USA 1997, S. 193 ff.

[359] Für eine detaillierte Darstellung von Differenzen-/Quotientenmethode im Faktoransatz und Portfolioansatz vgl. HAGER, P.: Corporate Risk Management – Cash Flow at Risk und Value at Risk, Frankfurt/Main 2004, S. 133 ff.

[360] Vgl. DEUTSCH, H.-P.: Derivate und interne Modelle: Modernes Risikomanagement, 2. Auflage, Stuttgart 2001, S. 410.

ansatz werden in den Bewertungsdaten implizit die Korrelationen aus der Vergangenheit berücksichtigt. Durch Transformation der Bewertungsdaten aus der Vergangenheit werden Szenarien für die Risikofaktoren in der Zukunft generiert. Daraus ergeben sich zwei *Nachteile* der Historischen Simulation. Zum einen muss ein großer Datenhaushalt gepflegt werden und zum anderen lautet die *entscheidende Prämisse:* Was es in der Vergangenheit nicht gab, wird es auch in der Zukunft nicht geben, denn das Modell arbeitet mit historischen Beobachtungen und es lassen sich nur Dinge prognostizieren, die schon passiert sind. Zukunftsorientierte Marktdaten wie implizite Volatilitäten werden nicht berücksichtigt.

Bezüglich des Datenhaushalts können Probleme bei der Risikoberechnung entstehen, wenn beispielsweise in der Vergangenheit bestimmte Risikofaktoren (etwa Produkte, Währungen, Fonds etc.) noch nicht existiert haben, folglich auch keine Historie verfügbar ist. Umgekehrt ist die permanente Datenpflege aller potenziellen Risikofaktoren aufwendig. Für die Historische Simulation lässt sich ähnliche Kritik üben wie für die Volatilitäten auf Basis gleichgewichteter Beobachtungen aus einer langen Historie.[361] Alle historischen Veränderungen gehen durch ein rollierendes Zeitfenster gleichgewichtet in die Value-at-Risk-Berechnung ein. Dadurch können „Geisterkurven" entstehen, wenn zum Beispiel extreme Marktpreisveränderungen aus der Vergangenheit zunächst zu einer Überschätzung des aktuellen Risikos führen und anschließend, bei Wegfall aus dem rollierenden Zeitfenster, den Value at Risk plötzlich stark absacken lassen.[362]

Die Berechnung eines Value at Risk für Haltedauern von mehr als einem Tag mit der Historischen Simulation führt zu einem Entscheidungsproblem. Zum einen kann der Value at Risk zunächst für die Haltedauer von einem Tag berechnet und anschließend mit dem Wurzelgesetz auf zehn Tage skaliert werden. Jedoch setzt das Wurzelgesetz ebenso wie die Normalverteilungsannahme bei dem Varianz-Kovarianz-Modell die stochastische Unabhängigkeit der Wertänderungen voraus. Wird aber das im Varianz-Kovarianz-Modell wegen der mangelnden Unabhängigkeit abgelehnt, darf auch das Wurzelgesetz nicht angewendet werden. Hier hört die „Parameterfreiheit" der Historischen Simulation auf. Als Alternative zum Wurzelgesetz ist die Messung der historischen Veränderungen eines Risikofaktors über die gewünschte Haltedauer möglich. Wird beispielsweise für die Risikoprognose eine Haltedauer von zehn Tagen gewünscht, kann die Berechnung auf Basis der historischen Veränderungen innerhalb von je zehn Tagen erfolgen. Damit wäre eine Anwendung des Wurzelgesetzes zur Skalierung eines eintägigen Value at Risk auf den zehntägigen Wert überflüssig.

Allerdings entsteht nun ein neues Problem, denn die historischen zehntägigen Veränderungen können auf zwei Weisen berechnet werden. Zunächst wäre es denkbar, die Veränderung von t_0 auf t_{10}, von t_{10} auf t_{20}, von t_{20} auf t_{30} usw. zu messen. Dann gehen aber die Informationen über die Wertänderungen zwischen den Stichtagen verloren. Insbesondere stellt sich die Frage, welcher Tag t_0 sein soll, denn davon ausgehend wird festgelegt, welche nachfolgenden Tage in dem zehntägigen Intervall berücksichtigt werden. Wenn t_0 beispielsweise ein Montag ist, wird stets die Veränderung von Montag auf Freitag der nachfolgenden Woche gemessen

---

[361] Vgl. Kapitel XII.

[362] Vgl. JORION, P.: Value at Risk – The New Benchmark for Controlling Derivatives Risk, USA 1997, S. 224.

(zehn Handelstage). Dann stellt sich aber die Frage, wieso nicht beispielsweise von Mittwoch auf Dienstag der jeweils übernächsten Woche gemessen werden soll. Die Gefahr bei dieser Methode liegt darin, dass extreme Wertänderungen unbeobachtet bleiben, weil sie zwischen zwei betrachteten Zeitpunkten liegen. Im unteren Teil von Abbildung VIII.22 ist beispielhaft die Entwicklung eines Risikofaktors gezeigt. Die Wertänderung von t_{11} auf t_{12} ist extrem, wird aber bei der bisher gezeigten Alternative nicht berücksichtigt.

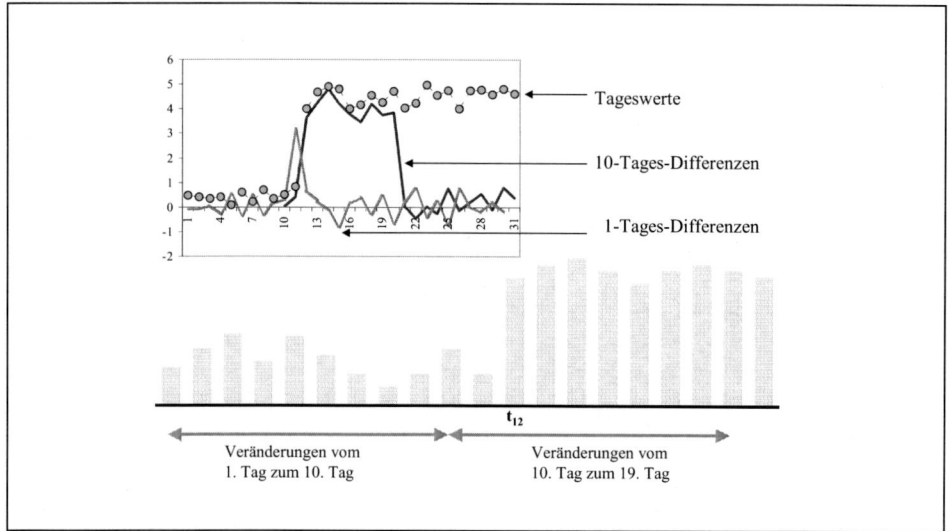

Abbildung VIII.22: *Falscher Steuerungsimpuls bei 10-Tages-Value-at-Risk*

Um den großen Informationsverlust und das Problem der optimalen Auswahl von t_0 zu vermeiden, wäre es sinnvoll, die historischen zehntägigen Messungen der Wertänderungen von t_0 auf t_{10} (= t_{10} - t_0), von t_1 auf t_{11}, von t_2 auf t_{12} usw., zu messen. Aber auch bei dieser Methode kann es zu Fehlern kommen. In Abbildung VIII.22 wird simuliert, dass ab dem Zeitpunkt t_{12} die Tageswerte auf einem höheren Niveau schwanken als in der Vergangenheit (etwa infolge eines Schocks wie am 11.09.2001). Die schraffierte graue Linie in dem Chart von Abbildung VIII.22 zeigt den Verlauf der täglichen Differenzen zwischen zwei aufeinanderfolgenden Marktpreisen. Bei den täglichen Differenzen macht sich die Erhöhung des Niveaus einmalig durch einen Ausschlag nach oben bemerkbar. Danach verlaufen die Differenzen wieder auf einem niedrigen Niveau. Das ist berechtigt, denn die zu Grunde liegenden Tageswerte schwanken nach der Verschiebung auf das höhere Niveau ebenfalls wieder geringer. Die 10-Tages-Differenzen zeigen aber die einmalige Verschiebung gleich neunmal an. Denn ein und dieselbe Verschiebung wird in den Differenzen von $t_{12} - t_2$, $t_{13} - t_3$, $t_{14} - t_4$, ..., $t_{20} - t_{10}$ insgesamt neunmal gemessen.[363] Die Betrachtung von 30-Tages-Differenzen würde dem entsprechend eine einmalige Preisverschiebung 29-mal anzeigen.

---

[363] Das Beispiel lässt sich einfach in einer Tabellenkalkulation wie Excel nachvollziehen.

Bei der Frage nach der korrekten Berechnung eines Value at Risk für zehn Tage Haltedauer stößt die Historische Simulation an ihre Grenzen, denn die Messung von 10-Tages-Differenzen kann zu fehlerhaften Impulsen führen. Wenn aber der Value at Risk für einen Tag mit dem Wurzelgesetz auf zehn Tage skaliert wird, muss die Aussage, dass die einzige Annahme der Historischen Simulation in der Relevanz historischer Risikofaktoränderungen für die Zukunft besteht, in Frage gestellt werden.[364] Die Parameterfreiheit der Historischen Simulation beschränkt sich darauf, dass sie keine Aussage über die den Veränderungen eines Risikofaktors zu Grunde liegende Verteilung macht.[365]

Ohne die Annahme einer statistischen Verteilung für die Risikofaktoren entsteht das Problem der fat tails nicht, weil in den historischen Daten extreme Schwankungen bereits enthalten sind. Die Historische Simulation erfolgt auf der Basis von historischen gleichgewichteten Beobachtungen. Falsche Risikoprognosen werden insbesondere dann entstehen, wenn es auf den Märkten zu temporär hohen Volatilitäten kommt.[366] Das Konzept ist träge und kann sich daher nicht an schnell wechselnde Marktsituationen anpassen. Aus der gleichen Trägheit können Geisterkurven entstehen.[367]

Im Gegensatz zu den mächtigeren Simulationsverfahren wie beispielsweise der Monte-Carlo-Methode wird von der Historischen Simulation nur ein einziger Preispfad berücksichtigt, eben der historische Verlauf. Die begrenzte Menge an noch für die Zukunft relevanten historischen Daten ist ein weiteres Dilemma der Historischen Simulation.[368] Häufig werden nur die letzten ein bis vier Jahre berücksichtigt, was 250 bis 1.000 Beobachtungen entspricht. Bei zum Beispiel nur 250 Beobachtungen ist der Stichprobenumfang klein und der Schätzfehler groß. Um die gleiche Anzahl von Szenarien berücksichtigen zu können wie bei einer Monte-Carlo-Simulation mit 10.000 Zufallszahlen, würde die Historische Simulation die Daten der letzten 40 Jahre benötigen.[369] Wenn aber auf eine längere Historie zurückgegriffen wird, stellt sich die Frage, ob das, was in der Vergangenheit war, noch für die Zukunft relevant ist.

Insbesondere für die Bewertung von komplexen Portfolios mit Derivaten wird die nur geringe Menge der für die Zukunft repräsentativen historischen Daten zu einem Modellrisiko. Vor diesem Hintergrund werden Verfahren vorgeschlagen, wie aus einem begrenzten historischen Datensatz mehr Daten erzeugt werden können. In der Praxis sind Verfahren wie die „antithetic Variablen Technik" beliebt.[370] Das Vorgehen besteht im Wesentlichen darin, die Vorzeichen der historischen Werte umzudrehen und dadurch die doppelte Anzahl von Daten zu

---

364 Vgl. KNÖCHLEIN, G.; LIERMANN, V.: Value at Risk und Barwert-Approximation, in: Betriebswirtschaftliche Blätter, Nr. 8/2000, 49. Jahrgang, S. 387.

365 Vgl. RAU-BREDOW, H.: Überwachung von Marktpreisrisiken durch Value at Risk, in: WiSt., 6/2001, S. 318.

366 Vgl. JORION, P.: Value at Risk – The New Benchmark for Controlling Derivatives Risk, USA 1997, S. 223.

367 Zum Effekt von „Geisterkurven" vgl. Kapitel XII.

368 Vgl. HULL, J. C.: Optionen, Futures und andere Derivate, 4. Auflage, München 2001, S. 506.

369 Dabei wird von 250 Handelstagen pro Jahr ausgegangen: $250 \cdot 40 = 10.000$

370 Vgl. SIEGL, T.; WEST, A.: Statistical Bootstrapping Methods in VaR calculation, Working Paper, veröffentlicht auf http://www.gloriamundi.org/detailpopup.asp?ID=453055830, S. 8.

erhalten.[371] Trotzdem verfügt die Historische Simulation häufig nur über einen Bruchteil der Datenbasis einer Monte-Carlo-Simulation. Für die Bewertung von Derivaten werden mindestens 5.000 Simulationen verlangt.[372] Dafür müssten in einer Historischen Simulation die letzten zwanzig Jahre ausgewertet werden.[373]

Neben dem Problem einer ausreichenden Datenbasis ist die Historische Simulation streng genommen auch konzeptionell kein geeignetes Verfahren für die Bewertung von Derivaten.[374] Denn das Argument für die Historische Simulation besteht gerade darin, dass die Risikofaktoren keiner bestimmten Verteilung unterliegen und auch nicht durch einen Random Walk beschrieben werden können. Dann dürfen aber auch keine Optionsbewertungsmodelle für die Bewertung und Risikoprognose von im Portfolio enthaltenen Derivaten verwendet werden. Die meisten Bewertungsmodelle, insbesondere die in der Praxis häufig eingesetzten Modelle von Black und Black/Scholes zur Bewertung von Aktien- und Zinsoptionen, gehen aber von einem Random Walk der Underlyings aus.[375] Hinzu kommt, dass bei der Simulation die unterschiedlichen Portfoliowerte sich ausschließlich aus Änderungen der Risikofaktoren bei konstanter Menge der Vermögenspositionen ergeben. Die Effekte aus einer Verkürzung der Restlaufzeit von Derivaten können nicht erfasst werden, denn im Gegensatz zu den analytischen Value-at-Risk-Modellen besteht bei der Historischen Simulation nicht die Möglichkeit, das Theta-Risiko zu berücksichtigen. Das Theta ist die Rate, mit der sich der Wert des Portfolios im Zeitablauf ändert, wenn alle anderen Faktoren konstant bleiben.[376] Die Historische Simulation geht für ihre Risikoprognose ebenfalls davon aus, dass der dem Risiko ausgesetzte Betrag im Zeitablauf konstant bleibt.[377]

In Ermangelung von allgemein akzeptierten Bewertungsmodellen ist die Anwendung der marktüblichen Optionsbewertungsmodelle in der Regel notwendig, um die in einem Portfolio enthaltenen Optionen zu bewerten und eine Risikoprognose darüber zu erstellen, wie sich die Optionswerte ändern, wenn sich die Risikofaktoren verändern. In diesem Schritt müssen Renditen normalverteilt und durch einen Random Walk zu beschreiben sein. Gleichzeitig besteht die Argumentation für die Anwendung der Historischen Simulation aber gerade darin, dass die Renditen nicht normalverteilt sind und keinem Random Walk folgen. Der Value-at-

---

[371] Vgl. JORION, P.: Value at Risk – The New Benchmark for Controlling Derivatives Risk, USA 1997, S. 301 f.

[372] Vgl. SCHÄFER, K.: Optionsbewertung mit Monte-Carlo-Methoden, Reihe: Quantitative Ökonomie, Band 52, Bergisch Gladbach 1994, S. 175.

[373] 250 Handelstage • 20 Jahre = 5.000 Veränderungen

[374] Vgl. DEUTSCH, H.-P.: Derivate und interne Modelle: Modernes Risikomanagement, 2. Auflage, Stuttgart 2001, S. 411.

[375] Vgl. HULL, J.: Optionen, Futures und andere Derivate, 4. Auflage, München 2001, S. 338 ff., 748 ff.

[376] Vgl. HULL, J. C.: Optionen, Futures und andere Derivate, 4. Auflage, München 2001, S. 452 und HUSCHENS, S.: Value at Risk-Berechnung durch historische Simulation, in: Dresdner Beiträge zu Quantitativen Verfahren Nr. 30/00, Technische Universität Dresden, Fakultät für Wirtschaftswissenschaften, Dresden 2000, S. 9. Allerdings wird auch bei dem Varianz-Kovarianz-Ansatz in der Regel kein Theta berücksichtigt. Es könnte aber jederzeit über eine Taylor-Approximation eingefügt werden.

[377] Vgl. Kapitel XII.: Es kommt bei längeren Haltedauern durch den pull-to-par Effekt zu einer fehlerhaften Risikoprognose. Der Fehler wächst mit der Länge der Haltedauer. Vgl. auch JORION, P.: Value at Risk – The New Benchmark for Controlling Derivatives Risk, USA 1997, S. 223.

Risk-Ausweis für ein Portfolio folgt mit dem besonderen Hinweis, dass das Verfahren frei von Modellprämissen und Verteilungsannahmen ist. Der für einen Tag berechnete Value at Risk wird aber mit dem Wurzelgesetz auf eine längere Haltedauer skaliert. Hier widerspre-chen sich die Kritiker der Normalverteilungsannahme und des Varianz-Kovarianz-Ansatzes selbst.[378]

Festzustellen ist auch, dass die Historische Simulation nicht so einfach zu handhaben ist, wie es mitunter behauptet wird und es zunächst den Eindruck erweckt. Die Autoren Büh-ler/Korn/Schmidt kommen aufgrund von eigenen Tests zu der Erkenntnis, dass die Histori-sche Simulation bei einem kurzen historischen Beobachtungszeitraum verbunden mit einer langen Haltedauer von zehn Tagen kein geeignetes Verfahren ist.[379] Auch Brandt/Klein wei-sen der Historischen Simulation bei zehn Tagen Haltedauer falsche Risikoprognosen nach und beurteilen diesen Ansatz wegen seiner starken Abhängigkeit von Trends als „gefährlich" in Kombination mit längeren Haltedauern.[380] Dieser sehr restriktiven Anwendung der Histo-rischen Simulation auf maximal zehn Tage schließen sich die Autoren dieses Werks nicht an, jedoch existieren insbesondere für mittelfristige Prognosen qualitativ bessere Risikomodelle, wie das nächste Kapitel zur Monte-Carlo-Simulation zeigt. Mit immer komplexer werdenden Portfoliostrukturen, wachsenden Anteilen optionaler Produkte und erhöhten Anforderungen an die Prognosegüte der Modelle ist eine Wanderungsbewegung zu den mächtigeren Simu-lationsverfahren zu erwarten.

Allgemein wird insbesondere für die Betrachtung von langen Haltedauern davor gewarnt, den Value at Risk entgegen seiner kurzfristigen Orientierung „mit Gewalt" auf eine langfristige Risikoprognose auszudehnen.[381] Für die Haltedauer von einem Tag werden der Historischen Simulation jedoch zuverlässige Risikoprognosen bescheinigt.[382] Abschließend kann nach einer ausführlichen Diskussion der Kritik auf die wesentlichen Vorteile des Verfahrens einge-gangen werden: Die Historische Simulation ist wegen ihres geringen mathematischen An-spruchs einfach umzusetzen. Der Portfolioansatz in Verbindung mit der Differenzenmethode erfordert nahezu keine statistischen und mathematischen Kenntnisse. Die Anwender müssen sich nicht mit der Messung von Volatilitäten und Korrelationen auseinandersetzen. Es werden auch keine Kenntnisse von Logarithmus, e-Funktion, Matrizenmultiplikation oder gar der Simulation von Zufallszahlen benötigt.

---

378 Vgl. als Beispiel WEGNER, O.; SIEVI, C.; SCHUMACHER, M.: Szenarien der wertorientierten Steuerung des Zinsänderungsrisikos, in: Betriebswirtschaftliche Blätter, 03/2001, S. 140.

379 Vgl. BÜHLER, W.; KORN, O.; SCHMIDT, A.: Ermittlung von Eigenkapitalanforderungen mit „Internen Modellen" – eine empirische Studie zur Messung von Zins-, Währungs- und Optionsrisiken mit Value at Risk-Ansätzen, in: Die Betriebswirtschaft, 58. Jg. 1998, S. 79, 83.

380 Vgl. BRANDT, CH.; KLEIN, S.P.: Value at Risk: Orientierungshilfen für die Wahl eines internen Modells, in: Schweizerische Gesellschaft für Finanzmarktforschung, 12. Jahrgang 1998, Nr. 3, S. 313.

381 Vgl. WITTROCK, C.: Gesamtbanksteuerung auf Basis von Value at Risk – Ansätzen, in: Österreichisches Bank Archiv, Heft 12/96, S. 917.

382 Vgl. BÜHLER, W.; KORN, O.; SCHMIDT, A.: Ermittlung von Eigenkapitalanforderungen mit „Internen Modellen" – eine empirische Studie zur Messung von Zins-, Währungs- und Optionsrisiken mit Value at Risk-Ansätzen, in: Die Betriebswirtschaft, 58. Jg. 1998, S. 83.

4.   Die Monte-Carlo-Simulation

Die Monte-Carlo-Simulation wird häufig für die Lösung komplexer Aufgaben wie etwa zur Messung von Risiken in Unternehmen vorgeschlagen.[383] Es handelt sich um ein Simulationsverfahren auf Basis von Zufallszahlen, dessen Name zunächst etwas kurios erscheinen mag. Die genaue Herkunft der Bezeichnung für dieses Simulationsverfahren ist nicht bekannt, jedoch wurde in diesem Zusammenhang der Begriff *„ Monte Carlo"* das erste Mal im Zweiten Weltkrieg als Deckname für eine geheime Forschung im Bereich des amerikanischen Atomwaffenprogramms verwendet. Zwei Wissenschaftler haben 1942 in Los Alamos für die Lösung komplexer Probleme das Simulationsverfahren angewendet, welches 1949 als Monte-Carlo-Simulation bekannt wurde.[384] Vermutlich wurde der Name zuvor von einem 1862 in Monaco gegründeten Casino abgeleitet, da ein Roulettetisch strenggenommen ebenfalls ein Zufallszahlengenerator ist.[385]

Die *Generierung von Zufallszahlen* ist der wesentliche Unterschied zwischen der Monte-Carlo-Simulation und der Historischen Simulation. Die zukünftige Entwicklung von Risikofaktoren ist mit Unsicherheit behaftet. Statt historischer Wertänderungen wird die Unsicherheit über das zukünftige Verhalten der Risikofaktoren mit Zufallszahlen angegangen. Für die benötigten Marktbeobachtungen wird eine große Anzahl von Marktszenarien simuliert. Für jedes Marktszenario wird die Erfolgsauswirkung berechnet und gespeichert. Die Realisationen aus allen Marktszenarien ergeben eine Wahrscheinlichkeitsverteilung für die zukünftigen Gewinne und Verluste. Damit findet die „Marktbeobachtung" und die Einschätzung zukünftiger Marktentwicklungen per Simulation statt.

Die Anzahl der zu berücksichtigenden Marktszenarien kann beliebig groß vorgegeben werden. Deshalb ist die Simulation von beliebigen Verteilungen für Wertänderungen möglich. Das *Einsatzgebiet der Monte-Carlo-Simulation* ist groß. Sie kann zur Lösung von Integralen, im Operations Research, zur Bewertung komplexer Derivate wie beispielsweise bestimmter pfadabhängiger Optionen und generell für umfangreiche Risikoberechnungen eingesetzt werden. In der Literatur wird häufig die Berechnung der Zahl PI durch zufälliges Werfen einer Nadel auf liniertes Papier als Einführungsbeispiel für die Monte-Carlo-Simulation vor-

---

[383] Vgl. JORION, P.: Value at Risk – The New Benchmark for Controlling Derivatives Risk, USA 1997, S. 368 ff.; PFENNIG, M.: Shareholder Value durch unternehmensweites Risikomanagement, in: Johanning, L.; Rudolph, B.: Handbuch Risikomanagement, Risikomanagement in Banken, Asset-Management-Gesellschaften, Versicherungs- und Industrieunternehmen, Bad Soden 2000, S. 1303.

[384] Als Begründer gelten die Mathematiker J. v. Neumann und S. Ulam. Die erste Arbeit zur Monte Carlo Simulation wurde 1949 unter dem Titel „The Monte Carlo method" veröffentlicht. Vgl. SOBOL, I. M. : Die Monte-Carlo-Methode, 2. Auflage, hrsg. v. H. Karl, Berlin, 1977, S. 7.

[385] Vgl. JORION, P.: Value at Risk – The New Benchmark for Controlling Derivatives Risk, USA 1997, S. 291. SOBOL, I. M.: Die Monte-Carlo-Methode, 2. Auflage, hrsg. v. H. Karl, Berlin, 1977, S. 7.

geführt.[386] In diesem Werk wird die Monte-Carlo-Simulation direkt am bereits bekannten Beispiel des Rohstoffvorrats von Kupfer vorgestellt. Vereinfachend wird zunächst angenommen, dass die logarithmierten Veränderungen des Kupferpreises und Wechselkurses EUR/USD jeweils normalverteilt sind. Die Risikoberechnung erfolgt am 30.06.2008 für eine Haltedauer von einem Tag und mit einer Wahrscheinlichkeit von 95 Prozent.

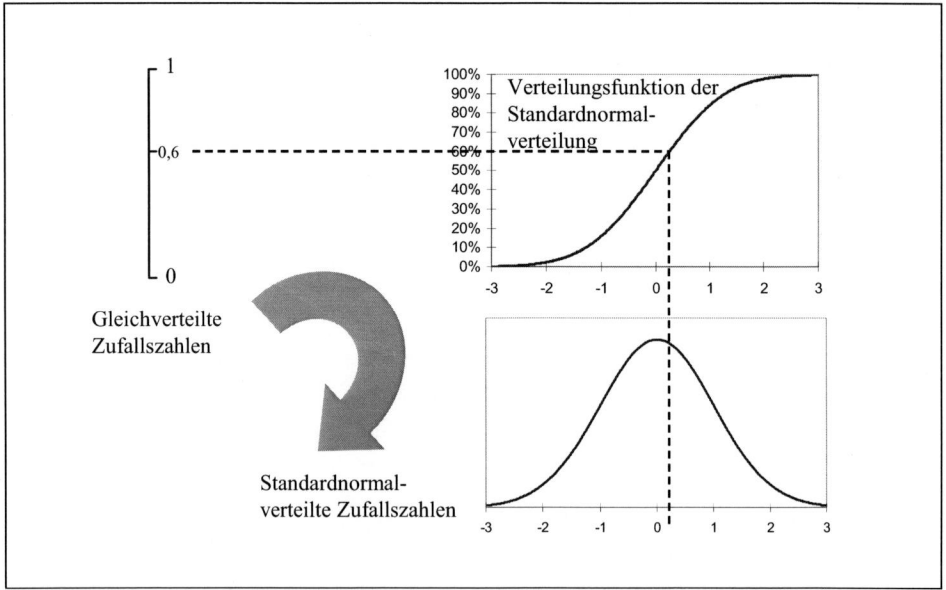

Abbildung VIII.23: *Generierung normalverteilter Zufallszahlen*

Im ersten Schritt gilt es, *standardnormalverteilte Zufallszahlen* zu erzeugen. Weil die Zufallszahlen mit einer Funktion oder einem Algorithmus generiert werden, ist die Bezeichnung Pseudozufallszahlen gebräuchlich. Diese Zufallszahlen sind nicht wirklich absolut zufällig und können sich nach einer bestimmten Sequenz wiederholen. Je nach der Güte des Algorithmus ist diese Sequenz kurz oder lang. Echte Zufallszahlen entstammen meist physikalischen Prozessen. Dennoch kann die Qualität der Zufallszahlen bei Bedarf durch aufwendige statistische Verfahren verbessert werden.[387]

Die Zufallszahlen müssen aber nicht normalverteilt sein, es können für die Monte-Carlo-Simulation *Zahlen beliebiger Verteilungen* erzeugt werden. Die Grundlage hierfür bilden Zufallszahlen, die in einem Intervall von Null bis Eins gleichverteilt sind. Solche Werte kön-

---

386 Ähnlich bei DEUTSCH, H.-P.: Derivate und interne Modelle: Modernes Risikomanagement, 2. Auflage, Stuttgart 2001, S. 167 ff.; SOBOL, I. M.: Die Monte-Carlo-Methode, 2. Auflage, hrsg. v. H. Karl, Berlin, 1977, S. 8 f.

387 Vgl. GENTLE, J. E.: Random Number Generation and Monte Carlo Methods, New York 1998, S. 1 ff.

nen mit jeder gängigen Tabellenkalkulation erzeugt werden.[388] Die gleichverteilten Zufallszahlen werden durch Spiegelung an der Verteilungsfunktion mit den gewünschten Eigenschaften in eine neue Verteilung überführt.

In Abbildung VIII.23 ist beispielhaft die Transformation von gleichverteilten Zufallszahlen in standardnormalverteilte Zufallszahlen gezeigt.[389] Die Datenbasis bilden zwischen Null und Eins gleichverteilte Zufallszahlen X. Die gleichverteilten Zufallszahlen werden an der Verteilungsfunktion der Standardnormalverteilung gespiegelt. Die Werte einer kumulierten Verteilungsfunktion $F(Z)$ liegen immer im Intervall von Null bis Eins. Die standardnormalverteilten Zufallszahlen Z werden so bestimmt, dass gilt: X ist eine Funktion von Z, also $X = PDF(Z)$. Weil aber die gleichverteilten X bekannt sind und die standardnormalverteilten Zufallszahlen Z gesucht werden, ist die Umkehrfunktion nach Z zu bilden. Somit gilt, dass Zufallszahlen jeder beliebigen Verteilung generiert werden können, wenn eine Umkehrfunktion der kumulierten Verteilungsfunktion existiert.[390] Daher können auf einfachem Wege nahezu alle Verteilungen simuliert werden. Im Beispiel der Abbildung VIII.23 entstehen auf diese Weise die gewünschten standardnormalverteilten Zufallszahlen. Für die Normalverteilung kann auch ein von Null abweichender Erwartungswert berücksichtigt werden.

Im Beispiel wird die Zufallszahl 0,6 aus der Gleichverteilung als das 60 %-Quantil der Verteilungsfunktion einer Standardnormalverteilung benutzt. Das 60 %-Quantil entspricht in der Standardnormalverteilung dem z-Wert 0,2533 ($0,6 = PDF(0,2533)$). Wäre die Zufallszahl aus der Gleichverteilung beispielsweise 0,95, dann würde sich daraus eine Zufallszahl in der Standardnormalverteilung von 1,6449 ergeben ($0,95 = PDF(1,6449)$). Auf diese Weise werden die Zufallszahlen aus der Gleichverteilung über die Quantile in Zufallszahlen der gewünschten Standardnormalverteilung transformiert.[391]

Wichtig ist die *Unabhängigkeit* der zu Grunde liegenden Zufallszahlen. Bei älteren Zufallszahlengeneratoren wie etwa RANDU, deren Algorithmus im Wesentlichen aus $x_i = 65539 x_{i-1}$ • mod 2^{31} besteht, ist die Unabhängigkeit nicht gewährleistet.[392] Trotz der Modulo Funktion lässt sich eine Abhängigkeit der Zufallszahl x_i von ihrer Vorgängerin x_{i-1} erkennen. Inzwischen existieren jedoch bessere Zufallszahlengeneratoren, welche die Tests auf Unabhängigkeit bestehen. Trotzdem sind die Sequenzen von Zufallszahlen endlich und es kommt früher oder später zu einer Wiederholung. Aus theoretischer Sicht könnte hierin ein Mangel gesehen werden, praktisch werden aber für Risikoberechnungen häufig nur 5.000 bis 10.000 Szenarien erzeugt, so dass eine Wiederholung sogar bei schlechten Zufallszahlengeneratoren

---

[388] In Excel muss hierfür im Add-Ins Manager (Menü Extras) die Option „Analyse-Funktionen" aktiviert werden. Anschließend können mit der Funktion „Zufallszahlengenerierung (Menü Extras, Analyse-Funktionen) Zufallszahlen verschiedener Verteilungen generiert werden.

[389] In Anlehnung an JORION, P.: Value at Risk – The New Benchmark for Controlling Derivatives Risk, USA 1997, S. 296 und FREY, H. C.; NIEßEN, G.: Monte Carlo Simulation: Quantitative Risikoanalyse für die Versicherungsindustrie, München 2001, S. 100 ff.

[390] Vgl. JORION, P.: Value at Risk – The New Benchmark for Controlling Derivatives Risk, USA 1997, S. 295.

[391] In Excel lautet der Befehl für die Umkehrfunktion „=STANDNORMINV(0,6)".

[392] Vgl. GENTLE, J. E.: Random Number Generation and Monte Carlo Methods, New York 1998, S. 13.

unwahrscheinlich ist. Bei schlechten Generatoren wiederholen sich die Sequenzen nach einigen Tausend Werten, bei guten Generatoren jedoch erst nach Milliarden von Werten.[393]

Eine andere Alternative zur Ermittlung von Zufallszahlen ist das *Bootstrap-Verfahren*, welches die Eigenschaften der Historischen Simulation mit der Monte-Carlo-Simulation verknüpft.[394] Statt gleichverteilte Zufallszahlen aus einem Algorithmus zu verwenden, wird bei jedem Simulationslauf auf die historischen Werte zurückgegriffen. Das Prinzip der Transformation von Zahlen in eine bestimmte Verteilung bleibt erhalten, nur werden bei dem Bootstrap-Verfahren als Quelle der zu transformierenden Zahlen die historischen Werte statt gleichverteilter Zufallszahlen verwendet. Während bei der Historischen Simulation aus 500 Beobachtungen nur 500 Szenarien generiert werden können, ist bei dem Bootstrap-Verfahren die Anzahl der erzeugbaren Zufallszahlen theoretisch unbegrenzt. Mit den 500 Elementen lassen sich beispielsweise 5.000 Zufallszahlen erstellen. Die grundlegende Bedingung hierfür ist, dass die 500 Elemente unabhängig voneinander sind. Es sollte eine akzeptable Relation aus historischen Beobachtungen und generierten Zufallszahlen eingehalten werden. Eine exakte Zahl für die Relation lässt sich nicht angeben, jedoch wäre die Generierung von beispielsweise 10.000 Zufallszahlen auf Basis von 100 historischen Beobachtungen fragwürdig. Ein Vorteil beim Bootstrap-Verfahren ist die implizite Berücksichtigung von fat tails und anderen Abweichungen von der Normalverteilung.

Mit den bisher gezeigten Methoden könnten bereits die notwendigen Zufallszahlen erzeugt werden, um den Value at Risk für ein Portfolio mit einem einzigen Risikofaktor zu bestimmen. In der Praxis sind Portfolios jedoch häufig mehreren Risikofaktoren ausgesetzt, so dass es einer *multivariaten Simulation* bedarf. Zwar könnte für jeden Risikofaktor eine Reihe von Zufallszahlen erzeugt werden, jedoch sind die Reihen mit Zufallszahlen zunächst unkorreliert. Die Risikofaktoren verhalten sich aber häufig eben nicht unabhängig voneinander. Damit auch Korrelationen für die Value-at-Risk-Berechnung berücksichtigt werden können, ist eine weitere Anpassung bei der Erzeugung von Zufallszahlen durchzuführen. Die zunächst unkorrelierten Zufallszahlen sind in *korrelierte Zufallszahlen* zu überführen. In der Literatur wird häufig nur kurz auf dieses Problem hingewiesen.[395] Weil jedoch die Aufbereitung der Datenbasis das Fundament für alle Risikoberechnungen ist, soll an dieser Stelle ausführlich darauf eingegangen werden.

Ein Verfahren zur Erzeugung korrelierter Zufallszahlen ist die *Cholesky-Zerlegung*.[396] Ausgehend von der Korrelationsmatrix der Risikofaktoren erfolgt die Umwandlung in eine untere

---

[393] Vgl. JORION, P.: Value at Risk – The New Benchmark for Controlling Derivatives Risk, USA 1997, S. 296.

[394] Vgl. JORION, P.: Value at Risk – The New Benchmark for Controlling Derivatives Risk, USA 1997, S. 237 ff.

[395] Vgl. BUTLER, C.: Mastering Value at Risk – A step by step guide to understanding and applying VaR, Wiltshire GB 1999, S. 165 f.; HULL, J. C.: Optionen, Futures und andere Derivate, 4. Auflage, München 2001, S. 581; OEHLER A.; UNSER, M.: Finanzwirtschaftliches Risikomanagement, Berlin 2001, S. 160.

[396] Vgl. ZANGARI, P.: RiskMetricTM, Technical Document, 4th Edition, J. P. Morgan/Reuters, New York 1996, S. 253 ff. Ebenso: DEUTSCH, H.-P.: Derivate und interne Modelle: Modernes Risikomanagement, 2. Auflage, Stuttgart 2001, S. 174 ff., 376 ff.; Die Darstellung der Abbildung VIII.24 ist dem Anhang zum Technical Document von RiskMetrics (Zangari, S. 255) entnommen.

Dreiecksmatrix, deren Elemente oberhalb der Diagonalen Null sind. Die Dreiecksmatrix muss die Eigenschaft haben, dass die Multiplikation mit ihrer transponierten Matrix wieder zur Korrelationsmatrix führt. Die Transponierte C^T einer Matrix C mit m Zeilen und n Spalten (m • n – Matrix) entsteht, wenn die Zeilen als Spalten geschrieben werden (n • m – Matrix). Für die Korrelationsmatrix K muss nach der Cholesky-Zerlegung gelten: $K = C^T • C$. Zur Auflösung der Cholesky-Gleichung wird zunächst die Choleskymatrix aus der Matrizenmultiplikation von C^T mit C bestimmt (vgl. Abbildung VIII.24).

$$K = \begin{bmatrix} k_{11} & k_{12} & k_{13} \\ k_{21} & k_{22} & k_{23} \\ k_{31} & k_{32} & k_{33} \end{bmatrix} \quad c^\tau = \begin{bmatrix} c_{11} & 0 & 0 \\ c_{21} & c_{22} & 0 \\ c_{31} & c_{32} & c_{33} \end{bmatrix} \quad c = \begin{bmatrix} c_{11} & c_{12} & c_{13} \\ 0 & c_{22} & c_{23} \\ 0 & 0 & c_{33} \end{bmatrix}$$

Cholesky Gleichung

$$\begin{bmatrix} k_{11} & k_{12} & k_{13} \\ k_{21} & k_{22} & k_{23} \\ k_{31} & k_{32} & k_{33} \end{bmatrix} = \begin{bmatrix} c_{11} & 0 & 0 \\ c_{21} & c_{22} & 0 \\ c_{31} & c_{32} & c_{33} \end{bmatrix} \begin{bmatrix} c_{11} & c_{12} & c_{13} \\ 0 & c_{22} & c_{23} \\ 0 & 0 & c_{33} \end{bmatrix}$$

Korrelationsmatrix = Choleskymatrix

$$\begin{bmatrix} k_{11} & k_{12} & k_{13} \\ k_{21} & k_{22} & k_{23} \\ k_{31} & k_{32} & k_{33} \end{bmatrix} = \begin{bmatrix} c^2_{11} & c_{11}c_{21} & c_{11}c_{31} \\ c_{11}c_{21} & c^2_{21} + c^2_{22} & c_{21}c_{31} + c_{32}c_{22} \\ c_{11}c_{31} & c_{21}c_{31} + c_{32}c_{22} & c^2_{31} + c^3_{32} + c^2_{33} \end{bmatrix}$$

Abbildung VIII.24: *Gleichung für die Cholesky-Zerlegung*

$$k_{11} = c^2_{11} \Rightarrow c_{11} = \sqrt{k_{11}}$$

$$k_{21} = c_{11}c_{21} \Rightarrow c_{21} = \frac{k_{21}}{c_{11}}$$

$$k_{22} = c^2_{21} + c^2_{22} \Rightarrow c_{22} = \sqrt{k_{22} - c^2_{21}}$$

$$k_{31} = c_{11}c_{31} \Rightarrow c_{31} = \frac{k_{31}}{c_{11}}$$

$$k_{32} = c_{21}c_{31} + c_{32}c_{22} \Rightarrow c_{32} = \frac{1}{c_{22}}(k_{32} - c_{21}c_{31})$$

$$k_{33} = c^2_{11} + c^2_{22} + c^2_{33} = \sqrt{k_{33} - c^2_{11} - c^2_{22}}$$

Abbildung VIII.25: *Bestimmung der Faktoren für die Cholesky-Zerlegung*

Durch Gleichsetzen der Einträge aus der Choleskymatrix mit den Einträgen aus der Korrelationsmatrix können rekursiv die Elemente der Matrix C bestimmt werden. Es entsteht eine Kette von rekursiven Gleichungen (vgl. Auszug davon in Abbildung VIII.25). Zur Berechnung des Standardbeispiels mit einem aus Kupfervorräten bestehenden Portfolio werden zwei korrelierte Reihen von Zufallszahlen benötigt. Die Korrelation zwischen den logarithmierten Wechselkursänderungen EUR/USD und den logarithmierten Kupferpreisänderungen beträgt auf Basis von 250 Beobachtungen 0,075. Aus den beiden Risikofaktoren lässt sich eine 2 • 2 Korrelationsmatrix ableiten. Die Korrelation eines Risikofaktors mit sich selbst ist jeweils 1 und die Korrelation zwischen den beiden unterschiedlichen Risikofaktoren beträgt 0,075. Von dieser Korrelationsmatrix ausgehend, wird in Abbildung VIII.26 die Cholesky-Zerlegung für das Beispiel durchgeführt. Als Ergebnis ergibt sich die gesuchte Matrix C, welche multipliziert mit ihrer Transponenten C^T wieder die ursprüngliche Korrelationsmatrix ergibt. Als Voraussetzung für die Cholesky-Zerlegung muss eine positiv-semidefinite Korrelationsmatrix vorliegen.[397]

$$
\begin{array}{cccc}
 & \text{Kupfer} \quad \text{Wechselkurs} & C & C^T \\
\begin{array}{l}\text{Kupfer}\\\text{Wechselkurs}\end{array} &
\begin{pmatrix} 1 & 0,075 \\ 0,075 & 1 \end{pmatrix} =
\begin{pmatrix} c_{11} & 0 \\ c_{21} & c_{22} \end{pmatrix} \cdot
\begin{pmatrix} c_{11} & c_{12} \\ 0 & c_{22} \end{pmatrix}
\end{array}
$$

$$c_{11} = \sqrt{k_{11}} = \sqrt{1} = 1 \qquad\qquad c_{22} = \sqrt{k_{22} - c^2{}_{21}} = \sqrt{1 - 0,075^2}$$

$$c_{21} = \frac{k_{21}}{c_{11}} = \frac{0,075}{1} = 0,075 \qquad c_{22} = 0,997184$$

$$
\begin{pmatrix} 1 & 0,075 \\ 0,075 & 1 \end{pmatrix} =
\begin{pmatrix} 1 & 0 \\ 0,075 & 0,997184 \end{pmatrix} \cdot
\begin{pmatrix} 1 & 0,075 \\ 0 & 0,997184 \end{pmatrix}
$$

$$\text{Korrelationsmatrix} \quad = \quad C \quad \bullet \quad C^T$$

Abbildung VIII.26: *Cholesky-Zerlegung für zwei Risikofaktoren*

Die in Abbildung VIII.27 gezeigten Reihen von Zufallszahlen X und Y dienen der Simulation der beiden Risikofaktoren. Dabei steht die Reihe X für die logarithmierten Veränderungen des Kupferpreises und Y steht für die logarithmierten Veränderungen des Wechselkurses

---

[397] Falls in dem Wurzelausdruck der Rekursionsformeln aus Abbildung VIII.26 negative Werte entstehen, kann auf alternative Verfahren wie Eigenwert-Zerlegung und Singularwert-Zerlegung zurückgegriffen werden. Vgl. ZANGARI, P.: RiskMetricTM, Technical Document, 4th Edition, J. P. Morgan/Reuters, New York 1996, S. 253; HULL, J. C.: Optionen, Futures und andere Derivate, 4. Auflage, München 2001, S. 544 ff.

EUR/USD. In beiden Reihen sind die Informationen über die Standardabweichungen der jeweiligen Risikofaktoren bereits integriert. Es werden 10.000 Zufallszahlen pro Risikofaktor erzeugt, wovon jeweils die ersten 11 Zahlen in der Abbildung VIII.27 zur Illustration aufgeführt sind.[398] Im nächsten Schritt werden die beiden Reihen unkorrelierter normalverteilter Zufallszahlen mit Hilfe der Cholesky-Zerlegung in korrelierte Zufallszahlen überführt. Dazu wird jede Zeile mit zwei Zufallszahlen als ein Zeilenvektor betrachtet und mit der transponierten Matrix C^T multipliziert, woraus sich wieder ein Zeilenvektor mit zwei Elementen ergibt. Die Elemente des daraus resultierenden Zeilenvektors sind in dem gewünschten Maß miteinander korreliert. Auf diese Weise werden Zeile für Zeile unkorrelierte, normalverteilte Zufallszahlen in korrelierte, normalverteilte Zufallszahlen transformiert.[399]

unkorrelierte Zufallszahlen

X	Y
0,0815	0,9516
0,6459	0,9685
0,0647	0,7717
0,9556	0,1909
0,9635	0,7049
0,1481	0,9176
0,5199	0,5660
0,6729	0,6704
0,8774	0,0265
0,3371	0,4523
0,7396	0,1745

Korrelation 0,000

$$\cdot \begin{pmatrix} 1 & 0,075 \\ 0 & 0,997184 \end{pmatrix} =$$

korrelierte Zufallszahlen

X	Y
0,0815	0,9542
0,6459	0,9949
0,0647	0,7737
0,9556	0,2310
0,9635	0,7449
0,1481	0,9230
0,5199	0,5874
0,6729	0,6981
0,8774	0,0634
0,3371	0,4662
0,7396	0,2056

Korrelation 0,075

Abbildung VIII.27: *Transformation von unkorrelierten in korrelierte Zufallszahlen*

Nachdem alle benötigten Daten aufbereitet sind, kann die Simulation der Wertveränderungen des betrachteten Rohstoffvorrats beginnen. Für die Risikoberechnung wird der Portfolioansatz gewählt und es werden die logarithmierten Veränderungen der Vermögenspositionen simuliert.[400] Die einzelnen Schritte sind identisch zum Vorgehen bei der zuvor beschriebenen Historischen Simulation im Portfolioansatz mit Quotientenmethode. In den ersten beiden Spalten von Abbildung VIII.28 sind korrelierten Zufallszahlen gezeigt, welche die relativen Veränderungen vom Kupferpreis und Wechselkurs EUR/USD simulieren. Die mittleren beiden Spalten enthalten die simulierten Kupferpreise und die Wechselkurse. Am Beispiel der untersten Zeile ist die vollständige Berechnung für eine simulierte Wertänderung des Rohstoffvorrats gezeigt.

398 Die Korrelationen in AbbildungVIII.27 beziehen sich die kompletten Reihen von jeweils 10.000 Werten.

399 In dem Beispiel aus der Abbildung VIII.27 konnten nach mehreren Berechnungen Zufallszahlen mit einer Korrelation von 0,000 generiert werden.

400 Um mit der Monte-Carlo-Methode Differenzen zu simulieren, müsste statt einem geometrischen Random Walk ein arithmetischer Zufallsprozess generiert werden. Da letzterer jedoch auch negativ werden kann, ist dieser bedingt für die Modellierung von Preisen und Kursen geeignet. Vgl. CREMERS, H.: Mathematik und Stochastik für Banker, 2. Auflage, Frankfurt/Main 1999, S. 298. Unter dem Kriterium der Stationarität sind relative Veränderungen dennoch besser. Vgl. Kapitel XII.

Zunächst wird ein simulierter Kupferpreis auf Basis des aktuellen Kupferpreises vom 30.06.2008 in Höhe von 8.775,50 USD/Tonne berechnet. Dazu bedarf es der täglichen Standardabweichung für die logarithmierten Kupferpreisänderungen der vergangenen 250 Handelstage in Höhe von 0,0180 und dem Wert für eine zufällige Änderung des Kupferpreises, der sich aus der generierten Zufallszahl 1,619456 (vgl. erste Spalte in Abbildung VIII.28) ergibt. Das Produkt aus der Standardabweichung und der zufälligen Wertschwankung wird zur Basis e, der Eulerschen Zahl, potenziert. Durch das Potenzieren entsteht aus der logarithmierten Wertschwankung ein Faktor, der multipliziert mit dem aktuellen Kupferpreis von 8.775,50 USD/Tonne zu einem möglichen neuen Kupferpreis in Höhe von 9.035 USD/Tonne führt (= $8.775,50 \cdot e^{(1,619456 \cdot 0,0180)}$).

mit k=0,75 korrelierte, normalverteilte Zufallszahlen		simulierter Kupferpreis USD	simulierter Wechselkurs	Wert der Rohstoffe EUR
1,850849	-1,989994	9.073	1,563	2.775.287
0,497234	1,407904	8.854	1,592	2.657.885
0,765199	-0,839840	8.897	1,573	2.704.262
0,656844	0,843909	8.880	1,587	2.673.889
-0,226290	0,302451	8.740	1,583	2.639.640
1,330204	0,690588	8.988	1,586	2.708.799
1,629763	1,238830	9.037	1,591	2.715.170
-0,712976	-0,127275	8.664	1,579	2.622.865
-1,022243	-1,327152	8.616	1,568	2.625.732
1,619456	1,346080	9.035	1,592	2.713.051

$8.775,50 \cdot e^{(1,619456 * 0,0180)}$

$1,58 \cdot e^{(1,346080 * 0,00555)}$

$$\frac{478 \text{ Tonnen} \cdot 9.035 \text{ USD/Tonne}}{1,592 \text{ EUR/USD}}$$

= 2.712.770 EUR   simulierter MW

- 2.654.866 EUR   - aktueller MW

Beispiel: eine von 10.000 simulierten Wertänderungen des Rohstoffvorrats

+   57.904 EUR   = Wertänderung

Abbildung VIII.28: *Monte-Carlo-Simulation (mit Korrelationen)*

Auf die gleiche Weise berechnet sich ein möglicher neuer Wechselkurs aus dem aktuellen Wechselkurs von 1,58 EUR/USD, der Zufallszahl 1,346080 und der Volatilität für die logarithmierten Wechselkursänderungen in Höhe von 0,00555. In dem betrachteten Simulationslauf ergibt sich als ein möglicher Wechselkurs der Wert 1,592 (= $1,58 \cdot e^{(1,346080 \cdot 0,00555)}$). Für das Portfolio lässt sich mit Hilfe der beiden simulierten Marktpreise ein neuer möglicher Portfoliowert für den nächsten Tag bestimmen. Die 478 Tonnen Kupfer werden mit dem simulierten Preis von 9.035 USD/Tonne multipliziert und durch den simulierten Wechselkurs von 1,592 EUR/USD dividiert, woraus sich ein Vermögen in Rohstoffen von 2.712.770 EUR ergibt. Davon ist der aktuelle Vermögenswert vom 30.06.2008 in Höhe von 2.654.866 EUR zu subtrahieren, woraus ein simulierter Gewinn aus Marktpreisänderungen von 57.904 EUR resultiert. Die für eine Zeile gezeigte Prozedur wird für 10.000 Simulationsläufe (Zeilen) durchgeführt. Die simulierten Wertänderungen werden der Größe nach geordnet, und es lässt sich der Value at Risk mit der gewünschten Wahrscheinlichkeit ablesen. So beträgt der Value at Risk für einen Tag Haltedauer und 95 Prozent Wahrscheinlichkeit 79.700 EUR. Auch dieser Wert liegt nahe bei den Value-at-Risk-Werten aus dem Varianz-Kovarianz-Modell (80.600 EUR) und dem Wert aus der Historischen Simulation (80.700 EUR), obwohl alle drei Modelle konzeptionell grundsätzlich unterschiedlich funktionieren.

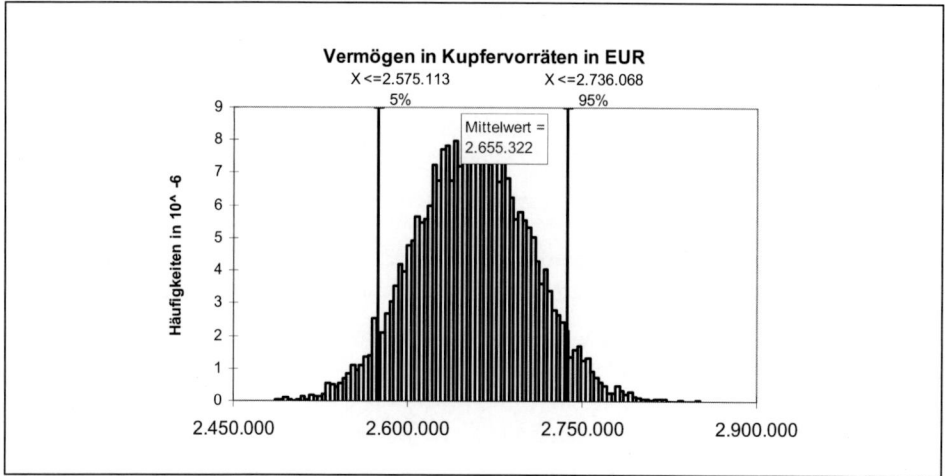

Abbildung VIII.29: *Monte-Carlo-Simulation mit RiskKIT*

In der Literatur werden häufig Kovarianzen für die Cholesky-Zerlegung verwendet.[401] Das Ziel, aus unabhängigen Zufallszahlen korrelierte Zufallszahlen zu erzeugen, kann auf beiden Wegen erreicht werden. Der übliche Weg besteht darin, zunächst normalverteilte Zufallszahlen mit einem Erwartungswert von Null und Standardabweichung von Eins zu erzeugen. Die Zufallszahlen sind standardisiert (standardnormalverteilt) und enthalten noch keine Informationen über die Standardabweichung und die Korrelationen. Im nächsten Schritt wird die Kovarianzmatrix mit der Cholesky-Zerlegung aufgespalten und die Zeilenvektoren der standardnormalverteilten Zufallszahlen werden mit der Choleskymatrix multipliziert. In der zu Grunde liegenden Kovarianzmatrix sind sowohl Informationen über die Varianzen (Standardabweichungen) als auch über die Kovarianzen (Korrelationen) enthalten. Durch die Multiplikation der in den Zeilenvektoren zusammengefassten Zufallszahlen mit der Choleskymatrix entstehen multivariat normalverteilte Zufallszahlen mit den gewünschten Eigenschaften.

---

[401] Vgl. BUTLER, C.: Mastering Value at Risk – A step by step guide to understanding and applying VaR, Wiltshire GB 1999, S. 166; DEUTSCH, H.-P.: Derivate und interne Modelle: Modernes Risikomanagement, 2. Auflage, Stuttgart 2001, S. 174 ff., 376; HULL, J. C.: Optionen, Futures und andere Derivate, 4. Auflage, München 2001, S. 581; JORION, P.: Value at Risk – The New Benchmark for Controlling Derivatives Risk, USA 1997, S. 303; ZANGARI, P.: RiskMetric™, Technical Document, 4th Edition, J.P. Morgan/Reuters, New York 1996, S. 254 f.

Der zweite Weg besteht darin, normalverteilte Zufallszahlen zu generieren, deren Standardabweichung bereits den gewünschten Wert beinhaltet. Um beispielsweise die Zufallszahlen für die Simulation von logarithmierten Veränderungen des Kupferpreises zu generieren, ist bei der Erzeugung der Zufallszahlen die Standardabweichung der Log-Änderungen vorgegeben. Die noch fehlenden Korrelationen werden durch die Multiplikation mit einer Korrelationsmatrix aus der Cholesky-Zerlegung eingefügt, woraus multivariat normalverteilte Zufallszahlen mit den gewünschten Eigenschaften entstehen. Wegen der *Summenstabilität der Normalverteilung* sind beide Wege möglich.[402] Die Cholesky-Zerlegung wurde in diesem Beispiel anhand der Korrelationsmatrix vorgeführt, weil Korrelationen gegenüber den sehr kleinen Kovarianzwerten übersichtlicher sind.

In den beiden bisherigen Alternativen wurden die Standardabweichung und die Korrelation respektive die Kovarianz der Risikofaktoren berücksichtigt. Zusätzlich kann auch eine Trendkomponente (Mittelwert) für die Risikofaktoren berücksichtigt werden. Mit Hilfe der Software RiskKIT können Reihen von Zufallszahlen generiert werden, die den empirisch beobachteten Mittelwert, die Standardabweichung der logarithmierten Veränderungen und Korrelationen von Risikofaktoren berücksichtigen (= multivariate Verteilungen).

Die Monte-Carlo-Simulation gilt wegen ihrer Flexibilität gegenüber anderen Verfahren als überlegen, insbesondere bei der Risikomessung von komplexen Exposures, wie sie beispielsweise aus Derivaten resultieren.[403] Die Monte-Carlo-Simulation kann Restlaufzeitverkürzungseffekte, Volatilitätsclustering, fat tails, nichtlineare Exposures und Extremszenarios in der Risikoberechnung berücksichtigen.[404] Bei Portfolios mit einem erhöhten Anteil an Optionen ist eine Monte-Carlo-Simulation die einzige praktikable Methode. In Abbildung VIII.30 ist die Verteilung der Gewinne und Verluste eines Portfolios mit komplexen Optionen gezeigt.

Aufgrund des erhöhten Optionsanteils ist die Renditeverteilung so komplex, dass sie mit einem analytischen Ansatz nicht mehr beschrieben werden kann. Statt nur einem Hügel (unimodal), wie es etwa bei der Normalverteilung angenommen wird, besitzt die tatsächliche Renditeverteilung des Portfolios drei Hügel. Die Monte-Carlo-Methode simuliert in 10.000 Szenarien zukünftige Marktzustände. Für jedes Szenario wird das Portfolio mit nichtapproximierten Bewertungsfunktionen komplett neu bewertet. Darin unterscheidet sich die Monte-Carlo-Simulation maßgeblich vom Varianz-Kovarianz-Ansatz und der Historischen Simulation. Sie benötigt keine lineare Näherung der Risikofaktoren, sondern kalkuliert das Risiko auf Basis einer Vollbewertung aller Instrumente. Das Ergebnis ist die gesuchte Verteilung der Gewinne und Verluste, wie sie in Abbildung VIII.30 gezeigt ist.

---

[402] Für einen ausführlichen Vergleich siehe HAGER, P.: Cash Flow at Risk und Value at Risk in Unternehmen, Dissertation an der Universität Siegen 2002.

[403] Vgl. BUTLER, C.: Mastering Value at Risk – A step by step guide to understanding and applying VaR, Wiltshire GB 1999, S. 156; DEUTSCH, H-P.: Derivate und interne Modelle: Modernes Risikomanagement, 2. Auflage, Stuttgart 2001, S. 165; JORION, P.: Value at Risk – The New Benchmark for Controlling Derivatives Risk, USA 1997, S. 291. KNÖCHLEIN, G.; LIERMANN, V.: Value at Risk und Barwert-Approximation, in: Betriebswirtschaftliche Blätter, Nr. 8/2000, 49. Jahrgang, S. 386 ff.

[404] Vgl. DEUTSCH, H.-P.: Derivate und interne Modelle: Modernes Risikomanagement, 2. Auflage, Stuttgart 2001, S. 407 ff., 412 f.; JORION, P.: Value at Risk – The New Benchmark for Controlling Derivatives Risk, USA 1997, S. 225.

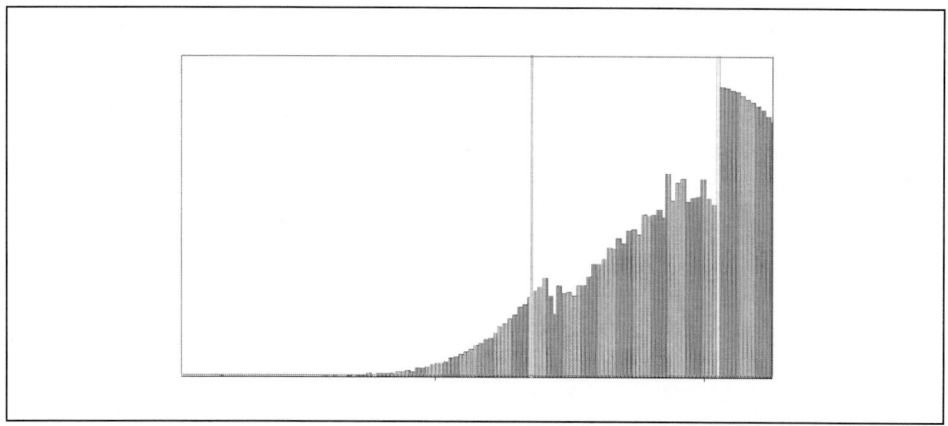

Abbildung VIII.30: *Gewinn- und Verlustverteilung für ein Portfolio mit erhöhtem Options-anteil*

Der Einsatz eines Varianz-Kovarianz-Modells für die Risikomessung eines Portfolios mit nichtlinearen Derivaten könnte zu rechtfertigen sein, wenn so viele unterschiedliche Risiko-faktoren für die Wertänderungen relevant sind, dass aufgrund des Gesetzes der großen Zahl die Verteilung der Portfoliowertänderungen gegen eine Normalverteilung konvergiert.[405] Aber auch für die Berechnung von Kreditrisiken und anderen Risiken mit langen Prognose-horizonten und komplexen Strukturen gibt es keine Alternative zur Monte-Carlo-Simulation, sie ist methodisch den anderen Ansätzen überlegen.[406] Daher ist dieses Verfahren prädesti-niert für den Einsatz in Unternehmen, wo der Bedarf für Risikoprognosen über mittelfristige Zeithorizonte besteht. Gleichzeitig werden mit der Entscheidung für die Monte-Carlo-Simulation Schnittstellen zur späteren Implementierung von Kreditrisiken und operationellen Risiken in ein ganzheitliches Risikomesssystem geschaffen.

Ein Verfahren, das so viele Vorteile hat und bei komplexen Risikostrukturen exaktere Ergeb-nisse als die anderen Value-at-Risk-Modelle liefert, hat auch *Nachteile*. Der meist genannte Nachteil, den die Literatur speziell mit der Monte-Carlo-Simulation in Verbindung bringt, ist ihre *Rechenintensität*. Die Methode benötigt hohe Rechenkapazitäten und kann für große

---

[405] Vgl. FINGER, C. C.: When is a portfolio of options normally distributed?, in: J.P. Morgan/Reuters RiskMet-rics™ Monitor, New York, Third quarter 1997, S. 31 ff.

[406] Vgl. BUTLER, C.: Mastering Value at Risk – A step by step guide to understanding and applying VaR, Wiltshire GB 1999, S. 167; BURMESTER, C.; SIEGL, T.: Strategieorientierte Simulation in der Gesamtbank-steuerung für Markt- und Kreditrisiko, in: Eller, R.; Gruber, W.; Reif, M. (Hrsg.): Handbuch Gesamtbank-steuerung – Integration von Markt-, Kredit- und operationalen Risiken, Stuttgart 2001, S. 104 ff.; DEUTSCH, H.-P.: Derivate und interne Modelle: Modernes Risikomanagement, 2. Auflage, Stuttgart 2001, S. 413; JORION, P.: Value at Risk – The New Benchmark for Controlling Derivatives Risk, USA 1997, S. 203, 257; KNÖCHLEIN, G.; LIERMANN, V.: Value at Risk und Barwert-Approximation, in: Betriebswirt-schaftliche Blätter, Nr. 8/2000, 49. Jahrgang, S. 389. ROLFES, B.: Gesamtbanksteuerung, Stuttgart 1999, S. 124. Dem gegenüber sehen WEGNER, O.; SIEVI, C.; SCHUMACHER, M.: Szenarien der wertorientierten Steuerung des Zinsänderungsrisikos, in: Betriebswirtschaftliche Blätter, 03/2001, die Historische Simula-tion wegen dem Verzicht auf statistische Zwischenschritte als überlegen an, S. 143 f.

Portfolios viel Zeit in Anspruch nehmen.[407] Hier gilt es, zwischen Geschwindigkeit und Genauigkeit der Risikoprognose abzuwägen. Weniger Simulationen erhöhen grundsätzlich den Schätzfehler. Die Rechengenauigkeit ist proportional zu dem Faktor $\sqrt{(D/N)}$, wobei D eine Konstante und N die Anzahl der Versuche ist.[408] Daraus folgt, dass eine Reduzierung des Schätzfehlers um 1/10, oder anders gesagt eine weitere richtige Dezimalstelle, N=100 mal mehr Simulationen erfordert ($1/10 = \sqrt{(1/100)}$).

In der Vergangenheit wurden bereits Ansätze entwickelt, um gute Ergebnisse mit weniger Simulationen zu erreichen. Eine Methode besteht darin, nur für die Abbildung der fat tails besonders viele Simulationen zu verwenden und den restlichen Teil der Verteilung unbeachtet zu lassen.[409] Mit verschiedenen Verfahren zur Varianzreduktion kann die Anzahl der benötigten Simulationen gering gehalten werden.[410] Daneben wurden Strategien entwickelt, um die Repräsentativität von kleinen Stichproben zu prüfen und sicherzustellen.[411] Ungeachtet dessen ist aufgrund der schnell wachsenden Leistungsfähigkeit von handelsüblichen Computern mit einer stärkeren Verbreitung der Monte-Carlo-Simulation in absehbarer Zeit zu rechnen.

Ein weiterer Kritikpunkt an der Monte-Carlo-Simulation könnte in dem Problem der Erzeugung von echten Zufallszahlen liegen. Diese Kritik ist für den Bereich der Risikomessung aber unerheblich, da bereits aus 5.000 bis 10.000 Simulationen zuverlässige Risikoprognosen erstellt werden können und eine Wiederholungsgefahr von Zufallszahlen in dieser Größenordnung auch bei schlechten Zufallszahlengeneratoren nicht besteht. Alternativ werden in der Literatur Bootstrap-Verfahren vorgeschlagen, bei denen keine Zufallszahlen auf Basis einer bestimmten Verteilung generiert werden müssen.[412] Aus einem Pool historischer Marktpreisänderungen werden zufällig Werte gezogen und für die Simulation verwendet. Die Idee ist es, ohne eine Verteilungsannahme auszukommen. Daher werden statt standardnormalverteilter Zufallszahlen historische Werte zu Grunde gelegt. Auf diese Weise könnten zwar fat tails berücksichtigt werden, jedoch stößt der Ansatz schnell an seine Grenzen. Wenn beispielsweise nur 500 historische Beobachtungen als relevanter Zeitraum zu Grunde gelegt werden können, macht es wenig Sinn, aus den 500 Werten 10.000 Stichproben zu ziehen.

Die Kritik, dass aus der mathematischen anspruchsvollen Monte-Carlo-Simulation ein Modellrisiko entstehen kann, weil die Anwender das Modell nicht verstehen, ist allerdings fragwürdig.[413] Die Monte-Carlo-Simulation ist insbesondere bei im Portfolio vorhandenen Deri-

---

[407] Vgl. MATTEN, C.: Managing Bank Capital: Capital Allocation and Performance Measurement, Chichester 1996, S. 85.

[408] Vgl. SOBOL, I. M.: Die Monte-Carlo-Methode, 2. Auflage, Berlin, 1977, S. 9.

[409] Vgl. JORION, P.: Value at Risk – The New Benchmark for Controlling Derivatives Risk, USA 1997, S. 299 ff.

[410] Vgl. HULL, J. C.: Optionen, Futures und andere Derivate, 4. Auflage, München 2001, S. 583 ff.

[411] Vgl. PREIN, G.; KLUGE, S.; KELLE, U.: Strategien zur Sicherung der Repräsentativität und Stichprobenvalidität bei kleinen Samples, Arbeitspapier Nr. 18, 2. Auflage, hrsg. v. Vorstand des Sonderforschungsbereichs 186, Universität Bremen, 1994.

[412] Vgl. zum Beispiel JORION, P.: Value at Risk – The New Benchmark for Controlling Derivatives Risk, USA 1997, S. 296 f.

[413] Das Modellrisiko wird manchmal als Kritikpunkt angeführt. Vgl. JORION, P.: Value at Risk – The New Benchmark for Controlling Derivatives Risk, USA 1997, S. 226.

vaten und komplexen Risikostrukturen den anderen Value-at-Risk-Modellen überlegen. Deshalb kann davon ausgegangen werden, dass Anwender, die solche Risikostrukturen aufbauen und steuern, auch die Monte-Carlo-Simulation verstehen.

In der Monte-Carlo-Simulation werden die gleichen Annahmen zu den zu Grunde liegenden Preismodellen gemacht, wie bei allen anderen Value-at-Risk-Ansätzen auch. Die Preismodelle zur Bewertung von Derivaten müssen korrekt sein und den Zusammenhang zwischen Veränderungen von Risikofaktoren und Wertänderungen der Derivate adäquat abbilden. Während die beiden Varianz-Kovarianz-Ansätze und die Monte-Carlo-Simulation mit den gleichen Annahmen, wie sie der Bewertung zu Grunde liegen, auch bei der Risikoprognose arbeiten, verneint die Historische Simulation das Zutreffen der Annahmen und arbeitet gleichzeitig trotzdem mit den darauf aufbauenden Bewertungsmodellen.

Gegenüber dem Varianz-Kovarianz-Modell können mit der Monte-Carlo-Methode verhältnismäßig einfach alternative Verteilungen simuliert werden. Eine Umsetzung der Verteilungsfunktionen in das Risikomodell entfällt, da in der Regel von der Software zahlreiche Verteilungen für die Simulation der gewünschten Zufallszahlen zur Verfügung stehen. Auf diese Weise können die Verteilungen gewählt werden, die am besten zu den tatsächlich beobachteten Veränderungen der Risikofaktoren passen. Wenn beispielsweise nur die fat tails abgebildet werden sollen, kann der Anwender eine Student-t-Verteilung simulieren lassen.

Besteht das Ziel darin, sowohl die fat tails als auch die Leptokurtosis insgesamt abzubilden, wird als Lösungsansatz die Simulation von zwei Normalverteilungen vorgeschlagen, die jeweils eines der beiden Merkmale erfüllen und anschließend zu einer neuen Verteilung mit beiden Merkmalen addiert werden. Die erste Verteilung ist beispielsweise schief und besitzt eine hohe Wahrscheinlichkeit für Renditeschwankungen nahe Null, und die zweite Verteilung ist flacher, hat dafür aber eine hohe Varianz und breite Flanken. Die Summe beider Verteilungen enthält hohe Wahrscheinlichkeiten für kleine Schwankungen und gleichzeitig breite Flanken (Leptokurtosis und fat tails).[414] Die Monte-Carlo-Simulation ist flexibel und kann schnell auf unterschiedliche Fragestellungen ausgerichtet werden. Auch die Berücksichtigung von häufig wechselnden Phasen hoher und niedriger Volatilitäten kann über die Kombination der Monte-Carlo-Simulation mit einem EWMA- oder GARCH-Modell[415] erfolgen.

Bei Jorion findet sich eine Übersicht von Untersuchungen der Prognosegüte für alle hier gezeigten Value-at-Risk-Modelle.[416] Während bei einem einfachen Portfolio ohne Optionen keine wesentlichen Unterschiede zwischen den Modellen in der Prognosegüte erkennbar sind, wird auch hier die Überlegenheit der Monte-Carlo-Simulation für ein Portfolio mit Optionen deutlich. Bei der Prognose des Value at Risk verschätzte sich die Delta-Normal-Methode bei

---

[414] Vgl. HUMPHREYS, H. B.; SHIMKO, D. C.: Commodity Risk Management and the Corporate Treasury, in: Financial Risk and the Corporate Treasury – New Developments in Strategy and Control, hrsg. v.: Deloitte & Touche LLP Risk Publications, London 1997, S. 119.

[415] EWMA bedeutet Exponentially Weighted Moving Average, GARCH bedeutet Generalized Autoregressive Conditional Heteroscedasticity und beides wird in Kapitel XII erläutert.

[416] Vgl. JORION, P.: Value at Risk – The New Benchmark for Controlling Derivatives Risk, USA 1997, S. 228.

Verwendung einer Wahrscheinlichkeit von 99 Prozent im Durchschnitt um 5,34 Prozent. Für die gleiche Wahrscheinlichkeitsaussage machte die Delta-Gamma-Methode im Durchschnitt einen Schätzfehler von 4,72 Prozent, während der Fehler der Monte-Carlo-Simulation mit Vollbewertung 0 Prozent betragen hat.[417]

Der Aufwand einer Monte-Carlo-Simulation ist bei den heute verfügbaren Rechenkapazitäten erst gerechtfertigt, wenn komplexe Risikostrukturen vorliegen oder eine nicht zu unterschätzende Anzahl von Derivaten im Portfolio gehalten wird. Für die „einfachen" Risikostrukturen, bei denen ein linearer Zusammenhang zwischen Veränderungen der Risikofaktoren und Wertänderungen des Portfolios besteht, ist ein Varianz-Kovarianz-Ansatz ebenso ausreichend wie eine Historische Simulation. Vom theoretischen Ansatz aber ist die Monte Carlo Methode ein mächtiger und vielversprechender Ansatz für das moderne Risikomanagement, der sich wegen seiner Flexibilität und dem breiten Anwendungsspektrum seit Jahren zunehmender Beliebtheit bei erfahrenen Risikomanagern erfreut.

Literaturverzeichnis

BRANDT, CH.; KLEIN, S. P.: Value at Risk: Orientierungshilfen für die Wahl eines internen Modells, in: Schweizerische Gesellschaft für Finanzmarktforschung, 12. Jahrgang 1998, Nr. 3; S. 304-316.

BURMESTER, C.; SIEGL, T.: Strategieorientierte Simulation in der Gesamtbanksteuerung für Markt- und Kreditrisiko, in: Handbuch Gesamtbanksteuerung – Integration von Markt-, Kredit- und operationalen Risiken, hrsg. v. Eller, R.; Gruber, W.; Reif, M., Stuttgart 2001, S. 104-120.

BÜHLER, W.; KORN, O.; SCHMIDT, A.: Ermittlung von Eigenkapitalanforderungen mit „Internen Modellen" – eine empirische Studie zur Messung von Zins-, Währungs- und Optionsrisiken mit Valut-at-Risk-Ansätzen, in: Die Betriebswirtschaft, 58. Jg. 1998, S. 64-85.

BUTLER, C.: Mastering Value at Risk – A step by step guide to understanding and applying VaR, Wiltshire GB 1999.

CREMERS, H.: Mathematik und Stochastik für Banker, 2. Auflage, Frankfurt/Main 1999.

DEUTSCH, H.-P.: Derivate und interne Modelle: Modernes Risikomanagement, 2. Auflage, Stuttgart 2001.

FINGER, C. C.: When is a portfolio of options normally distributed?, in: J. P. Morgan/Reuters RiskMetrics[TM] Monitor, New York, Third quarter 1997, S. 33-41.

FREY, H. C., NIEßEN, G.: Monte Carlo Simulation: Quantitative Risikoanalyse für die Versicherungsindustrie, München 2001.

FRÖMMEL, M.; MENKHOFF, L.; TOLKSDORF, N.: Wechselkursvolatilität und institutsspezifische Value at Risk-Ansätze, in: Die Sparkasse, 11/1999, 116. Jahrgang, S. 506- 511.

GENTLE, J. E.: Random Number Generation and Monte Carlo Methods, New York 1998.

---

[417] Die Schätzfehler beziehen sich auf die durchschnittliche Abweichung des geschätzten Value at Risk von dem tatsächlich eingetretenen Verlust. Es sind folglich Fehler, die aus den vereinfachenden Annahmen der Modelle entstehen. Davon ist der Fehler zu unterscheiden, der bei einem Backtesting gemessen wird.

GLASSERMANN, P.; HEIDELBERGER, P.; SHAHABUDDIN, P.: Portfolio Value at Risk with heavy-tailed risk factors, Working Paper Series in Money, Economics And Finance, Columbia Business School, Juni 2000.

GROTTKE, M.: Die t-Verteilung und ihre Verallgemeinerungen als Modell für Finanzmarktdaten, Lohmar 2002.

HAGER, P.: Cash Flow at Risk und Value at Risk in Unternehmen, Dissertation an der Universität Siegen 2002, Download unter www.peterhager.de.

HAGER, P.: Corporate Risk Management – Value at Risk und Cash Flow at Risk, Frankfurt/Main 2004.

HULL, J. C.: Optionen, Futures und andere Derivate, 4. Auflage, München 2001.

HUMPHREYS, H. B.; SHIMKO, D. C.: Commodity Risk Management and the Corporate Treasury, in: Financial Risk and the Corporate Treasury – New Developments in Strategy and Control, hrsg. v.: Deloitte & Touche LLP Risk Publications, London 1997.

HUSCHENS, S.: Value at Risk-Berechnung durch Historische Simulation, in: Dresdner Beiträge zu Quantitativen Verfahren Nr. 30/00, Technische Universität Dresden, Fakultät für Wirtschaftswissenschaften, Dresden 2000.

JORION, P.: Value at Risk – The New Benchmark for Controlling Derivatives Risk, USA 1997.

KNÖCHLEIN, G.; LIERMANN, V.: Value at Risk und Barwert-Approximation, in: Betriebswirtschaftliche Blätter, Nr. 8/2000, 49. Jahrgang, S. 386-390.

KOEDJIK, K.; HUISMAN, R.; POWNHALL, R.: VaR-x: Fat tails in Financial Risk Management, Journal of Risk 1(1), Seite 47-61.

MARKOWITZ, H.: Portfolio Selection, in: Journal of Finance, Vol. 7, No. 1, S. 77-91.

MATTEN, C.: Managing Bank Capital: Capital Allocation and Performance Measurement, Chichester 1996.

MINA, J.; YI XIAO, J.: Return to RiskMetrics: The Evolution of a Standard, RiskMetrics Group, New York 2001, veröffentlicht auf: www.riskmetrics.com.

OEHLER, A.; UNSER, M.: Finanzwirtschaftliches Risikomanagement, Berlin 2001.

PFENNIG, M.: Shareholder Value durch unternehmensweites Risikomanagement, in: Johanning, L.; Rudolph, B.: Handbuch Risikomanagement, Risikomanagement in Banken, Asset-Management-Gesellschaften, Versicherungs- und Industrieunternehmen, Bad Soden 2000, S. 1295-1332.

PREIN, G.; KLUGE, S.; KELLE, U.: Strategien zur Sicherung der Repräsentativität und Stichprobenvalidität bei kleinen Samples, Arbeitspapier Nr. 18, 2. Auflage, hrsg. v. Vorstand des Sonderforschungsbereichs 186, Universität Bremen, 1994.

RAU-BREDOW, H.: Überwachung von Marktpreisrisiken durch Value at Risk, in: WiSt., 6/2001, S. 315-319.

ROLFES, B.: Gesamtbanksteuerung, Stuttgart 1999.

SCHÄFER, K.: Optionsbewertung mit Monte-Carlo-Methoden, Reihe: Quantitative Ökonomie, Band 52, Bergisch Gladbach 1994.

SCHULTER-MATTLER, H.; TYSIAK, W.: TriRisk: Was Pythagoras und Markowitz gemeinsam haben, in: Die Bank 2/99, S. 84-88.

SIEGL, T.; WEST, A.: Statistical Bootstrapping Methods in VaR calculation, Working Paper, veröffentlicht auf http://www.gloriamundi.org/detailpopup.asp?ID=453055830

SOBOL, I. M. : Die Monte-Carlo-Methode, 2. Auflage, hrsg. v. H. Karl, Berlin, 1977.

WEGNER, O.; SIEVI, C.; SCHUMACHER, M.: Szenarien der wertorientierten Steuerung des Zinsänderungsrisikos, in: Betriebswirtschaftliche Blätter, 03/2001, S. 138-145.

WITTROCK, C.; JANSEN, S.: Gesamtbanksteuerung auf Basis von Value at Risk – Ansätzen, in: Österreichisches Bank Archiv, Heft 12/96, S. 909-918.

ZANGARI, P.: RiskMetricTM, Technical Document, 4. Auflage, J. P. Morgan/Reuters, New York 1996.

„Es braucht zwanzig Jahre, um einen guten Ruf aufzubauen
und fünf Minuten, ihn zu zerstören."
Warren E. Buffett

IX. Marken- und Vertriebsrisiken

1. Wie sich der Wert eines Unternehmens zusammensetzt

Im Zeitalter der Industrialisierung haben Grundstücke, Gebäude, Maschinen und Güter den wesentlichen Wert eines Unternehmens gebildet. Unter dem Sammelbegriff „Produktionsfaktor Kapital" wird der gesamte Bestand an Produktionsausrüstung zusammengefasst. Diese Vermögenswerte werden in einer Bilanz zusammengefasst und mit den restlichen Aktiva und Passiva saldiert. Aus der Bilanz lässt sich nach der Substanzwertmethode ein Unternehmenswert ermitteln. Dieser berücksichtigt den Marktwert, Wiederbeschaffungswert oder Liquidationswert der Aktiva und saldiert davon die Verbindlichkeiten und Rückstellungen. Das Verfahren der Substanzwertermittlung zur Unternehmenswertermittlung geht noch zurück auf die Zeiten, als der Produktionsfaktor Kapital mit seinen sichtbaren Werten im Vordergrund stand. Heute dominieren die Ertragswertverfahren in der Unternehmensbewertung und berücksichtigen insbesondere die (noch) nicht sichtbaren Werte oder noch nicht realisierten Werte eines Unternehmens. Dazu gehört beispielsweise die Innovationsfähigkeit, aktuelle Forschungen, Know-how der Mitarbeiter und insbesondere die Marke und der Bekanntheitsgrad eines Unternehmens. Die Ertragswertverfahren berechnen aus den mit einem Unternehmen zukünftig erzielbaren Überschüssen aus Einnahmen und Ausgaben (Cash Flows, EBIT) einen Vermögenswert (Barwert), der als Unternehmenswert zugrunde gelegt wird.

Verglichen mit dem menschlichen Körper entspricht das Substanzwertverfahren der Wertermittlung aller Stoffe, die im Körper enthalten sind (vgl. Abbildung IX.1). Danach zu urteilen wäre ein Mensch, gemessen an seinem Materialwert, circa 13 EUR wert. Diese Aussage bezieht sich nur auf die chemischen Stoffe in dem Gewebe eines erwachsenen Mannes mit 75 Kg Körpergewicht und berücksichtigt keinerlei ethischen Wertmaßstäbe. Demgegenüber steht der Ertragswert eines Menschen, der beispielsweise bei Berufsunfähigkeit für die Ermittlung einer Versicherungsleistung herangezogen wird. Auch die Invaliditätsversicherung verwendet eine inzwischen individuell von der jeweiligen Versicherungsgesellschaft bestimmbare Gliedertaxe, um den (Funktions-)Verlust ausgewählter Gliedmaße und Körperteile zu bemessen. Bei einer vereinbarten Invaliditätssumme von zum Beispiel 150.000 EUR wird der vollständige Verlust eines Daumens mit 20 Prozent, im Beispiel 30.000 EUR, entschädigt (vgl. Abbildung IX.2). Der Verlust des Augenlichts auf einer Seite ist der Versicherung 50 Prozent, im Beispiel 75.000 EUR, wert.

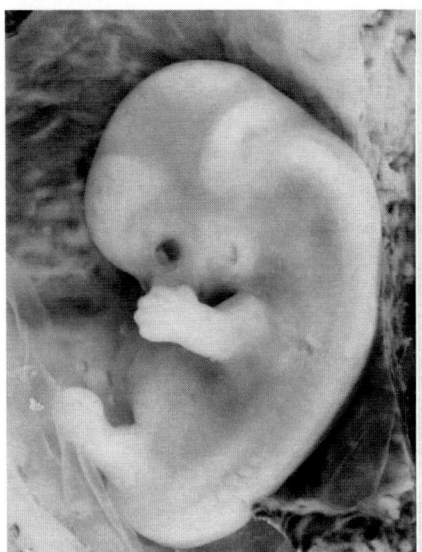

Was ist ein Mensch wert?

Zum Beispiel ein Mann
mit 75 kg Körpergewicht:

Kohlenstoff	13,5 kg
Kalzium	6,0 kg
Stickstoff	2,7 kg
Phosphat	2,0 kg
Kalium	0,7 kg
Schwefel	0,5 kg
Natrium	0,5 kg
Magnesium	0,1 kg

Eisen, Kupfer, Jod u.v.m.
in geringen Mengen

Materialwert: ca. 13 EUR

Quelle der Werte: SZ Magazin vom 23.04.2004, S. 20
Quelle der Abbildung: http://commons.wikimedia.org/wiki/File:Embryo_9_Wochen_mit_Groessenvergleich3.JPG

Abbildung IX.1: *Materialwert eines Menschen*

Die teuersten Gliedmaßen sind Arme und Beine, gefolgt von den einzelnen Augen und Oh-
ren. Das alles sind Körperteile, die in den meisten Berufen zur Erwerbstätigkeit unbedingt
erforderlich sind. Hingegen wird der Verlust eines kleinen Zehs mit 2 Prozent (= 3.000 EUR)
oder des Geschlechtsorgans mit 0 Prozent als unbedeutend angesehen. Verglichen mit dem
zuvor ermittelten Materialwert von 13 EUR stehen jedoch die Schadensersatzleistungen von
bis zu 150.000 EUR in einer ungewöhnlichen Relation. Ähnlich verhält es sich heute bei
vielen Unternehmen mit der Relation zwischen dem eingesetzten Kapital in Form von
Grundstücken, Gebäuden, Maschinen und Werkzeugen zu dem Markenwert, hinter dem der
zukünftige Ertragswert steckt.

Beliebte Beispiele für den dominierenden Anteil einer Marke am Unternehmenswert sind die
Marken Coca Cola und Google. Während das Getränk Coca Cola laut Herstellerangaben auf
dem Etikett aus Wasser, Zucker, Kohlensäure, Lebensmittelfarbstoff, Säuerungsmittel (Phos-
phorsäure), Aroma und Aroma-Koffein besteht und die Produktionsanlagen zur Herstellung
entsprechend unspektakulär sind, zählt die Marke mit einem Wert von knapp 67 Mrd. US-
Dollar zu der wertvollsten weltweit.[418]

---

[418] Je nach Institut und Studie wird auch Google mit 86 Mrd. US-Dollar als wertvollste Marke weltweit
bezeichnet. Vgl. hierzu http://www.millwardbrown.com/Sites/Optimor/Media/Pdfs/en/BrandZ/BrandZ-2008-
PressRelease.pdf (abgerufen im Januar 2009).

Die Leistungen nach der Gliedertaxe

Verlust oder Funktionsunfähigkeit*	Invaliditätsgrad in Prozent
eines Armes im Schultergelenk	70
eines Armes bis oberhalb des Ellenbogengelenks	65
eines Armes bis unterhalb des Ellenbogengelenk	60
einer Hand im Handgelenk	55
eines Daumens	20
eines Zeigefingers	10
eines anderen Fingers	5
eines Beines über der Mitte des Oberschenkels	70
eines Beines bis zur Mitte des Oberschenkels	60
eines Beines bis unterhalb des Knies	50
eines Beines bis zur Mitte des Unterschenkels	45
eines Fußes im Fußgelenk	40
einer großen Zehe	5
einer anderen Zehe	2
eines Auges	50
beider Augen	100
des Gehörs auf einem Ohr	30
... auf beiden Ohren	60
Penis/Hoden	0
des Geruchssinns	10
des Geschmackssinns	5

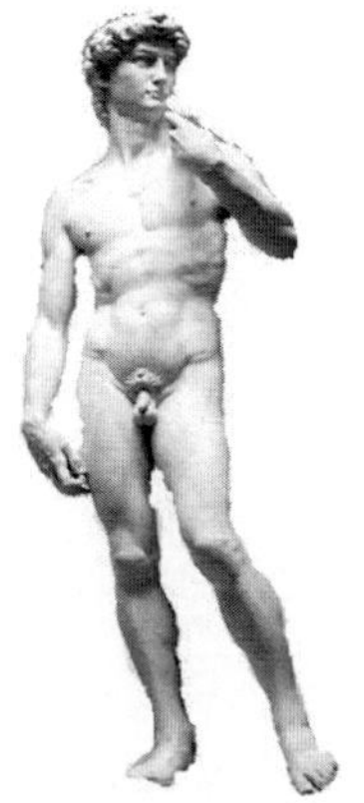

Quelle: GDV/AUB 99
*Werden durch den Unfall mehrere Körperteile oder Sinnesorgane in ihrer Funktionsfähigkeit dauernd beeinträchtigt, müssen die Invaliditätsgrade, die sich aus der Gliedertaxe für die einzelnen Schädigungen ergeben, zusammengerechnet werden. Ein Invaliditätsgrad von mehr als 100 Prozent ist jedoch unmöglich.

Abbildung IX.2: *Ertragswertschmälerungen am menschlichen Körper*

In einer im Jahr 2002 veröffentlichten Studie der Boston Consulting Group wurde für verschiedene Unternehmen die Relation von Unternehmenswert und Ertragswert verglichen.[419] Die Differenz vom Ertragswert zum meist höheren Unternehmenswert ergibt sich aus Wachstumsphantasien, die in der Regel geprägt werden von der Stärke der Marke, der Innovationskraft des Unternehmens und der Qualität des Managements.

Während zum Beispiel bei der BMW AG der Unternehmenswert zu 93 Prozent durch den Ertragswert (Fundamentalwert) bestimmt wird und die Erwartungsprämie nur 7 Prozent beiträgt, verhält es sich bei Marken wie L'Oréal und H&M genau umgekehrt (vgl. Abbildung IX.3). Der Unternehmenswert von L'Oréal wird nur zu 16 Prozent und bei H&M zu 24 Prozent durch den Fundamentalwert geprägt. Den Löwenanteil macht bei beiden Unternehmen jeweils die Erwartungsprämie aus.

Insbesondere der Unternehmenswert der Hersteller von Lifestyle-, Sportartikeln und Mode korreliert laut der BCG-Studie gering mit dem Ertragswert (Fundamentalwert) und weist stattdessen eine hohe Korrelation zur Entwicklung der Marke auf (Brand-Impact). In Abbildung IX.4 sind die Ergebnisse der Untersuchung für die Abhängigkeiten von Werten ausgewählter Unternehmen zu ihrem Ertragswert (Fundamentalwert) und der Markenentwicklung gezeigt.

---

[419] Vgl. http://www.bcg.com/impact_expertise/publications/files/gegensestorm.pdf.

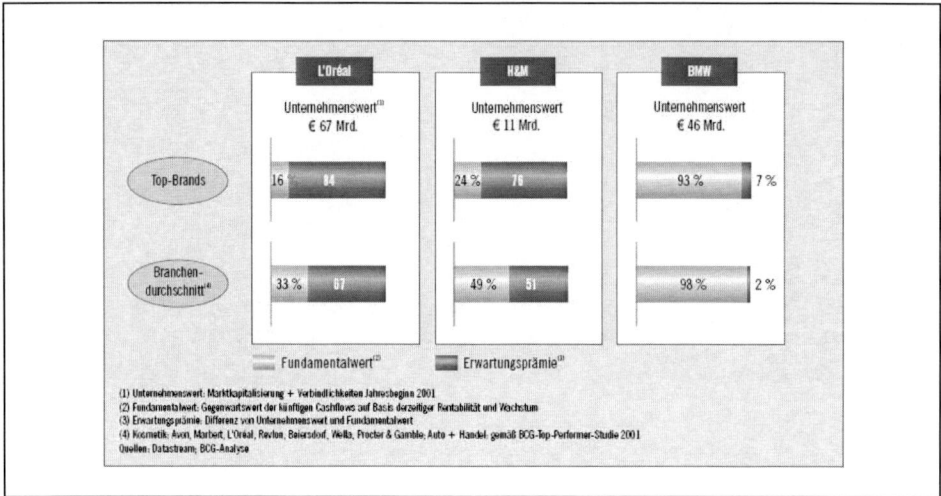

Abbildung IX.3:　*Unternehmenswerte und Ertragswerte[420]*

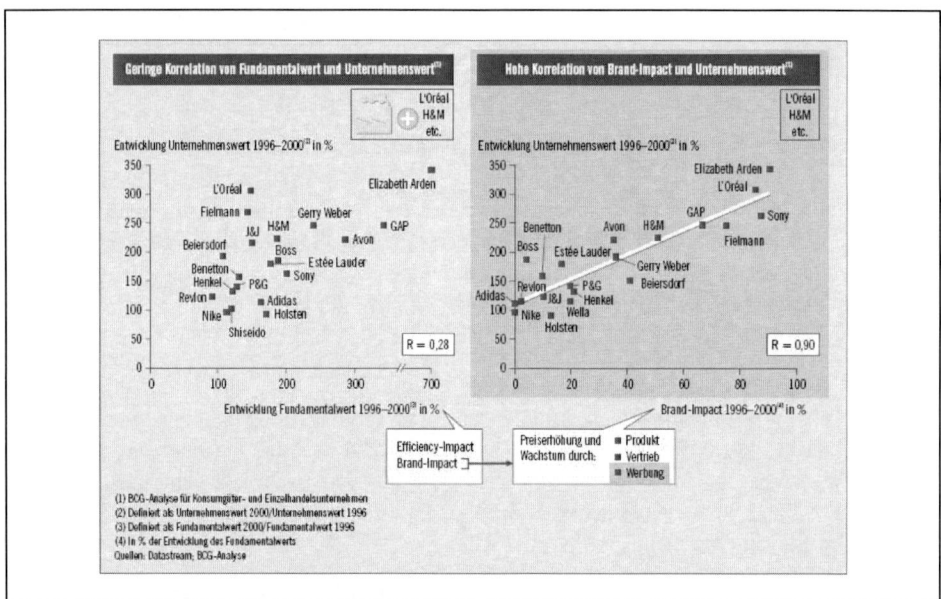

Abbildung IX.4:　*Einflussfaktoren auf den Unternehmenswert[421]*

---

[420] Vgl. BCG – Boston Consulting Group: Gegen den Strom – Wertsteigerung durch antizyklischen Marken-aufbau, März 2002, S. 6; http://www.bcg.com/impact_expertise/publications/files/gegensestorm.pdf.

[421] Vgl. BCG – Boston Consulting Group: Gegen den Strom – Wertsteigerung durch antizyklischen Marken-aufbau, März 2002, S. 8; http://www.bcg.com/impact_expertise/publications/files/gegensestorm.pdf.

Unter Brand-Impact definiert die BCG „marken- und innovationsgetriebenes Wachstum durch Produkt, Vertrieb und Werbung", während der Efficiency-Impact das Ergebnis aus Kostensenkungen und Steigerungen der Kapitalproduktivität umfasst. Der hohe Erwartungswert von Investoren in die Markenentwicklung und Innovationskraft unterstreicht die Bedeutung des Risiko-Managements, da sonst große Teile des Unternehmenswertes gefährdet sind. Abbildung IX.5 zeigt die wertvollsten Marken im Jahr 2008.

BEST GLOBAL BRANDS

2008 rankings

2008 Rank	2007 Rank	Brand	Country of Origin	Sector	2008 Brand Value ($m)	Change in Brand Value
1	1	Coca-Cola	United States	Beverages	66,667	2%
2	3	IBM	United States	Computer Services	59,031	3%
3	2	Microsoft	United States	Computer Software	59,007	1%
4	4	GE	United States	Diversified	53,086	3%
5	5	NOKIA	Finland	Consumer Electronics	35,942	7%
6	6	TOYOTA	Japan	Automotive	34,050	6%
7	7	intel	United States	Computer Hardware	31,261	1%
8	8	M	United States	Restaurants	31,049	6%
9	9	Disney	United States	Media	29,251	0%
10	20	Google	United States	Internet Services	25,590	43%
11	10	Mercedes-Benz	Germany	Automotive	25,577	9%
12	12	hp	United States	Computer Hardware	23,509	6%
13	13	BMW	Germany	Automotive	23,298	8%

Abbildung IX.5: *Die wertvollsten Marken 2008[422]*

Neben der hohen Bedeutung des Markenwerts bilden die Vertriebskanäle eines Unternehmens einen wichtigen Faktor für den Erfolg. Köcher beobachtet insbesondere im Handel eine zunehmende Vertikalisierung und einen Risikotransfer.[423] Darunter sind alle Verschiebungen in der Prozesskette des Handels zu verstehen, die darauf abzielen, Kontrolle über die gesamte Wertschöpfungskette aufzubauen, von der Beschaffung bis zum Management der Verkaufsfläche. Unter dem Begriff des Vertriebs- oder Absatzrisikos können zusammenfassend alle Verlustgefahren subsumiert werden, die bei der Veräußerung der Produkte bzw. nach deren Herstellung auftreten können. Wolke unterscheidet hinsichtlich des Vertriebsrisikos[424]:

■ Das Erfüllungsrisiko, vertraglich zugesicherte Produkte nicht produzieren bzw. liefern zu können,

---

[422] Vgl. http://www.interbrand.com/best_global_brands.aspx.

[423] Vgl. KÖCHER, A.: Management von operationellen Risiken im Groß- und Einzelhandel der Konsumgüterbranche, in: Kaiser, T.: Wettbewerbsvorteil Risikomanagement, Berlin 2007, S. 146 ff.

[424] Vgl. WOLKE, T.: Risikomanagement, München 2007, S. 216.

▓ Das Lagerrisiko, dass Produkte vor dem Verkauf untergehen oder beschädigt werden,

▓ Das Transportrisiko, auf den Lieferwegen zum Kunden

▓ Das Abnahmerisiko, dass der Kunde seinen Teil des Vertrages nicht erfüllt (Abnahme der Waren, Bezahlung),

▓ Das Verkaufsrisiko, dass die Produkte nicht abgesetzt werden können. Das Verkaufsrisiko kann feiner unterteilt werden in ein Mengenrisiko und ein Preisrisiko. Das Mengenrisiko tritt ein, wenn keine oder nicht genügend Käufer gefunden werden. Bei Eintritt des Preisrisikos kann der geplante Preis am Markt nicht durchgesetzt werden. Beide Risiken werden auch als Marktrisiko bezeichnet.

Das Vertriebs- bzw. Absatzrisiko ist eng verzahnt mit dem Supply-Chain-Risiko-Management, also den Methoden im Risiko-Management für Beschaffung und Einkauf. Wagner und Bude nennen in diesem Zusammenhang den Bullwhip-Effekt als weiteres Risiko im Absatz von Waren.[425] Dabei kommt es aufgrund von Unsicherheiten in der Prognose der Kundennachfrage zum Beispiel zu kostenintensiven Lieferengpässen oder steigenden Lagerengpässen. Ursachen können verspätete oder unvollständige Informationen über die Kundennachfrage, Sonderangebote, Preisfluktuation oder Überreaktionen der Nachfrage sein.

Alle Vertriebsrisiken werden in einem vollständigen Risiko-Management-Prozess identifiziert, bewertet und gesteuert. Im zweiten Abschnitt dieses Kapitels werden die hierzu geeigneten Verfahren erläutert. Das Verkaufsrisiko bzw. Marktrisiko bildet dabei den wichtigsten Teil des Vertriebsrisikos.

2.   Marken- und Vertriebsrisiko-Management

Für die Risikoidentifizierung im Marken- und Vertriebsrisikomanagement eignen sich insbesondere die Szenarioanalyse, Expertenbefragungen, stochastische Methoden, Zukunftsforschung und die Spieltheorie. Dabei kann die Szenarioanalyse mit stochastischen Methoden oder Expertenbefragungen kombiniert werden. Bei Hager findet sich eine Fallstudie, in der das Szenario „Umsatzeinbruch" um eine fest definierte Größe immer dann zusätzlich zu anderen Risiken eintritt, wenn im Rahmen stochastischer Prozesse für die Entwicklung verschiedener Markpreise Grenzwerte überschritten werden.[426]

---

[425] Vgl. WAGNER, S. M.; BUDE, C.: Empirische Untersuchung von SC-Risiken und SC-Risikomanagement in Deutschland, in: Vahrenkamp; Siepermann: Risikomanagement in Supply Chains – Gefahren abwehren, Chancen nutzten, Erfolg generieren, Berlin 2007, S. 63.

[426] Vgl. HAGER, P.: Corporate Risk Management – Cash Flow at Risk und Value at Risk in Unternehmen, Frankfurt/Main 2004, Fallstudie „Berücksichtigung von Konkurrenten", S. 226-230.

In der Fallstudie geht es um zwei konkurrierende Exporteure, die beide den Absatzmarkt USA beliefern. Während der eine Exporteur in Deutschland produziert und in seiner Preisliste festgelegte Verkaufspreise in USD ausweist, das heißt das Wechselkursrisiko verbleibt beim Exporteur, sitzt die Konkurrenz in Japan und passt ihre Preise in Abhängigkeit der Wechselkursentwicklung an. Der Absatzmarkt in den USA ist hart umkämpft und die Kundenbindung an einen Hersteller gering. Sobald für die amerikanischen Konsumenten der Einkaufspreis japanischer Produkte in USD aufgrund einer günstigen Wechselkursentwicklung USD/YEN unter den Einkaufspreis bei dem deutschen Konkurrenten fällt, bricht dessen Umsatz um ein Drittel ein. Hier wird für die Risikoanalyse ein stochastischer Prozess für den Wechselkurs kombiniert mit einer Szenarioanalyse für den erwarteten bzw. schlechtesten Umsatz.

Die Szenarioanalyse beschränkt sich im Gegensatz zu den meisten Prognosetechniken nicht nur auf die Verarbeitung quantitativer Informationen, sondern greift vor allem auch auf qualitative Daten zurück und beantwortet als Entscheidungshilfe „Was wäre wenn..."-Fragen (vgl. Kapitel VI.3.1). Dabei geht die Anwendung der Szenarioanalyse häufig mit einer Expertenbefragung einher, um so genügend Rohszenarien zu generieren. Allerdings ist die Szenarioanalyse sehr aufwendig, so dass Brainstorming und Expertenbefragungen häufiger zur Anwendung kommen, insbesondere bei zukünftigen Absatzplanungen.

Eine weitere Methode zur Identifizierung insbesondere strategischer Risiken im Vertrieb und Markenmanagement stellt die Spieltheorie dar (vgl. Kapitel V.2 sowie I.12). Die Spieltheorie befasst sich als Wissenschaft mit der Modellierung von Entscheidungsprozessen, in denen die Umweltbedingungen sich dynamisch verändern können. Hierbei werden agierenden oder auf eigene Entscheidungen reagierende Konkurrenten (Mitspieler) angenommen.

Die Zukunftsforschung ist die systematische und kritische Untersuchung von möglichen zukünftigen Entwicklungen mit wissenschaftlichen Methoden. Eine besondere Rolle spielen dabei Wild Cards, also unerwartete und plötzlich eintretende Ereignisse mit einer sehr geringen Eintrittswahrscheinlichkeit, die aber wesentliche Änderungen bewirken.[427] Der Begriff Wild Card ist angelehnt an den Joker in einem Kartenspiel. Ein häufig genanntes Beispiel ist in diesem Zusammenhang die deutsche Wiedervereinigung von 1990.

Köcher schlägt in Anlehnung an die Balanced Scorecard eine Risikomatrix vor, in der sie beispielhaft Risikoindikatoren den Perspektiven Kunde, Mitarbeiter, Ware/Prozesse und Finanzen zuordnet. Werden die Risikoindikatoren mit den Wertschöpfungsstufen kombiniert, ergibt sich ein ausgewogenes Portfolio an Indikatoren (vgl. Abbildung IX.6).

Zahlreiche Methoden aus dem quantitativen, einige aus dem analytischen Bereich und nahezu alle Kreativitätsmethoden lassen sich auf das Marken- und Vertriebsrisiko anwenden (vgl. Abbildung III.8).

---

[427] Für weiterführende Literatur vgl. STEINMÜLLER, K.; STEINMÜLLER, A.: Wild Cards – Wenn das Unwahrscheinliche eintritt, Hamburg 2004.

Wertschöpfungsstufe ↓ \ Perspektive →	Kunden	Mitarbeiter	Ware/Prozesse	Finanzen
Design	Zielgruppen-affinität der Kollektion	Artikel/ Designer	Einhaltung Kollektions-planung	Designkosten/ Artikel
Vertrieb	Kunden-fluktuation	Umsatz/ Mitarbeiter	Vertikalisie-rungsquote	Forderungs-ausfallquote
(Auftrags-) Produktion	Retourenquote	Auftrags-volumen/ Mitarbeiter	Anlieferungs-quote	Deckungs-beitrag/Teil
Lager/Logistik	Kundenzu-friedenheit Auslieferung	Kommissio-nierte Teile/ Mitarbeiter	Fehlerquote Kommissio-nierung	Durchlauf-kosten/Teil
⋮	⋮	⋮	⋮	⋮
Einzelhandel	Endkundenzu-friedenheit	Mitarbeiter-fluktuation	Lagerum-schlag	Durchschnitts-bon

Abbildung IX.6: *Risikomatrix nach Perspektive und Wertschöpfungsstufe*[428]

Literaturverzeichnis

BCG – BOSTON CONSULTING GROUP: Gegen den Strom – Wertsteigerung durch antizyklischen Markenaufbau, März 2002.

HAGER, P.: Corporate Risk Management – Cash Flow at Risk und Value at Risk in Unternehmen, Frankfurt/Main 2004.

KÖCHER, A.: Management von operationellen Risiken im Groß- und Einzelhandel der Konsumgüterbranche, in: Kaiser, T.: Wettbewerbsvorteil Risikomanagement, Berlin 2007, S. 145-159.

STEINMÜLLER, K.-H.; STEINMÜLLER, A.: Wild Cards – Wenn das Unwahrscheinliche eintritt, Hamburg 2004.

WOLKE, T.: Risikomanagement, München 2007.

---

[428] Vgl. KÖCHER, A.: Management von operationellen Risiken im Groß- und Einzelhandel der Konsumgüterbranche, in: Kaiser, T.: Wettbewerbsvorteil Risikomanagement, Berlin 2007, S. 150 ff.

„Es gibt drei Möglichkeiten, eine Firma zu ruinieren:
mit Frauen, das ist das Angenehmste;
mit Spielen, das ist das Schnellste;
mit Computern, das ist das Sicherste.“
Oswald Dreyer-Eimbcke, dt. Kaufmann

X. Risiko-Management in der Informations- und Kommunikationstechnologie (IuK)

1. Risiken in der Welt der Bits und Bytes

Unternehmerisches Handeln basiert immer auf dem Treffen von Entscheidungen unter Unsicherheit. Diese Unsicherheit über die Erreichung von unternehmerischen Zielen bildet den Ausgangspunkt für das moderne proaktive Risiko-Management. Wie wichtig ein präventives Risiko-Management für die Unternehmen ist, zeigen die in der jüngeren Vergangenheit bekannt gewordenen Unternehmenskrisen.

Seit vielen Jahren werden für Unternehmen insbesondere die optimale Informationsverteilung sowie die Integration der Unternehmensprozesse und der *Informations- und Kommunikationstechnologie*[429] (IuK, nachfolgend IT genannt) zunehmend zum strategischen Erfolgsfaktor. Die technische Abhängigkeit der Kernprozesse von der IT in der Wertschöpfungskette nimmt rapide zu – und damit auch die IT-bezogenen Risiken. Die IT-Prozesse in einem Unternehmen unterstützen auf der einen Seite die Kernprozesse eines Unternehmens und reduzieren dadurch auch die Unternehmensrisiken. Gleichzeitig beinhaltet die Informationstechnologie jedoch wiederum ein neues Risikopotenzial.

Die Funktionsfähigkeit einer Just-In-Time-Produktion und -Lieferung hängt sowohl organisatorisch als auch logistisch essentiell von einer reibungslos funktionierenden Informations- und Kommunikationstechnologie ab.[430] So analysieren beispielsweise die Automobilhersteller im Rahmen eines Audits die Qualität der Produkte, aber auch die Zuverlässigkeit des Zulieferers in puncto Lieferpünktlichkeit und Kontinuität.

Die potenziellen Ursachen für Gefahren im Bereich der Informations- und Kommunikationstechnologie sind in den vergangenen Jahren massiv gestiegen und sehr vielfältig: Höhere Gewalt (beispielsweise in Form von Blitzschlag, Feuer oder Überschwemmung), Fehlbedienung durch Personal oder zugangsberechtigte Personen, Computerviren, Trojaner und Wür-

---

[429] Informationstechnologie wird im Folgenden als die technischen und organisatorischen Regelungen zur Verarbeitung und zum Transport von Informationen im Unternehmen verstanden.

[430] Details vgl. Kapitel VI: Risiko-Management in der Produktion.

mer (die zusammengefasst als Malware bezeichnet werden), Spoofing, Phishing, Pharming oder Vishing, bei dem eine falsche Identität vorgetäuscht wird, Denial of Service-Angriff, Man-in-the-middle-Angriffe beziehungsweise Snarfing oder Social Engineering. Vor diesem Hintergrund ist die Bedeutung eines proaktiven IT-Risiko-Managements als Bestandteil eines integrierten und unternehmensweiten Risiko-Managements deutlich gewachsen.

In den vergangenen Jahrzehnten fokussierte sich das Management von Risiken im Bereich der Informationstechnologie vor allem auf die eher „technikfokussierte" *IT Security* (IT-Sicherheit). IT Security beschränkte sich nicht selten auf die Einrichtung einer adäquaten Firewall oder das „Patchen" der Betriebssystemsoftware. IT Security wurde häufig eher retrospektiv und situativ betrieben. Das reaktive Management der IT-Risiken gewann erst dann an Bedeutung, als das „Kind bereits in den Brunnen gefallen war". Im situativen Risiko-Management verhalten sich viele Unternehmen wie der Autofahrer, dessen Frontscheibe beschlagen ist und der deshalb mit Hilfe des Rückspiegels fährt. Risiko-Management sollte jedoch proaktiv ausgerichtet sein. Ein funktionierendes und effizientes Risiko-Management und eine *gelebte Risiko- und Kontrollkultur* ist immer mehr ein wesentlicher Erfolgsfaktor für Unternehmen.

In der Welt der IT-Sicherheit gelten vor allem die folgenden drei Grundwerte:

- Vertraulichkeit,
- Verfügbarkeit und
- Integrität.

Vertraulichkeit ist die Eigenschaft einer Nachricht, nur für einen beschränkten Empfänger-kreis vorgesehen zu sein. Weitergabe und Veröffentlichung sind nicht erwünscht. Im Kontext der Informationssicherheit wird Vertraulichkeit definiert als „der Schutz vor unbefugter Preis-gabe von Informationen."[431]

Die *Verfügbarkeit* eines technischen Systems ist die Wahrscheinlichkeit oder das Maß, dass das System bestimmte Anforderungen zu bzw. innerhalb eines vereinbarten Zeitrahmens erfüllt, und ist somit eine Eigenschaft des Systems. Im Kontext der Informationstechnologie heißt das, dass dem Benutzer Dienstleistungen, Funktionen eines IT-Systems oder auch In-formationen zum geforderten Zeitpunkt zur Verfügung stehen.[432]

---

[431] Vgl. BUNDESAMT FÜR SICHERHEIT IN DER INFORMATIONSTECHNIK (Hsrg.): IT-Grundschutz-Kataloge, Stand: 9. Ergänzungslieferung.

[432] Als typische Kennzahlen der Verfügbarkeit sind in der Praxis gebräuchlich: Maximale Dauer eines einzel-nen Ausfalls (Verfügbarkeit: Ausfallzeit im Jahresdurchschnitt, auch Verfügbarkeitsklasse), Zuverlässigkeit (Fähigkeit, über einen gegebenen Zeitraum hinweg unter bestimmten Bedingungen korrekt zu arbeiten), Fehlersicherer Betrieb (Robustheit gegen Fehlbedienung, Sabotage und höhere Gewalt), System- und Da-tenintegrität, Wartbarkeit (verallgemeinernd: Benutzbarkeit überhaupt), Reaktionszeit (wie lange dauert es, bis das System eine spezielle Aktion ausgeführt hat), Mean Time to Repair (MTTR, mittlere Dauer der Wiederherstellung nach einem Ausfall), Mean Time between Failure (MTBF, mittlere Betriebszeit zwi-schen zwei auftretenden Fehlern ohne Reparaturzeit), Mean Time to Failure (MTTF, siehe MTBF, wird je-doch bei Systemen/Komponenten verwendet, die nicht repariert, sondern ausgetauscht werden).

Integrität ist auf dem Gebiet der Informationssicherheit[433] ein Schutzziel, das besagt, dass Daten über einen bestimmten Zeitraum vollständig und unverändert sein sollen. Eine Veränderung könnte absichtlich, unabsichtlich oder durch einen technischen Fehler auftreten. Integrität umfasst also Datensicherheit (Schutz vor Verlust) und Fälschungssicherheit (Schutz vor vorsätzlicher Veränderung).

IT-Risiko-Management umfasst jedoch mehr als die Erfüllung der oben genannten Anforderungen an die Informationssicherheit.[434] Durch die Verflechtung der IT-Prozesse mit den Geschäftsprozessen kann nur ein integriertes (IT-)Risiko-Management die unterschiedlichen Risiken identifizieren, analysieren und bewerten sowie steuern und überwachen.

IT-Risiken können allgemein definiert werden als die „Unfähigkeit der IT-Organisation, effiziente und wirkungsvolle IT-Lösungen und -Dienstleistungen zur [...] Verfügung zu stellen. IT-Risiken sind die Unfähigkeit, leistungsfähige Systeme und deren Entwicklungen termingerecht zu liefern. IT-Risiken führen zum Verlust oder zu Dateninkonsistenzen und zum Ausfall von Funktionen und Systemen."[435] Aus einer Gesamtunternehmenssicht kommt insbesondere der *Geschäftskontinuität* (Business Continuity) eine hohe Bedeutung zu. In vielen Branchen und Unternehmen ist die Geschäftskontinuität in einem hohen Grad von der IuK-Infrastruktur und -Ressourcen abhängig, so dass bei einem Ausfall oder bei Störungen der Informations- und Kommunikationstechnologie auch die Geschäftsprozesse massiv beeinflusst werden.

IT-Risiken führen schlussendlich nach Eintritt zu negativen Zahlungsströmen. Diese können ihren Ursprung in einem erhöhten Budget oder indirekt in Form der Faktoren Zeit, Reputation, Funktionalität oder Ähnlichem haben.

Die wesentlichen Risikokategorien im IT-Bereich können wir folgt skizziert werden:[436]

- *Organisatorische Risiken*, d. h. sind beispielsweise Informationen vor unzulässigen Zugriffen geschützt?

- *Anwendungs- und prozessbezogene Risiken*, d. h. existieren beispielsweise Schnittstellenprobleme oder basiert die IT auf unzähligen isolierten Insellösungen?

- *Projektbezogene Risiken*, d. h. führen Projekte im Bereich der Informationstechnologie zu Termin- und/oder Kostenüberschreitungen oder wird kein professionelles Projektmanagement eingesetzt?

---

[433] Informationssicherheit ist weiter definiert als IT-Sicherheit. Ziel der Informationssicherheit ist es, sowohl die Informationen selbst als auch die Daten, Systeme, Prozesse und die Infrastruktur, welche die Informationen enthalten, verarbeiten, speichern oder liefern, zu schützen. Im Folgenden verstehen wir die beiden Begriffe als Synonyme und betrachten immer die gesamte Informationssicherheit.

[434] In der Praxis orientiert sich die Informationssicherheit häufig an der ISO Standard-Reihe 2700x.

[435] GUTZWILLER, C. R.: IT-Risikomanagement und IT-Audit – Ein neues Konzept für die Bewirtschaftung von IT-Risiken. In: Der Schweizer Treuhänder, Heft 12 (1999), S. 1194.

[436] Vgl. ROMEIKE, F.: Integration von IT Risiken in das proaktive Risk Management, in: DuD Datenschutz und Datensicherheit, 27. Jahrgang, Heft 4, April 2003, S. 194.

■ *Kosten- und leistungsbezogene Risiken*, d. h. existiert eine IT-Kostenrechnung mit verursachungsgerechter Verteilung der Kosten?

■ *Infrastrukturelle Risiken*, d. h. sind ausreichende physische Sicherungsmaßnahmen vorhanden und stellen Business-Recovery-Pläne sicher, dass Behinderungen des Betriebsablaufs nach einer Betriebsunterbrechung minimiert werden.

Risikokategorien im Bereich Informations- und Kommunikationstechnologie			
Mensch	Technologie	Prozesse	Externe Einflüsse
• Gesetzeswidrige Handlungen, Betrug (intern) • Unautorisierte Handlungen • Fehlerhafte Transaktionen • Know-how-Verlust, Humankapital • Strategische Fehlentscheidungen	• Systemsicherheit • Softwarefehler • Hardwarefehler • Infrastruktur (Gebäude, Anlagen)	• Management-, Kontroll und Prozessschwächen • Projektmanagement	• Gesetzeswidrige Handlungen, Betrug (extern) • Politische Risiken • Externe Dienstleister • Supply-Chain-Risiken • Infrastruktur extern (Strom, Netzinfrastruktur etc.) • Naturkatastrophen • Sonstige Katastrophen • Rechtliche Entwicklungen/Compliance

Tabelle X.1:   *IuK-Risikokategorien*

In Tabelle X.1 ist exemplarisch eine alternative Kategorisierung von IT-Risiken dargestellt. Die grundsätzliche Struktur beim Aufbau eines IT-Risiko-Managements ist in Abbildung X.1 skizziert. Neben dem Aufbau des eigentlichen Prozesses des Risiko-Managements als Regelkreis sollte in einem ersten Schritt zunächst einmal die genaue Zielrichtung und der Umfang des IT-Risiko-Managements definiert werden. Außerdem führt der Aufbau eines IT-Risiko-Managements zu Fragen der Aufbauorganisation (Wer ist für was verantwortlich?) sowie Fragen der Risikokultur bzw. der „Risk Awareness" (Wie wird Risiko-Management im Unternehmen tatsächlich gelebt?) und der softwareseitigen Unterstützung.

Die *operative Umsetzung* des IT-Risiko-Managements beinhaltet vor allem den regelkreisbasierten Prozess der systematischen und laufenden Risikoanalyse der IT-Prozesse und -Risiken sowie der Geschäftsabläufe. Wie bereits skizziert, ist das Ziel der Risikoidentifikation das frühzeitige Erkennen von „den Fortbestand der Gesellschaft gefährdenden Entwicklungen", das heißt die möglichst vollständige Erfassung aller Frühwarnindikatoren, Risikoquellen, Schadensursachen und Störpotenziale. Für einen effizienten Prozess des IT-Risiko-Managements kommt es darauf an, dass IT-Risiko-Management als kontinuierlicher Prozess in die

Unternehmensprozesse integriert wird (vgl. Abbildung X.2). Eine isolierte Umsetzung eines IT-Risiko-Management – wie in der Praxis anzutreffen – ist kein sinnvoller Weg, da die IT-Prozesse mit den Geschäftsprozessen verbunden sind und eine Trennung rein akademischer Natur wäre. In der Unternehmenspraxis können viele IT-Prozesse direkt aus den Anforderungen der Geschäftsprozesse abgeleitet werden.

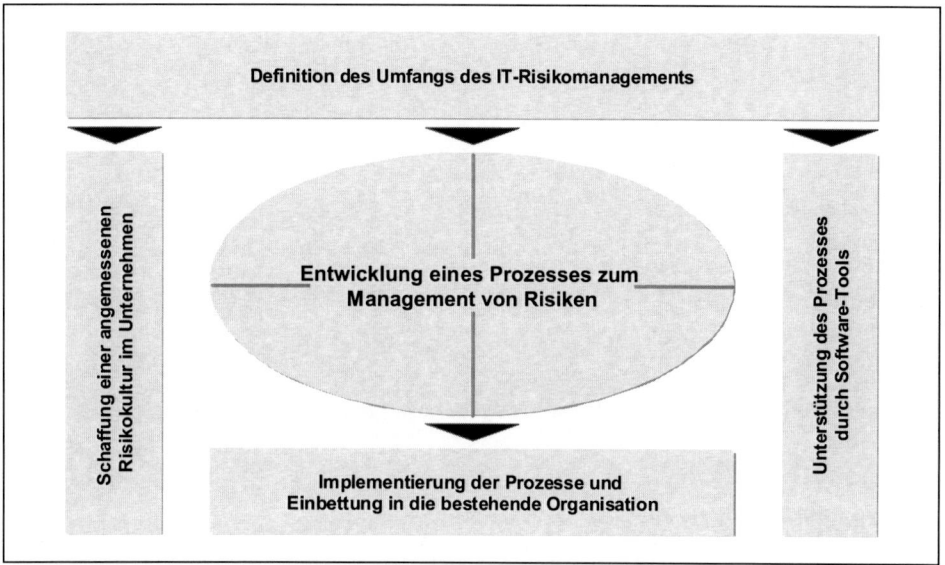

Abbildung X.1: *Struktur beim Aufbau eines IT-Risiko-Managements*

Als Methodik der Risikoidentifikation und -bewertung bietet sich – analog zum Prozess des allgemeinen Risiko-Managements – entweder ein „Top-down"- oder ein „Bottom-up"-Ansatz an. Der „Top-down"-Ansatz bietet den Vorteil einer relativ schnellen Erfassung der Hauptrisiken aus strategischer Sicht. Diese „Helikopterperspektive" kann jedoch auch dazu führen, dass bestimmte Risiken nicht erfasst werden oder Korrelationen zwischen Einzelrisiken nicht korrekt bewertet werden. Demgegenüber bietet ein „Bottom-up"-Ansatz den Vorteil, dass sämtliche Geschäftsbereiche und (IT-)Prozesse erfasst und analysiert werden können. Allerdings ist der „Bottom-up"-Ansatz auch um ein Vielfaches aufwendiger.

Sind die IT-Risiken erkannt, so erfolgt in der nächsten Phase der Risikobewertung eine Quantifizierung der Risiken hinsichtlich ihrer Auswirkungen auf bestimmte Ziel- oder Ergebnisgrößen. Wie alle Risiken eines Unternehmens können auch IT-Risiken immer nur in direktem Zusammenhang mit der Planung eines Unternehmens interpretiert werden.[437] Risiken sind die aus der Unvorhersehbarkeit der Zukunft resultierenden, durch „zufällige" Störungen verursachten Möglichkeiten, von geplanten Zielwerten abzuweichen. Risiken können daher

---

[437] Vgl. GLEIßNER, W.; ROMEIKE, F.: Risikomanagement – Umsetzung, Werkzeuge, Risikobewertung, Freiburg im Breisgau 2005, S. 27.

auch als „Streuung" um einen Erwartungs- oder Zielwert betrachtet werden. Mögliche Abweichungen von den geplanten Zielen stellen Risiken dar – und zwar sowohl negative („Gefahren") wie auch positive Abweichungen („Chancen").[438] Als Zielwert im Bereich der IT-
Risiken kann beispielsweise die Wirkung auf den EBIT[439] verwendet werden.

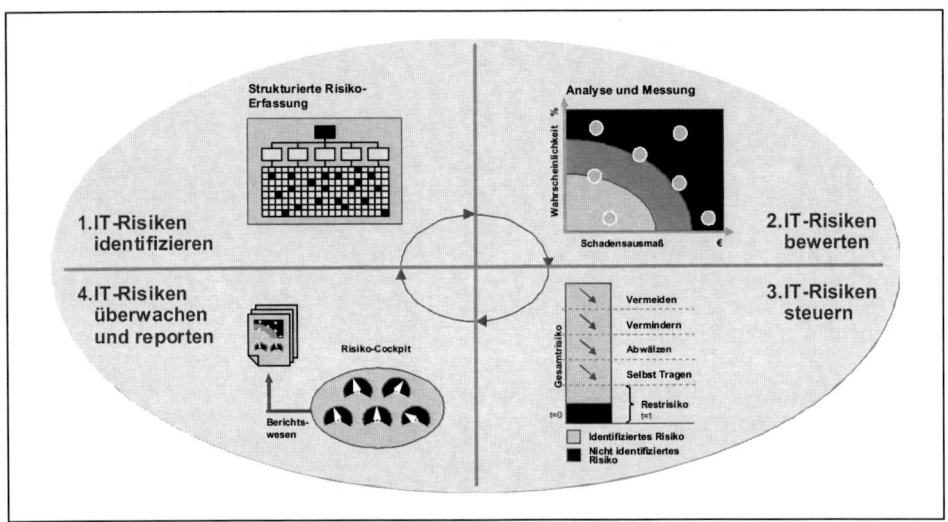

Abbildung X.2: *Der Regelkreis des IT-Risiko-Managements*

Die Risikobewertung zielt außerdem darauf ab, die Risiken hinsichtlich ihres Gefährdungspotenzials in eine Rang- bzw. Relevanzordnung zu bringen sowie ein unternehmensindividuel-
les Risikoportfolio (auch als Risikolandschaft, Risk Landscaping, Risikomatrix oder Risk
Map bezeichnet, siehe Abbildung X.2) abzubilden.

Für die *Bewertung von IT-Risiken* stehen diverse Methoden zur Verfügung. Ist eine objektive
Quantifizierung nicht möglich (beispielsweise bei der Bewertung von Reputationsrisiken
oder strategischen Risiken), so kann ein Risiko auch semi-quantitativ bzw. semi-qualitativ
bewertet werden (existenzbedrohend, schwerwiegend, mittel, gering, unbedeutend). Auf eine
Bewertung in Geldeinheiten sollte trotz alledem nicht verzichtet werden, da sich eine Bestandsgefährdung durch Einzelrisiken oder durch kumulierte Wirkungen von diversen Einzelrisiken nur dann analysieren lässt, wenn diese mit einer finanziellen Größe hinterlegt werden.
Schließlich schaffen auch erst die Transformation von Risiken in „harte" Zahlen und deren
monetäre Bewertung die notwendige Voraussetzung, um die unterschiedlichen Faktoren
vergleichbar zu machen, zu priorisieren und den – unter Kosten-Nutzen-Aspekten – optimalen Methoden-Mix für eine wirkungsvolle Risikosteuerung der IT-Risiken auszuwählen.

---

438 Vgl. GLEIßNER, W.; ROMEIKE, F.: Risikomanagement – Umsetzung, Werkzeuge, Risikobewertung, Frei-
     burg im Breisgau 2005, S. 27.

439 EBIT = earnings before interest and taxes. EBIT ist eine betriebswirtschaftliche Kennzahl und kann wört-
     lich als „Gewinn vor Zinsen und Steuern" übersetzt werden.

Die Praxis zeigt, dass gerade bei Risiken, die sich einer exakten Messung entziehen, die Gefahr besteht, dass diese ignoriert oder unterschätzt werden. Daher ist es auch ein wesentliches Element einer guten Risikokultur, das Risikobewusstsein der Mitarbeiter nicht nur auf quantifizierbare Gefahrenpotenziale zu lenken. Vielmehr sollte sich die Aufmerksamkeit insbesondere auch auf Faktoren richten, die nicht messbar sind oder sich allenfalls durch subjektive Schätzungen bewerten lassen. Wie zahlreiche Beispiele zeigen, können nämlich gerade diese „weichen" und nicht unmittelbar messbaren Risiken (wie etwa die Beschädigung der Marke, ein Reputationsverlust, negative Pressemeldungen etc.) eine weitaus gravierendere Wirkung entfalten als gut quantifizierbare Risiken (beispielsweise technische Störungen im Rechenzentrum, Diebstahl von Hardware etc).[440]

In einem nächsten Schritt müssen die IT-Risiken und sonstigen Unternehmensrisiken zur *Bestimmung der Gesamtrisikoposition* eines Unternehmens aggregiert werden. Die Risikoaggregation liefert gleichzeitig Informationen über die relative Bedeutung einzelner IT-Risiken unter Berücksichtigung von Wechselwirkungen (Korrelationen) zwischen allen Risiken (Geschäftsrisiken, IT-Risiken etc.)[441].

Die Risikoaggregation kann erst durchgeführt werden, wenn die Wirkungen der IT-Risiken unter Berücksichtigung ihrer jeweiligen Eintrittswahrscheinlichkeit, ihrer Schadensverteilung (quantitative Auswirkung) sowie ihrer Wechselwirkungen untereinander durch ein geeignetes Verfahren ermittelt werden.

Für die Risikoaggregation kann man sich der so genannten „*Monte-Carlo-Simulation*" bedienen. Hier werden zunächst die Wirkungen der Einzelrisiken bestimmten Positionen, etwa der Plan-Erfolgs-Rechnung oder der Plan-Bilanz, zugeordnet: Beispielsweise wird sich ein ungeplanter Ausfall der IT auf die Position „Umsatz" auswirken, da bestimmte Vertriebsprozesse (etwa ein Onlineshop) nicht mehr funktionsfähig sind. Eine Voraussetzung für die Bestimmung des „Gesamtrisikoumfangs" mittels Risikoaggregation stellt die Zuordnung von Risken zu Positionen der Unternehmensplanung dar. Es stellt also die mögliche Ursache einer Planabweichung dar. Dabei können Risiken als Schwankungsbreite um einen Planwert modelliert werden (beispielsweise +/- vier Prozent Umsatzmengenschwankung). Zudem können jedoch auch „ereignisorientierte Risiken" (wie etwa ein Brandschaden im Rechenzentrum oder ein Stromausfall in der Kommunikationsinfrastruktur) eingebunden werden, die dann über das außerordentliche Ergebnis den Gewinn beeinflussen. Ein Blick auf die verschiedenen Szenarien der Simulationsläufe veranschaulicht, dass sich bei jedem Simulationslauf andere Kombinationen von Ausprägungen der Risiken ergeben (vgl. Abbildung II.5). Damit erhält man in jedem Schritt einen simulierten Wert für die betrachtete Zielgröße (beispielsweise EBIT. Die Gesamtheit aller Simulationsläufe liefert eine „repräsentative Stichprobe" aller möglichen (IT-)Risiko-Szenarien des Unternehmens. Aus den ermittelten Realisationen

[440] ROMEIKE, F.: Integriertes Risiko-Controlling und -Management im global operierenden Konzern, in: Schierenbeck, H. (Hrsg.): Risk Controlling in der Praxis, Zürich 2006, S. 446 ff.

[441] Vgl. GLEIßNER, W.; ROMEIKE, F.: Risikomanagement – Umsetzung, Werkzeuge, Risikobewertung, Freiburg im Breisgau 2005, S. 31 ff. sowie GLEIßNER, W.: Grundlagen des Risikomanagements im Unternehmen, München 2008, S. 135 ff.

der Zielgröße ergeben sich aggregierte Wahrscheinlichkeitsverteilungen (Dichtefunktionen), die dann für weitere Analysen genutzt werden.

Ausgehend von der durch die Risikoaggregation ermittelten Verteilungsfunktion der betriebswirtschaftliche Kennzahl EBIT kann unmittelbar auf den Eigenkapitalbedarf (Risk Adjusted Capital, RAC) des Unternehmens geschlossen werden. Zur Vermeidung einer Überschuldung wird zumindest so viel Eigenkapital benötigt, wie auch Verluste auftreten können, die beispielsweise in der Folge von IT-Risiken auftreten. Analog lässt sich der Bedarf an Liquiditätsreserven unter Nutzung der Verteilungsfunktion der Zahlungsflüsse (freie Cash Flows) ermitteln. Ergänzend können Risikokennzahlen abgeleitet werden.

Eine weitere Schlüsselstelle im gesamten IT-Risiko-Management-Prozess nimmt die *Risikosteuerung und -kontrolle* ein. Diese Phase zielt darauf ab, die Risikolage des Unternehmens positiv zu verändern bzw. ein ausgewogenes Verhältnis zwischen Ertrag (Chance) und Verlustgefahr (Risiko) zu erreichen. Die Risikosteuerung und -kontrolle umfasst alle Mechanismen und Maßnahmen zur Beeinflussung der Risikosituation, entweder durch eine Verringerung der Eintrittwahrscheinlichkeit und/oder des Schadensausmaßes. Dabei sollte die Risikosteuerung und -kontrolle mit den in der Risikostrategie definierten Zielen übereinstimmen.

So können Risiken beispielsweise vermieden werden, indem wirtschaftliche Aktivitäten aufgegeben (etwa Ausstieg aus einem Projekt) bzw. verändert werden (etwa Entwicklung neuer Technologien). Insbesondere können Risiken aber auch durch organisatorische (beispielsweise IT-Notfallplanung) und technische Maßnahmen (Backup-Systeme, Spiegelung von bestimmten Systemen etc.) vermindert werden. Des Weiteren können sie durch Risikoüberwälzung und Risikostreuung begrenzt werden. Durch regionale, objektbezogene und personenbezogene Streuung kann ein Risikoausgleich bei voneinander unabhängigen Risiken erfolgen.

2.   Wichtige Regelwerke der Informationssicherheit und des IT-Risiko-Managements

2.1   Überblick

Standards im Bereich Risiko-Management und IT-Sicherheit bieten der Unternehmenspraxis eine potenziell gute Hilfestellung bei Aufbau, Weiterentwicklung und Benchmarking.

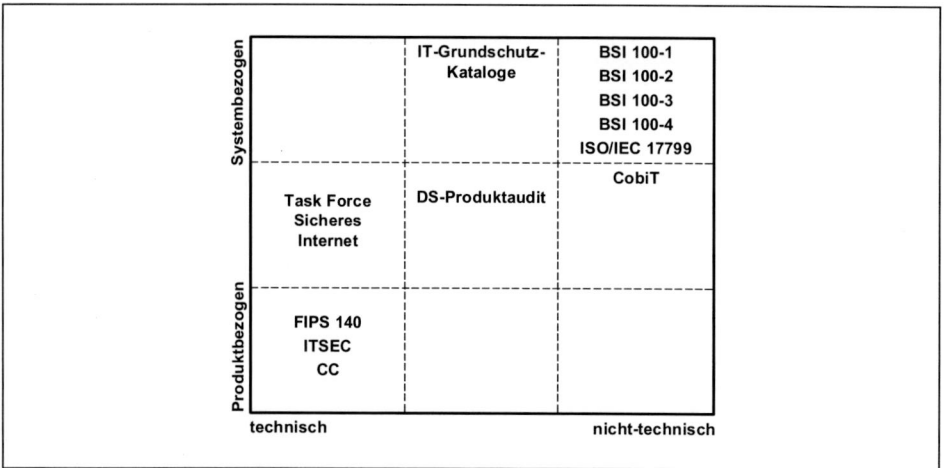

Abbildung X.3: *Einordnung verschiedener Regelwerke*

In Abbildung X.3 sind einige der etablierten Standards und Kriterienwerke im Bereich IT-Sicherheit und -Risiko-Management in einer Matrix zusammengefasst. Der Inhalt des jeweiligen Kriterienwerks kann sich auf die Sicherheit eines einzelnen IT-Produktes oder auf die Sicherheit eines gesamten IT-Verbundes beziehen. Außerdem erfolgt in der Abbildung eine Unterscheidung nach technischen oder nicht-technischen (beispielsweise aufbau- oder ablauforganisatorischen) Aspekten.

In den folgenden Abschnitten werden einzelne Kriterienkataloge näher – jedoch eher überblicksartig – vorgestellt.[442]

2.2   CobiT®

Control Objectives for Information and related Technology (CobiT®) ist ein international anerkanntes Rahmenwerk zur IT-Governance und gliedert die Aufgaben der IT in Prozesse und Control Objectives (Steuerungsvorgaben). CobiT definiert hierbei nicht vorrangig, wie die Anforderungen umzusetzen sind, sondern konzentriert sich primär darauf, was umzusetzen ist. CobiT wurde ursprünglich im Jahr 1993 vom internationalen Verband der IT-Prüfer (Information Systems Audit and Control Association, ISACA) entwickelt, seit dem Jahr 2000

---

[442] Zur Vertiefung kann die folgende Literatur empfohlen werden: WERNERS, B.; KLEMPT, PH.: Standards und Kriterienwerke zur Zertifizierung von IT-Sicherheit, Arbeitsbericht Nr. 9 des Instituts für Sicherheit im E-Business, Bochum 2005 sowie ECKERT, C.: IT Sicherheit, München 2008 sowie KÖNIGS, H.-P.: IT-Risiko-Management mit System, Wiesbaden 2005 sowie MÜLLER, K.-R.: IT-Sicherheit mit System, Wiesbaden 2008.

obliegt es dem IT Governance Institute, einer Schwesterorganisation der ISACA[443], CobiT zu entwickeln und fortzuschreiben. CobiT hat sich von einem Werkzeug für IT-Prüfer (Auditoren) zu einem Werkzeug für die Steuerung der IT aus Unternehmenssicht entwickelt und wird unter anderem auch als Modell zur Sicherstellung der Einhaltung gesetzlicher Anforderungen (Compliance) eingesetzt.

CobiT ist in starker Anlehnung an das *COSO ERM-Framework*[444] erstellt worden, um die Integration der IT-Governance in die Corporate Governance und das unternehmensweite Risiko-Management zu gewährleisten.

CobiT versucht u. a. auf die folgenden Fragestellungen eine Antwort zu geben: Wie werden die Risiken des Unternehmens gemanagt und wie können die IT-Ressourcen abgesichert werden? Wie kann das Unternehmen sicherstellen, dass die IT die Ziele erreicht und das Kerngeschäft unterstützt?

Erstens benötigt das Management Control Objectives, die das eigentliche Ziel der Umsetzung von Richtlinien, Prozessen und Verfahren sowie der Organisationsstruktur darstellen, um zu gewährleisten, dass Unternehmensziele erreicht und ungeplante Vorkommnisse verhindert oder entdeckt und korrigiert werden.

Zum zweiten geht CobiT davon aus, dass das Management laufend kompakte und aktuelle Informationen benötigt, um komplexe Entscheidungen bezüglich Risiko und Steuerung schnell und effizient treffen zu können.

Eine Antwort auf die unternehmerische Anforderung, angemessene IT-Steuerungs- und Performanceniveaus zu bestimmen und zu beurteilen, ist die COBIT-spezifische Definition der folgenden Bereiche:

■ Benchmarking des Potenzials der IT-Prozesse in Form eines Reifegradmodells (engl.: Maturity Model), das vom Capability Maturity Model des Software Engineering Institute abgeleitet wurde.

---

[443] Vgl. www.isaca.org/cobit. Die aktuelle Version 4.1 kann auf der Internetseite der „Information Systems Audit and Control Association" (ISACA) heruntergeladen werden. CobiT 4.0 wurde Anfang Dezember 2005 veröffentlicht. Im Mai 2007 ist ein Update von CobiT 4.0 erschienen: CobiT 4.1. Dort wurden u. a. kleinere Anpassungen an einzelnen „Detailed Control Objectives" vorgenommen sowie die Prozess- und Steuerungsvorgaben überarbeitet.

[444] Die COSO (Committee of Sponsoring Organizations of the Treadway Commission, gegründet 1985) veröffentlichte als ergänzende Erweiterung des COSO-Modells im Jahr 2004 das COSO ERM-Framework (Enterprise Risk Management), auch als COSO II bezeichnet. Dieses Framework stellt den international anerkannten Standard für ein unternehmensweites Risikomanagement dar und fügt zusätzliche Elemente ein: 1. Internes Kontrollumfeld, 2. Zielsetzung, 3. Ereignisidentifikation, 4. Risikobeurteilung, 5. Risikoreaktion, 6. Kontrollaktivitäten, 7. Information und Kommunikation, 8. Überwachung. Folgende Definition für ein Enterprise Risk Management ist in COSO festgehalten: „Enterprise Risk Management (ERM) ist ein Prozess, der von der Unternehmensführung, den Führungskräften und anderen Mitarbeitern durchgeführt wird. Er wird in der strategischen Planung und im gesamten Unternehmen eingesetzt und dient dazu, potentielle Ereignisse zu identifizieren, die das Unternehmen beeinflussen können, das Risiko eines Unternehmens innerhalb dessen „Risikoappetits zu halten sowie eine relative Sicherheit bzgl. der Erreichung der Unternehmensziele zu gewährleisten".

■ Ziele und Metriken der IT-Prozesse, um deren Output und Performance festzulegen und zu messen, wobei auf die Grundlagen der Balanced Scorecard zurückgegriffen wird.

■ Ziele für Aktivitäten, um, basierend auf den detaillierten Control Objectives, die Prozesse unter Kontrolle zu bringen.

Die Kernbereiche der *IT-Governance* sind in Abbildung X.4 zusammengefasst.

Die *Strategische Ausrichtung* (Strategic Alignment) konzentriert sich auf die Sicherstellung der Verknüpfung von (strategischen) Unternehmens- und IT-Zielen. Außerdem wird der Wertbeitrag der IT ermittelt und validiert. Außerdem soll ein Abgleich zwischen dem operativem Betrieb des Unternehmens und jenem der IT erfolgen.

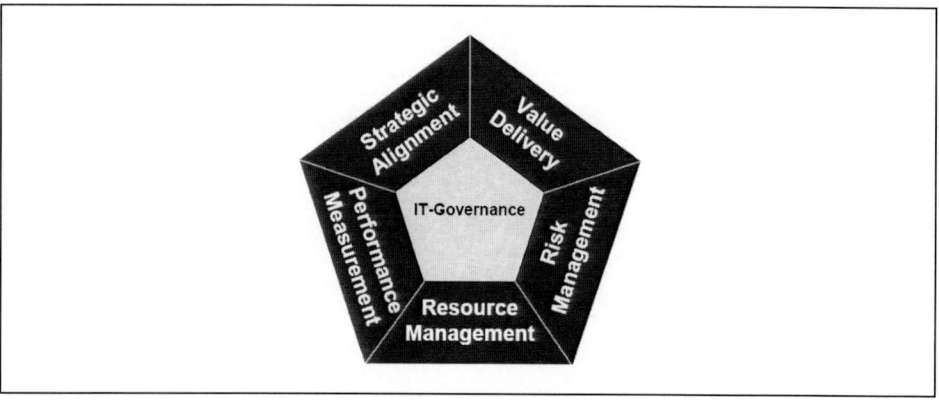

Abbildung X.4: *Kernbereiche der IT-Governance*[445]

Der Bereich *Schaffen von Werten/Nutzen* (Value Delivery) konzentriert sich auf die Realisierung des Wertbeitrags im Leistungszyklus und der Sicherstellung, dass die IT den strategisch geplanten Nutzen generiert. Außerdem sollen Kosten optimiert werden und ein intrinsischer Nutzen der IT erbracht werden.

Im Bereich *Ressourcenmanagement* (Resource Management) steht die Optimierung von Investitionen in IT-Ressourcen im Mittelpunkt. IT-Ressourcen sind u. a. Anwendungen, Informationen, Infrastruktur und Personal. Wesentlicher Bestandteil ist auch die Optimierung von Wissen sowie der Infrastruktur.

Der Bereich *Risiko-Management* (Risk Management) erfordert vor allem eine adäquate Risikokultur bzw. „Risiko-Awareness" bei der Unternehmensleitung sowie ein transparentes Verständnis über den Risikoappetit (risk appetite). Außerdem fordert CobiT ein klares Verständnis für die Anforderungen aus der Perspektive der Compliance sowie Transparenz über die für das Unternehmen wichtigsten Risiken und die Integration der Verantwortlichkeit für Risiko-Management in der Organisation.

---

[445] Quelle: IT Governance Institute: Rolling Meadows: COBIT 4.0, siehe www.isaca.org/cobit.

Der Bereich *Messen von Performance* (Performance Measurement) verfolgt und überwacht die Umsetzung der Strategie und Umsetzung von Projekten, Verwendung von Ressourcen, Prozessperformance und Leistungserbringung (Service Delivery). So schlägt CobiT beispielsweise den Einsatz einer Balanced Scorecard vor, um die Strategie in Aktivitäten zu übersetzen und diese messbar zu machen, die für die Zielerreichung notwendig sind.

Um die Unternehmensziele zu erreichen, müssen die Informationen nach bestimmten Kriterien eingeteilt werden. Hierfür verwendet CobiT sieben *Information Criteria*, die in der folgenden Tabelle X.2 dargestellt sind.

Lfd. Nr.	*Information Criteria* / Geschäftsanforderung / Qualitätskriterium	Erläuterung
1	*Effectiveness* (Wirksamkeit, Effektivität)	Betrifft Informationen, die zu einem Geschäftsprozess gehören oder für diesen wichtig sind. Die bereitgestellten Informationen werden bezüglich Zeit, Korrektheit, Konsistenz und Verwendbarkeit bewertet.
2	*Efficiency* (Wirtschaftlichkeit, Effizienz)	Bedeutet, dass die Informationen durch die optimale Verwendung von Ressourcen bereitgestellt werden. Hierbei ist vor allem ein akzeptabler Kosten- bzw. Aufwandsrahmen zu beachten.
3	*Confidentiality* (Vertraulichkeit)	Befasst sich mit dem Schutz von sensiblen Informationen. Diese sensiblen Daten dürfen keinen unautorisierten Personen offengelegt werden.
4	*Integrity* (Integrität)	Umfasst die Richtigkeit und Vollständigkeit von Informationen und die Gültigkeit und Übereinstimmung mit Geschäftsanforderungen.
5	*Availability* (Verfügbarkeit)	Heißt, dass Informationen jetzt und in Zukunft für den Geschäftsprozess verfügbar sein müssen. Hierbei müssen auch die notwendigen Ressourcen und die damit zusammenhängende Leistung geschützt werden.
6	*Compliance* (Compliance, Übereinstimmung)	Bedeutet, dass Gesetze, Richtlinien oder vertragliche Vorgaben, die einem Geschäftsprozess unterliegen, eingehalten werden müssen.
7	*Reliability* (Verlässlichkeit)	Umfasst die Bereitstellung von Information für die geschäftlichen Entscheidungen des Managements und die finanziellen und gesetzlichen Berichtsverantwortlichkeiten.

Tabelle X.2:   *Information Criteria nach CobiT*

Die *Prozessorientierung von COBIT* wird durch das Prozessmodell dargestellt. Dieses unterteilt die IT in 34 wichtige Prozesse, untergliedert in die in Tabelle X.3 zusammengefassten Hauptblöcke.

Domain	Erläuterung
Plan and Organise (Planung und Organisation, PO)	Diese Domain umfasst Strategien und Taktiken, um die IT optimal auf die Unternehmensziele abzustimmen. • Wie sind die IT und das Unternehmen aufeinander abgestimmt? • Werden die IT-Ressourcen vom Unternehmen optimal ausgenutzt? • Sind die IT-Ziele in der Organisation klar erläutert?
Acquire and Implement (Beschaffung und Einführung, AI)	Zur Umsetzung von IT-Strategien muss zuerst eine IT-Lösung identifiziert, entwickelt, beschafft, umgesetzt und in die Geschäftsprozesse integriert werden. Außerdem werden Änderungen und Wartungen bestehender Systeme abgedeckt. • Entsprechen die Ergebnisse neuer Projekte den Unternehmensanforderungen? • Wird das Projekt rechtzeitig fertig und ist das Budget ausreichend?
Deliver and Support (Auslieferung und Unterstützung, DS)	Diese Domain befasst sich mit dem Erbringen von erforderlichen Leistungen. Dazu zählen Service Support für Benutzer, das Sicherstellen der Sicherheit oder das Verwalten von Daten. • Sind die IT-Kosten optimiert? • Ist das Benutzen von IT-Systemen produktiv und sicher? • Sind Vertraulichkeit, Integrität und Verfügbarkeit gegeben?
Monitor and Evaluate (Überwachung und Evaluierung, ME)	In der vierten Domain wird die Qualität, die Einhaltung von Richtlinien und die Überprüfung der IT-Prozesse beurteilt. • Werden bei der Performancemessung Probleme erkannt? • Kann die IT-Performance mit den Unternehmenszielen verknüpft werden?

Tabelle X.3:   *Domains von CobiT*

Zusammengefasst werden IT-Ressourcen durch IT-Prozesse gemanagt, um IT-Ziele zu erreichen, die auf Unternehmenserfordernisse ausgerichtet sind. Dies ist, wie im *CobiT-Würfel* der Abbildung X.5 dargestellt, das Grundprinzip des CobiT Frameworks.

Der Steuerungsansatz von CobiT ist grundsätzlich in einer Top-down-Logik strukturiert. Ausgehend von Unternehmenszielen werden IT-Ziele festgelegt, die wiederum die Architektur der IT beeinflussen. Hierbei gewährleisten angemessen definierte und betriebene IT-Prozesse die Verarbeitung von Informationen, die Verwaltung von IT-Ressourcen (Personal, Technologie, Daten, Anwendungen) und die Erbringung von Services. Für diese Ebenen (Unternehmensweit, IT, Prozess und Aktivitäten) sind jeweils Mess- und Zielgrößen zur Beurteilung der Ergebnisse und der Performance-Driver festgelegt. Die Messung der Zielerreichung erfolgt bottom-up und ergibt so einen vorgegebenen Steuerungs-Zyklus.

PO9 definiert im CobiT-Framework den *Prozess der Risikobeurteilung* (Assess and Manage IT Risks). So wird gefordert, dass ein Risiko-Management-Framework ein allgemeines und vereinbartes Niveau von IT-Risiken sowie Strategien zur Risikoreduktion dokumentiert. Alle potenziellen Einflüsse auf die Ziele der Organisation, die durch ein ungeplantes Ereignis hervorgerufen werden, sollten identifiziert, analysiert und bewertet werden, so CobiT. Strategien der Risikoreduktion sollten umgesetzt werden, um das Restrisiko auf ein akzeptiertes Niveau zu reduzieren. Das Ergebnis der Bewertung sollte für die Stakeholder verständlich sein und in finanzbezogenen Kennzahlen kommuniziert werden, um den Stakeholdern zu ermöglichen, das Risiko auf ein akzeptables Toleranzniveau zu bringen.

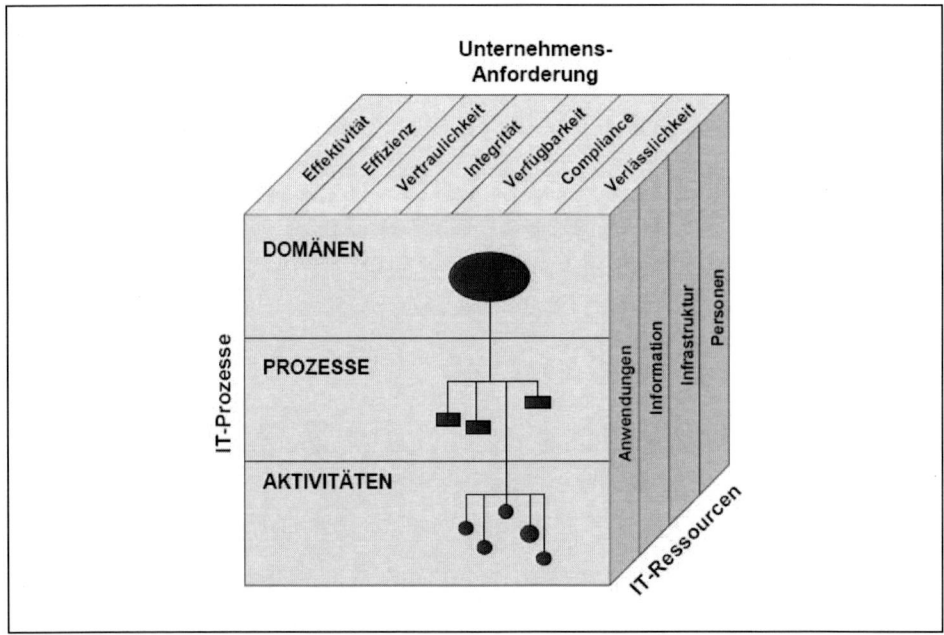

Abbildung X.5: *Der CobiT-Würfel[446]*

---

446 Quelle: IT Governance Institute: Rolling Meadows: COBIT 4.0, siehe www.isaca.org/cobit.

Im Detail definiert CobiT im Block PO9 insgesamt sechs Steuerungsziele (Control Objectives):

■ *PO9.1: IT and Business Risk Management Alignment:* Integration und Koordinierung des unternehmensweiten Risiko-Managements mit dem IT-Risiko-Management. Dies beinhaltet auch die strategische Ausrichtung des Unternehmens bezüglich Risikoappetit und Risikotragfähigkeit.

■ *PO9.2: Establishment of Risk Context:* Hier soll der gesamte Kontext für den Risiko-Management-Prozess definiert werden. Dies umfasst die Bestimmung der internen und externen Rahmenbedingungen für jede Risikobewertung, die Ziele der Bewertung und die Kriterien, nach denen Risiken evaluiert werden. Das CobiT-Framework stellt keine weiteren Werkzeuge und Methoden zur Identifikation und Bewertung von Risiken zur Verfügung.

■ *PO9.3: Event Identification (Ereignisidentifikation):* Bei diesem Steuerungsziel sollen sämtliche Ereignisse (Bedrohungen oder Verletzbarkeiten) mit einer potenziellen Auswirkung auf die Ziele oder den Betrieb des Unternehmens (einschließlich der folgenden Aspekte: Geschäftstätigkeit, Verordnungen, Recht, Technologie, Handelspartner, Personal und Betrieb) identifiziert werden. In diesem Kontext sollen insbesondere die positiven oder negativen Auswirkungen erfasst und dokumentiert werden.

■ *PO9.4: Risk Assessment (Bewertung von Risiken):* Unter Anwendung qualitativer und quantitativer Methoden sollen regelmäßig alle identifizierten Risiken hinsichtlich Wahrscheinlichkeit und Auswirkungen bewertet werden. Die Wahrscheinlichkeit und Auswirkungen, die mit inhärenten und Restrisiken verbunden sind, sollten einzeln, pro Kategorie und auf Basis eines Portfolios bestimmt werden.

■ *PO9.5: Risk Response (Maßnahmen zur Risikobehandlung):* CobiT verlangt in der Prozessphase der Risikosteuerung eine klare Definition von Risiko- und Prozessverantwortlichen. So soll sichergestellt werden, dass effiziente Controls und Steuerungsmaßnahmen die Risiken kontinuierlich reduzieren. Die Risikoreaktion sollte allgemein bekannte Risikostrategien, wie Vermeidung, Reduzierung, Transfer/Finanzierung oder Akzeptanz umfassen. In diesem Zusammenhang weist CobiT auch darauf hin, dass die Maßnahmen unter Wirtschaftlichkeitsaspekten umgesetzt werden sollen.

■ *PO9.6: Maintenance and Monitoring of a Risk Action Plan (Erhalt und Monitoring eines Plans zur Risikosteuerng):* CobiT fordert als Steuerungsziel eine klare Priorisierung der Kontrollaktivitäten auf allen Ebenen, um die Maßnahmen umzusetzen. Hierzu gehört insbesondere auch ein effizientes Monitoring und Controlling der definierten Maßnahmen. Eventuelle Abweichungen von den definierten Maßnahmen müssen dem Vorstand bzw. der Geschäftsleitung gemeldet werden.

Auf Basis so genannter Entwicklungs- oder Lebensphasenmodelle ordnet CobiT das IT-Risiko-Management in bestimmte Reifegrade (maturity level) ein (vgl. Tabelle X.4).

Gegenüber CobiT kann kritisch angemerkt werden, dass alle Control Objectives sehr allgemein formuliert sind. Für die praktische Umsetzung von Control Objectives werden weitere Informationen und Methoden benötigt. CobiT bietet – u. a. auch im Bereich Risiko-Management – keine Empfehlungen für bestimmte Methoden zur Identifikation oder Bewertung von Risiken. CobiT bietet hingegen einen Prüfmechanismus, ob alle IT-Prozesse vorhanden sind. Ergänzend kann der Reifegrad der Prozesse bestimmt werden.

0	Non-existent (nicht existent)

Es gibt keine Risikoeinschätzung für Prozesse oder Geschäftsentscheidungen. Die Auswirkung von Sicherheitsschwachstellen und Unsicherheiten der Projektentwicklung wird nicht berücksichtigt. Risiko-Management ist irrelevant für die Beschaffung von IT-Lösungen und die IT-Services.

1	Initial (initial)

IT-Risiken werden teilweise berücksichtigt. Je nach Anforderung des Projektes werden Projektrisiken beurteilt. Risikoeinschätzungen werden fallweise in einem Projektplan veranschaulicht. IT-bezogene Risken, wie Sicherheit, Verfügbarkeit und Integrität, werden für Projekte fallweise, für alltägliche Betriebsprozesse hingegen selten betrachtet. Werden Risiken beachtet, dann sind die risikomindernden Maßnahmen inkonsistent.

2	Repeatable (wiederholbar)

Es gibt einen Ansatz zur Risikoeinschätzung, jedoch ist es dem Projektmanager überlassen, ob dieser Ansatz eingesetzt wird oder nicht. Risiko-Management existiert in höheren Ebenen und wird meist nur bei wesentlichen Projekten oder als Reaktion auf ein Problem durchgeführt. Nachdem Risiken identifiziert werden, werden Maßnahmen zur Reduktion implementiert.

3	Defined (definiert)

Eine unternehmensweite Risiko-Management-Politik definiert, wie und wann eine Risikoeinschätzung vorgenommen wird. Das Risiko-Management hält sich an einen festgelegten und dokumentierten Prozess. Es werden auch entsprechende Risiko-Management-Schulungen angeboten. Den Risiko-Management-Prozess anzuwenden und sich schulen zu lassen kann jeder selbst entscheiden.

4	Managed (gemanagt)

Das Risiko wird sowohl bei Projekten als auch beim IT-Gesamtbetrieb eingeschätzt und reduziert. Das Management wird bei Veränderungen der IT-bezogenen Risikoszenarien von Geschäfts- und IT-Umgebungen benachrichtigt. Allen identifizierten Risiken ist ein Eigentümer zugewiesen und ein tolerierbarer Risikolevel ist vom IT-Management festgelegt worden. Zur Risikoeinschätzung werden standardisierte Metriken und Methoden verwendet. Strategien für die Risikoreduktion werden berücksichtigt.

5	Optimised (optimiert)

Das Risiko-Management ist ein strukturierter, unternehmensweit durchgesetzter und gut verwalteter Prozess (Enterprise Risk Management). Aufzeichnungen, Analysen und Berichte sind stark automatisiert. Leitlinien werden von Verantwortlichen festgelegt. Das Risiko-Management ist in alle Geschäfts- und IT-Prozesse wirklich integriert, wird akzeptiert und involviert die User der IT-Services umfassend.

Werden Entscheidungen bezüglich Betrieb und Investition ohne Risiko-Management entschieden, dann erkennt das Management dies sofort und reagiert dementsprechend.

Tabelle X.4:   *Die unterschiedlichen Reifegrade im Risiko-Management nach CobiT*

2.3 Common Criteria ISO/IEC 15408

Die *Common Criteria* (ISO/IEC 15408, CC) bieten gemeinsame Kriterien für die *Prüfung und Bewertung der Sicherheit von Informationstechnik*.[447] Der Common-Criteria-Standard soll eine gemeinsame Grundlage Sicherheitsbewertungen bieten und soll vermeiden, dass Komponenten oder Systeme in verschiedenen Ländern mehrfach zertifiziert werden müssen. Damit kann die Vertrauenswürdigkeit in die IT-Sicherheitsfunktionalität von IT-Produkten und IT-Systemen dargestellt werden. Jeder IT-Hersteller kann für die IT-Sicherheitsfunktionalität seines Produktes ein Zertifikat erwerben und seinen Kunden einen international anerkannten Nachweis der Vertrauenswürdigkeit vorlegen. Dies beinhaltet ein Vertrauen hinsichtlich der folgenden Punkte:

■ Konfigurationsmanagement,

■ Auslieferung und den Betrieb,

■ Entwicklungsprozess,

■ Qualität der Handbücher,

■ Lebenszyklus-Unterstützung,

■ (unabhängiges) Testen der Funktionalität,

■ Schwachstellenbewertung und

■ Erhaltung der Vertrauenswürdigkeit.

---

[447] Weitere Informationen finden Sie hier: www.commoncriteriaportal.org. Die CC Version 3.1 wurde im September 2006 von der Staatengemeinschaft im internationalen Common Criteria Anerkennungsabkommen verabschiedet und wurde gemäß BSI-Zertifizierungsverordnung im Bundesanzeiger vom 23.02.2007 offiziell bekannt gegeben.

Die CC sind eine Weiterentwicklung und Harmonisierung der europäischen „Kriterien für die Bewertung der Sicherheit von Systemen der Informationstechnik (ITSEC)", des „Orange-Book (TCSEC)" der USA und der kanadischen Kriterien (CTCPEC).

CC EAL	ITSEC E	BSI ITS Q	Bedeutung	TCSEC
EAL1	E0-E1	Q0-Q1	funktionell getestet	D-C1
EAL2	E1	Q1	strukturell getestet	C1
EAL3	E2	Q2	methodisch getestet und überprüft	C2
EAL4	E3	Q3	methodisch entwickelt, getestet und durchgesehen	B1
EAL5	E4	Q4	semiformal entworfen und getestet	B2
EAL6	E5	Q5	semiformal verifizierter Entwurf und getestet	B3
EAL7	E6	Q6	formal verifizierter Entwurf und getestet	A

Tabelle X.5:   *Evaluation Assurance Level*

Die Common Criteria gliedern sich in drei Teile:

- *Teil 1: Einführung und allgemeines Model:* Im ersten Teil werden die Grundlagen der IT-Sicherheitsevaluation und der allgemeine Geltungsbereich der CC erläutert. In den Anhängen werden Schutzprofile (Protection Profile) und Sicherheitsvorgaben (Security Target) für den zu prüfenden Evaluationsgegenstand (EVG) beschrieben.

- *Teil 2: Funktionale Sicherheitsanforderungen:* Dieser Teil enthält einen umfangreichen Katalog von Funktionalitätsanforderungen. Er stellt ein empfohlenes Angebot für die Beschreibung der Funktionalität eines Produktes bzw. Systems dar, von dem jedoch in begründeten Fällen abgewichen werden kann. Im Anhang finden sich Hintergrundinformationen. Zusätzlich werden Zusammenhänge zwischen Bedrohungen, Sicherheitszielen und funktionalen Anforderungen aufgezeigt.

- *Teil 3: Anforderungen an die Vertrauenswürdigkeit:* Im dritten Teil sind die Anforderungen an die Vertrauenswürdigkeit aufgelistet. Wichtig ist, dass ein Evaluationsergebnis immer auf einer Vertrauenswürdigkeitsstufe (EAL) basieren sollte, eventuell ergänzt durch weitere Anforderungen. Die CC geben sieben hierarchische EAL-Stufen vor.

Die Common Criteria definieren sieben Stufen der Vertrauenswürdigkeit (Evaluation Assurance Level, EAL1-7), die die Korrektheit der Implementierung des betrachteten Systems bzw. die Prüftiefe beschreiben (vgl. Tabelle X.5).

2.4   BSI-Standards und IT-Grundschutz

BSI-Standards enthalten Empfehlungen des Bundesamts für Sicherheit in der Informations-technik (BSI)[448] zu Methoden, Prozessen und Verfahren sowie Vorgehensweisen und Maß-nahmen mit Bezug zur Informationssicherheit. Das BSI greift dabei Themenbereiche auf, die von grundsätzlicher Bedeutung für die Informationssicherheit in Behörden oder Unternehmen sind und für die sich national oder international sinnvolle und zweckmäßige Herangehens-weisen etabliert haben.[449]

Das Fundament eines *IT-Grundschutzkonzepts* ist der initiale Verzicht auf eine detaillierte und unternehmensindividuelle Risikoanalyse. In einem ersten Schritt wird von pauschalen Ge-fährdungen ausgegangen und dabei auf die differenzierte Einteilung nach Schadenshöhe und Eintrittswahrscheinlichkeit verzichtet. Es werden drei Schutzbedarfskategorien gebildet, mit deren Hilfe man den Schutzbedarf des Untersuchungsgegenstandes feststellt und darauf ba-sierend die entsprechenden personellen, technischen, organisatorischen und infrastrukturellen Sicherheitsmaßnahmen aus dem *IT-Grundschutzhandbuch*[450] auswählt. Für Unternehmen ist dies vor allem mit dem Vorteil verbunden, dass der Aufwand einer detaillierten Risiko- und Sicherheitsanalyse zunächst unterbleiben kann, da mit pauschalen und standardisierten Ge-fährdungen gearbeitet wird.

Als Bestätigung für das erfolgreiche Umsetzen des Grundschutzes wird vom BSI ein Grund-schutz-Zertifikat vergeben. In den Stufen 1 und 2 basiert es auf Selbsterklärungen, in der Stufe 3 erfolgt eine Überprüfung durch einen unabhängigen, vom BSI lizenzierten Auditor. Seit dem Jahr 2006 ist eine Internationalisierung des Zertifizierungsverfahrens möglich. Gleichzeitig mit der Zertifizierung nach IT-Grundschutz kann eine Zertifizierung nach ISO 27001 erfolgen.[451]

Die folgenden BSI-Standards wurden veröffentlicht:

- *BSI-Standard 100-1: Managementsysteme für Informationssicherheit (ISMS)*. Dieser BSI-Standard definiert allgemeine Anforderungen an ein ISMS. Er ist vollständig kompatibel zum ISO-Standard 27001 und berücksichtigt weiterhin die Empfehlungen der anderen ISO-Standards der ISO 2700x-Familie wie beispielsweise ISO 27002 (früher ISO 17799).

---

[448] Das Bundesamt für Sicherheit in der Informationstechnik (BSI) wurde im Jahr 1991 gegründet und ist eine in der Bundesstadt Bonn ansässige zivile obere Bundesbehörde im Geschäftsbereich des Bundesministeri-ums des Innern (BMI), die für Fragen der IT-Sicherheit zuständig ist. Das BSI ging aus der Zentralstelle für Sicherheit in der Informationstechnik (ZSI) hervor, deren Vorgängerbehörde die dem Bundesnachrich-tendienst (BND) unterstellte Zentralstelle für das Chiffrierwesen (ZfCh) war.

[449] Weitere Informationen zu BSI-Standards unter www.bsi.bund.de/literat/bsi_standard.

[450] Das „IT-Grundschutzhandbuch" heißt seit der Version 2005 „IT-Grundschutz-Kataloge". Die IT-Grund-schutz-Kataloge beinhalten die Baustein-, Maßnahmen- und Gefährdungskataloge.

[451] Unterstützend können Unternehmen das BSI IT-Grundschutz-Tool (GSTOOL) einsetzen. Hierbei handelt es sich um eine Datenbankanwendung zur Erstellung von Sicherheitskonzepten nach der Vorgehensweise des IT-Grundschutz. Weitere Informationen unter: www.bsi.bund.de/gstool.

Das BSI stellt den Inhalt dieser ISO-Standards in einem eigenen BSI-Standard dar, um einige Themen ausführlicher beschreiben zu können und so eine didaktischere Darstellung der Inhalte zu ermöglichen. Zudem wurde die Gliederung so gestaltet, dass sie zur IT-Grundschutz-Vorgehensweise kompatibel ist.

■ *BSI-Standard 100-2: IT-Grundschutz-Vorgehensweise.* Die IT-Grundschutz-Vorgehensweise beschreibt Schritt für Schritt, wie ein Managementsystem für Informationssicherheit in der Praxis aufgebaut und betrieben werden kann. Die Aufgaben des Sicherheitsmanagements und der Aufbau von Organisationsstrukturen für Informationssicherheit sind dabei wichtige Themen. Die IT-Grundschutz-Vorgehensweise geht sehr ausführlich darauf ein, wie ein Sicherheitskonzept in der Praxis erstellt werden kann, wie angemessene Sicherheitsmaßnahmen ausgewählt werden können und was bei der Umsetzung des Sicherheitskonzeptes zu beachten ist. Auch die Frage, wie die Informationssicherheit im laufenden Betrieb aufrecht erhalten und verbessert werden kann, wird beantwortet. IT-Grundschutz interpretiert damit die sehr allgemein gehaltenen Anforderungen der ISO-Standards der 2700x-Reihe und hilft den Anwendern in der Praxis bei der Umsetzung mit vielen Hinweisen, Hintergrundinformationen und Beispielen. Im Zusammenspiel mit den IT-Grundschutz-Katalogen wird in der IT-Grundschutz-Vorgehensweise nicht nur erklärt, was gemacht werden sollte, sondern es werden auch konkrete Hinweise gegeben, wie eine Umsetzung (auch auf technischer Ebene) aussehen kann.

■ *BSI-Standard 100-3: Risikoanalyse auf der Basis von IT-Grundschutz.* Die IT-Grundschutz-Kataloge des BSI enthalten Standard-Sicherheitsmaßnahmen aus den Bereichen Organisation, Personal, Infrastruktur und Technik, die bei normalen Sicherheitsanforderungen in der Regel angemessen und ausreichend zur Absicherung von typischen Geschäftsprozessen und Informationsverbünden sind. Viele Anwender, die bereits erfolgreich mit dem IT-Grundschutz-Ansatz arbeiten, stehen vor der Frage, wie sie mit Bereichen umgehen sollen, deren Sicherheitsanforderungen deutlich über das normale Maß hinausgehen. Mit dem BSI-Standard 100-3 hat das BSI einen Standard zur Risikoanalyse auf der Basis von IT-Grundschutz erarbeitet. Diese Vorgehensweise bietet sich an, wenn Unternehmen oder Behörden bereits erfolgreich mit den IT-Grundschutz-Maßnahmen arbeiten und möglichst nahtlos eine Risikoanalyse an die IT-Grundschutz-Analyse anschließen möchten.

■ *BSI-Standard 100-4: Notfallmanagement.* Mit dem BSI-Standard 100-4 wird ein systematischer Weg aufgezeigt, ein Notfallmanagement aufzubauen, um auf Notfälle und Krisen adäquat vorbereitet zu sein und effizient reagieren zu können. Ziel eines Notfallmanagements ist es, die Ausfallsicherheit zu erhöhen und die wichtigen Geschäftsprozesse in einem Notfall schnell wieder aufnehmen zu können, um den Schaden für das Unternehmen zu minimieren.

2.5   BS 7799-1 und BS 7799-2

Der *BS 7799* wurde mit dem Ziel veröffentlicht, Führungskräften und Mitarbeitern eines Unternehmens ein Modell zur Verfügung zu stellen, das die Einführung und den Betrieb eines effektiven Managementsystems für Informationssicherheit (Information Security Management System, ISMS) erlaubt.

Der Ursprung von BS 7799/ISO 17799 reicht zurück zu den Tagen des britischen Department of Trade and Industry (DTI). Das dort ansässige Commercial Computer Security Centre (CCSC) verfolgte im Kern zwei Aufgaben: Zum einen sollte Herstellern von Sicherheitsprodukten international anerkannte Kriterien zur Evaluierung von Sicherheitsprodukten zur Verfügung gestellt werden. Daher entwickelte das CCSC ein Evaluierungs- und Zertifizierungsschema. Diese Bemühungen flossen letztendlich in die Entwicklung der „Information Technology Security Evaluation Criteria" (ITSEC) ein.

Zum anderen lag der zweite Schwerpunkt des CCSC in der Entwicklung eines „Code of good security practice" und resultierte im Jahr 1989 in der Veröffentlichung des „Users code of practice". Diese Verhaltensrichtlinie wurde später vom National Computing Centre (NCC) und einer Gruppe von führenden Unternehmen und Organisationen weiterentwickelt. So sollte sichergestellt werden, dass der Code sinnvoll und aus Benutzersicht auch praktisch anwendbar war. Das Resultat wurde schließlich als Public Document „A Code of Practice for Information Security Management" veröffentlicht und mündete nach einiger Umgestaltung im Jahr 1995 in den durch das British Standard Institute (BSI) herausgegebenen britischen Standard BS 7799 Teil 1.

Dieser *„Leitfaden zum Management von Informationssicherheit"* sollte Unternehmen aller Branchen und Behörden bei der Umsetzung von Informationssicherheit unterstützen. Im Jahre 1998 wurde dann ein zweiter Teil, BS 7799 Teil 2 „Information Security Management Systems – Specification with guidance for use", veröffentlicht, der den Prozess zur Entwicklung eines *Information Security Management Systems* (ISMS) beschreibt und als Grundlage für eine Zertifizierung dient.

Das internationale Interesse an BS 7799 führte im Dezember 2000 dazu, dass BS 7799 Teil 1 als so genannter „Fast Track" in die ISO-Standardisierung (International Organization for Standardization) eingebracht wurde. Die Weiterentwicklung des BS 7799 ist die internationale Norm ISO/IEC 27001, welche seit dem Jahr 2005 eine international gültige Zertifizierungsgrundlage darstellt. Der zweite Teil (BS 7799-2) wurde bei dieser ISO-Norm nicht berücksichtigt. Der Standard wurde im Jahr 2005 als ISO 27001 international genormt (ISO/IEC 27001: Information technology – Security techniques – Information security management systems – Requirements).

2.6   ISO/IEC 27001

Die *ISO/IEC 27001:2005* wurde – wie bereits skizziert – aus dem britischen Standard BS 7799-2:2002 entwickelt und als internationale Norm erstmals am 15. Oktober 2005 veröffentlicht. Die internationale Norm ISO/IEC 27001 „Information technology – Security techniques – Information security management systems – Requirements" definiert die Anforderungen für Herstellung, Einführung, Betrieb, Überwachung, Wartung, und Verbesserung eines dokumentierten Managementsystems für Informationssicherheit. Hierbei werden alle Risiken innerhalb der gesamten Organisation berücksichtigt. Die ISO/IEC 27001 richtet sich an Unternehmen aller Branchen (beispielsweise Industrie, Handelsunternehmen, staatliche Organisationen, Nonprofit-Organisationen).

Die ISO/IEC 27001:2005 soll für verschiedene Einsatzzwecke anwendbar sein, nicht abschließend beispielsweise für die folgenden Bereiche:

- zur Formulierung von Anforderungen und Zielsetzungen zur Informationssicherheit,

- zum kosteneffizienten Management von IT-Sicherheitsrisiken,

- zur Sicherstellung der Konformität mit Gesetzen und regulatorischen Anforderungen,

- als Prozessrahmen für die Umsetzung und das Management von Maßnahmen zur Sicherstellung von spezifischen Zielen zur Informationssicherheit,

- zur Definition von neuen Informationssicherheits-Managementprozessen,

- zur Identifikation und Definition von bestehenden Informationssicherheits-Managementprozessen,

- zur Definition von Informationssicherheits-Managementtätigkeiten,

- zum Gebrauch durch interne und externe Auditoren zur Feststellung des Umsetzungsgrades von Richtlinien und Standards.

2.7   ISO/IEC 27002:2005 bzw. ISO 17799:2005

Die *ISO/IEC 27002:2005*[452] bzw. ISO 17799 „Code of Practice for Information Security Management" ist ein heute international anerkannter Leitfaden zum Management von Infor-

---

[452] Die ISO/IEC 27002:2005 enthält den Inhalt der ISO 17799:2005. Am 15. Juni 2005 wurde der Leitfaden ISO/IEC 17799:2005 „Information technology – Security techniques – Code of practice for information security management" veröffentlicht, der auf BS 7799-1 fußt. Der Standard ist seit Sommer 2007 von ISO/IEC 17799:2005 in ISO/IEC 27002:2005 neu nummeriert worden. Ergänzend ist ISO FCD 27005 an den BS 7799-3:2006 angelehnt und behandelt das Thema IS-Risikomanagement.

mationssicherheit und umfasst eine Sammlung von Empfehlungen für Informationssicherheitsverfahren und -methoden, die sich in der Praxis bewährt haben („best practices").

Der Standard ISO/IEC 27002 orientiert sich an einem Top-down-Ansatz mit generischen Standard-Sicherheitsmaßnahmen für annähernd alle relevanten Bereiche der Informationssicherheit. Er enthält keine produktorientierten und nur allgemeine technologieorientierte Maßnahmen und empfiehlt bewusst keine konkreten Sicherheitslösungen.

Außerdem adressiert die ISO/IEC 27002 kein spezielles Sicherheitsniveau, wodurch eine individuelle Anpassung an ein höheres oder niedrigeres Sicherheitsniveau jederzeit möglich ist. Eine konkrete Vorgehensweise gibt der Standard nicht vor, nennt aber kritische Erfolgsfaktoren, die für die Etablierung eines ISMS ausschlaggebend sind. Zu diesen Erfolgsfaktoren zählten insbesondere, dass:[453]

- Sicherheitspolitik, Ziele und Aktivitäten an den Geschäftszielen ausgerichtet sind,

- das Vorgehen der Unternehmenskultur angepasst ist,

- Informationssicherheit der Unterstützung durch das (Top-)Management bedarf,

- ein gutes Verständnis der Sicherheitsanforderungen, von Risk Assessment und Risk Management vorliegt,

- zur Erhöhung der Sensibilisierung ein effektives Information Security Marketing existiert,

- alle Betroffenen die bestehenden Security Guidelines und Regeln kennen,

- ein Budget für Information Security Managemant zur Verfügung steht,

- Trainings und Schulungen durchgeführt werden ,

- ein effektiver Incident Management Prozess etabliert wird und

- ein System zur Bemessung und Verbesserung des ISMS existiert.

3.   IT-Krisen- und Notfallmanagement

3.1   Einführung in die Krisen- und Notfallprävention

Durch eine Störung, einen Notfall, eine Katastrophe sowie eine Krise können die Prozesse eines Unternehmens massiv gestört werden. Allgemein versteht man unter einer *Störung* eine Situation, in der Prozesse oder Ressourcen eines Unternehmens nicht wie geplant funktionie-

---

453 Vgl. VÖLKER, J.: BS 7799: Von „Best Practice" zum Standard, Secorvo White Paper, Karlsruhe 2005.

ren. Eventuelle Schäden sind als eher gering einzustufen. Störungen werden durch die im allgemeinen Tagesgeschäft integrierte Störungsbehebung beseitigt. Störungen können sich jedoch zu einem Notfall ausweiten und sind deshalb genau zu beobachten. Derartige Ereignisse werden im Rahmen eines „Incident Managements" erfasst und analysiert.

Auch bei einem *Notfall* funktionieren die Prozesse oder Ressourcen eines Unternehmens nicht wie geplant. Kann bei einer teilweisen oder kompletten Nichtverfügbarkeit der Informations- und Kommunikationstechnologie der Systemausfall nicht innerhalb einer angemessenen Zeit in einen „normalen" Betriebszustand zurückgeführt werden, liegt ein Notfall vor. Dies hat zur Konsequenz, dass auch der Geschäftsbetrieb stark beeinträchtigt ist. Die Folge sind hohe bis sehr hohe Schäden, die sich signifikant auf das Geschäftsergebnis eines Unternehmens auswirken.

Eine *Katastrophe* hingegen ist ein entscheidendes, folgenschweres Unglücksereignis, das zeitlich und örtlich kaum begrenzbar ist und großflächige Auswirkungen auf Menschen, Werte und Sachen hat oder haben kann. Versicherungsunternehmen definieren Katastrophen als Schadensereignisse, welche deutlich über die Ausmaße von Schadensereignissen des täglichen Lebens hinausgehen und dabei Leben und Gesundheit zahlreicher Menschen, erhebliche Sachwerte oder die lebensnotwendigen Versorgungsmaßnahmen für die Bevölkerung erheblich gefährden oder einschränken. Im Bereich der Exekutive ist die Katastrophenabwehr eine Aufgabe des Katastrophenschutzes.

Charakteristika einer *Krise* sind eine dringende Notwendigkeit von Handlungsentscheidungen, ein durch die Entscheidungsträger wahrgenommenes Gefühl der Bedrohung, ein Anstieg an Unsicherheit, Dringlichkeit und Zeitdruck und das Gefühl, das Ergebnis sei von prägendem Einfluss auf die Zukunft. Allgemein wird unter einer Krise eine vom Normalzustand abweichende Situation verstanden, die trotz vorbeugender Maßnahmen im Unternehmen bzw. der Behörde jederzeit eintreten und mit der normalen Aufbau- und Ablauforganisation nicht bewältigt werden kann. Für die Bewältigung existiert kein Ablaufplan, sondern lediglich Rahmenanweisungen und -bedingungen.

3.2   Business Continuity Management

Das *Business Continuity Management* (BCM) – auch Betriebliches Kontinuitätsmanagement genannt oder allgemein Notfallmanagement – umfasst Konzepte, Planungen und Maßnahmen zur Aufrechterhaltung der betrieblichen Kontinuität bzw. der Fortführung der Geschäftstätigkeit nach einer Krise.

Zunächst entwickelte sich BCM im militärischen Bereich und erst später im zivilen Bereich. Mit der zunehmenden Bedeutung der Informations- und Kommunikationstechnologie und der zunehmenden Verletzbarkeit der gesamten Geschäftsprozesse durch die IT, entwickelte sich in den vergangenen Jahrzehnten das BCM vor allem im Bereich der IT-Kontinuität. Die Sicherstellung des IT-Betriebs erfolgt durch *IT Disaster Recovery* (auch IT-Notfallplanung genannt). In Abbildung X.6 sind die Zusammenhänge der verschiedenen Aktivitäten und Pläne zur Wiedererlangung und zum Erhalt der Geschäftskontinuität skizziert.

Das *Risiko-Management* identifiziert und analysiert proaktiv/präventiv potenzielle Risiken, die die Vermögens-, Finanz- und Ertragslage eines Unternehmens mittel- und langfristig gefährden könnten. Ein proaktives Risiko-Management verfolgt das Ziel, den Fortbestand eines Unternehmens sicherzustellen sowie evtl. Planabweichung durch die aktive Steuerung von Risiken (Risikovermeidung, -reduzierung, -begrenzung bzw. -transfer und -finanzierung) zu beeinflussen.

Der *Business Continuity Plan* (BCP, Geschäftskontinuitäts-Plan) konzentriert sich auf eine nachhaltige Aufrechterhaltung der Unternehmensprozesse während einer Krisensituation oder einer Katastrophe. Ziel des BCP ist es, sicherzustellen, dass wichtige Geschäftsprozesse selbst in kritischen Situationen nicht oder nur temporär unterbrochen werden und die wirtschaftliche Existenz der Institution auch bei einem größeren Schadensereignis gesichert bleibt. Business Continuity Management ist als „Geschäftsaufrechterhaltungs- und -fortsetzungsplanung" integraler Bestandteil des unternehmensweiten Risiko-Managements. Aus dem Business Continuity Plan resultieren Konzepte, Handlungsanweisungen, Prozesse und Checklisten, die konkrete Maßnahmen beschreiben, die eine Wiederanlauffähigkeit gewährleisten. Business Continuity Management ist als kontinuierlicher Prozess zu verstehen:

1. In einem ersten Schritt werden die kritischen Geschäftsfunktionen, Geschäftsprozesse und die Infrastruktur identifiziert.

2. In einem weiten Schritt werden die Unternehmensrisiken identifiziert, die einen Einfluss auf die Geschäftsfortführung haben. In diesem Kontext sind vor allem Korrelationen im Unternehmen und außerhalb (etwa zu Zulieferern) zu berücksichtigen.

3. Schließlich werden geeignete Maßnahmen entwickelt, um die Geschäftskontinuität permanent aufrechtzuerhalten und Probleme gar nicht erst entstehen zu lassen (etwa redundante Auslegung technischer Komponenten, Fehlervermeidung oder -früherkennung, Bereitschaftsregelungen, aktuelle Dokumentationen).

4. Außerdem werden Notfallprozesse definiert, die einen möglichst schnellen Wiederanlauf ermöglichen. Für die Praxis ist es wichtig, dass diese Notfallpläne regelmäßig getestet werden.

Continuity of Operations Plan (COOP) enthält Vorkehrungen für eine minimale Aufrechterhaltung der betrieblichen Kernfunktionen an alternativen Standorten. In einem COOP sollten Regelungen zu Backup-Lösungen hinsichtlich Aufbauorganisation (Fachkräfte, Führungskräfte) sowie Ablauforganisation (Prozesse, Auslagerung an einen alternativen Drittstandort) enthalten sein.

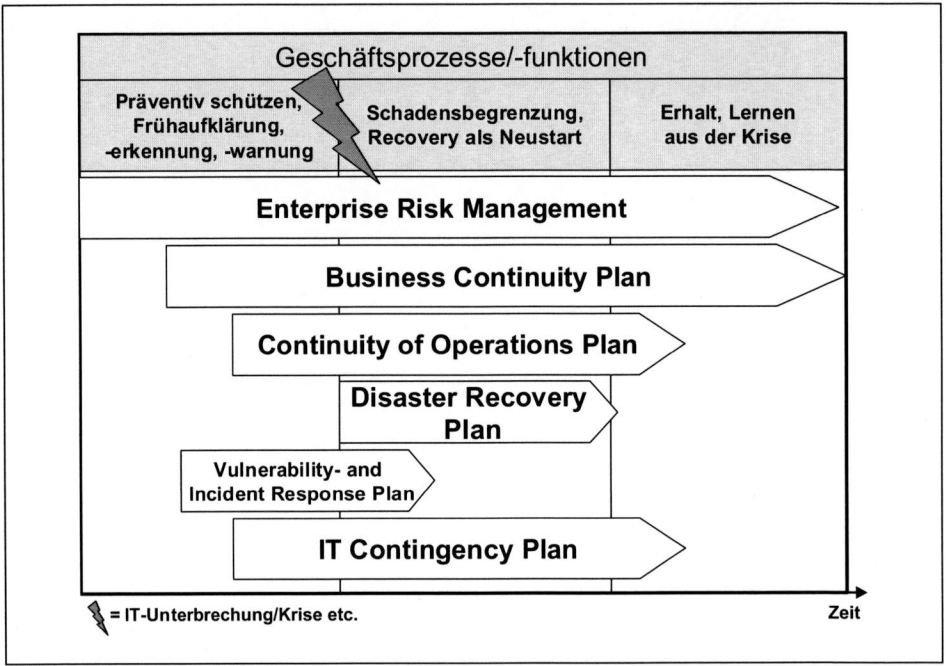

Abbildung X.6: *Pläne zum Schutz, zur Wiedererlangung und zum Erhalt der Geschäftskontinuität*

Ein *Disaster Recovery Plan* (Notfallplan) sollte integraler Bestandteil eines Business Continuity Plans sein. Im Rahmen des Business Continuity Managements steht nicht nur die Wiederherstellung der IT-Prozesse im Vordergrund, sondern die Wiederherstellung der Geschäftsprozesse und aller Abläufe im Unternehmen. Im Disaster Recovery Plan werden beispielsweise die Themen Datenwiederherstellung als auch das Ersetzen nicht mehr
benutzbarer Infrastruktur und Hardware thematisiert. Grundlage für eine effiziente Disaster-
Recovery-Lösung sind die Analyseergebnisse einer Business Impact Analyse. So wird bei
einer Business Impact Analyse beispielsweise untersucht, wie lange ein Geschäftspro-
zess/System ausfallen darf. Bei dieser so genannten „Recovery Time Objective" handelt es
sich um die Zeit, die vom Zeitpunkt des Schadens bis zur vollständigen Wiederherstellung
der Geschäftsprozesse (das heißt Wiederherstellung der Infrastruktur und der Daten sowie
Wiederaufnahme des IT-Betriebs) vergehen darf. Neben der „Recovery Time" muss ergänzend die Frage beantwortet werden, wie viel Datenverlust in Kauf genommen werden kann.
Bei der Recovery Point Objective handelt es sich um den Zeitraum, der zwischen zwei Da-
tensicherungen liegen darf, das heißt, wie viele Daten/Transaktionen dürfen zwischen der
letzten Sicherung und dem Systemausfall höchstens verloren gehen.

Ein *Vulnerability- und Incident-Response-Plan* operiert in der präventiven Phase sowie in der
Phase der Schadenbegrenzung. Das Spektrum möglicher Vorfälle reicht dabei von technischen Problemen und Schwachstellen bis hin zu konkreten Angriffen auf die IT-Infrastruktur.

Im Kern beinhaltet der Plan Vorkehrungen für die Abwehr bestimmter Ereignisse (beispielsweise Hacking, Viren, Würmer, Trojaner, Denial of Service etc.) bzw. bestimmter Fehlerfunktionen. Der Plan sollte sowohl organisatorische als auch rechtliche sowie technische Detailfragen berücksichtigen. Unter einem Incident/Vorfall versteht man nach IT Infrastructure Library (ITIL)[454]: „Ein Ereignis, das nicht zum standardmäßigen Betrieb eines Services gehört und das tatsächlich oder potenziell eine Unterbrechung dieses Services oder eine Minderung der vereinbarten Qualität verursacht."

Ein *IT Contingency Plan* (IT-Notfall-Plan) sollte in der Praxis mit dem Business Continuity Plan verknüpft sein oder in ihm enthalten sein. Im Kern enthält der IT Contingency Plan Maßnahmen zur Wiederherstellung der IT-Systeme, die direkt oder indirekt Supportsysteme für die Geschäftsprozesse darstellen.

Empfehlungen zum Aufbau eines Business Continuity Managements sind in einer Reihe von Standards und Empfehlungen enthalten. So enthält beispielsweise der vom British Standard Institute veröffentlichte *BS 25999-1 „Business Continuity Management – Part 1: Code of Practice"* Informationen zum Aufbau einer Organisationsstruktur und die Umsetzung eines Business Continuity Management Prozesses auf Basis von Good Practice Vorgaben. Der Lebenszyklus des BS 25999 besteht aus vier Phasen:

- Umfassende Analyse der eigenen Organisation zur Erhöhung der Transparenz bzw. Prozesse und Aufbauorganisazion (etwa basierend auf einer Business Impact Analyse),

- entwickeln von verschiedenen BCM-Strategien,

- Definition und Umsetzung von Steuerungsmaßnahmen und BCM-Plänen sowie

- regelmäßiges Durchführen von BCM-Übungen sowie ggf. Anpassen der BCM-Pläne und -Maßnahmen.

Die notwendigen Schritte oder konkrete Maßnahmen für ein IT-Notfallmanagement werden im Standard nicht beschrieben. Hierfür wird auf weitere Standards (wie etwa ISO 27001, ISO 20000 oder PAS77) verwiesen.

Der britische Standard *BS 25999-2 „Business Continuity Management – Part 2: Specification"* legt die Punkte fest, die zur Zertifizierung eines Business Continuity Managements vorhanden sein müssen. Das Business Continuity Institute (BCI) hat sich als unabhängige, nicht kommerzielle Organisation dem Thema Business Continuity Management verschrieben.

Das Business Continuity Institute (BCI) hat die „Good Practice Guidelines" (GPG) veröffentlicht. Das BCI hat sich als unabhängige, nicht kommerzielle Organisation dem Thema Business Continuity Management verschrieben. Im Jahre 2002 wurden zum ersten Mal die „Good Practice Guidelines" herausgegeben, die von Mitgliedern entwickelt, seitdem jährlich aktualisiert und optimiert werden. Der GPG 2008 ist in sechs Abschnitte aufgeteilt und unterscheidet sich inhaltlich nur unwesentlich vom Standard BS 25999-1:

---

[454] Vgl. www.itil-officialsite.com/home/home.asp.

Sektion 1: BCM Policy & Programme Management,

Sektion 2: Understanding the Organisation,

Sektion 3: Determining BCM Strategy,

Sektion 4: Developing and Implementing BCM Response,

Sektion 5: Exercising, Maintaining & Reviewing BCM arrangements und

Sektion 6: Embedding BCM in the Organisation's Culture.

Von der British Standards Institution wurden Prinzipien und Methoden für den Aufbau und die Umsetzung eines IT Service Continuity Managements in der Spezifikation *77:2006 „IT Service Continuity Management – Code of Practice"* (PAS 77) veröffentlicht. Die PAS 77 werden allgemein als Ergänzung zum BS 25999 für den Bereich Notfallvorsorgeplanung für IT-Services betrachtet. Primäres Ziel ist der Aufbau und die Umsetzung einer IT-Notfallvorsorge für die kritischen IT-Services.

Der Standard *NIST SP 800-34 „Contingency Planning Guide for Information Technology Systems"* wurde im Jahr 2002 vom National Institute of Standards and Technology (NIST) herausgegeben. Der Leitfaden zur Notfallvorsorgeplanung für IT-Systeme beschreibt eine Methodik zum Aufbau einer IT-Notfallvorsorge-Organisation, der Auswahl und Umsetzung von Maßnahmen zur IT-Notfallvorsorge und Notfallbehebung. Basierend auf dem Standard besteht der Lebenszyklus für das IT-Notfallmanagement aus insgesamt sieben Phasen, die sich inhaltlich jedoch nur marginal von den *„Good Practice Guidelines"* bzw. dem *BS 25999-1* unterscheiden:

- Entwickeln einer Leitlinie,

- Durchführen einer Business Impact Analyse,

- Definieren von präventiven Maßnahmen (Notfallvorsorge),

- Entwickeln von Wiederherstellungsstrategien,

- Entwickeln von IT-Notfall-Plänen,

- Schulen und Testen von IT-Notfall-Plänen und

- Regelmäßige Aktualisierung der IT-Notfall-Pläne.

Die *IT Infrastructure Library (ITIL)* ist eine Sammlung von etablierten Methoden und Prozessen („Good Practices") in einer Reihe von Publikationen, die eine mögliche Umsetzung eines IT-Service-Managements (ITSM) beschreiben und inzwischen international als De-facto-Standard hierfür gelten. In dem Regel- und Definitionswerk werden die für den Betrieb einer IT-Infrastruktur notwendigen Prozesse, die Aufbauorganisation und die Werkzeuge beschrieben. Das Ziel von ITIL besteht im Wesentlichen darin, die bislang meist technologie-zentrierte IT-Organisation prozess-, service- und kundenorientiert auszurichten. ITIL ist technologie- und anbieterunabhängig und so generisch gehalten, dass die dort formulierten Empfehlungen unabhängig von der konkret eingesetzten Hardware und Software bzw. von Dienstleistern (wie etwa Outsourcing-Anbietern) sind.

ITIL wird vom Office of Government Commerce (OGC), einer britischen Regierungsbehörde, herausgegeben, gepflegt und weiterentwickelt. Nach ITIL besteht die Aufgabe des Continuity Management für IT-Services im Support des übergeordneten Business Continuity Management (BCM), indem sichergestellt wird, dass die IT-Infrastruktur und die IT-Services (einschließlich Support und Service Desk) nach einer Katastrophe möglichst rasch wieder hergestellt werden.

Der *IT-Service-Continuity-Lebenszyklus nach ITIL* besteht aus vier Phasen:

- Initiierung des Prozesses: Festlegung der Policy und des Scopes,

- Erfordernisse und Strategie: Business Impact Analysis (BIA), Risikoanalyse und Kontinuitätsstrategie,

- Umsetzung: Entwicklung von Kontinuitätsplänen, Wiederherstellungsplänen und Teststrategien,

- Operatives Management: Schulung und Sensibilisierung, Revisionen, Tests und Change Management.

Der Standard *ISO/IEC 20000* ist ein international anerkannter Standard zum IT-Service-Management, in dem die Anforderungen für ein professionelles IT-Service-Management dokumentiert sind. Der Standard basiert im Kern auf dem „British Standard BS 15000" und wurde Ende 2005 in ISO/IEC 20000 überführt. Die ISO/IEC 20000 ist ausgerichtet an den Prozessbeschreibungen, wie sie durch die IT Infrastructure Library (ITIL) des Office of Government Commerce (OGC) beschrieben sind, und ergänzt diese komplementär.

Inhaltlich ist der Standard in zwei Teile strukturiert. Der erste Teil des Standards (ISO/IEC 20000-1) enthält die formelle Spezifikation des Standards. Es sind Vorgaben dokumentiert, die eine Organisation einhalten, sicherstellen und nachweisen muss, um eine Zertifizierung zu erhalten („Muss-Kriterien"). Innerhalb des zweiten Teils des Standards (ISO/IEC 20000-2) werden die Anforderungen des ersten Teils um Erläuterungen der „best practices" ergänzt und enthält vor allem Leitlinien und Empfehlungen für IT-Service-Management-Prozesse. Der für IT-Notfallvorsorge relevante Abschnitt „Service continuity and availability management" legt acht Kontrollziele fest, die zu einer Zertifizierung nach ISO 20000 erfüllt werden müssen:

- Business plan requirements,

- Annual reviews,

- Re-testing plans,

- Impact of changes,

- Unplanned non-availability,

- Availability of resources,

- Business needs,

- Recording tests.

Die *ISO/IEC 27001* „Information technology – Security techniques – Information security management systems requirements specification" ist die erste internationale Norm zum Management von Informationssicherheit, die auch eine Zertifizierung ermöglicht.

Die ISO/IEC 27002 (früher ISO/IEC 17799) „Information technology – Code of practice for information security management" bietet ein Rahmenwerk für das Informationssicherheitsmanagement. Das Thema „Business Continuity Management" findet der Leser in Kapitel 14 des Standards. Allerdings sind die Empfehlungen bewusst eher generisch gehalten und beschreiben aus einer „Helikopterperspektive" die wesentlichen Prozess-Schritte.

Literaturverzeichnis

BUNDESAMT FÜR SICHERHEIT IN DER INFORMATIONSTECHNIK (Hsrg.): IT-Grundschutz-Kataloge, Stand: 9. Ergänzungslieferung.

ECKERT, C.: IT Sicherheit, München 2008.

GLEIßNER, W.: Grundlagen des Risikomanagements im Unternehmen, München 2008.

GLEIßNER, W.; ROMEIKE, F.: Risikomanagement – Umsetzung, Werkzeuge, Risikobewertung, Freiburg im Breisgau 2005.

GLEIßNER, W.; ROMEIKE, F.: Grundlagen und Grundbegriffe einer risikoorientierten Unternehmensführung (Band 1: Schriftlicher Management-Lehrgang „Risikoorientierte Unternehmensführung", Euroforum Verlag), Düsseldorf 2007.

GUTZWILLER, C. R.: IT-Risikomanagement und IT-Audit – Ein neues Konzept für die Bewirtschaftung von IT-Risiken. In: Der Schweizer Treuhänder, Heft 12 (1999), S. 1191-1198.

KÖNIGS, H.-P.: IT-Risiko-Management mit System, Wiesbaden 2005.

MÜLLER, K.-R.: IT-Sicherheit mit System, Wiesbaden 2008.

ROMEIKE, F.: Integration von IT Risiken in das proaktive Risk Management, in: DuD Datenschutz und Datensicherheit, 27. Jahrgang, Heft 4, April 2003, S. 193-199.

ROMEIKE, F.: Lexikon Risiko-Management, Weinheim 2004.

ROMEIKE, F.: Frühaufklärungssysteme als wesentliche Komponente eines proaktiven Risikomanagements, in: Controlling, Heft 4-5/2005 (April/Mai), S. 271-279.

ROMEIKE, F.: Integriertes Risiko-Controlling und -Management im global operierenden Konzern, in: Schierenbeck, H. (Hrsg.): Risk Controlling in der Praxis, Zürich 2006, S. 429-463.

ROMEIKE, F.; FINKE, R.: Erfolgsfaktor Risikomanagement: Chance für Industrie und Handel, Wiesbaden 2003.

SEIBOLD, H.: IT-Risikomanagement, München 2006.

VÖLKER, J.: BS 7799: Von „Best Practice" zum Standard, Secorvo White Paper, Karlsruhe 2005.

WERNERS, B.; KLEMPT, PH.: Standards und Kriterienwerke zur Zertifizierung von IT-Sicherheit, Arbeitsbericht Nr. 9 des Instituts für Sicherheit im E-Business, Bochum 2005.

„If there's more than one possible outcome
of a job or task,
and one of those outcomes will result
in disaster or an undesirable consequence,
then somebody will do it that way."
Edward A. Murphy, jr.

XI. Risiko-Management in Projekten

1. Projekt und Projektmanagement

Ein Projekt ist ein einmaliger Prozess, der aus einem Satz von abgestimmten und gelenkten Tätigkeiten mit Anfangs- und Endtermin besteht und durchgeführt wird, um unter Berücksichtigung von Zwängen bezüglich Zeit, Kosten und Ressourcen ein Ziel zu erreichen, das spezifische Anforderungen erfüllt.[455] Man spricht von einem Projekt, wenn die folgenden Merkmale erfüllt sind:

Zeitliche Begrenzung: Im Unterschied zu permanenten (Routine-)Aufgaben sind Projekte durch einen exakt festgelegten Anfang und ein definiertes Ende gekennzeichnet.

Finanzielle und personelle Ressourcen: Das Kostenbudget und die Anzahl der im Projekt mitarbeitenden Mitarbeiter sind beschränkt. Auch andere Ressourcen stehen nur begrenzt zur Verfügung. Daher muss vorab exakt analysiert und definiert werden, welche Mitarbeiter und welche Ressourcen erforderlich sind, um die Projektziele zu erreichen.

Festgelegtes Ziel: Ohne Ziel kann es kein Projekt geben. Häufig scheitern Projekte daran, dass zu Beginn eines Projektes kein messbares Ziel definiert wurde. Aus den definierten Projektzielen leiten sich direkt die Maßnahmen ab.

Bereichsübergreifende Teamarbeit: Projekte zeichnen sich regelmäßig durch eine interdisziplinäre Zusammenarbeit aus. Erst durch die Zusammenarbeit von verschiedenen Experten aus unterschiedlichen Fachbereichen und Funktionen kann das geplante Projektziel erreicht werden.

Mit Unsicherheit und potenziellen Planabweichungen behaftet: In der Regel weiß man zu Beginn des Projektes nicht, ob es zu Ziel- bzw. Planabweichungen kommen wird. Nicht selten wird der Zeitrahmen nicht eingehalten oder die Kosten werden weit übertroffen. Diese durch „zufällige" Störungen verursachten Möglichkeiten, von geplanten Zielwerten abzuweichen, werden allgemein auch als Risiken bezeichnet. Planabweichungen können auch als „Streuung" um einen Erwartungs- oder Zielwert betrachtet werden. Risiken sind immer nur in direktem Zusammenhang mit der Planung eines Unternehmens zu interpretieren. Mögliche

---

[455] Die DIN 69901 definiert ein Projekt als ein „Vorhaben, bei dem innerhalb einer definierten Zeitspanne ein definiertes Ziel erreicht werden soll, und das sich dadurch auszeichnet, dass es im Wesentlichen ein einmaliges Vorhaben ist."

Abweichungen von den geplanten Zielen stellen Risiken dar – und zwar sowohl negative („Gefahren") wie auch positive Abweichungen („Chancen").

Das *Projektmanagement* umfasst die Gesamtheit aller Methoden zur Durchführung von Projekten.[456] Dies sind alle Leitungsaufgaben und Instrumente für die Planung, Steuerung, Kontrolle und Organisation eines Projektes. Gegenstand des Projektmanagements ist auch die Personalführung der am Projekt beteiligten Personen.

Mit der Projektdurchführung können eine einzige, aber in komplexen Projekten auch mehrere Tausend Personen befasst sein. Entsprechend reichen die Werkzeuge des Projektmanagements von einfachen To-Do-Listen bis hin zu komplexen Organisationseinheiten mit ausschließlich zu diesem Zweck gegründeten Unternehmen. Daher ist eine der Hauptaufgaben des Projektmanagements vor Projektbeginn die Festlegung, welche Projektmanagementmethoden in genau diesem Projekt angewendet werden sollen. Im Rahmen des Projektmanagements müssen vor allem die folgenden drei Fragen beantwortet werden:

- ◼ Es wird das „Wer" eines Projektes bestimmt (Institutionelle Aufgaben):
  - – Wahl eines geeigneten Organisationsmodells
  - – Festlegung des Projektteams
  - – Organisatorische Einbindung der Projektgruppe in die Aufbauorganisation
  - – Implementierung eines Lenkungsausschusses für Entscheidungsprozesse

- ◼ Es wird das „Was" eines Projektes bestimmt (Funktionale Aufgaben):
  - – Abgrenzung der Projektaufgaben
  - – Vereinbarung der Projektziele
  - – Planung, Steuerung und Kontrolle der personellen und finanziellen Ressourcen sowie des Projektfortschritts

- ◼ Es wird das „Wie" der Projektdurchführung betrachtet (Instrumentale Aufgaben):
  - – Festlegung der Erhebungstechniken
  - – Festlegung der Planungs- und Kontrolltechniken

Das *„Magische Dreieck"* (Triple Constraint) im Projektmanagement (vgl. Abbildung XI.1) ist die symbolische Darstellung seiner drei zentralen Inhalte, die zugleich die entscheidenden Risiken sind:

- ◼ Das Projektziel, das mit einer bestimmten Qualität erreicht werden soll.

- ◼ Der Zeitraum bzw. der Termin, in dem bzw. bis zu dem das Projekt abgeschlossen werden muss.

- ◼ Der Aufwand (Finanzmittel, Arbeitskraft und andere Ressourcen), der maximal für das Projekt eingesetzt werden sollte.

---

[456] Die DIN 69901 definiert – als Nachfolger der DIN 69900 „Netzplantechnik" – Projektmanagement als „die Gesamtheit von Führungsaufgaben, -organisation, -techniken und -mitteln für die Abwicklung eines Projektes."

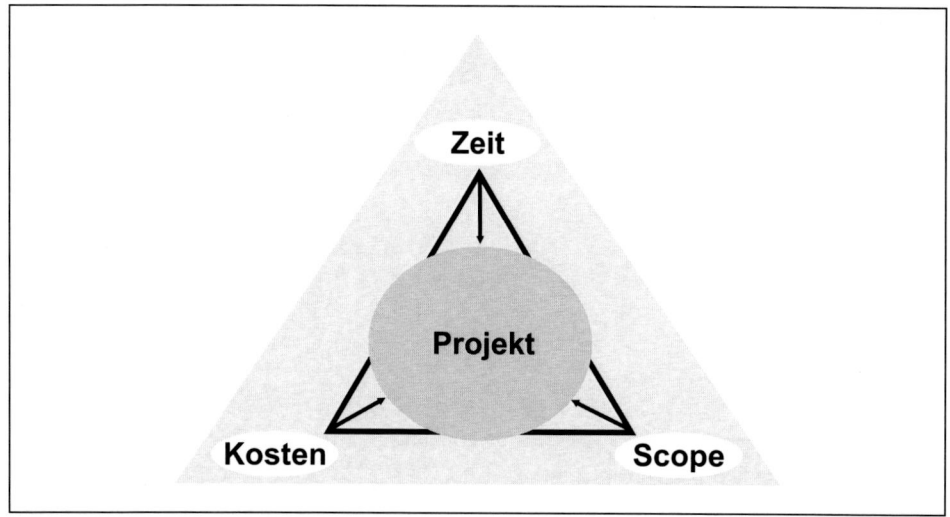

Abbildung XI.1: *Das „Magische Dreieck" des Projektmanagements*

Zieht man an einer Ecke des „Magischen Dreiecks", so verschiebt sich das Verhältnis der Seiten entsprechend zueinander. Beispielsweise kann man die Qualität eines neuen Produktes dadurch steigern, dass man mehr Zeit in seine Entwicklung investiert. Dies hat aber zwangsläufig auch einen Anstieg der Entwicklungskosten zur Folge.

Falls die Erreichung eines Projektziels durch den kritischen Erfolgsfaktor Personalressourcen beeinflusst wird, so wird häufig auch eine vierte Steuergröße „Personal" ergänzt. Obwohl die Personalkomponente ein Teil der Kosten (Personalkosten) ist, kann der Erfolg eines Projektes ganz wesentlich von dedizierten Personalressourcen abhängen.

Projekte werden häufig in *Projektphasen* aufgeteilt, welche die iterative Vorgehensweise im Projektmanagement unterstreichen. Diese Phasen sind abhängig vom angestrebten Produkt bzw. Projektergebnis, das heißt die Phasen eines Projekts zum Bau eines Hochhauses unterscheiden sich deutlich von den Projektphasen einer Softwareentwicklung. Üblicherweise enden die Projektphasen mit definierten Meilensteinen. Phasenmodelle sind meistens sehr spezifisch und am zu erstellenden Projektprodukt oder der Branche orientiert. Alle Phasen bilden gemeinsam den *Projektlebenszyklus*.

Ein *allgemeines Phasenmodell* könnte wir folgt untergliedert sein:

Initiierung: Die Prozesse der Projektinitiierung stellen sicher, dass für ein Projekt bzw. die nächste Phase einen klaren Auftrag mit definiertem Startzeitpunkt existiert.

Planung: Die Prozesse der Planung stellen sicher, dass erst geplant und dann gehandelt wird. Das klingt trivial, ist aber in der Praxis nicht unbedingt selbstverständlich.

Ausführung: Mit den Prozessen der Ausführung wird das Geplante umgesetzt, es werden die in der Planungsphase angestrebten Liefergegenstände erstellt.

Steuerung: Diese Prozesse stehen übergreifend über Planung und Ausführung und erlauben damit die Reaktion auf Ereignisse, die zu Abweichungen vom Plan führen können.

Projektabschluss: Mit den Prozessen des Abschlusses wird sichergestellt, dass alle Arbeiten abgeschlossen werden, aber auch die Erfüllung von Verträgen überprüft und Freigaben (beispielsweise für die nächste Projektphase) erteilt werden.

Neben einem klassischen, allgemeinen Phasenmodell wurden in den vergangenen Jahrzehnten eine Reihe von alternativen Ansätzen entwickelt: Wasserfallmodell, prototypische Vorgehensmodelle in der Softwareentwicklung, Spiralmodell, V-Modell 97 und V-Modell XT, PRINCE 2, HERMES, Evolutionäre bzw. inkrementelle Vorgehensmodelle, STEPS (SW-Technik für Evolutionäre Partizipative Systementwicklung), Rational Unified Process (RUP), agile Prozesse, eXtreme Programming (XP), Model Driven Architecture (MDA) etc.[457] Für die Praxis des Risiko-Managements ist es wichtig, dass in die einzelnen Vorgehensmodelle des Projektmanagements die Instrumente und Werkzeuge des Risiko-Managements integriert werden. In diesem Kontext sollte Risiko-Management bereits am Anfang das Projekt parallel begleiten, insbesondere in der Planungsphase. So können evtl. Planabweichungen bereits früh identifiziert und eliminiert bzw. reduziert werden.

In den vergangenen Jahren wurde die strenge Phaseneinteilung in vielen Projekten – etwa im Bereich der Softwareentwicklung – wieder aufgegeben. In der Projektpraxis können Phasenverläufe sich überlappen oder zirkulär angelegt sein.

Der *Projektleiter* ist für die operative Planung und Steuerung des Projektes verantwortlich. In diesem Kontext trägt er die Verantwortung für das Erreichen von Sach-, Termin- und Kostenzielen im Rahmen der Projektdurchführung. Für einen erfolgreichen Projektabschluss sind die Qualifikationen des Projektmanagers ganz wesentlich. Neben einer ausreichenden Fach-, Methoden- und Organisationskompetenz sollte ein Projektleiter vor allem auch über eine adäquate Sozialkompetenz verfügen. Hierzu gehören vor allem auch eine entsprechende Belastbarkeit und Anpassungsfähigkeit (Zeitdruck, Umgang mit Widerständen) sowie Kommunikationsfähigkeit (Koordinierungsaufgaben, Überzeugungsfähigkeit, Durchsetzungsvermögen, Verhandlungshärte und -geschick).

Die Aufgabe des Projektmanagements ist immer auch automatisch Risiko- oder Chancenmanagement, das heißt jeder Projektmanager ist automatisch auch Risikomanager und in Einzelfällen auch Krisenmanager. In fast jedem Projekt treten Planabweichungen auf. Wenn ein Projektmanager die Werkzeuge des Risiko-Managements beherrscht, so wird er derartige Planabweichungen früh erkennen und mit einer hohen Effizienz wieder in den Griff bekommen.

Das *Projektcontrolling* kann als Teilsystem des Projektmanagements betrachtet werden und bildet die Basis für die Entscheidungen des Projektleiters bezüglich der Steuerung des Projektes und für das Projektberichtswesen. Das Projektcontrolling erstreckt sich über alle Phasen eines Projekts: von der Projektdefinition, über die Projektplanung und Projektsteuerung bis hin zum Projektabschluss. Das Projektcontrolling stellt daher eine Querschnittsfunktion dar.

---

[457] Zur Vertiefung vgl. AHRENDTS, F.; MARTON, A.: IT-Risikomanagement leben! Wirkungsvolle Umsetzung für Projekte in der Softwareentwicklung, Berlin 2008.

Das Projektcontrolling gliedert sich in strategische und operative Aufgaben. Das *strategische Controlling* beschäftigt sich mit der langfristigen Planung der für das Unternehmen wichtigen Projekte.

Die operativen Aufgaben des Projektcontrollings fallen unter anderem die folgenden Fragestellungen: Welche Pläne (Terminpläne, Ressourcenpläne, Kostenpläne) sind zu erstellen und wie wird deren Einhaltung kontrolliert? Ergänzend unterstützt das operative Projektcontrolling die laufende Projektabwicklung, indem beispielsweise die Einhaltung von Terminen, Lieferumfang und Kosten durch das Projektcontrolling durchgeführt werden.

2.   Die häufigsten Hürden und Stolperfallen

„Jedes fünfte Projekt ist ein Totalausfall", so titelte ein Artikel über eine Studie, in der untersucht wurde, wie viele Softwareprojekte vor ihrer Fertigstellung scheitern.[458] Demnach wurden nur 35 Prozent der seit 2006 gestarteten Projekte zur Softwareentwicklung erfolgreich abgeschlossen, während der Rest bereits ein Jahr später als gescheitert galt.

Noch düsterer sah das Bild in den 90er Jahren aus: Dem gleichen Bericht zur damaligen Erfolgsquote von Softwareprojekten zur Folge wurden nur sechzehn Prozent der gestarteten Vorhaben auch tatsächlich positiv beendet.

Die Chaos-Studie der Standish Group hat die Ursachen für Erfolg und Misserfolg untersucht und eine Korrelation von Erfolgswahrscheinlichkeit und Projektgröße festgestellt.

Basierend auf der Analyse sind die primären Erfolgsfaktoren:

- Einbindung der Endbenutzer

- Unterstützung durch das obere Management

- Klare Anforderungen

Die Hauptpunkte, die zum Scheitern der Projekte führen sind:

- Fehlende Kooperation und Mitarbeit durch Benutzer

- Unvollständige/unklare Anforderungen

- Häufige Anforderungsänderungen

---

[458] Vgl. Computerwoche vom 12.03.2007 zum „Chaos Report" der Standish Group. Die CHAOS-Studie der Standish Group beschäftigt sich mit den Erfolgs- und Misserfolgsfaktoren in IT-Projekten. Sie gehört zu den bekanntesten und wichtigsten Langzeitstudien im Bereich Projektmanagement, seit dem Jahr 1994 wurden über 40.000 Einzelprojekte wissenschaftlich untersucht.

Vor allem Projekte im Bereich „Forschung und Entwicklung" (F&E) führen häufig zu gravie-
renden Planabweichungen. So wurde im Rahmen einer empirischen Studie festgestellt, dass
von 100 F&E-Projekten 57 technisch, aber nur 12 wirtschaftlich erfolgreich sind. Die Tref-
ferquote geht dabei je nach Branchen weit auseinander. Für F&E-Projekte im Bereich der
Pharmaindustrie gilt das Verhältnis 1000 zu 1, in der Elektronikindustrie 100 zu 1, in der
Telekommunikation, in der Medienbranche sowie im Bereich der Softwareentwicklung 10 zu
1.[459] Eine weitere Studie kam zu ähnlichen Ergebnissen, die in Tabelle XI.1 skizziert sind.[460]
In einer weiteren Studie wurden für IT-Projekte die in Tabelle XI.2 aufgeführten Risikopotenziale identifiziert.

	Risikopotenziale	**Angaben in Prozent**
1	Projektziele nicht klar definiert	71
2	Zeitvorgaben sind unrealistisch	61
3	Mangelnde Abstimmung aller am Projekt Beteiligten	55
4	Fehlerhafte Kommunikation innerhalb des Unternehmens	45
5	Projektleiter sind überlastet	44
6	Budgetrahmen ist unrealistisch	43
7	Feinplanung nicht sorgfältig genug	41
8	Komplexität des Vorhabens wird unterschätzt	39
9	Berichtswesen/Reporting funktioniert nicht reibungslos	36
10	Es fehlt ein Projekt-Cockpit, aus dem heraus gesteuert wird	36

Tabelle XI.1:   *Ursachen für das Scheitern von Projekten*[461]

---

[459] Vgl. EGLAU, H. u. a.: Durchstarten zur Spitze – McKinseys Strategien für mehr Innovation, Frank-
furt/Main 2000, S. 10.

[460] Vgl. Computerwoche vom 29.07.2008, „Die 14 häufigsten Projektfehler vermeiden".

[461] Quelle: Assure Consulting. Basis für die empirische Studie bildeten die Antworten von 75 Fach- und
Führungskräften aus der deutschen Wirtschaft.

	Risikopotenziale	Vermeidungsstrategien
1	Personelles Versagen	Die besten Mitarbeiter engagieren; Teambildung, Training, Bonusvereinbarungen, Peer Reviews, Anpassung der Prozesse an vorhandenes Know-how
2	Unrealistische Zeit- und Kostenplanung	Business-Case-Analyse; Inkrementelle Entwicklung; Wiederverwendung von Software; Anpassung der Zeit- und Kostenplanung
3	Gefahr mit Standardsoftware bzw. externen Komponenten (Inkompatibilität etc.)	Benchmarking; Prototyping; Überprüfung von Referenzinstallationen; Kompatibilitätsanalyse; Review der Lösungsanbieter
4	Anforderungen und entwickelte Funktionen stimmen nicht überein	Win-Win-Vereinbarungen zwischen Beteiligten; Business-Case-Analyse; Prototyping; Anwendungsfallbeschreibung in frühen Phasen
5	Benutzerschnittstellen stimmen nicht mit Bedürfnissen überein	Prototyping; Entwicklung von Szenarien; Beschreibung der Anwenderaufgaben/-rollen; Usability Testing
6	Unzureichende Architektur, Performance, Qualität	Architektur-Review; Simulation; Benchmarking; Modellierung; Prototyping; Tuning
7	Ständige Änderungen der Anforderungen	Erhöhung der Schwelle für Änderungen; Information Hiding; Inkrementelle Entwicklung; Change-Management-Prozess; Change Control Board
8	Risikopotenziale resultierend aus Altsystemen	Design Recovery; Restrukturierung
9	Gefahr mit extern ausgeführten Aufgaben	Lieferanten-Audits; Paralleles Design oder Prototyping durch mehrere Anbieter; Teambildungsmaßnahmen
10	Überschätzung der eigenen (Informatik-) Fähigkeiten	Projekt- und Prozess-Assessment; technische Analyse; Kosten-/Nutzenanalyse; Prototyping

Tabelle XI.2: *Ursachen für das Scheitern von IT-Projekten*[462]

---

462 Quelle: BOEHM, B.: Software Risk Management. CS577, University of Southern California, Center of Software Engineering, 1998 sowie WALLMÜLLER, E.: Risikomanagement für IT- und Software-Projekte, München 2004, S. 84.

Projekte sind für Risiken besonders anfällig, da sie meist viele neue Elemente enthalten, zu denen es noch keine oder nur wenig Erfahrung gibt und eine Standardisierung kaum möglich ist (Einzigartigkeit). Die Termine, Meilensteine und Zeitbudgets sind häufig ehrgeizig bemessen (Zeitdruck). In einer stark technisierten Umwelt, regulierten Märkten und intransparenten Unternehmensstrukturen gestalten sich Projekte oftmals komplex (Komplexität). Projekte werden in der Regel sehr stark von unterschiedlichen Menschen geprägt und das ist ein Risiko für sich (operationelle Risiken). Je länger ein Projekt dauert, desto größer ist die Wahrscheinlichkeit, dass sich Rahmen- und Umweltbedingungen ändern (Eigendynamik).

Vor diesem Hintergrund können nach CobiT für Projekte die folgenden *kritischen Erfolgsfaktoren* aufgezählt werden:[463]

■ *PO10.1 Programme Management Framework:* Analysiere und betrachte das einzelne Projekt als Teil eines Projektportfolios durch Identifikation, Festlegung, Evaluierung, Priorisierung, Auswahl, Initiierung, Management und Steuerung. Stelle sicher, dass die Projekte die Ziele des Programms unterstützen. Koordiniere die Aktivitäten und gegenseitigen Abhängigkeiten von mehreren Projekten, manage den Beitrag aller Projekte innerhalb des Programms zu den erwarteten Ergebnissen und löse Ressourcenbedarf und -konflikte.

■ *PO10.2 Project Management Framework:* Erstelle und unterhalte ein allgemeines Projektmanagement-Framework, das den Umfang und die Grenzen des Projektmanagements sowie die für alle unternommenen Projekte anzuwendenden Methodologien definiert. Diese Methodologien sollten mindestens die Initiierungs-, Planungs-, Ausführungs-, Controlling- und Projektabschlussphasen umfassen sowie die Kontrollpunkte und Freigaben. Das Framework und die unterstützenden Methodologien sollten in das unternehmensweite Projekt-Portfoliomanagement und die Programmmanagement-Prozesse integriert werden.

■ *PO10.3 Project Management Approach:* Etabliere einen generischen Projektmanagement-Ansatz passend für Projekte unterschiedlicher Größe, Komplexität und rechtlicher Rahmenbedingungen. Die Struktur zur Projektsteuerung kann Rollen, Verantwortlichkeiten und Zuständigkeiten von Programm- und Projektsponsoren, Lenkungsausschuss, Projektbüro und Projektmanager und die Mechanismen, durch die diese die Verantwortlichkeiten übernehmen können (wie Berichterstattung und Phasen-Reviews). Stelle sicher, dass alle Projekte Sponsoren mit ausreichender Autorität besitzen, um die Verantwortung für die Projektumsetzung im Rahmen der strategischen Gesamtprogramms umzusetzen.

■ *PO10.4 Stakeholder Commitment:* Hole die Zusage und Beteiligung der betroffenen Stakeholder bei der Festlegung und Ausführung des Projektes im Rahmen des übergeordneten Investitionsprogramms ein.

---

463 Vgl. CobiT (Control Objectives for Information and Related Technology), PO10 Manage Projects. Hierbei handelt es sich um ein international anerkanntes Framework zur IT-Governance. Die Aufgaben der IT werden bei CobiT in Prozesse und Control Objectives unterteilt. Im Internet zu finden unter www.isaca.org/cobit.

■ *PO10.5 Project scope statement:* Definiere und dokumentiere die Art und den Umfang des Projekts, um unter den Stakeholdern ein gemeinsames Verständnis für den Projektumfang zu bestätigen und zu entwickeln. Außerdem sollte analysiert werden, wie sich das Projekt mit anderen Projekten innerhalb des Investitionsprogramms verhält. Die Definition sollte vor der Projektinitiierung durch die Programm- und Projektsponsoren formal freigegeben sein.

■ *PO10.6 Project Phase Initiation:* Stelle sicher, dass die Initialisierung wesentlicher Projektphasen formell verabschiedet und allen Stakeholdern kommuniziert wird. Die Genehmigung der Initialisierungsphase sollte auf Entscheiden der Programmsteuerung basieren. Die Genehmigung der nachfolgenden Phasen sollte auf einer Überprüfung und Abnahme der Ergebnisse der vorhergehenden Phase basieren und einer Abnahme eines aktualisierten Business-Case anlässlich der nächsten größeren Überprüfung des Programms. Im Fall sich überlappender Projektphasen sollte ein Punkt zur Freigabe durch die Programm- und Projektsponsoren festgelegt werden, um die Projektfortführung zu genehmigen.

■ *PO10.7 Integrated Project Plan:* Erstelle einen formellen und genehmigten integrierten (die Unternehmens- und IT-Ressourcen umfassenden) Projektplan zur Steuerung der Projektumsetzung und Projektsteuerung während des gesamten Projekts. Die Aktivitäten und gegenseitigen Abhängigkeiten von mehreren Projekten innerhalb eines Programms sollten verstanden und dokumentiert sein. Der Projektplan sollte während der Projektlaufzeit unterhalten werden. Der Projektplan und die Änderungen daran sollten entsprechend der Frameworks zur Programm- und Projektsteuerung genehmigt werden.

■ *PO10.8 Project Resources:* Lege die Verantwortlichkeiten, Beziehungen, Kompetenzen und Leistungskriterien der Projektteam-Mitglieder fest und spezifiziere für das Projekt die Grundlage für die Beschaffung und Zuweisung kompetenter Mitarbeiter und/oder Vertragsnehmer. Die Beschaffung von Produkten oder Diensten, welche für jedes Projekt benötigt werden, sollten geplant und gemanagt werden, um die Projektziele durch Verwendung der Beschaffungspraktiken des Unternehmens zu erreichen.

■ *PO10.9 Project Risk Management:* Beseitige oder reduziere spezifische, mit einzelnen Projekten in Verbindung stehende Risiken durch einen systematischen Prozess zur Planung, Identifikation, Analyse, Reaktion, Monitoring und Steuerung der Bereiche oder Ereignisse, die das Potenzial besitzen, unerwünschte Änderungen zu verursachen. Die Risiken, denen der Projektmanagement-Prozess ausgesetzt ist, und die Projektergebnisse sollten festgehalten und zentral aufgezeichnet werden.

■ *PO10.10 Project Quality Plan:* Bereite einen Qualitätsmanagementplan vor, der das Projekt-Qualitätssystem und dessen Umsetzung beschreibt. Der Plan sollte formell geprüft und durch alle betroffenen Parteien abgenommen werden und dann in den Projektplan integriert werden.

■ *PO10.11 Project Change Control:* Entwickle ein System zur Steuerung von Änderungen für alle Projekte, so dass alle grundlegenden Änderungen am Projekt (beispielsweise Kosten, Zeitplan, Umfang und Qualität) angemessen überprüft, freigegeben und, entsprechend der Vorgaben des Programms und des Projekt-Governance-Frameworks, in den integrierten Projektplan eingearbeitet werden.

- ■ *PO10.12 Project Planning of Assurance Methods:* Identifiziere während der Projektplanung Bestätigungs-Methoden, die zur Unterstützung der Akkreditierung von neuen oder geänderten Systemen benötigt werden, und nehme diese in den integrierten Projektplan auf. Die Aufgaben sollten Gewissheit verschaffen, dass Internal Controls und Sicherheitseigenschaften den festgelegten Anforderungen entsprechen.

- ■ *PO10.13 Project Performance Measurement, Reporting and Monitoring:* Messe die Projektperformance basierend auf den wesentlichen Projektkriterien (etwa Umfang, Zeitplan, Qualität, Kosten und Risiken). Identifiziere sämtliche Abweichungen vom Plan, beurteile deren Auswirkungen auf das Projekt und das übergeordnete Programm; berichte die Ergebnisse an die wesentlichen Stakeholder. Empfehle, implementiere und überwache – wo notwendig – Verbesserungsmaßnahmen entsprechend der Frameworks für Programm- und Projektsteuerung.

- ■ *PO10.14 Project Closure:* Fordere, dass am Ende jedes Projektes die Projekt-Stakeholder bestätigen, ob das Projekt die geplanten Ergebnisse und den geplanten Nutzen erbracht hat. Identifiziere und kommuniziere alle offenen Aktivitäten, die notwendig sind, um die geplanten Projektergebnisse und den Nutzen des Programms zu erzielen, und identifiziere und dokumentiere die „Lessons Learned" für künftige Projekte und Programme.

3.   Strategisches Projektcontrolling

Aufgabe des strategischen Projektcontrollings ist es, Informationen für die Bewertung der Projektvorschläge zusammenzustellen und damit die Entscheidung über Auswahl, den Freigabezeitpunkt und ggf. den Abbruch von Projekten zu unterstützen. Klassische Werkzeuge des strategischen Projektcontrollings sind Portfoliotechnik, Wirtschaftlichkeitsberechnungen, Nutzwertanalysen sowie Risikoanalysen, die das Erfolgspotenzial von Projekten abschätzen.

Mit Hilfe der *Portfoliotechnik* erfolgen eine systematische Bestandsaufnahme der Projektlandschaft sowie eine Analyse der Projekte im Kontext der Erreichung der strategischen Unternehmensziele. Erst die Beurteilung von Planwert (beispielsweise erwarteter Rendite) und Planungssicherheit (Risiko) erlaubt ein Abwägen beider Aspekte bei unternehmerischen Entscheidungen, etwa bei einem Investitionsprojekt (vgl. Abbildung XI.2).

Höhere (erwartete) Risiken (geringere Planungssicherheit) erfordern höhere erwartete Renditen. Dies ist die zentrale Idee jedes wertorientierten Managements. Die Portfoliooptimierung basiert auf Prognosen bezüglich der zukünftig erwarteten Risiken und der zukünftig erwarteten Renditen. Das Portfoliomanagement setzt sich insbesondere mit Veränderungen der Gesamtrisikoposition auseinander. Risiko-Management und Portfoliomanagement haben insbesondere die Aufgabe, den Gesamtrisikoumfang des Portfolios zu optimieren, um beispielsweise ein angestrebtes Ertragsniveau mit einer möglichst hohen Sicherheit (geringerer Umfang von Abweichungen) erreichen zu können.

So würden sich möglicherweise Projekt C und D aus einer reinen Rentabilitätsbetrachtung als sinnvolle Projekte erweisen, wenn die Risikoperspektive ausgeblendet würde. Ein Blick auf die mit den Projekten C und D verbunden Risiken zeigt auf, dass Projekt C zu risikobehaftet ist und daher nicht weiter betrachtet werden sollte. Projekt D wiederum sollte unter Abwägung von Rentabilität und Risiko initiiert werden. Allerdings führt eine definierte Risikobeschränkung ("Safety-First-Ansatz"[464]) zu der Entscheidung, das Projekt nicht durchzuführen. Ein Safety-First-Entscheidungskalkül findet man insbesondere bei institutionellen Investoren (etwa Versicherungsunternehmen oder Pensionsfonds), die ihr Portfolio in einer Weise gestalten, dass in einzelnen Anlageperioden oder auch im gesamten Planungshorizont mit möglichst hoher Wahrscheinlichkeit eine bestimmte vorgegebene Mindestrendite erreicht wird.[465] Die Beschränkung des Gesamtrisikoumfangs – also die Einschränkung bezüglich der Substitution von Risiko gegenüber Rendite – wird häufig auch durch exogene Restriktionen begründet, beispielsweise aufsichtsrechtliche Anforderungen.

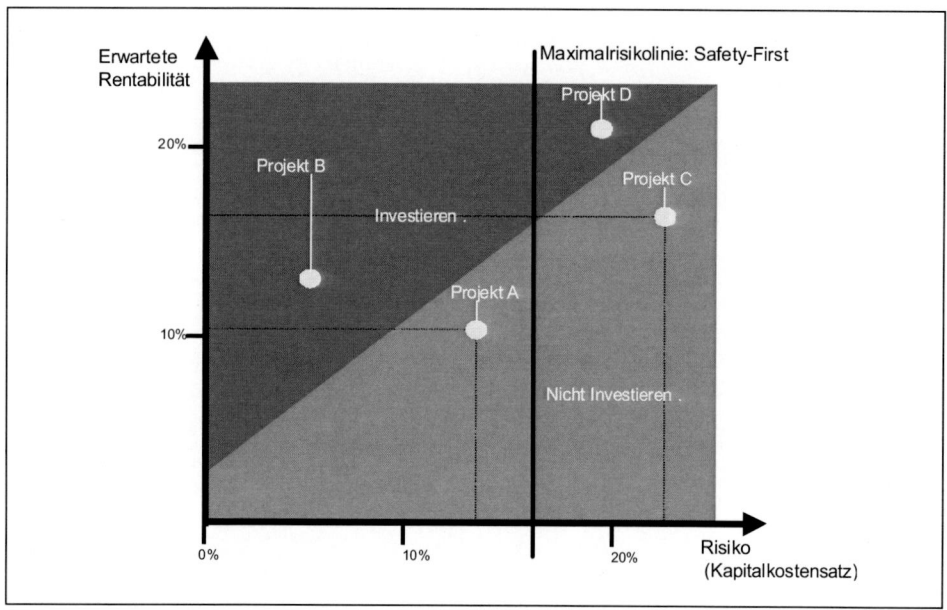

Abbildung XI.2: *Projektportfolio[466]*

---

464 Vgl. beispielsweise VIJAY S.; BAWA V.: Safety-First, Stochastic Dominance, and optimal Portfolio Choice, in: Journal of Financial and Quantitative Analysis, June 1978, S. 255-269 sowie ROY A.: Safety first and the holding of assets, in: Econometrica, Heft 20/1952, S. 434-449.

465 Vgl. ALBRECHT, P.; MAURER, R.; MÖLLER, M.: Shortfall-Risiko/Excess-Chance-Entscheidungskalküle: Grundlagen und Beziehungen zum Bernoulli-Prinzip, in: Zeitschrift für Wirtschafts- und Sozialwissenschaften 118/1998, S. 258.

466 Quelle: GLEIßNER, W.; ROMEIKE, F.: Grundlagen und Grundbegriffe einer risikoorientierten Unternehmensführung, in: Risikoorientierte Unternehmensführung, Düsseldorf 2007, S. 57 sowie GLEIßNER, W.; ROMEIKE, F.: Risikomanagement – Umsetzung, Werkzeuge, Risikobewertung, Freiburg i. Br. 2005, S. 43.

Der Safety-First-Ansatz gemäß Roy[467] zielte darauf ab, die Shortfall-Wahrscheinlichkeit (LPM_0)[468] zu minimieren. Kataoka[469] geht dagegen von einer maximal akzeptierten Short-fall-Wahrscheinlichkeit (Verlustwahrscheinlichkeit) aus und errechnet dasjenige Portfolio, das die maximal erwartete Rendite aufweist, ohne diese Verlustwahrscheinlichkeit zu über-schreiten. Telser[470] entwickelt einen Safety-First-Portfolioansatz, bei dem sowohl die maxi-mal akzeptierte Verlustwahrscheinlichkeit als auch eine angestrebte Mindestrendite fixiert wird. Unter denjenigen Portfolios, die beide Anforderungen erfüllen, wird dasjenige mit der höchsten erwarteten Rendite ausgewählt.

Voraussetzung für eine korrekte Entscheidung über Projekte im Projektportfolio sind ausrei-chende Informationen über die mit den Projekten verbundenen Risiken. Diese Informationen liefert das Risiko-Management, welches das Projektmanagement über alle Projektphasen begleiten sollte.

4.   Bewertung von Risiken und Chancen von Projekten

Die Identifizierung und Bewertung von Risiken und Chancen im Zusammenhang mit Projek-ten erfolgt analog der bereits beschriebenen Regelkreislogik des Risiko-Managements.[471] Ein wesentlicher Unterschied gegenüber dem klassischen Regelkreis liegt darin, dass die Risiko-analyse und Risikosteuerung häufiger durchgeführt werden müssen, da die Risikolandkarte sich bei Projekten häufiger verändert. Ziel muss es sein, dass Veränderungen im Risikoprofil möglich frühzeitig erkannt werden, um entsprechende Steuerungs- und Kontrollmaßnahmen einzuführen.

---

[467] Vgl. ROY A.: Safety first and the holding of assets, in: Econometrica, Heft 20/1952, S. 434-449.

[468] Unter LPM (Lower Partial Moments) versteht man Risikomaße, die sich als Downside-Risikomaß nur auf einen Teil der gesamten Wahrscheinlichkeitsdichte beziehen. Sie erfassen nur die negativen Abweichungen von einer Schranke c (Zielgröße), werten hier aber die gesamten Informationen der Wahrscheinlichkeits-verteilung aus (bis zum theoretisch möglichen Maximalschaden). Bei LPM_0 steht die nominale Kapitaler-haltung im Vordergrund.

[469] Vgl. KATAOKA, S.: A Stochastic Programming Model, Econometrica, Vol. 31/1963, S. 181-196.

[470] Vgl. TELSER, L.: Safety First and Hedging, in: Review of Economic Studies, Vol. 23/1955, S. 1-16.

[471] Vgl. Kapitel III: Risiko-Management im Kontext einer wert- und risikoorientierten Unternehmensführung.

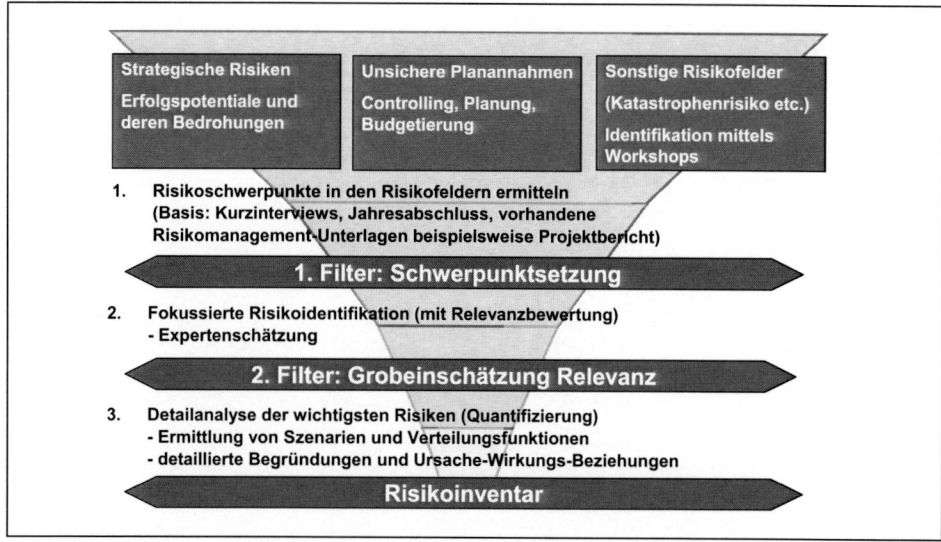

Abbildung XI.3: *Filterfunktion bei der Identifikation von Risiken*[472]

Da in der Praxis – aus ökonomischen Erwägungen – nicht alle potenziellen Risiken identifiziert werden können, ist es sinnvoll, dass potenzielle Risiken nach deren Relevanz „gefiltert" werden. Das Vorgehen zum „Filtern" der Risiken ist in Abbildung XI.3 skizziert. Nach der Identifikation der Risiken mit Unterstützung von Kollektions- und Suchmethoden (Analytische Methoden und Kreativitätsmethoden) [473] erfolgt eine Quantifizierung der Risiken.

Die unterschiedlichen Werkzeuge zur Quantifizierung nehmen eine Bewertung von Risiken bezüglich der Kombination von Wahrscheinlichkeit und Auswirkung auf das Unternehmen vor. Diese Einschätzung sollte auf einer möglichst objektiven Grundlage beruhen. Zudem muss eine systematische, nachvollziehbare Dokumentation des Vorgehens der Quantifizierung erstellt werden. Bei der Bewertung von Projektrisiken haben sich in der Praxis u. a. die folgenden Methoden etabliert:

- Experteneinschätzung

- Benchmarks

- Dephi-Methode

- FMEA

- Fehlerbaumanalyse

- Stochastische Analyse

---

[472] Quelle: GLEIßNER, W.; ROMEIKE, F.: Grundlagen und Grundbegriffe einer risikoorientierten Unternehmensführung, in: Risikoorientierte Unternehmensführung, Düsseldorf 2007, S. 33.

[473] Vgl. Kapitel III: Risiko-Management im Kontext einer wert- und risikoorientierten Unternehmensführung.

Im Rahmen einer *Experteneinschätzung* wird auf die Erfahrungen der im Unternehmen tätigen Mitarbeiter bzw. Entscheidungsträger zurückgegriffen. Diese versuchen die zukünftig zu erwartenden Abweichungen abzuschätzen. Dies kann mit Hilfe von Kreativitätsmethoden (Brainstorming, Brainwirting, Synektik etc.), analytischen Methoden (Fragenkatalog etc.) sowie Kollektionsmethoden (Checklisten, Interviews etc.) erfolgen. Die Experteneinschätzung erfordert in jedem Fall ein systematisches Vorgehen. In der Praxis werden auch häufig Szenariotechniken angewendet. Wichtig ist es in der Regel, sowohl den Umfang einer Abweichung als auch deren Wahrscheinlichkeit zu erfassen. Nur so können in Kombination mit entsprechenden Verteilungsannahmen die an sich notwendigen Parameter bestimmt werden. In der Praxis hat es sich als sinnvoll erwiesen, dass die Parameter Eintrittswahrscheinlichkeit nicht in Prozent bzw. Schadensausmaß in Euro abgefragt werden, sondern die Auswirkungen bestimmter Risiken auf Ergebnisgrößen (beispielsweise: Welche Auswirkung hat der Eintritt des Projektrisikos A auf den EBIT bzw. das Projektbudget?). Hinsichtlich der Eintrittswahrscheinlichkeit ist es sinnvoll, dass die Wahrscheinlichkeit auf eine verständliche Zeitachse übertragen wird: 1. Kategorie: Das Risiko tritt ungefähr jeden Monat einmal ein! 2. Kategorie: Das Risiko tritt einmal im Jahr ein! 3. Kategorie: Das Risiko tritt einmal in fünf Jahren ein! 4. Kategorie: Das Risiko tritt alle 50 Jahre ein! 5. Kategorie: Das Risiko tritt alle 200 Jahre ein!

In Tabelle XI.3 ist die Eintrittswahrscheinlichkeit (auch Schadenswahrscheinlichkeit, oder Schadenshäufigkeit) – interpretiert als statistischer Erwartungswert für das Eintreten eines bestimmten Ereignisses in einem bestimmten Zeitraum in der Zukunft – auf eine Zeitachse transformiert worden. Die Eintrittswahrscheinlichkeit wird in der Regel in Prozent bzw. als ein Wert zwischen 0 und 1 angegeben. In diesem Kontext bedeutet eine Eintrittswahrscheinlichkeit von „0", dass das Ereignis nie eintreten wird (= unmögliches Ereignis). Werte in der Nähe von „0" weisen auf ein Ereignis mit einer sehr geringen Eintrittswahrscheinlichkeit hin. Ein Wert von „1" bedeutet, dass das Ereignis auf jeden Fall eintreten wird (= sicheres Ereignis).

Erwartete Wartezeit in Jahren	Eintrittswahrscheinlichkeit pro Jahr in Prozent	Konfidenzniveau VaR in Prozent
5000	0,02	99,98
1000	0,10	99,90
500	0,20	99,80
200	0,50	99,50
100	1,00	99,00
50	1,98	98,02
20	4,88	95,12
10	9,52	90,48
5	18,13	81,87

Erwartete Wartezeit in Jahren	Eintrittswahrscheinlichkeit pro Jahr in Prozent	Konfidenzniveau VaR in Prozent
4	22,12	77,88
3	28,35	71,65
2	39,35	60,65
1	63,21	36,79
0,5	86,47	13,53
0,166666667	99,75	0,25
0,083333333	99,999	0,001

Tabelle XI.3:   *Transformation von Eintrittswahrscheinlichkeiten auf eine Zeitachse*

Die in Tabelle XI.3 aufgeführten Wahrscheinlichkeiten basieren auf der Annahme eines Exponentialprozesses mit konstanter Intensität.

Bei der Verwendung von *Benchmarks* wird auf unternehmensexterne Risikoinformationen zurückgegriffen. Diese beruhen dann nicht mehr auf den spezifischen Gegebenheiten, sondern sind als mittlerer Schätzer für eine relevante Vergleichsgruppe von Unternehmen zu verstehen. Hier ist insbesondere die Wahl einer geeigneten Referenzgruppe wichtig. Für die Praxis empfehlen sich insbesondere die Strukturmerkmale Branche und Unternehmensgröße. Die zu wählende Branche sollte dabei dem hauptsächlichen Tätigkeitsschwerpunkt des Unternehmens entsprechen.

Im Rahmen der *Delphi-Methode* (auch Delphi-Studie oder Delphi-Befragung genannt) wird ein mehrstufiges Verfahren der Expertenschätzung mit einer Vielzahl von Experten durchgeführt. Die Ergebnisse einer ersten Befragungsrunde fließen in weitere Befragungsrunden ein und führen so zu einer verbesserten Abschätzung der zu erwartenden Risiken. Der Einsatz derartiger Verfahren erfordert umfangreiche methodische Planungen, ausreichende finanzielle Ressourcen sowie eine adäquate und offene Risiko- bzw. Unternehmenskultur.[474]

Eine weiteres Instrument ist die *FMEA* (Failure Mode and Effects Analysis). Hier wird das Verhalten eines Gesamtsystems bzw. einzelner Teilsysteme beim Ausfall einzelner Systemelemente untersucht. Ausfallkombinationen werden nicht betrachtet. Zunächst werden die Teilsysteme erfasst sowie deren Interdependenzen analysiert. Die potenziellen Fehler einzelner Systemkomponenten werden mit Wahrscheinlichkeiten belegt. Ziel ist es zu ermitteln, wann das Gesamtsystem einen kritischen, instabilen Zustand erreicht. Außerdem wird das Ziel verfolgt, die kritischen Systemkomponenten zu analysieren und ggf. auszuschalten.[475]

---

[474] Details zur Delphi-Methode sind in Kapitel III beschrieben.

[475] Details zur FMEA sind in Kapitel VI beschrieben.

Bei der *Fehlerbaumanalyse* wird das Ausgangsereignis zurück bis an seine Wurzeln verfolgt.[476] Ein Ereignis auf oberster Ebene wird mehrstufig auf seine Ursachen und Bedingungen hin untersucht. Diese Beziehungen werden durch logische Verknüpfungen dargestellt. Ziel ist es, diese auf ursächliche, elementare Ereignisse herunterzubrechen, deren Eintrittswahrscheinlichkeiten aus Statistiken bekannt sind. Basierend auf diesen Ausgangswerten kann dann die Eintrittswahrscheinlichkeit des Ereignisses auf oberster Ebene berechnen werden.

Bei der *statistischen Analyse* werden die in der Vergangenheit aufgetretenen Werte der zu betrachtenden Plangröße, die risikobehaftet ist, analysiert. Diese können entweder den Jahresabschlüssen des Unternehmens entnommen werden oder sind in detaillierten, oft nur intern zugänglichen Planungs- oder Kontrollsystemen bzw. Schadendatenbanken zu finden. Außerdem wird neben den tatsächlichen historischen Werten der dazugehörige Planwert benötigt. Nur so kann die unerwartete Abweichung bestimmt werden, die den Risikoumfang bestimmt. Da jedoch Planwerte oft überhaupt nicht vorliegen oder nicht mehr verfügbar sind, muss dann auf eine Schätzung zurückgegriffen werden. Auf Basis der realisierten und geplanten Werte kann dann die statistische Analyse durchgeführt werden. Für die jeweils unterstellte Verteilungsannahme werden dann die entsprechenden Parameter geschätzt (beispielsweise die Standardabweichung bzw. die minimale und maximale Planabweichung). Um verlässliche Ergebnisse zu erhalten, ist es notwendig, eine ausreichende Anzahl historischer Werte zu verwenden.

Im Rahmen der Modellierung von Risiken wichtige Verteilungsfunktionen sind beispielsweise

- die Binomialverteilung,
- die Poissonverteilung,
- die Gleichverteilung,
- die Normalverteilung,
- die Log-Normalverteilung,
- die Dreiecksverteilung sowie
- die Exponentialverteilung.

Dabei sind die zwei erstgenannten Verteilungen diskrete und die übrigen stetige Wahrscheinlichkeitsverteilungen.[477]

Die Risikobewertung kann zum einen mittels zweier Verteilungsfunktionen erfolgen: Einer zur Abbildung der Schadenshäufigkeit in einer Periode (beispielsweise mit Hilfe der Poissonverteilung) und einer weiteren Verteilung zur Darstellung der Schadenshöhe je Schadenfall (beispielsweise mit Hilfe der Normalverteilung). Zum zweiten können Risiken mit Hilfe einer verbundenen Verteilungsfunktion modelliert werden, in der die Risikowirkung in einer Periode dargestellt wird.

---

[476] Details zur Fehlerbaumanalyse sind in Kapitel VI beschrieben.

[477] Details zur stochastischen Modellierung sind in Kapitel XII zusammengefasst.

Nach der Modellierung der einzelnen Risiken erfolgt eine Aggregation zur quantitativen Bewertung einer *Gesamtrisikoposition*. Mit Hilfe dieser statistischen Berechnung (etwa mittels einer Monte-Carlo-Simulation) kann die Gesamtwirkung aller Einzelrisiken ermittelt werden.

5.   Projektsteuerung und Projektkontrolle

Insbesondere eine sorgfältige *Projektplanung* ist ein wesentlicher Schlüssel für das Erreichen der definierten Projektziele. Hierbei ist die Planung kein einmaliger Prozess, sondern als projektbegleitende Aufgabe zu verstehen. Die Planung umfasst die klare und unmissverständliche Definition des Projektauftrags mit den Zielen, die Wahl der Projektorganisation, eine passende Phaseneinteilung, die Erstellung des Projektstrukturplans sowie die Ermittlung des Aufwands, der Termine, der Ressourcen und der Kosten.

Im Rahmen des Projektmanagements ist neben einer sorgfältigen Planung auch eine regelmäßige und effektive *Projektkontrolle* ein maßgeblicher Erfolgsfaktor. Die Projektkontrolle umfasst die folgenden Tätigkeiten:[478]

- Ermittlung der Ist-Situation und -Daten,
- Gegenüberstellung der entsprechenden Plandaten mit den Ist-Daten,
- Analyse evtl. identifizierter Planabweichungen, mit dem Ziel einer Ursachenanalyse und gegebenenfalls
- Planung und Einleitung von Gegenmaßnahmen.

6.   Standards und Normen im Bereich Projektmanagement

Ziel des Projektmanagements – und auch des Risiko-Managements – sollte es sein, eine möglichst transparente und einheitliche Begriffsbasis und Terminologie zu etablieren und zu fördern. In diesem Zusammenhang bieten Standards eine hilfreiche Unterstützung. Außerdem führt die Anwendung von Standards tendenziell auch zu einer Reduktion von potenziellen Plan-/Zielabweichungen.

---

478 Vgl. FIEDLER, R.: Controlling von Projekten, Wiesbaden 2001, S. 102.

Normen bzw. *Standards* dienen im technischen und wirtschaftlichen Bereich der Verständigung sowie der Vereinheitlichung unterschiedlichster Aktivitäten und Produkte. Der Zweck von Standards wird in ihrer erzieherischen bzw. bildenden, vereinfachenden bzw. komplexitätsreduzierenden und ressourcenschonenden Wirkung sowie in ihrer Eigenschaft als Zertifizierungsbasis, also in einer transparenzerhöhenden und vertrauensbildenenden Wirkung, gesehen. Aus ökonomischer Sicht sind die Wirkungen in der Reduktion externer Effekte, der Senkung von Transaktionskosten, der Realisierung von Netzwerkeffekten sowie von Skalenerträgen zu sehen.

Im Bereich Projektmanagement haben verschiedene Normierungsinstitute und Verbände Standards veröffentlicht. So hat beispielsweise das US-amerikanische Project Management Institute (PMI)[479] einen „*Guide to the Project Management Body of Knowledge*" (PMBoK Guide) als Standardwerk zum Projektmanagement herausgegeben. Das PMI bietet mehrere individuelle Zertifizierungen an:

- Ein *Certified Associate in Project Management* (CAPM®) verfügt über Basiskenntnisse im Projektmanagement. Voraussetzung sind 1.500 Stunden Arbeit in einem Projektteam oder 23 Anwesenheitsstunden in einer formalen Projektmanagement-Ausbildung.

- Ein *Project Management Professional* (PMP®) muss eine spezifische Ausbildung und einschlägige Erfahrungen über mindestens drei Jahre vorweisen. Er hat eine Prüfung bestanden, die die Projektmanagementkenntnisse nach PMI-Standard überprüft. Zusätzlich hat er sich bereit erklärt, den Regeln des PMI-Berufskodex („Code of conduct") zu folgen. Darüber hinaus muss ein PMP ständigen Zertifizierungsanforderungen genügen um seine Zertifizierung aufrechtzuerhalten.

- Um eine Zertifizierung als *Program Management Professional* (PgMP^{SM}) zu erreichen, muss man jeweils mindestens vier Jahre Berufspraxis als Projekt- und Programm-Manager nachweisen, eine Prüfung über Wissen und Techniken des Programm-Managements ablegen und sich einer Leistungsbewertung durch eine Gruppe Kollegen und Experten unterziehen.

- *Scheduling Professional* (PMI-SP^{SM})

- *Risk Management Professional* (PMI-RMP^{SM})

Der PMBoK Guide[480] (Guide to the Project Management Body of Knowledge) ist prozessorientiert aufgebaut. Basierend auf definierten Prozessen strukturiert das PMBoK das Methodenwissen im Bereich Projektmanagement. Das PMBoK besteht aus insgesamt drei Abschnitten:

- PM-Rahmen, mit einer allgemeinen Einführung in die Struktur des Buches und in Projektorganisation und -Lebenszyklus.

---

[479] Das PMI wurde im Jahr 1969 gegründet und hatte Ende 2008 fast 300.000 Mitglieder in 171 Ländern.

[480] PROJECT MANAGEMENT INSTITUTE: A Guide to the Project Management Body of Knowledge: PMBoK Guide PMI, 2004. Vgl. www.pmi.org.

▦ PM-Prozessgruppen

▦ PM-Wissensgebiete, mit einer detaillierten Liste von Prozessen und Ergebnistypen im Projektmanagement

Insgesamt werden im PMBoK Guide 44 Prozesse definiert, die in *fünf Prozessgruppen* strukturiert werden:

▦ *Initiierung:* Prozesse zur formalen Autorisierung des Projekts. Ergebnisse sind der Projektauftrag (Beauftragung des Projektleiters) und das vorläufige „Scope Statement".

▦ *Planung:* Festlegung des Projekt-Umfangs (Ergebnis: „Scope Statement") und Festlegung, wie in den einzelnen Wissensgebieten geplant wird (Ergebnis Projektmanagementplan als „Meta-Plan"), dazu Durchführung der Planung (Ergebnisse: beispielsweise Projektstrukturplan, Terminplan, Kostenplan, Beschaffungsplan, Risikoplan).

▦ *Ausführung:* Sicherstellen, dass die Aktivitäten ausgeführt werden, wie sie geplant wurden. Wichtigstes Ergebnis ist – trivialerweise – der eigentliche Liefergegenstand des Projekts. Auch Prozesse wie Qualitätssicherung, Projektteam aufbauen und Anbieter auswählen zählen zu dieser Prozessgruppe.

▦ *Überwachung und Steuerung:* Die zugehörigen Prozesse sammeln und bewerten Informationen zur Projekt-Performance entsprechend der Planung im Projektmanagementplan. Auch die Risikosteuerung und -überwachung gehört zu dieser Prozessgruppe. Wichtige Ergebnisse sind Vorschläge für Korrekturmaßnahmen oder vorbeugende Maßnahmen. Der Prozess „Integrierte Änderungssteuerung" regelt die Abwicklung von Änderungsanträgen (Change Requests).

▦ *Abschluss:* Die beiden Prozesse dieser Gruppe sind Vertragsbeendigung (besonders Verträge mit Kunden und Lieferanten) und Projektabschluss (dabei wird der Projektauftrag als geschlossen erklärt).

Der Abschnitt über die *Wissensgebiete* bildet den Schwerpunkt des PMBoK Guide. Jeweils ein Kapitel widmet sich einem Wissensgebiet. Dabei werden für jeden der 44 Prozesse die Inputs, Outputs und Methoden und Werkzeuge beschrieben.

Nachfolgend sind die Wissensgebiete, denen die Einzelprozesse aus den Prozessgruppen jeweils eindeutig zugeordnet sind, skizziert:

▦ Das Wissensgebiet *Integrationsmanagement* in Projekten umfasst die Prozesse und Vorgänge, die benötigt werden, um die verschiedenen Prozesse und Projektmanagementvorgänge in den Projektmanagement-Prozessgruppen zu identifizieren, zu definieren, zu kombinieren, zu vereinheitlichen und zu koordinieren. Im Kontext des Projektmanagements umfasst die Integration Merkmale der Vereinheitlichung, Konsolidierung und Gliederung sowie integrative Aktionen, die entscheidend sind für den Abschluss von Projekten, die erfolgreiche Erfüllung der Anforderungen von Kunden und anderer Stakeholder und den Umgang mit Erwartungen.

- Das *Inhalts- und Umfangsmanagement* in Projekten beinhaltet die erforderlichen Prozesse, um sicherzustellen, dass das Projekt alle erforderlichen Arbeiten, aber auch nur diese, umfasst, um es erfolgreich zu beenden. Hierbei geht es vorrangig um die Definition und Steuerung dessen, was im Projekt eingeschlossen ist und was nicht.

- Ein professionelles *Terminmanagement* zielt auf die Einhaltung des Zeitrahmens und sollte alle beteiligten Zielgruppen einbinden. Der Projektplan dient dabei vor allem auch als Kommunikationsmedium.

- Das *Kostenmanagement* konzentriert sich auf die Einhaltung der vereinbarten Budgets. In diesem Kontext ist der Kostenverlauf zu erfassen. Bei Abweichungen sind Steuerungsmaßnahmen einzuleiten.

- Das *Qualitätsmanagement* konzentriert sich auf eine Standardisierung von Projektmanagement-Prozessen, der Dokumentation sowie eines geeigneten Maßnahmenmanagements

- Das *Personalmanagement* umfasst die Prozesse, die das Projektteam organisieren und managen.

- Das *Kommunikationsmanagement* in Projekten ist das Wissensgebiet, in dem die Prozesse angewendet werden, die für das rechtzeitige und sachgerechte Erzeugen, Sammeln, Verteilen, Speichern, Abrufen und Verwenden von Projektinformationen notwendig sind.

- Das *Risiko-Management* in Projekten umfasst die Prozesse bezüglich der Identifizierung, Bewertung sowie Überwachung und Steuerung der mit dem Projekt zusammenhängenden Risiken. Ziele des Risiko-Managements ist die Reduzierung von Plan-/Zielabweichungen im Kontext des Projekts.

- Das *Beschaffungsmanagement* in Projekten beinhaltet die Einkaufsprozesse für Produkte und Dienstleistungen, die extern für die Durchführung des Projekts benötigt werden. Das Beschaffungsmanagement in Projekten umfasst das Vertragsmanagement und die Prozesse zur Änderungssteuerung, die zum Managen der von autorisierten Projektteammitgliedern ausgegebenen Verträge oder Bestellungen erforderlich sind. Das Beschaffungsmanagement in Projekten umfasst außerdem die Verwaltung aller Verträge, die von einer externen Organisation (dem Käufer) ausgegeben wurden, der das Projekt von der Trägerorganisation (dem Verkäufer) erwirbt, sowie die Verwaltung vertraglicher Verpflichtungen, die dem Projektteam durch den Vertrag auferlegt werden.

Als weiterer Standard im Bereich Projektmanagement haben sich die IPMA[481] *Competence Baseline* (ICB)[482] etabliert. Sie sind die zentrale Referenz der GPM Deutsche Gesellschaft für Projektmanagement.

---

[481] IPMA: International Project Management Association.
[482] Vgl. www.ipma.ch/Documents/ICB_V._3.0.pdf und www.gpm-ipma.de/download/33R09_ICB20DL.pdf.

Etabliert haben sich außerdem – vor allem in Großbritannien sowie den Niederlanden – der Standard PRINCE2[483] (**Pr**ojects **in** **C**ontrolled **E**nvironments). Sie wurde ursprünglich 1989 von der britischen Central Computer and Telecommunications Agency (CCTA)[484] als Regierungsstandard für Projektmanagement im Bereich der Informationstechnik (IT) entwickelt, wurde jedoch bald regelmäßig auch außerhalb von reinen IT- Umgebungen angewendet. Auch PRINCE2 ist ein prozessorientierter Projektmanagement-Ansatz, der insgesamt acht Teilprozesse definiert:

- Lenken eines Projekts
- Planung eines Projekts
- Vorbereiten eines Projekts
- Initiieren eines Projekts
- Steuern einer Projektphase
- Managen der Produktlieferung
- Managen der Phasenübergänge
- Abschließen eines Projekts

Integraler Bestandteil der Planungsphase ist auch die Risikoanalyse. Auch die Phase „Managen der Phasenübergänge" beinhaltet die Aktualisierung des Risikoprotokolls.

In Deutschland finden insbesondere die Normen DIN 69900-1, DIN 69900-2, DIN 69901 bis 69905 Anwendung. Als internationaler Leitfaden für Qualitätsmanagement in Projekten ist die Norm ISO 10006:2003 veröffentlicht worden.

Literaturverzeichnis

AHRENDTS, F.; MARTON, A.: IT-Risikomanagement leben! Wirkungsvolle Umsetzung für Projekte in der Softwareentwicklung, Berlin 2008.

ALBRECHT, P.; MAURER, R.; MÖLLER, M.: Shortfall-Risiko/Excess-Chance-Entscheidungskalküle: Grundlagen und Beziehungen zum Bernoulli-Prinzip, in: Zeitschrift für Wirtschafts- und Sozialwissenschaften 118/1998, S. 249-274.

BARTSCH-BEUERLEIN, S.: Qualitätsmanagement in IT-Projekten, München 2000.

DEMARCO, T.: Der Termin. Ein Roman über Projektmanagement. Hanser, München 1998.

ERBEN, R. F.; ROMEIKE, F.: Komplexität als Ursache von Risiken, in: Romeike, F.; Finke, R.: Erfolgsfaktor Risikomanagement, Wiesbaden 2003.

---

[483] Zur Vertiefung vgl. OFFICE OF GOVERNMENT COMMERCE: Managing Successful Projects with PRINCE2. The Stationery Office Books, Norwich 2005 sowie TRIEST, S.: PRINCE2 – Gezielte Vorbereitung auf die Foundation- und die Practitioner Prüfung, Bonn 2008.

[484] Die aktuelle Version wurde im Jahre 2005 vom Office of Government Commerce (OGC) veröffentlicht, das mittlerweile die CCTA abgelöst hat.

FIEDLER, R.: Controlling von Projekten, Wiesbaden 2001.

GLEIßNER, W.; ROMEIKE, F.: Risikomanagement – Umsetzung, Werkzeuge, Risikobewertung, Freiburg im Breisgau 2005.

GLEIßNER, W.; ROMEIKE, F.: Grundlagen und Grundbegriffe einer risikoorientierten Unternehmensführung, in: Risikoorientierte Unternehmensführung, Düsseldorf 2007.

HECHE, D.: Praxis des Projektmanagements, Berlin 2004.

HEIMBOLD, R.: Endlich im grünen Bereich! Projektmanagement für jederman, Bonn 2005.

JENNY, B.: Projektmanagement – das Wissen für den Profi, Zürich 2007.

KATAOKA, S.: A Stochastic Programming Model, Econometrica, Vol. 31/1963, S. 181-196.

LITKE, H.-D.: Projektmanagement: Methoden, Techniken, Verhaltensweisen, München 2007.

LITKE, H.-D.: Projektmanagement-Handbuch für die Praxis. Konzepte – Instrumente – Umsetzung, München 2005.

MADAUSS, B. J.: Handbuch Projektmanagement, Stuttgart 2000.

OFFICE OF GOVERNMENT COMMERCE: Managing Successful Projects with PRINCE2. The Stationery Office Books, Norwich 2005.

PROJECT MANAGEMENT INSTITUTE: A Guide to the Project Management Body of Knowledge: PMBoK Guide PMI, 2004.

ROMEIKE, F.: Integration von E-Business und Internet in das Risk-Management des Unternehmens, in: Kommunikation & Recht (Betriebsberater), Heidelberg 2001, S. 412-417.

ROY A.: Safety first and the holding of assets, in: Econometrica, Heft 20/1952, S. 434-449.

SCHMITZ, H.; WINDHAUSEN, M. P.: Projektplanung und Projektcontrolling, Düsseldorf 1986.

STÖGER, R.: Wirksames Projektmanagement, Stuttgart 2007.

TELSER, L.: Safety First and Hedging, in: Review of Economic Studies, Vol. 23/1955, S. 1-16.

TRIEST, S.: PRINCE2 – Gezielte Vorbereitung auf die Foundation- und die Practitioner-Prüfung, Bonn 2008.

VIJAY S.; BAWA V.: Safety-First, Stochastic Dominance, and optimal Portfolio Choice, in: Journal of Financial and Quantitative Analysis, June 1978, S. 255-269.

WALLMÜLLER, E.: Risikomanagement für IT- und Software-Projekte, München 2004.

ZIMMERMANN, J.; STARK, C.; RIECK, J.: Projektplanung – Modelle, Methoden, Management, Berlin 2006.

„Mathematik: Die Wissenschaft, bei der man weder weiß, wovon man spricht, noch ob das, was man sagt, wahr ist."

Bertrand Russell (1872-1970), britischer Philosoph und Mathematiker

XII. Mathematische Grundlagen

1. Modellierung von Risikoprozessen als Random Walk

Die Betrachtung der Entwicklung von Risikofaktoren wie Wechselkursen, Zinsen und Roh-stoffpreisen lässt deutlich erkennen, dass die Märkte einer irregulären Bewegung folgen. In Abbildung XII.1 wird die Entwicklung von vier ausgewählten Marktpreisen und Kursen für die Historie ab 1987 bzw. 2003 bis Ende 2008 dargestellt. Während der Wechselkurs EUR/USD tendenziell eine langsame Wellenbewegung zeigt, ist insbesondere für den Kup-ferpreis und den Aktienindex DAX ein Wechsel von ruhigen und volatilen Phasen mit großen Schwankungen erkennbar. Ein mittelfristiger oder sogar langfristiger Trend ist bei keinem der genannten Marktpreise zu beobachten, auch nicht bei dem Aluminiumpreis und auf dem Zinsmarkt (Rentenindex REX). Folglich könnte die Entwicklung von Marktpreisen als ein Zufallsprozess abgebildet werden. Dann würde die Änderung eines Marktpreises bezüglich der Richtung und Entfernung von dem ursprünglichen Punkt ein vom Zufall bestimmter Weg (engl. Random Walk) sein.[485]

Zahlreiche finanzmathematische Bewertungs- und Risikomodelle bauen auf einem *Random Walk* auf. [486] In Anlehnung an eine Parabel von Murray kann dieser zufällig gewählte Pfad wie der Weg eines Betrunkenen betrachtet werden.[487] Wenn der Betrunkene auf seinem Heimweg eine Teilstrecke zurückgelegt hat, ist es ungewiss, welche Richtung er als nächstes einschlagen wird und welche Entfernung er dann in dieser Richtung hinter sich lässt. Die ins-gesamt von dem Betrunkenen zurückgelegte Wegstrecke setzt sich aus mehreren Teilschritten zusammen, die jeder für sich betrachtet bezüglich der Richtung und Länge ebenso zufällig und unabhängig vom vorherigen Schritt sind wie die daraus entstehende Gesamtentfernung vom Ursprungspunkt. Random Walks können auf unterschiedliche Weise generiert werden: Als echter Zufallsprozess, als Prozess mit bestimmten Mustern in der zeitlichen Entwicklung

---

[485] Random Walk ist englisch und bedeutet übersetzt etwa „zufälliger Weg" oder „zufällige Bewegung". In der Wissenschaft wird damit ein Zufallsprozess bezeichnet.

[486] Beispielsweise die Black/Scholes-Formel, das Varianz-Kovarianz-Modell und häufig die Monte Carlo Simulation.

[487] Vgl. KIM, J.; MALZ, A. M.; MINA, J.: LongRun Technical Document, RiskMetrics Group, New York 1999, S. 87 ff. Diese Parabel wird zur Verdeutlichung unterschiedlicher Effekte verwendet und ist hier in abge-wandelter Form wiedergegeben.

der Volatilität, mit oder ohne Trends usw. Im Folgenden wird zunächst der einfache Random Walk diskutiert.

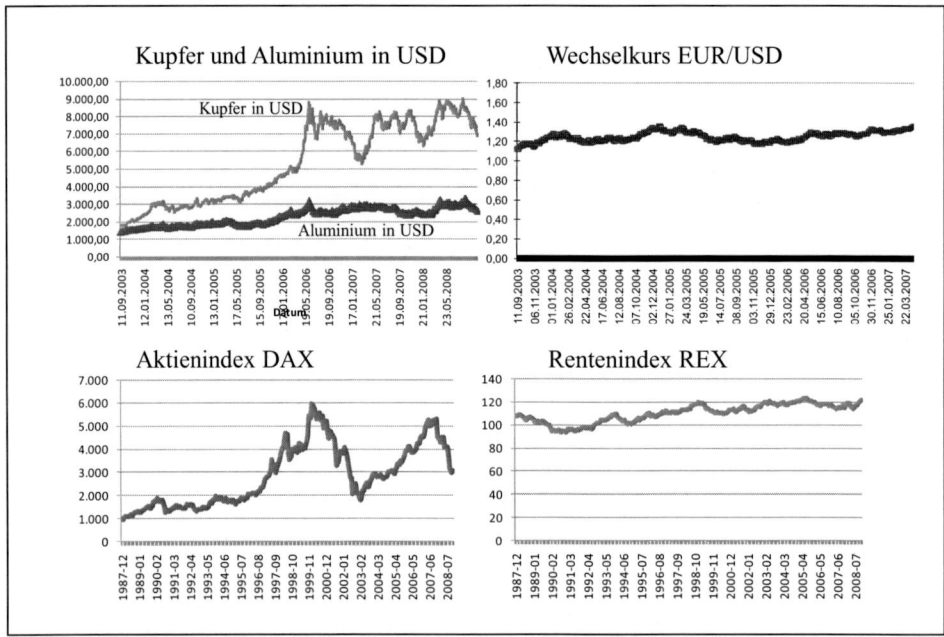

Abbildung XII.1: *Historische Entwicklung ausgewählter Marktpreise*

In Abbildung XII.2 wird gezeigt, wie sich seine zurückgelegte Entfernung S von seinem ursprünglichen Standpunkt aus den einzelnen Schritten S_1 bis S_6 zusammensetzen könnte. Der Random Walk startet vom Ausgangspunkt A_0 beginnend in eine zufällige Richtung und legt dabei eine Strecke S_1 zufälliger Länge zurück. An dem nächsten Punkt A_1 angekommen, wird wieder eine Strecke S_2 zufälliger Länge in eine zufällige Richtung beschritten. Nach sechs Schritten wird der Punkt A_6 erreicht. Die einzelnen Schritte S_i eines Random Walks lassen sich mit Hilfe von Vektoren beschreiben. In Abbildung XII.2 ist jeder Schritt ein zweidimensionaler Vektor. Der erste Schritt S_1 wäre beispielsweise ein Vektor mit den Elementen x = 2 und y = 3. Werden vom Punkt A_0 beginnend zwei Einheiten nach rechts und drei Einheiten nach oben zurückgelegt, wird der Punkt A_1 erreicht. Bei einem negativen x und y würde die Bewegung genau in die entgegengesetzte Richtung führen. Entsprechend lassen sich die restlichen Schritte S_2 bis S_6 als Vektoren ausdrücken. Die Summe der sechs Schritt-Vektoren S_i ergibt den Random Walk, welcher selbst einen Vektor S darstellt und die Bewegung von A_0 nach A_6 beschreibt. Jeder Vektor S kann deshalb als eine Summe von n einzelnen Schritt-Vektoren S_i aufgefasst werden oder selbst ein Schritt-Vektor eines übergeordneten Random Walks sein. Diese Eigenschaft wird als *Selbstähnlichkeit* bezeichnet.

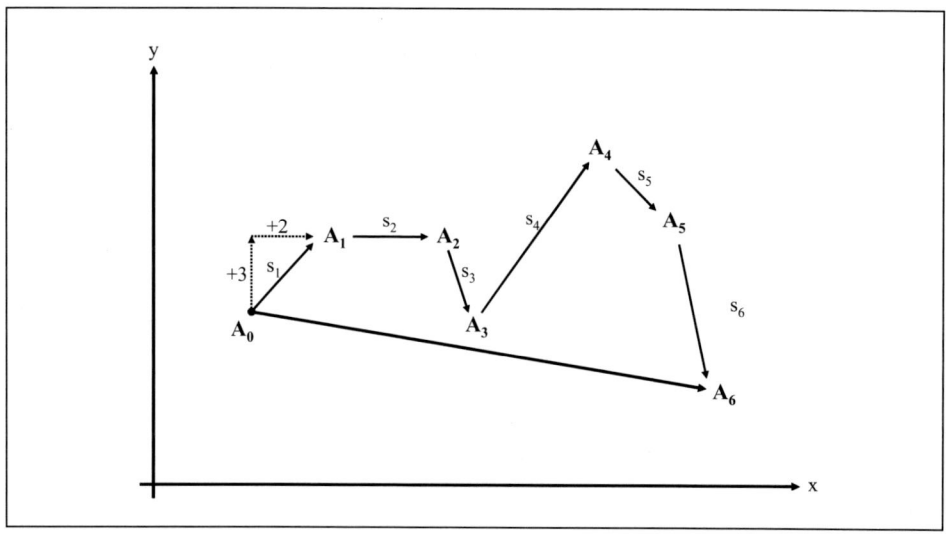

Abbildung XII.2: *Beispiel für einen Random Walk*

Weil die Länge und Richtung der einzelnen Vektoren vom Zufall abhängig ist, ist auch der daraus entstehende Random Walk ein Zufallsprozess. Für statistische Aussagen sind viele Random Walks mit der gleichen Anzahl n von Schritten (Vektoren) notwendig, denn erst bei einer großen Anzahl von zufälligen Bewegungen kann etwas über deren mittlere Entfernung vom Ursprungspunkt ausgesagt werden. Dabei hängt die mittlere Entfernung von der Anzahl n der Schritt-Vektoren S_i ab, denn der Summen-Vektor S wird umso länger, je mehr Schritt-Vektoren S_i vorhanden sind. Es lässt sich zeigen, dass der Erwartungswert $E[S^2]$ für das Quadrat des Summen-Vektors proportional zu der Anzahl der Schritt-Vektoren ist (vgl. Gleichung XII.1). Die nachfolgenden Gleichungen sind eine Auswahl und Zusammenfassung der ausführlichen Darstellungen bei Deutsch, Hull und Franke/Härdle/Hafner.[488]

Gleichung XII.1: Erwartungswert $E[S^2] \sim n$

In Gleichung XII.1 wird statt des Summen-Vektors das Quadrat des Summen-Vektors für die Proportionalitätsbeziehung verwendet. Der Erwartungswert $E[S]$ für den Summen-Vektor selbst ist Null, da der Summen-Vektor in jede Richtung zeigen kann, die unterschiedlichen Richtungen haben aber unterschiedliche Vorzeichen und deshalb heben sich die Vektoren in der Summe auf. Daher gilt für den Erwartungswert des Summen-Vektors $E[S] = 0$ und es lässt sich keine Proportionalität zu der Anzahl der Schritt-Vektoren herstellen.

488 Vgl. CREMERS, H.: Mathematik und Stochastik für Banker, 2. Auflage, Frankfurt/Main 1999, S. 297-299; DEUTSCH, H.-P.: Derivate und interne Modelle: Modernes Risikomanagement, 2. Auflage, Stuttgart 2001, S. 27-34; HULL, J. C.: Optionen, Futures und andere Derivate, 4. Auflage, München 2001, S. 313-337; FRANKE, J.; HÄRDLE, W.; HAFNER, C.: Einführung in die Statistik der Finanzmärkte, Berlin 2001, S. 37-47.

Die Varianz einer Zeitreihe berechnet sich allgemein aus dem Erwartungswert $E[(X-E(X))^2]$. Um die Varianz für den Summenvektor S zu berechnen, wird der Erwartungswert $E[S] = 0$ in die Formel für die Varianz V(S) eingesetzt.

Gleichung XII.2: Varianz $V(S) = E[\,(S - E[S])^2\,] = E[\,(S - 0)^2\,] = E[S^2]$

Da der Erwartungswert für S gleich Null ist, berechnet sich die Varianz aus den quadrierten Differenzen von S und Null und kann auf den Ausdruck $E[S^2]$ verkürzt werden. Der Erwartungswert $E[S^2]$ des quadrierten Summen-Vektors ist gemäß Gleichung XII.1 proportional zu der Anzahl der Schritte n und die Varianz V(S) folgt gemäß Gleichung XII.2 aus dem Erwartungswert $E[S^2]$, also ist die Varianz proportional zu der Anzahl der Schritte n.

Gleichung XII.3: Varianz$(S) = E[S^2] \sim n$

Dann gilt für die Standardabweichung $\sigma(S)$, welche die Wurzel aus der Varianz ist, dass sie proportional zu der Wurzel aus n ist.

Gleichung XII.4: Standardabweichung$(S) = \sigma(S) \sim \sqrt{n}$

Diese Erkenntnis wird als *Wurzelgesetz* bezeichnet und ist für viele Modelle in der Risiko-Berechnung notwendig. Das Wurzelgesetz besagt, dass die Unsicherheit von Marktpreisentwicklungen proportional mit der Wurzel aus der Anzahl der Schritte (Zeit) zunimmt. Die Unsicherheit kommt über die Standardabweichung bzw. Volatilität eines Risikofaktors zum Ausdruck. Für die Gültigkeit des Wurzelgesetzes müssen die täglichen Marktpreisänderungen $X_1, ..., X_n \sim X$ *unabhängig und identisch* verteilt sein mit dem Erwartungswert E(X) und der Varianz Var(X).[489] Dann lässt sich aus den täglichen Veränderungen zum Beispiel die 5-Tages-Volatilität wie folgt berechnen:

$$
\begin{aligned}
\text{5-Tages-Volatilität} \quad &= \sqrt{\mathrm{Var}(X_1 + X_2 + X_3 + X_4 + X_5)} \\
&= \sqrt{\mathrm{Var}(X_1) + \mathrm{Var}(X_2) + \mathrm{Var}(X_3) + \mathrm{Var}(X_4) + \mathrm{Var}(X_5)} \\
&= \sqrt{5 \cdot \mathrm{Var}(X)}
\end{aligned}
$$

Die Proportionalität zwischen der Zeit und der Varianz kann graphisch gezeigt werden. In dem Beispiel aus Abbildung XII.2 wird der Zusammenhang sichtbar: Die Zeit für die Bewegung von Punkt A_1 zu Punkt A_n entspricht der Anzahl der Zufallsschritte. Je mehr Zeit (T − t) zwischen diesen beiden Punkten liegt, desto größer ist die Anzahl n der Vektoren S_i. Wird für die Entfernung von A_1 nach A_2, von A_2 nach A_3 und allgemein von A_{n-1} nach A_n jeweils die Zeit ∂t benötigt, dann dauert die Bewegung von A_1 nach A_6 die Zeit $6 \cdot \partial t$. Die Zeitdifferenz

---

[489] Vgl. JORION, P.: Value at Risk – The New Benchmark for Controlling Derivatives Risk, USA 1997, S. 80 f.

von t bis T ist identisch mit $n \cdot \partial t$ (das heißt: $T - t = n \cdot \partial t$). Im Beispiel gibt es nach sechs Zeiteinheiten ($T = 6$) genau 6 Marktpreisänderungen ($n = 6$). Die gesamte Marktpreisänderung innerhalb von 6 Zeiteinheiten (= Summenvektor) stellt einen Random Walk dar und setzt sich zusammen aus der Summe der sechs täglichen Veränderungen (= Schritt-Vektoren). Wenn A_0 der Marktpreis zum Zeitpunkt $t = 0$ und A_1 der Marktpreis zum Zeitpunkt $t = 1$ ist, beträgt die von dem Schritt-Vektor im Zeitraum $t = 0$ bis $t = 1$ zurückgelegte Entfernung $S_1 = A_1 - A_0$. Die Summe aller Schritt-Vektoren führt daher zu der zufälligen Bewegung (Random Walk) des Marktpreises von A_0 nach A_6 im Zeitraum $t = 0$ bis $t = 6$ (Vgl. Gleichung XII.5).

Gleichung XII.5:

$$S^D = (A_1 - A_0) + (A_2 - A_1) + (A_3 - A_2) + (A_4 - A_5) + (A_5 - A_4) + (A_6 - A_5)$$

$$= (A_6 - A_0)$$

Die *Differenz zweier Marktpreise* wird in Geldeinheiten gemessen. Wäre beispielsweise $A_0 =$ 500 EUR der Preis einer Aktie zum Zeitpunkt $t = 0$ und $A_1 = 490$ EUR der Preis zum Zeitpunkt $t = 1$, dann würde die Differenz eine Marktpreisschwankung von -10 EUR bilden. Angenommen die Aktie fällt bis zum Zeitpunkt $t = 5$ auf $A_5 = 20$ EUR und in der Zeit bis $t = 6$ auf $A_6 = 10$ EUR, dann bedeutet auch diese Differenz von $A_6 - A_5$ eine Marktpreisschwankung von -10 EUR.

Für eine ökonomische Risikobetrachtung ist es wenig sinnvoll, wenn die erste Marktpreisschwankung gleichwertig zu der letzten ausgewiesen wird. Während die erste Schwankung nur einen Verlust von 2 Prozent (= [490 EUR – 500 EUR] : 500 EUR) bedeutet, wird bei der letzten Marktpreisänderung ein Verlust von 50 Prozent (= [10 EUR – 20 EUR] : 20 EUR) gemessen. Daher ist es notwendig, statt der absoluten die *relativen Schwankungen* der Marktpreise zu erfassen (vgl. Gleichung XII.6).

Gleichung XII.6:

$$S^R = [(A_1 - A_0) / A_0] \cdot [(A_2 - A_1) / A_1] \cdot [(A_3 - A_2) / A_2] \cdot \ldots \cdot [(A_6 - A_5) / A_5]$$

Obwohl die relativen Änderungen ökonomisch sinnvoller sind als die absoluten Änderungen, gilt es, weitere betriebswirtschaftliche Anforderungen zu erfüllen. An einem zweiten Beispiel wird gezeigt, welches Problem noch zu lösen ist: Ein Risikofaktor möge im Zeitpunkt $t = 0$ den Wert 0,001 haben. Im Zeitpunkt $t = 1$ erfolgt ein Anstieg auf 0,002 und im Zeitpunkt $t = 2$ sinkt der Risikofaktor wieder auf seinen Anfangswert von 0,001. Dann weist die relative Veränderung von $t = 0$ zu $t = 1$ einen Anstieg um 50 Prozent (= 0,001 – 0,002]: 0,002) aus. Die relative Veränderung von $t = 1$ zu $t = 2$ besteht in einem Verlust von 100 Prozent (= [0,002 – 0,001] : 0,001). Zwei betragsmäßig gleiche Wertschwankungen von absolut 0,001 führen aufgrund der unterschiedlichen Vorzeichen der absoluten Veränderungen zu unterschiedlichen relativen Veränderungen. Aus ökonomischer Sicht ist die Messung von Veränderungen eines Risikofaktors mit der Gleichung XII.6 noch nicht zufriedenstellend (vgl. Abbildung XII.3).

Die Verwendung der *logarithmierten Quotienten* zweier aufeinanderfolgender Werte führt zu dem gewünschten Ergebnis. Die Abkürzung „ln" wird im Folgenden für den Natürlichen Logarithmus zur Basis der Eulerschen Zahl e ≈ 2,718282 verwendet. Die logarithmierte Veränderung von t = 0 zu t = 1 beträgt -69,3 Prozent (= ln(0,001 / 0,002)) und die logarithmierte Veränderung von t = 1 zu t = 2 ergibt einen Wert von 69,3 Prozent (= ln(0,002 / 0,001)). Im Gegensatz zu den relativen Veränderungen haben die logarithmierten Veränderungen einen weiteren wichtigen Vorteil. Während das Produkt der relativen Veränderungen zu einer falschen Gesamtveränderung von -50 Prozent (= -0,50 • 1,00) im Zeitraum von t = 0 bis t = 2 führt, sind die logarithmierten Veränderungen *summationsstabil* und führen zu der korrekten Gesamtveränderung von 0 Prozent (= -69,3 % + 69, 3 %).

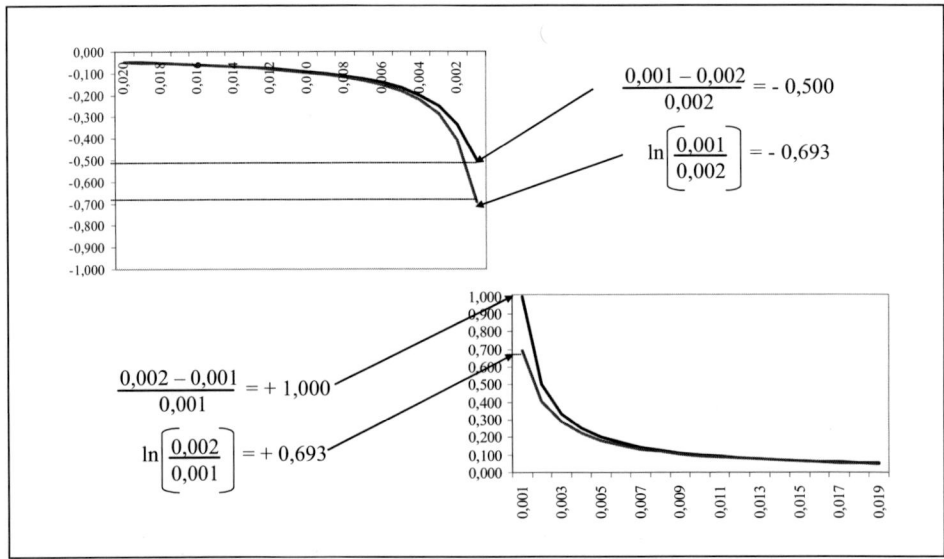

Abbildung XII.3: *Logarithmierte versus relative Veränderungsraten*

Das Konzept ist auch schlüssig mit der Auffassung eines Random Walk als Summen-Vektor von einzelnen Schritt-Vektoren. Während sich in Gleichung XII.6 die Gesamtveränderung aus dem Produkt der einzelnen relativen Änderungen ergibt, führt in Gleichung XII.7 die Addition der logarithmierten Veränderungen zum Summen-Vektor. Damit ist der Random Walk wieder die Summe von zufälligen Schritt-Vektoren.

Gleichung XII.7:

$$S^L = \ln\left(\frac{A_1}{A_0}\right) + \ln\left(\frac{A_2}{A_1}\right) + \ln\left(\frac{A_3}{A_2}\right) + \ln\left(\frac{A_4}{A_3}\right) + \ln\left(\frac{A_5}{A_4}\right) + \ln\left(\frac{A_6}{A_5}\right) = \ln\left(\frac{A_6}{A_0}\right)$$

Die Umkehrfunktion zum Logarithmieren bildet das Potenzieren zur Basis e. Ist in dem obigen Beispiel zum Zeitpunkt t = 0 der Preis einer Aktie A_0 = 500 EUR und A_1 = 490 EUR ihr Preis zum Zeitpunkt t = 1, dann ist die logarithmierte relative Veränderung ln(490 / 500) = -0,020203. Ausgehend von A_0 = 500 EUR führt die Multiplikation mit $e^{-0,020203}$ wieder zum Kurs A_1 = 490 EUR ($A_1 = A_0 \cdot e^{-0,020203}$ = 500 EUR $\cdot$ 0,98 = 490 EUR, vgl. Gleichung XII.8).[490]

Gleichung XII.8:

$$S^L = \ln\left(\frac{A_T}{A_t}\right) \qquad \Leftrightarrow \qquad A_T = A_t \cdot e^{\ln\left(\frac{A_T}{A_t}\right)} = A_t \cdot e^s$$

Bisher war es noch nicht notwendig, eine *Wahrscheinlichkeitsverteilung für den Random Walk* anzunehmen. Der Random Walk ist ein Summen-Vektor und entsteht aus unabhängigen zufälligen Schritt-Vektoren. Für genügend viele (n) Marktpreisveränderungen (= Schritt-Vektoren) ergibt sich daraus, dass der Summen-Vektor S in Folge des Zentralen Grenzwertsatzes normalverteilt ist. Der Zentrale Grenzwertsatz besagt, dass unter bestimmten Bedingungen die Folge der Verteilungsfunktionen standardisierter Summen unabhängiger Zufallsvariablen gegen die Verteilungsfunktion der Standardnormalverteilung konvergiert. Für große n sind die Summen der Ausgangsvariablen näherungsweise *normalverteilt*.[491] Es ist an dieser Stelle deutlich hervorzuheben, dass für die Ableitung des Wurzelgesetzes keine Normalverteilungsannahme nötig ist. Die grundlegende Prämisse besteht in *unabhängigen und identisch verteilten Marktpreisveränderungen*, woraus das Wurzelgesetz folgt.

2.   Von der Normalverteilung zum Value at Risk

Für die Beschreibung einer *Normalverteilung* genügen zwei Parameter, der Erwartungswert μ und die Standardabweichung σ. In Abbildung XII.4 werden die Eigenschaften einer Normalverteilung mit μ = 0 und σ = 1 dargestellt. Eine Normalverteilung mit diesen Parametern heißt *Standardnormalverteilung*. Für die Beschreibung einer *Normalverteilung* genügen zwei Parameter, der Mittelwert μ und die Standardabweichung σ. In Abbildung XII.4 werden die Eigenschaften einer Normalverteilung mit μ = 0 und σ = 1 dargestellt. Eine Normalverteilung mit diesen Parametern heißt *Standardnormalverteilung*.

---

[490] Wegen der Selbstähnlichkeit von Schritt-Vektoren und Summen-Vektor kann der Summen-Vektor als ein Schritt-Vektor eines übergeordneten Summen-Vektors aufgefasst werden.

[491] Vgl. BOSCH, K.: Statistik-Taschenbuch, München 1998, S. 332 ff.

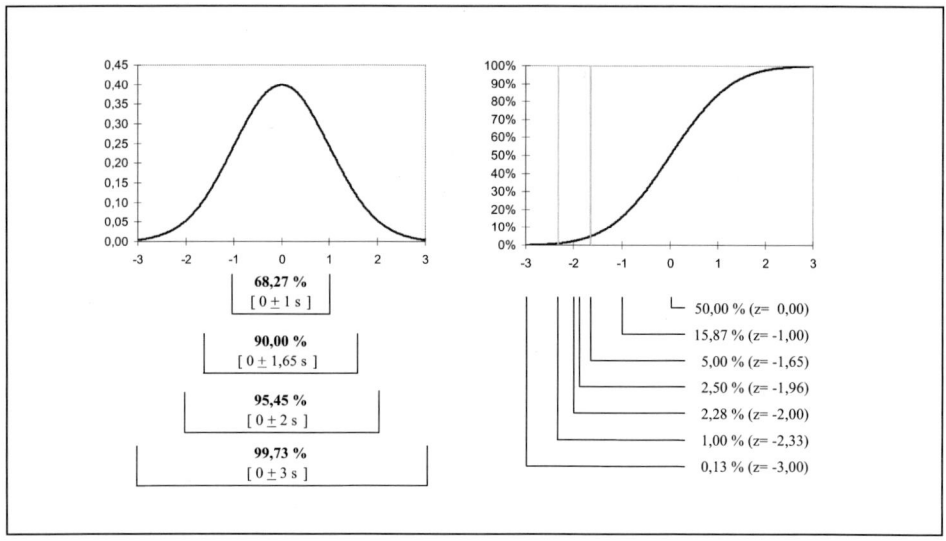

Abbildung XII.4: *Eigenschaften der Standardnormalverteilung*

Die Normalverteilung ist stetig und besitzt daher eine Dichtefunktion, welche vergleichbar ist mit der Wahrscheinlichkeitsfunktion einer diskreten Verteilung. Im linken Teil der Abbildung XII.4 ist die Dichtefunktion gezeigt. Dort befinden sich innerhalb des Intervalls [0 − 1 σ; 0 + 1 σ] circa 68 Prozent der Wahrscheinlichkeitsmasse. Im Intervall von 0 ± 1,65 σ liegt die Wahrscheinlichkeit von 90 Prozent und das Intervall 0 ± 2 σ umfasst circa 95 Prozent der Wahrscheinlichkeitsmasse. Für das Intervall mit einer Wahrscheinlichkeit von 90 Prozent wird die Standardabweichung mit dem Faktor 1,65 multipliziert. Dieser Faktor heißt z-Wert und kann aus einer tabellierten Verteilungsfunktion der Standardnormalverteilung entnommen werden.[492] Wird statt des zweiseitigen Intervalls nur ein einseitiges Intervall betrachtet, dann beinhaltet der z-Wert von 1,65 eine Wahrscheinlichkeit von 95 Prozent innerhalb des Intervalls von [0 − 1,65 σ; ∞ [. Das sind fünf Prozent mehr als bei dem zweiseitigen Intervall [0 − 1,65 σ; 0 + 1,65 σ]. Die fünf Prozent kommen nun hinzu, da das rechts offene Intervall [0 − 1,65; ∞ [keine Kappungsgrenze mehr auf der positiven Seite jenseits von Null hat.

Wegen der symmetrischen Eigenschaft der Standardnormalverteilung ergibt sich der z-Wert für die Gegenwahrscheinlichkeit von fünf Prozent (= 1 − 0,95 = 0,05) aus dem z-Wert für 95 Prozent mit umgekehrten Vorzeichen. Es gilt für das Beispiel die Beziehung $z_{0,05} = -z_{0,95} =$ -1,65. Dann liegen fünf Prozent der Werte (Dichte) innerhalb des Intervalls von] ∞ ; 0 − 1,65 σ [. Zwischen dem 5 %-Quantil und dem 95 %-Quantil kann die Beziehung mit $Q_z^{N(0,1)} =$ $-Q_{1-z}^{N(0,1)}$ allgemeingültig ausgedrückt werden. Auf der rechten Seite ist in Abbildung XII.4 die Verteilungsfunktion der Standardnormalverteilung zu sehen. Während in der Dichtefunktion bisher zweiseitige Intervalle betrachtet wurden, lässt sich in der Verteilungsfunktion

---

[492] In MS Excel wird der z-Wert einer gewünschten Wahrscheinlichkeit mit der Funktion „= STANDNORMINV(Zelle)" abgefragt.

direkt ablesen, mit welchem z-Wert die gewünschte Wahrscheinlichkeit für ein einseitig geschlossenes Intervall berechnet werden kann.

Bisher lässt sich zusammenfassen, dass der Summen-Vektor S einen Erwartungswert von Null hat und seine Varianz $\sigma^2 \cdot n$ proportional zur Anzahl n der Schritt-Vektoren ist. Der Summen-Vektor ist normalverteilt und für eine unendlich kleine (infinitesimale) Zeit ∂t dieses Intervalls sind die logarithmierten Änderungen des Summenvektors S ebenfalls normalverteilt mit dem Mittelwert Null und der Varianz $\sigma^2 \cdot \partial t$. Jeder Schritt des Summen-Vektors kann als eigenständiger Random Walk betrachtet werden. Es gilt Gleichung XII.9.

Gleichung XII.9: $\Delta S^L \sim N(0;\ \sigma^2 \cdot \partial t)$

Wegen der Selbstähnlichkeit von Random Walks kann die Gesetzmäßigkeit auch auf endliche Zeitabschnitte Δt übertragen werden. Da T der Endzeitpunkt und t der Anfangszeitpunkt der Betrachtung ist, bildet die Differenz $T - t$ den betrachteten Zeitraum. Für ein zwischen zwei Messungen konstantes Zeitintervall Δt (zum Beispiel Δt = ein Tag) vergeht zwischen zwei Schritten des Random Walks ein Tag. Wenn Δt konstant ist, dann ist die Anzahl n der Schritte proportional zur Zeitdauer $T - t$ des Random Walks. Wenn zum Beispiel der Kursverlauf einer Aktie auf Tagesbasis im Zeitraum von $t = 1$ bis $t = 255$ mit Hilfe eines Random Walks simuliert werden soll, sind $n = 255$ Schritte erforderlich. Für einen längeren Zeitraum wären entsprechend mehr Schritte notwendig. Wegen der Proportionalität zwischen der Anzahl n der Schritte und der Zeitdauer $T - t$ lässt sich die Varianz $\sigma^2 \cdot n$ des Summen-Vektors S auch schreiben als Gleichung XII.10.

Gleichung XII.10: $\mathrm{Var}(S) = \sigma^2 \cdot n = \sigma^2 \cdot (T - t) = \sigma^2 \cdot dt$ mit $dt = T - t$

Nachdem in Gleichung XII.4 bereits die Proportionalität zwischen der Standardabweichung und der Zeit festgestellt wurde, konkretisiert Gleichung XII.10 den exakten Zusammenhang zwischen der Varianz und der Zeit. Wenn die Einzelschritte ΔS^L normalverteilt sind, dann ist auch der Summen-Vektor normalverteilt und seine Varianz wächst linear mit der Anzahl der Schritte (Zeit). Die Standardabweichung ist die Wurzel aus der Varianz und wächst daher mit der Wurzel aus der Anzahl der Schritte (Zeit), dieser Zusammenhang ist jedoch nicht mehr linear. Für infinitesimale, logarithmierte Änderungen $\Delta \ln(S^L)$ lässt sich das Wurzelgesetz als Gleichung XII.11 schreiben.

Gleichung XII.11: $\Delta \ln(S^L) \overset{P}{\approx} \sigma \cdot \sqrt{dt}$

Bisher wurden zwei Parameter diskutiert, die Länge des Zeitraums und die damit verbundene Volatilität. Beide Parameter sind deterministisch, und es fehlt noch ein stochastischer Parameter zur Simulation des Random Walks. Zu der Gleichung XII.11 wird daher eine standardnormalverteilte *Zufallsvariable* mit dem Erwartungswert 0 und der Varianz 1 beigemischt, woraus sich für die Modellierung der zufälligen Veränderungen in infinitesimaler Schreibweise die Gleichung XII.12 ergibt. Dabei wird zunächst in Gleichung XII.12 keine Trendkomponente berücksichtigt.

Gleichung XII.12: $\Delta \ln(S_{(\mu;\sigma)}^{L}) = \mu \cdot dt + \sigma \cdot X \cdot \sqrt{dt}$ mit $X \sim N(0;1)$

Dieser Random Walk hat einen Mittelwert von Null ($\mu = 0$) und eine Varianz $\sigma^2 dt$. Der Ausdruck $X \cdot \sqrt{dt}$ wird auch als *Wiener Prozess* bezeichnet und beschreibt beispielsweise in der Physik die Brownsche Molekularbewegung.[493] In der Literatur wird dieser Ausdruck als eine geometrische *Brownsche Bewegung* bezeichnet. Sie dient zur Beschreibung einer (infinitesimalen) Veränderung eines Risikofaktors im Zeitablauf.[494]

Der modellierte Random Walk bildet einen zufallsabhängigen Prozess mit der Eigenschaft, dass jeder Schritt-Vektor in seiner Richtung unabhängig ist von den vorherigen Schritt-Vektoren. Zwischen den einzelnen logarithmierten Veränderungen $\Delta \ln(S^L)$ der Schritte S_i innerhalb des Random Walks ist kein Zusammenhang erkennbar. Stochastische Prozesse mit dieser Eigenschaft heißen *Markov-Prozesse*, da einzig der aktuelle Wert Einfluss auf den ihm folgenden Wert hat.[495] Der Weg, den die betrachtete Zufallsvariable in der Vergangenheit zurückgelegt hat, um den aktuellen Wert zu erreichen, ist ohne Bedeutung, denn der aktuelle Wert enthält bereits alle Informationen der Vergangenheit.[496] So wird zum Beispiel bei schwacher Markteffizienz angenommen, dass der nächste Kurs einer Aktie nur vom jetzigen Kurs und neuen Informationen abhängt, nicht aber von der historischen Kursentwicklung. Denn alle aus der historischen Kursentwicklung ableitbaren Informationen sollen in dem aktuellen Kurs bereits enthalten sein. Neue Informationen sind aber unsicher.

Das in diesem Buch verwendete Modell für die Prognose von Risikoparametern kann *zwei Komponenten* berücksichtigen. Eine Komponente davon ist *vom Zufall abhängig* und setzt sich aus den einzelnen Schritten des Random Walks zusammen. Diese Komponente wird durch den Wiener Prozess beschrieben. Die andere Komponente ist *deterministisch* und wird als Drift oder Trend bezeichnet. In Fortführung des Beispiels von Murray mit dem Betrunkenen, lässt sich die Trendkomponente (Drift) so erklären, dass der Betrunkene zwar einen absolut zufälligen Weg wählt und auch den einen oder anderen Umweg geht, jedoch dabei grob in die Richtung seiner Wohnung marschiert. Exakt lässt sich die Drift aus der *Martingale-Eigenschaft* ableiten, die allen Risikofaktoren zu Grunde liegt.[497] Diese besagt, dass der normierte Preis eines handelbaren Finanzinstruments zum Zeitpunkt t gleich dem Erwartungswert des zukünftigen normierten Preises ist. Eine ausführliche Darstellung der Martingale-Eigenschaft würde den Umfang dieses Kapitels übersteigen, daher wird sie exemplarisch an einigen Beispielen erläutert.

---

[493] Vgl. HULL, J. C.: Optionen, Futures und andere Derivate, 4. Auflage, München 2001, S. 314 ff.

[494] Für eine ausführliche Darstellung der Brownschen Bewegung zur Simulation von Kurspfaden vgl. SCHÄFER, K.: Optionsbewertung mit Monte-Carlo-Methoden, Reihe: Quantitative Ökonomie, Band 52, Bergisch Gladbach 1994, S. 30 ff.

[495] Vgl. DEUTSCH, H.-P.: Derivate und interne Modelle: Modernes Risikomanagement, 2. Auflage, Stuttgart 2001, S. 29; HULL, J. C.: Optionen, Futures und andere Derivate, 4. Auflage, München 2001, S. 314 ff.

[496] Vgl. TOMASZEWSKI, C.: Bewertung strategischer Flexibilität beim Unternehmenserwerb – Der Wertbeitrag von Realoptionen, Frankfurt/Main 2000, S. 125.

[497] Vgl. DEUTSCH, H.-P.: Derivate und interne Modelle: Modernes Risikomanagement, 2. Auflage, Stuttgart 2001, S. 33.

Bei einer Aktie kennzeichnet die Drift deren mittlere Rendite, die sich ein Investor langfristig von seinem Engagement erwartet. Daher muss bei der Modellierung von Aktienkursen der Random-Walk-Vektor mit der Zeit wachsen und darf nicht Null sein. Dieses Wachstum wird mit Hilfe der Drift dargestellt. Bei der Modellierung von Wechselkursschwankungen bildet das Verhältnis von Terminkurs zu Kassakurs die Drift, die auch als Trend verstanden werden kann. Bei Zinssätzen ergibt sich die Drift aus der Relation von Forward-Zinssatz zu dem aktuellen Zinssatz. Dabei steht der Forward-Zinssatz für einen Zins, dessen Laufzeit in der Zukunft beginnt. Liegt dieser Zins über dem aktuellen Zinssatz, so ist die Drift positiv. Umgekehrt, wenn der schon heute am Markt verfügbare Zukunftszinssatz unter dem aktuellen (Spot-)Zinssatz liegt, ergibt sich eine negative Drift. Da die deterministische Drift vom Zufall unabhängig ist, ändert sich nichts an der Normalverteilung des Random Walks.

In Abbildung XII.5 wird der zukünftige Kursverlauf einer Aktie beispielhaft anhand zweier Random Walks simuliert. Der aktuelle Kassakurs der Aktie zum Zeitpunkt der Prognose beträgt 100 EUR, die jährliche Kursvolatilität liegt bei 20 Prozent und das erwartete Wachstum beträgt 15 Prozent pro Jahr. Die beiden Random Walks sollen mögliche Kursverläufe der nächsten 100 Tage auf Basis täglicher Aktienkurse simulieren. Der Graph im linken Teil der Abbildung XII.5 zeigt den Verlauf der beiden Random Walks ohne Berücksichtigung der jährlichen Wachstumsrate (Drift $\mu = 0$).

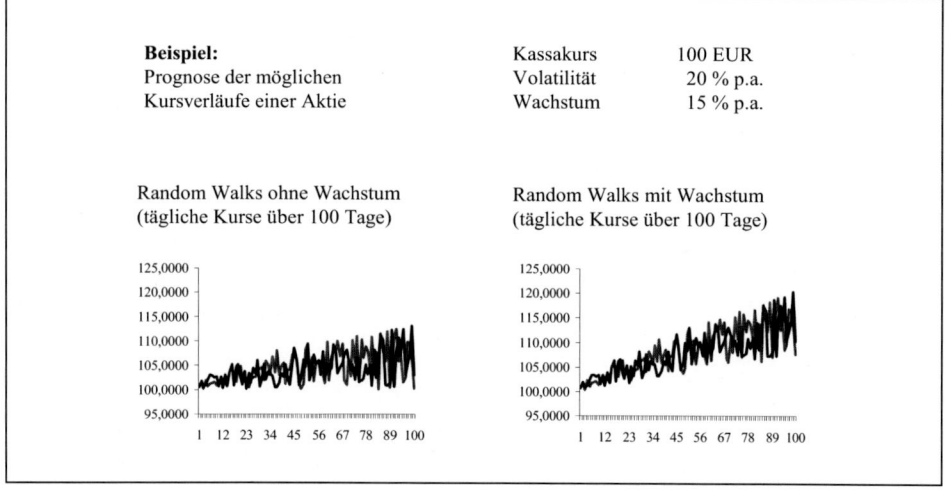

Abbildung XII.5: *Simulation zweier Random Walks*

Die mit einem Random Walk simulierten Aktienkurse A_t zum Zeitpunkt t ergeben sich ohne Drift aus $A_t = A_0 \bullet e^{\Delta \ln(S)}$ respektive $A_t = A_0 \bullet e^{(\sigma \bullet X \bullet \sqrt{dt})}$. Die Variable A_0 steht für den Kassakurs der Aktie zum Zeitpunkt der Prognose. Die jährliche Kursvolatilität der Aktie muss für die Simulation mit Hilfe des Wurzelgesetzes in eine tägliche Veränderung umgerechnet werden (= 0,20 / $\sqrt{250}$), da der Wiener Prozess die Volatilität mit dem Wurzelgesetz über den Prognosehorizont skaliert (vgl. $\sigma \bullet X \bullet \sqrt{dt}$ im Exponenten). Das X bezeichnet eine standardnormalverteilte Zufallsvariable und kann mit Hilfe einer Software simuliert werden.[498] Für beide Random Walks ist eine Seitwärtsbewegung mit den im Zeitablauf zunehmenden Kursschwankungen erkennbar. Darin kommt das Wurzelgesetz zum Ausdruck, welches besagt, dass die Standardabweichung proportional mit der Zeit wächst. Je weiter ein zu prognostizierender Aktienkurs in der Zukunft liegt, umso größer ist das Intervall möglicher Werte und damit verbunden die Unsicherheit über den zukünftigen Kurs.

Der Graph rechts in Abbildung XII.5 zeigt die beiden Random Walks mit Berücksichtigung der jährlichen Wachstumsrate in Höhe von 15 Prozent. Für den Aktienkurs zum Zeitpunkt t gilt $A_t = A_0 \cdot e^{(\mu \cdot dt + \sigma \cdot X \cdot \sqrt{dt})}$. Wie bei der Simulation ohne mittlere Rendite muss auch hier die tägliche Veränderung verwendet werden. Zusätzlich zu der stochastischen Komponente in Form eines Wiener Prozesses ist nun auch die deterministische Drift enthalten (vgl. $\mu \cdot dt$ im Exponenten). Die Variable μ bezeichnet das tägliche Wachstum des Aktienkurses und ergibt sich aus der jährlichen Wachstumsrate von 15 Prozent geteilt durch die Anzahl der Handelstage pro Jahr (= 0,15/250). Unter Berücksichtigung der Wachstumsrate ist für beide Random Walks ein steigender Verlauf der Aktienkurse mit im Zeitablauf zunehmenden Kursschwankungen erkennbar. Die Wachstumsrate wurde in diesem Beispiel hoch angesetzt, um den Unterschied zwischen einem Random Walk mit und ohne Trendkomponente (Drift) zu zeigen.

Die zentrale Frage bei der Modellierung der zeitlichen Entwicklung von Risikofaktoren ist, wie sie sich innerhalb einer Zeitspanne dt verändern können. Am Beispiel der Aktie soll die Frage gelöst werden. Der Kurs einer Aktie ergibt sich nach Ablauf einer Zeit dt mit Berücksichtigung des erwarteten Kurswachstums aus der Gleichung:

Gleichung XII.13: $A_{t+dt} = A_t \cdot e^{(\mu \cdot dt + \sigma \cdot X \cdot \sqrt{dt}\,)}$ mit $X \cdot \sqrt{dt} \sim N(0,dt)$

Anstatt einer einzelnen Aktie wird im nächsten Schritt ein Portfolio betrachtet, das aus der Anzahl von N Aktien mit dem Kurs A_t besteht. Im Zeitpunkt t = 0 hat dieses Portfolio den Wert V, der sich aus der Multiplikation des Kassakurses in t = 0 mit der Anzahl der Aktien ergibt.

Gleichung XII.14: $V = N \cdot A_t$

Nach Ablauf einer Zeitspanne dt hat der Kurs der Aktie den Wert A_{t+dt}. Die Kursänderung ergibt sich aus der Differenz von dem Aktienkurs A_{t+dt} zum Zeitpunkt t + dt und dem Aktienkurs A_t in t. Die Wertänderung dV des Portfolios errechnet sich aus der Kursdifferenz multipliziert mit der Anzahl der Aktien.

---

[498] In der Tabellenkalkulation MS Excel führt der Befehl „ = Zufallszahl()" zu den gewünschten standardnormalverteilten Zufallszahlen.

Gleichung XII.15: $dV = N \cdot [A_{t+dt} - A_t]$

Durch Einsetzen von Gleichung XII.13 in Gleichung XII.15 folgt Gleichung XII.16.

Eine alternative Schreibweise von Gleichung XII.15:

$$dV = N \cdot A_{t+dt} - N \cdot A_t$$

$$= N \cdot A_t \cdot e^{(\mu \cdot dt + \sigma \cdot X \cdot \sqrt{dt})} - N \cdot A_t$$

$$= N \cdot A_t \cdot [e^{(\mu \cdot dt + \sigma \cdot X \cdot \sqrt{dt})} - 1]$$

Gleichung XII.16 bestimmt die Wertänderung des Portfolios nach einer Zeitspanne dt und kann verwendet werden, um für eine bestimmte Wahrscheinlichkeit den maximalen Verlust zu schätzen. Mit der Wahrscheinlichkeit P wird der Verlustbetrag des Portfolios innerhalb der Zeitspanne dt nicht größer als der Betrag VaR sein (Vgl. Gleichung XII.16).[499]

Gleichung XII.16:

$$P(dV \leq VaR) = P(N \cdot A_t \cdot [e^{(\mu \cdot dt + \sigma \cdot X \cdot \sqrt{dt})} - 1] \leq VaR)$$

Das einzige zufallsabhängige Element in der Gleichung ist der Ausdruck X für den Wiener Prozess, wobei X eine standardnormalverteilte Zufallsvariable ist ($X \sim N(0,1)$). Daher kann die unbekannte kumulierte Wahrscheinlichkeit P nun in eine bekannte Wahrscheinlichkeitsverteilung, die Standardnormalverteilung überführt werden.[500] Nach der Überführung in die Standardnormalverteilung lautet die Gleichung für die Wertänderung des Portfolios:

Gleichung XII.17: $dV = N \cdot A_t \cdot [e^{(\mu \cdot dt + \sigma \cdot z \cdot \sqrt{dt})} - 1]$

Ein Vergleich der Gleichung XII.15 vor der Umwandlung in eine Standardnormalverteilung mit der Gleichung XII.17 nach der Umwandlung zeigt, dass nun statt der Zufallszahl X der Wert z verwendet wird.

Vorher: $dV = N \cdot A_t \cdot [e^{(\mu \cdot dt + \sigma \cdot X \cdot \sqrt{dt})} - 1]$

Nachher: $dV = N \cdot A_t \cdot [e^{(\mu \cdot dt + \sigma \cdot z \cdot \sqrt{dt})} - 1]$

Der Wert z steht für ein bestimmtes Quantil der Standardnormalverteilung. Mit Hilfe dieses Quantils kann bestimmt werden, mit welcher Wahrscheinlichkeit der Betrag dV des Portfolios nicht größer als der gesuchte Betrag VaR sein soll. In Gleichung XII.18 wird definiert VaR = dV.

---

[499] Die Abkürzung VaR steht für Value at Risk.

[500] Die einzelnen Schritte werden bei DEUTSCH, H.-P.: Derivate und interne Modelle: Modernes Risikomanagement, 2. Auflage, Stuttgart 2001, S. 368-370 ausführlich dargestellt und deshalb hier nicht im Detail wiedergegeben.

Gleichung XII.18: $\text{VaR} = N \cdot A_t \cdot [e^{(\mu \cdot dt + \sigma \cdot z \cdot \sqrt{dt})} - 1]$

Für die Formelherleitung wurde ein Portfolio mit einer positiven Anzahl N von Wertpapieren angenommen, daher beschreibt der Betrag VaR die Wertänderung einer Long-Position, die mit einer bestimmten Wahrscheinlichkeit nicht überschritten wird. Bei einer Short-Position wäre eine negative Anzahl -N zu berücksichtigen, so dass sich bei analoger Formelherleitung und Überführung in eine Standardnormalverteilung als dV für die Short-Position ergibt:

Gleichung XII.19: $\text{VaR} = -N \cdot A_t \cdot [e^{(\mu \cdot dt - \sigma \cdot z \cdot \sqrt{dt})} - 1]$

Neben der negativen Anzahl -N an Wertpapieren unterscheidet sich die Wertänderung einer Short-Position auch durch einen Vorzeichenwechsel im Exponenten. Daher sind für Long-und Short-Positionen unterschiedliche Gleichungen für die gesuchte Wertänderung zu verwenden. Für kurze Perioden von dt sind Näherungen der beiden Gleichungen zulässig. Zum einen kann die Exponentialfunktion durch eine lineare Funktion angenähert werden, zum anderen kann die mittlere Rendite für kurze Zeiträume vernachlässigt werden.

$\text{VaR} \approx N \cdot A_t \cdot [e^{(\sigma \cdot z \cdot \sqrt{dt})} - 1]$ ohne mittlere Rendite;

$\text{VaR} \approx N \cdot A_t \cdot \mu \cdot dt + \sigma \cdot z \cdot \sqrt{dt}$ lineare Näherung der
                                                                                          Exponential-Funktion;

$\text{VaR} \approx N \cdot A_t \cdot [\sigma \cdot z \cdot \sqrt{dt}]$ ohne mittlere Rendite und mit
                                                                                linearer Näherung der Expotential-
                                                                                funktion;

Nur für die letzte der drei Näherungen, bei der sowohl die mittlere Rendite unberücksichtigt bleibt als auch die Exponentialfunktion durch eine lineare Funktion approximiert wird, lässt sich zeigen, dass die Wertänderung VaR für eine Long-und Short-Position identisch ist. Ebenso darf nur in dieser Näherung das Wurzel-Gesetz für die Umrechnung von Zeitperioden angewendet werden. Nur hier ist die Umrechnung zwischen unterschiedlichen Wahrscheinlichkeiten zulässig. Wird die Anzahl N der Wertpapiere mit dem Kurs A_t multipliziert, ergibt sich daraus der Marktwert des Portfolios. Daher ist, sofern die dritte Näherung als hinreichend exakt akzeptiert wird, auch die folgende Schreibweise gebräuchlich:

Gleichung XII.20: $\text{VaR} = \text{Marktwert} \cdot \sigma \cdot z \cdot \sqrt{dt}$

Die Abkürzung *VaR* wurde deshalb gewählt, weil sie im Englischen für den Ausdruck *Value at Risk* steht, was wortwörtlich übersetzt dem Risiko ausgesetztes Vermögen bedeutet. Obwohl es auch Synonyme wie beispielsweise Money at Risk (MaR) gibt, hat sich der Ausdruck

Value at Risk (VaR) international durchgesetzt. Aus einem Value-at-Risk-Wert kann die Aussage abgeleitet werden, dass mit der verwendeten Wahrscheinlichkeit (z-Wert) der Verlustbetrag in Bezug auf einen Marktwert innerhalb einer bestimmten Zeitdauer (dt) nicht größer sein wird als der Betrag „VaR".

Die gesamte in diesem Kapitel gezeigte Herleitung der Gleichung für den Value at Risk baut auf einer einzigen *grundlegenden Annahme* auf: Die Schwankungen von Risikofaktoren sind unabhängig voneinander und lassen sich als stochastischer Prozess, konkret als ein Random Walk, beschreiben. Aus dieser Annahme konnte die Normalverteilungsannahme für die logarithmierten Wertänderungen von Risikofaktoren hergeleitet werden und darauf aufbauend entstand die Gleichung für die maximale Wertänderung eines Portfolios, die mit einer bestimmten Wahrscheinlichkeit nicht überschritten wird.

Zusätzlich zu der Wahrscheinlichkeit für den Value at Risk ist eine Aussage über den Zeithorizont notwendig, auf den sich die Risikoprognose bezieht. Der Prognosehorizont ist abhängig von dem Zeitraum, auf den die Volatilität bezogen wird. In der Praxis bildet häufig die Jahres-Volatilität die Datengrundlage für weitere Berechnungen.[501] Mit Hilfe des Wurzelgesetzes lässt sich die Jahres-Volatilität auf beispielsweise einen Tag herunterbrechen. Der mit der Tages-Volatilität berechnete maximale Wertverlust (= Value at Risk) gilt dann ebenfalls für die Zeitdauer von einem Tag. Wird für die Berechnung des Value at Risk die 10-Tages-Volatilität eingesetzt, folgt daraus der maximale Wertverlust in den nächsten zehn Tagen.

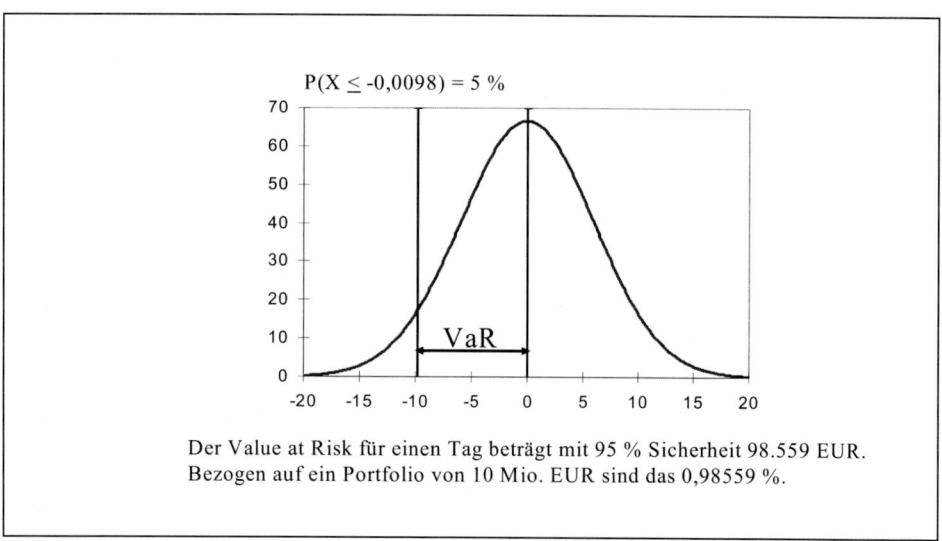

Der Value at Risk für einen Tag beträgt mit 95 % Sicherheit 98.559 EUR. Bezogen auf ein Portfolio von 10 Mio. EUR sind das 0,98559 %.

Abbildung XII.6: *Der Value at Risk auf Basis einer Normalverteilung*

---

501 Datenanbieter wie etwa Bloomberg, Reuters und Datastream bieten aber auch andere Volatilitäten an (beispielsweise für 3 Monate).

In Abbildung XII.6 ist ein Beispiel zur Berechnung des Value at Risk auf Basis einer Nor-malverteilungsannahme gezeigt. Für ein Aktienportfolio mit 10 Mio. EUR Volumen und einer Tages-Volatilität von 0,5992 Prozent wird der Value at Risk für einen Tag mit 95 Prozent Wahrscheinlichkeit berechnet. Aus der Multiplikation des z-Werts der gewünschten Wahr-scheinlichkeit mit dem Marktwert und der täglichen Veränderung des Portfolios ergibt sich der gesuchte Value at Risk von -98.562 EUR (= 10.000.000 EUR • (-1,6449) • 0,005992 • 1). Häufig wird auf das negative Vorzeichen des Value at Risk verzichtet, was jedoch zu Vorzei-chenfehlern bei auf diesem Wert aufbauenden Formeln führen kann.

Das hergeleitete Modell kann für die Messung des Value at Risk verwendet werden, wenn es die Realität hinreichend genau beschreibt. Ein wichtiges Kriterium hierfür ist die Frage, ob die logarithmierten Wertänderungen von Risikofaktoren hinreichend unabhängig voneinander und normalverteilt sind. Im nächsten Kapitel werden deshalb Verfahren für die Prüfung der Eigenschaften von Zeitreihen vorgestellt.

3.   Die Prüfung einer Verteilungsannahme

Die Modellierung der Entwicklung von Risikoparametern auf Basis eines Random Walks führte in Teil 2 dieses Kapitels zu der Normalverteilungsannahme. Als Zusammenfassung von Teil 2 ist festzuhalten, dass, wenn Risikoparameter einem Random Walk folgen, sie näherungsweise normalverteilt sind.[502] Der Vorteil einer Normalverteilung liegt darin, dass sie sich mit nur zwei Parametern, der Standardabweichung und dem Erwartungswert, be-schreiben lässt. Die Berechnung des Value at Risk mit Hilfe dieses parametrischen Ansatzes gelingt umso exakter, je besser die zu Grunde liegenden Daten einer Normalverteilung fol-gen.

Zu prüfen ist daher stets, wie gut die Zeitreihe eines zu untersuchenden Risikoparameters einer Normalverteilung folgt. Eine erste Prüfung kann mit Hilfe der Kennzahlen Erwartungs-wert, Varianz, Schiefe und Kurtosis erfolgen. Der *Erwartungswert (engl. Mean)* einer endli-chen Zufallsgröße ergibt sich, in dem die Produkte aus den möglichen Werten und deren Wahrscheinlichkeit addiert werden. Für die Anzahl von T Tagesrenditen x_i berechnet sich der Erwartungswert gemäß Gleichung XII.21.

Gleichung XII.21: $\mu = \dfrac{1}{T} \cdot \sum x_i$ mit i = 1 bis T

---

[502] Die Normalverteilung ergibt sich als Folge des Zentralen Grenzwertsatzes für unabhängige Zufallsvariab-len. Vgl. DEUTSCH, H.-P.: Derivate und interne Modelle: Modernes Risikomanagement, 2. Auflage, Stutt-gart 2001, S. 29.

Aus der *Varianz (engl. Variance)* lässt sich auf die Streuung der beobachteten Werte um den Erwartungswert schließen. Die Wurzel aus der Varianz ergibt die *Standardabweichung*. Je größer die Varianz (Standardabweichung) ist, umso stärker ist die Streuung der Einzelwerte. In Abbildung XII.7 werden zwei Normalverteilungen mit identischen Erwartungswerten, jedoch unterschiedlicher Varianz gezeigt. Die linke Verteilung zeigt die Standardnormalverteilung, deren Varianz und Standardabweichung 1 beträgt. Im Vergleich dazu fällt die Streuung der Einzelwerte um ihren Erwartungswert in der rechten Verteilung größer aus. Dort beträgt die Varianz 4 und die Standardabweichung 2. Die empirische Varianz errechnet sich gemäß Gleichung XII.22.

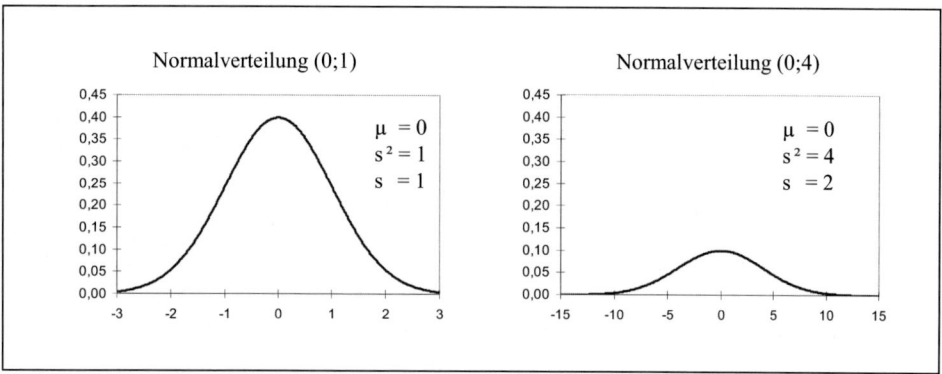

Abbildung XII.7: *Varianz und Standardabweichung*

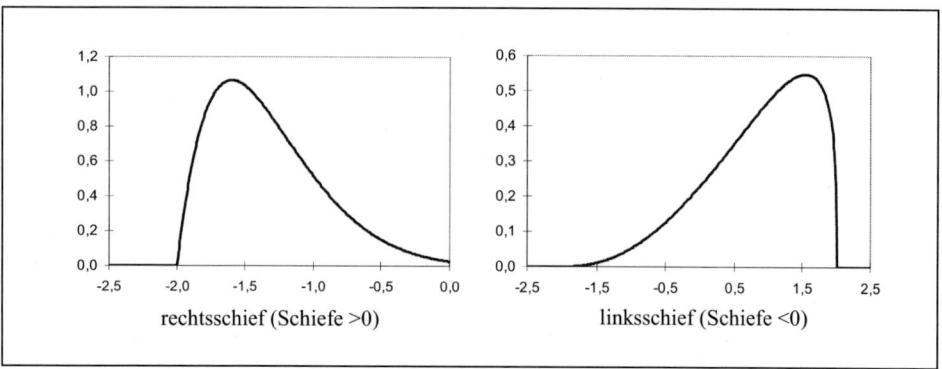

Abbildung XII.8: *Die Schiefe von Verteilungen*

Gleichung XII.22: $$\sigma^2 = \frac{1}{T-1} \cdot \sum (x_i - \mu)^2 \qquad \text{mit } i = 1 \text{ bis } T$$

Die *Schiefe (engl. Skewness)* ist ein Kriterium, um zu prüfen, ob eine symmetrische Verteilung vorliegt, das heißt die Wahrscheinlichkeiten für positive und negative Abweichungen gleich hoch sind. Da die Normalverteilung eine symmetrische Verteilung ist, hat sie eine Schiefe von Null. Eine linksschiefe Verteilung hat einen negativen Wert, eine rechtsschiefe Verteilung einen positiven Wert. In Abbildung XII.8 wird der Unterschied zwischen links-schiefer und rechtsschiefer Verteilung gezeigt. Mit Hilfe der Gleichung XII.23 kann die empi-rische Schiefe einer Verteilung berechnet werden.

Gleichung XII.23: $$\gamma = \frac{1}{T-1} \cdot \frac{\sum (x_i - \mu)^3}{\sigma^3} \qquad \text{mit } i = 1 \text{ bis } T$$

Die Kurtosis beschreibt die Wölbung der Verteilung und hat für die Normalverteilung den Wert 3. Auch der Exzess bringt zum Ausdruck, wie spitz eine Verteilung zuläuft. Allerdings ist der Exzess auf die Normalverteilung normiert, das heißt eine Normalverteilung hat eine Kurtosis von 3 und einen Exzess von 0. Beide, Kurtosis und Exzess, beschreiben jedoch gleichermaßen die Wölbung einer Verteilung. Eine Kurtosis über 3 (Exzess > 0) bedeutet, dass Extremwerte in den äußerst linken und rechten Enden der Verteilung häufiger vorkom-men, als es die Normalverteilung annimmt, was als „fat tails" bezeichnet wird. In Abbildung XII.9 ist eine Normalverteilung mit Kurtosis 3,0 einer Logistikverteilung mit Kurtosis 4,2 gegenübergestellt.

Gehen die „fat tails" mit weniger Ausprägungen im mittleren Bereich (thinner midrange) und einer spitzen Mitte einher, so liegt eine Leptokurtosis vor. Bei einer leptokurtosischen Vertei-lung sind die Wahrscheinlichkeiten für sehr kleine und für sehr große positive wie negative Renditen höher, als es von der Normalverteilung unterstellt wird. Dabei bildet insbesondere die unerwartet hohe Wahrscheinlichkeit für große negative Renditen eine Fehlerquelle für die Risikomessung. Es kommt hierbei zu einer Unterschätzung des Risikos, da für die Berech-nung des Value at Risk die Enden der Verteilung (tails) relevant sind und in den fat tails die Wahrscheinlichkeiten für extreme negative Renditen höher sind, als von der Normalvertei-lung angenommen wird. Eine Bereinigung der Zeitreihe um Crash-Werte (Extremwerte) kann die Kurtosis senken. Gleichung XII.24 dient der Berechnung der empirischen Kurtosis einer Verteilung.

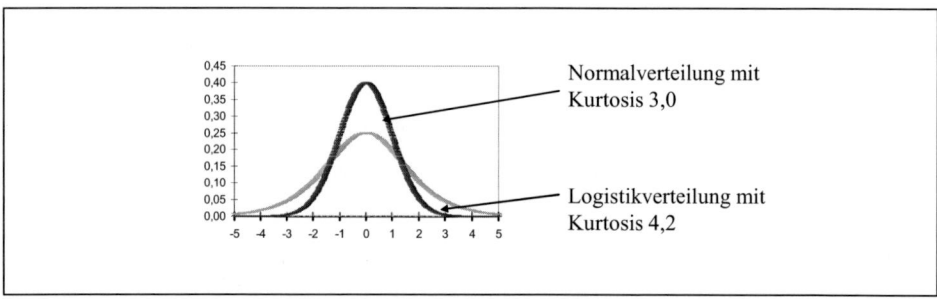

Abbildung XII.9: *Kurtosis einer Verteilung*

Gleichung XII.24: $\qquad \delta = \dfrac{1}{T-1} \cdot \dfrac{\sum (x_i - \mu)^4}{\sigma^4} \qquad \qquad \textit{mit i = 1 bis T}$

Mit Hilfe der vier gezeigten Kennzahlen wird an einem Beispiel die Anwendung auf die Praxis gezeigt. Das Beispiel ist aus Hager entnommen und behandelt die Eigenschaften der historischen Entwicklung des Wechselkurses DEM/USD im Zeitraum vom 02.01.1990 bis 06.03.2001.[503] Analysiert werden die Verteilungseigenschaften der logarithmierten Veränderungen auf Basis von 2.913 Beobachtungen. In Abbildung XII.10 stehen in der Spalte „Fit" die Parameter einer angepassten Normalverteilung und dem gegenübergestellt in der Spalte „Input" die Parameter der beobachteten Werte.

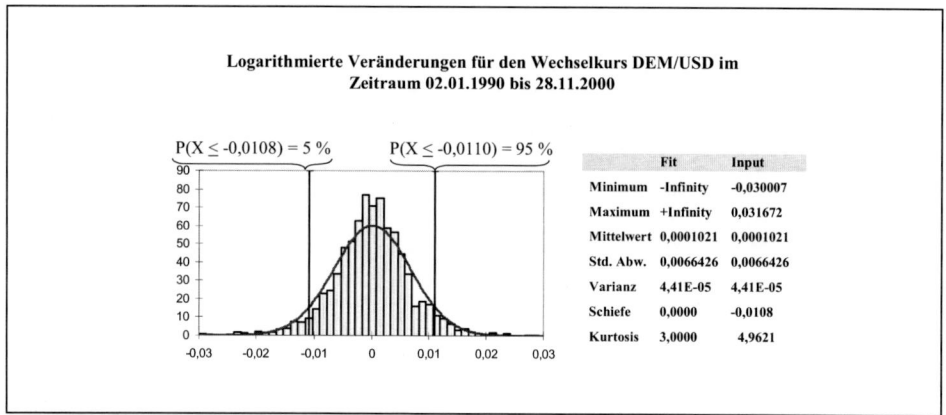

Abbildung XII.10:   *Prüfung der Normalverteilungs-Eigenschaften*

Im Gegensatz zu einer perfekten Normalverteilung ist die Verteilung der beobachteten Veränderungen linksschief mit dem Wert -0,0108, was bedeutet, dass positive Veränderungen häufiger vorkommen als negative. Die Kurtosis der beobachteten Veränderungen beträgt 4,9621 und liegt damit über dem Wert 3,0 einer Normalverteilung. Bei genauer Betrachtung der Flanken überragen die tatsächlichen Veränderungen die angedeutete Normalverteilungskurve. Die hohe Kurtosis ist ein Indiz für eine starke Besetzung der Flanken („fat tails"). Verbunden mit der spitzen Mitte bietet die Verteilung ein gutes Beispiel für eine Leptokurtosis.

Die Prüfung der Normalverteilungs-Eigenschaft wird durch einen *PP-Plot* ergänzt. In einem PP-Plot werden den Wahrscheinlichkeiten einer beobachteten Verteilung die Wahrscheinlichkeiten einer vermuteten Verteilung, beispielsweise der Normalverteilung, gegenübergestellt. Wenn die Verteilungsannahme für die beobachtete Verteilung zutrifft, dann müssen die Punkte in dem Diagramm eine Diagonale bilden.

---

[503] Vgl. HAGER, P.: Corporate Risk Management – Cash Flow at Risk und Value at Risk, Frankfurt/Main 2004, S. 61 ff.

In Abbildung XII.11 ist ein Beispiel für einen PP-Plot gezeigt. Der Plot zeigt Wölbungen im unteren und oberen Verlauf an. Diese Wölbungen könnten ein Indiz für „fat tails" sein. Eine Vergrößerung des Fensters für den Bereich zwischen 0 Prozent und 10 Prozent bestätigt den ersten Eindruck. Das Zoom-Fenster in Abbildung XII.11 zeigt, dass das 5 %-Quantil der Normalverteilung dem 5,8 %-Quantil der beobachteten Verteilung entspricht. Eine Value-at-Risk-Schätzung mit 95 Prozent Wahrscheinlichkeit hätte in diesem Beispiel tatsächlich nur eine Wahrscheinlichkeit von 94,2 Prozent. Die Betrachtung eines PP-Plots zeigt direkt, in welchen Bereichen die beobachtete Verteilung besonders stark von der angenommenen Verteilung abweicht. So lässt sich prüfen, ob die Abweichungen für die Risikomessung relevant sind. Das wird regelmäßig bei Abweichungen im Bereich zwischen 0 Prozent und 10 Prozent (fat tails) der Fall sein.

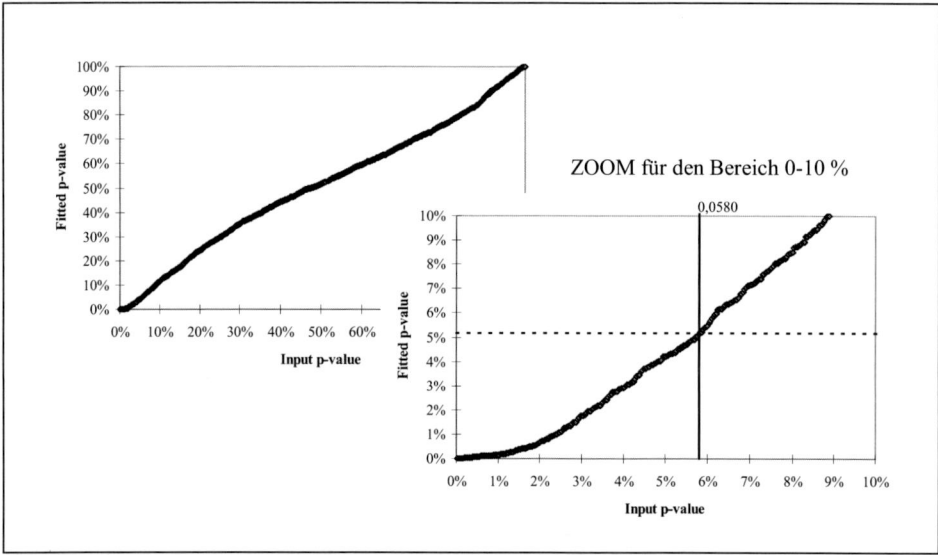

Abbildung XII.11: *Beispiel für einen PP-Plot*

Der Verlauf des PP-Plots bei einer Normalverteilungsannahme für die logarithmierten Veränderungen des Wechselkurses DEM/USD im Zeitraum vom 02.01.1990 bis zum 28.11.2000 ist in Abbildung XII.12 gezeigt. Der PP-Plot lässt keine starken Wölbungen erkennen und auch eine Vergrößerung des Bereichs zwischen 0 Prozent und 10 Prozent lässt eine nur geringe Abweichung zwischen dem 5 %-Quantil der Normalverteilung und dem 5 %-Quantil der beobachteten Verteilung erkennen. Bisher kann daher davon ausgegangen werden, dass die Annahme einer Normalverteilung für die logarithmierten Wechselkursänderungen zu einer zuverlässigen Risikoschätzung führen wird.

Zusätzlich zu dem PP-Plot können statistische Tests auf das Vorliegen einer Normalverteilung durchgeführt werden. In diesem Buch wird der Chi-Quadrat-Anpassungstest und der Kolmogorov-Smirnov-Test angewendet.[504] Der *Chi-Quadrat-Anpassungstest* kann für beliebige Verteilungen benutzt werden. Bei dem Test auf eine bestimmte Verteilung, zum Beispiel die Normalverteilung, müssen zunächst die unbekannten Parameter geschätzt werden, um daraus die hypothetische Normalverteilung zu bestimmen. Für einen korrekten Test muss ein großer Stichprobenumfang vorliegen. Enthält die beobachtete Zeitreihe viele Renditen nahe Null, kann der Chi-Quadrat-Anpassungstest auf die Normalverteilung falsche Ergebnisse liefern.

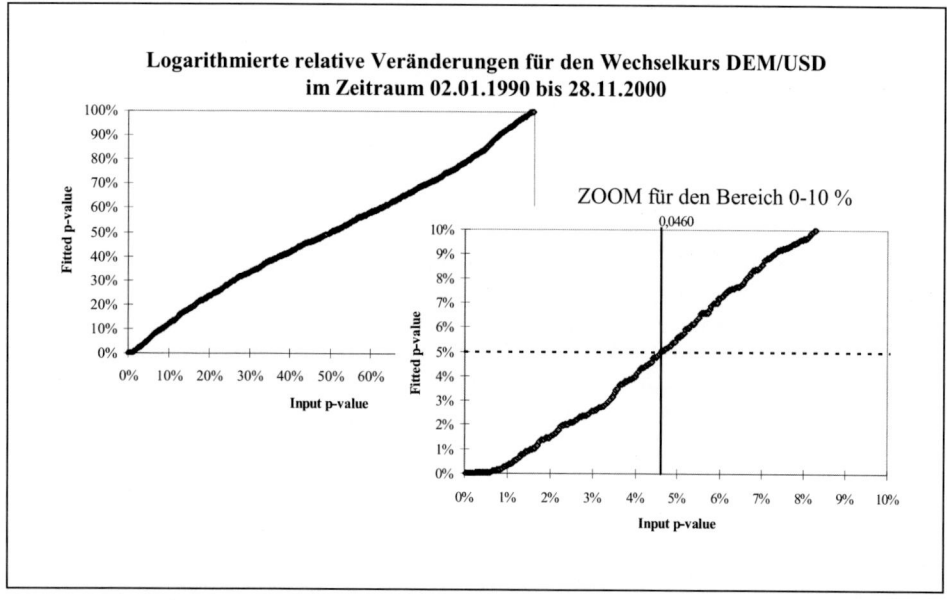

Abbildung XII.12: *Prüfung der Normalverteilungs-Eigenschaft mit dem PP-Plot*

Im vorliegenden Fall lautet die zu testende Hypothese, dass die beobachtete Verteilung einer Normalverteilung entspricht. Die Gegenhypothese lautet, dass keine Normalverteilung vorliegt. Der Chi-Quadrat-Anpassungstest lehnt für einen α-Fehler von fünf Prozent die Normalverteilungsannahme mit einem p-Wert von circa 0 Prozent ab. Der α-Fehler quantifiziert die Wahrscheinlichkeit, die Nullhypothese abzulehnen, obwohl sie korrekt ist. Der p-Wert gibt die kleinste Irrtumswahrscheinlichkeit an, mit der die Hypothese abgelehnt werden kann. In dem vorliegenden Fall könnte für den Chi-Quadrat-Anpassungstest die Hypothese der Normalverteilung auch noch bei einer Irrtumswahrscheinlichkeit kleiner 0,001 Prozent abgelehnt werden. Hingegen hätte ein p-Wert von mehr als fünf Prozent (α-Fehler) auf das Vorliegen einer Normalverteilung hingedeutet.

Der *Kolmogorov-Smirnov-Test* ist im Gegensatz zum Chi-Quadrat-Anpassungstest verteilungsfrei und liefert auch bei einer Häufung von Renditen nahe Null zuverlässige Test-

---

[504] Für die Durchführung der beiden Tests vgl. BOSCH, K.: Statistik-Taschenbuch, München 1998, S. 370 ff. und 377 ff. An dieser Stelle soll lediglich eine Interpretation der Testergebnisse erfolgen.

ergebnisse.[505] Der Versuchsaufbau erfolgt analog zum Chi-Quadrat-Anpassungstest. Die Hypothese lautet: Die beobachtete Verteilung ist eine Normalverteilung und die Gegenhypothese verneint das Vorliegen einer Normalverteilung. Der α-Fehler beträgt wieder fünf Prozent. Für den Kolmogorov-Smirnov-Test ergibt sich ein p-Wert von weniger als ein Prozent. Damit kann bei diesem Test die Hypothese der Normalverteilung noch bei einer Irrtumswahrscheinlichkeit von fünf Prozent abgelehnt werden. Zusammenfassend ist festzustellen, dass die beiden hier angewendeten statistischen Tests zu einer Ablehnung der Normalverteilungsannahme führen.

In der Literatur wird zum Teil die *Filterung der Daten* vorgeschlagen, um auf diese Weise eine bessere Anpassung der Beobachtungen an eine statistische Verteilung zu erreichen.[506] Problematisch ist nur die Entscheidung, welcher Filter geeignet ist. Wenn zum Beispiel per Definition alle Beobachtungen außerhalb eines Intervalls von plus minus drei Standardabweichungen als Ausreißer definiert und ausgefiltert werden, dann würde der p-Wert für den Chi-Quadrat-Anpassungstest auf über neun Prozent steigen und die Normalverteilungsannahme wäre gerechtfertigt. Der Kolmogorov-Smirnov-Test würde weiterhin die Hypothese der Normalverteilung bei einem p-Wert unter einem Prozent ablehnen. Auf die Anwendung von Filtern wird in diesem Buch verzichtet, da es schwierig ist, eine objektive Entscheidung darüber zu treffen, welche Werte noch „normal" und welche Werte bereits als Ausreißer zu werten sind. Statt einer Veränderung der zu Grunde liegenden Daten kann jedoch eine Fehleradjustierung am Value-at-Risk-Wert selbst erfolgen.

Ein geeignetes Verfahren hierfür ist die *Cornish-Fisher-Erweiterung*.[507] Das Verfahren berücksichtigt einen von Null abweichenden Erwartungswert der Verteilung und adjustiert den z-Wert unter Berücksichtigung der Schiefe γ, woraus sich ein neuer Faktor w ergibt. Für eine rechtsschiefe Verteilung ist die Schiefe γ positiv. Daraus folgt ein positiver Faktor w, der größer ist als der ursprüngliche z-Wert und damit den Value at Risk erhöht. Das ist gerechtfertigt, da eine rechtsschiefe Verteilung mehr Wahrscheinlichkeitsmasse im Bereich der hohen negativen Renditen aufweist als im Bereich der hohen positiven Renditen. Folglich ist der Value at Risk größer, als von der symmetrischen Normalverteilungsannahme unterstellt wird. Für eine linksschiefe Verteilung ist die Schiefe γ negativ, daher wird auch der Faktor w negativ und in Folge dessen sinkt der adjustierte Value at Risk gegenüber dem Value at Risk aus der Normalverteilung. Diese Korrektur ist erforderlich, da bei einer linksschiefen Verteilung hohe positive Renditen wahrscheinlicher sind als hohe negative Renditen, und die symmetrische Normalverteilung den Value at Risk überschätzt.

Die Verwendung der Cornish-Fisher-Erweiterung sei an einem Beispiel demonstriert. Im ersten Schritt wird der Faktor w berechnet, der als ein um die Schiefe korrigierter z-Wert betrachtet werden kann. Der Wechselkurs DEM/USD besitzt bei Betrachtung der Historie vom 02.10.1990 bis zum 28.11.2000 und Einsatz eines Filters von drei Standardabweichun-

---

[505] Vgl. CREMERS, H.: Mathematik und Stochastik für Banker, 2. Auflage, Frankfurt/Main 1999, S. 271 f.

[506] Vgl. DEUTSCH, H.-P.: Derivate und interne Modelle: Modernes Risikomanagement, 2. Auflage, Stuttgart 2001, S. 546 ff.

[507] Vgl. HULL, J. C.: Optionen, Futures und andere Derivate, 4. Auflage, München 2001, S. 504, 520 f.

gen eine Schiefe von $\gamma = -0,0108$. Für eine Wahrscheinlichkeit von 95 Prozent ist ein z-Wert von 1,6449 erforderlich. Der um die Schiefe korrigierte Faktor w berechnet sich wie folgt:

Gleichung XII.25:
$$w = z + \frac{1}{6} \cdot (z^2 - 1) \cdot \gamma$$

$$w = -1,6449 + \frac{1}{6} \cdot (-1,6449^2 - 1) \cdot (-0,0108)$$

$$w = -1,6480$$

In einem zweiten Schritt kann der tatsächliche Mittelwert von 0,0001 in die Value-at-Risk-Berechnung aufgenommen werden (Vgl. Gleichung XII.26). Abschließend wird das korrigierte 95 %-Quantil für ein Devisenportfolio mit 10 Mio. EUR Volumen berechnet.

Gleichung XII.26: $\quad \boldsymbol{Quantil} \quad = \mu + w \cdot \sigma$

$$95\,\%\text{-Quantil} \quad = 0,0001 - 1,6480 \cdot 0,006643$$

$$= -0,010848$$

$$\text{VaR}_{95\,\%} \quad = -0,010848 \cdot 10 \text{ Mio. EUR}$$

$$\text{VaR}_{95\,\%} \quad = -108.480 \text{ EUR}$$

Ohne Berücksichtigung der Schiefe und des von Null abweichenden Mittelwerts würde sich bei Annahme einer Normalverteilung aus der Multiplikation des z-Werts mit der Standardabweichung ein Value at Risk von näherungsweise -109.270 EUR (= 10 Mio. EUR $\cdot$ (-1,6449) $\cdot$ 0,006643) ergeben. Wird statt dem z-Wert von -1,6449 ein um die Schiefe korrigierter Faktor w = -1,6480 verwendet und der tatsächliche Mittelwert von 0,0001 berücksichtigt, sinkt der Value at Risk auf -108.480 EUR. Das ist bei einer linksschiefen Verteilung mit einem positiven Erwartungswert gerechtfertigt, da positive Renditen wahrscheinlicher sind als negative Renditen. In dem Beispiel mit dem Wechselkurs DEM/USD ist die Korrektur des Value at Risk von nur geringem Ausmaß, da die logarithmierten relativen Veränderungen eine geringe Schiefe und einen marginal von Null abweichenden Mittelwert aufweisen. Für die Erläuterung des Vorgehens bei der Cornish-Fisher-Erweiterung ist das Beispiel aber ausreichend.

Während die klassische Value-at-Risk-Berechnung mit der Normalverteilungsannahme nur auf die Volatilität abstellt, können bei der Cornish-Fisher-Erweiterung auch die anderen Momente wie Erwartungswert und Schiefe berücksichtigt werden. Zur Berechnung von Risiken mit Hilfe der Momente einer Verteilung ist eine gewisse Kontinuität vorauszusetzen. Diese

Eigenschaft heißt *Stationarität*. Ohne den Anspruch auf mathematische Exaktheit kann eine Zeitreihe als stationär aufgefasst werden, wenn bei jedem beliebigen Zeitfenster gleicher Länge, das über die Graphik der Zeitreihe gleitet, sich stets ein qualitativ gleiches Bild zeigt, also keine systematischen Veränderungen im Gesamtbild erkennbar sind.[508] Dann dürfen die Schätzer für den Erwartungswert und die Standardabweichung, die auf der Basis unterschiedlicher Zeitfenster gleicher Länge der Zeitreihe errechnet wurden, nicht stark voneinander abweichen.

Bei nicht stationären Zeitreihen ist die Berechnung von Kennzahlen wie Erwartungswert, Varianz, Schiefe und Kurtosis wenig sinnvoll, da diese Werte einem stetigen Wandel unterliegen. Hier führen Ansätze wie die Value-at-Risk-Berechnung auf Basis einer Verteilungsannahme zu falschen Ergebnissen. Für ökonometrische Schätzungen wird die Betrachtung der relativen Veränderungsraten statt der absoluten Werte empfohlen, um die Bedingung der Stationarität einer Zeitreihe besser zu erfüllen.[509]

Ein weiterer Fehler bei der Value-at-Risk-Berechnung kann durch die Autokorrelation von Messungen entstehen. Bei Vorhandensein von *Autokorrelation* ist der aktuelle Wert einer Zeitreihe nicht unabhängig von den vorhergehenden Werten. Für Finanzmarkt-Datenreihen lässt sich ein Volatilitätsclustering beobachten, das heißt die Entwicklung der Volatilität im Zeitablauf folgt einem gewissen Muster. Auf eine Phase hoher Volatilitäten folgt eine Phase niedriger Volatilitäten und umgekehrt. In einer Phase hoher Volatilitäten wird erwartungsgemäß auf eine hohe Volatilität wieder eine hohe Volatilität folgen. In Phasen niedriger Volatilitäten wird eine niedrige Volatilität wieder von einer niedrigen gefolgt. Diese Korrelation einer Größe heute mit sich selbst zu einem anderen Zeitpunkt wird als Autokorrelation bezeichnet.

Aus Sicht der Statistik wäre eine Reihe von Tests durchzuführen. Es wäre mit Hilfe von einzelnen Tests für jeden Risikofaktor beispielsweise zu prüfen, ob die vermutete Verteilung vorliegt, ob Stationarität gegeben ist oder ob eine starke Autokorrelation messbar ist. In diesem Buch wird ein anderer Ansatz verfolgt. Statt jedes Merkmal einzeln zu prüfen, erfolgt am Ende der Modellbildung eine Ex-post-Prüfung der vollständigen Modelle. Über einen in der Vergangenheit liegenden Zeitraum von 255 Tage werden mit den Modellen Risikoprognosen erstellt und mit den tatsächlich eingetretenen Werten verglichen. Dieses als *Backtesting* bezeichnete Vorgehen prüft, ob das Modell als ganzes zuverlässige Prognosen liefert.[510]

Nachdem die Herleitung eines Modells für die Messung von Risiken abgeschlossen ist, gilt es, die vom Modell benötigten Parameter zu bestimmen. Für die Value-at-Risk-Messung stehen alternative Wahrscheinlichkeiten und Haltedauern zur Auswahl. Als *Wahrscheinlichkeit* einer Risikoprognose wird häufig das 95 Prozent, 97,5 Prozent oder 99 %-Quantil ge-

---

[508] Für eine mathematisch exakte Definition von schwacher und starker Stationarität mit formalen Bedingungen vgl. SCHLITTGEN, R.; STREITBERG, B.: Zeitreihenanalyse, 8. Auflage, München 1999, S. 3, 100 f., 104.

[509] Vgl. BARTRAM, S. M.: Finanzwirtschaftliches Risiko, Exposure und Risikomanagement von Industrie- und Handelsunternehmen, in: WiSt., 5/2000, S. 243.

[510] Vgl. BUTLER, C.: Mastering Value at Risk – A step by step guide to understanding and applying VaR, Wiltshire GB 1999, S. 41; HULL, J. C.: Optionen, Futures und andere Derivate, 4. Auflage, München 2001; S. 506 f.; ZANGARI, P.: RiskMetricTM, Technical Document, 4th Edition, J. P. Morgan/Reuters, New York 1996, S. 217 ff.

wählt. Von Kupiec wurden die in Abbildung XII.13 gezeigten Vertrauensintervalle berechnet, mit denen geprüft werden kann, ob die tatsächlich beobachtete Anzahl von Überschreitungen des prognostizierten Value at Risk zur Ablehnung des Modells führt.[511] Beträgt die Wahrscheinlichkeit in dem Risikomodell beispielsweise 99 Prozent, so liegt die Gegenwahrscheinlichkeit für eine Überschreitung des Value at Risk bei einem Prozent. In der ersten Zeile ist die Gegenwahrscheinlichkeit $p = 1$ Prozent abgetragen und in der ersten Spalte stehen die Vertrauensintervalle für einen Beobachtungszeitraum von $T = 255$ Handelstagen. Die Variable N steht für die Anzahl der beobachteten Überschreitungen des für die Haltedauer von einem Tag prognostizierten Value at Risk. Kommt es in einem Zeitraum von 255 Handelstagen an sieben oder mehr Tagen zu einer Überschreitung des Value at Risk, so wird das Risikomodell verworfen. Für diesen Test beträgt die Wahrscheinlichkeit für den α-Fehler, das Modell zu Unrecht abzulehnen, fünf Prozent. In diesen Fällen wird das Risikomodell aufgrund der Kriterien von Kupiec abgelehnt, obwohl es tatsächlich korrekte Ergebnisse liefert.

Anzahl der Fehler (Überschreitungen) bei einem Signifikanzniveau von a = 0,5

Wahrscheinlich-keitsgrad	Nichtablehnungsbereich für die Anzahl der Fehler N		
P	T = 255 Tage	T = 510 Tage	T = 1000 Tage
0,01	N < 7	1 < N < 11	4 < N < 17
0,025	2 < N < 12	6 < N < 21	15 < N < 36
0,05	6 < N < 21	16 < N < 36	37 < N < 65
0,075	11 < N < 28	27 < N < 51	59 < N < 92
0,10	16 < N < 36	38 < N < 65	81 < N < 120

Anmerkung: N steht für die Anzahl der Fehler (Überschreitungen), die mit der Stichprobengröße T beobachtet werden könnte, ohne die Nullhypothese, laut der p mit 5%-iger Irrtumswahrscheinlichkeit die korrekte Wahrscheinlichkeit ist, abzulehnen.

Abbildung XII.13: *Kennzahlen für das Backtesting von Modellen*

Die Ablehnung des Modells wegen der Überschätzung des Risikos ist bei einer Wahrscheinlichkeit von 99 Prozent und einem Beobachtungszeitraum von 255 Tagen ist nicht möglich. Das Konfidenzintervall für die Annahme des Modells umfasst [0 % ; 2,35 %]. Wenn das Risiko ex post in mehr als 2,35 Prozent der Beobachtungen höher als geschätzt war, dann wird das Modell abgelehnt. Das Modell kann daher nur abgelehnt werden, wenn es das Risiko unterschätzt. Jedoch könnte es an sechs von 255 Handelstagen zu einer Überschreitung des Value at Risk kommen, was 2,35 Prozent statt eines Prozents entspricht, ohne dass das Modell signifikant zu widerlegen wäre.

---

[511] Zur Gleichung von Kupiec für die Berechnung der Vertrauensintervalle vgl. JORION, P.: Value at Risk – The New Benchmark for Controlling Derivatives Risk, USA 1997, S. 95 f.

Im Gegensatz dazu ist ein Modell mit einer Wahrscheinlichkeit von 95 Prozent leichter zu verifizieren bzw. zu widerlegen. Das Konfidenzintervall beträgt hier [2,75 %; 7,84 %]. Für den Zeitraum von 255 Handelstagen wird es erwartungsgemäß an dreizehn Tagen zu einer Überschreitung des Value at Risk kommen. Das Vertrauensintervall für die Prüfung der Prognosegüte ist nun zweiseitig, bei nur sechs und weniger Überschreitungen überschätzt das Modell das Risiko und wird daher abgelehnt. Wenn es an 21 oder mehr Handelstagen zu einer Überschreitung des Value at Risk kommt, unterschätzt das Modell das Risiko und wird ebenfalls abgelehnt. Während bei einer Wahrscheinlichkeit von einem Prozent die tatsächliche Überschreitung das 2,35-fache betragen darf, ohne dass das Modell widerlegbar ist, sinkt die zulässige Überschreitung bei 95 Prozent Wahrscheinlichkeit auf das 1,53-fache (= 20/13).

4.   Parametrisierung von Risikomodellen

In Abbildung XII.14 ist das äußerst linke Ende der Verteilung für die logarithmierten Wechselkursänderungen DEM/USD im Zeitraum von 27.11.1998 bis 28.11.2000 gezeigt. Bei Betrachtung des 99 %-Quantils zeigt sich, dass das verbleibende ein Prozent Wahrscheinlichkeitsmasse der Verteilung, welches das über den Value at Risk hinausgehende Risiko kennzeichnet, keiner erkennbaren Normalverteilung folgt. Hingegen lassen sich bei einem 95 %-Quantil die verbleibenden fünf Prozent Wahrscheinlichkeitsmasse besser durch die linke Flanke einer Normalverteilung beschreiben.

Es bleibt die Frage, ob eine Wahrscheinlichkeit von 99 Prozent „sicherer" ist als ein Wert von 95 Prozent. Diese Schlussfolgerung liegt nahe, ist jedoch problematisch. Wie bereits gezeigt wurde, sind Modelle mit 95 Prozent Wahrscheinlichkeit leichter widerlegbar bzw. verifizierbar und die tatsächlichen Value-at-Risk-Überschreitungen stimmen besser mit den Erwartungen überein. Der Value at Risk mit 95 Prozent Wahrscheinlichkeit beschreibt tendenziell die Verluste unter normalen Umweltbedingungen, während ein Value at Risk mit 99 Prozent Wahrscheinlichkeit tendenziell auf extreme Verluste abzielt, bei denen jedoch die meisten Value-at-Risk-Modelle versagen und häufig in die Kritik geraten. Auch kann der aus 95 Prozent gegenüber 99 Prozent Wahrscheinlichkeit resultierende geringere Value at Risk bei der Festlegung der Risikolimite kompensiert werden, was die Kritik einer zu großen Risikotoleranz bei Anwendung von 95 Prozent Wahrscheinlichkeit entkräftet.[512]

---

[512] Vgl. RAU-BREDOW, H.: Überwachung von Marktpreisrisiken durch Value at Risk, in: WiSt., 6/2001, S. 315.

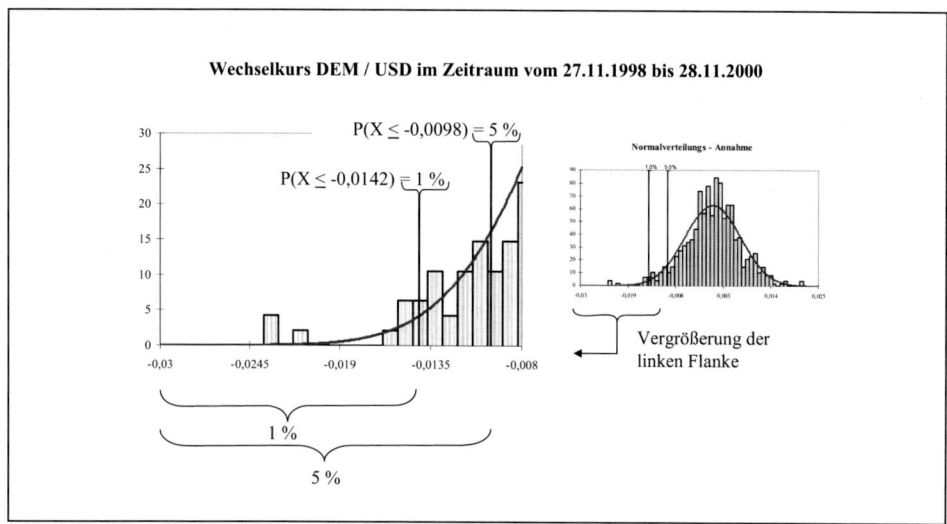

Abbildung XII.14:   *Vertrauensintervalle der Normalverteilungs-Approximation*

Der Prognosehorizont für den Value at Risk wird auch als *Haltedauer* oder *Liquidations-periode* bezeichnet. Ursprünglich wurde damit die Zeit bezeichnet, die benötigt wird, um eine Risikoposition zu schließen. Das Bundesaufsichtsamt für das Kreditwesen definierte die Haltedauer in § 34, Grundsatz I wie folgt[513]: „Bei der Ermittlung der potenziellen Risikobe-träge ist (...) anzunehmen, dass die zum Geschäftsschluss im Bestand befindlichen Finanzin-strumente oder Finanzinstrumentsgruppen weitere zehn Arbeitstage im Bestand gehalten werden (Haltedauer)...".[514] Mit dieser Interpretation kommt die besondere Vorsicht bei der Ermittlung von Risiken zum Ausdruck. Es wird davon ausgegangen, dass bis zu zehn Han-delstage benötigt werden könnten, um die Schließung einer Risikoposition zu prüfen, zu entscheiden und dann auch umzusetzen.

Der Begriff Haltedauer wird zum Teil falsch interpretiert und als das Zeitintervall zwischen zwei aufeinanderfolgenden Risikomessungen aufgefasst. Wenn das Risiko aber nur alle zehn Tage gemessen wird, dann könnte im Extremfall die tatsächliche Haltedauer (Liquidations-periode) einer Position zwanzig Tage betragen. Das wäre der Fall, wenn zehn Tage nach der letzten Messung ein zu hohes Risiko festgestellt wird und anschließend tatsächlich zehn Handelstage zur effektiven Schließung der Risikoposition benötigt werden. Daher sollte auch bei einer Haltedauer von zehn Tagen das Risiko täglich gemessen werden. Die lange Halte-dauer ist nur eine zusätzliche Vorsichtsmaßnahme im Hinblick auf sehr exotische Positionen und wenig liquide Märkte, wo eine schnelle Auflösung von Exposures nicht immer gewähr-leistet ist. Die Haltedauer sollte nicht wesentlich über zehn Tage hinausgehen. Bei der Herlei-tung des Value-at-Risk-Modells auf Basis eines Random Walks wurde abschließend eine

---

[513] Im alten Grundsatz I konkretisierte die Deutsche Bundesbank den § 10 Abs. 1 KWG zur Eigenmittelaus-stattung von Kreditinstituten.

[514] Vgl. BAFIN im Internet unter www.bafin.de, vgl. Grundsatz I.

lineare Näherung der Exponentialfunktion mit Verzicht auf die mittlere Rendite durchgeführt. Diese Näherung ist aber nur für kurze Perioden zulässig.[515] Außerdem können für ein Finanzinstrument oder ein ganzes Portfolio auch Wertänderungen entstehen, ohne dass sich die Risikofaktoren oder die Zusammensetzung des Portfolios verändern.

Die Wertveränderungen entstehen im Zeitablauf durch die *Verkürzung der Restlaufzeit* von Finanzinstrumenten. Als Beispiel hierfür kann ein festverzinsliches Wertpapier betrachtet werden. Der Kurs möge aufgrund eines gestiegenen Zinsniveaus unter 100 liegen und die Restlaufzeit beträgt 60 Handelstage. Im Zeitablauf nimmt die Restlaufzeit ab und der Tilgungszeitpunkt nähert sich. Die Diskontierungswirkung für den verbleibenden Cash Flow in 60 Tagen nimmt mit Verkürzung der Restlaufzeit ebenfalls ab. Einen Tag vor Fälligkeit müsste das Wertpapier mit dem Tageszins geteilt durch 360 Tage diskontiert werden.[516] Für einen Tageszins von beispielsweise vier Prozent würde sich ein Abzinsungsfaktor von 0,9999 (= 1 / (1 + (0,04/360))) ergeben. Ein Tageszins von fünf Prozent würde ebenso zu einem Abzinsungsfaktor von 0,9999 führen wie ein Tageszins von drei Prozent.[517]

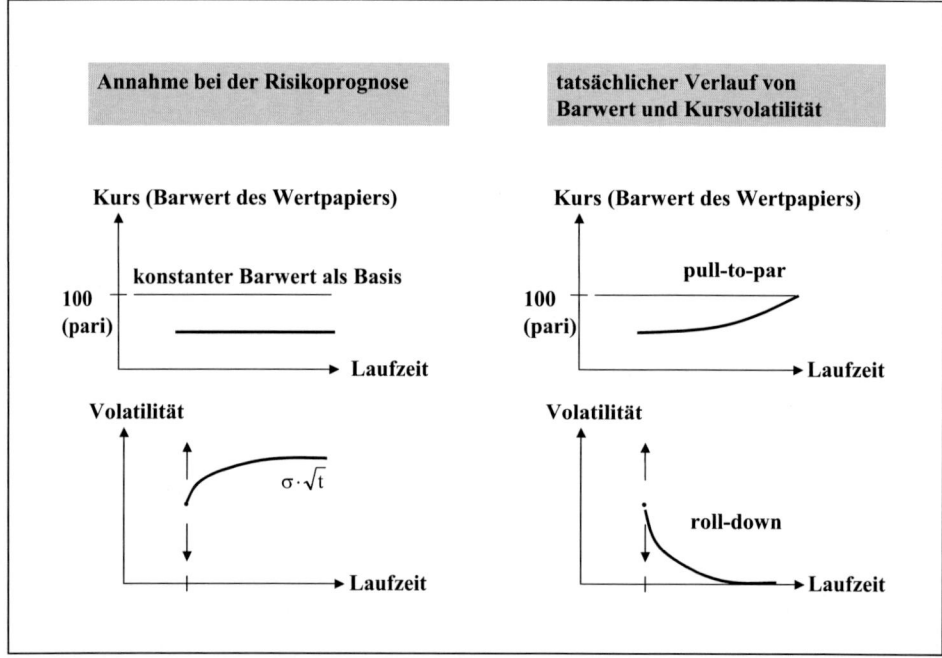

Abbildung XII.15: *Pull-to-par- und Roll-down-Effekte*

---

[515] Vgl. DEUTSCH, H.-P.: Derivate und interne Modelle: Modernes Risikomanagement, 2. Auflage, Stuttgart 2001, S. 372 f.

[516] Als Zinskonvention werden in diesem Beispiel 360 Zinstage pro Jahr angenommen.

[517] Die Abzinsungsfaktoren wurden jeweils auf 4 Nachkommastellen gerundet.

Die Veränderung des Zinssatzes hat bei einer sehr kurzen Restlaufzeit nahezu keine Bedeutung für den Barwert des Wertpapiers. Bei Fälligkeit wird das Wertpapier zum Nominalkurs von 100 getilgt. Daraus folgt, dass bei Verkürzung der Restlaufzeit und Annäherung an den Tilgungszeitpunkt der Barwert eines festverzinslichen Wertpapiers gegen den Rückzahlungskurs von 100 strebt, ungeachtet der Entwicklung der Bewertungszinsen. Diese Eigenschaft wird als *Pull-to-par-Effekt* bezeichnet.[518] Wenn der Kurs des Wertpapiers bei Verkürzung der Restlaufzeit gegen den Rückzahlungskurs strebt, muss auch die Kursvolatilität des Wertpapiers abnehmen. Die Kursvolatilität strebt mit Verkürzung der Restlaufzeit ebenfalls gegen Null, was als *Roll-down-Effekt* bezeichnet wird.

Bei der Value-at-Risk-Berechnung für einen Zeithorizont von mehr als einem Tag wird die tägliche Veränderung des Wertpapiers mit dem Wurzelgesetz auf die gewünschte Periode skaliert. Dabei wird eine über den gesamten Prognosehorizont konstante tägliche Veränderung unterstellt, aus der sich die mit dem Wurzelgesetz anwachsende Zeitraum-Volatilität für den jeweiligen Prognosehorizont ergibt. Dem steht jedoch eine mit Verkürzung der Restlaufzeit abnehmende Kursvolatilität entgegen. Damit erfolgt eine Missachtung des Roll-down-Effekts.

Für die Value-at-Risk-Berechnung werden die möglichen Wertschwankungen auf Basis des aktuellen Barwerts von dem Wertpapier berechnet. Der Barwert des Wertpapiers strebt bei abnehmender Restlaufzeit gegen den Nominalwert, so dass auch ohne Änderungen der Bewertungszinssätze täglich eine Wertänderung stattfindet. Für die Value-at-Risk-Berechnung von zehn Tagen wird ein konstanter Barwert über die gesamte Laufzeit angenommen.[519] Hierin besteht eine Missachtung des Pull-to-par-Effekts.

In Abbildung XII.15 sind die Annahmen für die Risikoprognose mit dem klassischen Value-at-Risk-Verfahren dem tatsächlichen Verlauf von Kursvolatilität und Barwert gegenübergestellt. Beide Effekte sind relevant für Finanzinstrumente, die nicht mit den Volatilitäten der Risikofaktoren wie beispielsweise Wechselkursvolatilität oder Zinsvolatilität bewertet werden, sondern mit transformierten Kursvolatilitäten. Darüber hinaus entsteht ein Fehler aus der Annahme eines über den Zeitablauf konstanten Portfoliowerts für alle Value-at-Risk-Berechnungen mit Prognosehorizonten von mehr als einem Tag. Die Prämisse, dass sich der Barwert des Portfolios im Zeitablauf nicht ändert, wenn sich die Risikofaktoren nicht ändern, entspricht nicht der Realität. Sind in dem betrachteten Portfolio beispielsweise Optionen enthalten, führt eine Verkürzung der Restlaufzeit zu einer Verringerung des Zeitwerts der Option. Der Zeitwert ist im Preis der Option enthalten und wird gezahlt für die Unsicherheit über die zukünftige Entwicklung des Basisinstruments (Underlying) bis zur Fälligkeit der Option. Verringert sich die Restlaufzeit, so nimmt die Unsicherheit ab und der Zeitwert ebenso. Am Fälligkeitstag beträgt der Zeitwert Null, weil zu diesem Zeitpunkt bekannt ist, ob die Option ausgeübt wird und es somit keine Unsicherheit mehr gibt.

---

[518] Vgl. FINGER, C. C.: When is a portfolio of options normally distributed?, in: J. P. Morgan/Reuters RiskMetricsTM Monitor, New York, 3. Quartal 1997, S. 4 ff.

[519] Vgl. JORION, P.: Value at Risk – The New Benchmark for Managing Financial Risk, 2. Auflage, USA 2001, S. 215: Bei einer Skalierung des Value at Risk mit dem Wurzelgesetz wird von einem konstanten Volumen und unabhängigen, identisch verteilten Tagesrenditen ausgegangen.

Das Problem wird an einem *Beispiel* deutlich: Eine Option möge aus dem Geld liegen. Sie besitzt folglich keinen inneren Wert und enthält nur noch einen Zeitwert von 10,00 EUR. Die Restlaufzeit der Option beträgt 30 Tage und die tägliche Veränderung des Optionspreises beträgt zu diesem Zeitpunkt 0,94 Prozent. Gemäß dem Value-at-Risk-Modell würde der Barwert der Option über den Zeitraum von 30 Tagen unverändert bei 10 EUR bleiben und täglich einer konstanten Volatilität von 0,94 Prozent unterliegen. Wird die tägliche Veränderung auf den Prognosehorizont von 30 Tagen skaliert, ergibt sich für diesen Zeitraum eine Volatilität von 5,15 Prozent (= 0,0094 • √ 30). Nach 30 Tagen würde die Option gemäß dem Value-at-Risk-Modell einen Barwert zwischen 9,49 EUR (= 10 – 10 • 5,15 %) und 10,52 EUR (= 10 + 10 • 5,15 %) haben. Tatsächlich wird nach 30 Tagen von dem Zeitwert nichts mehr übrig sein, der Wert der Option wird dann Null sein oder positiv, wenn zwischenzeitlich die Option doch noch ins Geld gewandert ist. Wenn aber kein Wert mehr vorhanden ist, kann es auch keine Wertveränderungen geben, folglich würde ein falscher Value at Risk ausgewiesen.

Der gezeigte Fehler für Prognosehorizonte von mehr als einem Tag wurde schon frühzeitig erkannt. Der Fehler wird umso größer, je länger der Prognosehorizont gewählt wird. Bereits im Jahr 1996 hat Finger die Auswirkung der Effekte auf die Value-at-Risk-Berechnung untersucht und einen Lösungsansatz vorgeschlagen.[520] Dabei zeigte sich, dass für kurze Zeithorizonte von bis zu fünfzehn Tagen die Effekte vernachlässigbar gering sind. Für lange Zeithorizonte hingegen wird das Risiko beträchtlich überschätzt. In diesen Fällen sollte für die Value-at-Risk-Berechnung der originäre Cash Flow der Finanzinstrumente durch einen Proxy Cash Flow ersetzt werden, dessen Eigenschaften an den Prognosehorizont angepasst werden. Bei einem festverzinslichen Wertpapier mit 90 Tagen Restlaufzeit dient für die Value-at-Risk-Berechnung mit einer Haltedauer von 30 Tagen nicht der aktuelle Barwert des Wertpapiers als Basis, sondern der kalkulatorische Barwert am Prognosehorizont in 30 Tagen. Ein festverzinsliches Wertpapier mit 60 Tagen Restlaufzeit wird als „Proxy" (engl. Stellvertretung) für das tatsächliche Wertpapier mit 90 Tagen verwendet, wodurch der Restlaufzeitverkürzungseffekt bereits im Barwert berücksichtigt ist. Für eine ausführliche Darstellung der Methode sei auf Finger verwiesen, jedoch kann auch dieser Lösungsansatz zu Fehlern führen.[521]

---

[520] Vgl. FINGER, C. C.: When is a portfolio of options normally distributed?, in: J. P. Morgan/Reuters Risk-MetricsTM Monitor, New York, Third quarter 1997, S. 4 ff.

[521] Ein Problem ergibt sich beispielsweise aus dem Cash Flow Mapping. Dabei werden die in der Praxis über das gesamte Jahr zu beliebigen Zeitpunkten anfallenden Cash Flows auf wenige Stützstellen zusammengefasst, da für die Risikoberechnungen nur Volatilitäten für ganzjährige Laufzeiten verfügbar sind. Um zum Beispiel das Zinsrisiko einer Zahlung in einem Jahr, zwei Monaten und drei Tagen zu berechnen, wäre zumindest ein Zinssatz und eine Volatilität für diese gebrochene Laufzeit notwendig. Cash Flows fallen bei größeren Portfolios an jedem Handelstag an, entsprechend müssten pro Jahr mit 250 Handelstagen auch 250 Volatilitäten verfügbar sein. In der Praxis werden die anfallenden Cash Flows auf Zeitpunkte verteilt, für die Risikoparameter verfügbar sind. Häufig werden der 1.1. und 31.12. eines Jahres als Stützstellen benutzt. Für eine ausführliche Darstellung des komplizierten Cash Flow Mapping Verfahrens siehe BUTLER, C.: Mastering Value at Risk – A step by step guide to understanding and applying VaR, Wiltshire GB 1999, S. 58 -62. Ebenso: ZANGARI, P.: RiskMetricTM, Technical Document, 4th Edition, J. P. Morgan/Reuters, New York 1996, S. 117-121.

Abschließend ist zu zeigen, wie die Güte der Schätzungen von Kennzahlen für einen Risikoparameter beurteilt werden kann. Ungeachtet der Berücksichtigung von Kurtosis und Schiefe
entstehen weitere Fehler, da für die Schätzungen nur ein Ausschnitt der vergangenheits-
bezogenen Daten betrachtet wird. Für die angepasste Normalverteilung der logarithmierten
Tagesrenditen von DEM/USD wurde gemäß Abbildung XII.10 ein Erwartungswert von
0,0001 und eine Standardabweichung von 0,006643 gemessen. Diese Werte beruhen jedoch
auf einer Stichprobe, da nur ein Zeitfenster als Auswahl der Grundgesamtheit betrachtet wird.
Messungen auf Basis von Stichproben (zum Beispiel historischen Zeitreihen) liefern stets
einen mehr oder weniger guten Schätzwert für die Grundgesamtheit. BODE und MOHR
verweisen darauf, dass es in den Naturwissenschaften üblich ist, zu jedem Messergebnis auch
den möglichen Fehler der Messung anzugeben. Aber in den Finanzwissenschaften werden die
Messwerte und Kurse als die wahren Werte betrachtet und weiterverarbeitet.[522] Sogar bei
sehr genauen technischen Messungen und Messgeräten wie beispielsweise einer Waage oder
einem Tachometer wird der angezeigte Wert nur in zufallsbestimmten Ausnahmefällen auch
genau dem wahren Wert entsprechen.

Daher erscheint es sinnvoll und seriös, auch bei Risikoberechnungen den möglichen Schätzfehler zu untersuchen. Der statistische Fehler $\Delta\mu$ für die Schätzung von dem Erwartungswert
μ berechnet sich näherungsweise gemäß der Gleichung XII.27 und konvergiert für eine hohe
Anzahl T von Beobachtungen gegen Null.[523]

Gleichung XII.27: $\qquad \Delta\mu = \sigma \cdot \sqrt{\dfrac{1}{T}} \; = \sqrt{Var(\hat{\mu})} \quad \text{mit } \hat{\mu} = \overline{X}$

Für den Erwartungswert 0,0001 der logarithmierten Wechselkursänderungen von DEM/USD
beträgt der Schätzfehler auf Basis von 2.842 Beobachtungen $\pm$ 0,000125
($= 0,006643 \cdot \sqrt{(1 / 2842)}$). Der tatsächliche Mittelwert liegt mit einer Wahrscheinlichkeit
von circa 68 Prozent (genau eine Standardabweichung) in einem Intervall von -0,000025 bis
0,000225. Mit Hilfe dieser Information kann entschieden werden, ob der mögliche Schätzfehler hinreichend gering ist oder eine größere Stichprobe zu dessen Verringerung notwendig
ist. Da in der Praxis der Erwartungswert von Tagesrenditen häufig mit Null angenommen
wird, möge an dieser Stelle keine Ausweitung der Stichprobe erfolgen.[524]

---

[522] Vgl. BODE, M.; MOHR, M.: Alles falsch?, in: Die Bank, Nr. 6/1994, Juni 1994, (1994), S. 364-367.

[523] Vgl. JORION, P.: Value at Risk – The New Benchmark for Controlling Derivatives Risk, USA 1997, S. 97.
Für den Standardfehler der Volatilität vgl. HULL, J. C.: Optionen, Futures und andere Derivate, 4. Auflage,
München 2001, S. 346. Eine umfangreichere Darstellung findet sich bei DEUTSCH, H.-P.: Derivate und in-
terne Modelle: Modernes Risikomanagement, 2. Auflage, Stuttgart 2001, S. 496-499.

[524] Der Fehler der Annahme, dass der Erwartungswert von Tagesrenditen Null ist, wird als geringer eingeschätzt als der Fehler, der durch die Schätzung des Erwartungswertes auf Basis von historischen Daten resultiert. Vgl. BEECK, H.; JOHANNING, L.; RUDOLPH, B.: Value-at-Risk-Limitstrukturen zur Steuerung und
Begrenzung von Marktrisiken im Aktienbereich, in: OR Spektrum – Quantitative Approaches in Management, Vol. 21, Issue 1-2, S. 9.

Für die gemessene Standardabweichung 0,006643 der logarithmierten Wechselkursänderungen lässt sich ebenfalls der Schätzfehler bestimmen. Gemäß Gleichung 30 beträgt der Schätzfehler für die Standardabweichung $\pm$ 0,000088 (= 0,006643 • $\sqrt{(1 / (2 • 2842))}$. Die tatsächliche Standardabweichung wird in einem Intervall von 0,006555 bis 0,006731 (= 0,006643 $\pm$ 0,000088) liegen.

Gleichung XII.28: $$\Delta\sigma = \sigma • \sqrt{\frac{1}{2 • T}}$$

Der Schätzfehler für die Standardabweichung wird umso größer, je kleiner die Stichprobe ist. Für eine Historie mit halber Länge (1.421 Handelstage, vom 02.01.1990 bis 19.06.1995) würde sich ceteris paribus der Schätzfehler auf $\pm$ 0,000137 (= 0,007327 • $\sqrt{(1 / (2 • 1.421))}$) erhöhen.[525] Während der Umfang der Stichprobe halbiert wurde, hat sich der Schätzfehler nur um circa 56 Prozent erhöht (von 0,000088 auf 0,000137). Bei Erhöhung des Stichprobenumfangs sinkt der Schätzfehler nur degressiv mit dem Faktor $\sqrt{(1 / (2 • T))}$, so dass er für kurze Perioden schnell groß wird und bei mittelfristigen bis längeren Zeitfenstern nur eine kleine Fehlerverringerung durch eine weitere Ausdehnung der Stichprobe festzustellen ist.

Die Gleichungen XII.27 und XII.28 messen den Schätzfehler mit einer Standardabweichung, das heißt der wahre Wert wird mit einer Wahrscheinlichkeit von circa 68 Prozent innerhalb der Fehlertoleranz liegen. Wenn eine höhere Wahrscheinlichkeit gewünscht wird, so ist die Fehlertoleranz entsprechend zu skalieren. Eine Multiplikation des errechneten Fehlers mit dem Faktor zwei für zwei Standardabweichungen stellt sicher, dass der wahre Wert mit einer Wahrscheinlichkeit von etwa 95 Prozent innerhalb der Fehlertoleranz liegen wird.[526]

Um den Schätzfehler gering zu halten, sollte die betrachtete Historie nicht zu kurz sein. Es wird aber im Verlauf dieser Arbeit noch zu untersuchen sein, ob bei Verwendung einer sehr langen Historie die geschätzten Parameter zu träge auf aktuelle Veränderungen reagieren. In diesem Zusammenhang ist zu hinterfragen, ob sehr alte Daten noch für die Einschätzung der aktuellen Entwicklung relevant sind. Für den weiteren Verlauf wird als Historie für Parameterschätzungen ein Zeitfenster von circa 250 bis 1.000 Handelstagen als Kompromiss zwischen der Abwägung von Schätzfehlergröße und Relevanz der Historie verwendet. Dabei ist stets zu beachten, dass jede Schätzung einem statistischen Fehler unterliegt.

Bevor die historischen Daten für die Schätzung der Parameter verwendet werden, sollten sie kritisch geprüft werden. Beispielsweise können nationale Feiertage dazu führen, dass für bestimmte Risikofaktoren Werte fehlen und für andere nicht. Ist zum Beispiel der Wechselkurs EUR/USD vorhanden, aber der Rohstoffpreis für Öl fehlt, kann entweder der fehlende Wert interpoliert werden oder auf den Handelstag muss vollständig verzichtet werden. Ohne

---

[525] Die Standardabweichung der logarithmierten relativen Veränderungen beträgt in diesem Zeitraum 0,007327.

[526] In dem zweiseitigen Intervall $\mu \pm 2\,\sigma$ der Standardnormalverteilung liegen 95,45 % der Wahrscheinlichkeitsmasse, vgl. Abbildung XII.4.

Prüfung solcher Lücken könnte es zu unerwünschten Verschiebungen kommen, so dass nach einigen *Lücken in einzelnen Zeitreihen* die Korrelation zum Beispiel zwischen dem Wechselkurs vom 250. Tag und dem Ölpreis vom 245. Tag gemessen würde. Es ist also sicherzustellen, dass in der Datentabelle innerhalb einer Zeile zu einem bestimmten Datum tatsächlich in allen Spalten die Marktpreise von diesem Datum stehen. Mit welchen Methoden die Lücken der fehlenden Marktpreise geschlossen werden können, zeigen exemplarisch Malz/Mina.[527] Ein gutes Beispiel für die Notwendigkeit der Datenaufbereitung bietet die viertägige Schließung einiger nationaler US-Börsen nach den Anschlägen auf das World Trade Center vom 11.09.2001. Dadurch kam es zu Lücken in den Zeitreihen für bestimmte Marktpreise, die durch geeignete Verfahren zur Schätzung der fehlenden Daten geschlossen werden müssen.

Für die Bestimmung der Volatilität kann außer auf historische Beobachtungen der Veränderungen von Risikofaktoren bei Finanzinstrumenten auch auf implizite Volatilitäten zurückgegriffen werden.[528] *Implizite Volatilitäten* werden aus den Marktpreisen gehandelter Finanzinstrumente durch Iteration mit der Preisformel bestimmt. Beispielsweise sind für eine Option auf eine Zinsobergrenze (engl. Cap) alle preisbestimmenden Parameter wie Forward Rate, Ausübungszinssatz und Laufzeit bekannt, nur die vom Verkäufer der Option zu Grunde gelegte Volatilität ist unbekannt. Dafür ist aber der resultierende Marktpreis bekannt und infolgedessen kann durch Umstellung der Preisformel für Zins-Caps nach der unbekannten Volatilität der fehlende Wert errechnet werden.[529] Der Vorteil dieses Ansatzes besteht darin, dass anstatt von Vergangenheitsdaten die in den Optionspreisen enthaltenen Erwartungen der Marktteilnehmer über die zukünftige Marktentwicklung berücksichtigt werden.

Das ist insbesondere dann wichtig, wenn es zu plötzlichen und unerwarteten Marktpreisschwankungen kommt. Als Beispiel hierfür nennt Rau-Bredow die Abwertung des britischen Pfunds im September 1992 und die Abwertung des thailändischen Baht im Juli 1997.[530] Im Fall des britischen Pfunds waren die historischen Volatilitäten in der Vergangenheit gering, da die Schwankungen durch das Europäische Währungssystem EWS auf eine festgelegte Bandbreite begrenzt wurden. Aber schon Wochen vor dem 16. September hätten die ansteigenden Preise von Optionen auf das Pfund und die darin enthaltenen impliziten Volatilitäten eine Warnung für die anstehenden Turbulenzen sein können. Das zweite Beispiel mit der Abwertung des thailändischen Baht hätte als Warnung für die nachfolgende Asienkrise dienen können. In beiden Fällen konnten Risikomodelle auf Basis historischer Volatilitäten nicht rechtzeitig genug auf plötzliche Veränderungen an den Märkten reagieren.

---

[527] Vgl. MALZ, A. M.; MINA, J.: Risk measurement in the aftermath of the terrorist attack, Research Technical Note, Risk Metrics Group, New York 2001, S. 1-4.

[528] Vgl. DIECKMANN, S.: Volatilität und Korrelation in der Zinsstruktur – Parameter in Bewertung und Handel von Cap, Floor und Swaption, Frankfurt/Main 1998, S. 51 ff.; SAUTER, J.: Messung und Prognose von Volatilitäten am Beispiel des DAX-Index, Frankfurt/Main 1996, S. 14 ff., 28 ff.

[529] Vgl. HAGER, P.: Corporate Risk Management – Cash Flow at Risk und Value at Risk, Frankfurt/Main 2004, Anhang A.

[530] Vgl. RAU-BREDOW, H.: Überwachung von Marktpreisrisiken durch Value at Risk, in: WiSt., 6/2001, S. 317. Andere Beispiele finden sich bei JORION, P.: Value at Risk – The New Benchmark for Managing Financial Risk, 2nd ed., USA 2001, S. 201 f.

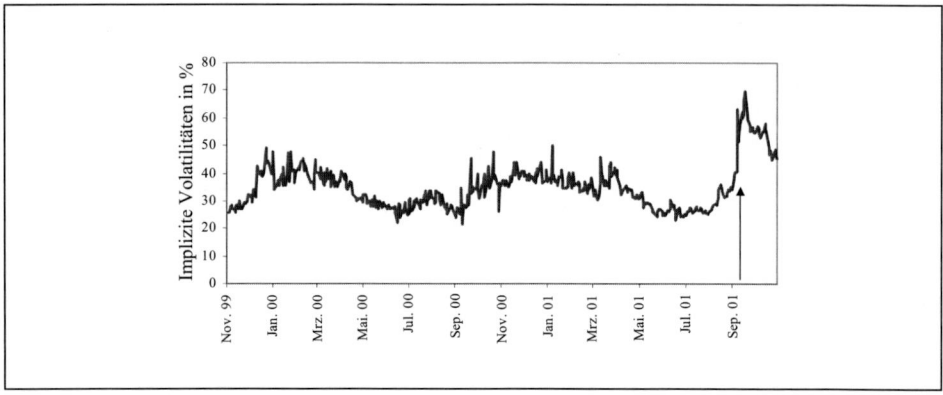

Abbildung XII.16:   *Implizite Volatilität der DaimlerChrysler-Aktie*

Als weiteres Beispiel wird in Abbildung XII.16 die Entwicklung der impliziten Volatilität für Put-Optionen auf die DaimlerChrysler-Aktie betrachtet. Im Zeitraum von November 1999 bis September 2001 schwankte die implizite Volatilität zwischen 25 Prozent und 45 Prozent. Am 10.09.2001 lag die implizite Volatilität bei 40,5 Prozent. Einen Tag später, am 11.09.2001, stieg die implizite Volatilität nach den Anschlägen auf das World Trade Center sprunghaft auf 63 Prozent an. Zu diesem Zeitpunkt wurden vom Markt Informationen in den impliziten Volatilitäten berücksichtigt, die aus der Vergangenheit nicht abzuleiten waren. Historische Volatilitäten reagieren daher erst mit einer gewissen Zeitverzögerung.

Die Verwendung impliziter Volatilitäten bietet gewichtige Vorteile gegenüber vergangenheits-bezogenen Volatilitäten. Dabei ist aber zu berücksichtigen, dass aufgrund von in der Realität *nicht erfüllten Prämissen* der Optionsbewertungs-Modelle Ungenauigkeiten bei der Berech-nung von impliziten Volatilitäten entstehen. Beispielsweise kennt das Black-Scholes-Modell zur Bewertung von Aktienoptionen keine Geld-/Briefspannen, die jedoch in der Realität existieren und in wenig liquiden Märkten entsprechend breit sind. Bei der Berechnungen der impliziten Volatilitäten führen die Geld-/Briefspannen zu fehlerhaften Werten.

Ein weiteres Problem besteht darin, dass Optionen, die tief im Geld oder tief aus dem Geld sind, kaum auf die Änderung der Volatilität reagieren. Eine Option ist dann tief im Geld, wenn der Ausübungspreis und der vereinbarte Basispreis so weit auseinanderliegen, dass die Ausübung der Option ziemlich sicher ist. Umgekehrt ist eine Option tief aus dem Geld, wenn der Abstand zwischen Ausübungspreis und Basispreis so groß ist, dass eine Ausübung der Option sehr unwahrscheinlich ist. In beiden Fällen ist die Unsicherheit über die Ausübung der Option sehr gering, folglich hat der für die Abbildung der Unsicherheit verantwortliche Pa-rameter „Volatilität" wenig Bedeutung für die Preisermittlung der Option. Daher ändert sich der Preis für Optionen, die tief im oder aus dem Geld sind, nur gering oder gar nicht, wenn sich die Volatilität verändert. Umgekehrt reagiert der Preis einer Option, die am Geld ist, bei der folglich Basispreis und Ausübungspreis dicht beieinander liegen, sehr stark auf Verände-rungen der Volatilität. Für diese Optionen besteht die größte Unsicherheit bezüglich der Aus-übung.

In der Realität werden Optionen für ein Finanzinstrument (Underlying) mit unterschiedlichen Basispreisen gehandelt. Wird nun auf Basis der am Markt beobachteten Optionspreise die eingerechnete Volatilität ermittelt, kommt es häufig zu dem *„Smile-Effekt"*. Die impliziten Volatilitäten von Optionen, die tief im oder aus dem Geld sind, fallen deutlich höher aus als bei Optionen die auf das gleiche Finanzinstrument bezogen werden und am Geld sind.[531] Folglich ergibt sich eine in der Mitte nach unten gewölbte Kurve (Smiley) für die impliziten Volatilitäten. Das widerspricht jedoch der Logik, da ein und dasselbe Finanzinstrument, das den betrachteten Optionen zu Grunde liegt, nur eine Volatilität haben kann. Daher ist es empfehlenswert, die impliziten Volatilitäten aus Optionen zu bestimmen, die am Geld sind. Diese Optionen werden am Markt liquider gehandelt als Optionen tief im oder aus dem Geld.[532] Wegen des lebhaften Handels kommt der in diesen Optionen enthaltenen impliziten Volatilität mehr Glaubwürdigkeit zu.

Ein weiteres Problem besteht in der mangelnden Verfügbarkeit von geeigneten Daten, da nicht für alle Risikofaktoren die impliziten Volatilitäten aus Optionen ermittelt werden können. Für viele Risikofaktoren existieren keine Optionen.[533] Daher ist es häufig nicht möglich, in einem Modell mit vielen Risikofaktoren einheitlich implizite Volatilitäten zu verwenden. Die Betrachtung der impliziten Volatilitäten, sofern sie ermittelt werden können, ist besonders sinnvoll in stressigen Marktphasen. Dann sind in den impliziten Volatilitäten Informationen enthalten, die aus der Vergangenheit nicht abgeleitet werden können.

Die impliziten Volatilitäten können sich noch auf eine andere Art als ein Frühwarnsystem eignen. Während bisher nur auf den Anstieg der impliziten Volatilitäten geachtet wurde, zeigt Malz noch einen zweiten Indikator für herannahende Krisen.[534] Wenn der Smile-Effekt im Zeitablauf zunimmt, das heißt das „Lächeln" der Kurve stärker wird, dann kann darin ein Indiz für eine herannahende Krise gesehen werden. Zwischen der Krümmung des Volatilitäts-Smilies und der Kurtosis der Verteilung für die erwarteten Renditen aus dem zu Grunde liegenden Finanzinstrument könnte ein Zusammenhang bestehen. Diese Erkenntnis wird von Malz aufgrund von empirischen Beobachtungen und statistischen Tests vertreten.

Zusammenfassend lässt sich feststellen, dass implizite Volatilitäten in der Literatur durchgehend als eine gute Grundlage für die Prognose zukünftiger Marktentwicklungen angesehen werden. Gleichzeitig besteht allerdings das Problem der Verfügbarkeit der Daten, so dass bei Risikofaktoren, für die keine impliziten Volatilitäten existieren, eine Alternative gefunden werden muss. Eine möglichst genaue Schätzung der Volatilität ist für zuverlässige Value-at-Risk-Prognosen unerlässlich, da eine fehlerhafte Volatilität bei einer Haltedauer von beispielsweise zehn Tagen und einer Wahrscheinlichkeit von 99 Prozent mit dem Faktor 7,37 (=

[531] Vgl. HULL, J. C.: Optionen, Futures und andere Derivate, 4. Auflage, München 2001, S. 363 f.

[532] Für Optionen tief im Geld muss der Käufer den hohen inneren Wert mitbezahlen, wodurch diese Optionen von Händlern gemieden werden. Die Optionen tief aus dem Geld sind ebenfalls zu wenig erfolgversprechend, als dass ein aktiver Handel stattfinden würde.

[533] Vgl. JORION, P.: Value at Risk – The New Benchmark for Managing Financial Risk, 2. Auflage, USA 2001, S. 202.

[534] Vgl. MALZ, A. M.: Financial crises, implied volatility an stress testing, Working Paper Number 01-01, RiskMetrics Group, New York 2001, S. 7 ff.

2,33 • √ 10) multipliziert wird. Bei einer Haltedauer von 30 Tagen und 99 Prozent Wahrscheinlichkeit beträgt der Faktor sogar 12,76 (= 2,33 • √ 30). Daher erfährt dieser Parameter bei der Risikomessung eine besonders aufmerksame Betrachtung.

In der Praxis wird wegen der mangelnden Verfügbarkeit von impliziten Volatilitäten häufig auf historische Volatilitäten zurückgegriffen. Traditionell berechnet sich die historische Volatilität für einen Marktpreis (Risikofaktor) aufgrund der Preisänderungen der letzten 30 bis 1.000 Handelstage. Der Schätzer für die historische Volatilität auf Basis von beispielsweise 250 Beobachtungen kann zum Zeitpunkt j mit Hilfe von Gleichung XII.29 aus den logarithmierten Veränderungen je zwei aufeinanderfolgenden Marktpreise ermittelt werden.

Gleichung XII.29:
$$\hat{\sigma}_j = \sqrt{\frac{1}{n-1} \cdot \sum_{i=j-249}^{j} \left(x_i - \overline{x}\right)^2}$$

$$\text{mit} \quad x_i = \ln\left(\frac{S_i}{S_{i-1}}\right); \quad \overline{x} = \frac{1}{n} \bullet \sum_{i=t-249}^{t} x_i$$

Es wird $\hat{\sigma}_t$ definiert als die am Ende von Tag t – 1 berechnete Volatilität eines Marktpreises am Tag t. Für die Berechnung der Volatilität von täglichen Marktpreisänderungen haben sich *zwei Vereinfachungen* durchgesetzt. Das arithmetische Mittel für die Veränderung des Marktpreises hat bei Berechnungen auf Tagesbasis keine praktische Relevanz im Vergleich zur Volatilität und wird Null gesetzt.[535] Statt durch n – 1 wird die Summe der quadrierten täglichen Marktpreisänderungen x_i durch n geteilt.[536] Die Schätzung für die Tages-Volatilität des Marktpreises am Tag t ergibt sich dann aus der Wurzel der gleichgewichteten, quadrierten täglichen Marktpreisänderungen der vergangenen 250 Tage. Diese Vorgehensweise wird im Folgenden mit der Abkürzung GLD gekennzeichnet.

Gleichung XII.30:
$$\hat{\sigma}_t = \sqrt{\frac{1}{n} \cdot \sum_{i=t-249}^{t} x_i^2}$$

---

535 Vgl. HULL, J. C.: Optionen, Futures und andere Derivate, 4. Auflage, München 2001, S. 523. Im Gegensatz zu der genannten Quelle werden in der hier vorliegenden Arbeit für x_i statt der relativen Veränderungen die logarithmierten Veränderungen betrachtet.

536 Diese Änderung führt zu einem Maximum-Likelihood-Schätzwert, vgl. HULL, J. C.: Optionen, Futures und andere Derivate, 4. Auflage, München 2001, S. 523.

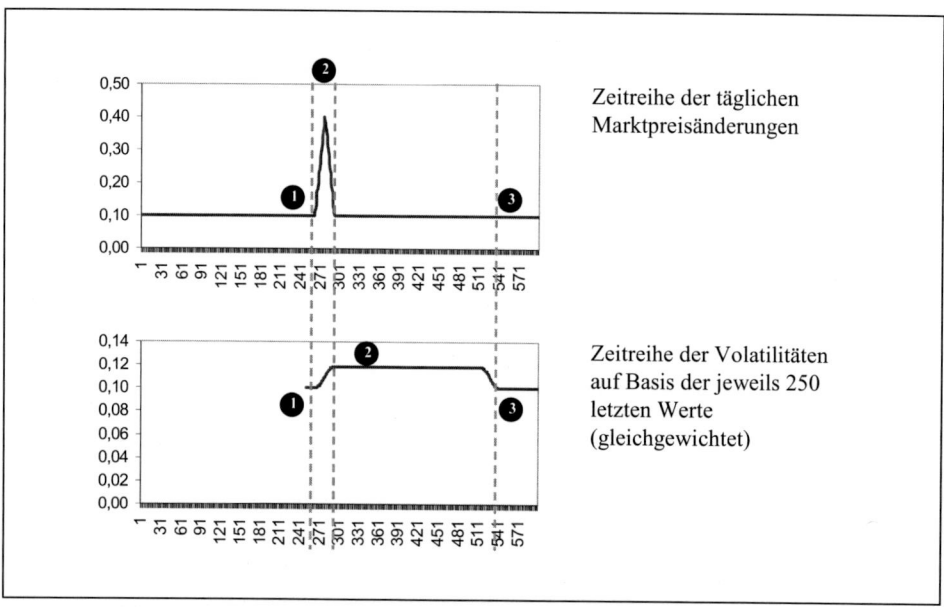

Abbildung XII.17: Long-Memory-Effekt

Die Volatilität wird im Folgenden auf Basis eines Zeitfensters mit n gleichgewichteten Beobachtungen von Marktpreisänderungen berechnet. Das Verfahren wird in Abbildung XII.17 an einem Beispiel mit 600 Beobachtungen gezeigt. Die logarithmierte tägliche Veränderung eines Marktpreises beträgt zunächst 0,10. Die Volatilität der täglichen Veränderungen wird erstmalig am 251. Tag auf Basis der vergangenen 250 Beobachtungen berechnet und beträgt ebenfalls 0,10 (= $\sqrt{(1/250 \cdot \sum x^2_{251-i})}$) mit i = 1 bis 250 bzw. zehn Prozent. Für die Ermittlung der Volatilität am 252. Tag entfällt die älteste Beobachtung vom Tag t = 1 und stattdessen wird die am Vortag t = 251 gemessene Marktpreisänderung in die Berechnung aufgenommen. Die restlichen 249 Beobachtungen bleiben unverändert in der Zeitreihe enthalten und aus den insgesamt 250 Werten ergibt sich am 252. Tag eine Volatilität von zehn Prozent (0,10). Die Berechnung wird auf die gezeigte Art fortgeführt.

Tag	tägliche Veränderung	Tages-Volatilität (GLD250)	Tag	tägliche Veränderung	Tages-Volatilität (GLD250)
260	0,10	0,10000	281	0,34	0,11176
261	0,10	0,10000	282	0,32	0,11272
262	0,10	0,10000	283	0,30	0,11360
263	0,10	0,10000	284	0,28	0,11440
264	0,12	0,10000	285	0,26	0,11512

Tag	tägliche Veränderung	Tages-Volatilität (GLD250)	Tag	tägliche Veränderung	Tages-Volatilität (GLD250)
265	0,14	0,10008	286	0,24	0,11576
266	0,16	0,10024	287	0,22	0,11632
...	...	...	...	...	...
277	0,38	0,10728	298	0,10	0,11800
278	0,40	0,10840	299	0,10	0,11800
279	0,38	0,10960	300	0,10	0,11800
280	0,36	0,11072	301	0,10	0,11800

Tabelle XII.1: *Tägliche Veränderungen und ihre Volatilität*

Am 264. Tag der Zeitreihe beginnen die täglichen Veränderungen plötzlich zu steigen (vgl. Punkt 1 in Abbildung XII.17). Am 278. Tag wird ein Maximalwert von 0,40 erreicht (vgl. Punkt 2 in Abbildung XII.17), danach fallen die täglichen Veränderungen wieder und erreichen am 293. Tag das alte Niveau von 0,10. Die Volatilität auf Basis der jeweils letzten 250 täglichen Veränderungen ist im unteren Teil der Abbildung XII.17 gezeigt. Aufgrund des großen Zeitfensters von 250 Tagen reagiert die Volatilität nur träge und abgeschwächt auf plötzliche starke Schwankungen.

Einen Tag nach dem Beginn des plötzlichen Anstiegs bei den täglichen Veränderungen beginnt auch die Volatilität langsam zu steigen, ihr Wert beträgt am 265. Tag 10,008 Prozent (0,10008). Dieser Wert setzt sich zusammen aus 249 Beobachtungen im Zeitraum von $t = 15$ bis $t = 263$ mit je einem Tageswert von 0,10 und dem Vortageswert $t = 264$ von 0,12 ($0,10008 = [249 \cdot 0,10 + 0,12] : 250$). In gleicher Weise wurden die weiteren Ergebnisse aus Tabelle XII.1 berechnet, in der für ein ausgewähltes Zeitfenster der Zeitreihe die geschätzte Tages-Volatilität den täglichen Marktpreisänderungen gegenübergestellt wird. In Tabelle XII.1 wurden die Tages-Volatilitäten mit Hilfe von Gleichung XII.30 geschätzt. Aufgrund der in Gleichung XII.30 getroffenen Vereinfachungen ist die Berechnung der Tages-Volatilität vergleichbar mit einem gleitenden Durchschnitt der täglichen logarithmierten Marktpreisänderungen auf Basis der vergangenen 250 Tage (GLD250).

Anhand der Werte in Tabelle XII.1 ist zu erkennen, dass die Volatilität nur verzögert und gedämpft auf den starken Anstieg der täglichen Veränderungen reagiert. Während die täglichen Veränderungen ihr Maximum bei 0,40 erreichen, steigt die Volatilität nur bis zu einem Höchstwert von 0,118 und erreicht ihr Maximum erst am 293. Tag, somit fünfzehn Tage später als bei den Tageswerten. Zu dem Zeitpunkt, an dem die Volatilität ihren Höchstwert erreicht hat, befinden sich die täglichen Veränderungen bereits auf ihrem „normalen" Niveau von 0,10. In der Volatilität wird jedoch der einmalige Ausbruch der täglichen Veränderungen nach oben für ganze 250 Tage „gespeichert". Erst am 543. Tag erreicht auch die Volatilität das für die täglichen Veränderungen längst wieder gültige Niveau von zehn Prozent (bzw. 0,10, vgl. Punkt 3 in Abbildung XII.17). Die lang anhaltende Speicherung der einmaligen Abweichung wird als „*Memory Effekt*" bezeichnet.[537] Auf die extremen Marktpreisänderungen vom 11.09.2001 würden Volatilitäten auf Basis von gleichgewichteten Beobachtungen erst mit einer Zeitverzögerung auf die Stresssituation reagieren und diese Extremwerte dann für die Dauer des verwendeten Zeitfensters speichern.

In Abbildung XII.18 wird das Beispiel um eine weitere Schwankung erweitert. Nach dem kurzen, starken Aufwärtstrend erfolgt ein entgegengerichteter Abwärtstrend der täglichen Marktpreisänderungen, bis schließlich das alte Niveau wieder erreicht wird. Im Einzelnen steigen die täglichen Veränderungen am 278. Tag bis auf ein Maximum von 0,40 (vgl. Punkt 2 in Abbildung XII.18), fallen anschließend am 304. Tag auf ein Minimum von 0,02 und klettern bis zum 319. Tag wieder auf ihr altes Niveau von 0,10. Die Volatilität steigt von 10,00 Prozent auf 11,80 Prozent am 293. Tag, fällt dann bis zum 319. Tag auf 11,32 Prozent und bleibt auf diesem Niveau bis zum 514. Tag. Ab dem 515. Tag beginnt die Volatilität stark zu sinken und erreicht am 543. Tag ein Tief von 0,0952. Aus diesem Tief steigt die Volatilität wieder, bis schließlich am 569. Tag das Niveau von 10,00 Prozent erreicht wird.

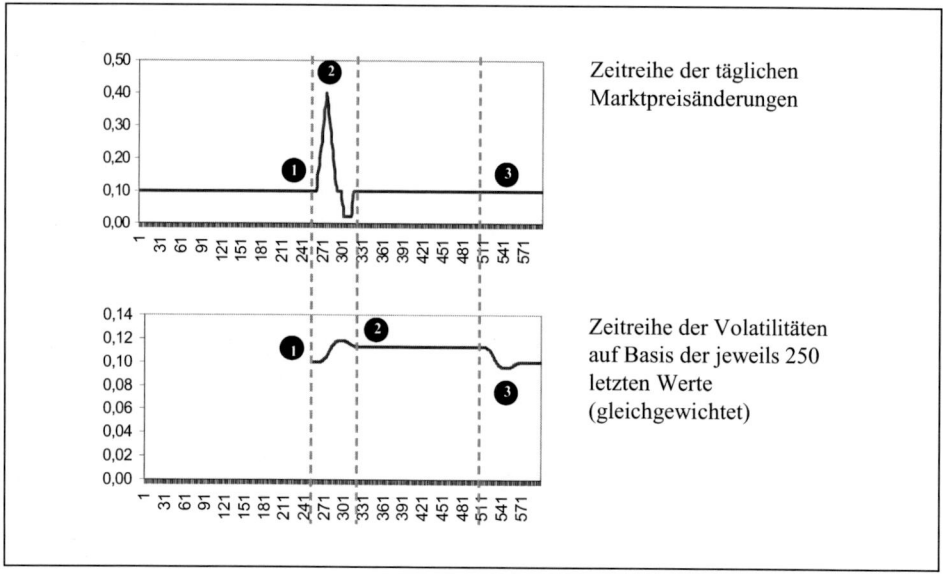

Abbildung XII.18:   Simulierte „Geisterkurven"

[537] Vgl. KRÄMER, W.; SIBBERSTEN, P.; KLEIBER, C.: Long memory versus structural change in financial time series, Allgemeines Statistisches Archiv 86, 2002, S. 83 ff.; TSCHERNIG, R.: Long Memory In Foreign Exchange Rates Revisited, in: Journal of International Financial Markets, Institutions and Money, 5 (2/3) 1995, S. 53 ff.

Als Fazit ist festzuhalten, dass es im Beispiel zwischen dem 514. Tag und dem 569. Tag bei Volatilitäten auf Basis gleichgewichteter Beobachtungen zu einer starken Abwärtsbewegung und einer etwas schwächeren Aufwärtsbewegung kommt, die jedoch anhand der aktuellen täglichen Marktpreisänderungen nicht zu erklären ist. Daher wird dieser Effekt häufig als *„Geisterkurve"* beschrieben, er beruht auf einem Auf-und-Abwärtstrend bei den Tageswerten, der schon 250 Tage zurückliegt und zwischen dem 264. und 319. Tag stattgefunden hat. Jede Veränderung der zu Grunde liegenden Werte wirkt volle 250 Tage mit gleichem Gewicht nach und verschwindet plötzlich, sobald der Wert nicht mehr vom gewählten Zeitfenster erfasst wird.[538]

Vollends falsche Impulse liefert das Konzept bei einer **Trendwende**. In Abbildung XII.19 wird im oberen Teil ein zunächst sinkender Trend für die täglichen Veränderungen angenommen. Ab dem 270. Tag kommt es jedoch zu einer Trendumkehr und die täglichen Veränderungen beginnen zu steigen. Die Zeitreihe der Volatilitäten auf Basis von 250 historischen Beobachtungen zeigt zu diesem Zeitpunkt jedoch einen abnehmenden Trend. Auch in den folgenden 123 Tagen ändert sich an den gegensätzlichen Kurvenverläufen von täglichen Veränderungen und Volatilitäten nichts. Wird ein Monat mit 21 Handelstagen angesetzt, signalisieren die Volatilitäten rund ein halbes Jahr lang einen sinkenden Trend, obwohl die täglichen Marktpreisänderungen tatsächlich steigen.

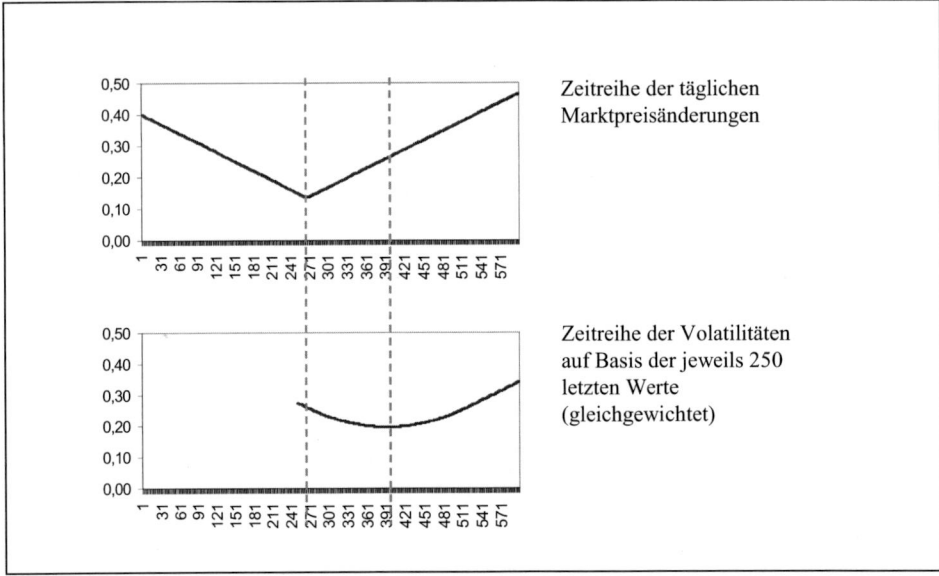

Abbildung XII.19: *Falscher Steuerungsimpuls von Volatilitäten*

---

538 Vgl. BUTLER, C.: Mastering Value at Risk – A step by step guide to understanding and applying VaR, Wiltshire GB 1999, S. 204; DEUTSCH, H.-P.: Derivate und interne Modelle: Modernes Risikomanagement, 2. Auflage, Stuttgart 2001, S. 531; JORION, P.: Value at Risk – The New Benchmark for Managing Financial Risk, 2nd ed., USA 2001, S. 186 f.

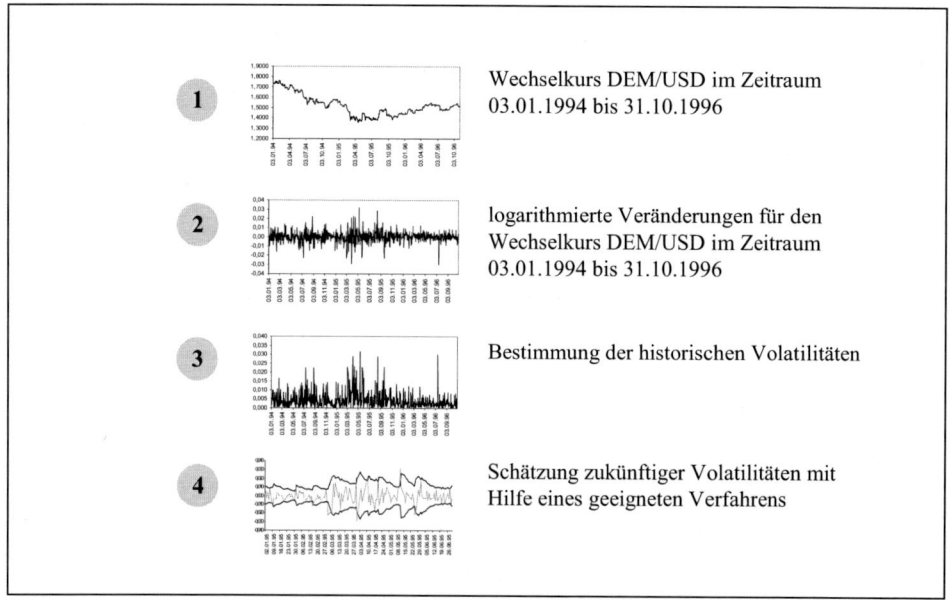

Abbildung XII.20: *Schätzung der Risikoparameter*

Im Folgenden werden mit Hilfe historischer Wechselkurse für DEM/USD verschiedene Verfahren zur Schätzung von Volatilitäten verglichen. Das Vorgehen hierbei zeigt Abbildung XII.20. Ausgehend von dem Verlauf des Wechselkurses DEM/USD im Zeitraum 03.01.1994 bis 31.10.1996 werden die logarithmierten Veränderungen zwischen zwei aufeinanderfolgenden Kursen berechnet.[539] Im nächsten Schritt wird aus den logarithmierten Veränderungen die Volatilität bestimmt, welche die Grundlage für die verschiedenen Verfahren zur Schätzung zukünftiger täglicher Veränderungen bildet. Im oberen Teil von Abbildung XII.20 sind die historischen logarithmierten Veränderungen für den Wechselkurs DEM/USD im Zeitraum von 03.01.1994 bis 31.10.1996 dargestellt, aus denen später die zukünftigen täglichen Marktpreisänderungen geschätzt werden. Am Verlauf der korrespondierenden Volatilitäten ist zu erkennen, dass sich Phasen hoher und niedriger Volatilitäten abwechseln. Für das Jahr 1994 sind die Volatilitäten relativ gering im Vergleich zum nachfolgenden Jahr 1995. Ab März 1995 nehmen die Schwankungen deutlich zu. Das Jahr 1996 ist wieder von überwiegend geringen Volatilitäten geprägt.

---

[539] Beispiel zur Parameterschätzung entnommen aus HAGER, P.: Cash Flow at Risk und Value at Risk in Unternehmen, Dissertation an der Universität Siegen 2002, S. 86 f.

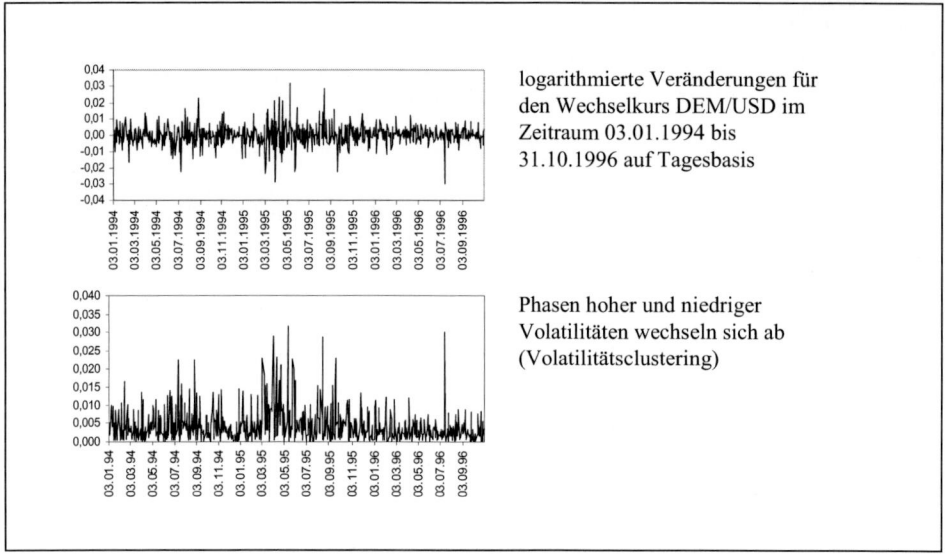

Abbildung XII.21: *Volatilitätsclustering*

Diese Beobachtung von sich abwechselnden Perioden mit hohen und geringen Volatilitäten ist für Finanzmärkte typisch und wird als *Volatilitätsclustering* bezeichnet.[540] Die Trägheit der Volatilitätsschätzung auf Basis gleichgewichteter Beobachtungen führt bei einem Wechsel von niedrigen Wertänderungen des betrachteten Risikofaktors zu hohen Wertänderungen zu einer Unterschätzung des Risikos, bei dem Wechsel von hohen Wertänderungen zu niedrigen Wertänderungen wird das Risiko überschätzt. Abbildung XII.21 zeigt anschaulich ein Volatilitätsclustering am Währungsmarkt.

In Abbildung XII.22 ist der Übergang von einer Phase niedriger Wertänderungen zu einer Phase hoher Wertänderungen gezeigt. Während in der Volatilität der letzten 250 täglichen Marktpreisänderungen noch die Niedrigphase aus dem Jahr 1994 gespeichert ist, schwanken die tatsächlichen Werte inzwischen deutlich höher. Das Konzept der Volatilitätsschätzung auf Basis gleichgewichteter Beobachtungen ist nicht flexibel genug, um dies zu berücksichtigen. Daher brechen die täglichen Veränderungen häufiger für mehrere Tage aus dem geschätzten Intervall aus. Insgesamt liegen in dem hier betrachteten Zeitraum vom 02.01.1995 bis 30.06.1995 bei einer Wahrscheinlichkeit von 90 Prozent und einem zweiseitigen Intervall ($\pm$ z = 1,65) die tatsächlichen Schwankungen an achtzehn von 130 Handelstagen außerhalb des geschätzten Intervalls, was einer Überschreitung des geschätzten Risikos in 13,85 Prozent

---

[540] Vgl. BUTLER, C.: Mastering Value at Risk – A step by step guide to understanding and applying VaR, Wiltshire GB 1999, S. 193 ff.; DEUTSCH, H.-P.: Derivate und interne Modelle: Modernes Risikomanagement, 2. Auflage, Stuttgart 2001, S. 506, 511; FRÖMMEL, M.; MENKHOFF, L.; TOLKSDORF, N.: Wechselkursvolatilität und institutsspezifische Value-at-Risk-Ansätze, in: Die Sparkasse, 11/1999, 116. Jahrgang, S. 509; HULL, J. C.: Optionen, Futures und andere Derivate, 4. Auflage, München 2001, S. 527 ff.; OEHLER A.; UNSER M.: Finanzwirtschaftliches Risikomanagement, Berlin 2001, S. 97.

der Beobachtungen entspricht. Auch bei einem größeren zweiseitigen Intervall mit 95 Prozent Wahrscheinlichkeit ($\pm$ z = 1,96) kommt es an achtzehn von 130 Handelstagen zu einer Überschreitung. Bei einer Wahrscheinlichkeit von 98 Prozent ($\pm$ z = 2,33) kommt es zu vierzehn Ausreißern (10,77 %), was immer noch mehr als erwartet ist.

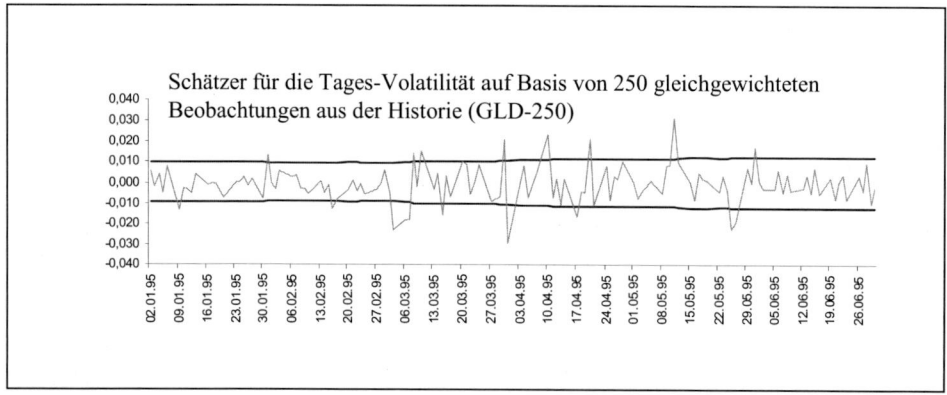

Abbildung XII.22: *Übergang von niedrigen zu hohen Wertänderungen*

Die Dynamik in den zu Grunde liegenden täglichen Wertänderungen wird nur langsam und gedämpft weitergegeben, dafür aber mit einem lang anhaltenden Effekt. Mangels der Berücksichtigung von zeitlichen Strukturen wird durch die identische Gewichtung aller historischen Beobachtungen das Risiko in Extremsituationen deutlich unterschätzt, während in den darauffolgenden Phasen das Risiko überschätzt wird. Damit ist die Risikoschätzung maßgeblich von der Methode zur Schätzung der Volatilität abhängig.[541]

Ein Konzept mit mehr Flexibilität zur Berücksichtigung von Effekten wie dem Volatilitätsclustering oder plötzlich auftretenden Crashs stellt der *Exponentially Weighted Moving Average (EWMA)* dar.[542] Hierbei werden die historischen Werte exponentiell gewichtet, so dass in der nahen Vergangenheit liegende Werte gegenüber älteren Werten ein höheres Gewicht erhalten. Für diesen Zweck wird der Gewichtungsfaktor λ (*Lambda*) eingeführt, welcher auch als Verzögerungsfaktor bezeichnet wird und stets zwischen 0 und 1 liegt. Der Schätzwert für die Varianz zum Zeitpunkt t ergibt sich aus dem gewichteten Schätzwert für die Varianz σ^2_{t-1} des Vortages und der gewichteten, tatsächlichen, logarithmierten quadrierten Veränderung (Veränderungsrate) x^2_{t-1} des Risikofaktors am Vortag.

Gleichung XII.31: $\sigma^2_t = \lambda \cdot \sigma^2_{t-1} + (1-\lambda) \cdot x^2_{t-1}$

---

[541] Vgl. FRÖMMEL, M.; MENKHOFF, L.; TOLKSDORF, N.: Wechselkursvolatilität und institutsspezifische Value-at-Risk-Ansätze, in: Die Sparkasse, 11/1999, 116. Jahrgang, S. 509.

[542] Vgl. BUTLER, C.: Mastering Value at Risk – A step by step guide to understanding and applying VaR, Wiltshire GB 1999, S. 199 ff.; DEUTSCH, H.-P.: Derivate und interne Modelle: Modernes Risikomanagement, 2. Auflage, Stuttgart 2001, S. 531 ff.; ZANGARI, P.: RiskMetricTM, Technical Document, 4th Edition, J. P. Morgan/Reuters, New York 1996, S. 77 ff.

Mit nur zwei Werten, dem Schätzwert für die Varianz des Vortages und der tatsächlich beobachteten Veränderungsrate am Vortag, lässt sich die Varianz für den nächsten Tag schätzen.
Ist zum Beispiel $\lambda = 0,94$ und wurde für den aktuellen Tag eine Volatilität von 2,00 Prozent
(Varianz = $0,02^2$ = 0,0004) geschätzt sowie tatsächlich eine Volatilität von
3,00 Prozent (Varianz = $0,03^2$ = 0,0009) beobachtet, ergibt sich der Schätzwert für die Volatilität des folgenden Tages t aus der Wurzel von $\sigma^2_t = 0,94 \cdot 0,0004 + (1-0,94) \cdot 0,0009$. Für σ^2_t
ergibt sich 0,00043 und die Wurzel daraus führt zu dem gesuchten Schätzwert für die Volatili-
tät des nächsten Tages, $\sigma_t = 2,0736$ Prozent. In dem Schätzwert für die Volatilität des Vortages
(im Beispiel 2,00 %) sind historische Werte der täglichen Veränderungen enthalten, die mit
exponentiell sinkenden Gewichten berücksichtigt werden, je weiter sie in der Zeit zurück
liegen. Zum besseren Verständnis bietet sich die Auflösung der Rekursionsformel an. Nach
geeigneter Umstellung ergibt sich[543]:

Gleichung XII.32: $\sigma^2_t = (1-\lambda) \cdot \sum (\lambda^{i-1} \cdot x^2_{t-i} + \lambda^n \cdot \sigma^2_0)$ mit i = 1 bis n

Mit n wird die Breite des Zeitfensters angegeben und für genügend große n wie zum Beispiel
250 Tage strebt der Summand $\lambda^n \cdot \sigma^2_0$ gegen Null, da λ regelmäßig kleiner eins ist und λ^n mit
wachsenden n gegen Null strebt. Diese Vereinfachung führt zu der Gleichung XII.33.

Gleichung XII.33: $\sigma^2_t = (1-\lambda) \cdot \sum (\lambda^{i-1} \cdot x^2_{t-i})$ mit i = 1 bis n

Dabei wird der Gewichtungsfaktor λ^{i-1} für die historischen Veränderungsraten x^2_{t-i} umso kleiner, je größer i ist, das heißt je weiter die Beobachtung in der Vergangenheit liegt. In Abbildung XII.23 sind die exponentiell sinkenden Gewichte so dargestellt, dass der Verlauf λ^{i-1} von
i = 1 bis 250 für $\lambda = 0,94$ und $\lambda = 0,97$ in einem Diagramm abgetragen werden kann.

Es ist sinnvoll, die Historie an einer geeigneten Stelle abzuschneiden, um Vergangenheitswer-
te, die mit nur einem verschwindend geringen Gewichtungsfaktor einfließen, nicht aufbe-
wahren zu müssen. In der Praxis werden 99,9 Prozent oder 99,0 Prozent der Gewichte berücksichtigt.[544] Für $\lambda = 0,94$ erhalten die letzten 112 Tage ein Gewicht von 99,9 Prozent und
die letzten 74 Tage korrespondieren mit einem Gewicht von 99,0 Prozent. Bei $\lambda = 0,97$ ist
eine Historie von 227 Tagen für 99,9 Prozent zu berücksichtigen. Hingegen genügen 151
Tage für 99,0 Prozent und $\lambda = 0,97$. Strebt der Wert von $\lambda \to 1$, dann geht im Grenzfall der
exponentiell gewichtete gleitende Durchschnitt in den gleichgewichteten gleitenden Durchschnitt über.[545] Für $\lambda \to 0$ erhält die aktuellste verfügbare Beobachtung vom Vortag ein immer stärkeres Gewicht.

---

[543] Vgl. HULL, J. C.: Optionen, Futures und andere Derivate, 4. Auflage, München 2001, S. 525 f.

[544] Bei ZANGARI, P.: RiskMetricTM, Technical Document, 4th Edition, J. P. Morgan/Reuters, New York 1996,
S. 94 f. werden 99,0 % verwendet.

[545] Vgl. HUSCHENS, S.: Value-at-Risk-Berechnung durch historische Simulation, in: Dresdner Beiträge zu
Quantitativen Verfahren Nr. 30/00, Technische Universität Dresden, Fakultät für Wirtschaftswissenschaften, Dresden 2000, S. 20.

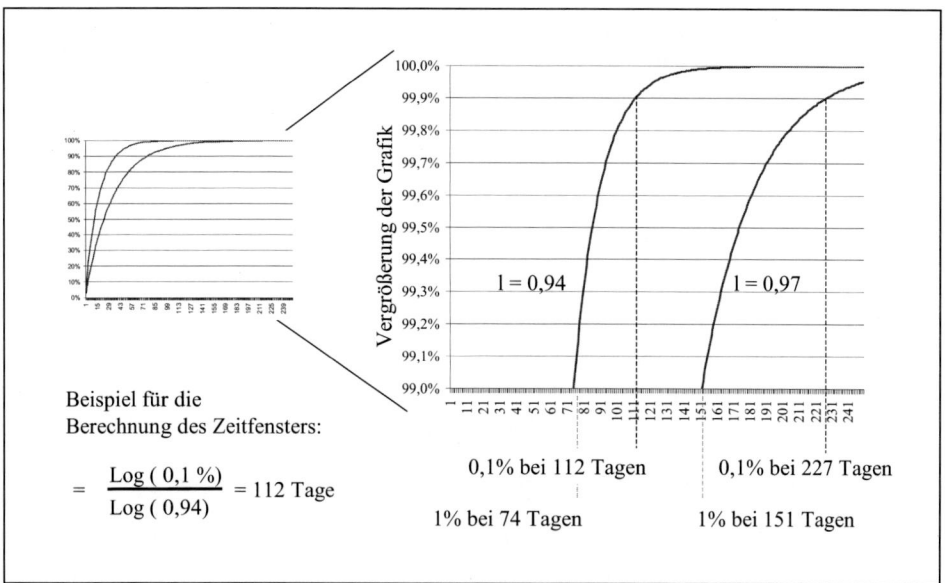

Abbildung XII.23: *Verzögerungsfaktor im EWMA-Modell*

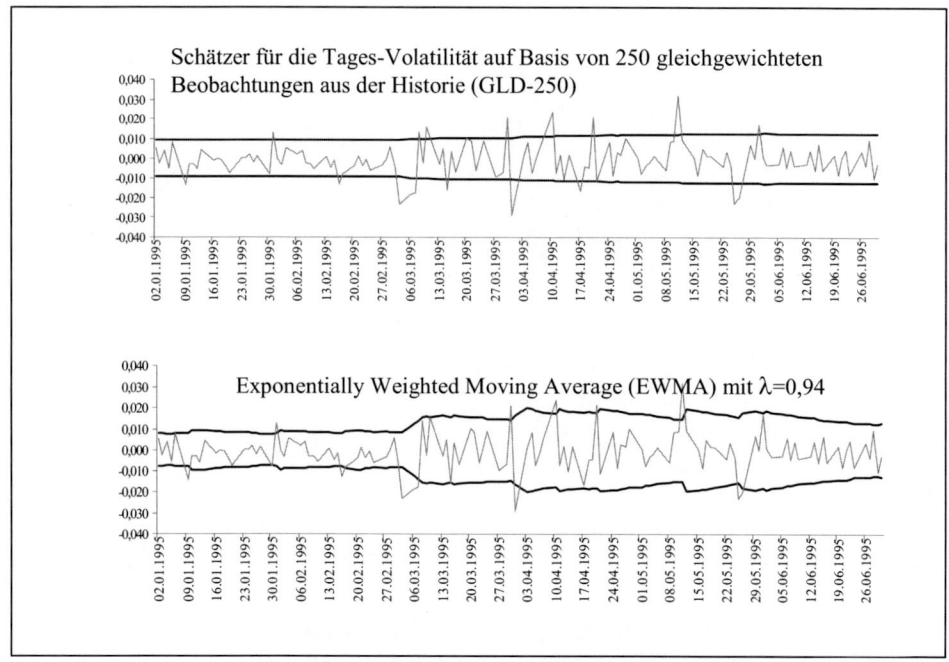

Abbildung XII.24: *GLD-250 versus EWMA mit λ = 0,94*

Von J. P. Morgan wird für Prognosen von täglichen Veränderungen $\lambda = 0,94$ mit Berücksichtigung von 99,0 Prozent der historischen Werte empfohlen, für Monatsprognosen $\lambda = 0,97$ mit ebenfalls 99,0 Prozent.[546] Andere Autoren halten Werte zwischen 0,80 und 0,98 für sinnvoll.[547] Der Wert λ und die Entscheidung für 99,0 Prozent oder 99,9 Prozent sind zwei getrennt bestimmbare Parameter.

Im nächsten Schritt ist zu prüfen, ob mit dem EWMA-Konzept bessere Schätzungen der zukünftigen Volatilität möglich sind. Für $\lambda = 0,94$ und 99,9 Prozent der Gewichte kommt es zu dem in Abbildung XII.24 gezeigten Verlauf des geschätzten Vertrauensintervalls. Gegenüber den Volatilitäten auf Basis gleichgewichteter Beobachtungen (GLD) ergeben sich bei 90 Prozent ($\pm z = 1,65$) Wahrscheinlichkeit sechzehn (12,31 %) statt achtzehn Ausbrüche (circa 14 %), das heißt die prognostizierten Schwankungen liegen zu 88 Prozent statt 90 Prozent im Vertrauensintervall. Mit einer Wahrscheinlichkeit von 95 Prozent ($\pm z = 1,96$) kommt es zu 12 (circa 9 %) statt 18 Ausbrüchen (circa vierzehn Prozent).

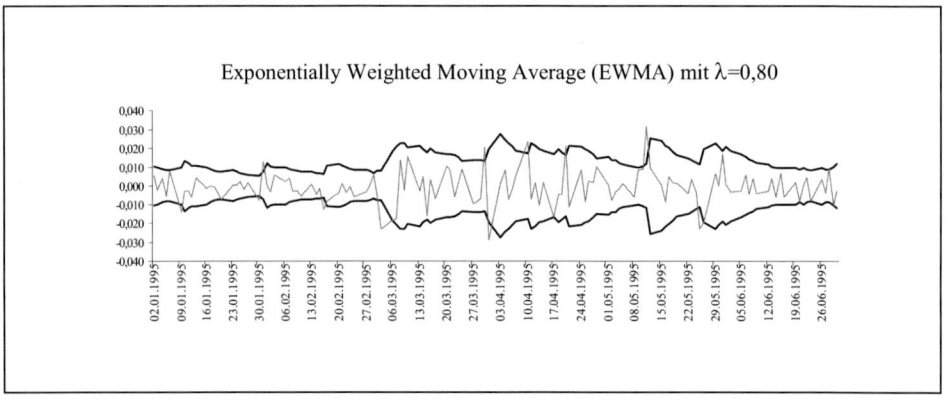

Abbildung XII.25:   *Exponentially Weighted Moving Average (EWMA) mit $\lambda = 0,80$*

An dieser Stelle wird sichtbar, warum eine Ausweitung des Vertrauensintervalls bei Volatilitäten auf Basis gleichgewichteter Beobachtungen zu keiner Verringerung der Ausreißer führt. Das starre Konzept kann mit einem höheren z-Wert nur eine „Parallel-Verschiebung" der Begrenzung nach Außen erreichen. Das EWMA-Konzept hingegen schmiegt sich sichtbar besser an den tatsächlichen Verlauf der Ausreißer an und erreicht somit bessere Ergebnisse. Zu noch besseren Schätzungen führt ein Verzögerungsfaktor von $\lambda = 0,80$ mit Berücksichtigung von 99,0 Prozent der historischen Werte. Hier kommt es für das zweiseitige Intervall mit einer Wahrscheinlichkeit von 90 Prozent ($\pm z = 1,65$) zu dreizehn (10 %) Ausbrüchen, bei einer Wahrscheinlichkeit von 95 Prozent ($\pm z = 1,96$) kommt es zu elf (8,46 %). In Abbildung

---

546 Vgl. ZANGARI, P.: RiskMetricTM, Technical Document, 4. Auflage, J. P. Morgan/Reuters, New York 1996, S. 94 f.

547 Vgl. DEUTSCH, H.-P.: Derivate und interne Modelle: Modernes Risikomanagement, 2. Auflage, Stuttgart 2001, S. 531. Einen Wert für die Gewichte gibt der Autor nicht an. Die Beziehung zwischen Lambda, der Maße für die Gewichte und dem Zeitfenster wird nicht dargestellt.

XII.25 wird sichtbar, dass sich die Schätzung für $\lambda = 0{,}80$ noch besser an den tatsächlichen Verlauf anschmiegen. Für eine Historie von 99,0 Prozent statt 99,9 Prozent der Werte ergeben sich in diesem Beispiel die gleichen Ergebnisse.

Es wäre zu vermuten, dass mit sinkendem λ die Prognosegüte stets zunimmt. Jedoch wird umso weniger Historie einbezogen, je geringer der Wert für λ ist. Mit abnehmender Historie steigt aber auch der mögliche Schätzfehler. Das optimale Lambda kann ermittelt werden, in dem der Mittlere Quadratische Fehler (MQF) minimiert wird.[548]

Gleichung XII.34: $$MQF = \left(\frac{1}{n}\right) \cdot \sum (x^2_{i+1} - \sigma^2_i)^2 = Minimum$$

Wenn eine durchschnittliche Tagesrendite von Null angenommen wird, gilt für den Erwartungswert $E[x^2_{i+1}] = \sigma^2_{i,t}$. Die Varianz im Zeitpunkt t bildet den Erwartungswert für die Veränderungsrate in t+1. Zur Lösung der Gleichung für den MQF ist ein iteratives Verfahren sinnvoll, da die Varianz σ^2_i abhängig von Lambda ist.[549] Ohne Einsatz der MQF-Schätzung lautet die „Faustregel" für die Bestimmung eines geeigneten λ, dass der Wert umso kleiner zu wählen ist, je stärker das beobachtete Volatilitätsclustering ist. Als eine Erweiterung des EWMA-Modells können die GARCH-Modelle betrachtet werden. Die Abkürzung *GARCH* bedeutet „generalized autoregressive conditional heteroscedasticity", übersetzt generalisierte autoregressive bedingte Heteroskedastizität.[550] Diese Modelle dienen ebenfalls zur Berücksichtigung von Clusterbildung bei der Prognose von Volatilitäten, also der Eigenschaft von Volatilitäten, im Zeitablauf einem bestimmten Muster zu folgen. Die Eigenschaft konstanter Volatilitäten wird als Homoskedastizität bezeichnet, umgekehrt bedeutet Heteroskedastizität eine sich im Zeitablauf ändernde Volatilität.

Bei Volatilitätsclustern können autoregressive Eigenschaften, das heißt die Abhängigkeit einer Volatilität von ihrer Vorgängergröße, gemessen werden. Wenn die Zeitreihe autoregressiv ist, sind Erwartungswert und Varianz bedingt, da ihre Größe vom Auftreten vorheriger Werte abhängig ist. Bei den *GARCH-Modellen* wird angenommen, dass die zu Grunde liegenden Veränderungsraten normalverteilt sind, wobei die Varianz im Zeitablauf schwanken kann und abhängig ist von der Volatilität der Vorperioden. Auf diese Weise kann sowohl die Clusterbildung als auch eine leptokurtosische Verteilung modelliert werden.[551] In GARCH-Prozessen werden die oben beschriebenen Abhängigkeiten abgebildet, so dass beispielsweise eine Volatilitätsprognose unter Berücksichtung der genannten Eigenschaften möglich ist.

---

[548] Vgl. BUTLER, C.: Mastering Value at Risk – A step by step guide to understanding and applying VaR, Wiltshire GB 1999, S. 203; DEUTSCH, H.-P.: Derivate und interne Modelle: Modernes Risikomanagement, 2. Auflage, Stuttgart 2001, S. 521; ZANGARI, P.: RiskMetricTM, Technical Document, 4. Auflage, J. P. Morgan/Reuters, New York 1996, S. 98.

[549] Der MQF lässt sich in EXCEL mit Hilfe des Solvers bestimmen.

[550] Vgl. BUTLER, C.: Mastering Value at Risk – A step by step guide to understanding and applying VaR, Wiltshire GB 1999, S. 204 ff.; OEHLER A.; UNSER M.: Finanzwirtschaftliches Risikomanagement, Berlin 2001, S. 97 f.

[551] Vgl. FRÖMMEL, M.; MENKHOFF, L.; TOLKSDORF, N.: Wechselkursvolatilität und institutsspezifische Value-at-Risk-Ansätze, in: Die Sparkasse, 11/1999, 116. Jahrgang, S. 509.

Die GARCH-Modelle haben seit ihrem Aufkommen in den achtziger Jahren vielfach Beachtung in der Finanzökonomie gefunden. Eine Herleitung der Modelle und Darstellung der inzwischen zahlreichen Varianten würde den Rahmen dieses Werks übersteigen.[552] Daher wird an dieser Stelle stellvertretend für alle anderen GARCH-Varianten das einfachste und für die Modellierung von Finanzmarktdaten geeignete GARCH-(1,1)-Modell dargestellt:[553]

Gleichung XII.35: $\sigma^2_t = \gamma \cdot V + \alpha \cdot x^2_{t-1} + \beta \cdot \sigma^2_{t-1} + u$

Die Variable V bezeichnet die durchschnittliche langfristige Varianz der Zeitreihe und wird mit dem Faktor γ gewichtet. Der mit dem Faktor α gewichtete Ausdruck X^2_{t-1} steht für die am Vortag tatsächlich gemessene Veränderungsrate. Mit σ^2_{t-1} wird der Schätzwert für die Varianz des Vortages bezeichnet, der mit dem Gewicht β in die Formel eingeht. Die Summe der drei Gewichte muss eins ergeben ($\gamma + \alpha + \beta = 1$).[554] Die Variable u bezeichnet eine Störgröße. Im Gegensatz zu dem EWMA-Modell kann das GARCH-Modell die Mean Reversion Eigenschaft (Mittelwertannäherung) der langfristigen Varianz berücksichtigen. Die Berücksichtigung einer Mean Reversion impliziert, dass sich die Varianz mittel- bis langfristig immer wieder auf einen Gleichgewichtswert einpendelt. Wenn die Varianz, trotz zufallsbedingter Schwankungen, im Zeitablauf tendenziell auf ein langfristiges Durchschnittsniveau (Mean Reversion) tendiert, liefert das GARCH-Modell bessere Prognosen als das EWMA-Modell.

Die Schwierigkeit der GARCH-Modelle liegt in der Schätzung geeigneter Parameter, weshalb sich die betriebswirtschaftliche Literatur häufig auf den Hinweis beschränkt, das GARCH-Modelle eine gute Prognosegüte haben, jedoch schwierig zu parametrisieren sind. Die Schätzung der Parameter erfolgt mit Hilfe von *Maximum-Likelihood-Methoden.* Hierbei werden auf Basis historischer Beobachtungen die Parameter so geschätzt, dass sie die Wahrscheinlichkeit für das Eintreten der historischen Werte maximieren. Es werden die Parameter bestimmt, die am besten die bisher eingetretenen Beobachtungen beschreiben. Die Prognosegüte des GARCH-Modells wird daran beurteilt, wie gut es die Autokorrelation aus x_i^2 beseitigt.[555] Eine Vereinfachung der Schätzung stellt das *Varianz-Targeting* dar, bei dem das langfristige Durchschnittsniveau der Varianz gleich der historischen langfristigen Stichproben-

---

[552] Zur Vertiefung vgl. DEUTSCH, H.-P.: Derivate und interne Modelle: Modernes Risikomanagement, 2. Auflage, Stuttgart 2001, S. 524 ff.; FRANKE, J.; HÄRDLE, W.; HAFNER, C.: Einführung in die Statistik der Finanzmärkte, Berlin, 2001, S. 171 ff.; Monographie: SCHMIDT, M.: Modellierung von Kapitalmarktvolatilität mittels fehlspezifizierter GARCH (p,q)-Prozesse, Lohmar 2000.

[553] Vgl. DEUTSCH, H.-P.: Derivate und interne Modelle: Modernes Risikomanagement, 2. Auflage, Stuttgart 2001, S. 514, 529 ff.; HULL, J. C.: Optionen, Futures und andere Derivate, 4. Auflage, München 2001, S. 528 ff.; JORION, P.: Value at Risk – The New Benchmark for Controlling Derivatives Risk, USA 1997, S. 170 ff.

[554] Für einen stabilen GARCH-Prozess muss $\alpha + \beta < 1$ sein. Zur Begründung vgl. HULL, J. C.: Optionen, Futures und andere Derivate, 4. Auflage, München 2001, S.538, 539. Für $\alpha + \beta > 1$ sollte auf das EWMA-Modell zurückgegriffen werden.

[555] Eine geeignete Kennzahl ist die zum Beispiel die Ljung-Box-Maßzahl, vgl. HULL, J. C.: Optionen, Futures und andere Derivate, 4. Auflage, München 2001, S. 536-537. Weitere Gütemaße finden sich bei DEUTSCH, H.-P.: Derivate und interne Modelle: Modernes Risikomanagement, 2. Auflage, Stuttgart 2001, S. 554 ff.

Varianz gesetzt wird. Dann verbleiben die beiden Parameter α und β zur Schätzung, welche iterativ bestimmt werden können.[556]

Bei geeigneter Wahl der Parameter können die GARCH-Modelle in das einfachere EWMA-Modell überführt werden.[557] Für den Fall $\gamma = 0$, $\alpha = 1 - \lambda$ und $\beta = \lambda$ ergibt sich aus dem GARCH-Modell das EWMA-Modell, so dass letzteres als ein besonderer Fall von GARCH(1,1) angesehen werden kann.[558] Das EWMA-Modell ist eine akzeptable und einfache Alternative zu den rechenintensiven GARCH-Modellen.[559] Daher wird in diesem Werk auf die Verwendung von GARCH-Modellen verzichtet, und die Volatilitätsprognosen werden vergleichend mit Hilfe von Volatilitäten auf Basis gleichgewichteter Beobachtungen und Volatilitäten aus EWMA-Modellen durchgeführt.

5.   Risikodiversifikation mit Korrelationen

Zusätzlich zu den Volatilitäten werden Korrelationen für die Berechnung von Risikokennzahlen benötigt. Ein *Korrelationskoeffizient* ist ein statistisches Maß, das die Stärke des linearen Zusammenhangs zweier Variablen misst und stets im Intervall zwischen minus Eins und Eins liegt. In Abbildung XII.26 ist beispielhaft gezeigt, wie für unterschiedliche Korrelationskoeffizienten die Streuung der täglichen Kursänderungen zweier Wertpapiere A und B aussehen könnte. Die Werte der beiden Zeitreihen sind als dunkle und helle Punkte im Graphen abgetragen.

Bei einer Korrelation von Null ist kein systematischer linearer Zusammenhang zwischen den Kursentwicklungen der beiden Wertpapiere A und B erkennbar. Wird im Weiteren die Korrelation künstlich von Null in Richtung Eins verändert, formiert sich die ursprünglich Punktwolke immer stärker zu einer Geraden mit positiver Steigung. Bei einer Korrelation von exakt Eins würde Wertpapier A die Kursänderungen von Wertpapier B immer in der gleichen Richtung folgen. Auf der rechten Seite von Abbildung XII.26 wird die Korrelation in die negative Richtung gegen minus Eins angepasst, so dass sich die Punktwolke langsam zu einer Geraden mit negativer Steigung formiert. Ein maximaler *Diversifikationseffekt* wird mit einer Korrelation von minus Eins erreicht. Dann verhält sich Wertpapier A in seiner Kursbewegung

---

[556] Die restlichen beiden Parameter α und β können mit Hilfe eines iterativen Verfahrens wie zum Beispiel dem Solver von Excel geschätzt werden.

[557] Vgl. BUTLER, C.: Mastering Value at Risk – A step by step guide to understanding and applying VaR, Wiltshire GB 1999; S. 206.

[558] Vgl. HULL, J. C.: Optionen, Futures und andere Derivate, 4. Auflage, München 2001, S. 528.

[559] Vgl. FRÖMMEL, M.; MENKHOFF, L.; TOLKSDORF, N.: Wechselkursvolatilität und institutsspezifische Value-at-Risk-Ansätze, in: Die Sparkasse, 11/1999, 116. Jahrgang, S. 509.

immer entgegengesetzt zu Wertpapier B. In der Realität sind häufig Korrelationen zwischen Null und unter Eins zu beobachten, weshalb in der Regel Risikodiversifikationseffekte gemessen werden können.

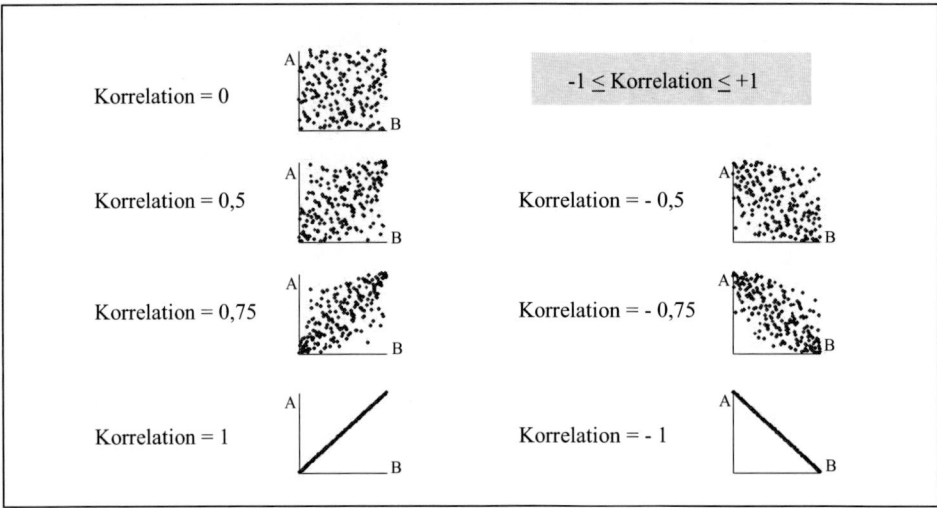

Abbildung XII.26: *Korrelationskoeffizienten*

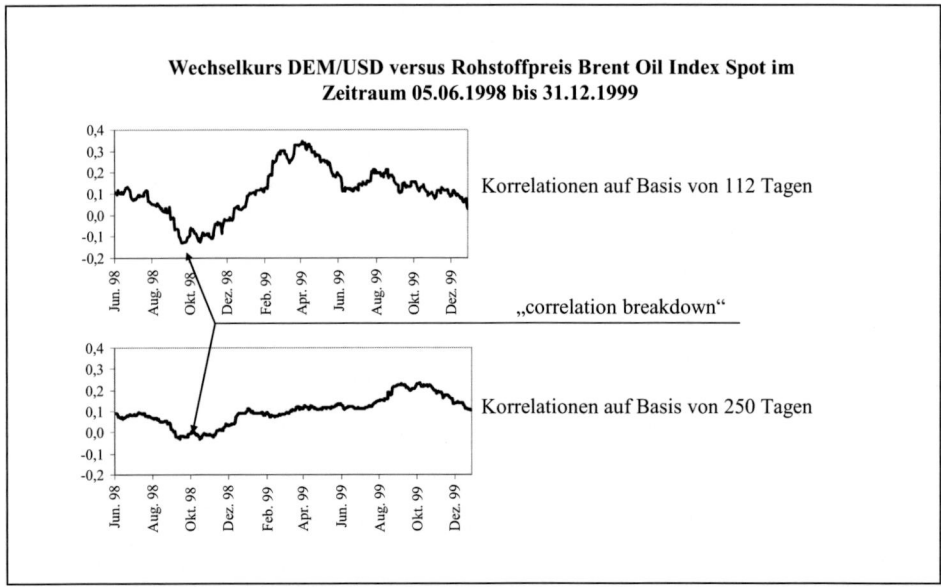

Abbildung XII.27: *Empirische Korrelationen im Zeitablauf*

Die empirische Korrelation berechnet sich aus der Relation der Kovarianz zweier Zeitreihen und den Volatilitäten der beiden Zeitreihen (vgl. Gleichung XII.36). In der Kovarianz sind somit die Korrelation und die Volatilitäten zweier Zeitreihen zusammengefasst. Auch die Kovarianz beschreibt das Zusammenspiel zweier Zufallsvariablen. Sie ist jedoch im Gegensatz zu der Korrelation nicht auf ein Intervall zwischen minus Eins und Eins standardisiert.[560] Aufgrund der Standardisierung ist es einfacher, die Stärke des Zusammenhangs zwischen zwei Variablen anhand der Korrelation zu beurteilen. Um die empirische Korrelation berechnen zu können, ist jedoch zuvor die Kenntnis der Kovarianz und der Volatilitäten beider Zeitreihen notwendig.

Gleichung XII.36: $$k = \frac{cov_{(A,B)}}{\sigma_A \bullet \sigma_B}$$

In Abbildung XII.27 ist beispielhaft der Verlauf der empirischen Korrelation zwischen dem Wechselkurs DEM/USD und dem Rohstoffpreis Brent Oil Index Spot im Zeitraum vom 05.06.1998 bis 31.12.1999 gezeigt. Die Korrelation in der Grafik im oberen Teil der Abbildung XII.27 beruht auf einer Messung von je 112 historischen Werten, die Graphik im unteren Teil zeigt Korrelationen auf Basis der jeweils 250 vergangenen Tage.[561] Trotz der starken Glättung in der unteren Graphik ist auch dort der *„correlation breakdown"* zwischen August und Oktober 1999 erkennbar. Bei einer Betrachtung auf Basis von 112 Tagen sank die Korrelation zwischen den beiden Marktpreisen von + 0,1138 am 28.07.1998 in nur 40 Handelstagen auf -0,1293 am 21.09.98. Die Korrelation hat in nur 40 Handelstagen ihr Vorzeichen umgedreht. Auf Basis einer Historie von 250 Tagen ist die Entwicklung der Korrelation stärker gedämpft und zeitlich verzögerter als in der oberen Graphik mit 112 Tagen Historie, jedoch sank auch bei dieser Betrachtung die Korrelation von 0,0563 am 27.08.1998 in jetzt nur sechzehn Handelstagen auf -0,0299. Bei beiden Graphiken erreicht die Korrelation bereits im Januar 1999 wieder den ursprünglichen Wert vor dem Correlation Breakdown. Der Messwert für die empirische Korrelation ist abhängig von der gewählten Historie, die wahre Korrelation liegt in einem Konfidenzintervall.

Das Auftreten von Correlation Breakdowns kann in der Praxis besonders häufig in stressigen Marktphasen und Krisen beobachtet werden.[562] Wenn sich Korrelationen schnell ändern können, sollten kalkulatorische Diversifikationseffekte sehr konservativ in den Risikoschätzungen berücksichtigt werden. Abbildung XII.28 zeigt als zweiten Vergleich die Entwicklung der Korrelation zwischen Zinsen und Aktien. Die Zinsen werden über den Rentenindex REX

---

[560] Vgl. CREMERS, H.: Mathematik und Stochastik für Banker, 2. Auflage, Frankfurt/Main 1999, S. 305.

[561] Eine Historie von 112 Tagen ist ähnlich zu dem Zeitfenster des EWMA-Modells mit $\lambda = 0,94$, jedoch noch ohne exponentielle Gewichtung der in Abbildung XII.27 abgetragenen Werte. Das Zeitfenster von 250 Tagen entspricht der traditionellen Betrachtung auf Basis gleichgewichteter Beobachtungen.

[562] Vgl. MALZ, A. M.: Financial crises, implied volatility an stress testing, Working Paper Number 01-01, RiskMetrics Group, New York 2001, S. 2 ff.; CEBS – COMMITTEE OF EUROPEAN BANKING SUPERVISORS: Consultation paper on technical aspects of diversification under Pillar 2, CP20 vom 27.06.2008, http://www.c-ebs.org/Publications/Consultation-Papers/CP11-CP20/CP20.aspx, S. 8 ff.; 21 f.

abgebildet, die Aktien über den Deutschen Aktien Index DAX.[563] Gemessen wurde über die Historie seit Januar 1967 die Entwicklung der Korrelation auf Basis von je 60 Monaten Beobachtungszeitraum (= Zeitfenster fünf Jahre). Die häufig zitierte Gesetzmäßigkeit „steigende Zinsen, sinkende Kurse" scheint nur zeitweise zu gelten. In einzelnen Phasen war die Korrelation zwischen Zinsen und Aktien über Jahre hinweg deutlich positiv, beispielsweise 1975 bis 1985 und 1993 bis 1996. Eine positive Korrelation bedeutet, dass sich beide Risikofaktoren gleichgerichtet verhalten.

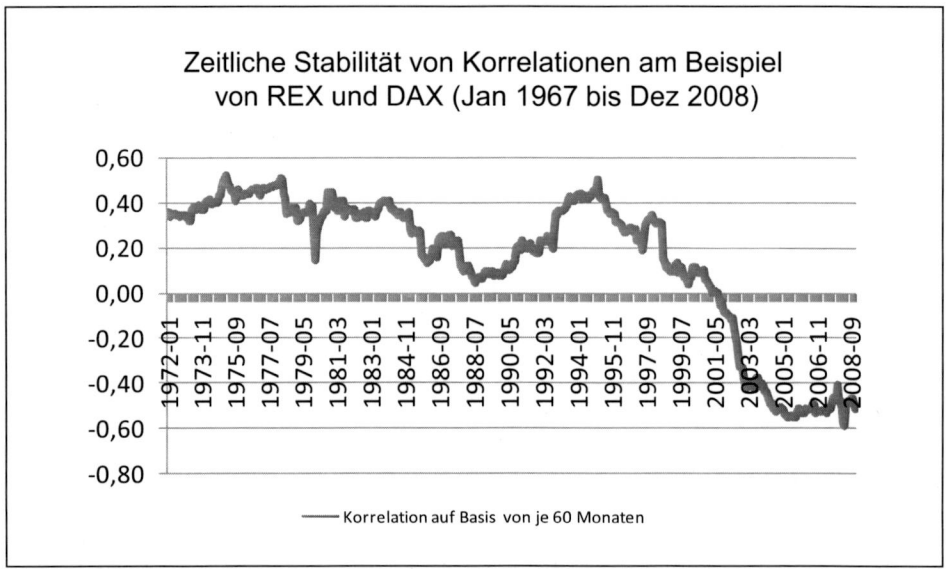

Abbildung XII.28: *Korrelation zwischen Zinsen und Aktien seit 1967*

Bei der kurzfristig ausgerichteten Risikoprognose für Bestands-Exposures werden in diesem Buch Korrelationen bei Bedarf in den parametrischen Risikomodellen berücksichtigt, da ohne Berücksichtigung von Diversifikationseffekten die Risiken überschätzt werden. Für Risikoprognosen von einem Tag kann von einer stabilen Korrelation ausgegangen werden. Dabei sollte aber nicht vergessen werden, dass es dennoch zu fehlerhaften Ergebnissen kommen kann. Die Korrelation ist nur geeignet, um einen linearen Zusammenhang zwischen zwei Variablen zu beschreiben.[564] Der Korrelationskoeffizient wird nahe bei Eins oder minus Eins liegen, wenn sich eine Punktwolke gut durch eine Gerade beschreiben lässt.

In Abbildung XII.29 ist ein Beispiel mit den beiden Funktionen $X_{(Z)}$ und $Y_{(Z)}$ gezeigt. Sowohl $X_{(Z)}$ als auch $Y_{(Z)}$ sind nur von der Variablen Z abhängig. Im Gegensatz zu $X_{(Z)}$ wird bei $Y_{(Z)}$ die Variable Z mit einem konstanten Faktor multipliziert. In der ersten Alternative hat der konstante Faktor in der Funktion $Y_{1(Z)}$ den Wert Eins. Zwischen X und Y besteht eine Korre-

---

[563] Datenquelle: Bundesbank-Statistik-Zeitreihendatenbank, www.bundesbank.de.

[564] Vgl. CREMERS, H.: Mathematik und Stochastik für Banker, 2. Auflage, Frankfurt/Main 1999, S. 307.

lation von Eins, da beide Funktionen identisch sind und nur von Z abhängen. Sowohl zwischen $X_{1(Z)}$ und Z als auch zwischen $Y_{1(Z)}$ und Z wird jeweils eine Korrelation von 0,8577 gemessen. Wegen dem exponentiellen Verlauf von $X_{1(Z)}$ und $Y_{1(Z)}$ kann deren Punktwolke nicht vollständig durch eine Gerade angenähert werden, folglich kommt es zu einem Korrelationskoeffizienten unter Eins.[565]

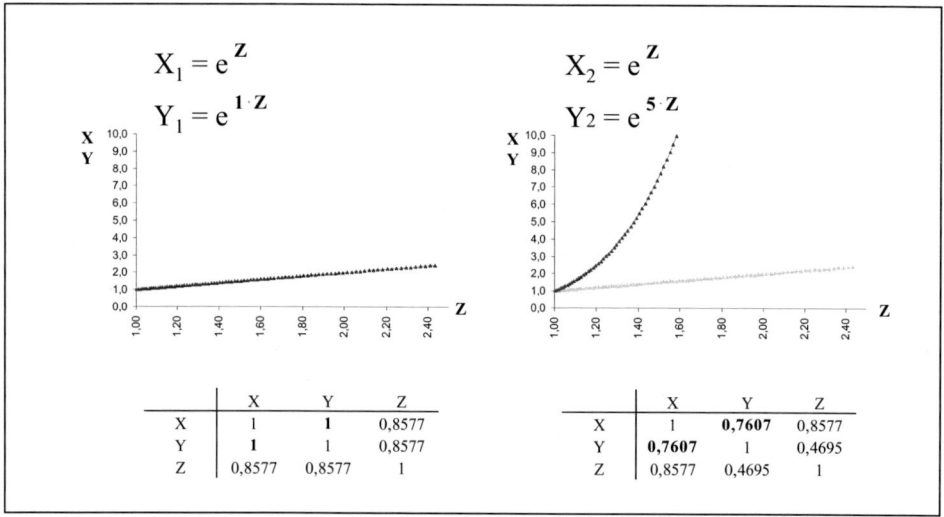

Abbildung XII.29: *Korrelierte oder unkorrelierte Zeitreihen?*

In einem zweiten Schritt wird der konstante Faktor in der Funktion $Y_{2(Z)}$ von Eins auf Fünf erhöht ($Y_{2(Z)} = e^{5 \cdot z}$). Obwohl $X_{2(Z)}$ und $Y_{2(Z)}$ weiterhin ausschließlich von der gleichen Variablen Z abhängen, sinkt die Korrelation zwischen $X_{2(Z)}$ und $Y_{2(Z)}$ von Eins auf 0,7607. Die Korrelation zwischen $Y_{2(Z)}$ und Z beträgt nur noch 0,4695, obwohl sich nichts an der Abhängigkeit zwischen X und Y geändert hat. Unabhängig von einem konstanten Faktor müssten $X_{2(Z)}$ und $Y_{2(Z)}$ perfekt miteinander korreliert sein, da sich jede der beiden Funktionen aus der jeweils anderen ableiten lässt.[566] Trotzdem ist der Korrelationskoeffizient zwischen $X_{2(Z)}$ und $Y_{2(Z)}$ von dem konstanten Faktor in $Y_{2(Z)}$ abhängig. Bei Verwendung eines linearen Maßes für die Abhängigkeit zwischen $X_{2(Z)}$ und $Y_{2(Z)}$ kann der wahre Zusammenhang zwischen den beiden Funktionen nicht erkannt werden, da es sich hierbei um eine *nichtlineare Abhängigkeit* handelt. Gemäß Mina und Yi Xiao ist die Anwendung der Korrelation als Abhängigkeitsmaß nur für eine bestimmte Gruppe von Verteilungen zu rechtfertigen. Die Grundlage für diese Erkenntnis bilden die Untersuchungen von Emrechts, McNeil und Straumann, die

---

[565] Der exponentielle Verlauf von $X_{1(Z)} = e^z$ bzw. $Y_{1(Z)} = e^{1z}$ ist im linken Graphen der Abbildung XII.29 wegen der identischen Skalierung bei der Darstellung nur schwach erkennbar.

[566] Vgl. MINA, J.; YI XIAO, J.: Return to RiskMetrics: The Evolution of a Standard, RiskMetrics Group, New York 2001; S. 96 f.

auch alternative Maße für die Messung der gegenseitigen Abhängigkeit von Variablen vor-
schlagen.[567]

Im Risikomanagement ist ungeachtet der möglichen Fehler die Anwendung von Korrelationen zur Messung von Diversifikationseffekten üblich. Alle parametrischen Risikomodelle
benötigen Korrelationen oder Kovarianzen. In der Regel werden Korrelationen über den
Zeitraum der letzten 250 oder mehr Tage gemessen. Da die historischen Beobachtungen
gleichgewichtet in die Berechnung einfließen, kann es zu Geisterkurven kommen. Im Folgenden wird daher ein aus dem EWMA-Modell abgeleiteter Ansatz als Alternative zur Prognose von Kovarianzen erläutert.

Das Modell setzt sich für diesen Zweck gemäß Gleichung XII.37 zusammen aus der mit dem
Faktor λ gewichteten Schätzung der Kovarianz zwischen den beiden Variablen x_i und y_i für
den Vortag und dem Produkt aus den am Vortag beobachteten Veränderungen für die beiden
Variablen x_i und y_i, gewichtet mit dem Faktor $(1 - \lambda)$.[568]

Gleichung XII.37: $cov_t = \lambda \bullet cov_{t-1} + (1 - \lambda) \bullet x_{t-1} \bullet y_{t-1}$

Die Gleichung wird an einem Beispiel vorgeführt. Der gewählte Gewichtungsfaktor ist
$\lambda = 0,94$, die Schätzung für die Kovarianz zwischen dem Wechselkurs DEM/USD und dem
Brent Oil Index Spot hat am Vortag 0,000022 betragen. Die am Vortag beobachtete tägliche
Veränderung lag für DEM/USD bei 0,62 Prozent und für den Brent Oil Index Spot bei
2,87 Prozent. Auf der Basis dieser Daten ergibt sich als Schätzwert für die Kovarianz des
nächsten Tages:

$$cov_t = 0,94 \bullet 0,000022 + (1 - 0,94) \bullet 0,0287 \bullet 0,0062 = 0,000031$$

Für die Umrechnung von der Kovarianz zur Korrelation wird angenommen, dass der Schätzwert für die Volatilität des Wechselkurses DEM/USD für den folgenden Tag $\sigma_{t(DEM/USD)} =$
0,64 Prozent und der Schätzwert für die Varianz des Rohstoffpreises $\sigma_{t(Brent\ Oil)} = 2,88$ Prozent
sei. Dann folgt der Schätzwert für die Korrelation k am folgenden Tag aus Gleichung XII.38:

$$k = cov_t / (\sigma_{t(DEM/USD)} \bullet \sigma_{t(Brent\ Oil)})$$

$$k = 0,000031 / (0,0288 \bullet 0,0064) = 0,1701$$

Die Berechnung von Korrelationen unter Verwendung des oben gezeigten Modells bereitet
deutlich mehr Aufwand als die klassische Berechnung auf Basis historischer gleichgewichteter Beobachtungen. Im Gegensatz zu dem EWMA-Modell bei Volatilitäten erfordert das
Modell für Korrelationen zunächst die Schätzung der Volatilitäten und der Kovarianz, um
anschließend daraus die Korrelation berechnen zu können. Wie bei den Volatilitäten auch
wird in diesem Werk zunächst versucht, mit Hilfe der einfacheren Messung von Volatilitäten

[567] Vgl. EMBRECHTS, P.; MCNEIL, A.; STRAUMANN, D.: Correlation and Dependence in Risk Management:
Properties and Pitfalls, Working Paper, ETH Zürich, S. 13 ff.
[568] Vgl. HULL, J. C.: Optionen, Futures und andere Derivate, 4. Auflage, München 2001, S. 543.

auf Basis gleichgewichteter Beobachtungen gute Risikoprognosen zu erzielen. Wenn das ab-schließende Backtesting der Modelle keine zufriedenstellende Prognosegüte aufzeigt, kann auf die Möglichkeit, die Korrelationen mit dem oben gezeigten Modell zu schätzen, zurück-gegriffen werden.

Die Prognose des Cash Flow at Risk ist im Gegensatz zum Value at Risk an einem mittel- bis langfristigen Zeithorizont von circa drei bis zwölf Monaten ausgerichtet. Bereits vor der Entwicklung der Cash-Flow-at-Risk-Modelle gab es strenggenommen Anwendungsgebiete für eine mittel- bis langfristige Betrachtung von Risikoparametern, zum Beispiel die Messung von Kreditrisiken. Der Vorteil des Value at Risks besteht darin, das gesamte Risiko in einer Kennzahl ausdrücken zu können. Diese Eigenschaft kann aber auch als Nachteil ausgelegt werden, verbunden mit der Kritik, dass eine einzige Zahl nicht alles aussagen kann.[569] Insbe-sondere ist der Value at Risk nur für Risiken aus Finanzprodukten mit sicheren Cash Flows und kurze Zeithorizonte geeignet.[570] Der Value at Risk ist ein sehr kurzfristig orientierter Ansatz und nicht für die Betrachtung von dynamischen Entwicklungen über längere Zeit-räume geeignet.[571] Restlaufzeitverkürzungs- und Pull-to-par-Effekte von Vermögenspositio-nen werden nicht berücksichtigt.[572] Vor einer Ausdehnung der Haltedauer „mit Gewalt" wird gewarnt.[573]

6.   Cash Flow at Risk versus Value at Risk

Unternehmen orientieren sich an längeren Zeithorizonten. Für das Wechselkursrisiko wurde empirisch ein durchschnittlicher Zeithorizont von zehn bis zwölf Monaten ermittelt.[574] Zu-sätzliche finanzielle Risiken können im Unternehmen aus den unsicheren operativen Cash Flows entstehen. Schon frühzeitig nach der Verbreitung des Value at Risk-Konzeptes in der Bankenwelt wurde erkannt, dass eine *kurzfristige Steuerung auf der Basis von Marktwerten*

---

569 Vgl. FRÖMMEL, M.; MENKHOFF, L.; TOLKSDORF, N.: Wechselkursvolatilität und institutsspezifische Value-at-Risk-Ansätze, in: Die Sparkasse, 11/1999, 116. Jahrgang, S. 506 ff.

570 Vgl. HARRIS-JONES, J.: Why treasury must tackle all risk, in: Corporate Finance, June 1998, S. 40-41.

571 Vgl. MOHR, R.: Gesamtbanksteuerung in Hypothekenbanken, in: Eller, R.; Gruber, W.; Reif, M.: Hand-buch Gesamtbanksteuerung – Integration von Markt-, Kredit- und operationalen Risiken, Stuttgart 2001, S. 205; BURMESTER, C.; SIEGL, T.: Strategieorientierte Simulation in der Gesamtbanksteuerung für Markt-und Kreditrisiko, in: Eller, R.; Gruber, W.; Reif, M.: Handbuch Gesamtbanksteuerung – Integration von Markt-, Kredit- und operationalen Risiken, Stuttgart 2001, S. 105 ff.

572 Vgl. FINGER, C. C.: When is a portfolio of options normally distributed?, in: J. P. Morgan/Reuters Risk-MetricsTM Monitor, New York, Third quarter 1997, S. 4 ff.

573 Vgl. WITTROCK, C.; JANSEN, S.: Gesamtbanksteuerung auf Basis von Value at Risk – Ansätzen, in: Öster-reichisches Bank Archiv, Heft 12/96, S. 909.

574 Vgl. BARTRAM, S. M.: Die Praxis unternehmerischen Risikomanagements von Industrie- und Handelsun-ternehmen, in: Finanz Betrieb, 6/1999, S. 76.

nicht den Anforderungen von Unternehmen gerecht wird.[575] Für zahlreiche Vermögensgegenstände in Unternehmen sind Marktwerte nicht oder nur mit viel Aufwand ermittelbar. Insbesondere haben zukünftige, aber noch unsichere Cash Flows häufig einen bedeutenden Anteil am Unternehmenswert. Das Ziel des Cash Flow at Risk-Konzeptes ist nicht nur die Berücksichtigung der an die Treasury übertragenen finanziellen Risiken, sondern auch die Einbeziehung zukünftiger (noch unsicherer) Umsätze in das Exposure.[576] Der Begriff Risiko wird nicht mehr als Bestands-, sondern als Stromgröße definiert, in der auch die operative Tätigkeit eines Unternehmens zu berücksichtigen ist.

Daraus resultiert ein grundlegender Unterschied zwischen beiden Modellkategorien. Bei den Value-at-Risk-Modellen werden erst alle Cash Flows zu einem Barwert aggregiert und anschließend erfolgt eine Risikoschätzung bezüglich der maximalen Barwertänderung mit einer bestimmten Wahrscheinlichkeit innerhalb eines kurzen Zeitraums. In einem Cash Flow at Risk-Modell werden zunächst die Risiken für die einzelnen Cash Flows kalkuliert und erst im letzten Schritt erfolgt eine Aggregation zu einem Nominalwert.

Aus der Differenz zwischen dem Nominalwert und dem Planwert wird die maximale Cash-Flow-Veränderung berechnet, die mit einer bestimmten Wahrscheinlichkeit innerhalb des Prognosehorizonts nicht überschritten wird. Durch die erst im letzten Schritt erfolgende Aggregation ist der Ansatz besser geeignet, um beispielsweise im Zeitablauf eintretende Schwankungen der Absatzmengen zu simulieren. Der Cash Flow at Risk kann als ein *dynamischer Value at Risk* betrachtet werden, wenngleich eine Überführung vom VaR zum CFaR auch im einfachsten Fall nicht gelingt. Am Beispiel einer Fallstudie werden die Unterschiede zwischen den beiden Konzepten aufgezeigt. In der Fallstudie wird von sicheren, nominal konstanten Cash Flows ausgegangen. Damit sind noch am besten die Voraussetzungen für eine Value-at-Risk-Berechnung gegeben. Der gewünschte Risikohorizont umfasst zwölf Monate und die Wahrscheinlichkeit für die Risikoprognose beträgt 95 Prozent. Um den Value at Risk auf die übliche Weise zu berechnen und anschließend mit dem Wurzelgesetz auf den gewünschten Prognosehorizont zu skalieren, ist zunächst eine Reihe von Annahmen und Vorbereitungen zu treffen.

Bevor ein Value at Risk berechnet werden kann, bedarf es der Diskontierung aller zu berücksichtigenden Cash Flows zu einem Barwert. Da es sich in der Fallstudie um Einnahmen in

[575] Vgl. BARTRAM, S. M.: Verfahren zur Schätzung finanzwirtschaftlicher Exposures von Nichtbanken, in: Johanning, L.; Rudolph, B.: Handbuch Risikomanagement, Risikomanagement in Banken, Asset-Management-Gesellschaften, Versicherungs- und Industrieunternehmen, Bad Soden 2000, S. 1269; Harris-Jones, J.: Why treasury must tackle all risk, in: Corporate Finance, June 1998, S. 41; JORION, P.: Value at Risk – The New Benchmark for Managing Financial Risk, 2nd ed., USA 2001, S. 366 ff.; LEE, A. Y.: CorporateMetrics™ Technical Document, RiskMetrics Group, New York 1999, S. 3 ff., 10 ff.; MEVAY, J.; TURNER, C.: Could companies use value-at-risk?, in: Euromoney, October 1995, S. 84; PFENNIG, M.: Shareholder Value durch unternehmensweites Risikomanagement, in: Johanning, L.; Rudolph, B.: Handbuch Risikomanagement, Risikomanagement in Banken, Asset-Management-Gesellschaften, Versicherungs- und Industrieunternehmen, Bad Soden 2000, S. 1298; SCHIERENBECK, H.; LISTER, M.: Value Controlling – Grundlagen Wertorientierter Unternehmensführung, München 2001, S. 342 f.;

[576] Vgl. PFENNIG, M.: Shareholder Value durch unternehmensweites Risikomanagement, in: Johanning, L.; Rudolph, B.: Handbuch Risikomanagement, Risikomanagement in Banken, Asset-Management-Gesellschaften, Versicherungs- und Industrieunternehmen, Bad Soden 2000, S. 1300, 1306.

einer ausländischen Währung handelt, muss ein geeigneter ausländischer Zinssatz ausgewählt werden. Für jedes Laufzeitband steht eine Reihe von Zinssätzen zur Auswahl, begonnen von Zinssätzen für risikolose Staatspapiere über Swapzinssätze bis hin zu Pfandbriefsätzen. Die Zinssätze enthalten unterschiedlich hohe Risikoprämien und es stellt sich die Frage nach einem geeigneten Diskontierungszins. Die Entscheidung sollte sich am potenziellen Absicherungsinstrument orientieren. Wenn zum Beispiel Zinsrisiken mit Swapgeschäften abgesichert werden, ist es sinnvoll, auch die Diskontierung mit Swapzinssätzen durchzuführen. Hat sich das Unternehmen für eine Kategorie von Zinssätzen entschieden, so gilt es in einem nächsten Schritt die historische Volatilität und bei Anwendung eines parametrischen Value-at-Risk-Modells die Korrelation der Zinsen zu dem Wechselkurs zu bestimmen. Dann könnte aus diesen Daten der Value at Risk für einen Tag Haltedauer errechnet werden, der anschließend mit dem Wurzelgesetz auf die Dauer von zwölf Monaten zu skalieren wäre.

In diesem Vorgehen stecken eine Reihe von *Annahmen,* die bei der Cash-Flow-at-Ris-Berechnung nicht benötigt werden. Zunächst ist keine Diskontierung der Cash Flows notwendig, folglich entfällt die Annahme über den hierfür adäquaten Zinssatz. Wäre das Unternehmen nur auf zwölf ausländischen Märkten vertreten, hätte es für die Diskontierung und Risikoberechnung umfangreiche Vorbereitungen und Annahmen zu treffen. Durch den Verzicht auf diese Daten und Annahmen wird die Risikoberechnung einfacher. Damit verbunden entfällt auch der Bedarf zur Ermittlung einer Vielzahl von Korrelationen wie beispielsweise zwischen den zwölf Zinskurven und den Währungen sowie zwischen den Währungen selbst. Es stellt sich auch nicht mehr die Frage, welche Historie für die Ermittlung der Korrelation relevant ist. Insbesondere entfällt die empirisch nicht haltbare Annahme, dass eine Korrelation über den Zeitraum von zwölf Monaten konstant bleibt.

Für die Überführung des Value at Risk in einen Cash Flow at Risk wird jeweils ein Value at Risk für die Quartalstage, an denen Cash Flows anfallen, berechnet. Das Verfahren ähnelt der Proxy-Cash-Flow-Methode, da der Value at Risk nicht am Betrachtungszeitpunkt 28.11.2000, sondern für einen in der Zukunft liegenden Zeitpunkt berechnet wird.[577] Die erste Value at Risk-Schätzung erfolgt für den 01.01.2001, der 24 Handelstage vom Betrachtungszeitpunkt 28.11.2000 entfernt ist. Ausgehend von den historischen logarithmierten täglichen Wechselkursänderungen in Höhe von 0,00710307 auf Basis von 250 gleichgewichteten Beobachtungen beträgt die Standardabweichung für den Zeitraum von 24 Tagen 0,034798 (= $\sqrt{24}$ · 0,00710307). Wie bei dem zweiseitigen Vertrauensintervall für einen Random Walk wird der Wechselkurs vom 28.11.2000 mit einem Faktor für die gewünschte Wahrscheinlichkeit multipliziert. Daraus folgt die Schätzung für den mit 95 Prozent Wahrscheinlichkeit schlechtesten Wechselkurs in 24 Tagen zu 0,9075 EUR/USD (= 0,857 EUR/USD · $e^{(1,644853 \cdot 0,034798)}$). Dabei gilt es zu beachten, dass kein Minus vor dem z-Wert steht, da das Risiko in einem steigenden Wechselkurs EUR/USD besteht.

---

[577] Vgl. FINGER, C. C.: When is a portfolio of options normally distributed?, in: J. P. Morgan/Reuters RiskMetricsTM Monitor, New York, 3. Qu.1997, S. 4 ff.

Zeitpunkt	Tage ab dem 28.11.2000	Volatilität im Zeitraum	schlechtester Wechselkurs	analytisch	simuliert mit MC-Methode
01.01.2001	24 Tage	0,034798	0,9075	826.462	825.825
02.04.2001	89 Tage	0,067010	0,9569	783.812	784.363
02.07.2001	154 Tage	0,088147	0,9907	757.029	754.871
01.10.2001	219 Tage	0,105116	1,0188	736.192	740.497

Mit 95 % Wahrscheinlichkeit nicht zu
unterschreitender Summen Cash Flow in EUR   3.103.494   3.105.556

Abbildung XII.30: *Minimaler Summen-Cash-Flow*

Von den 750.000 USD, die am 01.01.2001 fällig werden, bleiben mit 95 Prozent Wahrschein-lichkeit nach dem Umtausch 826.446 EUR übrig (= 750.000 USD / 0,9075 EUR/USD). In der gleichen Weise wird der mit 95 Prozent Wahrscheinlichkeit nicht zu unterschreitende Cash Flow für die restlichen drei Quartale bestimmt. In Abbildung XII.30 ist die Berechnung der einzelnen Cash Flows analytisch auf Basis der Normalverteilung und alternativ mit der Monte-Carlo-Simulation auf Basis der Normalverteilung gezeigt. Für jeden der vier Stichtage werden 10.000 Wechselkurse simuliert. Bei so vielen Simulationsläufen sind die Unter-schiede im Ergebnis zwischen den beiden Ansätzen marginal. Nach zwölf Monaten wird die Summe aller Cash Flows mit 95 Prozent Wahrscheinlichkeit mindestens 3,1 Mio. EUR betra-gen.

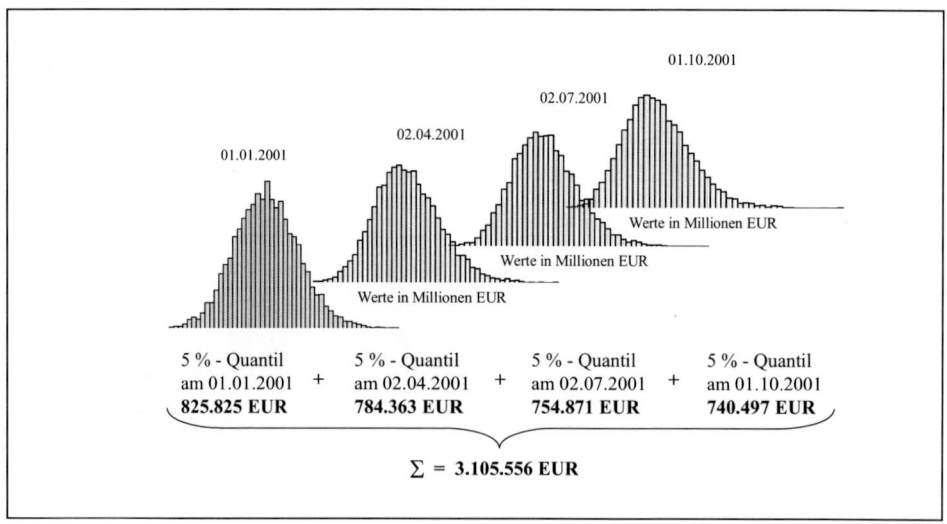

Abbildung XII.31: *Addition der einzelnen Value-at-Risk-Schätzungen für vier Quartale*

Bei der Schätzung der vier Value-at-Risk-Werte wird für alle vier Zeitpunkte der mit 95 Prozent Wahrscheinlichkeit schlechteste Wechselkurs unterstellt (vgl. Abbildung XII.30). Die Annahme, die dahinter steht, wird bei einem Vergleich des Vertrauensintervalls mit dem Random Walk noch deutlicher. Das Vertrauensintervall in Abbildung XII.31 ergibt sich, in dem für jeden der 250 betrachten Handelstage der mit 95 Prozent Wahrscheinlichkeit schlechteste Wechselkurs bestimmt wird. Das ist die Denkweise bei der Value-at-Risk-Berechnung. Über den Zeitraum von 250 Handelstagen würde diese Denkweise aber in einer Parabel gesprochen bedeuten: Wenn es heute regnet, wird es morgen regnen, und übermorgen und so weiter, es wird die nächsten 250 Tage nur noch regnen. Genau von diesem mit 95 Prozent Wahrscheinlichkeit schlechtesten Fall wird bei der Value-at-Risk-Betrachtung an jedem Tag bis zum Prognosehorizont ausgegangen.

In Abbildung XII.32 ist exemplarisch einer von 10.000 simulierten Random Walks gezeigt, wie sie in dem Cash-Flow-at-Risk-Modell verwendet werden. Durch die Vielzahl der simulierten Pfade wird sichergestellt, dass viele im Zeitablauf mögliche Wechselkursentwicklungen in der Risikoschätzung berücksichtigt werden. Es wird höchstens einen Pfad geben, der genau am oberen Ast des Vertrauensintervalls entlang läuft und somit für jeden der 250 Tage den mit 95 Prozent Wahrscheinlichkeit schlechtesten Wechselkurs generiert. Es wird aber auch Pfade geben, die stellenweise das Vertrauensintervall verlassen und sehr extreme Wechselkurse generieren.

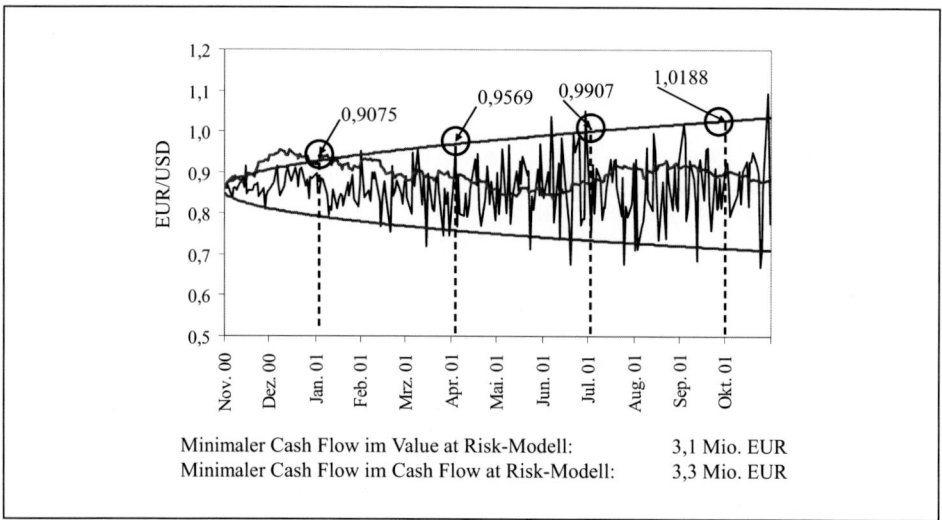

Abbildung XII.32: *Der Value at Risk ist für mittelfristige Prognosen zu konservativ*

Die Cash Flows werden mit allen 10.000 Pfaden bewertet, und das mit 95 Prozent Wahrscheinlichkeit schlechteste Ergebnis daraus führt zu dem minimalen Cash Flow von 3,3 Mio. EUR für diese Wahrscheinlichkeit (vgl. Abbildung XII.33). Weil aber nicht der fünf Prozent schlechteste Pfad entlang der oberen Intervallgrenze verläuft, können Cash Flow at Risk und

Value at Risk nicht identisch sein. Es handelt sich somit um eine andere Art der Risikoberechnung, obwohl beiden Ansätzen normalverteilte Risikofaktoren zu Grunde liegen.

Der *wesentliche Unterschied* zwischen einem Random Walk und einer langfristigen Risikoprognose mit dem Value-at-Risk-Verfahren besteht darin, dass der Random Walk einen vollständigen Pfad für den betrachteten Risikofaktor abbildet. Eine Langzeitprognose mit dem Value-at-Risk-Verfahren würde sich darauf beschränken, das 5 %-Quantil für jeden einzelnen Tag des betrachteten Zeitraums zu ermitteln und über alle Tage des betrachteten Risikozeitraums zu kumulieren. Damit wird unterstellt, dass an jedem einzelnen von zum Beispiel 255 Tagen der zu 95 Prozent schlechteste Wert eintritt.

Für die Prognose von zukünftigen Marktentwicklungen sind aber Pfade von Marktpreisen notwendig. Bei Verwendung von Random Walks werden viele mögliche Preispfade simuliert, die alle sowohl sinkende als auch steigende Risikofaktoren berücksichtigen. Das Ergebnis der Risikoschätzung ist das 5 %-Quantil aus der Wertentwicklung von 255 Tagen, das nicht übereinstimmt mit der Summe von 255 täglichen 5 %-Quantilen (vgl. Abbildungen XII.30 ff.).

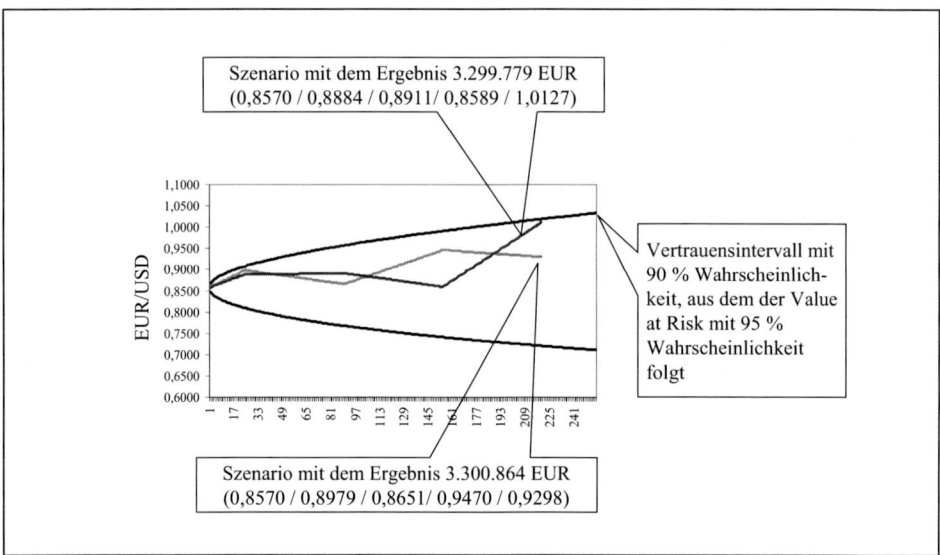

Abbildung XII.33: *Pfade im Cash-Flow-at-Risk-Beispiel*

In Abbildung XII.34 ergibt sich der mit 95 Prozent Wahrscheinlichkeit geringste Cash Flow von 3,3 Mio. EUR beispielsweise dann, wenn der Wechselkurs EUR/USD, beginnend mit 0,8570 EUR/USD, nach 24 Tagen auf 0,8979 steigt, nach 89 Tagen wieder auf 0,8661 fällt, nach 154 Tagen auf 0,9470 steigt und am letzten Umtauschtag 0,9298 EUR/USD beträgt. Ein ähnliches Ergebnis von 3,2998 Mio. EUR folgt aus einem zunächst sinkenden Wechselkurs, der aber im letzten Quartal stark ansteigt.

Bei Betrachtung des Vertrauensintervalls, das sich aus dem Value-at-Risk-Prinzip ergibt, wird auch deutlich, warum der Value at Risk für sehr kurzfristige Schätzungen zuverlässige Prognosen liefert. Im Bereich der ersten Tage der Risikoprognose ist das Vertrauensintervall noch sehr eng, es weitet sich aber mit zunehmendem Prognosehorizont schnell aus und führt zu der oben beschriebenen pessimistischen Überschätzung des Risikos.

Der in Abbildung XII.32 gezeigte minimale Cash Flow stellt noch nicht den Cash Flow at Risk dar. Ein weiterer Unterschied des Cash Flow at Risk zum Value at Risk besteht darin, dass das Risiko als Abweichung von einem Referenzwert ungleich Null aufgefasst wird. Beim Value at Risk wäre das Risiko eine negative Barwertveränderung in der Zukunft im Vergleich zu dem Barwert zum Zeitpunkt der Risikoberechnung. Beim Cash Flow at Risk misst das Unternehmen die Abweichung von einem geplanten oder budgetierten Wert. Der Cash Flow at Risk hat somit einen *anderen Vergleichsmaßstab* als der Value at Risk. Beim Value at Risk ist das Risiko die mit einer bestimmten Wahrscheinlichkeit nicht zu überschreitende Barwertveränderung innerhalb einer kurzen Periode, die in Bezug auf den Barwert in t = 0 erfolgen kann. Der Cash Flow at Risk misst die mit einer bestimmten Wahrscheinlichkeit nicht zu überschreitende Abweichung von dem geplanten oder budgetierten Cash Flow der Unternehmung.

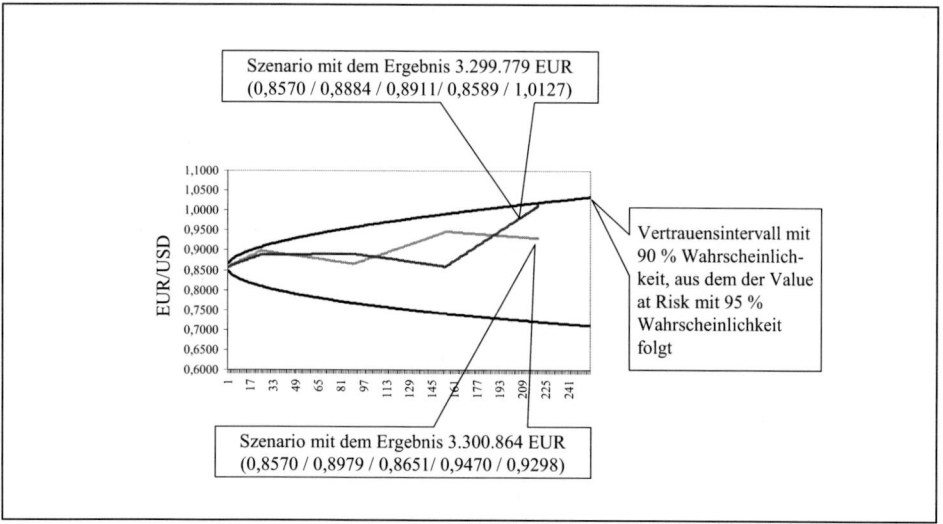

Abbildung XII.34: *Vergleich von CFaR-und VaR-Pfad*

Wenn in dem gezeigten Beispiel das Unternehmen für die nächsten zwölf Monate einen Cash Flow von 3,5 Mio. EUR erwartet, dann beträgt der Cash Flow at Risk mit 95 Prozent Wahrscheinlichkeit 200.000 EUR. Dieser Betrag ergibt sich aus der Differenz des mit 95 Prozent Wahrscheinlichkeit nicht zu unterschreitenden Cash Flows und dem erwarteten Cash Flow (= 3,3 Mio. EUR – 3,5 Mio. EUR). Bei Anwendung der Value-at-Risk-Denkweise würde der mit 95 Prozent Wahrscheinlichkeit nicht zu unterschreitende Cash Flow bei 3,1

Mio. EUR liegen, woraus eine maximale Abweichung vom Planwert in Höhe von 400.000 EUR resultiert (= 3,1 Mio. EUR – 3,5 Mio. EUR). Damit ist die Risikoschätzung bei Anwendung der Value-at-Risk-Methode doppelt so hoch wie bei Anwendung der Cash-Flow-at-Risk-Methode. In einer Ex-post-Analyse hätte der Cash Flow bei Berücksichtigung der tatsächlichen Marktentwicklung 3,35 Mio. EUR betragen, was eine Abweichung von 150.000 EUR vom Planwert bedeutet (= 3,35 Mio. EUR bis 3,5 Mio. EUR). Damit hätten beide Modelle das Risiko nicht unterschätzt, nur wäre die Schätzung bei Verwendung der Value-at-Risk-Methode zu konservativ gewesen.[578] Für sehr kurzfristige Risikoprognosen ist die Value-at-Risk-Methode aber geeignet.

Das Value-at-Risk-Konzept stammt aus dem Handelsbereich von Banken, wo es entwickelt wurde, um das Risiko von Finanzprodukten für die Haltedauer von einem Tag zu messen. Bei Finanzprodukten sind die Cash Flows in der Regel vertraglich fixiert, so dass ohne größere Probleme Barwerte ermittelt werden können. Gleichzeitig sind für die meisten Finanzprodukte auch Marktwerte an den Wertpapiermärkten erhältlich. Das Konzept ist bestandsorientiert, es misst die Risiken von den im Portfoliobestand enthaltenen Finanzprodukten.

Das Cash-Flow-at-Risk-Modell wurde entwickelt, um Risikoprognosen über einen längeren Zeithorizont zu erstellen. Damit soll der Bedarf der Unternehmen nach einem längeren Planungshorizont gedeckt werden. Im Gegensatz zum Value at Risk werden nicht Marktwerte von Portefeuilles betrachtet, sondern nominale Cash Flows. Statt einem berechneten Barwert werden Stromgrößen wie beispielsweise der Unternehmens-Cash Flow oder der EBIT (earnings before interest and taxes) der Risikoberechnung zu Grunde gelegt. Daher ist es auch möglich, operative Cash Flows und die Abhängigkeiten zu Marktpreisänderungen zu berücksichtigen. Die Cash Flows können einer eigenen Volatilität unterworfen werden.

Zwar könnten die operativen Cash Flows auch diskontiert werden, um anschließend den daraus resultierenden Barwert mit einem Value-at-Risk-Modell zu steuern, jedoch wären dafür eine Reihe von Annahmen notwendig. Insbesondere müsste unterstellt werden, dass die operativen Cash Flows exakt prognostiziert werden können und nominal konstant bleiben, völlig unabhängig von Änderungen der Marktpreise und Nachfragemengen. Nur dann ist die Annahme konstanter Cash Flows möglich, die vorhanden sein müssen, um eine Diskontierung durchführen zu können. Es ist nicht möglich, unsichere, von Marktpreisänderungen abhängige oder Nachfrageschwankungen ausgesetzte Cash Flows zu einem Barwert zu diskontieren. Für die Barwertrechnung bedarf es ausdrücklich sicherer und konstanter Cash Flows.

Bei dem Value at Risk werden stets alle bekannten Cash Flows einbezogen, da andernfalls keine korrekte Barwertermittlung möglich ist. Beispielsweise wären bei einem Wertpapier mit zehn Jahren Restlaufzeit die Cash Flows der nächsten zehn Jahre zu berücksichtigen. Für den Cash Flow at Risk hingegen werden nur die Cash Flows innerhalb des Prognosezeitraums berücksichtigt, was für die Fokussierung auf operative Cash Flows zwar gerechtfertigt

---

[578] Eine gesicherte Aussage über die Prognosegüte von Cash-Flow-at-Risk-Modellen kann erst durch das abschließende Backtesting über einen längeren Zeitraum erfolgen. In diesem Beispiel handelt es sich lediglich um einen Vergleich der Prognosegüte für eine einzige Risikoprognose.

ist, aber bei einem zehnjährigen Wertpapier mit endfälliger Tilgung zur Unterschätzung des Zinsrisikos führen würde.

Kriterium	Value at Risk	Cash Flow at Risk
Exposuredefinition	portfolioorientiert	Cash-Flow-orientiert
Underlying	nur Finanzinstrumente	alles, auch operatives Geschäft
Verhalten des Underlyings	Nominalvolumen bleibt konstant (bestenfalls Ausfallrisiko), der Barwert ändert sich nur infolge von Zins- oder Währungsrisiken	Cash Flows sind variabel (zum Beispiel Nachfrageschwankungen), der Summen-Cash-Flow hängt sowohl vom operativen Geschäft als auch von Zins-, Währungs- und Rohstoffpreisrisiken ab; Wechselwirkungen zwischen Marktpreisrisiken und Cash Flow (etwa Preiselastizität) werden berücksichtigt
einbezogene Vermögensgegenstände / Cash Flows	nur sichere Cash Flows werden erfasst	auch finanzielle Risiken aus zukünftigen Umsätzen und Bestellungen werden in die Exposure einbezogen (→ explizite Berücksichtigung der Unsicherheit zukünftiger Cash Flows); → Einfluss der finanziellen Risikofaktoren über die gesamte Wertschöpfungskette wird berücksichtigt
betrachtete Laufzeit	komplett, alles, was bekannt ist, muss einbezogen werden (beispielsweise die nächsten zehn bis zwanzig Jahre bei Bonds)	beliebige Zeitpunkte können berücksichtigt werden, zum Beispiel Änderung des Jahresüberschusses in den nächsten drei bis zwölf Monaten
Haltedauer	bei seriösen Berechnungen bis maximal sechzig Tage	beliebig, auch drei bis zwölf Monate
einbezogene Risikofaktoren	nur Marktpreisrisiken	beliebig, auch strategische, operative Risiken

Zielgröße	Marktwert des Portfolios → Orientierung an Bestandsgrößen	Cash Flow, Jahresüberschuss (= Earnings), EBIT, → Orientierung an Stromgrößen
	→ für fast alle Aktiva und Passiva sind Marktwerte erhältlich (mark to market)	→ nur für einen geringen Teil der Aktiva und Passiva von Industrieunternehmen existieren Marktwerte
	→ die Aktiva/Passiva sind objektiv zu bewerten (zum Beispiel Bonds etc.), leicht liquidierbar und handelbar	→ die von Assets generierten Cash Flows sind vielfach subjektiv, von der spezifischen Marktposition abhängig und auch nicht oder nur schwer liquidierbar/handelbar

Tabelle XII.2: *Value at Risk versus Cash Flow at Risk*

Beide Konzepte haben ihre Berechtigung. Das festverzinsliche Wertpapier wird als ein barwertiger Vermögensbestandteil betrachtet. Das Risiko besteht in einer negativen Barwertänderung (Value Exposure). Die Value-at-Risk-Modelle wurden für die Messung genau dieser barwertigen Risiken entwickelt. Der operative Cash Flow ist hingegen eine Stromgröße, eine endfällige Tilgung wie bei einem Wertpapier gibt es hier nicht und das Risiko besteht in einer negativen Abweichung vom erwarteten Cash Flow (Cash Flow Exposure). In Tabelle XII.2 werden die Unterschiede zwischen dem Value at Risk und Cash Flow at Risk systematisch gegenübergestellt.

Es stellt sich die Frage, warum nicht über die Interdependenzen zwischen den Marktpreisen und den operativen Cash Flows hinweggesehen wird, die Cash Flows einfach per Definition als konstant angenommen und zu einem Barwert diskontiert werden, um sie anschließend mit dem Value-at-Risk-Konzept zu steuern. Die genannten Prämissen wären zwar *realitätsfremd*, aber Modelle stellen stets eine Vereinfachung der Realität dar und kommen nicht ohne Annahmen aus. Die Messung der finanziellen Risiken aus dem operativen Geschäft wäre oberflächlicher und gröber, aber dafür könnte eine einheitliche Risikomessmethode für alle Exposure Kategorien angewendet werden.

Stattdessen werden Value Exposures mit dem Value at Risk und Cash Flow Exposures mit dem Cash-Flow-at-Risk-Modell gemessen. Die Antwort auf diese Frage lässt sich aus dem bei Unternehmen gegenüber Banken wesentlich längeren Planungshorizont herleiten. Wenn eine Bank beispielsweise in ihrem Wertpapierportfolio ein zu hohes Risiko feststellt, kann sie entweder Absicherungsinstrumente kaufen oder Wertpapiere in sehr kurzer Zeit abstoßen, da die Finanzmärkte in der Regel liquide sind. Deshalb sind Risikoprognosen für sehr kurze Haltedauern zur Risikomessung in Finanzportfolios ausreichend. Wenn ein Unternehmen nur die Risiken seiner Fremdwährungsposition oder des eigenen Pensionsfonds messen will, ist ebenfalls ein Value-at-Risk-Modell ausreichend. In diesen Fällen gibt es keinen Unterschied zwischen einer Bank und einem Unternehmen. Beide sind auf liquiden Märkten tätig und können Risikopositionen schnell schließen. Für andere Einsatzzwecke in Unternehmen als zur Messung der Risiken von Portfolios mit Finanzprodukten ist das Value-at-Risk-Modell kaum geeignet.[579]

Die finanziellen Risiken aus dem operativen Geschäft eines Unternehmens übersteigen in der Regel die finanziellen Risiken aus den Beständen an Wertpapieren und anderen Finanzprodukten. Das operative Geschäft kann aber nicht beliebig ge- und verkauft werden, wie es bei Wertpapieren der Fall ist. Insbesondere benötigt das Unternehmen eine gewisse Vorlaufzeit, um seine Unternehmenspolitik auf die am Horizont erkennbaren, jedoch nicht handelbaren Risiken abzustimmen.[580]

Literaturverzeichnis

BARTRAM, S. M.: Die Praxis unternehmerischen Risikomanagements von Industrie- und Handelsunternehmen, in: Finanz Betrieb, 6/1999, S. 71-77.

BARTRAM, S. M.: Finanzwirtschaftliches Risiko, Exposure und Risikomanagement von Industrie- und Handelsunternehmen, in: WiSt., 5/2000, S. 242-249.

BARTRAM, S. M.: Verfahren zur Schätzung finanzwirtschaftlicher Exposures von Nichtbanken, in: Johanning, L.; Rudolph, B.: Handbuch Risikomanagement, Risikomanagement in Banken, Asset-Management-Gesellschaften, Versicherungs- und Industrieunternehmen, Bad Soden 2000, S. 1267-1294.

BEECK, H.; JOHANNING, L.; RUDOLPH, B.: Value at Risk-Limitstrukturen zur Steuerung und Begrenzung von Marktrisiken im Aktienbereich, in: OR Spektrum – Quantitative Approaches in Management, Vol. 21, 1-2, S. 259-286.

BODE, M.; MOHR, M.: Alles falsch?, in: Die Bank, Nr. 6/1994, Juni 1994, (1994), S. 364-367.

BOSCH, K.: Statistik-Taschenbuch, München 1998.

BURMESTER, C.; SIEGL, T.: Strategieorientierte Simulation in der Gesamtbanksteuerung für Markt- und Kreditrisiko, in: Eller, R.; Gruber, W.; Reif, M.,: Handbuch Gesamtbanksteuerung – Integration von Markt-, Kredit- und operationalen Risiken, Stuttgart 2001, S. 104-120.

BUTLER, C.: Mastering Value at Risk – A step by step guide to understanding and applying VaR, Wiltshire GB 1999.

CEBS - COMMITTEE OF EUROPEAN BANKING SUPERVISORS: Consultation paper on technical aspects of diversification under Pillar 2, CP20 vom 27.06.2008, http://www.c-ebs.org/Publications/Consultation-Papers/CP11-CP20/CP20.aspx.

CREMERS, H.: Mathematik und Stochastik für Banker, 2. Auflage, Frankfurt/Main 1999.

---

[579] Vgl. STOCKS, M. E.: Value at Risk – A Risk Measurement Tool for Corporate Treasurers, in: Deloitte & Touche LLP Risk Publications: Financial Risk and the Corporate Treasury – New Developments in Strategy and Control, London 1997, S. 77.

[580] Vgl. SHIMKO, D. C.: Strategic Risk Management – Applying VAR to Corporate Investment Decisions, in: Deloitte & Touche LLP Risk Publications: Financial Risk and the Corporate Treasury – New Developments in Strategy and Control, London 1997, S. 94; STOCKS, M. E.: Value at Risk – A Risk Measurement Tool for Corporate Treasurers, in: Deloitte & Touche LLP Risk Publications: Financial Risk and the Corporate Treasury – New Developments in Strategy and Control, London 1997, S. 78.

DEUTSCH, H.-P.: Derivate und interne Modelle: Modernes Risikomanagement, 2. Auflage, Stuttgart 2001.

DIECKMANN, S.: Volatilität und Korrelation in der Zinsstruktur – Parameter in Bewertung und Handel von Cap, Floor und Swaption, Frankfurt/Main 1998.

EMBRECHTS, P.; MCNEIL, A.; STRAUMANN, D.: Correlation and Dependence in Risk Management: Properties and Pitfalls, Working Paper, ETH Zürich.

FINGER, C. C.: When is a portfolio of options normally distributed?, in: J. P. Morgan/Reuters RiskMetricsTM Monitor, New York, 3. Qu. 1997.

FRANKE, J.; HÄRDLE, W.; HAFNER, C.: Einführung in die Statistik der Finanzmärkte, Berlin 2001.

FRÖMMEL, M.; MENKHOFF, L.; TOLKSDORF, N.: Wechselkursvolatilität und institutsspezifische Value at Risk-Ansätze, in: Die Sparkasse, 11/1999, 116. Jahrgang, S. 506-511.

HAGER, P.: Cash Flow at Risk und Value at Risk in Unternehmen, Dissertation an der Universität Siegen 2002, Download unter www.peterhager.de.

HAGER, P.: Corporate Risk Management – Cash Flow at Risk und Value at Risk, Frankfurt/Main 2004.

HARRIS-JONES, J.: Why treasury must tackle all risk, in: Corporate Finance, 6/1998, S. 40-42.

HULL, J. C.: Optionen, Futures und andere Derivate, 4. Auflage, München 2001.

HUSCHENS, S.: Value at Risk-Berechnung durch historische Simulation, in: Dresdner Beiträge zu Quantitativen Verfahren Nr. 30/00, Technische Universität Dresden, Fakultät für Wirtschaftswissenschaften, Dresden 2000.

JORION, P.: Value at Risk – The New Benchmark for Controlling Derivatives Risk, USA 1997.

JORION, P.: Value at Risk – The New Benchmark for Managing Financial Risk, 2. Auflage, USA 2001.

KIM, J.; MALZ, A. M.; MINA, J.: LongRun Technical Document, RiskMetrics Group, New York 1999.

KRÄMER, W.; SIBBERSTEN, P.; KLEIBER, C.: Long memory versus structural change in financial time series, Allgemeines Statistisches Archiv 86, 2002, S. 83-96.

LEE, A. Y.: CorporateMetrics™ Technical Document, RiskMetrics Group, New York 1999.

MALZ, A. M.: Financial crises, implied volatility an stress testing, Working Paper Number 01-01, RiskMetrics Group, New York 2001.

MALZ, A. M.; MINA, J.: Risk measurement in the aftermath of the terrorist attack, Research Technical Note, Risk Metrics Group, New York 2001.

MEVAY, J.; TURNER, C.: Could companies use Value at Risk?, in: Euromoney, 10/1995, S. 84-86.

MINA, J.; YI XIAO, J.: Return to RiskMetrics: The Evolution of a Standard, RiskMetrics Group, New York 2001.

MOHR, R.: Gesamtbanksteuerung in Hypothekenbanken, in: Eller, R.; Gruber, W.; Reif, M.,: Handbuch Gesamtbanksteuerung – Integration von Markt-, Kredit- und operationalen Risiken, Stuttgart 2001, S. 171-222.

OEHLER A.; UNSER M.: Finanzwirtschaftliches Risikomanagement, Berlin 2001.

PFENNIG, M.: Shareholder Value durch unternehmensweites Risikomanagement, in: Johanning, L.; Rudolph, B.: Handbuch Risikomanagement, Risikomanagement in Banken, Asset-Management-Gesellschaften, Versicherungs- und Industrieunternehmen, Bad Soden 2000, S. 1295-1332.

RAU-BREDOW, H.: Überwachung von Marktpreisrisiken durch Value at Risk, in: WiSt., 6/2001, S. 315-319.

SAUTER, J.: Messung und Prognose von Volatilitäten am Beispiel des DAX-Index, Frankfurt/Main 1996.

SCHÄFER, K.: Optionsbewertung mit Monte-Carlo-Methoden, Reihe: Quantitative Ökonomie, Band 52, Bergisch Gladbach 1994.

SCHIERENBECK, H.; LISTER, M.: Value Controlling – Grundlagen Wertorientierter Unternehmensführung, München 2001.

SCHLITTGEN, R.; STREITBERG, B.: Zeitreihenanalyse, 8. Auflage, München 1999.

SCHMIDT, M.: Modellierung von Kapitalmarktvolatilität mittels fehlspezifizierter GARCH (p,q)-Prozesse, Lohmar 2000.

SHIMKO, D. C.: Strategic Risk Management – Applying VAR to Corporate Investment Decisions, in: Deloitte & Touche LLP Risk Publications: Financial Risk and the Corporate Treasury – New Developments in Strategy and Control, London 1997.

STOCKS, M. E.: Value at Risk – A Risk Measurement Tool for Corporate Treasurers, in: Deloitte & Touche LLP Risk Publications: Financial Risk and the Corporate Treasury – New Developments in Strategy and Control, London 1997.

TSCHERNIG, R.: Long Memory In Foreign Exchange Rates Revisited, in: Journal of International Financial Markets, Institutions and Money, 5 (2/3) 1995, S. 53-78.

TOMASZEWSKI, C.: Bewertung strategischer Flexibilität beim Unternehmenserwerb – Der Wertbeitrag von Realoptionen, Frankfurt/Main 2000.

WITTROCK, C.; JANSEN, S.: Gesamtbanksteuerung auf Basis von Value at Risk – Ansätzen, in: Österreichisches Bank Archiv, Heft 12/96, S. 909-918.

ZANGARI, P.: RiskMetricTM, Technical Document, 4. Auflage, J. P. Morgan/Reuters, New York 1996.

Glossar

ABC-Analyse: Methode zur Schwerpunktbildung durch Dreiteilung: A: wichtig; B: weniger wichtig; C: unwichtig oder nebensächlich. Wird auch bei der Risikoanalyse eingesetzt.

Aggregation: Zusammenfassung mehrerer Einzelgrößen (etwa Einzelrisiken) hinsichtlich eines gleichartigen Merkmals. Im Risiko-Management ist das Ziel der Aggregation, den auf die Risikoanalyse aufbauenden Gesamtrisiko-Umfang (das so genannte Risk Exposure) des Unternehmens sowie die relative Bedeutung der Einzelrisiken zu bestimmen. Korrelationen der Einzelrisiken sind explizit zu berücksichtigen. Ein Verfahren zur Risikoaggregation und -quantifizierung ist die Monte-Carlo-Simulation.

ARCH-Modell: Abkürzung für Autoregressive Conditional Heteroscedasticity = autoregressive bedingte Heteroskedastizität; Modellierung von Heteroskedastizität (d. h. die Varianz der Fehler bzw. der Residuen soll nicht mit den Werten der abhängigen Variablen bzw. deren Schätzwerten zusammenhängen) in Zeitreihen, bei der angenommen wird, dass die bedingte Varianz, die mittels der quadrierten Störgrößen geschätzt wird, einem autoregressiven Prozess folgen würde. ARCH-Modelle sind zu unverzichtbaren Werkzeugen für Wissenschaftler und Finanzanalysten geworden, die sie unter anderem zur Risikobewertung einsetzen.

Asset-Liability-Management: Managementkonzept, bei dem Entscheidungen bezüglich der Unternehmensaktiva und -passiva aufeinander abgestimmt werden. Dabei werden in einem kontinuierlichen Prozess Strategien zu den Aktiva und Passiva formuliert, umgesetzt, überwacht und revidiert, um bei vorgegebenen Risikotoleranzen und Beschränkungen die finanziellen Ziele zu erreichen.

Ausfalleffektanalyse (auch: FMEA = Failure Mode and Effects Analysis): Hier wird das Verhalten eines Gesamtsystems bzw. einzelner Teilsysteme beim Ausfall einzelner Systemelemente untersucht. Ausfallkombinationen werden nicht betrachtet. Zunächst werden die Teilsysteme erfasst sowie deren Interdependenzen analysiert. Die potenziellen Fehler einzelner Systemkomponenten werden mit Wahrscheinlichkeiten belegt. Ziel ist es, zu ermitteln, wann das Gesamtsystem einen kritischen, instabilen Zustand erreicht und die kritischen Systemkomponenten zu analysieren und auszuschalten.

Backtesting: Mit diesem Verfahren wird rückwirkend die Güte der Risiko-Management-Methodik (bzw. des Ratingverfahrens) der Bank überprüft, indem beispielsweise beobachtete Verluste mit dem ursprünglich geschätzten Value at Risk verglichen werden. Werden geschätzte Maximalverluste pro Zeiteinheit wesentlich häufiger überschritten, als gemäß dem Konfidenzniveau zu erwarten gewesen wäre, so weist dies auf eine schlechte Qualität des Ratingverfahrens hin. Mit dem Backtesting-Verfahren kann also ein Ratingverfahren laufend überprüft und in der Folge adjustiert, also verbessert werden. Laut Basel II muss jedes Kreditinstitut, das einen IRB-Ansatz zur Ermittlung des Mindesteigenkapitals verwendet, mindestens einmal jährlich einen Backtest durchführen.

Barwert: Auf-/Abdiskontierung früherer bzw. zukünftiger Zahlungsströme auf den Zeitpunkt t_0 (= heute). Der Barwert kommt insbesondere bei Investitionen zur Vergleichbarkeit unterschiedlicher Anlageformen in Betracht.

Beta-Faktor: Die Kennziffer „Beta" stellt die Volatilität eines Anlageobjektes oder Fonds gegenüber einem zweiten dar. Generelle Regel: Positives Beta: Ein Anstieg des Index impliziert einen Anstieg der Anlage. Negatives Beta: Ein Anstieg des Index impliziert einen Fall der Anlage. Ist der Beta-Wert größer als eins, so sind die Kursschwankungen der Anlage größer als die des Vergleichsindex; ist der Wert kleiner als eins, so weist die Anlage ein kleineres Risiko auf als der Index. Beta ist nur eine Schätzung. Um eine genaue Aussage zu erhalten, müssten beide Investments perfekt miteinander korrelieren.

Betriebsunterbrechungsrisiko: Führen Störungen im Betriebsablauf zu dem Ergebnis, dass ein Unternehmen keine Erträge mehr erwirtschaften kann, so spricht man vom Ertragsausfallrisiko bzw. Betriebsunterbrechungsrisiko.

BilMoG: Das Gesetz zur Modernisierung des Bilanzrechts (Bilanzrechtsmodernisierungsgesetz, BilMoG) ist ein Gesetzgebungsvorhaben der deutschen Bundesregierung zur Reform des Bilanzrechts. Ein Schwerpunkt der geplanten Reform liegt in der Deregulierung und Kostensenkung zugunsten kleiner und mittlerer Unternehmen. Hierzu sollen Einzelkaufleute von der handelsrechtlichen Buchführungspflicht befreit werden, wenn sie nur einen kleinen Geschäftsbetrieb unterhalten. Dies soll dann der Fall sein, wenn sie 500.000 Euro Umsatz und 50.000 Euro Gewinn an zwei aufeinanderfolgenden Geschäftsjahren nicht überschreiten. Im Gründungsjahr genügt ein erstmaliges Erfüllen beider Werte. Außerdem zielt der Entwurf darauf ab, die Aussagekraft des handelsrechtlichen Jahresabschlusses zu verbessern. Wie der Gesetzesbegründung zu entnehmen ist, erfolgt das durch eine Annäherung an die Bilanzierungsregeln nach IFRS, wobei aber insgesamt ein überschaubares eigenes Regelwerk beibehalten werden soll.

Binomialverteilung: Die Binomialverteilung (manchmal nicht ganz korrekt auch Bernoulli-Verteilung genannt) ist eine der wichtigsten diskreten Wahrscheinlichkeitsverteilungen. Sie beschreibt den wahrscheinlichen Ausgang einer Folge von gleichartigen Versuchen, die jeweils nur zwei mögliche Ergebnisse haben, also die Ergebnisse von Bernoulli-Prozessen. Wenn das gewünschte Ergebnis eines Versuches die Wahrscheinlichkeit p besitzt und die Zahl der Versuche n ist, dann gibt die Binomialverteilung an, mit welcher Wahrscheinlichkeit sich insgesamt k Erfolge einstellen. Unter diesen Voraussetzungen ist der Versuch ein Bernoulli-Versuch.

Black-Scholes-Modell: Das Black-Scholes-Modell ist ein finanzmathematisches Modell zur Bewertung von Finanzoptionen, das von Fischer Black und Myron Samuel Scholes im Jahr 1973 (nach zweimaliger Ablehnung durch reputierte Zeitschriften) veröffentlicht wurde und als ein Meilenstein der Finanzwirtschaft gilt. Robert C. Merton war ebenfalls an der Ausarbeitung beteiligt, veröffentlichte jedoch einen separaten Artikel. Gerechterweise müsste das Modell daher auch seinen Namen tragen, was sich aber nie durchsetzte. Jedoch wurde Merton zusammen mit Scholes für die Entwicklung dieses Modells mit dem Nobelpreis für Wirtschaftswissenschaften 1997 geehrt, Black war bereits 1995 verstorben. Die Einmaligkeit und Originalität des Modelles von Black, Scholes und Merton ist heute umstritten. Bereits 1908 hatte der Triestiner Mathematiker Vinzenz Bronzin ein weitgehend identisches Modell entwickelt.

Bottom-up-Bewertungsansatz: Ausgehend von den Ursachen der Risiken wird versucht, die möglichen Folgen für das Unternehmen herzustellen und zu bewerten. Risikosensitiv, aber auch relativ teuer und zeitaufwendig. Beispiele: Simulationsmodell, Sensitivitätsanalyse, → Szenarioanalyse, → Prozessrisikoanalyse, → Top-down-Bewertungsansatz.

Business Judgment Rule: Jede unternehmerische Entscheidung ist mit Risiken verbunden. In diesem Kontext schwebt aber auch immer das Damoklesschwert der persönlichen Haftung über dem Vorstand einer AG, wenn im Nachhinein das Gericht bei Fehlschlägen Pflichtverletzungen attestiert. Mit der Normierung dieser so genannten Business Judgment Rule durch das UMAG (das „Gesetz zur Unternehmensintegrität und Modernisierung des Anfechtungsrechts" ist am 16.06.2005 vom Bundestag verabschiedet worden) soll der Bereich unternehmerischen Handlungsspielraums von dem haftungsbegründenden Tatbestand der Sorgfaltspflichtverletzung abgegrenzt werden. Diese sind von den anderen Maßnahmen und dem sonstigem Verhalten des Vorstands und Aufsichtsrats einer Aktiengesellschaft abzugrenzen.

Schlagen ein Geschäft oder eine Maßnahme fehl und tritt bei der Aktiengesellschaft ein Schaden ein, ist aus einer Ex-ante-Betrachtung zu beurteilen, ob folgende – teils implizite – Tatbestandsmerkmale des neuen §93 Abs. 1 Satz 2 AktG erfüllt sind, damit das Verhalten des Vorstands als unternehmerische Ermessenentscheidung angesehen werden kann, die trotz Fehlschlagens keine Haftung nach sich zieht:

- Vorliegen einer unternehmerischen Entscheidung, die wegen ihrer Ausrichtung in die Zukunft durch Prognosen und damit durch nicht justiziable Einschätzungen gekennzeichnet ist;

- Handeln auf der Grundlage angemessener Information. Dabei ist der Informationsbedarf individuell je nach der Art und Bedeutung des Rechtsgeschäfts, dem zur Verfügung stehenden Entscheidungszeitraum und den mit dem Rechtsgeschäft verbundenen Chancen und Risiken zu beurteilen; eine rein formale Absicherung durch Einholung externen Rats reicht nicht;

- Handeln zum Wohl des Unternehmens, das heißt der Vorstand wollte die Ertragskraft der AG langfristig stärken und deren Wettbewerbsfähigkeit sichern;

- Handeln ohne Sonderinteressen und sachfremde Einflüsse, d. h. der Vorstand durfte mit der Maßnahme insbesondere keine eigenen Interessen verfolgen; und

- Gutgläubigkeit, d. h. der Vorstand durfte annehmen, dass er den vorgenannten Voraussetzungen Genüge getan hat; die Informationsgrundlage darf daher nicht evident unzureichend und die Entscheidung nicht objektiv vollkommen unvernünftig und damit offensichtlich ungeeignet sein, um das Wohl der Gesellschaft zu fördern.

Call: Eine Call-Option (oder auch Vanilla Call, Kaufoption) ist eine Option, bei welcher der Käufer das Recht, aber nicht die Pflicht hat, innerhalb eines bestimmten Zeitraums (amerikanische Optionen) oder an einem bestimmten Zeitpunkt (europäische Optionen) einen bestimmten Basiswert (Underlying) zu einem im Voraus festgelegten Preis (Ausübungspreis, Strike-Preis) in einer im Voraus festgelegten Menge zu kaufen. Er wird sein Recht nur dann ausüben, wenn der Preis des Basiswertes über dem Ausübungspreis liegt. Der Verkäufer der Call-Option ist zur Lieferung des Basiswertes verpflichtet; für diese Verpflichtung erhält er die Optionsprämie vom Käufer der Option.

In der Praxis allerdings wird der Basiswert bei Ausübung der Option nicht notwendigerweise geliefert. Ggf. bezahlt der Verkäufer der Call-Option dem Käufer einfach die Differenz zwischen dem Preis, den der Basiswert zum ausgemachten Zeitpunkt hat, und dem Ausübungspreis – diese Praxis wird als Barausgleich bezeichnet. Ob bei Ausübung ein Barausgleich stattfindet oder ob der Basiswert geliefert wird, wird bei Vertragsabschluss festgelegt. → Optionen, → Put.

Cap: Ein Cap (engl. für Deckel, Kappe) ist die vertragliche Zusicherung einer Zinsobergrenze (strike rate) bezogen auf einen vereinbarten nominellen Kapitalbetrag für einen vorher festgelegten Zeitraum. Übersteigt dabei der Referenzzinssatz zu dem Zinsanpassungstermin die Strikerate, so zahlt der Cap-Verkäufer dem Käufer die Differenz zwischen Referenzzinssatz und Zinsobergrenze.

CAPM (Capital Asset Pricing Model): Dies ist ein auf der Portfolio-Theorie basierendes Modell des Kapitalmarktes. CAPM ist von großer Bedeutung für die Bewertung von Aktien. Das Modell geht davon aus, dass Risiko explizit in Form einer marktdetermininierten, zusätzlich geforderten Rendite berücksichtigt wird. Nach CAPM hängt der Wert einer Aktie von ihrem Risikobeitrag zum Portefeuille ab. Kritisch muss angemerkt werden, dass CAPM von Annahmen ausgeht, die häufig realitätsfern sind. So werden etwa homogene Erwartungen unterstellt. Dies setzt voraus, dass alle Investoren die gleichen bewertungsrelevanten Informationen besitzen.

Captive Insurance Company (kurz: Captive): Hierbei handelt es sich um die höchste Stufe eines Finanzierungsfonds in einem Unternehmen; Risiken werden auf eine unternehmens- bzw. konzerneigene Versicherungsgesellschaft, die sogenannte Captive Insurance Company, abgewälzt. Vor der Errichtung einer Captive wird in der Regel eine Feasibility Study durchgeführt. Es handelt sich um eine Form der externen Selbstversicherung (siehe dort). Gegenstand sind in der Regel Risiken aus den Bereichen der Sach- und/oder Haftpflichtversicherung.

Cash Flow: Eine aus den Daten des Jahresabschlusses ermittelte finanzielle Stromgröße, die den in einer Periode erfolgswirksam erwirtschafteten Zahlungsmittelüberschuss angibt. Der Cash Flow ist ein Indikator für die Innenfinanzierungskraft des Unternehmens.

Cash Flow at Risk: Risikomodelle, in denen die Unsicherheit über zukünftige Cash Flows, etwa infolge von zufälligen Absatzschwankungen, über einen eigenen Risikofaktor abgebildet wird. Wenn zukünftige Cash Flows – wie bei einem Versicherer – unsicher sind, kann kein sicherer Barwert mehr bestimmt werden. Zum einen lassen sich die Einnahmen und Ausgaben eines Unternehmens betrachten. Dies ist der Gegenstand der Cash-Flow-at-Risk-Modelle. Aus einer bilanziellen Sichtweise heraus kann zum anderen bei den so genannten Earnings-at-Risk-Konzepten auch die Entwicklung von Erträgen und Aufwendungen simuliert werden.

Code of Conduct: Hierbei handelt es sich um einen Verhaltens- bzw. Ethikkodex, in dem Compliance-Standards zusammengefasst werden. Beim Code of Conduct handelt es sich um eine Sammlung von Verhaltenshinweisen und -normen, die in unterschiedlichsten Umgebungen und Zusammenhängen – abhängig von der jeweiligen Situation – angewandt werden können bzw. sollen. Im Gegensatz zu einer Regelung ist die Zielgruppe nicht zwingend an die Einhaltung gebunden – daher auch häufig der Begriff der „freiwilligen Selbstkontrolle". Ein Verhaltenskodex ist vielmehr eine Selbstverpflichtung, bestimmten Verhaltensmustern zu folgen oder diese zu unterlassen und dafür Sorge zu tragen, dass sich niemand durch Umgehung dieser Muster einen Vorteil verschafft.

Compliance: In der betriebswirtschaftlichen Fachsprache wird der Begriff Compliance verwendet, um die Einhaltung von Gesetzen und Richtlinien aber auch freiwilligen Kodizes in Unternehmen zu bezeichnen. Compliance ist Teil des betrieblichen Risiko-Managements. Der Begriff Compliance/Regelüberwachung bezeichnet die Gesamtheit aller zumutbaren Maßnahmen, die das regelkonforme Verhalten eines Unternehmens, seiner Organisationsmitglieder und seiner Mitarbeiter im Hinblick auf alle gesetzlichen Ge- und Verbote begründen. Darüber hinaus soll die Übereinstimmung des unternehmerischen Geschäftsgebarens auch mit allen gesellschaftlichen Richtlinien und Wertvorstellungen, mit Moral und Ethik gewährleistet werden.

Conditional Value at Risk: Der Conditional Value at Risk (CVaR) findet immer häufiger als Alternative zum → Value at Risk (VaR) Beachtung. Er entspricht dem Erwartungswert der Realisationen einer risikobehafteten Größe, die unterhalb des Quantils zum Niveau $p = 1 - \alpha$ liegen. Der CVaR gibt an, welche Abweichung bei Eintritt des Extremfalls, das heißt bei Überschreitung des VaR, zu erwarten ist. Der CVaR berücksichtigt somit nicht nur die Wahrscheinlichkeit einer „großen" Abweichung (Extremwerte), sondern auch die Höhe der darüber hinausgehenden Abweichung.

Delphi-Methode: In mehreren, aufeinander aufbauenden Runden werden Expertenbefragungen durchgeführt (in aller Regel zwei bis vier Iterationen mit den Prozessschritten Befragung, Datenanalyse, Feedback, Diskussion und Entscheidung). Die Gruppengröße bei Delphi-Befragungen ist praktisch unbeschränkt, bewegt sich aber üblicherweise bei 50 bis 100 Personen. Die Iteration der Befragung wird so lange wiederholt, bis sich die Teilnehmer auf eine möglichst zufriedenstellende Lösung oder Prognose geeinigt haben oder sich kaum noch Abweichungen zur vorherigen Runde ergeben.

Derivate: Derivate entwickeln sich auf der Grundlage von Finanzprodukten. Es handelt sich um Ableitungen konventioneller Anlageinstrumente, also zum Beispiel Aktien oder Schuldverschreibungen. Derivate können sich allerdings auch auf Währungen oder Indizes (etwa auf den DAX) beziehen. Zu den bekanntesten Derivaten gehören Optionsscheine. Sie verbriefen das Recht, gegen eine Gebühr innerhalb eines bestimmten Zeitrahmens oder zu einem fixierten Termin Basisobjekte (zum Beispiel Aktien) zu einem bestimmten Preis zu kaufen oder zu verkaufen. Wer auf einen stark steigenden Kurs hofft, sichert sich Kaufrechte („calls"), wer den Kurs in den Keller rutschen sieht, entscheidet sich für die Verkaufsoption („put"). Der Grund für die Attraktivität von derivaten Finanzprodukten: Der Anleger spekuliert mit wesentlich geringerem Kapitaleinsatz als beim Kauf oder Verkauf der Basiswerte. Entscheidet er sich für ein Derivat, so kann er mit einem relativ kleinen (Kapital-)Aufwand einen relativ großen (Kapital-)Ertrag erzielen. Insider sprechen in diesem Zusammenhang vom Hebeleffekt.

Downside-Risikomaß: Maßzahl für Downside-Risiken. So ist etwa der → Value at Risk (VaR) ein Downside-Risikomaß im Bereich des Markt- und Kreditrisikos. → Upside-Risk.

Downside-Risk: Gefahrenpotenzial, im Gegensatz zum Chancenpotenzial (Upside Risk). → Upside-Risk.

Drei-Werte-Verfahren: Im Rahmen der Risikoanalyse werden für die zu untersuchende Ergebnisgröße ein mit hoher Wahrscheinlichkeit erwarteter, ein optimistischer und ein pessimistischer Ergebniswert geschätzt. Anschließend werden Abweichungen zueinander ins Verhältnis gesetzt. Aus einem Vergleich des Input-Koeffizienten mit dem Output-Koeffizienten lassen sich die Chancen und Risiken grob beurteilen.

Duration: Methode zur Darstellung des → Zinsänderungsrisikos. Die Duration wird als durchschnittliche Kapitalbindungsdauer oder Selbstliquidierungsquote bezeichnet. Sie stellt die erste Ableitung der Barwertformel nach der Rendite dar.

Earnings at Risk (EaR): Risikobewertungsmethode, die auf dem Cash-Flow-at-Risk-Konzept aufbaut und die Schwankungen von Periodenerfolgsgrößen aus der Gewinn- und Verlustrechnung analysiert.

Eigenkapitalbedarf: Der Eigenkapitalbedarf ist ein mit dem → Value at Risk (VaR) verwandtes, lageabhängiges → Risikomaß, das aus der Wahrscheinlichkeitsverteilung des Gewinns abgeleitet wird. Er drückt aus, wie viel Eigenkapital (oder Liquidität) nötig ist, um realistische risikobedingte Verluste zu tragen. Er ermittelt sich als Maximum von Null und dem negativen $(1-\alpha)$-Quantil einer Zufallsgröße X.

Enterprise Risk Management (ERM): ERM verbindet das klassische Risiko-Management mit einer risikoorientierten Kapitalbetrachtung. Jüngst wurde das international anerkannte COSO-Framework zu einem ERM-Framework weiterentwickelt. Durch die ganzheitliche Betrachtung eines ERM resultieren einige Vorteile, u. a. eine Optimierung des Kapitaleinsatzes, eine Erhöhung der organisatorischen Effektivität, eine klare Stakeholder-Orientierung sowie eine Konformität mit aufsichtsrechtlichen Entwicklungen.

Erwartungswert: Der Erwartungswert (selten und doppeldeutig → Mittelwert) ist ein Begriff der Stochastik. Der Erwartungswert (E(x) oder μ) einer Zufallsvariablen (*X*) ist jener Wert, der sich (in der Regel) bei oftmaligem Wiederholen des zu Grunde liegenden Experiments als Mittelwert der Ergebnisse ergibt. Er bestimmt die Lokalisation (Lage) einer Verteilung und ist vergleichbar mit dem empirischen arithmetischen Mittel einer Häufigkeitsverteilung in der deskriptiven Statistik. Das Gesetz der großen Zahlen sichert in vielen Fällen zu, dass der Stichprobenmittelwert bei wachsender Stichprobengröße gegen den Erwartungswert konvergiert.

Extremwerttheorie: Die Extremwerttheorie ist eine mathematische Disziplin, die sich mit Ausreißern, d. h. maximalen und minimalen Werten von Stichproben, beschäftigt. Typische Fragestellungen könnten unter anderem sein: Wie hoch soll ein Staudamm gebaut werden, wenn man sichergehen möchte, dass er in den nächsten 100 Jahren nicht überschwemmt wird?

Feasibility Study: engl.: Durchführbarkeitsstudie; Methode bei der strategischen Planung eines Investitionsvorhabens (beispielsweise Gründung einer unternehmenseigenen → Captive Insurance Company).

Fehlerbaumanalyse (auch: fault tree analysis): Hier werden potenzielle Störfälle simuliert und versucht, deren Ursachen zu analysieren. Ziel ist es, eine Aussage über das System bzgl. Zuverlässigkeit, Verfügbarkeit und Sicherheit zu erhalten. Methodisch wird mit Schadeneintrittswahrscheinlichkeiten gerechnet. Die einzelnen Komponenten des Schadenbaumes werden mittels logischer Operationen (AND, OR, NOT etc.) verknüpft. Die Tiefe des Fehlerbaums wird durch die betriebswirtschaftliche Sinnhaftigkeit bestimmt.

FMEA = Failure Mode and Effects Analysis: siehe → Ausfalleffektanalyse.

Frühwarnsystem: Informationssysteme, die latente, das heißt verdeckt bereits vorhandene Gefährdungen in Form von Reizen, Informationen oder Impulsen mit zeitlichem Vorlauf vor Eintritt signalisieren.

GARCH-Modell: Abkürzung für General Autoregressive Conditional Heteroscedasticity = verallgemeinerte autoregressiv bedingte Heteroskedastizität. Verallgemeinerte Version des → ARCH-Modells, bei dem neben dem autoregressiven Prozess noch andere Variablen (etwa die Kovarianzen) als Erklärung für den Verlauf der bedingten Varianz, die mittels der quadrierten Störgrößen geschätzt wird, angenommen werden.

Gesetz der großen Zahlen: Zusammenfassende Bezeichnung für mehrere Gesetze der Wahrscheinlichkeitstheorie. Grundsätzlich besagt das Gesetz, dass bei Massenbeobachtungen Zufallsschwankungen eine umso geringere Rolle spielen, je größer die beobachtete Masse ist. Im Einzelnen unterscheidet man: a) schwaches Gesetz der großen Zahlen und b) starkes Gesetz der großen Zahlen. Auch bei der Risikoanalyse/-bewertung sind die Gesetze der großen Zahlen von großer Bedeutung, um beispielsweise Erwartungswerte zu ermitteln.

Hedging: Risiken einer Position werden durch die Chancen einer anderen Position teilweise kompensiert (Diversifikation), d. h. Verringerung des Risikos durch Variation negativ korrelierter Einzelpositionen. So werden etwa Preisrisiken bei Welthandelsrohstoffen durch Sicherungsgeschäfte in Form von Warentermingeschäften abgesichert. Beim Finanz-Hedging werden Zins- und Wechselkursrisiken im Devisen-, Edelmetall- und Wertpapierhandel abgesichert.

Historische Simulation: Simulationsverfahren, bei dem die Schadens-/Verlustfälle über einen längeren Zeitraum hinweg für eine festgelegte Halteperiode abgebildet werden. Dabei wird unterstellt, dass alle Risikofaktoren aus der Vergangenheit auch in Zukunft die unterschiedlichen Risikoparameter in gleicher Weise beeinflussen werden. → Monte-Carlo-Simulation.

Kapitalkosten: Kosten für die Bereitstellung des Kapitals, die sich seitens der Kapitalgeber aus einer risikogerechte Renditeforderung ableiten lässt. Sie bestimmen sich aus der Kapitalstruktur eines Unternehmens und damit aus sämtlichen Kosten, die zur Beschaffung von Kapital anfallen. In effizienten (vollkommenen) Kapitalmärkten entsprechen die Kapitalkostensätze der mindestens erwarteten Kapitalrendite. Die Kapitalkosten sind vom eingegangenen Risiko abhängig, d. h. höhere Risiken führen zu höheren Kapitalkostensätzen.

Key Control Indikator (KCI): KCI sind Parameter, die sich auf einzelne Geschäftsprozesse oder Prozessbündel beziehen und in der Lage sind, Veränderungen in den Kontrollprozessen des Unternehmens vorherzusehen. Die Indikatoren sollen folgende Ziele erfüllen: Risikoereignissen soll vorgebeugt und ungünstige Trends sollen rechtzeitig entdeckt werden.

Key-Risk-Indikator: Key-Risk-Indikatoren sind Parameter, die sich auf Geschäftsprozesse oder Prozessbündel beziehen und in der Lage sind, Veränderungen im Risikoprofil dieser Geschäftsprozesse oder Prozessbündel vorherzusehen. Die Risiko-Indikatoren sollen folgende Ziele erfüllen: Risikoereignissen soll vorgebeugt und ungünstige Trends sollen rechtzeitig erkannt werden.

Konfidenzniveau: Das Konfidenzniveau (auch Konfidenzintervall, Vertrauensbereich oder Mutungsintervall genannt) ist ein Begriff aus der mathematischen Statistik. Er sagt etwas über die Präzision der Lageschätzung eines Parameters (zum Beispiel eines → Mittelwertes) aus. Das Vertrauensintervall schließt einen Bereich um den geschätzten Wert des Parameters ein, der – vereinfacht gesprochen – mit einer zuvor festgelegten Wahrscheinlichkeit die wahre Lage des Parameters trifft. Ein Vorteil des Konfidenzintervalls gegenüber der Punktschätzung eines Parameters ist, dass man an ihm direkt die Signifikanz ablesen kann.

KonTraG: Das Gesetz zur Kontrolle und Transparenz im Unternehmensbereich, kurz KonTraG, ist ein umfangreiches Artikelgesetz, das der Deutsche Bundestag am 5. März 1998 verabschiedete. Es trat am 1. Mai 1998 in Kraft (wobei einige Vorschriften erst später angewendet werden mussten bzw. durften).

Ziel des KonTraG ist es, die Corporate Governance in deutschen Unternehmen zu verbessern. Deshalb wurden mit diesem Artikelgesetz etliche Vorschriften aus dem Handels- und Gesellschaftsrecht verändert. Das KonTraG präzisiert und erweitert dabei hauptsächlich Vorschriften des HGB (Handelsgesetzbuch) und des AktG (Aktiengesetz). Mit dem KonTraG wurde die Haftung von Vorstand, Aufsichtsrat und Wirtschaftsprüfern in Unternehmen erweitert. Kern des KonTraG ist eine Vorschrift, die Unternehmensleitungen dazu zwingt, ein unternehmensweites Früherkennungssystem für Risiken (Risikofrüherkennungssystem) einzuführen und zu betreiben sowie Aussagen zu Risiken und Risikostruktur des Unternehmens im Lagebericht des Jahresabschlusses der Gesellschaft zu veröffentlichen.

Wörtlich schreibt das Gesetz dazu in § 91 Abs. 2 des AktG eine neue Vorschrift, nach der der Vorstand verpflichtet wird, *geeignete Maßnahmen zu treffen, insbesondere ein Überwachungssystem einzurichten, damit den Fortbestand der Gesellschaft gefährdende Entwicklungen früh erkannt werden.* Abschlussprüfer werden außerdem verpflichtet, die Einhaltung der neuen Vorschriften insbesondere in Hinsicht auf Bestehen und Betrieb eines Risiko-Management-Systems und der zugehörigen Maßnahmen im Bereich der internen Revision zu prüfen und zum Bestandteil des Prüfungsberichtes zu machen.

Korrelation: Die Korrelation beschreibt die lineare Beziehung zwischen zwei oder mehr statistischen Variablen. Wenn sie besteht, ist noch nicht gesagt, ob eine Größe die andere kausal beeinflusst, ob beide von einer dritten Größe kausal abhängen oder ob sich überhaupt ein Kausalzusammenhang folgern lässt. Ebenso kann eine strikt nichtlineare Beziehung nicht durch die Korrelation beschrieben werden.

Korrelationskoeffizient: Der Korrelationskoeffizient oder die Produkt-Moment-Korrelation (von Bravais und Pearson, daher auch *Pearson-Korrelation* genannt) ist ein dimensionsloses Maß für den Grad des *linearen* Zusammenhangs (Zusammenhangsmaße) zwischen zwei mindestens intervallskalierten Merkmalen. Er kann Werte zwischen -1 und 1 annehmen. Bei einem Wert von +1 (bzw. -1) besteht ein vollständig positiver (bzw. negativer) linearer Zusammenhang zwischen den betrachteten Merkmalen. Wenn der Korrelationskoeffizient den Wert 0 aufweist, hängen die beiden Merkmale überhaupt nicht linear voneinander ab. Allerdings können diese ungeachtet dessen in *nichtlinearer* Weise voneinander abhängen. Damit ist der Korrelationskoeffizient kein geeignetes Maß für die (reine) stochastische Abhängigkeit von Merkmalen. → Korrelation.

Kosten-Nutzen-Analyse (auch: benefit cost analyse): systematischer Vergleich von Alternativen, um rationale Entscheidungen zu treffen. Zukünftige Kosten und Nutzen (Erträge) werden auf den heutigen Zeitpunkt abdiskontiert und mit alternativen Investitionsprojekten verglichen. Häufig können jedoch Kosten- und Nutzendeterminanten nicht ausreichend quantifiziert werden. Im Risiko-Management-Prozess spielt die Kosten-Nutzen-Analyse insbesondere bei der Risikofinanzierung eine große Rolle. Häufig werden Fragen der Risikofinanzierung jedoch rein intuitiv beurteilt. Risiko-Management-Methoden helfen bei solchen Entscheidungsprozessen.

Kumulrisiko (auch: Katastrophenrisiko): Risiko, dass ein einziges auslösendes Ereignis (beispielsweise ein Erdbeben oder ein Wirbelsturm) zu einer Häufung von Schadenfällen führt.

Kurtosis: Die Kurtosis (auch Exzess oder Wölbung) ist ein Maß für die relative „Flachheit" einer Verteilung (im Vergleich zur → Normalverteilung, die eine Kurtosis von Null aufweist). Eine positive Kurtosis zeigt eine spitz zulaufende Verteilung (eine so genannte leptokurtische Verteilung), wohingegen eine negative Kurtosis eine flache Verteilung (platykurtische Verteilung) anzeigt.

Länderrisiko: Das Länderrisiko ist begründet in wirtschaftlichen, politischen und währungspolitischen Unsicherheiten, die aus wirtschaftlichen Verbindungen mit ausländischen Partnern entstehen.

Liquiditätsrisiko: Die Möglichkeit, dass ein Unternehmen möglicherweise nicht in der Lage sein wird, innerhalb einer angemessenen Zeit und zu einem Preis, der dem theoretischen Wert des Vermögensgegenstandes bzw. der eingegangenen Verpflichtung entspricht, einen Käufer zu finden.

MaRisk: Verbindliche Vorgabe der Bundesanstalt für Finanzdienstleistungsaufsicht (BaFin) für die Ausgestaltung des Risiko-Managements in deutschen Kreditinstituten. In den MaRisk hat die BaFin als Aufsichtsbehörde zur Konkretisierung des § 25a Abs. 1 KWG die bis dahin gültigen Mindestanforderungen an das Betreiben von Handelsgeschäften (MaH), Mindestanforderungen an die Ausgestaltung der internen Revision (MaIR) und Mindestanforderungen an das Kreditgeschäft (MaK) konsolidiert, aktualisiert und ergänzt. Die MaRisk sind im Dezember 2005 veröffentlicht worden und zum 1. Januar 2007 in Kraft getreten.

Marktpreisrisiko: Hiermit sind Geschäfte behaftet, deren Wert von der Entwicklung eines Marktpreises bzw. Börsenpreises abhängt. Je nach Art des Marktpreises lassen sich Fremdwährungs-, Rohwaren-, Zinsänderungs- bzw. Aktienkursrisiken unterscheiden.

Median: Median (oder Zentralwert) bezeichnet eine Grenze zwischen zwei Hälften. In der Statistik halbiert der Median eine Stichprobe. Gegenüber dem arithmetischen Mittel, auch Durchschnitt genannt, hat der Median den Vorteil, robuster gegenüber Ausreißern (extrem abweichenden Werten) zu sein und sich auch auf ordinal skalierte Variablen anwenden zu lassen.

Mittelwerte treten in der Mathematik und insbesondere in der Statistik in inhaltlich unterschiedlichen Kontexten auf. In der Statistik ist ein Mittelwert ein so genannter Lageparameter, also ein aggregierender Parameter einer Verteilung, einer Stichprobe oder Grundgesamtheit.

Monte-Carlo-Simulation: Ihren Namen erhielt die Monte-Carlo-Simulation durch die Ziehung von Zufallszahlen, was mit den Glücksspielen in Monte Carlo vergleichbar ist. Das Verfahren selbst ist schon länger bekannt, ließ sich jedoch erst mit dem Aufkommen von leistungsfähigen Computern problemlos anwenden. Bei einer Monte-Carlo-Simulation werden anhand von Zufallszahlen stochastische Stichproben erzeugt. Die unbekannten Parameter, mit denen Risiken beschrieben werden, sind durch Zufallsgrößen bestimmt. Grundsätzlich ist die Monte-Carlo-Simulation eine Art Stichprobenverfahren, bei dem anhand einer großen, repräsentativen Stichprobe auf die Grundgesamtheit geschlossen wird. Das allgemeine Vorgehen einer Monte-Carlo-Simulation lässt sich anhand der folgenden Schritte beschreiben:

1. Erzeugung der für die Monte-Carlo-Simulation benötigten Zufallszahlen

2. Umwandlung dieser Zufallszahlen in die benötigte Verteilung

3. Durchführung eines Schrittes der Monte-Carlo-Simulation gemäß den gezogenen Zufallszahlen und der dahinterliegenden Verteilung

4. Wiederholung der Schritte 1 bis 3, bis eine ausreichende Anzahl von Simulationen generiert wurde, um daraus stabile Verteilungen und Statistiken abzuleiten

5. Endauswertung, indem beispielsweise Mittelwerte (Verteilungen) der gemessenen Größen gebildet werden, Berechnungen des Value at Risk erfolgen oder statistische Fehler ermittelt werden.

Anwendung findet die Monte-Carlo-Simulation beispielsweise bei der → Risikoaggregation, simulationsbasierten Bewertung, Ratingprognosen oder auch bei der Bewertung von „exotischen Optionen", für die keine allgemeine Bewertungsformel wie etwa der → Black-Scholes-Ansatz für europäische Kaufoptionen existiert. Bei der Risikoaggregation können durch die Anwendung der Monte-Carlo-Simulation beispielsweise sowohl Einzelrisiken als auch Zusammenhänge zwischen den Risiken (→ Korrelation) berücksichtigt werden. → Historische Simulation.

MPL: Maximum Possible Loss, damit ist derjenige Schaden gemeint, der sich ereignen kann, wenn die ungünstigsten Umstände in mehr oder weniger ungewöhnlicher Weise zusammentreffen.

Normalverteilung: Die Normal- oder Gauß-Verteilung (nach Carl Friedrich Gauß) ist ein wichtiger Typ kontinuierlicher Wahrscheinlichkeitsverteilungen. Ihre → Wahrscheinlichkeitsdichte wird auch Gauß-Funktion, Gauß-Kurve, Gauß-Glocke oder Glockenkurve genannt. Die besondere Bedeutung der Normalverteilung beruht unter anderem auf dem zentralen Grenzwertsatz, der besagt, dass eine Summe von n unabhängigen, identisch verteilten Zufallsvariablen im Grenzwert $n \to \infty$ normalverteilt ist. Das bedeutet, dass man Zufallsvariablen dann als normalverteilt ansehen kann, wenn sie durch Überlagerung einer großen Zahl von Einflüssen entstehen, wobei jede einzelne Einflussgröße einen im Verhältnis zur Gesamtsumme unbedeutenden Beitrag liefert. Viele natürliche, wirtschafts- und ingenieurswissenschaftliche Vorgänge lassen sich durch die Normalverteilung entweder exakt oder wenigstens in sehr guter Näherung beschreiben (vor allem Prozesse, die in mehreren Faktoren unabhängig voneinander in verschiedene Richtungen wirken).

Operational Risk: Risiko von Verlusten bedingt durch inadäquate oder fehlerhafte interne Prozesse, Mitarbeiter, Systeme oder externe Ereignisse.

Option: Das Recht, ein nach Menge und Preis vom Geschäftspartner gestelltes Vertragsangebot zeitlich befristet anzunehmen oder abzulehnen. So hat etwa bei einer Wertpapieremission der Käufer das Recht, zu vorher festgesetzten Bedingungen später weitere Wertpapiere zu beziehen (Optionsanleihe). Dagegen gibt es an den Terminbörsen die Möglichkeit, Kauf- (→ call) oder Verkaufs- (→ put) Optionen zu handeln. Mit ihnen erwirbt der Käufer das Recht, zum Kauf oder Verkauf des zu Grunde liegenden underlyings. Wird eine Option während der Optionsfrist nicht ausgeübt oder verkauft, so verfällt sie ersatzlos.

Patronatserklärung: Verpflichtung einer Konzern-Muttergesellschaft gegenüber Dritten, für die ordnungsgemäße Geschäftsführung und Erfüllung von Verbindlichkeiten ihrer Tochtergesellschaft Sorge zu tragen.

Peaks over threshold (PoT): (wörtlich: Gipfel oberhalb einer Schwelle); insbesondere für Katastrophenereignisse (beispielsweise Naturkatastrophen), die extrem selten eintreten (d. h., die Schadeneintrittswahrscheinlichkeit ist sehr niedrig), allerdings hohe Schäden nach sich ziehen (d. h. Schadenausmaß extrem hoch), wurde die PoT-Methode entwickelt. Die PoT-Methode basiert auf der Paretoverteilung, d. h. die Funktionswerte streben für große Werte von x langsamer gegen Null als bei der → Normalverteilung. Verallgemeinert kann man sagen, dass oberhalb einer Schwelle die Höhe der Werte einer verallgemeinerten Pareto-Verteilung folgen. Je höher die Schranke, desto besser die Näherung.

Poisson-Verteilung: Die Poisson-Verteilung ist eine diskrete Wahrscheinlichkeitsverteilung, die beim mehrmaligen Durchführen eines Bernoulli-Experiments entsteht. Letzteres ist ein Zufallsexperiment, das nur zwei mögliche Ergebnisse besitzt (beispielsweise „Erfolg" und „Misserfolg"). Führt man ein solches Experiment sehr oft durch und ist die Erfolgswahrscheinlichkeit gering, so ist die Poisson-Verteilung eine gute Näherung für die entsprechende Wahrscheinlichkeitsverteilung → Wahrscheinlichkeitsdichte. Die Poisson-Verteilung wird deshalb manchmal als die *Verteilung der seltenen Ereignisse* bezeichnet (siehe auch Gesetz der kleinen Zahlen). Zufallsvariablen mit einer Poisson-Verteilung genügen dem Poisson-Prozess.

Portfoliotheorie: Die Portfoliotheorie ist ein Teilgebiet der Finanzierung und untersucht das Investitionsverhalten an Kapitalmärkten (etwa Aktienmarkt). Die Portfoliotheorie geht auf Harry M. Markowitz (Portfolio Selection) zurück und unterstellt ein bestimmtes Verhalten von Investoren und erzielt so gewisse Aussagen über das Investitionsverhalten. Ziel der Portfoliotheorie ist es, Handlungsanweisungen zur bestmöglichen Kombination von Anlagealternativen zur Bildung eines optimalen Portfolios zu geben. In diesem optimalen Portfolio werden die Präferenzen des Anlegers bezüglich des Risikos und des Ertrags sowie die Liquidität berücksichtigt. Dadurch soll das Risiko eines Wertpapierportfolios, ohne eine Verringerung der zu erwartenden Rendite, minimiert werden. Notwendige Voraussetzung hierbei ist, dass die Wertpapiere nicht vollständig korreliert sind. Die Portfoliotheorie ist das theoretische Grundgerüst der in der Praxis des Portfoliomanagements verwendeten Verfahren.

Die Portfoliotheorie unterstellt einen Investor, der sich in seinem Verhalten ausschließlich an Zahlungsgrößen (Cash Flows) orientiert und sein Vermögen mehren will. Er handelt rational und nutzenmaximierend: Das bedeutet, er informiert sich über die Gegebenheiten des Kapitalmarktes und entscheidet sich, indem er Chancen und Risiken gegeneinander abwägt. Dabei scheut er das Risiko (man spricht auch von Risikoaversion). Risikoaverses Verhalten bedeutet, dass ein höheres Risiko nur dann in Kauf genommen wird, wenn der erwartete Ertrag überproportional steigt.

Prozessrisikoanalyse: Ziel der Prozessrisikoanalyse ist die Vermeidung von Störfällen beispielsweise in Produktionsprozessen. Grundlage für die Risikoanalyse sind die Werkzeuge der Risikoidentifikation und -bewertung.

Put: Eine Put-Option (auch Put oder Vanilla Put, Verkaufsoption) ist eine der beiden grundlegenden Varianten einer Option. Der Inhaber einer Put-Option hat das Recht, aber nicht die Pflicht, innerhalb eines bestimmen Zeitraums (amerikanische Optionen) oder zu einem bestimmten Zeitpunkt (europäische Optionen) eine festgelegte Menge eines bestimmten Basiswert zu einem im Voraus festgelegten Preis (Ausübungspreis) zu verkaufen. → Call, → Optionen.

Quantil: Der Quantilswert gibt an, wie viel Prozent der Gesamtzahl der Elemente unter bzw. über dem jeweiligen Quantilswert liegen. Beispielsweise liegen beim 1 %- Quantil der Gesamtrisikoverteilung aus der Risikoaggregation 99 Prozent der Wert über und 1 Prozent darunter. Daraus lässt sich – wenn der Wert dem Eigenkapital (= Risikodeckungspotenzial) gegenübergestellt wird – auf die Insolvenzwahrscheinlichkeit schließen.

Random Walk: Bei einem Random Walk handelt es sich um eine wichtige Klasse stochastischer Prozesse. Sie dienen der Modellierung nichtdeterministischer Zeitreihen und der Herleitung von Wahrscheinlichkeitsverteilungen. Der eindimensionale Random Walk ist ein Bernoulli-Prozess, d. h. eine Folge von unabhängigen Bernoulli-Versuchen; er führt zu einer Binomialverteilung. Zahlreiche finanzmathematische Bewertungs- und Risikomodelle bauen auf einem Random Walk auf. In Anlehnung an eine Parabel von Murray kann dieser zufällig gewählte Pfad wie der Weg eines Betrunkenen betrachtet werden. Wenn der Betrunkene auf seinem Heimweg eine Teilstrecke zurückgelegt hat, ist es ungewiss, welche Richtung er als Nächstes einschlagen wird und welche Entfernung er dann in dieser Richtung hinter sich lässt. Die insgesamt von dem Betrunkenen zurückgelegte Wegstrecke setzt sich aus mehreren Teilschritten zusammen, die jeder für sich betrachtet bezüglich der Richtung und Länge ebenso zufällig und unabhängig vom vorherigen Schritt sind wie die daraus entstehende Gesamtentfernung vom Ursprungspunkt.

RaRoC (Risk Adjusted Return on Capital): Risikoadjustierte Eigenkapitalrendite. Weiterentwicklung des Return on Equity (RoE). Beim RaRoC-Konzept werden versicherungs- oder banktypische Risiken (insbesondere Kreditrisiken, Marktrisiken, operationelle Risiken) des Geschäftsportfolios im Sinne eines Value at Risk und im Sinne kalkulatorischer Standardrisikokosten quantifiziert. Das zu unterlegende ökonomische Kapital wird risikogerecht zugeordnet. Die Kennziffer RaRoC kann für einzelne Portfolios berechnet werden. RaRoC ergibt sich als Quotient aus Erträgen abzüglich Standardrisikokosten und Verwaltungskosten geteilt durch das zugeordnete ökonomische Kapital. → RoRaC.

Rating: Ein Rating ist die durch spezifische Symbole einer ordinalen Skala ausgedrückte Meinung einer auf Unternehmensanalysen spezialisierten Agentur (oder einer Bank) über die wirtschaftliche Fähigkeit, die rechtliche Bindung und die Willigkeit eines Schuldners, seinen zwingend fälligen Zahlungsverpflichtungen stets vollständig und rechtzeitig nachzukommen.

Regressionsanalyse: Statistische Methode zur Untersuchung der Beziehungen zwischen einer endogenen Variablen (erklärte, abhängige Variable) und einer oder mehrerer exogener Variablen (erklärende, unabhängige Variable), wobei zusätzlich eine Störgröße (zufällige Komponente) in den Ansatz eingeht. Man unterscheidet Einfach-, Mehrfachregression, lineare sowie nichtlineare Regression.

Risiko: Risiken sind die aus der Unvorhersehbarkeit der Zukunft resultierenden, durch „zufällige" Störungen verursachten Möglichkeiten, von geplanten Zielwerten abzuweichen. Risiken können daher auch als „Streuung" um einen Erwartungs- oder Zielwert betrachtet werden. Risiken sind immer nur in direktem Zusammenhang mit der Planung eines Unternehmens zu interpretieren. Mögliche Abweichungen von den geplanten Zielen stellen Risiken dar – und zwar sowohl negative („Gefahren") wie auch positive Abweichungen („Chancen").

Etymologisch kann man Risiko zum einen auf riza (griechisch = Wurzel, Basis) zurückverfolgen; siehe auch risc (arabisch = Schicksal). Auf der anderen Seite kann Risiko auf ris(i)co (italienisch) zurückverfolgt werden, die Klippe, die es zu umschiffen gilt.

Risikoaggregation: Eine Risikoaggregation ist – vereinfacht ausgedrückt – eine Zusammenfassung aller Risiken, was jedoch nicht durch eine einfache Addition erfolgt. Zielsetzung der Risikoaggregation ist die Bestimmung der Gesamtrisikoposition eines Unternehmens sowie die Ermittlung der relativen Bedeutung von Einzelrisiken auf die Unternehmensentwicklung. Dabei sind Korrelationen (Wechselwirkungen) der Risiken durch Risikosimulationsverfahren explizit zu berücksichtigen. Die wichtigsten Verfahren der Risikoaggregation sind die so genannten → „Varianz–Kovarianz-Modelle", die → historische Simulation und insbesondere die → Monte-Carlo-Simulation. → Aggregation.

Risikoanalyse: Der Risiko-Management-Prozess gliedert sich in die folgenden Stufen: Risikoanalyse, Prüfen der Handlungsalternativen (vermeiden, vermindern, begrenzen, selbst tragen, externalisieren), Gestaltung der Risikopolitik sowie Durchführung und Kontrolle. Der Prozess der Risikoanalyse wiederum gliedert sich in die Teilprozesse: Identifikation der Risiken und Bewertung der identifizierten Risiken. Die Risikoanalyse ist der schwierigste Teil des Risiko-Management-Prozesses, da hier auch potenzielle, zukünftige Risiken berücksichtigt werden müssen. Wichtig ist es, die Risikoanalyse in den gesamten Planungsprozess eines Unternehmens zu integrieren (daher in der Regel Top-down-Vorgehen). Der Prozess der Risikoanalyse muss die Gesamtunternehmenssicht widerspiegeln. Hierdurch können nicht unerhebliche Kosten gespart werden. Ziel der Risikoanalyse ist die Erstellung eines Risikoinventars/Risikokatalogs.

Risikobewusstsein (engl. risk awareness): Das Ausmaß, in dem Personen, die sich in einer Gefahrensituation befinden, um das Gefahrenpotenzial wissen; ferner, inwieweit Personen, die willentlich riskant handeln, sich des Umfangs ihres Risikos bewusst sind.

Risikofinanzierung: Die risikopolitischen Handlungsalternativen zu externalisieren und selbstzutragen wird als Risikofinanzierung bezeichnet. Demgegenüber spricht man von Risikokontrolle, wenn Risiken vermieden, vermindern oder begrenzt werden.

Risikoinventar: Die Erkenntnisse, die während der Risikoanalyse (insbesondere während der Risikoidentifikation und -bewertung) gewonnen werden, sollten in ein Risikoinventar aufgenommen werden. Ein Risikoinventar enthält insbesondere Informationen über die einzelnen Risiken, die Bewertung der Risiken, die Beurteilung der risikopolitischen Maßnahmen, Vorschläge zu Verbesserung des status quo und eine Priorisierung der Maßnahmen. Zweck eines Risikoinventars ist es insbesondere den Entscheidungsträgern einen komprimierten Überblick über die Risikosituation des Unternehmens zu geben. Neben der quantitativen Beurteilung kann auch eine qualitative Bewertung vorgenommen werden.

Risikomaße: Statistische Maße für das Unternehmensrisiko. Als Risikomaße gelten beispielsweise die Standardabweichung, die Varianz, die Ausfallwahrscheinlichkeit, der → Value at Risk (VaR), der → Conditional Value at Risk sowie der Eigenkapitalbedarf bzw. → Risk adjusted Capital (RAC). Risikomaße lassen sich grundsätzlich unterscheiden in Maße für ein einzelnes Risiko (also ein Risikomaß im engeren Sinn wie beispielsweise die → Standardabweichung) oder Maße, die das Risiko zweier Zufallsgrößen zueinander in Beziehung setzt (also ein Risikomaß im weiteren Sinn wie beispielsweise die Kovarianz).

Risikomaße im engeren Sinn lassen sich weiter klassifizieren. Zum einen nach der Lageabhängigkeit. Lageunabhängige Risikomaße wie beispielsweise der Deviation Value at Risk quantifizieren das Risiko als Ausmaß der Abweichungen von einer Zielgröße. Lageabhängige Risikomaße wie beispielsweise der Value at Risk und der Eigenkapitalbedarf hingegen sind von der Höhe des Erwartungswertes abhängig. Häufig kann ein solches Risikomaß als notwendiges Kapital bzw. notwendige Prämie angesehen werden.

Eine weitere Unterscheidung von Risikomaßen ergibt sich zum anderen aus der Berücksichtigung der zu Grunde liegenden Verteilung. Zweiseitige Risikomaße wie die Standardabweichung berücksichtigen diese komplett, während die so genannten Shortfall-Risikomaße wie beispielsweise der VaR lediglich die Verteilung ab einer bestimmten Schranke betrachten.

Risikopolitik: Im Rahmen der Risikopolitik werden die risikopolitischen Entscheidungen getroffen. Voraussetzung hierfür ist der Abschluss der Risikoanalyse. Im Rahmen der Risikopolitik gilt es insbesondere festzulegen, welche risikopolitischen Ziele das Unternehmen verfolgt (risikoneutral, risikofreudig, risikoscheu), durch welche Maßnahmen die Risiken vermieden, begrenzt oder vermindert werden können, welche Risiken externalisiert werden und wie der Risk Management Mix gestaltet werden soll.

Risikopolitische Ziele: Die risikopolitischen Ziele eines Unternehmens legt die Unternehmensleitung, evtl. in Zusammenarbeit mit einer Risiko-Management-Organisationseinheit, fest. Die Basis für die Festlegung der risikopolitischen Ziele bildet das Risikoinventar. Oberstes Ziel muss in jedem Fall die Existenzsicherung des Unternehmens sein. Nachgelagerte Ziele können beispielsweise sein, das Unternehmensimage nicht durch Produkthaftpflichtschäden oder Umwelthaftpflichtschäden zu schädigen. Im Bereich der Informationstechnologie kann die Vermeidung des Abflusses von sensiblen Informationen in den Zielkatalog aufgenommen werden.

Risikopolitische Handlungsalternativen (auch Risikosteuerung): Nach der Risikoanalyse muss man sich überlegen, wie man mit den Risiken umgeht. Man kann Risiken vermeiden (beispielsweise wird ein Produkt nicht mehr auf dem amerikanischen Markt verkauft wegen eines hohen Produkthaftpflichtrisikos), begrenzen (das Produkthaftpflichtrisiko wird minimiert durch Produktverbesserungen), externalisieren (beispielsweise durch den Abschluss einer Produkthaftpflichtversicherung, Einsatz derivativer Finanzinstrumente) oder selbst tragen (beispielsweise durch eine unternehmenseigene Versicherungsgesellschaft → Captive).

Risikotragfähigkeit: Risikoausgleichspotenzial bzw. Deckungsmasse (u. a. bilanzielles Eigenkapital, Liquiditätsreserven) für die Abdeckung von Verlustmöglichkeiten. Die Beurteilung des Gesamtrisikoumfangs ermöglicht eine Aussage darüber, ob die Risikotragfähigkeit eines Unternehmens ausreichend ist, um den Risikoumfang tatsächlich zu tragen und damit den Bestand des Unternehmens zu gewährleisten. Sollte der vorhandene Risikoumfang eines Unternehmens gemessen an der Risikotragfähigkeit zu hoch sein, werden zusätzliche Maßnahmen der Risikobewältigung erforderlich.

Risk Adjusted Capital (RAC): Betriebsbedingter (Risiko-)Eigenkapitalbedarf basierend auf einem definierten Sicherheitsniveau.

Risk-Management-Informationssystem (RMIS): Es handelt sich um ein rechnergestütztes, daten-, methoden- und modellorientiertes Entscheidungsunterstützungssystem für das Risiko-Management, das inhaltlich richtige und relevante Informationen zeitgerecht und formal adäquat zur Verfügung stellt und dem Risiko-Manager bei der Entscheidungsvorbereitung methodische Unterstützung bietet.

Risk Mapping: Technik zur Risikobeurteilung, mit deren Hilfe man einen pragmatischen und dennoch wirkungsvollen Überblick über relevante Risiken erhält. Die Risiko- bzw. Prozessverantwortlichen beurteilen dabei die Risiken in Bezug auf deren quantitative Auswirkungen und die erwartete Eintrittswahrscheinlichkeit.

RoRaC (Return on Risk Adjusted Capital): Risikoadjustierte Eigenkapitalrendite. Es handelt sich bei RoRaC, ebenso wie bei → RaRoC, um eine Weiterentwicklung des Return on Equity (RoE). Im Gegensatz zum RaRoC-Konzept werden nicht die Erträge um Standardrisikokosten bereinigt, sondern diese Standardrisikokosten finden im Nenner beim zugrunde gelegten eingesetzten Kapital Berücksichtigung.

Ruinwahrscheinlichkeit: In der Risikotheorie berechnet man die zu den Ruinzeitpunkten korrespondierenden Wahrscheinlichkeiten. Als Ruinzeitpunkte bezeichnet man Zeitpunkte, zu denen Risikoreserven erstmals negativ werden. Von einem Ruin eines Versicherungsunternehmens spricht man dann, wenn durch Schäden alle die Passiva übersteigenden Aktiva aufgebraucht wurden. Die Ruintheorie versucht daher, die Wahrscheinlichkeit eines Ruins zu errechnen. Insbesondere Kumulschäden können zu einem Ruin des Versicherungsunternehmens führen.

Sarbanes-Oxley Act (SOX): US-Kapitalmarktgesetz von 2002, das als Reaktion auf Bilanzskandale die Corporate Governance stärken und damit das Vertrauen der Investoren in den Kapitalmarkt zurückgewinnen soll. Die neuen und erweiterten Regelungen gelten für alle an einer US-Börse notierten Unternehmen und reichen von zusätzlichen Vorstandsaufgaben bis zu strafrechtlichen Bestimmungen.

Sensitivitätsanalyse: Im Rahmen der Sensitivitätsanalyse wird berechnet, wie viel Einfluss ein einzelnes Risiko auf das Unternehmen hat. So wird beispielsweise untersucht, wie viel ein Prozent Preisschwankung auf das operative Betriebsergebnis hat. Dies gibt Hinweise auf die Priorisierung und Fokussierung von Bewältigungsmaßnahmen.

Six Sigma: Six Sigma ist eine umfassende Methode, die zu einem nahezu fehlerfreien Prozessablauf führen soll. Die Ursprünge vieler Six-Sigma-Prinzipien stammen aus den Lehren einflussreicher Qualitätsdenker wie W. Edwards Deming und Joseph Juran.

Der Name Six Sigma leitet sich aus der Statistik ab. Der griechische Buchstabe Sigma (σ) ist dort ein Kürzel für die Standardabweichung, und 6σ steht für den gewünschten Abstand des Prozessmittelwerts von den Toleranzgrenzen.

Sigma steht als Symbol für die Standardabweichung, DPMO steht für „Defects per million opportunities" (Fehler pro eine Million Fehlermöglichkeiten) und die Prozentzahl gibt die prozentuale Fehlerfreiheit an. In der Produktion bedeuten 6σ, dass fast keine Fehler mehr vorliegen (3,4 Fehler auf eine Million Messungen). Die Standardabweichung der Prozessergebnisse passt dabei langfristig auf jeder Seite des Mittelwertes sechsmal in die Anforderungsgrenzwerte. Dabei würden dann 3,4 Fehler auf eine Million Fehlermöglichkeiten erwartet.

Six Sigma folgt einem systematischen 5-Phasenmodell:

- Define: Was ist das Problem?

- Measure: Wie lassen sich die Auswirkungen messen?

- Analyze: Was sind die Kernursachen für das Problem?

- Improve: Wie lässt sich das Problem beseitigen?

- Control: Wie wird die Lösung langfristig in der Organisation verankert?

Die Methode ist abgeleitet vom klassischen PDCA (Plan-Do-Check-Act) von W. Deming.

Spieltheorie: Die Wissenschaft vom strategischen Denken heißt Spieltheorie und geht im Wesentlichen auf die Arbeiten der beiden deutschsprachigen Mathematiker John von Neumann und Oskar Morgenstern (Theory of Games and Economic Behavior, 1944) zurück.

Standardabweichung: Die Standardabweichung ist in der Stochastik ein Maß für die Streuung der Werte einer Zufallsvariablen um ihren Mittelwert. Sie ist für eine Zufallsvariable X definiert als die positive Quadratwurzel aus deren → Varianz und wird als $\sigma_x = \sqrt{Var(X)}$ notiert. Die Varianz einer Zufallsvariablen ist das zentrierte Moment zweiter Ordnung der zugehörigen Verteilung, der Erwartungswert das erste Moment.

Störfallablaufanalyse: Hier werden – im Gegensatz zur Fehlerbaumanalyse – alle unerwünschten Ereignisse gesucht, die eine gemeinsame Störungsursache haben. In der Regel hat ein Störungsereignis (beispielsweise Stromausfall) Folgeereignisse, die hier untersucht werden. Gefragt wird, unter welchen Bedingungen eine Störungsursache zu bestimmten Auswirkungen führt. Methodisch bedient man sich hier der Entscheidungstabellentechnik.

Strategisches Risk Management (im Gegensatz zum operativen Risk Management): Der zentrale Bestandteil des strategischen Risk Management ist die Festlegung der Risikoeinstellung des Unternehmens. Im Rahmen des strategischen Risk Management wird darüber hinaus die Steuerung der Risikopolitik festgelegt. Dem operativen Risk Management werden risikopolitische Leitlinien vorgegeben, beispielsweise durch die Definition eines Sollzustandes der Risikolage des Unternehmens. Idealerweise sollten die Risikoziele in ein bestehendes unternehmensweites Zielsystem integriert werden. Das strategische Risk Management bildet die Grundlage und den Ausgangspunkt für ein effektives operatives Risk Management.

Stresstest: Stresstests sind spezielle Szenarioanalysen, anhand derer man überprüft, wie sich bestimmte Krisenszenarien auf den Wert beispielsweise eines Wertpapierportfolios auswirken. Typische Krisenszenarien im Markt-Risiko-Management sind beispielsweise ein Börsencrash oder Zins- und Wechselkursschocks. Allgemein gesprochen besteht die Zielsetzung von Stresstests darin, die hypothetischen Verluste zu bestimmen, die sich aus dem Eintritt bestimmter Risiken ergeben würden.

SWOT-Analyse: Die SWOT-Analyse (engl. Akronym für Strengths, Weaknesses, Opportunities und Threats) ist ein Werkzeug des strategischen Managements, wird aber auch für formative Evaluationen und Qualitätsentwicklung von Programmen (beispielsweise im Bildungsbereich) eingesetzt. In dieser einfachen und flexiblen Methode werden sowohl innerbetriebliche Stärken und Schwächen (Strength – Weakness) als auch externe Chancen und Gefahren (Opportunities – Threats) betrachtet, welche die Handlungsfelder des Unternehmens betreffen. Aus der Kombination der Stärken-Schwächen-Analyse und der Chancen-Gefahren-Analyse kann eine ganzheitliche Strategie für die weitere Ausrichtung der Unternehmensstrukturen und die Entwicklung der Geschäftsprozesse abgeleitet werden. Die Stärken und Schwächen sind dabei relative Größen und können erst im Vergleich mit den Konkurrenten beurteilt werden.

Systematisches Risiko: Der Begriff beschreibt das marktimmanente, nicht diversifizierbare Risiko, d. h. die Unsicherheit beispielsweise darüber, ob der Aktienmarkt steigt oder fällt. Unsystematisches und systematisches Risiko zusammengenommen bilden das Gesamtrisiko eines Anlegers, wobei das unsystematische Risiko durch Anwendung moderner Portfolio-Management-Methoden innerhalb eines Portfolios reduziert werden kann (im Gegensatz zum systematischen Risiko).

Systemisches Risiko: Ein systemisches Risiko liegt vor, wenn sich ein auf ein Element eines Systems einwirkendes Ereignis aufgrund der dynamischen Wechselwirkungen zwischen den Elementen des Systems auf das System als Ganzes negativ auswirken kann oder wenn sich aufgrund der Wechselwirkungen zwischen den Elementen die Auswirkungen mehrerer auf einzelne Elemente einwirkender Ereignisse so überlagern, dass sie sich auf das System als Ganzes negativ auswirken können.

Ihre besondere Brisanz gewinnen systemische Risiken nicht allein aus den direkten physischen Schäden, die sie verursachen. Es sind vielmehr die weitreichenden Wirkungen in zentralen gesellschaftlichen Systemen (etwa der Wirtschaft, der Finanzwelt oder der Politik), die den Umgang mit diesem Risikotyp schwierig und zugleich dringlich machen.

System Dynamics (SD) oder Systemdynamik ist eine von Jay W. Forrester an der Sloan School of Management des MIT entwickelte Methodik zur ganzheitlichen Analyse und (Modell-)Simulation komplexer und dynamischer Systeme. Anwendung findet sie insbesondere im sozio-ökonomischen Bereich. So können die Auswirkungen von Management-Entscheidungen auf die Systemstruktur und das Systemverhalten (beispielsweise Unternehmenserfolg) simuliert und Handlungsempfehlungen abgeleitet werden. In der Praxis findet die Methodik insbesondere bei der Gestaltung von Lernlabors und der Hinterlegung von Balanced Scorecards mit Strategy Maps Verwendung. Die Erarbeitung solcher Systeme erfolgt mittels qualitativer und quantitativer Modelle.

Szenarioanalyse: Bei Szenarioanalysen werden mittels eines deterministischen Modells Ergebnisse (beispielsweise Marktwert eines Anlageportfolios) für verschiedene Ausprägungen der Parameter (beispielsweise Änderung des Zinsniveaus um zwei Basispunkte und Änderung des Aktienkursniveaus um fünf Prozent) ermittelt. Die Annahmen zur Änderung der Parameter erfolgen beispielsweise durch Experten (Delphi-Methodik). Eine Unterart der Szenarioanalyse ist der Stresstest.

Szenariotechnik: Planungsverfahren im Rahmen der strategischen Planung für die Entwicklung alternativer Zukunftsbilder im langfristigen Bereich. Als Beispiele können die folgenden Methoden aufgeführt werden: Delphi-Technik, morphologische Analysen, historische Analogiebildung, Technologiefolgenabschätzung.

Tail Value at Risk: Auch als TailVaR oder TVaR bezeichnet. Der Tail Value at Risk ist auch unter dem Begriff Expected Shortfall bekannt. Der Expected Shortfall (ES) wird auch als Conditional Value at Risk bezeichnet und wurde im Jahr 1997 von Artzner et al. als kohärentes Risikomaß eingeführt. Er zählt wie der VaR zu den Downside-Risikomaßen und ist definiert als der erwartete Verlust für den Fall, dass der VaR tatsächlich überschritten wird. Somit ist er der wahrscheinlichkeitsgewichtete Durchschnitt aller Verluste, die den VaR-Wert übertreffen. Es werden daher nur die Verluste betrachtet, die über den VaR hinausgehen. Bei Verwendung des Expected Shortfall/Tail Value at Risk verlagert sich der Fokus von der einfachen Betrachtung der Insolvenzwahrscheinlichkeit auf die Folgen einer Insolvenz.

Theorie der nervösen Frösche: Die beiden Nobelpreisträger Daniel Kahneman und Amos Tversky belegten, wie weit das Idealbild des Homo Oeconomicus, der bei gegebener und bekannter Präferenzordnung, bei vollkommener Information und vollkommener Voraussicht seine Kauf- und Verkaufs-, Produktions- und Konsumtionsentscheidungen stets rational trifft, von der Realität entfernt ist. Vielmehr beruhen Entscheidungen häufig nicht auf komplizierten Rechnungen, sondern auf Daumenregeln (Kahneman, D.; Tversky, A.: Prospect Theory: An Analysis of Decision Under Risk, 1979).

Top-down-Bewertungsansatz: Ausgangsbasis der Risikobewertung bilden die identifizierten Risiken sowie das gesamte Datenmaterial. Die bekannten Folgen stehen im Vordergrund. Konzeptionell relativ einfache Methoden, aber relativ wenig risikosensitiv und wenig Erkenntnisse für das Risiko-Management. Beispiele: → CAPM-basierter Ansatz, → Extremwerttheorie, Risikoindikatoren-Methode, Drei-Werte-Verfahren. → Bottom-up-Bewertungsansatz.

Unsystematisches Risiko: In der Kapitalmarkttheorie wird das Gesamtrisiko einer Anlage in systematisches Risiko und unsystematisches Risiko aufgeteilt. Das unsystematische Risiko kann man eindämmen oder ganz eliminieren, indem man sein Vermögen diversifiziert.

Upside Risk: Chancenpotenzial, im Gegensatz zum Risikopotenzial (Downside Risk). → Downside Risk.

Value at Risk (VaR): Der Value at Risk (was wörtlich mit „Wert auf dem Spiel" übersetzt werden könnte) wird seit einigen Jahren als Methode des Risiko-Managements, insbesondere im Finanzdienstleistungsbereich, zur Überwachung und Messung von Markt- und Zinsrisiken eingesetzt. Dabei geht man von einem Portfolio aus, das über einen bestimmten Zeitraum gehalten wird. Durch die sich verändernden Marktverhältnisse wird man einen bestimmten Gewinn bzw. Verlust messen können. Der VaR stellt dabei die in Geldeinheiten berechnete negative Veränderung eines Wertes dar, die mit einer bestimmten Wahrscheinlichkeit (auch als → Konfidenzniveau bezeichnet) innerhalb eines festgelegten Zeitraumes nicht überschritten wird. Ein Ein-Jahres-Value-at-Risk mit Konfidenzniveau von 99,9 Prozent in der Höhe von 10 Mio. Euro beispielsweise bedeutet, dass statistisch gesehen nur durchschnittlich alle 1.000 Jahre mit einem Verlust von mehr als 10 Millionen Euro zu rechnen ist.

Der VaR gibt nicht den maximalen Verlust eines Portfolios an, sondern den Verlust, der mit einer vorgegebenen Wahrscheinlichkeit (Konfidenzintervall) nicht überschritten wird, durchaus aber überschritten werden kann! Insbesondere ist bei einem exakten VaR-Modell beispielsweise bei einem Konfidenzniveau von 99 Prozent gerade an einem von 100 Tagen ein größerer Verlust als der durch den VaR prognostizierte Verlust „erwünscht", da nur dann der VaR ein guter Schätzer ist; andernfalls überschätzt der VaR das Risiko, wenn in weniger als einem von 100 Fällen der tatsächliche Verlust größer ist als der durch den VaR prognostizierte Verlust, bzw. unterschätzt der VaR das Risiko, wenn in mehr als einem von 100 Fällen der tatsächliche Verlust größer ist als der durch den VaR prognostizierte Verlust.

Varianz: Die Varianz ist ein Maß, das beschreibt, wie sehr ein Sachverhalt „streut". Sie wird berechnet, indem man die Abstände der Messwerte vom → Mittelwert quadriert, addiert und durch die Anzahl der Messwerte teilt.

In der Stochastik ist die Varianz ein Streuungsmaß, d. h. ein Maß für die Abweichung einer Zufallsvariable X von ihrem → Erwartungswert E(X). Die Varianz verallgemeinert das Konzept der Summe der quadrierten Abweichungen vom Mittelwert in einer Beobachtungsreihe. Die Varianz der Zufallsvariable X wird üblicherweise als V(X), Var (X) oder σ^2 notiert. Ihr Nachteil für die Praxis ist, dass sie eine andere Einheit als die Daten besitzt. Dieser Nachteil kann behoben werden, indem man statt der Varianz die Standardabweichung benutzt. Die → Standardabweichung ist die Quadratwurzel der Varianz.

Varianz-Kovarianz-Methode: Verfahren zur Bestimmung des → Value at Risk. Im Rahmen dieser Methode, die auch als parametrische, analytische oder Delta-Normal-Methode bezeichnet wird, werden Volatilitäten und Korrelationen der Risikofaktoren zur Bestimmung des Value at Risk verwendet. Die Schwankungen der Risikofaktoren werden als normalverteilt angenommen.

Variationskoeffizient: Der Variationskoeffizient errechnet sich aus der Standardabweichung der Schadenverteilung dividiert durch den Erwartungswert der Verteilung.

Volatilität: Maßzahl zur Variabilität der Schwankungen allgemein und speziell von Wertpapierkursen, Zinssätzen und Devisen. Allgemein üblich zur Messung der Volatilität eines Wertpapiers ist die Berechnung der Standardabweichungen relativer Kursdifferenzen.

Wahrscheinlichkeitsdichte: Der Begriff der Wahrscheinlichkeitsdichtefunktion, oft kurz Wahrscheinlichkeitsdichte oder nur Dichte (abgekürzt *WDF* oder *pdf = probability density function*), ist eng mit dem Begriff der stetigen Zufallsvariablen verknüpft: Die Wahrscheinlichkeitsdichte ist ein Hilfsmittel, mit dem sich die Wahrscheinlichkeit berechnen lässt, dass eine stetige Zufallsvariable zwischen zwei reellen Zahlen *a* und *b* liegt. Einfache zufällige Prozesse lassen sich durch die konkrete Angabe von Wahrscheinlichkeitsräumen modellieren, d. h. durch Angabe einer Menge Ω von Elementarereignissen und eines Wahrscheinlichkeitsmaßes P, das Ereignissen, also Teilmengen von Ω, eine Wahrscheinlichkeit zwischen 0 und 1 zuordnet. Enthält Ω nur endlich oder höchstens abzählbar viele Elemente ω, die alle eine Wahrscheinlichkeit $q(\omega)$ besitzen, so ist das dazugehörige Wahrscheinlichkeitsmaß

$$P(A) = \sum_{\omega \in A} q(\omega) \quad \forall A \subseteq \Omega \, .$$

Wahrscheinlichkeitsfunktion: Ein Zufallsexperiment mit endlich oder abzählbar vielen möglichen Ausgängen lässt sich durch eine Wahrscheinlichkeitsfunktion (engl.: *probability function*) beschreiben, welche für jeden Ausgang des Experiments dessen Auftretenswahrscheinlichkeit angibt. Im mathematischen Teilgebiet Stochastik werden Zufallsexperimente durch Zufallsvariablen modelliert, deren zufälliger (numerischer) Wert als die Ausprägung eines bestimmten zufälligen Merkmals interpretiert und bezeichnet wird.

Die Wahrscheinlichkeitsfunktion gibt dann die Auftretenswahrscheinlichkeiten der einzelnen Ausprägungen des von einer diskreten Zufallsvariablen modellierten Merkmals an. Sie ist das Gegenstück zur Dichtefunktion bei stetigen Zufallsvariablen und wird in der Statistik deswegen auch als *Zähldichte* bezeichnet.

Weighted Average Cost of Capital (WACC): Gewichtete durchschnittliche Kapitalkosten. Mit WACC wird ein zu den Discounted-Cash-Flow-Verfahren gehörender Ansatz der Unternehmensbewertung gezählt. Die gewichteten durchschnittlichen Kapitalkosten werden von vielen Unternehmen verwendet, um den Diskontzinssatz in Investitionsprojekten zu bestimmen. Der WACC-Kapitalkostensatz gibt hierzu eine wirtschaftlich vernünftige Mindestrendite vor. Firmen finanzieren sich über zwei Quellen (die Kapitalstruktur): Eigenkapital und Fremdkapital (Verschuldung in Form von beispielsweise Anleihen, Bankkrediten). Der WACC-Satz entspricht dem kapitalgewichteten Durchschnitt der verschiedenen Zinssätze und Mindestrenditen. Methodisch ist dieser Ansatz nicht viel anders zu beurteilen als der klassische kalkulatorische Zins, nur dass dieser in den Kosten eingefügte Zins hierzulande eher begründet ist aus der Sicht der Opportunitätskosten. Was könnte das Unternehmen für Geld erzielen, das auf dem Kapitalmarkt angelegt wird anstatt in der eigenen Unternehmung? Diese entgehende Rendite aus den Zinserträgen wird als Kosten eingefügt. In diesem Sinn ist ein klassisches deutsches Betriebsergebnis schon immer ein Economic Value Added gewesen.

Wertorientiertes Risk Management: Neben der Risikokomponente betrachten Unternehmen auch die Chancenseite und versuchen das Chancen-Risikoprofil im Unternehmen zu optimieren.

Zinsänderungsrisiko: Es ist ein Teil des → Marktrisikos und lässt sich als das Risiko der Beeinträchtigung der Vermögens-, Finanz- und Ertragslage der Unternehmung aufgrund einer Änderung der Zinssätze beschreiben. Das Zinsänderungsrisiko kann in drei weitere Risiken unterteilt werden: in ein variables Zinsänderungsrisiko, in ein Festzinsrisiko und in ein Abschreibungsrisiko.

Zufallsrisiko: Teil des versicherungstechnischen Risikos; das Risiko, dass zufällige Abweichungen der tatsächlichen von den kalkulierten Schadenbelastungen eintreten. Mit wahrscheinlichkeitstheoretischen Methoden ist das Zufallsrisiko sehr gut schätzbar.

Stichwortverzeichnis

A

Absatzrisiko 367
Aggregation 114
Aktienoption 191
Alternativszenarien 264
Analysis 56
Analytische Suchmethoden ... 126
Anpassungsrisiko 297
Ansoff 93
A-Priori-
    Wahrscheinlichkeit 52, 55
Arbitrage 213
Astragali 22
Aufsichtsorgane 183
Ausfalleffektanalyse 127,
    145, 265
Austrittsrisiko 297
Autokorrelation 452

B

Bachelier, Louis 67
Backtesting 452
Bacon, Francis 34
Balanced Scorecard 276,
    298, 369
Barrier-Optionen 71
Baussay, Sieur des 45
Bayes, Thomas 55
Bayes-Theorem 55
BCM 396
BCP 397
Benchmarks 417, 419
Bernoulli, Daniel 56

Bernoulli, Jakob 51
Bernoulli, Johann 51
Bernoulli, Nikolaus II 56
Bernoulli-Prozess 69
Bewertungsdefekt 90, 93
Binomialkoeffizient 46, 67
Binomialmodell 189
Binomialverteilung 54, 69
Bismarck, Otto von 38
Black, Fischer Sheffey 71
Black-Scholes-Modell 194
Bootstrap-Verfahren 348
Brainstorming 129, 260, 369
Brainwriting .... 129 f., 260
Brown, Robert 70
Brownsche Bewegung 70, 194
BS 25999-2 399
BS 7799 393
BSI Standard 100-1 391
BSI Standard 100-2 392
BSI Standard 100-3 392
BSI Standard 100-4 392
BSI-Standards 391
Budget at Risk 204
Budgetierung 105
Bullwhip-Effekt 368
Business Continuity 375
Business Continuity
    Management 396
Business Continuity Plan 397

C

Call 322
Call-Optionen 71

Capital Asset Pricing
    Model 72, 157
CAPM 72, 157
Cardano, Geronimo 43
Carry-Over-Effekt 92
Cash Flow at Risk 142,
    204, 484
Cash Flow Exposure 492
Cash-Flow 165
Chance-/Risikoverhältnis 114
Chancen 107
Chaostheorie 88
Charybdis 31
Chi-Quadrat-
    Anpassungstest 449
Cholesky-Zerlegung 348
CIRS 260, 278
CobiT 381, 412
Codex Hammurabi 33
Common Criteria 389
Conditional Value at Risk 148
Contango 217
Continuity of
    Operations Plan 397
Controlling 105
COOP 397
Cornish-Fisher-Erweiterung .. 450
Corporate Governance 111
correlation breakdown 479
COSO-ERM 382
Cox, Ross und Rubinstein 189
Critical Incident
    Reporting-System 278

D

Debitorenmanagement 99
Delphi 95
Delphi-Methode 131,
    261, 417, 419
Delta-Gamma-Ansatz 325
Delta-Gamma-Methode 142
Delta-Normal-Ansatz 322

Delta-Normal-Methode 142
Deregulierung 81
Derivate 113, 162
Design-FMEA 280
DFA 58
Diderot 62
Differentialgleichung 64
Differenzenmethode 334
Disaster Recovery Plan 398
Diskriminanzverfahren 94
Diversifikationseffekt 319, 477
Downside-Risikomaße 148
360-Grad-Radar 277
Drei-Werte-Verfahren 143
Duplikationsportfolio 191
Dynamic Financial Analysis 58

E

Earning at Risk 142, 204, 233
Ebit at Risk 204
ECM 223
Eigenkapital 150
Eigenkapitalquote 156
Eintrittswahrscheinlichkeit 132
Engpassrisiko 296
Enterprise Risk
    Management 105, 175, 295
Entscheidungstheorie 184
ERM 105, 175, 295
Error Correction Modell
    (ECM) 223
Ertragswert 365
Erwartungswert 108, 147, 444
Euler, Leonhard 56
Eulersche Zahl 337
EVA 106
EVT 138
Expected Loss 135
Expected Shortfall 140
Expertenbefragung 369
Experteneinschätzung 417

Exponentially Weighted
 Moving Average
 (EWMA)........................ 471
Exposure Mapping 235
Extreme Value Theorie 138
Extremwert-Theorie 138

F

Factoring............................... 163
Failure Mode and Effects
 Analysis........... 127, 145, 265
Faktoransatz.......................... 339
Fat tail...................................... 95
Fault Tree Analysis................ 127
Fehlerbaum........................... 128
Fehlerbaumanalyse.............. 260,
 271, 417, 420
Fehlermöglichkeits-
 und Einflussanalyse........ 127,
 145, 265
Fermat, Pierre de 45
Fibonacci................................. 47
Fibonacci-Zahlen..................... 47
Finanzierungskosten.............. 217
Finanzkrise 82
Finanzmarkttheorie................. 72
Finanzrisiko 99
FMEA................... 107, 127, 145,
 260, 265, 417, 419
Fortuna.................................... 26
Frühaufklärung 123, 287
Frühaufklärungssysteme........ 275
Früherkennung 123, 287
Frühwarnindikator ..114, 123, 285
Frühwarnsystem 123, 275, 287
FTA.............................. 127, 271
Fugger 43
Futurepreis............................ 217

G

Galilei, Galileo 43
Galton, Francis 65

Galtonbrett............................... 65
Gamma 325
GARCH.................................. 475
Gauß, Johann Carl Friedrich.. 59
Gauß`sche Glockenkurve .. 54, 60
Gefährdungsanalyse 281
Gefangenendilemma.....73 f., 184
Geisterkurve 468
Gesamtrisikoposition..... 150, 421
Gesamtrisikosteuerung 113
Geschäftskontinuität.............. 375
Gesetz der großen Zahl............ 51
Glücksspiel 21, 130
Graunt, John........................... 34
Grenzwertsatz......................... 60
Gutenberg, Erich 88

H

HACCP.......................... 260, 281
Halley, Edmond 35
Haltedauer 455
Harsanyi, John C..................... 73
Hazard Analysis and
 Critical Control Point 281
HAZOP......................... 260, 271
HAZOP-Studien 280
Hedgeportfolio...................... 194
Hedging 72, 165, 255
Heinrichs Gesetz.................... 278
Heteroskedastizität 475
Historische Simulation 334
Homoskedastizität 475
Humankapital 295
Huygens, Christiaan............... 50

I

IDW 150
IDW-Prüfungsstandard.......... 117
ifo-Konjunkturuhr 251
Implizite Volatilitäten 461
Indikator 84
Infinitesimalrechnung............. 64

Informations- und
   Kommunikations-
   technologie........................373
Informationsangebot...............89
Informationsbedarf.................89
Informationsnachfrage............89
Informationstechnologie........110
Insolvenz.................................84
Integrität...............................375
Integrity Management............307
Intransparenz...................91, 183
Irrtumswahrscheinlichkeit.....450
ISACA..................................381
ISO/IEC 15408....................389
ISO/IEC 20000-1..................401
ISO/IEC 20000-2..................401
ISO/IEC 27001: 2005 394
IT 110
IT Contingency Plan..............399
IT-Grundschutz.....................391
ITIL......................................400
IT-Prozesse...........................110
IT-Sicherheit.........................374
IT-Strategie...........................110
IuK.......................................373
Iwasawa-Theorie.....................50

J

Just-in-time-Produktion.........247

K

Kapitalkostensatz...........106, 157
Kaufoption............................188
Kausalität................................30
Kausalzusammenhang.............91
Kernkompetenz......................112
Key Control Indicator............143
Key Performance Indicators ..143
Key Risk Indicators...............143
Kollektionsmethoden.....125, 418
Kolmogorov-Smirnov-Test....449
Kolywagin-Flach-Methode......50

Komplexität...............87, 98, 109
Konfidenzniveau......53, 140, 149
Konjunkturindikator..............252
Konjunkturuhr.......................251
KonTraG.......................117, 174
Kontrastszenarien..................264
Kontrollorgane......................183
Korrektive Risikopolitik........164
Korrelation....................150, 226
Korrelationskoeffizient..........477
Korruption.............................307
Kovarianzmatrix....................151
Krankenversicherung...............38
Kreativitätsmethoden.....128, 418
Kreditrisiko...........................105
KRI.......................................143
Krise..............................255, 396
Krisenmanagement 255, 283, 396
Krisenprävention...................287
Krisentypologien...................285
Kursvolatilität.......................457
Kurtosis................................446

L

Lambda.................................471
Laplace, Pierre Simon de...54, 62
Leibniz, Gottfried Wilhelm.......51
Leptokurtosis.................332, 446
Lévy, Paul Pierre.....................69
Linearisierung.......................327
Liquidationsperiode...............455
Liquidität..............................115
Liquiditätsreserve..................156
Lloyd, Edward.........................37
Lloyd's Act..............................37
logarithmierte Veränderungen 318
Lösungsdefekt...................91, 98

M

Mandelbrot, Benoît B...............71
Markenwert...........................364
Markov-Prozesse...................438

Markowitz, Harry M. 72, 320

Marktanalyse 110

Marktpreisrisiko 53

Marktrisiko 163

Marktunvollkommenheit 215

Matrix 320

Maximum-Likelihood-
    Methoden.......................... 476

Mean Reversion..................... 217

Medici...................................... 43

Memory Effekt 467

Méré, Chevalier de 45

Merton, Robert C. 72

Methode 635 129

Methode der
    Zuverlässigkeitstheorie.... 145

Mittelalter 25

Mittelwert 152

Moivre, Abraham de 54

Monotonie 147

Monte-Carlo-Simulation 96,
    142, 154, 345, 421

Morgenstern, Oskar................. 73

Morphologie 261

Morphologische Verfahren.... 128

Motivationsrisiko 298

multivariate Verteilungen 354

N

Nash, John Forbes.................. 73

Nash-Gleichgewicht........ 73, 186

Neumann, John von 73

Neumann, Kaspar.................... 35

Neuronale Netze 124

Newton, Isaac 54

Normalverteilung 54, 64,
    67, 193, 317, 435

Notfallmanagement 255, 396

Nutzwertanalyse 143

O

Odyssee 31

Ökonometrische Methoden ... 144

Ökonometrische Modelle 223

Operationelles Risiko 110

Operatives Risiko 111

Option 72, 322

Optionsdelta.......................... 324

Optionspreistheorie 198

Orakel 27, 58

Organisation 116

Outsourcing 163

P

PAAG.................................... 281

pagatorisch............................ 232

PAS 77 400

Pascal, Blaise 44

Pascal`sches Dreieck 46

PD 150

Peaks-over-Threshold-
    Methode.......................... 138

Pearson, Karl 65

Petersburger Spiel................... 56

Petty, William......................... 34

Philosophie 30

Planabweichungen................. 106

Planung.................................. 105

Planungssicherheit................ 108

Poincaré, Henri 68

Portfolioansatz....................... 339

Portfolio-Selection-Modell.... 320

Portfoliotechnik 414

Portfoliotheorie....................... 72

PoT 138

PP-Plot.................................. 447

Präventive Risikopolitik........ 160

Preiselastizität....................... 236

Probability of Default........... 150

Prognosegüte 218, 333

Prognosemodell 197, 226

Prognoseverfahren................. 223

Projektcontrolling.................. 408

Projektkontrolle 421

Projektmanagement 406
Projektplanung 421
Prozess-FMEA 127
Pull-to-par-Effekt 457
Put-Optionen 71
Pythagoreisches Tripel 48

Q

QM-System 249
Qualitätsmanagement 162
Qualitätsmanagementsystem . 249
Quantil 149
Quotientenmethode 336

R

RAC 156, 380
Random Walk 69, 152,
    218, 223 f., 429
Rationalität 26
RBC-Theorie 253
Real-Business-Cycle-
    Theorie 253
Realoption 188
Regressionsanalyse 94
Renaissance 29
Reputation 113
Reputationsrisiko 161
Restlaufzeit 456
Risiko 31, 89, 111
Risikoaggregation 150, 153
Risikoanalyse 122
Risikobewertung 134
Risiko-Chancen-Kalkül 161
Risiko-Chancen-Profil 116
Risikocontrolling 218
Risikodimension 132
Risikodiversifikation 162, 164
Risikodiversifikations-
    effekte 320
Risikofinanzierung 165
Risikoidentifikation 122
Risikoidentifikations-Matrix .. 126

Risikoindikator 274, 277
Risikoinventar 123, 145
Risikokategorien 109, 111
Risikokontrolle 157
Risikokultur 183, 374
Risikolandkarte 86, 145, 378
Risikolandschaft 145, 378
Risiko-Management-Kultur ... 114
Risiko-Management-
    Prozess 114, 121
Risiko-Management-Ziele 114
Risikomatrix 145, 378
Risikoperformance 163
Risikopolitik 114, 116
Risikopotenzial 132
Risikoquantifizierung 174
Risikosteuerung 116, 157
Risikostrategie 116
Risikotragfähigkeit 150
Risikotransfer 165
Risikovermeidung 161
Risikovorsorge 165
Risk Adjusted Capital 156, 380
Risk Awareness 96, 109, 376
Risk Exposure 146, 212, 234
Risk Management Policy 117
Risk Policy Statement 114
RiskKIT 354
Roll-down Effekt 457
Ruinwahrscheinlichkeit 141

S

Safety-First-Ansatz 415
Samuelson, Paul A. 72
Sankt-Petersburg-Paradoxon ... 56
Satz von Bayes 55
Satz von Bernoulli 51
Schadensausmaß 132
Schelling, Thomas 75
Schiefe 445
Scholes, Myron Samuel 71
Schwache Signale 93, 276, 280

Schwellenwerte 277
SCM... 246
Scoring.................................... 302
Seehandel................................. 32
Seeversicherung 33
Self-Assessment 126
Selten, Reinhard 73
Semivarianz........................... 148
Sensitivitätsanalyse 151
Sicherheit................................. 97
Simulationsmodell........... 96, 144
Single Sourcing 245
Sinusfunktion 60
Skylla....................................... 31
Smile-Effekt 218, 463
Spieltheorie............................ 63,
    73, 96, 184, 369
Standardabweichung 147,
    152, 193, 445
Standardnormalverteilung 60,
    64, 435
Stationarität 452
Statistik.................................... 43
Stochastik 48
Stochastische Methoden........ 261
Stoiker 30
Strategie................................... 75
Strategische
    Unternehmensführung......114
Strategisches Risiko 110
Stresssimulation..................... 144
Stresstest.................................. 95
Student-t-Verteilung 331
Subadditivität 142, 147
Subprime 82
summationsstabil................... 434
Supply Chain 245
Supply Chain Management ... 246
Süßmilch, Johann Peter.......... 35
SWOT-Analyse.............. 125, 261
Synektik......................... 130, 261
System dynamics................... 144
Systemdynamische Ansätze .. 144

System-FMEA...................... 127
Systemisches Risiko 259
Systemkomplexität 89
Systemkrise........................... 183
Systemtheorie 86
Szenarien 96
Szenarioanalyse95, 145, 260, 369
Szenariogenerierung............. 213
Szenariotechnik 261
Szenariotrichter 262

T

Tacitus.................................... 23
Tail Value at Risk.................. 140
Tali 23
Taniyama-Vermutung 50
Taylor, Richard 48
Taylor-Approximation........... 326
Technische Chartanalyse 224
Translationsinvarianz 147
Treasury................................. 311
Trendkomponente.................. 220
Trends 277
Trendszenarien 264

U

Umweltanalyse 110
Underwriter 37
Unexpected Loss 136
Unfallversicherung 38
Unternehmensführung,
    risikoorientiert 105
Unternehmensstrategie 116
Unternehmenswert. 116, 157, 365
Ursache-/Wirkungs-
    zusammenhänge 86

V

Value at Risk........................... 53,
    60, 148, 233, 442
Value chain 246

Value Exposure 492
Value Management 307
VaR 53, 60
Varianz 147, 445
Varianz-Kovarianz-Matrix 321
Varianz-Kovarianz-Modell ... 153, 317
Varianz-Targeting 476
VARM 223
Vektor Autoregressives
    Modell (VARM) 223
Verfügbarkeit 374
Vermögensbereich 311
Versicherung 32, 58
Versicherungsmathematik 38
Verteilungsannahme 444
Verteilungsfunktion 315
Vertrauensintervall 220
Vertraulichkeit 374
Vertriebsrisiko 367
Vertriebsrisikomanagement ... 368
Volatilität 193
Volatilitäten, historische 464
Volatilitätsclustering 452, 470
Vulnerability- und Incident-
    Response-Plan 398

W

WACC 157
Wahrscheinlichkeits-
    rechnung 48, 61
Wahrscheinlichkeitstheorie 21, 28, 61
Wahrscheinlichkeits-
    verteilung 65

Weak Signals 280
Wechselkurs 313
Wechselkursrisiko 105, 216
Weighted Average Cost
    of Capital 157
Wertkette 246
Wertorientierte
    Unternehmenssteuerung .. 114
Wertorientiertes
    Management 106
Wertschöpfung 111
Wertschöpfungskette 245
Wertschöpfungsnetzwerk 246
Wettbewerbsanalyse 110
Wiener Prozess 194, 438
Wild Cards 369
Wiley, Andrew 48
Wirkungsdefekt 90
Wirtschaftskriminalität 183
Worst Case 311
Würfelspiel 21
Würfelturm 23
Wurzelgesetz 432

Z

Zielsetzungsdefekt 91
Zinsänderungsrisiko 113
Zinsmeinung des Marktes 214
Zinsrisiko 105
Zufallsvariable 437
Zufallszahlen,
    standardnormalverteilte ... 346
Zufallszahlengenerator 345
Zukunftsforschung 369
z-Wert 153

Die Autoren

Frank Romeike
ist Geschäftsführer und Eigentümer der RiskNET GmbH. Außerdem ist er verantwortlicher Chefredakteur der Zeitschriften „Risiko Manager" und „Risk, Compliance & Audit". Er coacht seit mehr als zehn Jahren Unternehmen aller Branchen und Größen rund um die Themengebiete Risiko-/Chancen-Management und Wertorientierte Steuerung.

Zuvor war er Risiko-Manager bei der IBM Central Europe, wo er u. a. an der Implementierung des weltweiten Risiko-Management-Prozesses der IBM beteiligt war und mehrere internationale Projekte leitete. Er hat ein betriebswirtschaftliches Studium (u. a. mit Schwerpunkt Versicherungsmathematik) in Köln und Norwich/UK abgeschlossen. Im Anschluss hat er Politikwissenschaften, Psychologie und Philosophie studiert.

Frank Romeike ist Mitglied in verschiedenen Fachverbänden und Autor von zahlreichen Publikationen und Standardwerken rund um den Themenkomplex Risiko-Management, Balanced Scorecard und Wertorientierte Steuerung. Er hat gemeinsam mit der Hochschule Deggendorf und dem TÜV Süd das Masterprogramm Risiko- und Compliance-Management konzipiert und betreut das Programm aus fachlicher Perspektive. Außerdem nimmt er mehrere Lehraufträge wahr.

Mit RiskNET (www.RiskNET.de) hat er das führende deutschsprachige Internet-Portal zum Thema Risk Management aufgebaut. Außerdem ist Frank Romeike stv. Vorstandsvorsitzender der Risk Management Association e. V. (RMA) sowie fachlicher Leiter der beiden User Groups „Solvency II" und „Wertorientierte Steuerung" der Versicherungsforen Leipzig, einer Ausgründung aus der Universität Leipzig.

Dr. Peter Hager
berät seit vielen Jahren Kreditinstitute und Unternehmen.
Das Finanz-, Investitions- und Risikomanagement für
Unternehmen aller Branchen steht dabei im Mittelpunkt. Im
Rahmen seiner Beratungstätigkeit hat er u. a. in der ccfb –
Prof. Dr. Wiedemann Consulting das Fremdwährungs-
management eines internationalen Automobilkonzerns um
moderne Methoden des Risiko-Managements erweitert.
Zuletzt begleitete er dort den Bundesverband der Volks- und
Raiffeisenbanken bei der Erstellung eines Fachkonzepts zur
Kalkulation von Kundenoptionen und zur Optionsbuchsteuerung auf Gesamtbankebene.

Zuvor hatte er an der Universität Siegen Betriebswirtschaftslehre mit den Schwerpunkten
Finanzierung, Prüfungswesen und Handels- und Gesellschaftslehre studiert. Im Rahmen
seiner Dissertation bei Prof. Dr. Wiedemann am Lehrstuhl für Finanz- und Bankmanagement
an der Universität Siegen beschäftigte er sich mit der Entwicklung von Risikomodellen,
namentlich Value at Risk, Cash Flow at Risk und Ebit at Risk, für die wertorientierte Steuerung von Unternehmen.

Peter Hager ist seit 1999 als Dozent bundesweit an unterschiedlichen Akademien mit den
Schwerpunkten Wertorientierte Steuerung, Gesamtbanksteuerung, Risiko-Management und
Vertriebssteuerung tätig. Monographien, Aufsätze und Lehraufträge sind auf www.peterhager.de
verzeichnet.